DIE EINHEIT DER GESELLSCHAFTSWISSENSCHAFTEN

Studien in den Grenzbereichen der Wirtschafts- und Sozialwissenschaften

Band 19

Unter Mitwirkung von

Hans Albert · Gerd Fleischmann · Hans K. Schneider
Christian Watrin · Rudolf Wildenmann · Eberhard Witte

herausgegeben
von
Erik Boettcher

Die Strategie der Innovation

Eine systemtheoretische Untersuchung der Interaktion von Individuum, Organisation und Markt im Neuerungsprozeß

Von

JOCHEN RÖPKE

1977

J. C. B. MOHR (PAUL SIEBECK) TÜBINGEN

CIP-Kurztitelaufnahme der Deutschen Bibliothek

Röpke, Jochen

Die Strategie der Innovation : e. systemtheoret. Unters. d. Interaktion von Individuum, Organisation u. Markt im Neuerungsprozess. – 1. Aufl. – Tübingen : Mohr, 1977.

(Die Einheit der Gesellschaftswissenschaften ; Bd. 19)

ISBN 3-16-540252-3

ISSN 0424-6985

Als Habilitationsschrift auf Empfehlung der wirtschaftswissenschaftlichen Fakultät
der Universität Freiburg i. Br.
gedruckt mit Unterstützung der Deutschen Forschungsgemeinschaft

Printed in Germany

Satz und Druck: Laupp & Göbel, Tübingen

Einband: Großbuchbinderei Heinr. Koch, Tübingen

VORWORT

In den vergangenen Jahren ist die Innovationsforschung geradezu explodiert, gemessen an der Zahl der dem Neuerungsproblem gewidmeten Veröffentlichungen. Ein großer Teil dieser Arbeiten ist Krisenliteratur, Reflex einerseits auf den Rückgang von Neuerungsaktivitäten, andererseits auf die Einsicht, daß ohne Innovationsverhalten die traditionalen gesamtwirtschaftlichen, unternehmerischen und individuellen Anspruchsniveaus nicht aufrechterhalten werden können. Dieses Buch leistet bestenfalls als Nebenprodukt einen Beitrag zur aktuellen Krisenbewältigung. Sein wesentliches Ziel ist eine bewußt grundlegend angesetzte Erklärung des Neuerungsverhaltens in organisatorischen und marktwirtschaftlichen Systemen. Da der Autor die Meinung vertritt, das Unvermögen der Sozialingenieure, Innovationsprozesse zu steuern, sei im wesentlichen ein Ergebnis ihrer unzureichenden theoretischen Basis, ist das vorliegende Buch in Teilen zugleich eine Auseinandersetzung mit dem herrschenden, Ratlosigkeit erzeugenden Paradigma, insbesondere dem der Nationalökonomie. Die Knappheit an Zeit hat den Autor daran gehindert, seine Kritik auch für die Adressaten der Kritik noch einsehbarer zu machen.

Das Buch wurde im wesentlichen im Jahre 1973/74 abgeschlossen. In den nachfolgenden Jahren wurde das Manuskript überarbeitet. Wie der Leser schnell erkennen wird, sind die grundlegenden theoretischen Überlegungen keineswegs neu: Ich verdanke sie Adam Smith, Joseph Schumpeter und F. A. Hayek. Erich Hoppmann und H. O. Lenel gaben mir wertvolle Anregungen. Mein besonderer Dank gilt Herrn Diplomvolkswirt Töns H. Hilker für seine Bemühungen um die Lesbarkeit des Buches, die Eliminierung von Fehlern und das Lesen der Korrekturfahnen und Frau Annelse Hagen für ihre unermüdliche Arbeit bei der Fertigstellung des Manuskriptes. Die Arbeit an diesem Buch wurde durch die Deutsche Forschungsgemeinschaft großzügig unterstützt. Den Herausgebern bin ich zu Dank für die Aufnahme meines Buches in ihrer Reihe verpflichtet. Für die verbleibenden Fehler und kontroversen Urteile trage ich die Verantwortung.

Marburg/Lahn, August 1977

Jochen Röpke

INHALTSVERZEICHNIS

Erster Teil
Zur Theorie komplexer Systeme

Zweiter Teil

Das psychische System: Personale Bestimmungsgründe der Neuerungskompetenz

Dritter Teil

Das organisatorische System

Vierter Teil

Das Marktsystem

EINLEITUNG

Es gibt deutliche Zeichen weitverbreiteter Unzufriedenheit mit dem gegenwärtigen Stand der Nationalökonomie. Insbesondere die als „herrschend" empfundene sogenannte neoklassische Wirtschaftswissenschaft wird als irrelevant, problemblind, gehaltlos, ideologisch, apologetisch und Marx folgend als „vulgär" bezeichnet. Diese Vorwürfe sind nicht neu, neu ist aber, wenn aus dem Lager der derart kritisierten Nationalökonomen der Ruf ertönt, „that the time has come to start from scratch" (Hahn 1973, S. 327). Die vorliegende Arbeit ist ein Beitrag zu solchem „Neubeginn", denn sie geht von folgender Vermutung aus: Die neoklassische Theorie kann Neuerungsprozesse nicht erklären. Neuerungsverhalten muß deswegen im Rahmen einer neuen theoretischen Alternative untersucht werden.

Nach Ansicht von Anhängern wie Kritikern der neoklassischen Nationalökonomie ist eine nomologisch überlegene Alternative nicht verfügbar, eine Ansicht, der wir nicht zustimmen, wie die Skizzierung einer solchen Alternative und ihres theoretischen Gehalts am Beispiel der Erklärung des Neuerungsverhaltens in dieser Arbeit zeigen soll.

Die nomologische Hilflosigkeit der neoklassisch-gleichgewichtsanalytischen Ansätze offenbart sich schnell, wenn man versucht, mit ihrer Hilfe Neuerungsprozesse zu erklären. Bemüht man sich um konkurrierende Überlegungen, stellt man mit Erstaunen fest, daß außerhalb des neoklassischen Paradigmas – und zwar bereits seit Beginn der Nationalökonomie als einer Wissenschaft (seit Adam Smith) – Ansätze jenseits einer gleichgewichtsmechanischen Erfassung der ökonomischen Wirklichkeit verfügbar sind. Nur sind diese innerhalb der herrschenden Lehre nicht interpretierbar und sie wurden daher auch nicht weiterentwickelt. Es zeigt sich weiter, daß es Nationalökonomen gibt – Schumpeter sei als herausragendes Beispiel erwähnt – deren geistige Spannweite sowohl das Denken in Modellen der Gleichgewichtsökonomie als auch in Entwicklungsprozessen zuläßt, obwohl sich beide Ansätze auszuschließen scheinen; genauer formuliert: Die neoklassischen, aus Gleichgewichtsmodellen deduzierten Verallgemeinerungen gelten nur unter Bedingungen, deren Spezifikation sich aus Theorien höheren Niveaus oder Entwicklungstheorien ergeben. Nur solche umfassenden Theorien sind in der Lage, Begriff und Hypothesen der ersteren als Spezialfälle auszuweisen. Eine allgemeinere Entwicklungstheorie erlaubt die neoklassischen Theorien zu simulieren. Umgekehrt führt der Versuch, Neuerungsverhalten mit Hilfe der neoklassischen Theorie zu erklären, zu Leerformeln und Tautologien. Wir werden eine Reihe solcher Fälle zu diskutieren haben.

Unsere Arbeit wird daher einer doppelten Zielsetzung folgen. Einerseits versucht sie, den ökonomischen Wandel, der sich in einem über Leistungskonkurrenz geregelten Marktsystem vollzieht, zu beschreiben und zu erklären, und insbesondere die Ursachen des Neuerungsverhaltens von Unternehmen freizulegen; andererseits unterzieht sie die traditionellen „neoklassischen" Deutungsversuche [1] des ökonomischen Geschehens in einer kapitalistischen Welt einer kritischen Prüfung. Im theoriedestruktiven Teil unserer Untersuchung sehen wir allerdings nicht mehr als ein Nebenprodukt unserer Argumentation, die Einwände oftmals lediglich andeutet.

Eine Theorie des Marktes, des Wettbewerbs und der wirtschaftlichen

---

[1] Als „Neoklassik" möchten wir eine theoretische Position der Nationalökonomie (einen Denkstil, ein Paradigma im Sinne von Kuhn) bezeichnen, welche sich durch folgende Merkmale beschreiben läßt:

1. Annahme über das Verhalten der Wirtschaftssubjekte: maximierendes bzw. optimierendes Verhalten (homo oeconomicus-Prämisse), d. h. Möglichkeiten „bester" oder „einzig-richtiger" Entscheidungen;

2. Zeitbegriff: logische oder Meta-Zeit im Gegensatz zu historischer oder Kalender-Zeit;

3. Systemtypus: geschlossenes System, damit Möglichkeit von Gleichgewichtsanalyse; Wandel ist verursacht durch exogene Störungen (Änderungen der „Daten");

4. Methodologie: Verwendung von Reduktionsmodellen; Abstraktion von der Komplexität der Wirklichkeit;

5. Gegenstandsbereich: optimale Allokation knapper Ressourcen.

Diesem Denkstil der Nationalökonomie wollen wir einen (gleichfalls in der Nationalökonomie verankerten) „systemtheoretischen" Ansatz gegenüberstellen, der sich folgendermaßen skizzieren läßt:

1. Individuen treffen „echte" im Gegensatz zu „leeren" Entscheidungen (gewinnsuchendes und schöpferisches statt gewinnmaximierendes und reaktives Verhalten);

2. das Verhalten ist auf historische Zeit bezogen oder wird in einem „offenen zeitökonomischen System" (Åkerman 1938, S. 125) untersucht;

3. das System ist „offen", multistabil und homöostatisch geregelt; damit besteht die Möglichkeit von Entwicklung und Steigerung der Eigenkomplexität (Evolution);

4. die Komplexität des realen Geschehens wird berücksichtigt, Komplexität ist Variable eines hierarchischen Kausalmodells;

5. als Untersuchungsobjekt gelten Prozesse ökonomischer Entwicklung und Evolution sowie die ihnen zugrundeliegenden psychischen und sozialen Erscheinungen.

Wir werden diese Unterscheidung zwischen neoklassischem und systemtheoretischem Ansatz nachfolgend an verschiedenen Stellen der Arbeit ausführlicher erläutern.

Entwicklung muß unserer Ansicht nach mit zwei grundlegenden Problemen fertig werden:

1. mit dem Problem des endogenen, „spontanen" Wandels des Marktsystems, insbesondere der Entstehung und Ausbreitung neuer Ideen und der systemendogenen Produktion von Störungen oder Vielfalt;
2. mit dem Problem der geordneten Komplexität marktlicher Prozesse oder der Stabilisierung und Evolution von Ordnungen trotz Indeterminiertheit des Verhaltens der Elemente solcher Ordnungen.

Am ersten Tatbestand interessiert uns die evolutionäre oder entwicklungsbezogene Komponente: Die Entwicklung eines Marktsystems resultiert vor allem aus der Notwendigkeit, daß seine offenen psychischen und organisatorischen Teilsysteme nur durch Produktion neuer Ideen (Wissen, Neuerungen) überleben können, wenn sie über ihre Umwelt keine vollständige Kontrolle haben. Das nomologische Problem bezieht sich darauf, zwischen Alternativen zu entscheiden, deren Existenz und Konsequenzen bekannt sind und darauf, neue Alternativen zu entdecken und in einer vom einzelnen nicht vollständig kontrollierbaren Umwelt durchzusetzen. Mit dieser Unterscheidung werden psychische und organisatorische Probleme angesprochen, welche die neoklassische Theorie als eine Theorie der Entscheidung zwischen *gegebenen* Alternativen entweder übersehen oder von denen sie abstrahiert hat. Ein theoretischer Ansatz jedoch, der als „gegeben" unterstellt, was sich in Wirklichkeit als Ursache und Wirkung ökonomischer Interaktion und Evolution herausstellt (Wandel technischen und organisatorischen Wissens, Änderungen der Bedürfnisse, Schaffung neuer Produkte und Märkte), scheint keine geeignete theoretische Grundlage zu bieten, um das Verhalten von Marktteilnehmern und von makroökonomischen Aggregaten zu erklären oder nach politischen Kriterien zu steuern. Eine Kausalanalyse muß historisch-genetisch ansetzen; sie darf „die Tatsache nicht aus dem Auge verlieren, daß die aktive Suche nach gewinnbringenden Gelegenheiten zu den wichtigsten Faktoren des Marktgeschehens gehört" (Albert 1968, S. 28).

Das zweite Problem unserer Untersuchung bezieht sich auf Zusammenhänge, die sich aus dem Tatbestand der Komplexität der Interaktionen in einem Marktsystem ergeben. Probleme interaktionaler oder geordneter Komplexität, um die es sich im Bereich der Sozialwissenschaften überwiegend handelt, lassen sich weder auf Probleme einfacher Zusammenhänge reduzieren, wie es die „neoklassische" Theorie unter großzügigem Gebrauch der ceteris-paribus-Klausel vorführt, noch sind sie durchgängig stochastischen Lösungsversuchen zugänglich, wie die moderne Entscheidungstheorie unterstellt.

Die neoklassische Markt- und Entwicklungstheorie versucht, theoretische Aussagen über komplexe Phänomene aus der Untersuchung des

Zusammenspiels weniger Variabler zu gewinnen – also eine Theorie einfacher Erscheinungen für die Erklärung komplexer Zusammenhänge zu entwickeln. Dieser Anspruch führt unserer Ansicht nach notwendig zur Konstruktion einer idealisierten ökonomischen Welt und empirisch leeren (bzw. nicht durch empirische Tatsachen widerlegbaren) Aussagen. Der Arbeitsstil, vom Einfachen zum Komplexen voranzuschreiten, scheint uns im Untersuchungsbereich der hochkomplexen wirtschaftlichen Wirklichkeit ernsthaften Einwänden ausgesetzt: Diese Untersuchungsmethode muß notwendig die Komplexität der Welt durch den Theoriekonstrukteur vorab reduzieren, statt zu untersuchen und zu erklären, wie die Wirtschaftsmenschen selbst mit dem komplexen Geschehen zurechtkommen. Für eine solche Methode interessiert nicht mehr die Erklärung interaktiven Verhaltens und seiner unbeabsichtigten Konsequenzen in einem hochkomplexen Marktsystem, sondern die Ermittlung von Reaktionsfunktionen idealisierter Wirtschaftsmenschen in einer durch theoretische Methoden von Komplexität gereinigten idealen Welt: Grundlage für eine „reine Ökonomie“ einfacher Zusammenhänge in gleichgewichtigen Systemen. Nicht ganz zu Unrecht erhebt daher ein marxistischer Systemtheoretiker den Vorwurf, es sei die theoretisch unbewältigte „Komplexität der Marktbeziehungen in der kapitalistischen Wirtschaft“, mit der „die bürgerlichen Ökonomen heute ihre Unfähigkeit zu rechtfertigen suchen“, mit den „Schwierigkeiten“ des Kapitalismus fertig zu werden (Klaus 1973, S. 53).

Die Ausklammerung der Komplexität wirtschaftlichen Geschehens durch die Konstruktion von Reduktionsmodellen führt zu idealen Satzsystemen (zum „Modellplatonismus“ Hans Alberts), die sich der Erklärung und Prognose idealisierter Sachverhalte oder idealisierten ökonomischen Verhaltens in einem reinen, komplexitätsfreien ökonomischen Gefüge widmen. Der Aufbau einer solchen Welt idealisierten ökonomischen Geschehens wird in der traditionalen Ökonomie gewöhnlich durch zwei eng verwandte Methoden geleitet, durch den Gebrauch der ceteris-paribus-Klausel und durch die Herauslösung des im Modell darzustellenden Bereichs „ökonomischer“ Wirklichkeit [2] aus der sozialkulturellen Umwelt (Unterstellung eines geschlossenen Systems).

---

[2] Versucht man diese isolierende Betrachtung zu überwinden, kommt man nicht umhin, sog. „nicht-ökonomische“ Variable in die Theorie einzubauen bzw. auch auf nomologische Argumente zurückzugreifen, die einige Nationalökonomen als „nicht-ökonomisch“, das heißt, als nicht zum Gegenstandsbereich „normalerweise“ praktizierter Ökonomie gehörend, betrachten.

Eine derartig „apriorische Einteilung der Welt in voneinander wohl unterschiedene Objektbereiche“ (Albert 1967, S. 31) scheint aus Gründen des Erkenntnisfortschritts ernsthaften Einwänden ausgesetzt zu sein (siehe Albert 1967; 1972, S. 4 ff.). Aber auch falls man die jeweils herrschende Interpretation dessen akzeptiert, was

Die erste Methode ermöglicht es, den Bereich der Wirklichkeit, der die Untersuchung der elementaren Beziehungen einfacher Zusammenhänge (zum Beispiel zwischen Preis und nachgefragter Menge) stören könnte, gedanklich auszuschließen.

Ein Beispiel: Die meisten Neuerungen werden heute in komplexen Großorganisationen entwickelt oder übernommen. Wie will man den Neuerungsprozeß (Entwicklung, Ausbreitung und Selektion neuer Ideen) erklären, ohne explizit organisatorische Variable zu berücksichtigen? Wie im dritten Teil dieser Arbeit gezeigt wird, kommt auch die neoklassische Theorie keineswegs ohne Berücksichtigung organisatorischer (und psychischer) Prozesse aus. Sie kann sie jedoch theoretisch nicht reflektieren und muß daher ihren Hypothesen zum Unternehmensverhalten implizit bestimmte Gestaltungsmuster organisatorischer Abläufe zugrundelegen, die sich als Maschinen-Befehls-Organisation, als „demokratischer Zentralismus" oder totalitäre Herrschaftsform kennzeichnen lassen.

Die zweite Methode gestattet es, von den wechselseitigen Beziehungen zwischen einem System bzw. seinen Elementen und einer komplexen Umwelt zu abstrahieren bzw. auf einen Vorgang analytisch zu verkürzen, in dem exogene Störungen aus der Umwelt (Änderungen der „Daten") reaktive und tendenziell einen gleichgewichtigen Zustand eines geschlossenen Systems herbeiführende Anpassungsvorgänge bei den Elementen des untersuchten Systems auslösen. [3]

---

bestimmte Erscheinungen der realen Welt zu „ökonomischen" machen soll, fällt es schwer, der Ansicht von Boulding (1962, S. VII) zu widersprechen: "I have been gradually coming under the conviction, disturbing for a professional theorist, that there is no such thing as economics – there is only social science applied to economic problems." Dieser Standpunkt ist keineswegs neu. Er ist expliziter Bestandteil der ökonomischen Klassik. Was bliebe vom Nationalökonomen Adam Smith, wenn man seine "Wealth of Nations" auf die dort sicherlich aussiebbaren „neoklassischen" Spurenelemente reduzierte, oder seine „Sozialpsychologie" ("Theory of Moral Sentiments") kurzerhand dem Objektbereich der Psychologie (oder Soziologie oder Ethologie oder Anthropologie?) zuschlüge? Alle Nationalökonomen, die sich bis heute mit Fragen wirtschaftlicher Entwicklung (und in einer dezentralen Wirtschaftsordnung sind dies überwiegend Fragen ökonomischen Wettbewerbs) ernsthaft beschäftigt haben, konnten nicht vermeiden, „nicht-ökonomische" Variable bzw. Aussagen aus „nicht-ökonomischen" Objektbereichen in ihren Begründungszusammenhang aufzunehmen. Ein eindrückliches Beispiel dafür bietet Schumpeter, der sich im übrigen (in seiner „Theorie der wirtschaftlichen Entwicklung", 1964, S. 131 f.) ausführlich mit dem („Psychologie"-)Vorwurf auseinandersetzt, daß „etwas von dem Gesagten nicht ‚Ökonomie' sei ...".

[3] Ein traditionales Argument zur Rechtfertigung dieses Vorgehens besteht darin, die Nationalökonomie in zwei Forschungsbereiche zu zerlegen (siehe zum Beispiel Harry G. Johnson 1970, S. 10, oder Hicks 1965, S. 9 ff.): Im einen Bereich wird „empirische Wissenschaft" betrieben und die Funkiton ökonomischer Theorie nach Johnson darin gesehen "to cast up empirically testable and refutable explanatory

Der Aufbau unserer Untersuchung wird durch die theoretische Auseinandersetzung mit den Problemen der Innovation und Kreativität umweltoffener Systeme und der Komplexität ihrer Interaktionen bestimmt. Im ersten Teil („Zur Theorie komplexer Systeme“) skizzieren wir eine Theorie offener komplexer Systeme, die sowohl der interaktiven Komplexität als auch dem evolutiven und schöpferischen Potential offener Systeme Rechnung zu tragen versucht. Von dieser theoretischen Grundlage ausgehend versuchen wir, in den dann folgenden Teilen eine Erklärung des Markt- und speziell des Neuerungsverhaltens von Unternehmen zu geben. Wir haben hierfür drei Teile vorgesehen: Zunächst untersuchen wir die psychischen (kognitiven und motivationalen) Grundlagen des Neuerungsverhaltens („Das psychische System“); im folgenden Teil („Das organisatorische System“) fragen wir nach den Beschränkungen des Verhaltens, die sich aus der organisatorischen Einbettung der psychischen Systeme ergeben; im vierten Teil („Das Marktsystem“) beschäftigen wir uns mit der Interaktion von psychisch und organisatorisch unterschiedlich kompetenten Unternehmen in typischen Situationen unterschiedlich komplexer Marktgefüge. Die Teile über das psychische und organisatorische System werden sich mit den Ursachen unterschiedlicher Fähigkeitsniveaus von Unternehmen beschäftigen, enthalten sozusagen eine Theorie der „Differenzierung der unternehmerischen Eigenschaften“, eine nach Ernst Heuß (1970, S. 218 f.) notwendige theoretische Vorarbeit zur Beschreibung und Erklärung von Marktprozessen. Damit steht im Mittelpunkt unserer Arbeit, was als Möglichkeit heute noch bestritten wird (siehe z. B. Bodenhöfer 1975, S. 53), daß sich nämlich allgemeine Aussagen über die Innovationsfähigkeit von Unternehmen machen lassen.

Dieses Vorgehen scheint uns weder willkürlich noch zufällig. Es ist vielmehr Ausdruck unseres Bemühens nachzuweisen, das Marktverhalten von Unternehmen lasse sich nur erklären, wenn es in seiner systemhierarchischen Verankerung gesehen wird. Es muß berücksichtigt werden, daß eine Unternehmung ein offenes soziales System ist, welches (1) über seine Umwelt keine vollständige Kontrolle besitzt, sich also anpassen muß, um bestimmte Ziele zu erreichen, (2) intern organisiert ist, um eine koordinierte und kooperative Lösung seiner Probleme zu erreichen, und

---

hypotheses, and the value of a theory is to be judged by its explanatory power in comparison with its rivals". Im zweiten Bereich gilt „reine“ Ökonomie; der Zweck der Theorie besteht darin "to abstract from the complexity of the real world a simplified model of the key relationships ... and to explore the positive and normative implications in the 'givens' of this hypothetical system". Der empirische Gehalt der theoretischen Sätze ist für diesen zweiten Bereich ökonomischer Theoriebildung nicht von ausschlaggebender Bedeutung, weil die hier im Vordergrund stehenden "principles of interrelatedness, of systematic response to change, and of optimization remain valid in the face of wide variations in assumed economic structures".

(3) auf die Mitarbeit psychischer Systeme bei der Problementdeckung und -lösung angewiesen ist.

Um das Marktverhalten zu erklären, müssen wir Vorgänge auf jeder der drei von uns untersuchten hierarchischen Ebenen – Individuen, Organisation, Markt – in den Aussagenzusammenhang aufnehmen, (sofern keine Reduktion des Verhaltens einer Ebene auf Vorgänge einer anderen Ebene möglich ist) da das Verhalten der Elemente einer Ebene dem möglichkeitsbeschränkenden Einfluß hierarchisch höherer Systeme unterliegt. So reduzieren Organisationen die Verhaltensspielräume von Individuen und beschränkt der Markt (Wettbewerb) die Verhaltensautonomie von Unternehmen (Organisationen). Markt- und Wettbewerbsverhalten erscheinen als Ausdruck sich in historischer Zeit vollziehender Interaktionen umweltoffener, hierarchisch kontrollierter psychischer und sozialer Systeme.

Die systemtheoretische Erfassung von Marktprozessen in einem mehrstufigen (hierarchischen) Kausalmodell scheint es somit zu erlauben, eine kausale Verkettung psychischer, organisatorischer und marktlicher Variabler im jeweiligen Aussagenzusammenhang vorzunehmen und mechanistische Erklärungsschemata und Alibiformeln einer „reinen", teilweise empirisch leeren „Reduktions-Ökonomie" abzulösen. Die „neoklassische" Theorie hat zwar für jeden der drei genannten Bereiche (Individuum, Organisation, Markt) empirische Deutungsversuche angeboten, sie scheinen uns jedoch kaum mehr als ein plausibles Vorverständnis der zu erklärenden Tatsachen zu vermitteln und in ihrer formalen Ausarbeitung am Problem der Evolution und Kreativität sowie der Komplexität der untersuchten psychischen und sozialen Erscheinungen und Systeme zu scheitern. [4] Aus diesen Gründen erlauben eine Fülle von empi-

---

[4] Das scheint auch Schumpeters Ansicht zu sein. Er unterscheidet in seiner „Theorie der wirtschaftlichen Entwicklung" (1964) zwei Bereiche ökonomischer Analyse: Gleichgewichtstheorie (Untersuchung des Kreislaufs der Wirtschaft „in seiner Bedingtheit durch gegebene Verhältnisse") und Entwicklungstheorie. Beide scheinen nach Schumpeter mehr oder weniger unverbunden nebeneinanderzustehen. „Den Kreislauf schildern heißt ... ipso facto die statische Wirtschaft schildern – beschreiben, wie irgendwelche, aber stets gegebene Produktivkräfte ihren gewohnten Weg nach ihrer Bestimmung zurücklegen und welche Phänomene es dabei zu beobachten gibt. Und das blieb das Ziel der reinen Ökonomie bis auf unsere Tage" (S. 79 f.). Die Entwicklungstheorie untersucht die „Veränderung der Bahn des Ablaufs oder (die) spontane Änderung der Daten des Wirtschaftens durch die Wirtschaft selbst" (S. 121). In der Welt des Kreislaufs tritt der homo oeconomicus, der „Wirt schlechtweg" auf, hinter der Veränderung des Kreislaufs stehen „Unternehmer"; nur „wenn und weil die Dinge Zeit haben, Logik in die Menschen zu hämmern", kann man mit der „Fiktion" der unternehmerlosen Wirtschaft „arbeiten und Theorien darauf bauen" (S. 118). „Außerhalb dieses Bezirks ... verliert unsere Fiktion die Nachbarschaft der Wirklichkeit. Sie auch da festzuhalten, wie es die überkommene Theorie tut, heißt Wesentliches verkleistern und eine Tatsache ignorieren, die im Gegensatz

rischen Untersuchungen bis heute zum Beispiel keine allgemeinen Aussagen zwischen Konzentration bzw. Marktstruktur und Marktmacht bzw. Gewinnhöhe. Unser faktisches Wissen über das Verhalten von Unternehmen im Markt ist noch sehr gering, nicht zuletzt, weil es innerhalb einer Theorie einfacher, gleichgewichtsorientierter Zusammenhänge nicht gelingt, die richtigen Fragen an die komplexe Wirklichkeit zu stellen. Wie schon angedeutet, handelt es sich bei der sogenannten neoklassischen Theorie (oder wie Lachmann [1966] formuliert: dem „spätklassischen Formalismus") entweder um logische Umformungen analytischer oder idealer Aussagesysteme (Reine Ökonomie; Gleichgewichtsanalyse) oder um deduktive Ableitungen, deren Aussagegehalt wegen einer nur gedanklich und nicht experimentell kontrollierbaren Verwendung der ceteris-paribus-Klausel fragwürdig bleibt.[5] Die beiden von uns in den Vordergrund gerückten Grundprobleme einer sozialtheoretischen Analyse des Marktverhaltens: Die Probleme adaptiver Kompetenz und Komplexität werden aus dem neoklassischen Begründungszusammenhang ausgeschlossen. Der möglicherweise in ihm enthaltene Aussagewert scheint uns erst durch Theorien nachweisbar, welche die neoklassischen Theoreme als Spezialfälle realen ökonomischen Geschehens enthalten und ausweisen.

Die meisten der von uns vorgetragenen Argumente sind keineswegs neu. Wir haben lediglich versucht, sie in einem neuartigen Zusammenhang zu verknüpfen, sie in eine umfassende Theorie einzubeziehen oder sie — das scheint uns gelegentlich unvermeidlich — in einer anderen (systemtheoretischen) Sprache zu formulieren. Methodologische Fragestellungen greifen wir nur am Rande auf. Daher seien uns zu Anfang einige Bemerkungen erlaubt. Grundlegend auch für wissenschaftstheoretische Untersuchungen scheint uns die Frage der Komplexität zu sein. F. A. von Hayek (1972) hat den mit „Komplexität" angesprochenen Problembereich in

---

zu anderen Abweichungen unserer Annahmen von der Wirklichkeit grundsätzlich wichtig, eigenartig und die Quelle der Erklärung von Erscheinungen ist, die ohne sie nicht existieren würden" (S. 118 ff.). Für die Entwicklungstheorie, „das Herausarbeiten der Momente, die ein Zustandsbild charakterisieren oder einen Ablauf bestimmen", leistet deshalb die reine Ökonomie, „die ökonomische Theorie der Problemreihe Wert–Preis–Geld nichts" (S. 91).

[5] Die vorab durch ceteris paribus reduzierte Komplexität ist selbstverständlich nicht einfach verschwunden. Sie taucht sofort wieder auf, wenn man – jenseits der Gedankenexperimente der reinen Ökonomie – darüber nachdenken muß, welcher Bereich der Wirklichkeit als unverändert unterstellt, warum er als unverändert unterstellt und wie lange er als unverändert unterstellt werden kann. Darüber Aussagen zu treffen und theoretisch zu begründen, erfordert jedoch in aller Regel eine übergeordnete und umfassendere Theorie komplexer ökonomischer Phänomene. „... eine einfache Theorie über Phänomene, die ihrer Natur nach komplex sind ..., ist wahrscheinlich notwendigerweise falsch – jedenfalls ohne eine spezifizierte *ceteris-paribus*-Annahme, nach deren vollständiger Formulierung die Theorie jedoch nicht mehr einfach wäre" (Hayek 1972, S. 16).

seiner „Theorie komplexer Phänomene“ zusammenfassend formuliert, jedoch offenbar keine große Resonanz gefunden. Hayek (wie übrigens auch Luhmann 1972 a, S. 8) versucht klarzumachen, daß man theoretische Einsichten und Anspruchsniveaus von Theorien, die sich mit Systemen einfacher Zusammenhänge (mechanische Systeme) beschäftigen, nicht auf Theorien komplexer Großsysteme übertragen kann. Macht man Komplexität selbst zur Variablen eines Aussagesystems, statt von ihr als Datum theoretisch zu abstrahieren, stößt man auf Bereiche sozialökonomischer Wirklichkeit, in denen notwendig – verglichen mit der Untersuchung einfacher Phänomene – der Grad der Falsifizierbarkeit abnimmt. „Das ist der Preis, den wir für das Vordringen in das Gebiet komplexer Phänomene zu zahlen haben“ (Hayek 1972, S. 18).

Um den von Hayek und anderen formulierten Einwänden Rechnung tragen zu können, versuchen wir im ersten Teil („Zur Theorie komplexer Systeme“) dieser Arbeit, uns einen Überblick über die Grundprobleme hochkomplexer offener Systeme zu verschaffen. Untersuchungen von Karl Popper (1973) und Mario Bunge (1973) haben uns in unserer Auffassung bestärkt, zumindest nicht in einer „falschen“ Richtung vorzugehen. Auch eine neuere Arbeit von Jarvie (1974), die der Methodologie Poppers und Hayeks verpflichtet ist, scheint mit unserer Position vereinbar. Man müßte allerdings das von Jarvie in den Vordergrund gestellte methodologische Modell der „Logik der Situation“ um den Tatbestand der Komplexität bzw. um den von Umweltgefügen unterschiedlicher Komplexität erweitern: Das heißt, die Situationsverhältnisse der Akteure wären als unterschiedlich komplexe Umweltgefüge zu begreifen. In Verbindung mit unterschiedlichen Fähigkeitsniveaus der Handelnden und bestimmten Verhaltensregeln vermögen solche typischen Situationsverhältnisse zwar möglicherweise keine positive Erklärung ihres Interaktionsverhaltens zu geben; wohl aber können Theorien dieses Typs darüber informieren, *warum* bestimmte Aktionsmöglichkeiten für Unternehmen mit bestimmtem Kompetenzgrad in spezifizierbaren Umweltsituationen und bei Vorliegen eines bestimmten Regelsystems als tatsächliche Verhaltensweisen ausscheiden, also *nicht* eintreten werden.

Wenn wir infolge der Komplexität einer Situation bzw. des Fehlens relevanten Wissens nicht sagen können, unter welchen Bedingungen eine Kombination von Situation (Umweltgefüge), Verhaltensnorm und Kompetenz zu einer konkreten, positiv beschreibbaren Wirkung führen wird (dispositionelle Erklärung), müssen wir uns mit der theoretischen Aussage zufriedengeben darüber zu informieren, welche Ereignismöglichkeiten *nicht* eintreten werden. Hayek (1972, S. 21 ff.) und Bateson (1967) haben auf diese Zusammenhänge am Beispiel der Evolutionstheorie von Charles Darwin hingewiesen.

Der skizzierte methodologische Sachverhalt hat selbstverständlich

Auswirkungen auf die instrumentale Verwendung (die Sozialtechnologie) von Theorien komplexer Phänomene: Sie wird sich gleichfalls auf nicht-positive Einwirkungsmöglichkeiten beschränken müssen. Wenn in einer bestimmten Situation bestimmte Handlungen möglich wären, aber aus verschiedenen Gründen unerwünscht (disfunktional) sind, wären sie aus dem Handlungsrepertoire der Akteure durch Änderung des Systems von Verhaltensregeln als normativ nicht mehr möglich auszuschließen. Einer reduktionistischen Ökonomie vordarwinistischen Charakters, wie man sie in den neoklassischen Marktmodellen findet, wird es dagegen möglich, die Komplexität aus dem Begründungszusammenhang zu eliminieren und damit die Detailkonstruktionen wünschenswerter optimaler Zustände zu entwerfen. In der komplexen Realität ist dieser Anspruch jedoch trotz zahlloser Versuche bis heute nicht eingelöst worden, und unserer Auffassung nach ist er auch nicht einlösbar. Seine nomologische Basis ist eine fiktive Welt einfacher ökonomischer Zusammenhänge, und das war und ist nicht die Welt, in der Menschen (wie Adam Smith sagt) dem einfachen Geschäft nachgehen, „to truck, barter and exchange"; und es ist nicht die ökonomische Welt, in der, wie Keynes (1936 S. 161) meint, die schöpferischen wie zerstörerischen „animal spirits" der Menschen regieren. Dies ist Grund genug für einen Versuch, diese Menschen mit ihren schöpferischen Fähigkeiten in die ökonomische Theorie zurückzubringen.

ERSTER TEIL

ZUR THEORIE KOMPLEXER SYSTEME

1.1 Ansätze und Probleme systemtheoretischer Analyse

1.1.1 Probleme interaktionaler Komplexität

Die wissenschaftliche Revolution des 16. und 17. Jahrhunderts verdankt ihren Triumph nicht zuletzt einer für jene Zeit neuartigen wissenschaftlichen Methode: ihrem Vorgehen, die zu untersuchenden Erscheinungen in Elemente, isolierbare Kausalketten oder Beziehungen zwischen wenigen Variablen aufzulösen. In der physikalischen Mechanik von Newton wurde diese Methode vollendet entwickelt. Sie geht davon aus, die zu erklärenden Erscheinungen ließen sich durch lineare Kausalketten in Zusammenhängen von Ursache und Wirkung darstellen. Man variiert eine Variable – zum Beispiel die Temperatur – und beobachtet, was daraus folgt – zum Beispiel eine Änderung des Dampfdruckes –.

Diese Probleme einfacher Zusammenhänge – Weaver (1968) spricht von „problems of simplicity“, Wimsatt (1974, S. 72 f.) von „interactional simplicity“ – beschreiben Erscheinungen geringer Komplexität, die von ihrer Welt isolierbar bzw. in geschlossenen Systemen darstellbar sind. Zumindest glaubt man die Isolierung dann riskieren zu können, wenn 1. eine mögliche Realitätseinbuße durch Aufdecken kausaler Zusammenhänge ausgeglichen wird, und, weit bedeutungsvoller, 2. die für das Experiment erforderliche Variation der Veränderlichen des Systems keine Änderung der Systemumwelt auslöst, welche wiederum das Verhalten des Systems bzw. seiner Teile beeinflußt (es besteht also keine sogenannte Heisenbergsche „Ungewißheit“), und damit eine interaktionale Komplexität ausgeschlossen werden kann. Das System kann in Teilsysteme oder Elemente zerlegt werden, deren intrakausale Beziehungen sehr viel ausgeprägter sind als ihre externen kausalen Interaktionen. Das bedeutet:

1. Der Einfluß der nicht berücksichtigten externen Variablen kann im Verhältnis zu den modellendogenen Systemvariablen vernachlässigt werden;

2. Rückkoppelungsbeziehungen zwischen verschiedenen Ebenen des Systems sowie zwischen endogenen und exogenen Variablen werden ausgeblendet. Kausalbeziehungen laufen in einer Richtung.

Die Elemente eines derart geschlossenen oder isolierbaren Systems geringer Komplexität sind homogen. Ihre Aggregation macht aus dem Ganzen nicht mehr als die Summe der Teile. Das Ganze ist aus dem Verhalten und der Struktur seiner Teile zu verstehen.

Probleme einfacher Zusammenhänge beziehen sich also auf isolierbare Erscheinungen, wie sie typischerweise in interaktional einfachen, geschlossenen physikalischen (mechanischen) Systemen auftreten. Die Umstände, welche das System schließen, sind dem Theoretiker als „Daten" bekannt bzw. in Laborversuchen reproduzierbar. Die Probleme des Systems stellen sein Überleben grundsätzlich nicht in Frage, sondern sind Wissenslücken des untersuchenden Forschers.

Ähnlich wie bei Problemen einfacher Zusammenhänge oder organisierter Einfachheit liegen die Probleme bei nichtorganisierter Komplexität. Sie bezieht sich auf das Verhalten großer Mengen zufällig variierender Faktoren, deren Durchschnittsverhalten – zum Beispiel die durchschnittliche Häufigkeit der Gespräche in einer Telefonzelle – sich mit statistischen Methoden ausdrücken läßt. Diese Methoden lassen sich aber nur deswegen erfolgreich anwenden, weil der Zufall – das ungeregelte Verhalten der einzelnen Faktoren – das Strukturprinzip ungeordneter Gesamtheiten ist, weil die Bewegungen der Veränderlichen Strukturlosigkeit der Gesamtheit erzeugen. [1]

Beide vorgestellte Methoden – einmal die analytische Methode der isolierenden Betrachtung von Erscheinungen (Zwei-Variablen-Methode), deren Prinzip die Auflösung komplexer Querverbindungen von Elementen durch Reduktion auf begrifflich und experimentell isolierbare Entitäten ist, die vom Einfachen zum Komplexen vorgeht und die Beziehungen zwischen Faktoren durch lineare Kausalketten erklärt – zum anderen die Methode statistisch-stochastischer Untersuchungsverfahren scheinen jedoch auf Grenzen zu stoßen: wenn es nämlich um Probleme geordneter, organisierter oder interaktionaler Komplexität, um „hochkomplex strukturierte Großsysteme" (Luhmann, 1972 a, S. 7) geht.

Probleme interaktionaler Komplexität tauchen auf, wenn eine beträchtliche Zahl von Faktoren bei der Erfassung und Erklärung der Realität in Betracht zu ziehen sind, wenn diese Faktoren zu einer geordneten Gesamtheit oder zu einem organischen Ganzen, einem System, verbunden sind, wenn die Elemente des Systems Beschränkungen in ihrem Verhalten unterliegen und wenn zwischen Elementen oder Teilsystemen

[1] Zumindest tendenziell: durch Streben nach maximaler Entropie (zweiter Hauptsatz der Thermodynamik).

Rückkoppelungsbeziehungen und/oder wenn zwischen System und Umwelt das Systemverhalten beeinflussende Interaktionsbeziehungen bestehen. [2]

Vor solchen Problemen versagen sowohl mechanische, an Gleichgewichtsvorstellungen orientierte Erklärungsansätze wie statistische Untersuchungsmethoden. Luhmann (1970, S. 258) formuliert noch deutlicher: „Vor solchen Problemen versagen die zur Zeit verfügbaren Denkmittel."

Probleme interaktionaler Komplexität erfordern einen abweichenden methodischen Einstieg,

1. weil die Untersuchung der isolierten Systemelemente oder ihrer statistischen Aggregate gerade von jenen Vorgängen abstrahiert, die aus dem systemorientierten Zusammenwirken der Einzelfaktoren bzw. -prozesse hervorgehen, und die aufgrund der Tatsache ihrer Systemverbundenheit in ihren möglichen Erscheinungsformen begrenzt sind;
2. weil bei Umweltoffenheit eines Systems bzw. bei Umweltinteraktionen der einzelnen Ebenen und Elemente eines Systems neuartige Phänomene auftauchen. Der Übergang vom geschlossenen physikalischen zum offenen biologischen oder sozialen System ist gekennzeichnet (siehe Popper 1973, Kap. VI) durch das Auftreten von Problemlösungsverhalten. Umweltoffene Systeme sind damit beschäftigt, Probleme zu entdecken und zu lösen;

[2] Weaver (1967) und im Anschluß daran Hayek (1975) sprechen von Problemen „organisierter" Komplexität. Die von uns vorgenommene Unterscheidung in drei System- bzw. Problemtypen und die diesen zugeordneten Wissenschaftsmethoden erfolgt vornehmlich aus heuristischen Gründen. In Wirklichkeit besteht ein Kontinuum von Systemen, welches eine eindeutige Abgrenzung der Systemtypen und Problemsichten nicht zuläßt. Lediglich Grenzfälle sind markierbar: Systeme, deren Verhalten vollständig determiniert ist (Systeme vollständiger Ordnung, Systeme ohne Freiheitsgrad) und Systeme vollständiger Unordnung (Systeme mit maximalem Freiheitsgrad). Der jeweilige Freiheitsgrad eines Systems läßt sich als Verhältnis zwischen tatsächlicher und maximaler Entropie eines Systems verstehen. Dieses Maß kann Werte zwischen Null und Eins annehmen. Das Verhältnis von Ordnungsgrad und Freiheitsgrad ist komplementär (siehe ausführlicher zur Beziehung zwischen Freiheit, Ordnung und Komplexität die Abschnitte 1.7.4 und 1.7.5).

Auch eine Unterscheidung von Popper (1973, S. 230 ff.) ist in diesem Zusammenhang nützlich. Er ordnet Systeme nach der Eigenschaft der Zufälligkeit und Notwendigkeit des Verhaltens ihrer Elemente. Ein System von „Wolken" ist in hohem Maße ungeordnet und in seinem Verhalten wenig voraussagbar, das physikalische System „Uhr" ist in hohem Maße geordnet und in seinem Verhalten sehr präzise voraussagbar. Das Verhalten von Wolken läßt sich durch Wahrscheinlichkeitsgesetze erklären; die Uhr ist ein physikalisch determiniertes System, dessen Verhalten den Gesetzen der Mechanik unterliegt. Zwischen Wolken und Uhren nehmen Menschen und Tiere ihren Platz ein. Ihr Verhalten ist weder determiniert noch zufällig, sondern wird durch Regeln einer einschränkenden oder auswählenden aber nicht determinierenden Steuerung unterworfen.

3. weil hierarchische Interaktion oder Interaktion von System und Umwelt zu jenen Erscheinungen gehören, deren Ausklammerung Verzicht auf die Untersuchung solcher Phänomene bedeuten würde, die man mit Anpassung und Entwicklung (Evolution) umschreiben könnte.

Diese Erscheinungen (Lenkung, Kreativität, Evolution) vermögen jedoch solche theoretischen Ansätze nur unzureichend zu untersuchen, deren wissenschaftliche Methode darauf beruht, davon zu abstrahieren, daß Systeme Interaktionen mit ihrer Umwelt pflegen (müssen), daß Systeme sich unterschiedlicher und damit auch unterschiedlich erfolgreicher Problemlösungsstrategien bedienen, ihre interne Struktur ändern, sich selbst organisieren und ihre eigene Komplexität steigern, daß Systeme kurz gesagt evolutionsfähig sind und auch tatsächlich evolvieren.

Genau auf diese Problemsituation zwischen mechanistischem oder reduktionistischem Determinismus und vollkommenem Zufall zielt eine Theorie umweltoffener, evolutionskompetenter Systeme, die wir im nachfolgenden skizzieren möchten. Ob sie mehr als heuristische Funktionen zu erfüllen vermag, sei zunächst offengelassen.

Ihre Skizzierung scheint uns jedoch notwendig. Denn gerade in der Ökonomie, jenem Feld sozialwissenschaftlicher Forschung, das im Mittelpunkt dieser Arbeit steht, dominiert in der ökonomischen Theorie von Unternehmung, Markt und Wettbewerb eine wissenschaftliche Praxis, die man Neoklassik oder im Anschluß an Ludwig Lachmann (1966) „spätklassischen Formalismus" nennen kann, und deren Anhänger sich jener Forschungsmethoden bedienen, die im 16. und 17. Jahrhundert in der physikalischen Mechanik entwickelt wurden und die zudem noch behaupten, eine rivalisierende, nomologisch überlegene theoretische Konzeption sei nicht verfügbar.

1.1.2 Eigenschaften von Systemen

1.1.2.1 Geschlossene und offene Systeme

Als System wird herkömmlich eine Menge von Elementen mit bestimmten Eigenschaften verstanden, die direkt oder indirekt in kausalen Beziehungen miteinander stehen, also eine Menge von Elementen in Interaktionsbeziehungen. „A system is a set of objectives together with relationships between the objects and between their attributes" (Hall und Fagen, 1956, S. 18). Jedes System besteht somit aus Objekten als den Elementen oder Teilen des Systems. Die Objekte besitzen Merkmale, und die Objekte und ihre Merkmale werden durch Beziehungen untereinander zu einem System verbunden. Die Interaktion von Elementen kann für sich genommen keine systembegründende Eigenschaft sein. Denn von Elementen zu sprechen, heißt bereits vorauszusetzen, daß sie Teile einer Gesamtheit sind. Damit interagierende Veränderliche sich zu einem System zusammenfügen, müssen ihre Tätigkeiten koordiniert und ihre Verhaltensautonomie begrenzt sein, wodurch ein vom Verhalten der einzelnen Komponenten zu unterscheidendes Phänomen möglich wird, ihre geordnete, systembezogene Interaktion. „A system is not merely an interaction, it is also the integration of the activity of components in order to provide an effective response appropriate to the input at the given moment" (Anokhin 1968, S. 380).

Geschlossene Systeme gelten als von ihrer Umwelt isoliert. Das System arbeitet ohne Außenkontakt, bezieht weder Informationen, Materie, Energie aus seiner Umgebung. Ein geschlossenes System ist auf die Information angewiesen, über die seine Teilsysteme von Anfang an verfügen. Auf einer Zwischenstufe zum offenen System finden wir Systeme, die hinsichtlich des Austausches von Energie und Materie mit der Umwelt nach wie vor geschlossen sind, jedoch umweltoffen gegenüber Information. Man kann solche Systeme als kybernetisch bezeichnen (von Bertalanffy 1968, S. 43). Kybernetische Systeme stehen in jüngster Zeit im Mittelpunkt wissenschaftlichen Interesses. Aus ihrer Arbeitsweise werden weitreichende Schlußfolgerungen für die Gestaltung einer Vielzahl von Seinsbereichen abgeleitet. Wir sollten daher ihre Funktionsgrenzen genauer umreißen. Hierzu sind einige Vorbemerkungen notwendig.

Isoliert man ein System von seiner Umwelt, kommt es wegen der Wirkung innerer Friktionen schnell zur Ruhe, desintegriert, zerfällt. Man kann zum Beispiel Eiskristalle in einem elektrischen Feld polarisieren; hebt man das Feld auf, kehren die Kristalle zu ihrem depolarisierten Normalzustand zurück. Physiker erklären diesen Vorgang durch den Entropiesatz der Thermodynamik. Danach tendiert ein isoliertes System dahin, seine Entropie (als Maß für den Zufallsgrad der Ordnung der Elemente in einem geschlossenen System) bis zu einem maximalen Wert zu erhöhen, deren Erreichen als „Gleichgewicht" (Endzustand) bezeichnet wird. Das Gleichgewicht ist durch einen Zustand größter Wahrscheinlichkeit und maximaler Unordnung gekennzeichnet. Es bestehen keinerlei Beziehungen mehr zwischen den Komponenten des Systems. Ist ein System dagegen umweltoffen, kann es also Energie und Materie importieren, kann auch die Tendenz zum Gleichgewicht, zur vollständigen Unordnung auf einem bestimmten Ordnungsniveau stabilisiert werden; es bestehen sogar Möglichkeiten zur Erhöhung des Ordnungsgrades (Negentropie). Offene Systeme erhalten sich auf einem Niveau hoher Ordnung und in Zuständen von „phantastischer Unwahrscheinlichkeit" (von Bertalanffy). Darüber hinaus streben sie sogar Zuständen höherer Ordnung, Organisation und Unwahrscheinlichkeit zu — und zwar „sowohl im Laufe der individuellen Entwicklung als auch in der Evolution" (von Bertalanffy 1970, S. 86). Von einem System, das seinen Zerfall vermeidet oder hinausschiebt, indem es Energie aus der Umwelt aufnimmt, sagt man, es importiere „negative“ Entropie. Oder um es mit Erwin Schrödinger (1968, S. 145) weniger paradox auszudrücken: „... the essential thing in metabolism is that the organism succeeds in freeing itself from all the entropy it cannot help producing while alive.“ Über diese Fähigkeiten verfügen die lediglich informationsoffenen Systeme nicht. Kybernetische Systeme können sich also nicht weiterentwickeln, sich differenzieren, einen höheren Grad von Komplexität erreichen, es sind keine lebenden Systeme.

Die herrschende neoklassisch orientierte ökonomische Theorie in einer Dichotomie von offenen und geschlossenen Systemen unterzubringen, bereitet keine großen Schwierigkeiten.

Der spätklassische Formalismus interpretiert die ökonomische Welt als geschlossenes System. Als Erfahrungswissenschaft untersucht er die Bedingungen der Existenz von Gleichgewichten bzw. Tendenzen zum Gleichgewicht; als normative Wissenschaft ist er als Logik der Entscheidung oder „science de calcul“ zu begreifen. In seinen vorherrschenden Zügen ist er als mechanistisch und reduktionistisch, bei Einbeziehung von Erwartungsgrößen als thermodynamisch zu kennzeichnen (siehe Röpke a).

Gleichgewichte oder Tendenzen zum Gleichgewicht zu unterstellen, seien sie heuristisch begründet, zum theoretischen „Aufwärmen“ (Davidson 1972, S. 8)[3] konstruiert oder als reale sozial-ökonomische Zustände und Vorgänge verstanden, setzen notwendig die Annahme eines geschlossenen ökonomischen Systems voraus.

Um Mißverständnissen vorzubeugen, sei angemerkt: Unsere Verwendung des Begriffes „geschlossenes System“ ist systemtheoretisch bezogen und nicht identisch mit der methodologischen Kategorie eines geschlossenen Erklärungssystems. Ein Erklärungssystem ist immer in dem Sinne geschlossen, in dem eine Theorie von bestimmten Zusammenhängen der Wirklichkeit abstrahieren muß, nur einen Teil der Variablen endogenisieren kann, den Rest als exogen „gegeben“ unterstellen und somit das Erklärungssystem schließen muß. In diesem Sinne erfolgt auch die Erklärung des Verhaltens offener Systeme in einem „geschlossenen“ Begründungszusammenhang.

Allerdings hängen beide Interpretationen auch auf kennzeichnende

[3] “Any theoretical model which is logically applicable only to an economy which is in long-run equilibrium or steadystate growth may be a useful ‘warming up’ exercise for the muscles of scientific inquiring minds, but it should never be taken as a serious description of a real world alternative, and no reliance as either a predictor or as a basis of policy can be given to such callisthenics where money is concerned” (Davidson 1972, S. 8). Keynes (1936, S. 293) unterscheidet zwischen der “simplified propaedeutic” der Gleichgewichtstheorie und der Untersuchung von „Problemen der realen Welt“.

Weise zusammen. Wenn man ein in der Realität offenes System, sei es ein Individuum, eine Unternehmung, eine Volkswirtschaft, bestimmter analytischer Gründe wegen als real geschlossenen Kausalzusammenhang darstellen will, ist man gezwungen, jene Züge der Wirklichkeit, die den offenen Charakter eines Systems ausmachen, analytisch zu eliminieren, wie es auf anschauliche Weise in der neoklassischen Markt-, Produktions- und Wachstumstheorie geschieht.

Dieses Vorgehen gestattet es, interaktionale Komplexität auf interaktionale Einfachheit zu reduzieren. Damit gelingt es auch, die Untersuchung in Bereichen intrakausaler Interaktionen der Variablen zu halten, eine „reine Ökonomie" zu begründen. Eine sich mit Problemen geordneter Komplexität beschäftigende Realtheorie wird zu einer (Ideal-)Theorie interaktional einfacher ökonomischer Erscheinungen, die nur für jene Fälle empirischen Gehalt beanspruchen kann, in denen sich Systemverhalten als Reaktion auf externe Störungen zeigt, oder – wie John Stuart Mill (1844, S. 149) es wegweisend für die neoklassische Ökonomie ausdrückt –, wo wir es mit „external circumstances capable of exciting the human will to action" zu tun haben. Von diesem Vorgehen zu unterscheiden ist die abstrahierende theoretische Interpretation realen Geschehens, welche die strukturellen und funktionellen Merkmale offener und hochkomplexer Systeme in den Erklärungszusammenhang aufnimmt. Wenn wir also von der neoklassischen Ökonomie als einer Theorie geschlossener Systeme sprechen, beziehen wir den Begriff des „Systems" auf Realerscheinungen, genauso wie ein Physiker von geschlossenen mechanischen oder thermodynamischen Systemen spricht. Eine Unternehmung oder eine Gruppe von Unternehmen (ein Markt) wird als real geschlossenes System betrachtet. Es werden nur jene Zusammenhänge untersucht, die auftreten, wenn man die – möglicherweise heuristisch zu rechtfertigende – Annahme macht, das System unterhalte keine interaktiven Beziehungen zu seiner Umwelt. Mit dem Setzen dieser Annahme entschließt man sich notwendig für die Untersuchung von Gleichgewichtsprozessen und verliert jene Vorgänge aus dem (theoretischen) Blickfeld, die in unserer Untersuchung im Mittelpunkt stehen: Vorgänge interaktiver Anpassung von Systemen, Erscheinungen spontan-schöpferischen Verhaltens und die Entwicklung höherer adaptiver Fähigkeiten, wie sie bei Wettbewerbs- und Evolutionsprozessen zur Geltung kommen.

In der Gleichgewichtsanalyse werden die Ursachen einer Störung des Gleichgewichts, die Ursachen von Systemverhalten überhaupt, außerhalb des Begründungszusammenhangs (in den Daten oder Rahmenbedingungen des Modells) angesiedelt. Untersucht wird also die Reaktion jeweils als homogen unterstellter Systemelemente auf exogene Störungen und die daraus resultierenden Zustandsänderungen des Gesamtsystems; abstrahiert wird von Rückkopplungsprozessen des Systems bzw. seiner Elemente mit ihrer Umwelt, sowie von unterschiedlichen Fähigkeiten und Verhaltensweisen der Systemelemente.

Ein solches Wissenschaftsprogramm – ökonomisch gewendet eine „Mechanik von Nutzen und Selbstinteresse“ (Jevons) – entspricht dem Stand der Biologie im 16. und 17. Jahrhundert, der Ausrichtung der biologischen Wissenschaft an der klassischen Mechanik. Es bereitet keine Schwierigkeiten, bei Begründern wie zeitgenössischen Vertretern des „spätklassischen Formalismus“ eine explizit betonte wissenschaftliche Verwandtschaft zwischen Ökonomie und klassischer Physik nachzuweisen. [4]

Einige Autoren haben Theoriefragmente vorgetragen, die sie sowohl als Anhänger des neoklassischen Paradigmas wie Vertreter einer ökonomischen Theorie offener Systeme ausweisen. Das gilt beispielsweise für die Ungewißheits- und Profittheorie von Knight wie für die Unternehmer- und Entwicklungstheorie von Schumpeter. [5]

---

[4] Die Mechanik ist für Knight eine "sister science" der Ökonomie; Walras bemüht sich, der Mechanik von Himmelskörpern entsprechende Gesetze auch im Marktsystem nachzuweisen; zu ausführlichen Hinweisen siehe Röpke (b); wie die klassische Physik und die vordarwinistische Biologie ist die neoklassische Ökonomie eine Wissenschaft des Studiums geschlossener Systeme. Die logische Struktur ihrer Sätze entspricht der „sozialen Physik“ des 17. Jahrhunderts, deren Existenz Wilden (1972, S. 343) u. a. bei Cournot, Pareto, Parsons, Levi-Strauss, Piaget und in der mathematischen Ökonomie und Spieltheorie nachzuweisen versucht. Physikalisch determinierte Vorgänge, die nach den Gesetzen der Mechanik als Maximierungs- bzw. Minimierungsprozesse betrachtet werden können, dienen als theoretische Vorlage zur Erklärung „wirtschaftlichen“ Verhaltens, wobei „wirtschaftlich“ auf Rationalverhalten im Sinne von Extremwertdenken verkürzt wird: „Wir sehen also: In der unbelebten Natur sind die determinierten Vorgänge aus einem Extremalprinzip abzuleiten: Die Natur ‚will sozusagen etwas erreichen‘, sie ‚strebt einem Ziel zu‘; formal ähnlich kann man das wirtschaftliche Verhalten eines Menschen aus einem Streben nach Nutzenmaximierung ableiten“ (Krelle 1964, S. 242). Der mechanistische Grundzug der neoklassischen Ökonomie wird ausführlich von Georgescu-Roegen (1971) dargestellt und von Böhler (1964, S. 28) als „deduktive oder analytische Richtung“ der Nationalökonomie folgendermaßen charakterisiert: „Diese Richtung zerlegt also gedanklich die komplexen Wirklichkeiten in einzelne logische Bestandteile, isoliert ihr Erkennntnisobjekt, z. B. die Wirtschaft, von den übrigen Einflüssen wie Politik, Ethik, Technik usw., die in der Wirklichkeit Einfluß auf die Erscheinungen haben, löst das isolierte Erkenntnisobjekt wiederum in seine Elemente auf und rekonstruiert die Wirklichkeit durch ein abstraktes Gerüst, das man heute gewöhnlich als Modell bezeichnet.“

[5] Schumpeter betont zum Beispiel, wirtschaftliche Entwicklung sei nur bei Durchbrechen des "circular flow" möglich (durch Innovationen), Vorgänge, die durch die reine Ökonomie nicht zu erfassen seien. Entwicklung kommt „unter den Erscheinungen des Kreislaufs oder der Gleichgewichtstendenz“ nicht vor, sondern wirkt „nur wie eine äußere Macht in sie“ hinein (1964, S. 98). Er hält es für unzulässig (S. 91), die ceteris-paribus-Klausel bei der Untersuchung von Entwicklungsphänomenen zu verwenden. Diese Klausel gilt in der neoklassischen Ökonomie als hervorragendes methodologisches Instrument, einen zu untersuchenden empirischen Zusammenhang

Etwas vereinfachend kann man behaupten: Newton und Descartes seien die Begründer einer Wissenschaft geschlossener Systeme. Newton lieferte die Empirie, Descartes schuf die philosophische Grundlage. Die cartesianische Mechanik und die sie begründende konstruktivistische Form der Rationalität (die Planungslogik der Ökonomen; siehe hierzu Hayek 1969, S. 75 ff.) versteht die lebende Welt als aus rational bestimmten Wesen bestehend, von einer übergeordneten Vernunft von außen lenkbar, Wesen also ohne „inneres Handlungsprinzip" (Kant), nur fähig, eine einmal von außen (bei Descartes vom Schöpfer Gott) erhaltene Bewegung weitergebend.[6]

Dieser mechanistisch-konstruktivistische Grundzug der frühen Aufklärung hat sich in einem Teil der modernen Ökonomie paradigmatisch verfestigt,[7] wie wir in späteren Kapiteln ausführlicher darstellen:

---

vor externen Störungen zu sichern und die Reduktion von Problemen interaktionaler Komplexität auf Probleme einfacher Zusammenhänge zu leisten. Das heißt: Mit ceteris-paribus-Modellen hofft man, komplexe offene Systeme so untersuchen zu können, *als ob* sie geschlossen und einfach oder geschlossen und stochastisch interpretierbar wären. Die Anwendung dieser Methode im Bereich komplexer Systeme muß notwendig zu theoretischen Fehlschlüssen führen. Kritisch zu dieser Methode äußert sich Hutchinson (1972): Die ceteris-paribus-Klausel macht aus einem empirisch-synthetischen einen analytisch-tautologischen Satz und verhindert somit Falsifikation; siehe auch Hayek 1972, S. 15 ff., Hoppmann 1973, S. 47 ff., Åkerman 1938, S. 50 f., 53, welche auf die Beziehungen zwischen Komplexität und theoretischer Methode hinweisen. Interessant in diesem Zusammenhang auch die Auseinandersetzung von Briefs (1915, S. 244 ff.) mit Autoren, die behaupten, bereits die klassische Nationalökonomie als Vertreter einer Reduktionsökonomie (Methode der isolierenden Abstraktion, ceteris-paribus-Klausel, frei wählbare Prämissen usw.) ausweisen zu müssen.

[6] Zur Position von Descartes und zum Hinweis auf Kant vgl. Jakob 1972, S. 44, 102; Newton schreibt in seinen Principia (1686, S. 2, 13): "Definition IV: An impressed force is an action exerted upon a body, in order to change its state, either of rest, or of uniform motion in a right line.

Law I: Every body continues in its state of rest, or of uniform motion in a right line, unless it is compelled to change that state by forces impressed upon it."

[7] Ähnliche Entwicklungen in der Biologie wurden vor allem von Bertalanffy kritisiert. Die Systematisierung dieser Kritik bildete eine Grundlage für die sogenannte „allgemeine Systemtheorie".

Bereits vor den grundlegenden Arbeiten Bertalanffys hat Hayek in den 40er Jahren, teilweise mit nahezu identischen Argumenten, auf einige Fehlentwicklungen aufmerksam gemacht, die ihm mit der Anwendung „physikalischer" und „szientistischer" Methoden in den Sozialwissenschaften verbunden schienen. Zur deutschen Übersetzung dieser Arbeiten siehe Hayek (1959); zur Verwandtschaft der grundlegenden methodischen Probleme von Biologie und Sozialwissenschaften vgl. Hayek (1969, S. 154 f.), sowie einen parallelen Beitrag des Biologen Mayr (1961). J. S. Haldane, gleichfalls Biologe, bemerkt (zit. bei Hardy 1965, S. 265 f.): "That a meetingplace between biology and physical science may at some time be found there is no reasoning for doubting. But we may confidently predict that if that meeting-place be found, and one of the two sciences is swallowed up, that one will not be biology." Georgescu-Roegen (1971, S. 281) zitiert unter Hinweis auf die mechanistische Epistemologie

1. Auf der Ebene des Persönlichkeitssystems entspricht die zentrale Figur des homo oeconomicus dem skizzierten mechanistischen Theorietypus. Es wird sich zeigen, daß auch die moderne Ökonomie nicht ohne Psychologie auskommt, nur scheint sie sich für die psychischen Voraussetzungen des Funktionierens ihrer Wirtschaftsmenschen nicht sonderlich zu interessieren. Die in der Neoklassik implizit verwendete Psychologie wäre dem Behaviorismus zuzuordnen, der sich mit den Bedingungen äußerlich beobachtbaren (operationalen) Verhaltens beschäftigt (Reiz/Input – Reaktion/Output). Handeln wird als mehr oder weniger von Umweltreizen determinierte oder von außen gelenkte Reaktion gesehen, nicht als spontane, selbstmotivierte Aktivität oder Interaktion.

2. Auf der Ebene der Unternehmen herrscht die Maschinen-Befehls-Organisation; ihr Innenleben interessiert nicht; ihre internen Probleme werden als gelöst vorausgesetzt; ihre Mitglieder vermögen entsprechend der jeweiligen Umweltkonstellation optimale Anpassungsreaktionen zu reproduzieren.

3. Auf der Ebene des Marktes trifft man auf eindeutig abgrenzbare, als historisch gegeben unterstellte, den einzelnen Marktteilnehmern bestimmte Verhaltensweisen zuweisende Marktstrukturen; ihr Wandel und ihre Evolution bleiben unbeachtet; ihre jeweilige gesamtwirtschaftliche Effizienz und Optimalität (hinsichtlich der Allokation knapper Ressourcen oder anderer überindividueller Ziele) läßt sich theoretisch aufzeigen und zumindest tendenziell auch sozialtechnologisch verwirklichen.

Wir treffen auf Entscheidungs-, Organisations- und Marktmodelle, welche – da empirische Zusammenhänge als geschlossene Systeme erfaßt werden und von ihrer interaktionalen Komplexität abstrahiert wird – Konstruktionsbedingungen zum Aufbau einer optimalen ökonomischen Welt zu liefern scheinen. Dabei bezieht sich der ökonomische Aspekt dieser sozialen Welt darauf, auf der Ebene des Individuums, der Organisation und des Marktes jene Umweltkonstellationen zu verwirklichen oder als existierend zu unterstellen, bei der wie Lionel Robbins wegweisend für die neoklassische Ökonomie formulierte, mit gegebenen Mitteln der höchstmögliche Ertrag, oder ein gegebener Ertrag mit einem Minimum an Aufwand zu erreichen ist.

Auf drei Ebenen also arbeitet die neoklassische Ökonomie mit geschlossenen Modellen, mit Problemen einfacher Zusammenhänge und

---

und die Praxis des Denkens im geschlossenen System in der modernen Ökonomie zustimmend die Ansicht von Alfred Marshall (1920, S. 772), Ökonomie sei "a branch of biology broadly interpreted". Marshall schreibt auch (1920, S. XIV): "The Mecca of the economist lies in economic biology rather than in economic dynamics." Er knüpft damit an Vorstellungen der klassischen schottischen Ökonomen an, die Hayek (1960, S. 59 f.; 1969, S. 141–143; 1973, S. 152 f.) als „Darwinisten vor Darwin" kennzeichnet, während andererseits Darwins Arbeiten als eine „Soziologie der Natur" verstanden werden können (so Radl zit. bei Peters 1972, S. 335).

damit verbunden mit der „Zwei-Variablen-Methode". Sie unterstellt Systeme hohen Ordnungsgrades (determinierte Systeme) bzw. eines geringen Grades von Freiheit. Das Verhalten der Systemelemente ist vorherbestimmt, determiniert, „echte" Entscheidungen können nicht stattfinden; etwas Neues, Überraschendes, prinzipiell Unvorhersehbares ist nicht möglich, das ökonomische Geschehen bleibt historisch (nicht logisch!) zeitlos.

Die geschlossenen Modelle der Gleichgewichtsökonomie können daher – auch wenn man sie „dynamisiert" – jenseits determiniert-mechanisch ablaufender Prozesse keine Erklärungsrelevanz besitzen.

1.1.2.2 Komplexität von Systemen

In der Systemtheorie gilt im Anschluß an Ashby (1960, 1961) die Vielfalt (Varietät, „variety") als Maß der Komplexität eines Systems. Als Vielfalt kann man die Anzahl der unterscheidbaren Zustände, die „Menge von Möglichkeiten" verstehen, die ein System einnehmen kann.[8] Ein System ist komplex, wenn ein Beobachter es nicht mehr vollständig beobachten und beeinflussen, d. h. seinen Zustand determinieren und die für Vorhersagen des Verhaltens des Systems notwendigen Rechenvorgänge zu Ende führen kann. Ein Beobachter wird ein System „als ‚sehr umfangreich' bezeichnen, wenn es in gewisser Weise durch seine Kompliziertheit und Komplexität über ihn triumphiert". Die Anzahl und interaktive Komplexität der Elemente eines Systems „macht ihre *detaillierte* Beeinflussung für ihn praktisch unmöglich" (Ashby 1974, S. 98 f.).[9]

---

[8] „In der Terminologie der Kybernetik muß der ‚Umfang' eines Systems sich auf die Anzahl der getroffenen Unterscheidungen beziehen: Entweder auf die Anzahl der möglichen Zustände, oder, wenn seine Zustände durch einen Vektor definiert sind, auf die Anzahl der Komponenten des Vektors" (Ashby 1974, S. 98); s. auch Krieg (1971, S. 55) mit weiteren Nachweisen. Buckley (1967, S. 163) schreibt: "The Environment ... can be seen at bottom as a set or ensemble of more or less distinguishable elements, states, or events, whether these discriminations are made in terms of spatial or temporal relations, or properties. Such distinguishable differences in an ensemble may be most generally referred to as 'variety'."

Luhmann definiert Komplexität als die Gesamtheit möglicher Ereignisse (der Welt bzw. eines Systems) oder, wenn man den konträren Aspekt von Zeit als Basisbegriff verwendet, die Gesamtheit möglicher Zustände (der Welt bzw. eines Systems) (Luhmann 1971 c, S. 312).

[9] Der wichtige Begriff der Komplexität wird leider zu unterschiedlich definiert. Bei vielen Autoren läßt sich der Begriff nur aus dem Textzusammenhang erschließen und wird gelegentlich auch von den gleichen Autoren in unterschiedlichem Sinne verwendet. Unsere Verwendung folgt Ashby, der allerdings selbst keine exakte Definition gibt. Wenn wir als Maß der Komplexität die Vielfalt der möglichen Zustände eines Systems betrachten, wird das Ausmaß der Komplexität eines Systems abhängig erstens von dem Grad der Kompliziertheit eines Systems (der Anzahl unterschiedlicher Arten von Elementen mit spezifischen Eigenschaften) und zweitens dem Grad der Dynamik (Häufigkeit, Stärke und Ungewißheit), mit der sich System- bzw.

Da in allen Systemen eine Differenz zwischen potentieller und tatsächlicher Vielfalt besteht, muß Vielfalt (bzw. Komplexität) beschränkt (bzw. reduziert) worden sein. „Komplexität heißt also praktisch Selektionszwang." (Luhmann 1971 b, S. 33). Selektion ist Reduktion von Komplexität, und sie läßt sich als Abnahme der Vielfalt messen. In sozialen Systemen wird Komplexität in ihrem Verhältnis zum Erleben und Handeln des Menschen begriffen, der mit einer Überfülle von Möglichkeiten konfrontiert, zur Selektion geradezu gezwungen wird. „Durch den Begriff Komplexität soll bezeichnet werden, daß es stets mehr Möglichkeiten des Erlebens und Handelns gibt, als aktualisiert werden können" (Luhmann 1971 b, S. 32); Reduktion von Weltkomplexität wird zur Systemerhaltungsformel. Von der Selektionskapazität eines Systems hängt es ab, was für ein System als Möglichkeit entworfen werden kann, wie die Umwelt beschaffen ist, die sich ein System aufzubauen vermag, um wieviel unwahrscheinlicher die Ordnung eines Systems als die seiner Umwelt ist. Komplexität wird so zur Variablen des Evolutionsprozesses, und Systeme selbst gelten als „selektive Leistungen, Aspekte von Weltzuständen, deren Selektivität die Wissenschaft mit ihren analytischen Kategorien nur nachzeichnet, nicht begründet" (Luhmann 1971 c, S. 384).

Evolution heißt Steigerung der Eigenkomplexität eines Systems. Die Komplexität der Welt ist stets größer als die eines Systems. Zwischen beiden besteht immer ein Komplexitätsgefälle. Komplexere Systeme können einen größeren Bereich möglicher Ereignisse der Umwelt absorbieren, verfügen daher auch über wirkungsvollere Strategien der Reduktion von Weltkomplexität als weniger komplexe Systeme. Komplexe Systeme sind weniger komplexen Systemen evolutionär überlegen. Evolution vollzieht sich über die Konkurrenz unterschiedlich komplexer und kompetenter Systeme. Komplexität und Kompetenz im Sinne von Evolutionsfähigkeit eines Systems, als den zentralen Begriffen unserer Analyse, sind daher explizit auf Beziehungen zwischen Systemen und ihrer Umwelt orientiert. Dadurch wird es möglich, eine nichttautologische Evolutionstheorie zu begründen.

Das Verhalten komplexer Systeme läßt sich nicht durch einfache lineare Ursache/Wirkungs-Ketten erklären; möglicherweise läßt es sich nur in jenem Sinn „kausal" verstehen, in dem man Aussagen über *Beschränkungen* ihres Verhaltens formuliert, die nicht über das informieren, was sich ereignet, wenn bestimmte singuläre Randbedingungen vorliegen, sondern nur darüber informieren, was sich *nicht* ereignen kann:

1. Weil ein System bestimmten (kulturellen, normativen, genetischen) Beschränkungen seines Verhaltens unterliegt (siehe Abschnitt 1.5);

Umweltfaktoren im historischen Zeitablauf ändern. Siehe ausführlich zu dieser Verwendung Abschnitt 4.2.

2. weil das Verhalten des Systems an bestimmte Fähigkeiten (z. B. in Form psychischer und organisatorischer Potentiale) gebunden ist und ihm damit auch bestimmte Verhaltensmöglichkeiten nicht möglich oder verschlossen sind (siehe den 2. und 3. Teil).

Verhaltenstheorien bisheriger Art sind Theorien über Verhaltensdispositionen (Münch 1972, S. 23 f.): Sie informieren über die Bedingungen, bei denen ein System zu einem bestimmten Verhalten disponiert ist. Ob jedoch ein System das Verhalten tatsächlich ausführt, zu welchem es disponiert ist, hängt zusätzlich noch von Bedingungen ab, welche die Möglichkeiten seines Verhaltens bestimmen. Diese teilen wir in zwei Bedingungsklassen ein:

1. Bedingungen der Fähigkeit oder Kompetenz eines Systems zu einem bestimmten Verhalten (Kompetenz verwenden wir durchgehend nicht im Sinne der Zuständigkeit sondern der Problemlösungsfähigkeit eines Systems);
2. Beschränkungen des Möglichkeitsbereichs eines Systems, die aus den Interaktionen von Systemen, das heißt den Wechselwirkungen zwischen System und Umwelt hervorgehen. [10] Wir bezeichnen sie als Verhaltensregeln.

1.1.3 Atomismus, Holismus, Emergenz

Um einen Einstieg in die Probleme organisierter Komplexität zu finden, scheint es notwendig zu sein, zunächst mit stark vereinfachenden Methoden und Hypothesen zu arbeiten. Mit fortschreitender Erkenntnis kann man dann dazu übergehen, realistischere Modelle zu entwerfen und sich auf diese Weise Schritt für Schritt an die komplexe Welt heranzutasten. In den Sozialwissenschaften ist dieser methodologische Stil durchaus gebräuchlich. [11] Er wird zudem sehr oft mit dem Hinweis auf ähnliche Ver-

---

[10] In der Terminologie von Gregory Bateson handelt es sich bei unserem Vorgehen um eine „kybernetische“ im Gegensatz zu einer „kausalen“ Erklärung. Bei einer kybernetischen Erklärung wird nicht gefragt, warum sich dieses oder jenes ereignete, sondern welchen – bestimmte mögliche Verhaltensweisen ausschließenden – Beschränkungen (“constraints”) das System unterworfen ist. “... cybernetic explanation is always negative. We consider what alternative could conceivably have occurred and then ask why many of the alternatives were not followed, so that the particular event was one of those which could, in fact, occur” (Bateson 1967, S. 29); in gleichem Sinn äußert sich Ashby (1974, S. 193, 200 f.); s. a. Wilden (1972, S. 356) und Hinweise in diese Richtung bei Hayek (1967, S. 11; 1969, S. 147, 155). Das klassische Beispiel für diesen Erklärungstypus ist die Theorie der Evolution. Man vergleiche auch unser Vorgehen in den folgenden Kapiteln.

[11] Vgl. hierzu beispielhaft die ausführliche Diskussion bei Alfred Marshall (1920, S. 366), wo es heißt: “The element of time is a chief cause of those difficulties in

fahren in den Naturwissenschaften verteidigt. So wird in der Nationalökonomie versucht, die Gleichgewichtsanalyse geschlossener Systeme der Interaktionsanalyse evolutionsoffener Systeme voranzuschicken, oder Aussagen über die reale Welt aus Annahmen zu deduzieren, denen eine fiktive Welt vollkommener Gewißheit zugrunde liegt.[12] Ohne lange Diskussion ist ersichtlich, daß dieses Argument auf einem nicht haltbaren Vertauschen der Problemebenen fußt und bei einer Konfrontation mit komplexen, nichtlinearen Systemen versagt. Versucht man, von geschlossenen auf offene Systeme überzugehen, Methoden zur Untersuchung einfacher auf komplexe Systeme zu übertragen, eine Welt nichtlinearer Beziehungen mit einem Instrumentarium für die Analyse linearer Relationen zu erfassen, oder sogar davon auszugehen, Annahmen über die Beziehung und Interaktion von isolierten Veränderlichen bei Problemen einfacher Zusammenhänge auf Probleme organisierter Komplexität zu übertragen, wird man sich der Einsicht in die Vergeblichkeit solchen Tuns früher oder später anschließen müssen. Interaktionen von Elementen eines komplexen Systems zeigen Eigenschaften, die man bei isolierten Phänomenen nicht nachweisen kann. In geschlossenen Systemen des Gleichgewichts können evolutionäre Vorgänge nicht dargestellt werden. In einer Welt vollkommener Voraussicht und Gewißheit treten keine Unternehmer auf, kann Geld keine Rolle spielen (außer die eines „numéraire"). Offene Systeme zeichnen sich durch Prozesse aus, von denen man wohl bei der Untersuchung geschlossener Systeme abstrahieren kann, die man aber nicht entdeckt und wirkungsanalytisch erfaßt, wenn man den umgekehrten Weg geht. Einer „Theorie komplexer Phänomene" (Hayek 1972) stellen sich neuartige Probleme und Aufgaben, die man zu übersehen Gefahr läuft, wenn man auf die Untersuchung von Erscheinungen eingeübt ist, wie sie bei einfachen Beziehungen aufzutreten pflegen, wenn man eindeutig isolierbare Untersuchungsobjekte unterstellt, sowie Instrumente und Metho-

economic investigations which make it necessary for man with his limited powers to go step by step; breaking up a complex question, studying one bit at a time, and at last combining his partial solutions into a more or less complete solution of the whole riddle. In breaking it up, he segregates those disturbing causes, whose wanderings happen to be inconvenient, for the time in a pound called Ceteris Paribus. ... the more the issue is thus narrowed, the more exactly can it be handled: but also the less closely does it correspond to real life."

[12] Siehe hierzu die Kritik Kaldors (1961): „... in economics we should avoid running into blind alleys where difficulties about uncertainty were bound to bring us to a complete halt. The purpose of abstraction was to abstract from things one could deal with later, and not to assume away what was too hard to deal with at all. Otherwise theory became useless, and this was more true of neoclassical than of classical analysis. Thus in neoclassical theory one constructed models which would work only if one abstracted completely from uncertainty. When uncertainty was introduced, the model became quite useless" (zitiert nach dem Konferenzprotokoll von Hague 1961, S. 316 f.; siehe auch 4. Teil, Fußnote 36, S. 296).

den verwendet, mit denen man an geschlossenen linearen Systemen umzugehen gelernt hat.

Hinsichtlich der Theoriebildung dürfte es so sein, daß komplexe Phänomene, wie Hayek gezeigt hat (1972; siehe auch Bühl 1970, S. 355), komplexer Theorien bedürfen, komplexe Phänomene also nicht mit „einfachen" Theorien erklärt werden können, auch wenn man letztere im Einzelfall noch so kompliziert, wie in den Blütezeiten wissenschaftlicher Scholastik. [13]

In diesem Zusammenhang ist es nützlich, eine klassische wissenschaftliche Kontroverse zu referieren, die Auseinandersetzung zwischen „Holisten" und „Atomisten".

Ein System gilt als eine Ganzheit, die in Austauschprozessen mit ihrer Umwelt steht, und deren interagierende Komponenten in ihrem Verhalten nicht autonom, sondern zum „Wohle des Ganzen" begrenzt sind. Traditionalerweise faßt man diesen Tatbestand in die auf Aristoteles zurückgehende mißverständliche Behauptung, das Ganze sei „mehr" als die Summe seiner Teile. [14] Die Interpretation dieses „Mehr" ist der Kern der genannten Kontroverse, die heutzutage als Bestandteil des Reduktionsproblems ausgefochten wird. Die atomistische Betrachtungsweise sieht die Beziehungen zwischen einer Anzahl von Veränderlichen als die von isolierten Einheiten (Atome, Moleküle, eine Ratte in der Skinner Box, der homo oeconomicus). Die Einheiten stehen aufgrund einfacher Regeln

---

[13] Johan Åkerman hat sich schon vor Jahren gegen die „elementaren Robinsonaden" der Methode des Voranschreitens vom Einfachen zum Komplizierten der neoklassischen Nationalökonomie gewendet: Die Struktur und die Prozesse des sozialökonomischen Lebens zeichnen sich gerade durch Erscheinungen aus, „die didaktische Entwicklungen an der Skala der Abstraktionsgrade nicht zulassen. Entweder muß man davon abstehen, viele wichtige Glieder mitzunehmen, oder man muß von Anfang an den Mechanismus so behandeln wie er ist, d. h. außerordentlich komplex, in Struktur, in Raum, in Zeit ... Man darf nicht mit einer ‚einfachen' Konstruktion anfangen, die auf einer großen Zahl wirklichkeitsfremder Prämissen aufgebaut ist, um sich dann der Wirklichkeit dadurch zu nähern, daß man sich schrittweise in mindere Abstraktionsgrade begibt. Das Schema muß vielmehr in seiner Gänze von Anfang an als eine totale steuernde Konstruktion vorhanden sein" (Åkerman 1938, S. 50, 53).

[14] „Diese anscheinend mystische Aussage hat einen einfachen Sinn – bei einem System müssen wir nicht nur die Teile kennen, sondern auch die Beziehungen. Etwa ein lebender Organismus ist mehr als die Summe seiner Einzelorgane: Diese sind zu einem Ganzen mit höheren Funktionen zusammengeschlossen, sie arbeiten im allgemeinen im Sinne der Erhaltung oder Entwicklung des Ganzen und in diesem Sinne zweckmäßig oder teleologisch" (von Bertalanffy 1972, S. 18); vgl. auch Ackoff und Emery (1972, S. 4 ff.) sowie Georgescu-Roegen (1971, S. 327 ff.), mit weiteren Beispielen und einer Diskussion der Konsequenzen für die ökonomische Theorie. Ackoff und Emery (1972, S. 5 f.) behaupten, die traditionale Theorie versuche, das „Ganze" aus der Struktur seiner Teile zu verstehen, während sich die Systemtheorie bemühe, die Struktur der Teile aus dem Funktionieren des Ganzen zu verstehen. Im ersten Fall handele es sich um kausal-mechanisches, im zweiten um teleologisches Vorgehen.

miteinander in Beziehung. Das Auffinden solcher Regeln eröffnet einerseits die Möglichkeit, Paare von Einheiten zu komplizierteren Ketten und Querverbindungen zusammenzufügen, andererseits die auf diese Weise gebildeten oder vorgefundenen Aggregate wiederum auf ihre Elementareinheiten bzw. die Basisregeln, die ihre Beziehungen bestimmen, zurückzuführen. Das System addiert sich scheinbar ohne Überschuß aus seinen Gliedern und Beziehungen auf. Es bleibt kein „Mehr". Die Information über die Einheiten und die Regeln, nach denen sie in Beziehung treten, genügen, um auch das Verhalten der Gesamtheit zu beschreiben und zu erklären. Die Ursache von Systemverhalten kann vollständig aus der Kenntnis der Systemkomponenten verstanden werden. Ein eindrückliches Beispiel interaktiver Reduktion scheint uns die Theorie „elementaren sozialen Verhaltens" von George Homans (1961) zu sein. Homans versucht, allgemeine Prinzipien oder elementare Gesetzmäßigkeiten individuellen Verhaltens zu formulieren, mit deren Hilfe er dann verschiedene soziale Prozesse (sogar einschließlich des sozialen Wandels) zusammenfügt und somit erklärt. Homans bedient sich der Lerntheorie des Behavioristen Skinner, die er mit dem ökonomischen Rationalprinzip kombiniert. Dabei stellt sich jedoch die Frage, wie sich dieses Vorgehen mit systemtheoretischer Analyse verträgt. Homans gibt selbst einen Hinweis, wenn er auch dessen Implikationen nur andeutet: „The composition effects, the ways in which the propositions work out to produce a concrete result, are much more complicated when the actions of each of two or more men reward the actions of the others, but the propositions themselves do not change. When we say that the whole of social life is more than the sum of its parts, the actions of individuals, all we are referring to is the complexity of the composition effects" (Homans 1964, S. 970). Hinter der Komplexität der Interaktionswirkungen der Subjekte scheint sich nun aber gerade dasjenige zu verbergen, was wir als das „Mehr" des Ganzen gegenüber der Summe seiner Teile bezeichnen können. Dieses den elementaren Verhaltensweisen hinzuzufügende Mehr ist Ausdruck der Tatsache, daß die Elemente nicht in einem isolierten Versuchsraum sondern in einer sozialen Umwelt agieren, die durch ihr Verhalten mitgeschaffen wird (Problem der Emergenz): Die Eigenschaften eines Systems können sich wesentlich von denen seiner Teile unterscheiden. Zusätzlich zu den elementaren Gesetzmäßigkeiten, die darüber informieren, warum und wie ein Individuum in der Gegenwart eines oder mehrerer anderer Subjekte handelt, benötigen wir Informationen, die Auskunft über ihre *system*bezogene Interaktion geben, die sagen, welchen Beschränkungen das Verhalten der Individuen aufgrund ihrer Zugehörigkeit zu einem sozialen System unterworfen sind, welche Funktion diese Beschränkungen haben, wie das System mit den unbeabsichtigten Wirkungen des Einzelverhaltens („the complexity of the composition effects") fertig wird usw.

Diese Erfordernisse zielen auf einen Sachverhalt, der in der methodologischen Diskussion gelegentlich mit dem Hinweis auf sogenannte „composition laws“ angesprochen wird. Es handelt sich dabei um Aussagen, die uns darüber informieren sollen, was sich ereignet, wenn mehrere Elementareinheiten in Beziehungen zueinander treten (Brodbeck 1958, S. 16 f., Bunge 1973, S. 60 ff., Webster 1973). „Composition laws“ informieren darüber, wie Individuen oder Elemente einer bestimmten Ebene zusammengefügt sind und interagieren. Sie erklären das Bestehen und Verhalten des „kollektiven“ Phänomens, der höheren Ebene. Wir kennen zum Beispiel Gesetze über das Verhalten von Wasserstoff und Sauerstoff. Es gibt jedoch auch ein „composition law“, das uns darüber informiert, was wir zu erwarten haben, wenn beide Elemente interagieren: Es entsteht Wasser.

Eine reduktive Zerlegung eines „Ganzen“ in seine „Teile“ würde nicht weiterhelfen: Das Problem der Emergenz bliebe auf der Strecke. Das heißt, die Tatsache würde verschwiegen, daß in komplexen Systemen aus der Interaktion der Teile einer Ebene emergente Eigenschaften oder emergente Beziehungen entstehen, die auf der Ebene der Individuen nicht zu finden sind. Vielmehr sind zusätzliche Informationen über die Interaktion der „Teile“ notwendig, die zur Herausbildung (Emergenz) des „Ganzen“ führen. Die Erklärung des Entstehens und des Verhaltens des „Ganzen“ bedarf sowohl allgemeiner Gesetze als auch zusätzlicher Annahmen (über die Beschränkungen des Verhaltens der „Teile“), welche über Art und Umfang der Zusammenfügung bzw. Interaktion der Systemelemente informieren.[15]

Der Hinweis auf die "composition laws" bringt uns jedoch nur einen Schritt weiter. Wir benötigen sozusagen eine weitere Ebene von composition laws, die nicht nur aussagen, wie sich das Verhalten der Subjekte ändert, wenn sich zum Beispiel die Zahl der interagierenden Elemente erhöht (Zweipersonen-, Dreipersonen-, Kleingruppe, Großgruppe, latente Gruppe usw.). Sie müßten uns weiterhin Informationen bieten, warum und auf welche Weise die Teilsysteme sich so verhalten, daß das System quasi als Gesamtheit ein Verhalten hervorbringt, welches dem Tatbestand seines Eingebettetseins in eine nichtkontrollierbare Umwelt entspricht, oder warum offene Systeme miteinander um sogenannte knappe Ressourcen konkurrieren. Die Existenz von Teilsystemen setzt so einerseits eine schon strukturierte Umwelt voraus (das Ganze), diese ist aber andererseits auf die Mitarbeit der Einzelsysteme angewiesen, um sich

---

[15] Das heißt weder, die emergente Eigenschaft könnte nicht auf die Ebene des Individuums bezogen werden (schließt also methodologischen Individualismus nicht aus), noch bedeutet es, das Prinzip des „Holismus“ in jenem Sinn zu übernehmen, alle Aspekte einer Situation müßten untersucht werden. Zur Abgrenzung von methodologischem Individualismus, Holismus, Reduktionismus und Emergenz vgl. Webster 1973; s. a. Jarvie 1974.

durch Reduktion von Umweltstörungen (Weltkomplexität) als System zu erhalten. Dies gibt uns Anlaß, einige scheinbar paradoxe Schlußfolgerungen auszusprechen: Wenn sich Systeme durch Stabilisierung einer Innen/Außen-Differenz erhalten, wenn man andererseits der Ganzheit keinen konkreten Willen zubilligt, sondern sie als abstrakte Ordnung zu verstehen sucht, müssen Teilsysteme existieren, die sich, als Ausdruck der Arbeitsteilung innerhalb des Systems, des Problems der Reduktion von Weltkomplexität stellvertretend für das Gesamtsystem annehmen. Man kann dann im Hinblick auf die Beziehungen dieser Einzelsysteme zum Gesamtsystem behaupten, das Ganze sei *weniger* als die Summe seiner Teile, da es Teilsysteme gibt, die selbst höhere Komplexität haben als das System, dem sie angehören. Dies ist eben dann vorstellbar, wenn „Teilsysteme eines Systems die Komplexität dieses Systems selbst in ihrer Beziehung zur Umweltkomplexität zum Thema machen; (wenn) mit anderen Worten das Komplexitätsgefälle zwischen System und Umwelt als solches zum Problem eines Teilsystems wird und in diesem auf andere Möglichkeiten hin durchdacht wird" (Luhmann 1971 c, S. 341).[16]

Wollte man das Verhalten eines Systems aus der glatten Addition des Verhaltens seiner Elemente ableiten, käme man an jenes Mehr (oder Weniger) nicht heran, das Luhmann treffend als die „Ordnungsleistung des Systems im Verhältnis zu seiner Umwelt" (1968 a, S. 120) bezeichnet hat, wobei Ordnung zu verstehen ist als „Ordnung des Komplexitätsgefälles zwischen Umwelt und System" (Luhmann 1971 c, S. 383). Hypothesen über die Schritt-für-Schritt-Zusammenfügung von Teilprozessen können also nicht die Information liefern, mit der die Existenz und die Evolution eines Systems erklärt werden können. „Die Information über das Ganze, über das Kollektiv, ist größer als die Summe der Information über die Teile" (Weiss 1970, S. 60).[17] „... der Systembegriff verkörpert die Erfahrung, daß es Gestaltprozesse gibt, die in ihrer typischen Struktur nicht auf einem vorbestimmten, vollkommen stereotypen Mosaik von

[16] Wir versuchen, im zweiten Teil dieser Arbeit zu zeigen, daß Unternehmer-Innovatoren den komplexitätsreduzierenden Part in einem Marktsystem spielen, und wir geben im vierten Teil eine ausführliche Darstellung der Wirkungsweise von Mechanismen, durch welche die Ergebnisse komplexitätsreduzierender Problemlösungsaktivität der Teilsysteme in reduzierter Form für das Gesamtsystem ausgewertet und verfügbar werden und somit Ausdruck des Funktionsinteresses des Gesamtsystems sind, „selbstkonstituierte Komplexität" (Luhmann 1970, S. 149) zu reduzieren.

[17] "Because a system must be either variety increasing or variety decreasing, it must be either more or less than the sum of its parts. This property of systems justifies study of them as individuals and study of the interrelationships of their parts. If systems were variety maintaining, such studies would be unnecessary. We would need to study only their elements as individuals. This shows why psychology is not enough to understand human behavior, why social psychology and sociology are also required" (Ackoff und Emery 1972, S. 216).

linearen Einzelvorgängen, sondern auf der Tatsache beruhen, daß die Einzelvorgänge zwar viele Freiheitsgrade besitzen, aber den ordnenden Einschränkungen unterworfen sind, die die integrale Aktivität des ‚Ganzen' in seiner strukturhaften Systemdynamik auf sie ausübt." (Weiss 1970, S. 18 f.).

1.2 Interaktion von System und Umwelt[18]

1.2.1 Umweltkreation und die Reduktion von Komplexität

Offene lebende Systeme unterhalten mit ihrer Umwelt Beziehungen des Austausches von Information, Materie und Energie. Als Umwelt gilt alles, was sich außerhalb des Systems befindet und das entweder die Arbeitsweise des Systems beeinflußt oder selbst vom System beeinflußt wird (Sommerhoff 1969, S. 155). Umwelt ist „Natur" im weitesten Sinne, einschließlich des physischen, sozialen und kulturellen Universums (Schütz 1971, S. 210).

Auf die Zusammenhänge zwischen System und Umwelt hat bereits 1913 der Verhaltensforscher Jakob von Uexküll aufmerksam gemacht. Sie wurden von Hermann Legewie (1931) weiterentwickelt und sind fester Bestandteil der modernen Verhaltensforschung geworden. Auf der Grundlage der Überlegungen von Uexküll können wir behaupten:

1. Jedes System hat es mit zwei Gefügen der Welt zu tun, der Außenwelt und der Innenwelt (das „gesamte Körpergefüge", Uexküll). Außenwelt steht für die Komplexität der Welt, Innenwelt für die Eigenkomplexität des Systems.

2. Das System ist grundsätzlich, von seinem Funktionsinteresse her, auf Umweltinteraktion hin angelegt. „Einen Organismus unabhängig von seiner Umwelt zu betrachten, ist eine Abstraktion" (Count 1970, S. 6).

3. Da die Umwelt eines Systems (Tieres) nur von Dingen erfüllt ist, „die diesem Tier ausschließlich gehören" (Uexküll), wird es schwierig zu behaupten, die Umwelt steuere das Systemverhalten durch Anbieten von Stimuli. Vielmehr selektiert das System, wie Uexküll klar ausspricht, die Außenreize durch seine Rezeptoren, die diese dann „mittels eigener neuraler Mechanismen in Stimuli" verwandeln (Count 1970, S. 6). Das System wählt (erfahrungsgemäß routinemäßig) aus seiner Umwelt jene Stimuli, welche die in der jeweiligen Situation benötigte Reaktion auslösen.

---

[18] Wir werden im folgenden auf Überlegungen der tierischen Verhaltensforschung eingehen. Denn daran läßt sich aufzeigen, daß mechanistische, wenn auch populäre Interpretationen des Verhaltens bereits bei nichtmenschlichen Systemen nicht aufrechtzuerhalten sind. Die im Text vorgetragene Diskussion ließe sich ohne Schwierigkeiten auf Interaktionsphänomene menschlicher Gesellschaften übertragen (Theorie der symbolischen Interaktion). Die Grundaussagen dieser Theorie sind seit der schottischen Aufklärung (18. Jahrhundert) bekannt; siehe hierzu Röpke d.

Um sensorische Inputs („Reize") zu bekommen, sind motorische Outputs notwendig. Treten in der „Welt der Routinetätigkeiten" (Schütz 1971, S. 184) „Leerstellen" auf, Probleme, die mit vorhandenen Auslegungen und Routineverhalten nicht gemeistert werden können, muß das System eine Strategie schöpferischer Problemlösung, der Innovation, aktualisieren (siehe Abschnitt 2.1).

Legewie (1931) führt in seiner Arbeit „Organismus und Umwelt" Überlegungen von Uexküll weiter (siehe auch Claessens [1970, S. 54 ff.]). Er versucht herauszuarbeiten, daß ein System sich seine faktische oder tatsächliche Umwelt unaufhörlich neu aufbaut, die Beziehungen System/Umwelt ein Interaktionsphänomen darstellen, Systemhandeln und Systemerhaltung sich in der Reduktion des Möglichen auf Faktisches zeigt: „*Jede* Art von Umwelt ist wirksam nur als faktische" (Legewie 1931, S. 147).

Faktische Umwelt ist zu verstehen als die durch Interaktion „vor allen möglichen anderen ... ausgezeichnete Wirklichkeit ..." (Schütz 1971, S. 32; S. 179 f.).

Faktische Umwelt, so können wir die Idee Legewies weiterführen, ist Ergebnis eines Dialogs zwischen dem System und Objekten seiner Umwelt. Der Mensch (und alle höheren Wirbeltiere) „baut durch eine aktive, dialogische Auseinandersetzung mit seiner außerartlichen Umgebung seine Bedeutungswelt auf und kann sich dadurch an ... verschiedene Milieubedingungen anpassen ..." (Lorenz 1965 a, S. 235). Einen Dialog mit der Umwelt führen impliziert nun zweierlei. Zum einen werden die Objekte, denen sich das System zuwendet, durch einen Dialog erst faktisch kreiert. „Erst durch Neugier-Lernen entstehen Gegenstände in der Umwelt des Tieres wie des Menschen" (Lorenz 1965 a, S. 236); zum anderen bedeutet dialogische Auseinandersetzung aber auch, daß das Lebewesen „hier etwas *tut,* um etwas zu *erfahren.* In diesem Verhalten steckt nämlich nicht mehr und nicht weniger als das Prinzip der Frage." Lorenz nennt dieses Prinzip die zweite „konstitutive" Eigenschaft des Neugierverhaltens (1965 a, S. 236).

Ein Lebewesen bestimmt seine Umwelt in seinem Handeln. Eine Umwelt kann ein System nicht „aus sich selbst heraus" (Legewie) kreieren, sondern nur durch neugiergetriebene, dialogische Auseinandersetzung mit seinem Milieu. „... die Frage nach dem *Sein* (ist) nicht durch das *Sein* so sehr bestimmt als durch das Fragen nach ihm" (Legewie 1931, S. 232 f.).

Was Legewie und Lorenz bereits auf der Ebene nicht menschlichen sozialen Lebens beobachten und theoretisch begründen, bildet auch den theoretischen Ansatzpunkt der Handlungstheorie des symbolischen Interaktionismus, die vor allem von G. H. Mead (zu seiner Theorie siehe Haferkamp 1972) entwickelt, aber bereits von Adam Smith in wesentlichen Details vorgetragen wurde (siehe ausführlich Röpke d).

Danach werden Handlungssysteme interaktiv geschöpft. Mit Spontaneität und Kreativität begabte Handelnde verwirklichen die soziale Welt durch Interaktionen. Spontane Aktivität führt neue Probleme und Elemente in den Interaktionsprozeß ein; sie leitet Wandel ein, führt zu abstrakteren Schöpfungen des Systems, ermöglicht mehr Chancen der Handlungskonkretisierung, der Reduktion von Komplexität, der Systemevolution [19].

Smith, Mead und andere verlassen damit jene theoretischen Konstruktionen, die in Begriffen der Mechanik oder des geschlossenen Systems formuliert sind. Interaktion wird die elementare Grundform aller sozialen Prozesse. Das Ausüben von spontanem Einfluß auf die Umwelt macht die Zukunft offen und ungewiß, unvorhersehbar und indeterminiert. Interaktion verweist aber gleichzeitig auf die kognitiven und motivationalen Fähigkeiten oder Kompetenzen von Lebewesen, effektiv mit ihrer Umwelt zu interagieren. Das Individuum selektiert jene Aspekte aus seiner Umwelt, auf die es gestaltend einwirken kann. Umwelt entsteht durch Selektionsleistungen. Die Befriedigung von Wirksamkeits- und Leistungsmotivation zeigt sich nicht im Ende des motivierten Handelns sondern darin, Aktivitäten zu erwecken oder aufrechtzuerhalten [20].

Erst wenn ein System mit Objekten der externen Welt selektiv in Interaktion tritt, entsteht also Umwelt. Dieser These der Umweltkreation steht die vorherrschende Ansicht gegenüber, Umweltreize „verursachten" bestimmte Reaktionen eines Systems.

Die moderne, neuklassische Ökonomie steht weitgehend unter dem Einfluß dieser Vorstellung. Das Marktgefüge (die Marktform) determiniert die Verhaltensweise der Unternehmung. Die Unternehmung schöpft nicht ihren Markt, sondern wird in ihn vom Modellkonstrukteur hineingesetzt. Sie ist „placed in a given situation" (Horowitz 1970, S. 339). Reize aus der Umwelt führen zu Reaktionen der Wirtschaftssubjekte, die durch Belohnungen und Strafen, sprich Gewinn und Verlust, verstärkt werden. Der Lernerfolg ist maximal, wenn das Subjekt in einer bestimmten Stimu-

---

[19] An dieser Stelle sei am Rande vermerkt, daß die moderne Handlungstheorie einerseits entsprechende Gegenstücke in der Biologie besitzt (so gestaltet der Genotypus in Wechselwirkung mit der Umwelt den Phänotypus; siehe z. B. Schindewolf 1972, S. 248, 259; weitere Beispiele unten in Abschnitt 1.7), und sie andererseits ohne große Schwierigkeit in eine Theorie der Systemevolution eingepaßt werden kann, wenn man Prozesse wie Selektion und Konkurrenz, unterschiedliche Kompetenzen der Handelnden und die unterschiedliche Allgemeinheit der von den Handelnden interaktiv geschöpften Handlungssysteme berücksichtigt.

[20] "... satisfaction has to be seen as lying in a considerable series of transactions, in a trend of behavior rather than a goal that is achieved. It is difficult to make the word 'satisfaction' have this connotation, and we shall do well to replace it by 'feeling of efficacy' when attempting to indicate the subjective and affective side of effectance" (White 1959, S. 322).

lus-Situation so reagiert, daß sein Nutzen den höchstmöglichen Wert erreicht. Diese black-box-Sicht des Marktverhaltens hat es bis heute gestattet, auf die Untersuchung der internen Struktur der beteiligten Systeme (Personal- und Organisationssysteme) und ihre hierarchische Interaktion zu verzichten. Die Interaktion von System und Umwelt wird durch eine lineare verhaltensdeterminierende Mechanik ersetzt. Spontanes, dialogisches Verhalten ist bereits vom Ansatz her überhaupt nicht zu erfassen. Die Umwelt agiert, das System reagiert. Die Natur des Reizes bestimmt die Reaktion des Systems. Lernen ist unabhängig von systemendogenen Faktoren (internen Ursachen).

Diese Vorstellung übergeht zunächst den Tatbestand einer reaktionsmodifizierenden inneren Struktur des Systems. Sensorische Mechanismen des Systems nehmen Stimuli auf. Die Wahrnehmung der Signale wird von kognitiven Gestalten gesteuert. Das System führt Entscheidungen herbei, die durch motorische Effektoren auf die Umwelt einwirken, Reaktion auf Umweltreize setzt Reaktionsfähigkeit des Systems voraus. Das System muß „kompetent" (Piaget/Inhelder 1970, S. 128) sein und über Empfindlichkeit (Sensitivität) gegenüber dem Reiz verfügen. Aber nicht nur Reaktionsfähigkeit (als Erlebens- und Handlungsfähigkeit) ist intern verankert. In Umkehrung der Ansicht von Uexküll, die Motivation zum Handeln gehe von Umweltreizen aus, argumentiert Legewie: Es bedarf keines Handlungsanstoßes von außen, sondern der Bedürfnisse der vegetativen Organe, um das Systemhandeln zu stimulieren und hierdurch faktische, allein relevante Umwelt zu schaffen. Wir dürfen dann nicht mehr von einer „Reaktion sprechen, sondern von einer *Handlung*, die das Moment des Antriebes durch das Körperliche zum wesentlichen Kennzeichen hat" (S. 93, 110).[21]

Bestand und Evolution eines Systems können weder aus der Innen- noch aus der Außenwelt eines Systems heraus allein erklärt werden. Wenn ein System sich an die Komplexität der Umwelt anpaßt, bedeutet dies nicht nur eine nach außen gerichtete „Reaktion", sondern gleichzeitig ein autonomes, von gegebenen perzeptiven und kognitiven Strukturen geprägtes Abgreifen der Umweltreize. Durch die Vorgänge lernt das System, entwickelt seine Kompetenzen fort, organisiert sich selbst, verändert seine Struktur und integriert die „äußeren Faktoren in die Struktur

[21] Diese Vermutungen Legewies wurden durch die spätere Forschung zunehmend bestätigt. Experimente von Holst in den dreißiger Jahren haben zum Beispiel bewiesen, „daß eine offenbar endogene Erregungsproduktion des Zentralnervensystems vorliegt, ein Motor der Bewegung, der nicht von außen angestoßen zu werden braucht, und zweitens, daß diese zentralen Impulse auch zentral koordiniert werden" (Eibl-Eibesfeldt 1967, S. 47). Tinbergen (1966, S. 17 f.) definiert daher: „Verhalten ist Reaktion, soweit, wie es äußere Reize beantwortet. Aktion, spontan ist es insofern, als es zugleich auch auf inneren Kausalfaktoren, nämlich ‚einstimmenden' Faktoren beruht, die einen Drang, einen Trieb aufrufen."

des Organismus" (Piaget 1970, S. 162). Signale und Einflüsse der Umwelt auf ein System sind nicht chaotischer oder stochastischer Natur. Die Umwelt weist für ein System vielmehr ein kausales Gefüge auf, sie ist strukturiert. Wir können auch nicht unterstellen, das System verfüge über die Fähigkeit, seine Umwelt zu beherrschen [22], sondern können davon ausgehen, das System besitze die Fähigkeit, sein perzeptives, kognitives und motorisches Verhalten entsprechend seiner Umwelt zu strukturieren: Die Systemstruktur bestimmt, was ein System als Umwelt zulassen kann, um seine Stabilität zu bewahren. Würde sich die Umwelt in den für das System relevanten Zügen ändern, hätten wir es also mit einer neuen Input-Struktur zu tun. (Man könnte von einem neuen Problem sprechen, mit dem das System konfrontiert wird.; siehe 2.1). Dementsprechend muß sich die innere Struktur des Systems ändern, wenn es überleben will. Da solcher Wandel nur auf der Grundlage der früheren Strukturen erfolgen kann, und die neue Ordnung aus dieser unter dem korrigierenden Einfluß der Umwelt gleichsam herauswächst, können wir mit Piaget (1970, S. 162) behaupten, daß jede Handlung eines Systems „in gleichem Maß ihre ständige Strukturierung durch den Organismus ausdrückt, wie sie ein Produkt des Reizdrucks aus der Welt darstellt."

Ein System, das über die Fähigkeit verfügt, sein inneres Modell der Außenwelt systematisch entsprechend den Veränderungen im Umweltgefüge zu verbessern oder durch internen Strukturwandel neue Umweltbereiche aufzuschließen, bezeichnen wir als ein sich selbst-organisierendes oder sich selbst-differenzierendes System. Die gegebene Struktur oder die historische Kompetenz grenzen den Bereich ein, innerhalb dessen für ein System Umweltreize relevant werden können und innerhalb dessen es faktische Umwelt schaffen kann. Zugleich ist die Interaktion von System und Umwelt Ursache des Fortbestehens dieser Struktur. Wenn das System aber nur jene Aspekte des Umweltgeschehens erfassen kann, die von seiner in der Struktur fixierten Erfahrung her bedeutsam sind, so stellt sich die Frage, wie das System seine Struktur ändern, sich also neue Aspekte der Umwelt erschließen kann.

Eine naheliegende Antwort könnte darin bestehen, von einem System auszugehen, das seine Umgebung exploriert, eine Strategie der aktiven Umweltforschung durchführt. Daß Kundschafter- und Neugierverhalten tatsächlich von lebenden Systemen praktiziert wird, kann durch eine Vielzahl von Beispielen belegt werden (siehe hierzu Lorenz 1965 a, Eibl-Eibesfeldt 1967, S. 238 ff., S. A. Barnett 1971, S. 87 ff.).

Wir wollen zunächst bewußt vereinfachend unterstellen, eine Strategie der aktiven Umweltforschung sei Ausdruck einer Neigung zur Kuriosität

[22] Wir gehen auf diesen Fall ausführlich im 4. Kapitel ein, wenn wir die Kontrolle der Umwelt durch Ausübung von Zwang in ihren Voraussetzungen und Wirkungen darstellen.

oder einer Neugiermotivation, welche ein inhärent aktives System auszeichnen möge. Der Einsatz dieser Strategie ist mithin nicht durch Außenreize determiniert, sondern er erfolgt spontan, von innen, „ohne spezifische Regulation durch die Umwelt" (S. A. Barnett 1971, S. 100). Konrad Lorenz betont als hervorstechende Merkmale des Neugierverhaltens seine „Sachbezogenheit" sowie seine „*Unabhängigkeit* ... von dem *Bedarf* des Augenblicks" (1965 b, S. 235 f.). Die spontane Aktivität neugierigen Erforschens ist Ausdruck eines Überwechselns von einer „geschlossenen ‚vorverarbeiteten' Umwelt" in eine „offene, ‚unbearbeitete' Welt" (Count 1970, S. 169).[23] Durch neugiermotiviertes spontanes Handeln erwirbt das System neue Kenntnisse über seinen Lebensraum, lernt mit dem Neuen umzugehen, und zwar ohne daß solches Entdekkungsverhalten unmittelbar belohnt oder in der Sprache der Reiz-Reaktionstheorie „verstärkt" würde. Man kann nun schwerlich behaupten, solche „positive Hinwendung zu Unbekanntem" (Lorenz 1965 a, S. 238) sei eine Folge der Anpassung eines Systems an die *bestehende* Umwelt. Es bedarf auch wohl keines ausführlichen Hinweises, daß solches „Lernen durch Erkunden ohne offensichtliche Belohnung" (S. A. Barnett 1971, S. 96) kein „blinder Griff ins Repertoire" (Montada 1970, S. 29) *gegebener* Verhaltensalternativen ist, noch ist es der mehr oder weniger gezielte Versuch, ein gegebenes oder präsentiertes Problem zu bewältigen. Es handelt sich vielmehr um die Entdeckung eines Problems. Von der Entdekkung eines Problems durch ein System müssen wir den Fall unterscheiden, bei welchem dem System durch eine Änderung der Umwelt eine Änderung seines Verhaltens mehr oder weniger aufgezwungen wird. Solcher Umweltwandel verlangt von einem System kein neugieriges Aufschließen neuer Seinsbereiche (Problementdeckung), sondern Anpassung an den Umgebungswechsel (Problembewältigung). Er findet „nur unter dem Zwang einer ganz bestimmten biologischen Situation statt" (Lorenz 1965 a, S. 238, ausführlich unten 2.1).

1.2.2 Systemgrenzen

Die Stabilisierung einer Innen-Außen-Differenz impliziert das Bestehen einer Grenze zwischen Weltkomplexität und reduzierter Eigenkomplexi-

[23] Spontaneität des Verhaltens hat die Bedeutung von "a field structure unity of response, the inner structure utilizing outer forces rather than being at their mercy in responding; in the sense of constant, reemergent adjustment that expresses what one is, as well as the rearrangement of the outer environment; spontaneity which at the moment of the organism's life involves a new organization and a new reaction never completely actualized before" (Murphy 1947, S. 126 f.). Vgl. auch Bertalanffy (1967, S. 127), der spontanes Handeln versteht als "activities not caused by external stimuli, not conditioned or learned, often nonutilitarian and not rewarded by food, drink, sex, etc., e. g. play and exploratory behavior, 'curiosity' ...". Zur Präzisierung des im Text verwendeten Motivationsbegriffs siehe Abschnitt 2.5.4.1.1.

tät des Systems. Wie können wir die Grenzen zwischen einem System und seiner Umwelt festlegen? Anscheinend haben Systemgrenzen etwas mit Vorgängen zu tun, welche die Komplexität des Weltgeschehens für das Handeln und Erleben des Systems aufbereiten. Die Komplexität der Welt bricht sich an den Grenzen des Systems. Diese Grenzen lassen sich auf zweifache Weise bestimmen. Sie zeigen sich einmal in seinen Verhaltensregeln oder den Beschränkungen, denen das Verhalten des Systems unterworfen ist. Regeln beschränken den Möglichkeitsbereich eines Systems, reduzieren Komplexität. Je komplexer ein System, desto abstrakter oder allgemeiner werden seine Regeln und desto abstrakter werden daher auch seine Grenzen sein (siehe Abschnitt 1.5). Durch Verhaltensregeln läßt sich jedoch nur ein Teil der Komplexität der Welt auf ein Maß reduzieren, das das Überleben des Systems sichert. Das System muß auch mit jener Varietät der Umwelt fertigwerden, die durch Verhaltensregeln nicht abgeschirmt werden. Dies geschieht durch systeminterne Kontrollprozesse (wie die Homöostase), die Störungen der Welt intern ausregeln. Die Grenzen des Systems werden daher auch durch den Wirkungsbereich dieser internen Kontrollprozesse markiert.[24] Als Umwelt des Systems lassen sich folglich jene Ereignisse und Objekte bezeichnen, die von einem System nicht kontrolliert werden können, an die es sich anpassen muß.

In seiner Auseinandersetzung mit der Systemtheorie von Luhmann macht Jürgen Habermas (1971, S. 149, s. a. 1973, S. 11 ff.) auf die grundlegenden Schwierigkeiten aufmerksam, die Grenzen eines sozialen Systems eindeutig zu bestimmen: „Eine operationell befriedigende *Abgrenzung* sozialer Systeme gelingt... deshalb nicht, weil... die Ermittlung von symbolisch konstituierten Sinngrenzen (das Kriterium von Luhmann; J. R.) grundsätzliche hermeneutische Schwierigkeiten mit sich bringt. Diese Meßprobleme lassen sich ... erst lösen, wenn wir über eine befriedigende *allgemeine* Theorie der Sprache und der umgangssprachlichen Kommunikation verfügen.“ In einem zweiten Abschnitt seiner Luhmann-Kritik bringt Habermas (1971, S. 171 ff.) nun eine höchst bemerkenswerte Darstellung eines kommunikationswissenschaftlichen Theorieprogramms, in welchem die zentrale Bedeutung eines Regelsystems für die sozialwissenschaftliche Systemanalyse (etwa im Sinne der Vorstellungen von Chomsky und Hayek) deutlich ausgesprochen wird.[25] Habermas

[24] “Organism is self-government, and environment is heteronomous influence” (Angyal 1965, S. 8). Gerard (1958, S. 98) spricht im Hinblick auf die erste Unterscheidung von den Grenzen des Systems als „Zonen verminderter Durchlässigkeit“ (“A boundary may be characterised as a zone of lowered permeability”). Im Grunde eine Selbstverständlichkeit, solange man nicht fragt, durch welche Vorgänge solche Zonen geschaffen und wie sie stabilisiert werden.

[25] So heißt es unter anderem, die kommunikativer Erfahrung zugänglichen Phänomene würden „nach Regeln generiert“ (S. 172), eine „systematisch sinnverstehende Soziologie (müsse) die den Oberflächenstrukturen zugrundeliegenden abstrakten

bemüht sich allerdings nicht, eine Verbindung zwischen diesem Theorieprogramm und seinen methodischen Anforderungen an eine Systemanalyse herzustellen, versucht daher auch nicht, Systemregeln als Grenzkriterium zu verwenden. Eine solche Verbindung scheint uns nun aber die wesentlichen der von Habermas vorgebrachten Bedenken gegen eine systemtheoretische Analyse sozialer Phänomene auszuräumen. Eine solche Interpretation erleichtert zudem den Funktionsvergleich biokybernetischer Systeme mit psychischen und sozialen Systemen, da sie bislang verdeckte Isomorphien freilegt. So heißt es bei Luhmann (1970, S. 18) an einer von Habermas mit Zustimmung zitierten Stelle, hinsichtlich der Eigenschaft höher strukturierter Variabilität von Gesellschaften gegenüber Organismen: „Ein soziales System ist nicht, wie ein Organismus, typenfest fixiert. Aus einem Esel kann keine Schlange werden, selbst wenn eine solche Entwicklung zum Überleben notwendig wäre. Eine Sozialordnung kann dagegen tiefgreifende strukturelle Änderungen erfahren, ohne ihre Identität und ihren kontinuierlichen Bestand aufzugeben. Sie kann sich aus einer Agrargesellschaft in eine Industriegesellschaft verwandeln, aus einer Großfamilie kann ein Stamm mit überfamiliärer politischer Ordnung werden, ohne daß entscheidbar wäre, wann ein neues System vorliegt." Luhmann scheint uns hier in zwei Richtungen zu übertreiben: Einmal sind organische Systeme nicht typenfest fixiert, sondern genotypisch wie phänotypisch variabel (siehe unten Abschnitt 1.6), zum anderen ist der Wandel sozialer Systeme keineswegs eine risikolose Angelegenheit, bei der Systemidentität und -bestand nicht auf dem Spiele stünden (siehe Röpke 1970 a, Röpke c).

Die Schwierigkeiten eines Vergleichs von organischen und sozialkulturellen Systemen bei Luhmann und Habermas ergeben sich aus zwei Gründen: Der Bestimmung des Bezugssystems und dem Nachweis der Isomorphie von Strukturen und Prozessen in biologischen und sozialkulturellen Systemen.

1. Wenn nach Luhmann (1970, S. 18 f.) „den Sozialwissenschaften das klar geschnittene Problem des Todes fehlt, das in der Biologie als Kriterium für den Fortbestand dient", so läßt sich diese Dichotomie nur unter größten Schwierigkeiten für eine biologische Art aufrechterhalten, die durch Transmission ihrer Gene auf die Nachkommenschaft überlebt, sich

---

Regelsysteme" (S. 173) aufdecken und rekonstruieren, und neben die in der Horizontalen vorgenommene Rekonstruktion von Regelsystemen müßten „vertikale Rekonstruktionen" treten, die als genetische Theorien „die interne Logik der Entwicklung transparent zu machen" haben, indem sie Entstehung, Erwerb und Durchsetzung von Regelsystemen unter empirischen Bedingungen klären. Unserer Meinung nach hat Habermas die Möglichkeiten dieses Programms für die Entwicklung einer Systemtheorie, gegen deren Version bei Luhmann er opponiert, zumindest unterschätzt.

also reproduziert. Der biologische Bezug für ein Sozialsystem ist nicht das einzelne biologische Wesen, sondern die durch genetische Bande im Genpool verknüpfte Art. Dies unterstellt, verschwimmt das Bestandsproblem für einen Biologen nicht weniger ins Unbestimmte als für einen Sozialwissenschaftler.

2. Im Vorgriff auf später darzustellende Zusammenhänge haben wir bereits angedeutet, daß zwischen Genkomplexen und sozialkulturellen Regelsystemen funktionale Parallelen bestehen. Wir betrachten daher durchgehend in unseren Ausführungen die den „Oberflächenstrukturen zugrundeliegenden abstrakten Regelsysteme" (Habermas 1971, S. 173) als Kriterium der Systemidentifizierung und zwar sowohl komparativ (im Vergleich zwischen bestehenden Systemen) als auch historisch (Entwicklung und Evolution von Systemen im Zeitablauf).

1.3 Anpassung und Stabilität

1.3.1 Anpassung als Problemlösungsverhalten und das „Gesetz der erforderlichen Vielfalt"

Anpassungsverhalten eines Systems können wir als Antwort auf Probleme verstehen, mit denen es von seiner Umwelt konfrontiert wird (von der Außenwelt ausgelöste Probleme), oder die es durch neugiergetriebene Exploration der Umwelt selbst schafft. Für ein System entsteht ein Problem, wenn sein traditionelles Verhaltensrepertoire nicht mehr ausreicht, um Pressionen (Vielfalt, Störungen) aus der Umwelt zu absorbieren, wenn es mit Umweltsituationen konfrontiert wird, für deren Meisterung es keine Lösung aus seinem Verhaltensspeicher (Gedächtnis) abrufen kann. Die traditionale Interaktion zwischen System und Umwelt ist gestört, dem System muß etwas Neues einfallen. Neuerungen sind zur Lösung von Problemen notwendig, die sich innerhalb des überlieferten Bezugssystems nicht lösen lassen. Als Adaption bezeichnen wir den Prozeß des Neueinspielens einer System-Umwelt-Beziehung. Anpassungsverhalten charakterisieren wir als innovativ, neuartig, kreativ, wenn ein System mit „qualitativ" verschiedenen Antworten an die Lösung seiner Probleme geht, und wir bezeichnen es als repetitiv, routiniert, traditional, wenn ein System sein Problemlösungsverhalten trotz veränderter Umstände kopiert. Problemlösungsverhalten ist zweckbezogen. Es ist adaptiv, wenn es für das System einen Nutzen bringt. Die Nützlichkeit können wir bei organischen Systemen am reproduktiven Erfolg messen. Bei sozialkulturellen Systemen wird ein solcher Nachweis komplizierter, wie wir in späteren Kapiteln zeigen werden. Adaption, so können wir mit Simpson (1969 b, S. 235) festhalten, ist ein „Komplex von Prozessen, ... der eine Organismus-Umwelt-Beziehung hervorbringt und erhält, die sowohl für die individuellen Organismen wie für die Population günstig ist".

Fähigkeit zur Anpassung (Darwinsche „Fitness") ist immer auf eine Beziehung zwischen Organismus (System) und Umwelt bezogen, und zwar, wie schon angedeutet, in zweifacher Hinsicht:

(1) als passive oder reaktive Fähigkeit: Anpassung an Änderungen des Umweltgeschehens;

(2) als aktive Fähigkeit: Das einzelne System schafft sich seine Umwelt (Ausweitung seines Möglichkeitsbereiches).

Das einzelne System wird von seiner Umwelt beeinflußt, genauso wie es sie beeinflußt. Die Anpassung eines Systems und damit auch seine Möglichkeit (Strategie), Umweltstörungen zu blockieren oder zu absorbieren,[26] kann sich auf drei Ebenen abspielen.

1. Auf der Ebene des Verhaltens:
   a) Durch Auswahl einer Verhaltensweise aus dem Verhaltensrepertoire eines Systems entsprechend der gegebenen oder neu aufzuschließenden Umwelt;
   b) durch die spontane Schöpfung neuartiger (innovativer) Verhaltensweisen (ausführlich dargestellt im zweiten Teil).
2. Durch homöostatische Kontrolle: Umweltstörungen oder eigene Systemaktivität lösen interne Regelungsvorgänge aus, welche die Primärwirkungen kompensieren und so das innere Milieu des Systems innerhalb gewisser Grenzen stabil halten (siehe § 1.3.2).
3. Durch Änderung des Regelsystems (etwa des Genkomplexes oder der normativen Verhaltensregeln; siehe § 1.7.1).

Ein System verfügt sozusagen über drei Verteidigungslinien gegenüber Umweltstörungen. Die erste besteht in somatischer oder Verhaltensflexibilität, die zweite in homoöstatischer Kontrolle, die dritte in einer Änderung seiner Konstitution (normativer oder genetischer Wandel). Die jeweils „höher" liegende Anpassung wirkt zwar langsamer als die hierarchisch „niedrigere", besitzt jedoch die Eigenschaft, deren Funktion zu übernehmen; präziser: sie kann die niedrigere Verteidigungslinie entlasten bzw. ihre Flexibilität wiederherstellen. Der homöostatische Regelungsmechanismus vermag zum Beispiel bei einigen Organismen interne Prozesse zu aktivieren, die die Produktion von Wärme, die durch die motorische Aktivität des Organismus entsteht, innerhalb einer Toleranzschwelle halten kann, so daß ein System seine Verhaltensflexibilität wieder zurückgewinnt (oder nicht einbüßt), z. B. ein Tier keinen Schutz vor Sonneneinstrahlung suchen muß und seinen Beutezug fortsetzen kann. Ein normativer Wandel seinerseits kann eine homöostatisch erreichte

---

[26] Systemtheoretisch ist Regelung nichts weiter als Reduktion von Komplexität: „Regelung blockiert den Fluß der Vielfalt" (Ashby 1974, S. 288).

Eigenschaft bestätigen und somit gleichfalls das interne Kontrollsystem für andere Aufgaben freimachen.

Um sich anzupassen, das heißt zu überleben, muß das System in der Lage sein, jede Art von Störung aus der Umwelt zu beantworten. Ist die Verhaltensflexibilität eines Systems „aufgebraucht“ und durch die kompensierende Aktivität höherer Ebenen nicht zurückzugewinnen, und taucht dann noch eine neue Art von Störungen auf, ist das System überfordert. Es ist nicht mehr fähig – außer durch Passivität – auf Varietät zu reagieren. Es wird von der Umwelt kontrolliert oder beherrscht. Das System kann seine Grenzen nicht mehr verteidigen. Die Umwelt (zum Beispiel ein konkurrierendes System) besitzt Macht über das System: Sie verfügt über die Fähigkeit, durch (unvorhersehbare) Erzeugung von Varietät, seine Überlebensposition zu beeinflussen. Das Ausmaß der Verhaltensflexibilität oder Handlungsfreiheit eines Systems ist damit Grundlage seiner Macht.

Um der Selbstaufgabe zu entgehen, muß ein System also zumindest über soviel Vielfalt verfügen wie die Umwelt, an die es sich anpassen muß oder mit der es interagiert. Es muß in gleichem Umfang über Variationsmöglichkeiten verfügen, wie seine Umwelt störende Einflußmöglichkeiten aufweist. Diese Einsicht wurde von Ashby als „Gesetz der erforderlichen Vielfalt“ bezeichnet: „... nur Vielfalt kann Vielfalt zerstören“ (1974, S. 299). Wir hatten Varietät (als Maß der Komplexität) definiert als die Menge unterschiedlicher Zustände, die die Welt annehmen kann. Gehen wir von einem System R und einem System D als der Umwelt von R aus. D konfrontiere R mit Störungen, aber die Antwort von R, welchen Zug D auch immer unternimmt, bleibe gleich; gleichgültig, was D an Störungen vorlegt, R macht immer den gleichen Zug, der Zug von R zeigt keine Vielfalt. Die Vielfalt in den Ergebnissen der Interaktionen von R und D wird dann genauso groß sein wie die Vielfalt in den Zügen von D. D übt also über R vollständige Kontrolle aus. Verfügt R über zwei Funktionsmöglichkeiten oder Züge, kann es die Vielfalt der Ergebnisse der Interaktion von R und D auf die Hälfte senken (jedoch nicht weiter). Verfügt das System R über drei Züge, kann es sie (im Minimum) auf ein Drittel reduzieren usw. R kann also nur durch Vielfalt in seinen eigenen Zügen die Varietät der Ergebnisse und damit deren Nichtbeeinflußbarkeit herunterdrücken. Wenn das System R gezwungen ist, die Vielfalt der Ergebnisse, die aus seiner Interaktion mit der Umwelt resultieren, über das jeweils erreichte Minimum hinaus zu senken (weil die nichtblockierten Störungen die Erreichung seiner Ziele, die Aufrechterhaltung seines Anspruchsniveaus oder sein Überleben unmöglich machen könnten), kann es dies ceteris paribus nur erreichen, indem es die Vielfalt der Ergebnisse durch Steigerung der Vielfalt seiner Züge lenkt. „Vielfalt in den Ergebnissen kann, wenn sie bereits minimal ist, nur dann noch weiter vermindert werden, wenn ein entsprechendes Anwachsen der Vielfalt von R erfolgt" (Ashby 1974, S. 299). Bezeichnet man mit V_E die Vielfalt der Ergebnisse, mit V_D die Vielfalt von D und mit V_R die von R, dann gilt

$$V_E \geq \frac{V_D}{V_R}$$

Die Varietät der Ergebnisse kann nicht geringer sein als das Verhältnis der Vielfalt der Störungen zu der Varietät der Reaktionen.

Aus dieser einfachen, aber für unsere Zwecke ausreichenden Formulierung des Varietätstheorems lassen sich unmittelbar die grundlegenden Lenkungsmöglichkeiten offener Systeme ableiten:

1. Neufestlegung der Anforderungen, der Ziele bzw. des Anspruchsniveaus des Systems (gewöhnlich also eine Erhöhung oder Senkung der mit einem bestimmten Anspruchsniveau zu vereinbarenden Ergebnisvielfalt). Wenn jedoch eine bestimmte Varietät der Ergebnisse nicht überschritten werden kann, ohne den Bestand des Systems zu riskieren, scheidet diese Möglichkeit offensichtlich aus;
2. Steigerung der Leistungsfähigkeit zur Produktion von Vielfalt (Steigerung von V_R = Steigerung der Systemkomplexität durch Erhöhung der Fähigkeit, neue Varietät (Innovationen) zu produzieren;
3. Beschränkung der Vielfalt der Störungen der Umwelt (Reduktion von V_D, insbesondere durch Änderung des Regelsystems).

Das Zusammenwirken der zweiten und dritten Möglichkeit werden wir im Laufe der Arbeit noch ausführlicher diskutieren.

1.3.2 Verhaltensflexibilität und die homöostatische Kontrolle von Vielfalt

Die Rolle der Homöostase in der Anpassungshierarchie eines offenen Systems besteht darin, das interne Milieu eines Systems durch Aktivierung kompensierender Vorgänge innerhalb einer bestimmten Bandbreite essentieller Variabler zu stabilisieren. Walter Cannon hat für solche quasiautomatisch stabilisierten Zustände („steady states") eines Systems den Namen Homöostase vorgeschlagen.[27]

Sie ermöglicht den Verhaltensspielraum (Flexibilität) eines Systems trotz variierender Umwelt aufrechtzuerhalten und gestattet aus evolutorischer Sicht ein Vordringen in sonst verschlossen bleibende Umweltbereiche.

[27] "The coordinated physiological reactions which maintain most of the steady states in the body are so complex, and are so peculiar to the living organism, that is has been suggested ... that a specific designation for these states be employed – homeostasis" (Cannon 1929, S. 400). Jean Piaget fand den Vorgang der Selbstregulierung durch Rückkoppelung für den Bestand komplexer offener Systeme so grundlegend, daß er schrieb: „La vie est essentiellement autorégulation" (1967, S. 37).

Ein Beispiel soll diesen wichtigen Zusammenhang verdeutlichen. Der automatische Pilot in einem Flugzeug arbeitet in Verbindung mit dem Menschen (Mensch-Maschine-System) als homöostatisches System. Umweltvarietät wird durch einen Regler verringert. Bewirken Störungen eine Abweichung der Maschine von ihrem Sollwert als essentielle Variable (Flughöhe), ruft der automatische Pilot durch Anwendung negativer Rückkopplung eine Korrektur hervor. Gleiches gilt für homöostatisch kontrollierte Landesysteme. In beiden Fällen erlaubt die homöostatische Fähigkeit einer Ebene des Flugsystems einer kontroll-hierarchisch höheren Ebene, nämlich dem menschlichen Piloten, eine Erweiterung seines Möglichkeitsbereiches. Das heißt: Der Mensch wird von Kontrollfunktionen entlastet, kann seine Verhaltensflexibilität aufrechterhalten oder ausweiten und damit einen umfassenderen Möglichkeitsbereich kontrollieren, in mehr möglichen Zuständen der Welt überleben.

Ähnlich „arbeitet" im übrigen ein Preissystem. Es erlaubt die spontane Koordination (Anpassung) des Verhaltens der einzelnen Marktteilnehmer durch negative Rückkopplung. Es erweitert den Möglichkeitsbereich eines ökonomischen Systems u. a., weil es auf eine Zweckvereinheitlichung der Systemelemente verzichten, seine Verhaltensflexibilität aufrechterhalten bzw. ausweiten kann (zum Beispiel beim Übergang von fixierten auf flexible Wechselkurse, von zentralisierter Mengen- auf dezentralisierte Preiskoordination).[28]

Bei Adam Smith übernimmt Wettbewerb im Sinne homöostatischer Kontrolle (die „unsichtbare Hand") quasi die Rolle eines automatischen Piloten in einem komplexen Wirtschaftssystem: „Solange der einzelne nicht die Gesetze („laws of justice") verletzt, läßt man ihm völlige Freiheit, damit er das eigene Interesse auf seine Weise verfolgen kann und seinen Erwerbsfleiß und sein Kapital im Wettbewerb mit jedem anderen oder einem anderen Stand entwickeln oder einsetzen kann. Der Herrscher wird dadurch vollständig von einer Pflicht entbunden, bei deren Ausübung er stets unzähligen Täuschungen ausgesetzt sein muß und zu deren Erfüllung keine menschliche Weisheit oder Kenntnis jemals ausreichen könnte, ..." (Smith 1974, S. 582).

Die Vorstellung eines homöostatischen Mechanismus in einem morphostatischen System wurde von Ashby (1960, 1974; s. a. Klaus 1969, S. 434; Krieg 1971, S. 82 ff.) in bedeutender Weise ergänzt. Ashby führt zunächst den Begriff eines ultrastabilen Systems ein. Es besitzt zwei sich hierarchisch überlagernde Rückkopplungsmechanismen: Der erste gibt dem

---

[28] Emerson (1965, S. 54, 58) gilt die Ausweitung homöostatischer Selbstregulation als Kriterium evolutionären Fortschritts: "Evolutionary progress in time can be measured in terms of increase in homeostatic regulation." – "We can scientifically measure evolutionary progress in terms of increased homeostasis, whether it be among individual organisms, social insects, or humans."

System die Eigenschaft, seinen Zustand gegenüber bestimmten Störungsklassen der Umwelt aufrechtzuerhalten. Treten jedoch neuartige Formen von Störungen auf, die der Mechanismus erster Ordnung nicht absorbieren kann, der bestehende, durch einen Stabilitätsbereich markierte Systemzustand also nicht verteidigt werden kann, wird eine Rückkopplung zweiter Ordnung aktiviert. Diesen zweiten Mechanismus kann man als Versuchs- und Irrtumsprozeß beschreiben: Das System probiert die ihm zur Verfügung stehenden Verhaltensweisen so lange durch, bis eine gefunden wird, die entweder eine Rückkehr des Systems in den alten Stabilitätsbereich ermöglicht oder zu einer Neubestimmung der Stabilitätsgrenzen führt.

Wenn mehrere ultrastabile Teilsysteme, die zeitweilig voneinander abhängig sind, zusammengekoppelt werden, nennt Ashby diesen Systemtyp ein multistabiles System. Der Vorteil eines multistabilen Systems (zum Beispiel ein Marktsystem) besteht darin, daß die ultrastabilen Teilsysteme (zum Beispiel Organisationen) voneinander unabhängige Verhaltensweisen und Regelungsstrategien nach ihren privaten Zielvorstellungen oder Führungsgrößen (Stabilitätsbereiche ihrer essentiellen Variablen) verändern und sich autonom der Lösung ihrer spezifischen Umweltprobleme widmen können. Erst bei Interaktion der Teilsysteme erfolgt die gegenseitige Abstimmung und die Anpassung des Gesamtsystems an die Teillösungen der Einzelsysteme. Die Koordination des Verhaltens läuft über die Umwelt, das heißt, die sich anpassenden Elemente müssen nicht in direkter Kommunikation miteinander stehen (Ashby 1960, S. 220). Die Teilsysteme eines multistabilen Systems sind durch sogenannte Teilfunktionen verknüpft, das sind Funktionen, die konstante Intervalle aufweisen (abschnittsweise aus Nullfunktionen bestehen) und so die zeitweilige funktionale Unabhängigkeit der ultrastabilen Teilsysteme ermöglichen. Unternehmen in einem Markt sind durch solche Teilfunktionen verknüpft. Das zeitweilige Ausscheren aus dem Markt ermöglicht es so den Unternehmen, sich intern zu differenzieren, neue Lösungen für Marktprobleme zu entwickeln und intern zu testen, neues Wissen zu produzieren etc. Multistabile Systeme besitzen wegen ihrer ziel-autonomen, durch Verhaltensprämissen (Normen) kontrollierten Teilsysteme die Fähigkeit zur Selbststeuerung: Sie vermögen „bei *spezifischen* Änderungen der Umwelt *spezifische* Anpassungsentscheidungen herbeizuführen“ (Luhmann 1972 a, S. 322). Multistabile Systeme verdanken mit anderen Worten ihr außergewöhnliches Adaptionspotential ihrem konstitutiven Merkmal, Problemsuche und Problemlösung an unabhängige, dezentrale Teilsysteme zu delegieren und so die Chancen zu multiplizieren, daß eines dieser ultrastabilen Subsysteme eine innovative Lösung hervorbringt, welche die Anpassung des Gesamtsystems gegenüber einem Störungsfeld verbessert oder überhaupt erst ermöglicht.

Multistabile Systeme zeichnen sich dadurch aus, daß sie einerseits die Interaktionen ihrer *dezentralisierten* Teilsysteme homöostatisch kontrollieren, andererseits deren Verhalten bestimmten Beschränkungen unterwerfen, gerade aber dadurch den einzelnen Systemkomponenten Freiräume lassen, um ihre Kenntnisse lokaler Umweltverhältnisse und/oder neue Problemlösungen und neues Wissen in das System einzubringen. Das System stützt sich also auf die dezentralisierten Kenntnisse, die kognitiven und motivationalen Fähigkeiten seiner durch Rückkopplung und Verhaltensnormen gelenkten Individuen. Die homöostatische Fähigkeit multistabiler Systeme zeigt sich somit darin, daß eines der stabilen Produkte der Selbststeuerungsfähigkeit seine Variabilität selbst ist (Wilden 1972, S. 390). Die Stabilität komplexer Systeme liegt in ihrer Veränderlichkeit. Multistabilität scheint aus dieser Sicht daher notwendige Voraussetzung für das Auftreten des Phänomens Wettbewerb zu sein, denn sie ermöglicht Fähigkeitsunterschiede zwischen den Teilsystemen interaktiv auszudrükken. Die Unterschiedlichkeit der Kompetenzen marktlicher Teilsysteme zeigt sich in wettbewerblichen Überlebensvorteilen. Die Variabilität der Teilsysteme im Markt führt über die Zwischenschaltung wettbewerblicher Interaktionen zur Stabilisierung des Gesamtsystems.

Diese Überlegungen machen es notwendig, Homöostase einerseits vom Gleichgewicht geschlossener Systeme (thermodynamisch: maximale Entropie; mechanisch: Ruhe), andererseits aber auch von morphogenetischen Vorgängen der Evolution zu unterscheiden.

Es lassen sich daher zumindest drei Arten von Systemstrukturen unterscheiden:

1. Gleichgewichtsstrukturen: Sie sind in umweltisolierten Systemen verwirklicht.

2. Homöostatische Strukturen: Mit ihrer Hilfe lassen sich jene Merkmale umweltoffener Systeme beschreiben, die sich auf die Fähigkeit stufenweiser Anpassung beziehen. Im Gegensatz zur Gleichgewichtsanalyse werden die Wechselwirkungen zwischen System und Umwelt explizit berücksichtigt.

3. Evolvierende Strukturen: Es liegen Evolutionsprozesse als Ausdruck einer Steigerung der Eigenkomplexität oder der Ordnungsleistung eines Systems zugrunde. Untersucht wird die Selbstorganisation evolvierender, in nicht-additiver Weise aus Unterstrukturen zusammengesetzter Systeme in historischer Zeit (Systeme mit Geschichte).[29]

---

[29] In der Biochemie wird dieser Komplex als „dissipative Struktur" umschrieben; siehe hierzu z. B. Jantsch 1975 a und b, Eigen und Winkler 1975, S. 14 ff. Wenn ich diese Diskussion richtig beurteile, zeigt sich hier die vollkommene Loslösung von einem mechanistischen Weltbild, welches noch heute in der neoklassischen Theorieproduktion dominiert, und der Übergang zu theoretischen Methoden und Einsichten, die der nationalökonomischen Klassik außerordentlich nahestehen. Es deutet sich daher

In Gleichgewichtssystemen finden keine umweltorientierten Interaktionen statt. Homöostatische Vorgänge sind zwar umweltorientiert, sie laufen aber bei gegebenem Regelsystem oder „Programm" ab. Evolution zeigt sich dagegen in der Änderung der Normen oder des Programms selbst.

Homöostatische Systeme scheinen also vom Gesichtspunkt der Normstruktur oder ihres Regelsystems statisch (Myruyama nennt sie morphostatisch); bei Betrachtung ihrer Fähigkeiten zur Selbstorganisation oder Selbstdifferenzierung und verglichen mit Gleichgewichtssystemen zeigen sie dagegen dynamische Züge.

Im Hinblick auf unsere Argumentation im vierten Teil mag eine Einordnung von Markt- und Wettbewerbsprozessen in diese Zusammenhänge nützlich sein:

Auf der ersten Ebene wären tendenziell zum Gleichgewicht führende Verhaltensweisen einzuordnen, falls man sich nicht (wie in der neoklassischen Ökonomie) sogar überwiegend darauf beschränkt, die Beziehungen von Variablen im Gleichgewicht zum zentralen Untersuchungsobjekt zu machen.

Auf einer zweiten Untersuchungsebene können wir Marktvorgänge routinierter oder innovativer Art aufzeigen (bei *gegebenen* homöostatischen und morphogenetischen Eigenschaften), die durch Rückkopplungsvorgänge des Preissystems (Smiths „unsichtbare Hand") koordiniert werden.

Auf einer dritten Ebene wären die evolutiven Aspekte des Marktverhaltens anzusiedeln: Regelschöpfung, Normwandel, interaktive Vorgänge also, die sowohl eine Komplexitätssteigerung möglich machen, also auch evolutiven Rückschritt einleiten können und sich in ihren Auswirkungen jeweils auf die Ebene des Verhaltens und/oder der homöostatischen Kontrolle beziehen. (Damit ist gleichzeitig eine Einordnung wettbewerbsbeschränkender Vorgänge und wettbewerbspolitischer Maßnahmen angedeutet, auf die wir im vierten Teil noch ausführlich zurückkommen.)

1.4 Die regulierte Hierarchie: Interaktion zwischen Systemen

1.4.1 Systemhierarchie

Wir haben bisher eine bedeutsame Tatsache unterschlagen und nur implizit angedeutet: die Hierarchie, in der sich die Interaktion von Systemen

geradezu eine Umkehrung der wissenschaftlichen Standpunkte von Naturwissenschaft und theoretischer Ökonomie an: klassische Ökonomie und moderne Physik (Biochemie) als Evolutionstheorie bzw. Theorie dissipativer Strukturen; neoklassische, „moderne" Ökonomie und klassische Physik als Gleichgewichtstheorie bzw. als eine Theorie des Verhaltens determiniert-mechanischer Systeme.

abspielt. [30] Ein System interagiert nicht isoliert mit einer imaginären Umwelt. Es trifft vielmehr auf andere Systeme, mit denen es kooperiert oder in Konkurrenz tritt, die es beherrscht, oder denen es sich unterwerfen muß. Ein Einzelsystem selbst setzt sich seinerseits „übersummenhaft" aus Untersystemen zusammen, die sich ihrerseits wiederum in ihrer Aktivität auf Subsysteme stützen usw.

Wir gehen davon aus, daß sich Systeme auf gleichem hierarchischen Niveau zu einem System auf höherer Ebene zusammenfügen. Interdependenz und Interaktion der Teilsysteme sind an den „Bedürfnissen", dem „Ziel" oder dem „Zweck" des höheren Systems orientiert. [31] Ein Teilsystem ist in seinem Handeln Regeln unterworfen, die seine Verhaltensautonomie begrenzen. Das höhere System spricht Verhaltens*verbote* für seine Untersysteme aus.

Wenn ein System sich aus mehreren Untersystemen zusammensetzt, diese wiederum aus Teilsystemen bestehen usw., wenn weiterhin die Information über das Gesamtsystem verschieden ist von der Summe der Informationen über seine Teilsysteme, wird sich jedes System in charakteristischer Weise von solchen auf höherer oder niedrigerer hierarchischer Ebene unterscheiden. Systemspezifische Eigenschaften gehen bei einem Vorgang der Reduktion des Verhaltens eines Systems auf das Verhalten seiner Untersysteme verloren. „Auf jeder Systemebene treten Eigenschaften auf, die ‚nichtsummativer' Natur sind, die also dem betreffenden System als Ganzem zukommen und nicht aus isolierten Einzelheiten ableitbar sind" (v. Bertalanffy 1970, S. 83). [32]

---

[30] Bisher sprachen wir von den „Ebenen" eines Systems. Das Konzept der „Hierarchie" unterscheidet sich davon, daß es eine interaktive Kontrolle der einzelnen Ebenen behauptet: I. Die höhere Ebene kontrolliert die niedrigere durch Verhaltensbeschränkungen (normative Macht); II. andererseits ist die höhere Ebene in ihren Funktionen auf die Unterstützung der unteren Ebenen angewiesen (Macht des Vetos). Siehe hierzu auch eine Unterscheidung von Bunge (1973, S. 161), die uns allerdings zu weit geht: "Note the difference between a level structure and a hierarchy, which is a set equipped with a relation of domination." Bunge kennzeichnet im übrigen den hier vorgetragenen systemtheoretischen Ansatz als „integrierten Pluralismus" (S. 162–165, 184).

[31] Wir setzen diese mehrdeutigen Termini in Anführungsstriche, weil unsere Argumentation noch nicht soweit vorangetrieben ist, eine präzisere Formulierung anbieten zu können. Die Verwendung der Begriffe Systemhierarchie und Kontrolle der Teilsysteme sollte keine Vorstellung von Harmonie, Abwesenheit von Konflikt und Wandel hervorrufen. Unser Ansatz ist nicht nur mit Konflikt und kreativer Entwicklung vereinbar, sondern ist entwickelt worden, um diese Vorgänge zu erklären.

[32] Morgan als Mitbegründer der Emergenzthese notiert: "Now what emerges at any given level affords an instance of what I speak of as a new kind of relatedness of which there are no instances at lower levels" (1923, S. 15ff.). Lorenz (1973, S. 48) verwendet für das Auftreten neuer Systemeigenschaften den scholastischen Begriff der Fulguration. Wie bei einem Blitz (fulgur) tritt etwas Neues auf, das vorher nicht vorhanden war.

Die hierarchische Sicht der Beziehungen von Systemen macht es notwendig, zwischen Untersuchungen des Zusammenspiels von Variablen innerhalb einer Ebene und zwischen verschiedenen Ebenen zu unterscheiden. Systemverhalten erscheint dann als ein Ergebnis eines sich in historischer Zeit aufbauenden hierarchischen Vorgangs. Systemverhalten ist hierarchisch verankert. Es zeigt sich im übrigen wiederum, daß es nicht möglich ist, durch additives Zusammenfügen der Einzelteile oder Einzelbeziehungen die Ganzheit zu rekonstruieren: Auf eine niedere Ebene können wir nur vorstoßen, indem wir von der hierarchischen Einbettung der Teile in die Ganzheit abstrahieren. Um das Ganze zurückzugewinnen, brauchen wir also Informationen, die über diejenigen hinausgehen, die wir über das Verhalten der Komponenten auf der unteren Ebene besitzen.

Demgegenüber ist z. B. die neoklassische Nationalökonomie *additiv* angelegt. Das Verhalten der Marktteilnehmer unterliegt weder Beschränkungen (Normen) übergeordneter hierarchischer Ebenen, noch ist das Verhalten selbst Produkt hierarchischer Verankerung (etwa das Ergebnis der Interaktion organisatorischer Teilsysteme). Die Neoklassik kann man deshalb als Reduktionsökonomie bezeichnen: Das Marktsystem als Gleichgewichtssystem ist additiv aus den Ergebnissen individueller Verhaltensweisen zusammengefügt, daher auf diese reduzierbar. „Übersummen"-Erscheinungen und damit nichtgleichgewichtige und evolutive Vorgänge können deswegen durch diesen theoretischen Ansatz nicht dargestellt werden.

1.4.2 Hierarchische Systemkontrolle

Bei der Untersuchung der hierarchischen Verknüpfung von Systemen stellt sich die Frage, auf welche Weise das Verhalten eines Systems durch die Existenz eines übergeordneten Systems beeinflußt wird und welche Bedeutung Verbote, Anweisungen, Normen oder allgemein „Beschränkungen" haben, die ein höheres System gegenüber einem niedrigeren ausspricht.

Wir wollen die grundlegende Struktur einer Kontrollhierarchie am Beispiel einer gesprochenen literarischen Komposition aufzeigen.[33] Auf der untersten Ebene der Wirkungshierarchie werden Laute geäußert, auf der zweiten Worte gesprochen, auf der dritten Worte zu Sätzen verbunden, auf der vierten die Sätze zu einem Stil gefügt, auf der höchsten Ebene der Text konzipiert (Ideenproduktion). Die Prinzipien oder Regeln des Verhaltens auf einer Ebene stehen nun unter der Kontrolle der nächsthöheren Ebene: So wird die Stimme mit Hilfe eines Vokabulars in Worte gekleidet; ein gegebenes Vokabular entsprechend den Regeln der Grammatik zu

[33] Siehe hierzu Polanyi 1968 a, S. 1310 f.; ein ähnliches Beispiel findet sich bereits bei Adam Smith 1949, S. 219.

Sätzen geformt; die Sätze werden entsprechend dem Stilempfinden aufeinander abgestimmt und der Stil wiederum an den Ideen der Komposition ausgerichtet. Das Verhalten auf jeder Ebene der Hierarchie eines Systems unterliegt also einer doppelten Kontrolle:

1. Einer Kontrolle gemäß den Prinzipien (Regeln), die für das Verhalten der einzelnen Komponenten einer Ebene des Systems selbst gelten.

2. Einer Kontrolle entsprechend den Prinzipien, die für das System als Ganzes oder für eine hierarchische Ebene als emergentes Produkt ihrer einzelnen Komponenten gelten. Im ersten Fall sprechen wir von Innen- oder Selbstkontrolle, im zweiten von Außen- oder Fremdkontrolle. Diese gleichzeitig wirkende duale oder multiple Kontrolle gründet sich auf die grundlegende Vorstellung, „that the principles governing the isolated particulars of a lower level leave indeterminate conditions to be controlled by a higher principle“ (Polanyi 1968 a, S. 1311). Die Kontrolle des Verhaltens auf einer unteren Ebene läßt bestimmte Probleme offen oder unerklärt; sie werden daher durch das Einwirken von Prinzipien auf der nächsthöheren Ebene kontrolliert, auf der aber wiederum bestimmte Probleme offenbleiben, derer sich die nächsthöhere Ebene annimmt usw. Das Verhalten einer Ebene baut andererseits jedoch auf den Tätigkeiten der niedrigeren Ebene auf, ist also auch durch diese „verwundbar“. Ein System „lebt“ durch seine Teilsysteme, die über die Macht eines Vetos verfügen.[34]

Die Theorie hierarchischer Interaktion und Kontrolle zeigt somit, wie höhere Ebenen eines Systems das Verhalten der niederen Ebenen (der Komponenten dieses Systems) begrenzen, andererseits aber höhere Ebenen sich auf charakteristische Weise von niederen unterscheiden. Man könnte diese Einsicht auch folgendermaßen formulieren: Ein offenes System besitzt keine Kontrolle über das Verhalten seiner Umwelt. Keine Ebene (System) kann Kontrolle über ihre eigenen Grenzbedingungen („boundary conditions“) gewinnen und so die Existenz einer höheren Ebene möglich

[34] Polanyi faßt seine Vorstellung hierarchischer Kontrolle wie folgt zusammen: "(1) ... the principles controlling a comprehensive entity ... rely for their operations on laws governing the particulars of the entity in themselves; ... (2) at the same time the laws governing the particulars in themselves ... never account for the organizing principles of a higher entity which they form" (1966, S. 34). Unser Versuch, Prinzipien hierarchischer Interaktion freizulegen, ist identisch mit der bereits vorgetragenen Auffassung (s. o. Abschnitt 1.2.2), Systemtheorie beschäftige sich nicht zuletzt mit dem Aufdecken von dem Verhalten zugrundeliegenden abstrakten Regelsystemen. So besteht für Chomsky (1970, S. 48 f.) das grundlegende Problem der Sprachtheorie darin, die Regelsysteme zu entdecken, die den Gebrauch der Sprache beherrschen und die es dem Menschen ermöglichen, „neue Sätze zu verstehen und einen neuen Satz in einer geeigneten Situation zu produzieren“, das heißt, die Sprache kreativ zu gebrauchen. „Die Suche nach explanativen Theorien muß mit dem Versuch beginnen, diese Regelsysteme zu determinieren und die Prinzipien aufzudecken, die sie beherrschen.“

machen, da deren Verhalten ja gerade darauf ausgerichtet ist, jene Grenzbedingungen zu kontrollieren. Die Theorie hierarchischer Systeminteraktion impliziert daher, daß eine höhere Ebene oder ein übergeordnetes System nur durch einen Vorgang entstehen kann, der auf der niederen Ebene nicht manifest ist und sich durch einen emergenten Prozeß der Evolution herausbildet.[35]

Die Funktion der Grenzbedingungen scheint uns derjenigen allgemeiner Regeln zu entsprechen, die das Verhalten der Komponenten eines Systems (oder einer Ebene) begrenzen, ohne es zu determinieren. Regeln normieren Verhaltensspielräume für autonomes Handeln der Teilsysteme. Die Autonomie oder der Freiheitsgrad der Teilsysteme wird durch Regeln begrenzt, die ein höheres System setzt, oder die aus den Interaktionen der Komponenten hervorgehen (siehe unten 1.5). Jedes Teilsystem kontrolliert in seinem autonomen Verhaltensbereich wiederum untergeordnete Komponenten, deren Freiheitsgrade einerseits durch Regeln eingeschränkt, andererseits aber garantiert werden. Ein Teilsystem auf der n-ten Stufe einer Systemhierarchie besitzt folglich mehr Freiheitsgrade als ein Teilsystem auf der (n + 1)-ten Stufe. Die strukturell zugelassene Variabilität ist höher. Systeme auf höherer hierarchischer Ebene verfügen über einen höheren Grad von Handlungsautonomie, ihr Verhalten wird durch Regeln relativ allgemeinerer oder abstrakterer Natur begrenzt. Das Normensystem auf der jeweils höheren Systemebene ist inklusiv, da es die jeweils konkreteren Normensysteme der unteren Ebenen umfaßt. Es besteht also eine Hierarchie von Einfluß (Macht), Kontrolle und Normstrukturen zunehmender Konkretisierung oder abnehmender Allgemeinheit von „oben“ nach „unten“.

Die hierarchische Abhängigkeit zeigt sich darin, daß (1) ein System [auf der (n + 1)-ten Ebene], welches seine Struktur durch die (selbstregulierende) Tätigkeit seiner Komponenten [auf der (n + 2)-ten Stufe] invariant hält und sich damit als autonome Ganzheit ausweist, seinen Teilsystemen übergeordnet ist; und daß (2) dieses System als Komponente eines höheren Systems (n-te Stufe) diesem untergeordnet ist und im Zusammenwirken mit anderen Subsystemen der gleichen Ebene zur Erhaltung des Gesamtsystems beiträgt. Diese Zusammenhänge gelten unabhängig davon, ob wir Intersystem- oder Suprasysteminteraktionen unterstellen.

---

[35] Vgl. hierzu Polanyi 1966, S. 44 f.; siehe auch Morgan 1923, S. 11 (15 f., 64 ff.): "It may still be asked in what distinctive sense the relations are new. The reply is that their specific nature could not be predicted before they appear in the evidence, or prior to their occurence"; Gerard 1958, S. 200: "It is because of the explosive increase in richness of pattern with rise in level that there appears to be an emergence of unpredictable novelty"; vgl. auch Bunge 1973, S. 160 ff., und oben Abschnitt 1.1.4.

1.4.3 Rückkopplung und Systemhierarchie

Die allgemeinen Prinzipien hierarchischer Kontrolle haben wir in den vorangehenden Abschnitten dargestellt. Sie sind zur Selbstregulation offener Systeme in Beziehung zu bringen. Wie wir sahen, gelingt es einem System durch homöostatische Anpassung an die Umwelt, sich von dieser Umwelt zu emanzipieren: Umweltvarietät, welche essentielle Variable des Systems jenseits bestandssichernder Werte treiben könnte, wird blokkiert. Ist die Umwelt jedoch eine weitere Stufe in einer Systemhierarchie, müssen die selbstregulierenden Vorgänge auf einer Stufe der Hierarchie durch Signale oder Störungen auf einer anderen Stufe der Hierarchie aktiviert werden. [36] Man kann von einer Delegierung des Auffindens von Teillösungen bestimmter Aufgaben eines Systems an seine Untersysteme sprechen.

Sehen wir uns den Verkehr auf einem Straßennetz an. Er ist Umwelt für den einzelnen Autofahrer. Um den Verkehrsfluß aufrechtzuerhalten, müssen die Verkehrsteilnehmer Verhaltensregeln einhalten. Der Regelcode grenzt einen Verhaltensbereich ab, innerhalb dessen die Teilnehmer autonom handeln können: Verkehrsregeln lassen Freiheit für die Pflege eines persönlichen Fahrstils, für das Ausnutzen von Ortskenntnissen, fahrerisches Können, für die individuelle Gestaltung von Fahrplan und Planrealisierung. Weicht ein Teilnehmer von den Regeln ab, löst er in seiner Umwelt Signale aus, die seine Übertretung und ihr Ausmaß anzeigen und die bezwecken, sein Verhalten auf die erlaubte Spanne zurückzuführen. Die Signale aktivieren kompensierende Regler. Fährt er zum Beispiel mit überhöhter Geschwindigkeit, spielt ihm die Umwelt „Fahr langsamer!"-Signale zu: von den Überwachungsorganen, von anderen Verkehrsteilnehmern, von der natürlichen Umwelt (Sichtverhältnisse, Straßenhaftung etc.).

Die Wahrnehmung der Signale bei regelüberschreitendem Verhalten, die im sensorischen Bereich erfolgt, und die kompensierende Antwort auf die Signale, die durch den motorischen Apparat durchgeführt wird, sind hierarchisch geordnet. Auf Routinesignale folgen nahezu automatisierte Reaktionen, zum Beispiel das Angleichen der Geschwindigkeit eines Fahrzeugs an die Kurvenführung der Straße. Das Auge greift die Umwelt ab und aktiviert über das Zentralnervensystem automatisch motorische Aktivität wie Bremsen und Beschleunigen. Es ist nicht notwendig, eine höhere hierarchische Ebene einzuschalten. Läuft plötzlich ein Hund über die Straße, muß ein höheres Kontrollniveau eingeschaltet werden, denn nun wird eine Entscheidung notwendig (Überfahren des Hundes oder Riskie-

[36] In verschiedenen naturwissenschaftlichen Disziplinen wird untersucht, welche Rolle diese Prozesse in der Entwicklung und Evolution von biologischen Systemen spielen. Siehe hierzu die in Fußnote 29 zitierten Arbeiten.

ren eines Unfalls), die in der motorischen Hierarchie in Befehle umgesetzt wird. Auf jeder Stufe der Hierarchie finden wir Mechanismen und Prozesse, die die Aktivität dieser Ebene bestimmen, mit anderen Worten die Systemprobleme dieser Stufe lösen. Werden durch Störungen die Stabilisierungsgrenzen einer Ebene überschritten, treiben also Störungen das Verhalten außerhalb des stabilitätsichernden Wertebereiches der essentiellen Variablen, wird sie mit unlösbaren Problemen konfrontiert. Die Information hierüber wird in der Hierarchie nach oben geleitet, bis auf einer Ebene Regelvorgänge ausgelöst werden, die die Störung quasi als Routineakt kompensieren und so die Wirksamkeit der unteren Regelvorgänge wiederherstellen. Für eine Hierarchie kennzeichnend ist daher, daß mit der Höhe der Stufe die Kompliziertheit der Aufgaben zunimmt, daß Handeln weniger oft notwendig ist und weniger wiederholbar abläuft. Die bedeutendste Eigenschaft eines sich selbst regulierenden Vielebenen- oder hierarchischen Systems besteht somit darin, daß eine höhere Ebene zwar die Aktivität der unteren Ebene begrenzt, aber nicht vollständig kontrolliert; die unteren Ebenen können innerhalb der von der höheren Ebene gesetzten Grenzen (Regeln) eigene Ziele verfolgen und ihre besonderen Kenntnisse und Fähigkeiten einsetzen. Je allgemeiner die Regeln, desto größer wird die Autonomie der Teilsysteme sein.

Wir haben uns bisher auf einen Aspekt hierarchischer Kontrolle beschränkt, der Kontrolle durch Rückkopplung. Dieser Kontrolle vorgelagert ist die somatische Kontrolle, die Auswahl von Verhaltensweisen aus dem durch die Systemstruktur begrenzten Repertoire an Möglichkeiten; nachgelagert sind ihr Änderungen der Systemstruktur selbst auf allen Stufen der Hierarchie. Da die Autonomie einer Stufe parallel mit dem Aufstieg in der Hierarchie zunimmt, können Komponenten der unteren Ebene ihr gesamtes Anpassungspotential aufbrauchen, bevor die nächsthöhere Ebene zur Lösung eines Problems eingeschaltet wird. Gehen wir zum Beispiel von der hierarchischen Ordnung eines Marktes aus. Er werde von mehreren Unternehmen beliefert. Die Unternehmen seien intern in verschiedene Teilsysteme hierarchisch ausdifferenziert. Betrachten wir in einer solchen Situation die Reaktion einer Unternehmung auf eine Steigerung der Nachfrage nach den Produkten dieses spezialisierten Marktes, zum Beispiel Gürtelreifen. Bei unveränderter oder sinkender Nachfrage für die herkömmlichen Reifensorten werden ceteris paribus die Preise steigen, die Unternehmen die Produktion erhöhen. Das Regelsystem des Marktes, das die Aktivitäten der Unternehmen begrenzt, wird zunächst nicht berührt. Der Marktmechanismus allerdings gibt den Teilnehmern eines Marktes Signale über Änderungen der Marktpreise. In einer hierarchisch differenzierten Organisation wird das Topmanagement, da es für die Unternehmensstrategie zuständig ist, zunächst nicht in Aktion treten. Die veränderte Marktsituation wird von Grenzstellen auf der Ebene des

Mittelmanagements wahrgenommen, auf seine unternehmungstaktischen Möglichkeiten hin untersucht und in Operationsanweisungen für die unteren Stufen umgesetzt. Auf der operativen Ebene könnte sich dann folgendes abspielen: Durch vermehrte Arbeitsleistung und/oder durch Einstellung neuer Arbeiter wird die Ausbringung erhöht. Werden die Produktionsziele erfüllt, scheint das Problem gelöst. Treten Zielabweichungen auf, kann das Mittelmanagement auf verschiedenen Wegen versuchen, die Komponenten auf der operativen Ebene dazu anzuhalten, zielkonforme Verhaltensweisen zu praktizieren; es kann schließlich die Führungsgröße für die operativen Subsysteme ändern, zum Beispiel durch Änderungen im Belohnungssystem. Treten dann immer noch Abweichungen auf, dringt die mittlere Ebene auf Strukturwandel in der operativen Ebene. Sie wird Änderungen der Mensch-Maschinen-Beziehungen, Einführung neuer Produktionstechniken, Erhöhung der Qualität der Individuen (Ausbildung) und Entlassung der Abweicher veranlassen. Alle diese Änderungen auf der operativen Ebene werden durch Auswahl von Verhaltensweisen aus einem gegebenen Repertoire des Mittelmanagements erreicht. Wir wollen annehmen, daß nicht nur das Mittelmanagement keine Anpassung des Produktionsprogrammes an die veränderte Marktlage zustande bringt, sondern daß auch das Topmanagement unfähig ist, die Produktion entsprechend den Bedürfnissen des Marktes zu organisieren und daß sogar der Versuch, durch externe Unternehmensberater neue Ideen in die Organisation einzuschleusen, sich als Fehlschlag erweist. Marktanteil und Gewinne des Unternehmens sinken, während Konkurrenten expandieren und enorme Profite machen. Das Topmanagement wird nun versuchen, sich aus dem Zugriff der Marktkontrollen zu lösen, das heißt, die Konkurrenz durch Kooperation oder Aufkauf einer der erfolgreicheren Konkurrenten auszuschalten. Ob diese Strategie externen Unternehmenswachstums als Ausfluß unternehmerischer Inkompetenz erfolgreich ist, ob also Maßnahmen, die Verhaltenskontrolle durch den Markt zu unterlaufen, möglich sind, hängt vom Regelcode des Marktsystems ab. Sind solche Verhaltensmöglichkeiten verboten, muß die Unternehmung innovativ tätig werden oder sie scheidet aus dem Markt aus. Sind wettbewerbsbeschränkende Verhaltensweisen dagegen erlaubt, verschiebt sich das Kontrollproblem auf die nächsthöhere Ebene der Hierarchie (die Ebene der normsetzenden Instanzen).

Büßt das Marktsystem seine Kontrollfunktion ein oder gerät seinerseits zunehmend unter die Kontrolle inkompetenter Teilsysteme, entstehen Probleme, die das Marktsystem als Ganzes in Frage stellen und somit das Gesamtsystem Gesellschaft berühren. Gesellschaftliche und politische Kontrollinstanzen werden daher möglicherweise den Regelkanon des Marktes ändern und bestimmte Verhaltensweisen mit einem Verbot belegen. Aber auch auf dieser Ebene der gesellschaftspolitischen Kontrolle bestehen natürlich die drei obengenannten Verteidigungslinien eines Systems (siehe 1.3.1). Wenn die Verteilung normativer Macht zum Beispiel im Parlament eine Änderung der Regeln gegen die Interessen der inkompetenten Teilsysteme des Marktes nicht möglich macht, kann möglicherweise Rückkopplungskontrolle durch demokratische Wahlen eine Änderung der Mehrheitsverhältnisse im Parlament und dadurch auch eine Änderung der Wettbewerbsverhältnisse bewirken. Probleme, Pannen, Übelstände, die die unteren Ebenen einer sich selbst regulierenden offenen hierarchischen Ordnung nicht unter Kontrolle bringen können, werden von Ebene zu Ebene nach oben geschoben, so lange und so weit, bis eine Kontrollstrategie „greift" und das Versagen der jeweils unteren Ebene „heilt".

Wir haben an diesem Beispiel jene drei Ebenen oder Untersysteme des Inklusivsystems Gesellschaft skizziert, denen wir in den nachfolgenden Ausführungen jeweils ein eigenes Kapitel widmen werden. Unser Vorgehen entspricht dabei dem bereits oben erläuterten methodologischen Konzept des „integrierten Pluralismus":

1. Theoretische Bestimmung der Systemkompetenz
   a) des psychischen Systems oder des „Unternehmers" (im zweiten Teil dieser Arbeit)
   b) der Organisation oder Unternehmung (im dritten Teil);
2. Untersuchung der Beschränkungen des Möglichkeitsbereiches (des Verhaltens) eines Systems (einer Systemebene) durch eine hierarchisch aufgebaute Umwelt. Umweltgefüge beschränken den fähigkeitsbegründeten Variabilitätsbereich eines Systems:
   a) psychische Systeme unterliegen Beschränkungen durch organisierte Sozialsysteme, insbesondere den durch Organisationen formalisierten normativen Erwartungen (siehe den dritten Teil);
   b) Organisationen oder Unternehmen ihrerseits unterliegen in ihren Möglichkeiten den Beschränkungen interaktiv geschaffener Märkte, die je nach Wettbewerbsintensität (von einer neoklassischen „Arrow-Debreu-Walras-Welt" bis zu einer „turbulenten Umwelt") unterschiedliche Herausforderungen für psychische und organisatorische Kompetenz bereithalten (siehe den vierten Teil);
   c) die Interaktionen im Marktsystem durchlaufen wiederum den selektiven Filter normativer Regeln, über deren konkrete Entstehung im politischen System wir allerdings keine detaillierte Auskunft geben werden.

Wir versuchen jedoch (im folgenden Abschnitt 1.5), Entstehung und Funktion von Regeln abstrakt zu diskutieren; denn ohne einen nomologischen Rückgriff auf Verhaltensregeln scheint uns eine Erklärung des Verhaltens umweltoffener und komplexer Systeme nicht möglich zu sein.

1.5 Entstehung und Funktion von Systemregeln

1.5.1 Regelgebundenes Verhalten

Das Verhalten eines Systems wird durch Regeln begrenzt. Ein höheres System (höhere Ebene einer Hierarchie) setzt Beschränkungen („constraints“), die die einzelnen Teilsysteme (unteren Ebenen) nicht überschreiten sollen, weil es sonst in seiner Existenz gefährdet würde oder Nachteile in der Konkurrenz mit anderen Systemen hätte. In ziellosen oder Multizielsystemen, wie z. B. in einem Marktsystem, ermöglichen Regeln die spontane Interaktion der Teilsysteme: Regeln „versorgen“ die Handelnden mit allgemeinen Bedeutungsinhalten, an denen sie ihr Verhalten wechselseitig orientieren können. Sie schützen Freiräume für autonomes Handeln. Regeln sichern einen Raum individueller Spontaneität und Autonomie. Verhaltensregeln können wir demnach als allgemeine Begrenzungen oder Beschränkungen verstehen, denen die Elemente eines Systems in ihren Beziehungen zueinander unterliegen, unabhängig davon, ob die Elemente den Zwecken einer übergeordneten Gesamtheit dienen, oder ob sie nach individuellen Zielen ohne bewußte Ausrichtung an den „Bedürfnissen“ des Ganzen handeln. Wenn wir davon sprechen, daß Regeln das Verhalten „lenken“, meinen wir damit zunächst nichts anderes als die Vorstellung, daß bestimmte Verhaltensmöglichkeiten, die im Kompetenzbereich eines (Teil-)Systems liegen, ausgeschlossen sind. In komplexen Systemen ist die Lenkung des Verhaltens durch Beschränkungen zudem eine der hervorragenden Möglichkeiten externer Einflußnahme. Regeln (in sozialkulturellen Systemen zum Beispiel Werte, Normen, Rechtssätze) setzen den Handlungsrahmen, innerhalb dessen sich das Verhalten der Elemente abspielt. Verhaltensregeln sollten daher nicht mit dem tatsächlichen Verhalten oder dem geordneten Verhaltensmuster als dem Ergebnis regelgebundenen Verhaltens verwechselt werden (Buckley 1967, S. 94, Hayek 1969, S. 144 ff.).

Verhaltensregeln lassen sich nach dem Grad ihrer Abstraktheit oder Allgemeinheit unterscheiden. Allgemeinere oder abstraktere Regeln setzen erweiterte Bedingungen der Möglichkeit, alternativenreichere Konkretisierungen im Handeln zu erleben. Das Gegensatzpaar „abstrakt-konkret“ bezieht sich also auf den Umfang der Beschränkung des Möglichkeitsreichtums zukünftigen Erlebens und Handelns. Die konkreteste Form der Regel ist der Befehl oder die Vorschrift: Ein Befehl determiniert die auszuführende Handlung; die Handlung dient den Zwecken des Befehlsgebers; Ziele und vielfach auch Mittel sind fixiert. Die abstrakteste Form einer Regel ist ein „Gesetz“, das sich an unbekannte Personen richtet, das von den besonderen Umständen von Ort und Zeit abstrahiert und ohne Ausnahmen, Privilegierungen und Einschränkungen des Geltungsbereiches gültig ist. Die abstrakte Regel ist anonymisiert, ins Unpersönliche abgehoben, „unabhängig davon gültig, wer erwartet oder auch nicht erwartet" (Luhmann 1972 a, S. 38).

Der entscheidende Unterschied zwischen einer konkreten und einer abstrakten Regel ist darin zu sehen, daß bei einem Übergang von Befehlen auf Gesetze „the source of decision on what particular action is to be taken shifts progressively from the issuer of the command or law to the acting person" (Hayek 1960, S. 150).

Da komplexere Systeme über abstraktere Grenzen verfügen (Luhmann 1971 a, S. 18), werden sich komplexere Systeme durch allgemeinere Regeln auszeichnen als einfachere Systeme. Wird ein System komplexer, nehmen auch seine normativen Generalisierungen zu. Mit der Zunahme seiner Eigenkomplexität weitet sich die erfahrbare Komplexität seiner Welt. In einem komplexeren Gesellschaftssystem werden variantenreichere Erlebnisse und Handlungen möglich. Es müssen dann auch Erwartungssynthesen oder Regeln erreichbar sein, „die mit höherer Komplexität der Weltsicht und des Gesellschaftssystems verträglich sind, also mehr Möglichkeiten zur Auswahl stellen können..." (Luhmann 1972 a, S. 138), größere Freiheiten erlauben, mehr Raum für originelles und schöpferisches Denken und Verhalten bieten. Das können nur abstraktere Regeln sein, die angesichts der Überproduktion von Möglichkeiten eine geringere Selektivität besitzen und weniger Erwartungen abweisen, um kongruente Verhaltenserwartungen zu verwirklichen. Die Menge der für alle Individuen gemeinsam geltenden Erwartungen nimmt zu.

1.5.2 Zur Evolution von Regeln

Ein offenes System besitzt nicht die Möglichkeit, die Regeln des Verhaltens seiner Teilsysteme autonom festzusetzen. Offene hierarchische Systeme entwickeln sich historisch nicht von „oben nach unten", sondern wachsen umgekehrt aus einfacheren Ordnungen heraus. Die Stabilität der emergenten hierarchischen Ebene ist daher gewöhnlich relativ gering. Als Kriterium für die Entstehung einer übergeordneten Gesamtheit (wenn auch nur multistabilen Charakters) gilt die Entstehung von Regeln, denen die Individuen in ihrer Eigenschaft als Systemkomponenten bewußt oder unbewußt folgen.

Solche Regeln bilden sich, wenn Individuen in einer ihnen gleichermaßen vertrauten oder unbekannten Welt in spontane Interaktionen treten. Damit die Subjekte sich gegenseitig verstehen, ihre Verhaltenssignale also Bedeutung oder Sinn haben, müssen sie sich – beabsichtigt oder nicht – darüber einigen, wie sie bestimmte Handlungen „bewerten", was sie mit einem bestimmten Signal „meinen" oder „nicht meinen". Es entstehen Erwartungen, welche die Vielzahl möglicher Bedeutungsinhalte auf eine spezifische Anzahl reduzieren, welche Alternativen ausblenden, bei der Produktion von Handlungen des einen spezifische Reaktionen des anderen erwartbar machen; zumindest handelt es sich um Beschränkungen, die das *Nicht*eintreten bestimmter Möglichkeiten erwarten lassen.

Aufgrund gemeinsamer Wahrnehmungen, Umweltabgrenzungen und Erwartungen entsteht eine symbolische, gemeinsam gedeutete Umwelt, die nicht mehr der Beliebigkeit der einzelnen Handelnden unterliegt (ausführlich hierzu auch Haferkamp 1972, S. 25 ff.). Die Individuen werden allmählich einen Satz von gemeinsamen Bedeutungs- und Erwartungsinhalten entwickeln, der es ihnen erlaubt, Verhaltensweisen danach einzuordnen, ob sie mit „guten“ oder „schlechten“ Auswirkungen verbunden sind, ob sie freundliches, feindliches oder indifferentes Verhalten ausdrücken.[37]

In Interaktionsprozessen erhalten demnach die ausgetauschten Signale Bedeutung, werden die Verhaltensweisen klassifizierbar, lernen die einzelnen, die Bedeutungsalternativen zu begrenzen und wechselseitige Verhaltenserwartungen aufzubauen. Andererseits wird es ihnen damit auch möglich, ihre Interaktion in Verhaltensbereichen zu halten, die nicht mißverstanden werden können, mit denen spezifische Erwartungen hinsichtlich der Reaktion des Gegenüber verbunden werden, bei denen spezifische Erwartungen hinsichtlich der Erwartungen des anderen möglich werden (sog. Erwartenserwartungen). Die Individuen lernen, was sie *nicht* tun dürfen, wenn sie Schwierigkeiten und Situationen voller Ungewißheit vermeiden und Erwartungsenttäuschungen verhindern wollen. Auch hier werden mit zunehmender Komplexität der Sinnbezüge oder Bedeutungsinhalte auch zunehmend abstrakte oder „negative“ Erwartungssynthesen benötigt. Denn mit zunehmender Komplexität wird es schwieriger, das gemeinsam Gemeinte vollständig zu thematisieren (Luhmann 1970 b, S. 40); mögliche Bedeutungsinhalte müssen durch abstrakte Regeln für irrelevant erklärt werden; es wird nur möglich zu bestimmen, was als *nicht* gemeint erwartet werden kann. Die Individuen verfügen dann über einen gemeinsamen Satz von Glaubensinhalten, Werten, Symbolen und Handlungsrezepten, also über eine Kultur (Röpke 1970 a, S. 55 ff.). Insofern kann man Kultur als Ergebnis vergangener Versuche einer Gruppe von Individuen betrachten, die ihnen gemeinsamen Probleme zu

---

[37] Der Bewertungsaspekt allgemeiner Regeln wird bei Sherif zum Bestandteil einer Definition der Norm: “Thus social norm is a concept that can be used generically in social psychology to refer to all those regularities in social life that embody evaluation of objects, persons, actions, and ideas. ... a norm is not always a prescription for a single act; it is, more typically, a set of categories defining classes of acceptable and objectionable behavior. It follows that in assessing norms, the norm cannot be represented as a point or as a single value” (Sherif und Sherif 1969, S. 184, 192).

lösen. Da die Individuen in einer sozialen und natürlichen Umwelt handeln, gehen in die allgemein geteilten Bedeutungsinhalte auch Umweltaspekte ein, die direkt oder indirekt für das Handeln bedeutsam sind. Regeln entstehen daher aus Interaktionen von Individuen in Abhängigkeit von ihrer Umwelt; und die Kultur einer Gruppe kann dann entsprechend verstanden werden als „*a map designating regularities* of both the group's and the member's traditional patterns of thinking, believing and acting" (Jones/Gerard 1967, S. 176).

Die moderne Nationalökonomie hat Überlegungen zum Regelproblem aus der Untersuchung ökonomischer Vorgänge ausgeklammert.[38] Sie kennt zwar Erwartungen und Enttäuschungen von Erwartungen (ausgelöst durch Datenänderungen bzw. exogene Störungen); diese Erwartungen beziehen sich aber durchgängig auf kognitive, nicht aber normative Erscheinungen. Eine Enttäuschung kognitiver Erwartungen führt zur Anpassung der Erwartungen an die geänderte Situation, zu Planrevisionen. Normative Erwartungen werden demgegenüber (siehe Luhmann 1972 a, S. 42 ff.) bei Enttäuschung der Erwartungen (Zuwiderhandlungen) nicht fallengelassen sondern aufrechterhalten. Das Ausklammern normativer Erwartungen und ihrer Folgeprobleme durch die neoklassische Ökonomie – im Gegensatz zur klassischen Nationalökonomie – ist allerdings durchaus konsequent. Es folgt aus ihrer mechanistischen Weltinterpretation, ihrem Reduktionsprogramm, ihrem Versuch der psychischen Grundlegung ökonomischen Verhaltens auf Reiz-Reaktions-Schemata. Durch Lohn und Strafe (Gewinn und Verlust) konditioniertes Verhalten entspricht konditioniertem Lernen aus Erfolgen, bleibt dem Individuum zurechenbar und nur diesem. An normativen Erwartungen, an Symbolen, an einer Kultur orientiertes Handeln ist dagegen reduktionistisch nicht auflösbar. Da Normen als emergentes Ergebnis von Interaktionen mehr als die Summe isolierter kognitiver Dressur- und Lernakte und in diesem Sinn ganzheitlich orientiert sind, verweisen sie auf eine Ordnung von Handlungszusammenhängen. Und da Wettbewerbsvorgänge, die Herausbildung einer Ordnung und Evolutionserscheinungen notwendig an normativ orientiertes Handeln gebunden sind, muß der theoretische Versuch der Begründung solcher Phänomene durch nichtnormorientiertes Verhalten notwendig scheitern. Die norm-, symbol- und kulturfreie Sicht ökonomischen Handelns muß Markt- und Wettbewerbsprozesse als sich in konkreten Marktergebnissen, -strukturen und -verhaltensweisen konkret niederschlagende Erscheinungen sehen, die sich mit

[38] Ganz im Gegensatz übrigens zur klassischen Ökonomie, zumindest deren schottischer Variante. Bei Ferguson, Hume und insbesondere Smith spielen die Evolution und Funktion von Verhaltensbeschränkungen eine gar nicht zu überschätzende Rolle. Ohne Regeln keine Ordnung, keine Evolution, keine wirtschaftliche Entwicklung. Das wird ausführlich am Beispiel von Adam Smith dargestellt bei Röpke d.

Hilfe mehr oder weniger willkürlicher, da normloser Maßstäbe idealer Allokation und Effizienz vergleichbar machen lassen.

Würde man dagegen dem Vorgehen der klassischen Nationalökonomie folgen und ökonomisches Verhalten als an Normen gebunden betrachten, wären Wettbewerbs- und Marktvorgänge lediglich „negativ" beschreibbar und erklärbar. Als welt- und zukunftsoffene Prozesse schöpferischer Qualität basieren sie auf regelorientierten Handlungen und sind damit lediglich im Ausmaß ihrer normübertretenden Eigenschaften positiv zu beschreiben. Darüber hinaus aber wären sie nur „kybernetisch", das heißt, über fähigkeits- und regelbegründete Beschränkungen erklärbar und beeinflußbar. Die Verhaltensmaßstäbe sind nicht mehr oder nur noch in Ausnahmefällen reduktionsanalytisch ermittelte Effizienzkriterien. Aus klassischer Sicht wird es nicht mehr möglich, Handlungen und Handlungsfolgen an positiven Maßstäben, Zielen und Kriterien zu überprüfen und dieses Vorgehen auch noch als „Rechtsprechung" zu bezeichnen. Der einzige Maßstab, Handeln zu beurteilen, wären vielmehr universale Rechtsregeln oder Normen. Gerecht und damit zulässig sind – so bereits Adam Smith – alle Handlungen, welche die allgemeinen Regeln **nicht** übertreten. Die Befolgung allgemeiner Regeln wird damit selbst zur grundlegenden Handlungsnorm, die ein Überleben des Gesamtsystems wie die Ausübung individueller Freiheitsrechte gleichzeitig garantiert. Auch Gerechtigkeit ist daher „in den meisten Fällen nur eine negative Tugend und hält uns nur davon ab, unserem Nachbarn zu schaden" (Smith 1949, S. 111).

1.5.3 Die Systemfunktion allgemeiner Regeln

Die ein System kennzeichnende Handlungsordnung entsteht aus der durch allgemeine Regeln beschränkten Interaktion seiner Teilsysteme in Abhängigkeit von der Systemumwelt. Regeln in ihren verschiedenen Ausprägungen sind Ergebnis sozialer Interaktion; andererseits wird durch Regeln sinnvolle soziale Interaktion erst ermöglicht. Regelsysteme und die an ihnen orientierten Verhaltensmuster entstehen insofern uno actu. Regeln sind als emergentes Produkt individueller Interaktionen ein Kennzeichen dafür, daß sich aus einer unstrukturierten Situation die Herausbildung eines neuen, übergeordneten Systems andeutet, das möglicherweise aber über einen segmentären Charakter niemals hinauskommt. Gleiches gilt auf einer höheren hierarchischen Ebene für die Regeln, die sich aus der Interaktion von Gruppen, politischen und sozialen Systemen ergeben, zum Beispiel Regeln der Koexistenz zwischen Machtblöcken.

Eine Einsicht von Michael Polanyi (1966, S. 44) über die Entstehung des Lebens scheint uns auch für die Emergenz sozialer Erscheinungen gültig zu sein: „... nothing that *ought* to be, can be determined by knowing what *is*. Hence a principle not present in the inanimate must come into operation when it gives birth to living things." Bei Luhmann (1972 a, S. 116) heißt es ähnlich: „Handlungssysteme strukturieren sich nicht durch Seinsgesetze, sondern durch Erwartungszusammenhänge."

Offenbar erlauben es verhaltensbeschränkende Regeln, Verhaltensmuster von beachtlicher Komplexität aufzubauen, ohne daß die Information, die zur Evolution komplexer Ordnungen notwendig ist, auf irgendeine Weise in den Regeln selbst enthalten wäre. Hayek hat versucht, diese Zusammenhänge aufzuzeigen. Von dem beschränkenden Charakter allgemeiner Regeln ausgehend stellt er fest, daß sich in Regeln „eine Menge von Erfahrung niedergeschlagen" hat, die die einzelnen Individuen nicht zu kennen brauchen, die ihnen aber beim Erreichen ihrer Ziele genauso behilflich sind, als ob sie von ihnen wüßten. „Dieses ‚Wissen' von der Welt... wird also zum großen Teil nicht aus Wissen über Ursache und Wirkung bestehen, sondern aus *Verhaltensregeln, die der Umgebung angepaßt sind, ohne über sie etwas auszusagen*" (1970 a, S. 11 f.). Auch wenn Verhaltensregeln den Individuen keine Information darüber geben, was in einer konkreten Situation zu tun ist, haben sie dennoch die bedeutende Funktion, sie von der Komplexität und dem Wandel der Umwelt zu entlasten. Für alle umweltoffenen Systeme scheint zu gelten, daß sie Komplexität dadurch reduzieren, in dem sie Komplexität in einem System von Regeln darstellen. Regeln, spontan und interaktiv aufgebaut oder als positives Recht gesetzt, beschränken den Möglichkeitsbereich, innerhalb dessen die Auswahl von Verhaltensweisen erfolgt[39]. Indem Systemregeln Verbote aussprechen, schützen sie die einzelnen Komponenten davor, in Verhaltensbereiche vorzudringen, die sich, gemessen an ihrem kognitiven Vermögen und ihrer Regelungskapazität, das heißt, an ihrer Fähigkeit zu positiver Umweltkontrolle, durch zuviel Unsicherheit und Komplexität auszeichnen. Systemregeln schneiden so zwar, wie Tjaden (1969, S. 761 f.) richtig sieht, „für das Systemganze Entfaltungsmöglichkeiten aller Beteiligten ab", weisen aber keineswegs, wie er weiter behauptet, „den Systemteilen besondere Dimensionen nützlicher Aktivität zu — vermutlich ohne Rücksicht auf die Intentionen und Kapazitäten der

[39] Der von Hayek angesprochene Verbotscharakter nomologischer Hypothesen ist insbesondere von Popper betont worden (Popper 1966, S. 39): „Gesetzesaussagen behaupten, daß bestimmte Ereignisse nicht eintreten können." Im gleichen Sinne Ashby (1974, S. 193): „Von unserem Gesichtspunkt aus ist wichtig, daß das Gesetz viele Positionen und Geschwindigkeiten ausschließt, indem es voraussagt, daß sie sich niemals als existent erweisen werden. Die Wissenschaft sucht nach Gesetzen; sie befaßt sich daher häufig mit der Suche nach Begrenzungen (hierbei ergibt sich die „größere Menge" immer daraus, was geschehen könnte, wenn das Verhalten frei und chaotisch wäre, und die „kleinere Menge" daraus, was tatsächlich geschieht)." Siehe auch oben Fußnote 10 zum Inhalt sogenannter „kybernetischer" Erklärungen.

Beteiligten". Dies folgt nur bei der Annahme einer einheitlichen Zwecksetzung durch das Systemganze, das heißt durch Zuweisung detaillierter Zwecke und Mittel an die Systemelemente etwa einer Bürokratie oder eines zentral geplanten Wirtschaftssystems. Je abstrakter andererseits die Systemregeln, desto größer ist die normativ gesicherte Aktionsfreiheit der Teilsysteme und desto umfangreicher sind ihre Chancen, Spontaneität zu entfalten, da ihr Möglichkeitsbereich weiter ist und sie erwarten können, vor Eingriffen aus der natürlichen und sozialen Umwelt in ihrem Freiraum geschützt zu sein. Die Beschneidung der individuellen Entfaltungsmöglichkeiten durch allgemeine Regeln ist daher konstitutiv für die Existenz eines Systems.[40] Regeln schützen vor Ungewißheit und Änderungen in der Umweltkonstellation und absorbieren damit Umweltvarietät. Vor dem Hintergrund dieser funktionellen Leistung abstrakter Regeln ist die Aussage von Hayek (1969, S. 171) zu sehen, nach der Verhaltensregeln eine hervorragende Methode darstellen, um sich an die „konstitutionelle Unwissenheit" oder an die „Tatsache unabänderlichen Unwissens" mit der die Individuen konfrontiert sind, anzupassen.[41] „... abstrakte Normen (sind) das wichtigste Instrument ..., das der Mensch gefunden hat, um die Beherrschung der Umwelt über den Bereich seines konkreten Wissens auszudehnen. Er mußte sich dabei freilich auf die Herbeiführung einer ebenso abstrakten Ordnung beschränken" (1969, S. 177). Wie wir im folgenden Abschnitt zeigen wollen, kann man diese These verallgemeinern. Denn es scheint sich um eine Aussage zu handeln, die für alle offenen komplexen Systeme Geltung beanspruchen darf.

1.5.4 Informationsschaffung durch regelgebundene Interaktion

Bevor wir in die Details gehen, wollen wir unseren Gebrauch des Begriffes Information präzisieren. In der modernen Informations- oder Nachrichtentheorie gilt Information als Maßgröße für die Ungewißheit (Unwahr-

[40] Die klassischen Nationalökonomen waren mit diesen Überlegungen vertraut. So behauptet Smith: Ohne Einhaltung der Regeln der Gerechtigkeit gibt es keine Gesellschaft. Eine Gesellschaft kann zwar ohne Wohltätigkeit und gegenseitige Liebe oder „durch einen kaufmännischen Austausch guter Dienste ... aufrechterhalten werden", nicht jedoch ohne Gerechtigkeit: „Die Wohltätigkeit ist die Verzierung, die das Gebäude schmückt, nicht das Fundament, das es trägt ... Gerechtigkeit ist dagegen der Hauptpfeiler, der das ganze Gebäude aufrechterhält. Wenn er entfernt wird, muß der große, der ungeheure Bau der menschlichen Gesellschaft ... in einem Augenblick in Atome zerfallen" (Smith 1949, S. 119 f.).

[41] „Es mag deshalb manchmal ein größerer Fortschritt sein, eine Methode zu finden, sich erfolgreich der Tatsache unabänderlichen Unwissens anzupassen, als mehr positives Wissen zu erwerben ... Es scheint mir, als ob viele der Verhaltensweisen, die der Mensch entwickelt hat, insbesondere alle Regeln des gerechten Verhaltens, solche Anpassungen an unsere konstitutionelle Unsicherheit wären" (Hayek 1969, S. 171).

scheinlichkeit) des Eintretens von Ereignissen (Eintreffens von Nachrichten). Als Information gilt, was Ungewißheit reduziert. Die Information ist dabei um so größer, „je größer die Unbestimmtheit vor dem betreffenden Ereignis war, welches aus der Menge der möglichen Ereignisse eintritt" (Klaus 1969, S. 269). Der Informationsgehalt einer Nachricht ist daher maximal, wenn alle Nachrichten mit der gleichen Wahrscheinlichkeit auftreten können (erwartet werden); oder: bei gleicher Wahrscheinlichkeit des Eintreffens ist die Unsicherheit über das Eintreten von bestimmten Ereignissen maximal, und eine Nachricht, die diese Ungewißheit beseitigt, enthält daher maximalen Informationsgehalt. Die Information besitzt einen maximalen „Überraschungswert". Denn Ungewißheit bezieht sich darauf, welche der möglichen Zustände eines Systems zu einem bestimmten (vergangenen, gegenwärtigen oder zukünftigen) Zeitpunkt verwirklicht sind. Ist die Anzahl möglicher Zustände groß (klein), besteht aus der Sicht des Empfängers einer Nachricht große (kleine) Ungewißheit darüber, welcher der möglichen Zustände tatsächlich selektiert wird.[42] Je größer der Möglichkeitsbereich, aus dem eine Nachricht im Sinne einer bestimmten Angabe über den Zustand eines Systems eintreffen kann, desto größer ist die Auswahlfreiheit, und desto größer ist die Unsicherheit, der Überraschungswert oder der Informationsgehalt einer bestimmten Nachricht.

Nach dieser Vorbemerkung können wir uns nun dem Informationsaspekt regelgebundenen Verhaltens zuwenden.

Die negative Qualität oder der Verbotscharakter allgemeiner Regeln beschränkt die Menge möglicher Alternativen oder den Möglichkeitsbereich des Auftretens von Ereignissen, mit denen sich ein System oder seine Komponenten auseinanderzusetzen haben. Da Regeln zumindest negativ selektieren, den Bereich möglicher Zustände beschränken, schaffen Regeln durch Selektion Information, verringern Unbestimmtheit (Ungewißheit) und erleichtern das Anpassungsproblem.[43] Allgemeine Regeln schützen so das System vor Ungewißheit oder passen das System an die Unwissenheit seiner Elemente an; positiv gewendet: sie schaffen Information in dem Sinne, daß sie das Umweltgeschehen weniger ungewiß erscheinen lassen als es in Wirklichkeit sein könnte, da sie dem System erlauben, bestimmte Aspekte der Umwelt zu negieren. Systemregeln „kontrollieren" oder lenken auf diese Weise das Verhalten der Systemkomponenten: Sie beschränken ihren Freiheitsgrad durch Beschneiden von Entfaltungsmöglichkeiten, reduzieren und absorbieren hierdurch aber gerade Umweltkomplexität, da sie die Elemente davon entlasten, sich mit

[42] Streng genommen gelten diese Überlegungen nur, wenn alle möglichen Zustände gleich wahrscheinlich sind.

[43] Man kann sich das an einfachen Spielregeln des täglichen Lebens klarmachen: die Abseitsregel im Fußball, die Vorfahrtsregel im Straßenverkehr.

einer ungeheuren Zahl von Möglichkeiten auseinanderzusetzen und sich an sie anzupassen. Andererseits geben Systemregeln den Teilsystemen einen Freiraum für den Einsatz einer Strategie positiver Umweltkontrolle, das heißt den Abbau des „Restes“ nicht durch Regeln selektierter Umweltvarietät durch interne Problemlösungsaktivität.

Information entsteht somit durch Selektion, ein Vorgang, der auch unreflektiert erfolgen kann, was bei allgemeinen Regeln sogar eher das Normale denn die Ausnahme ist. Dabei kommt es, wie gesagt, auf die Zahl *möglicher* Alternativen an, die (durch Regeln) beschränkt wird.[44] Je abstrakter die selektierenden Regeln, desto größer ist der Freiheitsgrad des Systems im Sinne einer Menge nicht verbotener Verhaltensmöglichkeiten, desto größer sind aber auch die Anforderungen an Kapazität und Kompetenz der systeminternen Mechanismen und Prozesse der Ungewißheitsreduktion. Denn allgemeinere Regeln negieren einen geringen Bereich von Möglichkeiten, stellen mehr Alternativen zur Auswahl und konfrontieren ein System mit mehr Weltkomplexität, so daß es über differenziertere interne Möglichkeiten der Komplexitätsreduktion verfügen muß. Umgekehrt wird ein System mit vergleichsweise konkreten Regeln über einen entsprechend geringeren Freiheitsgrad und damit höheren Ordnungsgrad verfügen; sein Möglichkeitsbereich ist beschränkter, und die Anforderungen an interne Komplexitätsreduktion und Varietätsproduktion sind geringer. Im Grenzfall eines durch Befehle oder Anordnungen (zentrale Planung) gesteuerten Systems ist die Wahlfreiheit der Systemelemente minimal. Der Grad des Informationsgehaltes einer Regel scheint also gleichbedeutend mit der Summe der Erlebens- und Handlungsmöglichkeiten, die nach dem Inhalt der Norm *nicht* eintreten dürfen. Abstraktere Regeln legen weniger genau fest, was alles nicht eintreten darf. (Die Parallelität zur Methodologie des Kritischen Rationalismus von Popper ist offensichtlich.)

Der Übergang von konkreten „informationsreichen“ auf abstraktere Möglichkeitsbegrenzungen führt zu einem Freiheitsgewinn für die Individuen eines sozialen Systems, die Rückkehr von abstrakten auf relativ konkrete Regeln impliziert einen Freiheitsverlust. Es zeigt sich hier der enge – systemtheoretisch deutbare – Zusammenhang von Eigenkomplexität eines Systems und dem Grad der Freiheit seiner Elemente oder seinem Evolutionspotential (siehe auch 1.7.4). Systeme höherer Komplexität vermögen wegen ihrer gesteigerten Systemkompetenz Varietät der Umwelt zu absorbieren, die von weniger komplexen Systemen nicht mehr kontrollierbar ist.

[44] Shannon und Weaver (1949, S. 100): "Information in communication theory relates not so much to what you do say, as to what you could say. That is, information is a measure of one's freedom of choice when one selects a message."

Durch Bindung des Verhaltens an Regeln entlasten sich Individuen von einer Fülle von Umweltaspekten bzw. schaffen Information, die es ihnen gestattet, bestimmte Umweltaspekte zu negieren. Allgemeine Regeln enthalten also weniger Information darüber, welchen Zügen der Umwelt man seine Aufmerksamkeit widmen sollte, als vielmehr, gegenüber welchen Aspekten der Umwelt der Handelnde sich gleichgültig zeigen kann und autonom und frei auftreten darf. Allgemeine Regeln schaffen so einen Bereich für Handeln in Freiheit.

Ein zweiter Aspekt der informationsschaffenden Funktion allgemeiner Regeln hängt sehr eng mit dem oben Gesagten zusammen. Er läßt sich an der Entwicklung organischer Systeme aufzeigen. Biologen haben lange nach Erklärungen für die Tatsache gesucht, daß Informationen, die in den Genen eines befruchteten Eies gespeichert sind, nicht ausreichen, um die detaillierte Struktur eines vollentwickelten Lebewesens zu spezifizieren. Die Zelltätigkeit wird von den in den Chromosomen enthaltenen Genen kontrolliert. Da jedoch alle Zellen im Körper den gleichen vollständigen Chromosomensatz enthalten, ist zu fragen, „wie ... zum Beispiel eine Nervenzelle und eine Nierenzelle so verschiedene Aufgaben erfüllen können, wenn sie doch von den gleichen Gesetzen regiert werden." (Koestler 1968, S. 138). Das Problem, das sich im übrigen zu einem Zentralproblem der modernen Biologie entwickelt hat, besteht also darin, wie es zu der offensichtlichen Informationszunahme während des Lebens eines individuellen Organismus im Laufe seiner Entwicklung von der Keimzelle zum erwachsenen System kommt. „Sollen wir annehmen" fragt Koestler, „der gesamte Informationsgehalt eines erwachsenen Schimpansen z. B. sei irgendwie in den Kern des befruchteten Eies hineingepackt? Dies wäre eine neue (aber von Reduktionsbiologen vertretene, J. R.) und meiner Ansicht nach unhaltbare Form der Präformationslehre. Offensichtlich kommt während des Wachstums von irgendwoher neue Information hinzu. Woher aber kommt sie?" Eine Lösung, die mit den oben vorgetragenen allgemeinen systemtheoretischen Überlegungen korrespondiert, scheint darin zu liegen, daß die Gene nicht die detaillierte Information zum Aufbau des Organismus enthalten, sondern lediglich mit genetisch fixierten, also vererbten Entwicklungsregeln ausgestattet sind, die das Verhalten der einzelnen Zellen in spezifizierter Weise beschränken. Die zusätzliche detaillierte Information, nach der die strukturelle und funktionale Spezialisierung der Zellen und die Selbstausformung des Organismus erfolgt, wird aber erst im Entwicklungsprozeß selbst durch rückkopplungskontrollierte Interaktion der einzelnen Zellen geschaffen (Koestler 1968, S. 131 ff., Maruyama 1968, S. 308 ff., Eigen und Winkler 1975, S. 96 ff.). Es scheint daher nicht notwendig zu sein, daß jede Zelle von Urbeginn an über Informationen über ihre zukünftige Entwicklung verfügt, also darüber, zu welchem speziellen Teil des Gesamtorganismus sie sich im Laufe der Ontogenese ausbilden wird. Die Information, die die Ungewißheit über die nächsten Schritte in seiner Entwicklung reduziert, erhält das organische Teilsystem durch regelgebundene Interaktion mit anderen Teilsystemen.[45]

Das Interaktionsverhalten wird durch Rückkopplung mit der Umwelthierarchie (der „epigenetischen Landschaft" Waddingtons) geregelt. Während des Entwicklungsvorganges wird dabei nach und nach die Freiheit der einzelnen Teilsysteme zur Wahl der nächsten Entwicklungsschritte eingeengt, bis sich schließlich im vollausgebildeten Organismus ein System präsentiert, das seine Teilsysteme in ihrem Verhalten nahezu vollständig determiniert. Waddington (1970, S. 349) hat für diesen Vorgang ontogenetischer Homöostase den Ausdruck „Homöorhese" vorgeschlagen, um ihn von den konventionellen Vorgängen zu unterscheiden, die einen „steady state" herbeiführen. Der Begriff der Entwicklungshomöostase steht für einen Stabilisierungsvorgang, durch den die Entwicklung eines Systems, die durch Umwelteinwirkungen oder durch Mutationen gestört wurde, in die durch Regeln abgegrenzten Bahnen zurückgeführt wird.

Regelgebundene und durch Rückkopplung kontrollierte Interaktionen sind auch im Bereich sozialkultureller Systeme für die außerordentliche Steigerung des Informationsgehaltes (hohen Grad der Unwahrscheinlichkeit), die sich in der Systemkomplexität ausdrückt, verantwortlich. Im dritten und vierten Teil unserer Arbeit werden wir ausführlich darauf eingehen. An dieser Stelle sei lediglich angemerkt, daß mit der Zunahme der Komplexität sozial-kultureller Systeme ihre Entwicklung zunehmend weniger einem konkreten Zweck folgt, wie dies noch bei organischen Ganzheiten der Fall ist. In offenen Tauschgesellschaften beispielsweise leistet ein als „Markt" bezeichneter „Mechanismus" die homöostatische Stabilisierungsfunktion eines sich unaufhörlich wandelnden Systems. Durch den Markt koordinierte und kontrollierte regelorientierte Interaktionen der einzelnen Teilsysteme folgen aber keinem übergeordneten Zweck des Systems. Die Führungsgröße des Systems existiert lediglich als eine Art Anspruchsniveau in der Psyche der einzelnen Komponenten.

Fassen wir die wesentlichen Ergebnisse dieses Abschnittes noch einmal zusammen:

1. Das Verhalten der Elemente eines Systems ist an Regeln unterschiedlicher Allgemeinheit gebunden. Regeln beschränken Verhaltensvariabilität; sie weisen in ihrer abstrakten Form aber keine inhaltlich spezifizierte Tätigkeit zu.
2. Handlungsordnungen (Verhaltensmuster) entwickeln sich aus regel-

[45] Auch das Denken kann man als abstrakten Regeln folgende Interaktion von Gehirnzellen verstehen, wobei die Komplexität des Geistes mit dem Grad der Abstraktheit der Regeln zusammenhängt, siehe den 2. Teil.

gebundenen Interaktionen von Individuen in Abhängigkeit von der Umwelt des Systems.

3. Verhaltensregeln absorbieren Weltkomplexität und reduzieren die Ungewißheit des Eintretens bestimmter Umweltereignisse, indem sie Ereignismöglichkeiten ausschließen und die Wahrscheinlichkeit des Eintretens bestimmter Ereignisse erhöhen. Systemregeln schaffen dadurch Information.
4. Die detaillierte Information, die die Systemelemente in ihre Entscheidungen bzw. Handlungen einfließen lassen, resultiert aus rückkopplungsgeregelter Interaktion. Diese Information ermöglicht den Aufbau komplexer Handlungsordnungen.
5. Allgemeine Regeln sind notwendige Voraussetzung für die Handlungsfreiheit der Systemkomponenten.

1.6 Systemevolution

1.6.1 Zur Theorie der organischen Evolution von Systemen

Eine äußerst komplizierte und detailliert ausgebaute Theorie der Evolution von Systemen wird von Biologen mit dem Anspruch vorgetragen, nahezu alle Probleme, die bisher an sie herangetragen wurden, lösen zu können. Das Studium dieser Theorie scheint uns auch in bezug auf die Konstruktion einer allgemeinen Theorie der Evolution von Systemen eine Notwendigkeit zu sein.

Darüber hinaus finden sich in allen sozialwissenschaftlichen Disziplinen eine Fülle versteckter und offener Anleihen aus biologischen Evolutionsmodellen,[46] so daß es nützlich sein mag, die neuere Diskussion über Fra-

---

[46] Auf die Beziehungen zwischen der liberal-emanzipatorischen ökonomischen Klassik, vor allem ihrer schottischen Variante, und der darwinistischen Evolutionstheorie ist mehrfach aufmerksam gemacht worden, oftmals allerdings lediglich in ihrer sozialdarwinistischen Kombination vulgärökonomischer und vulgärdarwinistischer Elemente. E. Radl (Geschichte der biologischen Theorien, II. Teil, Leipzig 1909, zit. bei Peters 1972, S. 335) unterlegt der Theorie Darwins explizit Erklärungselemente der ökonomischen Klassik und schreibt: „Es wäre kaum begreiflich, wie Darwin so sehr die soziologischen Theoretiker beeinflussen konnte, wenn man nicht wüßte, daß seine Lehre eine Soziologie der Natur darstellt, ..." Dieser Zusammenhang wird auch deutlich, wenn man Darwins theoretische Lösung des Evolutionsproblems mit der seiner Vorgänger vergleicht. Carl von Linné verstand die Natur als hierarchisches Unterordnungs-Überordnungsverhältnis, entwickelte quasi eine Ständeordnung der Lebewesen und behauptete in Cartesianischem Geist die planvolle Schaffung der Natur; zu Linné siehe Peters (1972, S. 336 f.); zu den Darwinisten vor Darwin siehe Hayek (1960, S. 59 f.; 1969, S. 141–143; 1973, S. 22–24, 152 f.). Hayek betont vor allem die „Zwillingsidee" von Evolution und der spontanen Herausbildung einer komplexen Handlungsordnung, wobei er unter Hinweis auf Carl Menger (1883, S. 88: „Dies genetische Element ist untrennbar von der Idee theoretischer Wissenschaften") eine enge theoretische Verknüpfung von Evolutions-

gen der organischen Evolution im Hinblick auf ihre sozialwissenschaftliche Relevanz zu skizzieren.

Heutzutage geht es nicht mehr primär darum, eine sozialwissenschaftliche Theorie der Evolution als Entwicklungsgesetz analog zu den Naturgesetzen in Biologie und Chemie zu formulieren, sondern wie Luhmann (1971 c, S. 362) betont, eine „Theorie der Systemstrukturen und -prozesse, die Evolution hervorbringen, aber nicht selbst Evolution sind" zu entwerfen. Hayek vertritt die Ansicht, der Bestand und die Entwicklung von Strukturen und Prozessen, mit denen sich eine Theorie komplexer Phänomene beschäftigt, könne nur durch eine Theorie ihrer Evolution verständlich gemacht werden. Er hält es für selbstverständlich, „daß eine Theorie der Evolution keine ‚Gesetze der Evolution' im Sinne notwendiger Abfolgen oder Stufen impliziert ... Eine Theorie der Genetik beschreibt einen Mechanismus, der fähig ist, eine unendliche Vielfalt spezieller Ergebnisse hervorzubringen" (1969, S. 154).

Eine Theorie der Evolution von Systemen beschäftigt sich mit drei Problemkreisen:

1. der Erzeugung von reproduzierbaren Variationen oder der Variabilität der Selbstreproduktion (Abweichungen, Änderungen) bzw. der Entstehung neuer Merkmale und neuartiger Verhaltensweisen eines Systems;
2. der Auswahl (Selektion) von Variationen bzw. evolutiver Veränderungen und der Prüfung ihrer Eignung (Tauglichkeit, „fitness");
3. der Erhaltung und Ausbreitung von Systemen mit vorteilhaften Merkmalen (Campbell 1959, S. 152 ff., 1965; Whyte 1965, S. 42).

Wir können also von Mechanismen der Variation, der Selektion und der Bewahrung (Stabilisierung) sprechen. Durch Variation schließt sich ein System für neue Umweltbereiche auf; Selektion testet die neuen Möglichkeiten und eliminiert die unbrauchbaren; Mechanismen der Bewahrung („retention" bei Campbell) vorbereiten die selektierten Variationen bzw. ihre Systeme als Träger dieser Merkmale. Diese Mechanismen müssen als „abstrakte funktionale Erfordernisse" (Luhmann 1971 c, S. 364) jedweder Evolution gesehen werden, beziehen sich also gleichermaßen auf organische, psychische und soziale Systeme. In der konkreten Ausprägung und dem empirischen Nachweis ihrer Wirkungsweise sind selbstverständlich systemspezifische Unterschiede zu beachten.

Die Grundlagen der modernen Theorie organischer Evolution wurden von Charles Darwin und A. R. Wallace geschaffen.[47] In ihrer Theorie

---

und Sozialtheorie behauptet. "... the complex, spontaneously formed structures with which social theory has to deal, can be understood only as the result of a process of evolution..." (1973, S. 24).

[47] Wenn wir im folgenden von „Darwinismus" sprechen, handelt es sich immer um der Literatur entnommene Positionsbeschreibungen, die in mancher Hinsicht eine

werden Variationen in einem Zufallsprozeß produziert (random variation) und durch die natürliche Umwelt selektiert. Dieser Auswahlprozeß wurde von Darwin als „natural selection" beschrieben. Zu ihm muß es zwangsläufig kommen – und hier führt Darwin einen Einfall von Robert Malthus ein – weil die einzelnen Organismen sich mit einer Rate reproduzieren, für deren Unterhalt das vorhandene Nahrungsangebot nicht ausreicht. Konkurrenz um die knappen Subsistenzfonds gilt als hervorragendes Merkmal im Selektionsprozeß. Im Durchschnitt werden einige Organismen besser durchstehen als andere und daher erfolgreicher sein, so daß von ihnen eine relativ größere Zahl von Nachkommen überleben. Die weniger Erfolgreichen werden untergehen, nicht primär in direkter rivalisierender Auseinandersetzung mit anderen Organismen, sondern weil die erhöhte Reproduktionsrate der erfolgreicheren Systeme ihren Anteil an der Population immer weiter reduziert, bis sie schließlich aussterben. [48]

Die moderne, von ihren Kritikern „neodarwinistisch" und von ihren Vertretern „synthetisch" (da die Befunde verschiedener Wissenschaften verbindend) genannte Evolutionstheorie verwendet zwar die gleichen Begriffe, verbindet jedoch vielfach mit ihnen andere Inhalte. [49]

Hinsichtlich der natürlichen Auswahl zum Beispiel schien Darwin daran gedacht zu haben, daß im Überlebensvorteil eines Organismus sich seine organische Überlegenheit ausdrücke. Tauglichkeit ist bei Darwin nach einer Interpretation von Popper (1973 S. 298, siehe auch Williams

---

kaum noch zulässige Vereinfachung der Auffassungen von Darwin (und Wallace) darstellen. "It is impossible to overstress the fact that what has been so widely promulgated as orthodox Darwinian doctrine was never the teaching of Darwin himself ..." (Miller 1964, S. 16 f.).

[48] Zur Wettbewerbsvorstellung von Darwin heißt es bei Peters (1972, S. 334): „Denn es ist klar, daß mit ‚Wettbewerb' und dergleichen objektiv nichts anderes gemeint ist als die aus den ungleichen Eigenschaften der Varianten sich ergebenden unterschiedlichen Wahrscheinlichkeiten des Überlebens. Bei der Rede vom Wettbewerb und dem damit verbundenen ‚Kampf ums Dasein', dem ‚Überleben der Tüchtigsten' ('survival of the fittest', Spencer) handelt es sich nur um ‚Abbreviaturen' (N. Hartmann) für sehr komplexe natürliche Verhältnisse." Von Wettbewerb kann man sprechen (ausführlicher hierzu in unserem 4. Teil), wenn zwei oder mehrere Systeme "are mutually limiting or restricting because of their joint dependence on a factor or factors external to them" (Beament 1961, S. 64), d. h. ihr Überleben ist von den gleichen Nahrungsquellen (Überlebensfonds, „Geld" als Liquidität und Wertaufbewahrungsmittel) abhängig.

[49] „... Darwin (mißt) dem Individuum eine zentrale Bedeutung bei. Er sieht in den individuellen Eigenschaften der Organismen, die ihnen innerhalb des Spielraums möglicher Varianz zukommen, den Ausgangspunkt des evolutiven Prozesses" (Peters 1972, S. 337). Vgl. auch Jacob (1972, S. 178, 190): „Die Auslese vollzieht sich nachträglich, im Versuchsstand, einzig und allein nach den Qualitäten und den Leistungen der Individuen." Zu einer gedrängten Darstellung der synthetischen Evolutionstheorie siehe Mayr (1965).

1973, S. 90) im Sinne besserer Chancen des Überlebens zu verstehen. Dabei wird Fitness oder Tauglichkeit interpretiert im Sinne unterschiedlicher Kompetenz als einer Beziehung zwischen Organismus und seiner Umwelt.

Fitness ist somit systematisch auf die Umwelt bezogen und nicht nur zufällig, wie die synthetische Theorie unterstellt: Anpassungstauglichkeit als eine ex-post-Qualität, ein statistisches Artefakt eines Organismus, oder einer Population. Darwin scheint Evolution als einen spontanen Prozeß wettbewerblicher Anpassung und Selektion auf der Grundlage unterschiedlicher individueller Qualitäten bzw. Leistungen zu verstehen. In der synthetischen Theorie setzt demgegenüber die natürliche Auswahl nicht am Phänotyp, sondern am Genpol der jeweiligen Population an. Die Selektion schlägt sich in einem statistischen „bias“, in den relativen Reproduktionsraten alternativer genetischer Einheiten nieder. Die Evolutionstheorie wird hierdurch im Urteil der Kritiker des Neodarwinismus auf eine Tautologie reduziert: Wer überlebt? Die Tauglichsten. Wer sind die Tauglichsten? Jene, die überleben, genauer: jene mit höherer Nachkommenschaft. Warum? Weil ein *überlegener* Genotypus eine größere Wahrscheinlichkeit besitzt, Nachkommen zu hinterlassen als ein inferiorer. Überleben heißt somit höhere Nachkommenschaft, reproduktive Effizienz, womit der Zirkel geschlossen ist.

1.6.2 Kritik der synthetischen Evolutionstheorie

Die durch die neodarwinistische Theorie repräsentierte orthodoxe Evolutionserklärung wird in jüngster Zeit zunehmend in Frage gestellt. Der erste Einwand bezieht sich auf ihre Aussage, Evolution sei ein Produkt zufälliger Änderungen im Erbgut, die durch die natürliche Auswahl kontrolliert oder gerichtet werden. Die Kritik an dieser Position läßt sich in zwei Aspekten zusammenfassen, dem der internen Selektion und dem der Simulation lamarckscher Vorgänge durch den Organismus.

Die Notwendigkeit der Existenz interner Selektionsvorgänge mag bereits durch eine Konsequenz der orthodoxen Erklärung angedeutet werden, nach der die durch Mutationen herbeigeführten erblichen Veränderungen keinen Bezug zu den adaptiven Erfordernissen des Systems haben („Evolution als Lotterie“). Damit aber z. B. ein komplexes Organ wie ein Auge entsteht und sich fortentwickelt, müssen „bei jedem neuen Schritt – wie geringfügig er auch sein (mag) ... *alle* beteiligten Faktoren zusammenwirken“ (Koestler 1968, S. 145). Die natürliche Selektion in der Darwinschen Umwelt setzt somit erst an den Merkmalen eines Systems (bzw. Unterschieden des Systemverhaltens) an, die bereits intern durch selektierende und kontrollierende hierarchische Prozesse von den Auswirkungen systemschädlicher Mutationen befreit werden, und bei deren

Entstehung die Wirkung natürlicher Mutationen im Hinblick auf die funktionalen Erfordernisse aller beteiligten Teilsysteme koordiniert werden.[50] Die selektierenden Faktoren der Systemumwelt wirken somit nicht auf isolierte, zufällige Änderungen im Erbgut eines Systems, sondern, wie Darwin vermutete, auf den Phänotypus, die veränderten Merkmale des Organismus. Wenn die Umweltselektion zum Beispiel verlangt, daß eine Gazelle schnell genug laufen kann, um einer hetzenden Meute von Hyänen zu entgehen, so sind zunächst nicht die Gene der Gazelle für ihr Überleben von Bedeutung, sondern ihre Schnelligkeit (die selbstverständlich genetisch verankert sein kann), und es spielt zunächst keine Rolle, ob sie diese Fähigkeit ihrem Genkomplex verdankt oder ob sie diese im Laufe ihres Lebens erworben hat.

Bertalanffy (1970, S. 80 f.) hat diese bereits von frühen Darwinismuskritikern (wie Hartmann 1875) vorgetragene Position klar formuliert, wenn er bemerkt, daß die äußere Selektion bereits sich selbst erhaltende, komplexe offene Systeme voraussetzt, damit sie in Konkurrenz miteinander treten können. Äußere Selektion kann daher nicht die Entstehung solcher Systeme erklären.[51]

Systeminterne Selektionsprozesse anzuerkennen heißt nicht, die Möglichkeit zufälliger Änderungen des Genkomplexes auszuschließen. Bestritten wird die Vorstellung, Zufallsänderungen des Genotyps würden erst und lediglich durch Kräfte der externen Welt gerichtet.

1.6.3 Die Simulation lamarckscher Prozesse

Neben der darwinistischen Theorie evolutionärer Veränderungen steht die kaum weniger bekannte aber nahezu einhellig verworfene Evolutionserklärung von Jean Baptiste Lamarck (1744—1829). Den Lamarckismus kennzeichnet im wesentlichen die Auffassung, die im Leben eines Organismus erworbenen Eigenschaften würden auf nachfolgende Generationen durch Vererbung übertragen.

Die Lamarcksche Theorie scheint „einfach, vernünftig und natürlich. Doch ist ihr derzeitiges Ansehen wahrlich gering. Kurz zusammengefaßt läßt sich sagen, daß trotz wiederholter Anstrengungen bisher niemand in der Lage war, einen gültigen Beweis für irgendein Beispiel der Vererbung erworbener Eigenschaften zu liefern“ (Romer 1966, S. 13). Dies darf man

[50] Mit dieser Überlegung versuchen wir, die Theorie hierarchischer Kontrolle (siehe oben Abschnitt 1.4) in die Evolutionstheorie einzubringen; siehe hierzu auch die Arbeiten von Koestler, Waddington, Polanyi und Popper (1973, S. 268), der Evolution als ein „sich entwickelndes hierarchisches System plastischer Steuerungen“ verstehen will.

[51] Vgl. von Bertalanffy (1970, S. 80): „Durch Zufallsmutation und Auslese sollen Protoorganismen entstehen und Organismen sich weiterentwickeln. Aber um dies zu können, müssen sie schon die wesentlichen Attribute des Lebendigen besitzen.“

als vorherrschende Meinung betrachten. Der Mißerfolg des strengen Lamarckismus gestattet jedoch nicht, die neodarwinistische Gegenposition als richtig zu bezeichnen, das heißt die Ansicht, Evolution sei das Richten zufälliger Mutationen durch die natürliche Selektion.

Im Anschluß an von Uexküll, Legewie und Lorenz konnten wir feststellen, daß ein System seine Umwelt aktiv erforscht, eine Strategie der Umweltexploration verfolgt, durch Interaktion mit der möglichen Umwelt die relevante faktische Umwelt schafft. Das System wählt seine Umwelt und bestimmt damit in gewissem Maß die Art und Intensität des Umweltdruckes, dem es sich aussetzt; es beeinflußt somit die Bedingungen seiner Selektion. Ein System kann in einem durch sein Verhaltenspotential begrenzten Umfang autonom darüber bestimmen, von welchen ererbten Möglichkeiten es Gebrauch macht, welche Fähigkeiten es vervollkommnet, welche Initiativen es ergreift. Der Selektionswert seiner Merkmale ist also auch von seinem Neugier- und Lernverhalten abhängig. Das System kann im Rahmen seines genetisch beschränkten Verhaltensspielraumes die Richtung der natürlichen Selektion mitentscheiden. Umweltselektion ist daher ein Vorgang wechselseitiger Beeinflussung von Umwelt und System auf der Grundlage von genetisch fixierten Verhaltensbegrenzungen. Diese Aussage scheint notwendig aus unserer Analyse der Beziehungen zwischen einem offenen System und seiner Umwelt zu folgen. Sie ist nahezu identisch mit Argumenten, die gegen die synthetische Evolutionstheorie vorgebracht werden und läßt sich als neolamarckistische Deutung des Evolutionsgeschehens bezeichnen. Sie fußt auf zwei Voraussetzungen:

1. Zwischen Organismus und Umwelt besteht eine Wechselwirkung. Ein System muß seine Umwelt als Lebensraum gewählt oder geschaffen haben, bevor dieser selektiv auf ihn einwirken kann.
2. Zwischen verschiedenen Ebenen der Hierarchie eines Systems besteht eine Wechselbeziehung; und zwar werden in einem Dialog mit der Umwelt entstandene neuartige Verhaltensweisen genetisch fixiert („Baldwineffekt") oder der Verlust von Verhaltensflexibilität wird durch Vorgänge genetischer Assimilierung (Waddington) „geheilt". [52]

Für unser Vorgehen ist interessant, inwieweit die Diskussion zwischen Neo-

[52] Auf den Baldwineffekt gehen wir noch ausführlicher ein. Die genetische Assimilierung gibt nach Waddington einem System die Fähigkeit, auf Umweltstreß so reagieren zu können, daß es diese Belastung durch Aktivierung spezieller Gene, die eine der Beanspruchung entsprechende Veränderung des Phänotyps bewirken, kompensiert. Durch genetische Assimilierung werden daher umweltbedingte Modifikationen des Phänotyps erreicht. Diese Aussage entspricht den oben vorgetragenen abstrakten systemtheoretischen Überlegungen, wonach ein System ungelöste Probleme in der Hierarchie nach oben weitergibt, bis eine Ebene über die Kompetenz zur Lösung verfügt. In organischen Systemen liegt diese letzte Kompetenz bei dem Genkomplex.

lamarckisten und Neodarwinisten Aufschlüsse über die abstrakten funktionalen Erfordernisse evolutionärer Entwicklung geben kann.

Hierzu ist ein Beitrag von Gregory Bateson (1963) bedeutungsvoll. Er stellt fest, daß Verhaltensflexibilität eines Systems nicht nur unbedingt notwendig ist, um in einer komplexen Umwelt zu überleben [53] sondern auch um jene (zufälligen) Änderungen des Genkomplexes zu verkraften, die die Anpassungsfähigkeit eines Systems gegenüber seiner Umwelt erhöhen können. (Um die Relevanz dieser Diskussion für sozial-kulturelle Systeme zu sehen, muß man — wie wir es unten tun werden — den Genkomplex gegen ein normatives Regelsystem substituieren.) Da die Teilsysteme oder hierarchischen Ebenen eines Systems in komplizierten Austausch- und Kontrollbeziehungen miteinander stehen, kann genotypischer Wandel nicht irgendwo im Gesamtsystem isoliert werden, sondern muß zunächst auf der Ebene des Verhaltens (somatische Ebene) aufgefangen werden. Änderungen der genetischen Konstitution, die zum Beispiel den „langen Hals" einer Vorform der Giraffe hervorrufen konnten, bedurften umfangreicher begleitender Änderungen etwa der Kreislauftätigkeit. Es werden also nur jene Tiere überleben, die auch die genotypische Fähigkeit zu entsprechenden somatischen Modifikationen besitzen. Das gleiche gilt für die Auswirkungen von Änderungen des Genkomplexes auf die homöostatische Kontrolle. Genänderungen benötigen zunächst also Verhaltensflexibilität auf somatischer Ebene und belasten zum anderen die homöostatische Regelung des Systems. Das System kann auf diese Weise seine Überlebensfähigkeit vollständig einbüßen, da seine Adaptionsmechanismen auf den unteren Ebenen der Hierarchie durch den Zwang zur Absorption der von den höheren Ebenen produzierten Varietät für die Produktion externer Adaptionsleistungen blockiert werden. Damit würde aber auch der Evolutionsprozeß nach den Vorstellungen der neodarwinistischen Theorie wegen der Grenzen somatischer Flexibilität und der Überlastung der homöostatischen Regelung ein Ende finden. Die Argumentation von Bateson scheint somit auf eine Art interner Selektion der in der genetischen Hierarchie produzierten Varietät hinauszulaufen, die eine koordinierte Ausweitung des Möglichkeitsbereichs auf allen Ebenen der Hierarchie gewährleistet, bevor sich das System dem Test durch die natürliche Selektion stellt.

Wenn genotypischer Wandel eine auf den unteren Ebenen der Hierarchie erreichte Eigenschaft genetisch fixiert, somit homöostatische Vorgänge entlastet und die Flexibilität des Verhaltens wiederum herstellt,

---

[53] Grundlegend zur Bedeutung der Verhaltensflexibilität eines Systems im Evolutionsprozeß ist auch eine Arbeit von Ewer (1960). "The adaptability of behavior to varying environmental conditions gives it a 'factor of safety' allowing an immediate response to be made at once to a changed situation, without the necessity of waiting" (S. 164); siehe auch oben Abschnitt 1.3.2.

also den Freiheitsgrad der Teilsysteme erhöht, spricht man vom sog. Baldwin-Effekt.

Die Begründung von Bateson lautet also: Wenn ein System überleben will, muß es verhaltensflexibel sein. Mutative oder andere Änderungen im Genkomplex erfordern entsprechende Anpassungsleistungen der unteren Ebenen der Hierarchie, blockieren also auf Dauer Flexibilität. Es ist daher für das System nützlich, wenn die unteren Ebenen von den durch genotypischen Wandel notwendigen Anpassungsleistungen entlastet werden, und zwar durch die genetische Verankerung dieser „erworbenen" Eigenschaften. Bateson kehrt in gewissem Sinne unsere Argumentation um: Nicht die kreative Initiative führt zu neuen Verhaltensweisen, die dann erblich gebunden werden, sondern Zufallsmutationen brauchen Flexibilität auf, müssen folglich durch Baldwin-induzierte Änderungen des Genotyps ergänzt werden, die dann bestimmte Anpassungsleistungen der Teilsysteme genetisch fixieren und sie dadurch für andere Aufgaben freimachen. Beide Auffassungen sind mit dem Baldwineffekt vereinbar.[54] Der Baldwineffekt geht implizit von einem stabilen Umweltgefüge aus. Wenn jedoch das Verhalten der Umwelt in Art und Intensität zahlreichen und unvorhersehbaren Änderungen unterworfen ist, müßte die Selektion Systeme bevorzugen, die über einen Anti-Baldwineffekt verfügen. Es würde sich dabei um Systeme handeln, die eine erfolgreiche Art der Anpassung nicht via Baldwineffekt vererbbar machen, sondern die über die Fähigkeit verfügen, Verhaltensweisen, die sich in bestimmten Situationen als erfolgreich herausgestellt haben, durch Lernprozesse auf ihre Nachkommen zu übertragen. Weiterhin werden in einer dynamischen Umwelt Systeme mit ausgeprägten homöostatischen Kontrollen Überlebensvorteile besitzen. Der sog. Antibaldwineffekt tendiert also zur genetischen Entspezialisierung von Systemen. In statischen, sich nur selten ändernden Umwelten dagegen besitzen Systeme einen Selektionsvorteil, die eine durch schöpferische Initiative oder durch Umweltdruck erworbene oder erzwungene Umstellung ihres Verhaltens in der Systemstruktur verankern, genetisch absichern. Die einmal als optimale Lösung entdeckte Anpassungsleistung kann dann als instinktiver Routinevorgang immer von neuem reproduziert werden. In einer dynamischen Umwelt dagegen muß ein System auf maximales, oftmals

---

[54] Ein Einwand von Mayr am Baldwineffekt trifft allerdings primär unsere Version und nicht die von Bateson. Mayr schreibt (1967, S. 478): „Der Baldwineffekt macht die stillschweigende Voraussetzung, phänotypische Starrheit sei phänotypischer Biegsamkeit (flexibility) überlegen." Dieser Einwand wird dann entkräftet, wenn unterstellt werden kann, der Umweltstreß und die auf ihn bezogene neuartige Anpassungsleistung würden über mehrere Generationen (Produktionsperioden) hinweg konstant bleiben, wenn man also von einem stabilen Umweltgefüge ausgehen kann. Dies wird im übrigen nur von Bateson klar gesehen, von Mayr kaum angedeutet, Hardy diskutiert das Problem nicht.

raffiniertes Ausschöpfen von Umweltchancen mit Hilfe genetisch verankerter Spezialisierung verzichten, besitzt dafür jedoch den Vorteil, aufgrund seines homöostatisch kontrollierten, genetisch aber nicht en détail fixierten Anpassungsverhaltens auf plötzliche Änderungen der Umwelt oder auf neue Situationen in explorativ aufgeschlossenen Umweltbereichen unmittelbar und adäquat antworten zu können.[55] Im einen Fall selektiert die Darwinsche Umwelt schöpferische Starrheit, im anderen homöostatisch stabilisierte Verhaltensflexibilität. In beiden Fällen sehen Kritiker der synthetischen Orthodoxie eine wesentliche Ursache evolutionären Wandels in Verhaltensneuerungen eines durch Neugier motivierten Systems, die in dialogischer Interaktion zwischen System und Umwelt realisiert werden. Man könnte gegenüber dieser Argumentation einwenden, die Fähigkeit, überhaupt neue Verhaltensweisen zu erproben, sei eben genetisch bedingt, „der Grad der Modifikation des Phänotyps selber genetisch gesteuert", wie Mayr (1967, S. 478) ausführt. Das ist sicherlich nicht zu bestreiten, ist im Gegenteil in unserer Vorstellung einer offenen Kontrollhierarchie notwendig impliziert, räumt aber nicht die oben vorgetragenen Bedenken gegen die Zufallstheorie aus und erklärt nicht, wie und warum ein System diese bemerkenswerte Eigenschaft entwickelt hat, und welche Rolle diese Fähigkeit in seiner Überlebensstrategie spielt.

1.6.4 Kreative Selektion

Ein System benötigt zur Kontrolle seines Anpassungsverhaltens Information. Es erhält diese Information durch Interaktion mit seiner Umwelt und die Interaktion seiner Teilsysteme bzw. hierarchischen Ebenen. Informationen entstehen mit anderen Worten durch externe und interne Selektion. Die im Interaktionsvorgang entstehende Information ist Ausdruck des Angepaßtseins oder des Selektionswertes eines Systems und Grundlage für den Einsatz seiner Überlebensstrategie.

Umweltselektion oder die Interaktion von Systemen mit einer Umwelt, deren Verhalten sie nicht kontrollieren können, führt einmal dazu, daß jedes System bemüht ist, seinen Selektionswert zu steigern; zum anderen bewirkt sie, daß sich jene Systeme oder Gruppen von Systemen ausbreiten, die einen höheren Tauglichkeitsgrad besitzen. Obwohl Umweltselektion neue Merkmale nur auswählt und nicht hervorbringt, kann man dennoch sagen, ihr Wirken sei schöpferisch: denn sie steigert die Wahrscheinlichkeit, daß sogar außerordentlich geringfügige Änderungen der Merkmale eines Systems aufgegriffen und bewertet werden, sich ausbreiten und durchsetzen können. Selektion miteinander in Wettbewerb stehender

[55] Auf die ökonomische Bedeutung dieser Diskussion werden wir ausführlich im zweiten und dritten Teil hinweisen, wenn wir analoge Vorgänge bei psychischen und organisatorischen Systemen untersuchen.

merkmalverschiedener Systeme ist also ein Vorgang – und vermutlich der bedeutendste bislang empirisch überprüfte – der die Steigerung des Grades der Unwahrscheinlichkeit, der Ordnung, der Komplexität eines Systems ermöglicht. Selektion kreiert Information und deckt sie nicht nur auf. Durch Selektion wird Unwahrscheinliches wahrscheinlich.

Wenn wir davon ausgehen, daß nicht alle Individuen einer Population über einen identischen Genotyp verfügen – man spricht dann von genetischem Polymorphismus einer Art – bewirkt eine Umweltveränderung, daß der adaptive Wert bisher optimal tauglicher Systeme sinkt, derjenige bisher weniger tauglicher Systeme jedoch steigen kann, wenn sie über Merkmale verfügen, die eine verbesserte Anpassung gegenüber der veränderten Umwelt ermöglichen. Die Selektion muß also nicht auf das Auftreten mutativer Phänodevianten warten, um ein System oder eine Gruppe von Systemen auf neue Herausforderungen der Umwelt einzustellen. Die natürliche Auswahl kann auf diese Weise tiefgreifenden Wandel im Bestand und in der Zusammensetzung einer Population hervorrufen, da sie die Überlebenschancen oder den Selektionswert eines Systems oder einer Population unaufhörlich entsprechend den Veränderungen neu einstuft. Umweltselektion setzt aber unterschiedliche Merkmale der einzelnen Systeme als gegeben voraus. Das Selektionsprinzip alleine kann also nicht erklären, wie die Struktur des unter Umweltstreß stehenden Systems entstanden ist, erklärt also nicht die „Umwandlung und Steigerung der morphologischen Organisationsverhältnisse" (Hartmann 1875, S. 114) eines Systems. Umweltselektion muß man vielmehr als einen Vorgang betrachten, durch den jene Systeme „entdeckt" und in ihrer Ausbreitung gefördert werden, die den höchsten Selektionswert besitzen.

Selektion ist die lenkende Kraft der Evolution. Natürliche Selektion ändert die Eigenschaften einer Population, ohne – wenn wir von Baldwin-Prozessen absehen – die Eigenschaften der Individuen zu ändern. Selbstverständlich wirkt sie aber über die Individuen, nämlich über deren Anpassungsfähigkeit und Umweltinteraktion und damit deren Fähigkeit, Nachkommen zu erzeugen. Selektion bzw. wettbewerbliche Auslese kann also nur bei Berücksichtigung der hierarchischen Interaktion unterschiedlicher Systeme bzw. Ebenen eines Systems verstanden werden. Obgleich Selektion auf *Individuen* wirkt, führt sie zur Veränderung der Population.

1.7 Zur Isomorphie von Systemprozessen

1.7.1 Genkomplex und Regelsystem

Die Evolution organischer Systeme scheint uns mit der sozial-kultureller Systeme nicht nur vergleichbar, sondern auch im Hinblick auf ihre Erklärung durch allgemeine systemtheoretische Sätze identisch zu sein. Die

Modelle, nach denen wir die Evolution und Entwicklung von Systemen aus verschiedenen Erfahrungsbereichen der Welt beschreiben und erklären, sind, wenn sie durch einen systemtheoretischen Filter gegangen sind, zueinander isomorph. Wir können daher versuchen, Problemstellungen und möglicherweise -lösungen von einem Erfahrungsbereich auf einen anderen zu übertragen (selbstverständlich nicht hinsichtlich systemspezifischer Aussagen!), können so Erklärungslücken aufdecken, auf Widersprüche hinweisen, nach verborgenen Identitäten suchen.

Solche Isomorphie scheint uns hinsichtlich der Evolution von Systemen in folgendem zu liegen:

1. den identischen Strategien der Reduktion von Weltkomplexität und Produktion von Varietät, über die offene Systeme organischer wie sozial-kultureller Natur verfügen;
2. der Bedeutung allgemeiner Regeln hinsichtlich Informationsschaffung und Sicherung von Verhaltensspielräumen für die Komponenten eines Systems;
3. der in Abhängigkeit vom Umweltgefüge unterschiedlichen Bedeutung des Baldwin-Effektes auch in Handlungssystemen;
4. der Rolle positiver wie negativer Rückkopplung bei der Systemreglung bzw. Stabilisierung des Systems;
5. der Lösung des Anpassungsproblems durch traditionale wie innovative Interaktion mit der Umwelt;
6. dem Vorherrschen hierarchischer Prinzipien (hierarchischer Kontrolle) in offenen Systemen einschließlich der Tatsache, daß ein offenes System keine vollständige Kontrolle über seine Grenzen hat.

Jede dieser Vermutungen haben wir mehr oder weniger ausführlich zu begründen versucht. Angesichts ihrer grundlegenden Bedeutung für die Ausführungen der folgenden Kapitel und ihrer nur flüchtigen Diskussion in der systemtheoretischen Literatur wollen wir die Punkte „2" (in diesem Abschnitt 1.7.1), „3" (Abschnitt 1.7.2) und „5" (Abschnitt 1.7.3) im Hinblick auf die Isomorphie-Behauptung präziser fassen.

Die erste Identität, die wir vermuten und die wir bereits mehrfach angedeutet haben, scheint uns zwischen dem Genotypus oder Genkomplex und den Verhaltensregeln eines offenen hierarchischen Systems zu bestehen. Der Genotypus stellt die genetische Konstitution eines Organismus, aber auch einer Spezies (Genpool) dar. Er steht für die in Molekülen chemisch verschlüsselte, durch Gene übertragene Erbinformation. Im Gegensatz dazu erscheint der Phänotypus als konkretes Muster oder äußeres Erscheinungsbild eines Systems, dessen Merkmale sowohl von den Genen als auch von der Systemumwelt in ihrer Entstehung beeinflußt werden. Neue Merkmale oder Änderungen des Phänotypus können nach der vorherrschenden Erklärung zwar von Mutationen ausgelöst werden (Neo-

Lamarckisten sehen hier ohnehin kein Problem), sind aber nicht ihr direktes Resultat. „Der Genotyp ist kein Bohnenkorb voller unverbundener Gene" (Mayr 1967, S. 479), nicht jedes Gen ist für ein bestimmtes Merkmal zuständig, sondern jeweils ein Komplex interagierender Systeme. Die Merkmale eines Systems und seine Veränderungen sind also das Ergebnis des sich gegenseitig beeinflussenden Wirkens aller Gene unter dem kontrollierenden Einfluß einer hierarchisch gestaffelten Umwelt. „Derselbe Genotypus kann unter verschiedenen Umständen verschiedene Phänotypen hervorbringen. Eine extreme Umwelt kann Entwicklungspotenzen hervorbringen, die unter normaleren Bedingungen nicht zum Ausdruck gelangen; sie erlaubt genetischen Faktoren sich zu manifestieren, die normalerweise nicht die Schwelle zum phänotypischen Ausdruck erreichen" (Mayr 1967, S. 156 f.).

Das heißt aber, daß ein spezifischer Gen*komplex* bzw. ein Gen*system* für die Ausgestaltung des Phänotypus verantwortlich ist und daher auch durch Vererbung weitergegeben wird. Übertragen wir die Vorstellung der Entstehung von Regeln als eines Ergebnisses umweltbeeinflußter Interaktionen von Systemen auf das Modell organischer Evolution, so ist der Genkomplex, was seine allgemeinen Regeln vergleichbare Funktion angeht, ein Ergebnis der Interaktion des organischen Systems mit seiner Umwelt; während eine Änderung des Genotypus – vergleichbar einer Änderung des Regelsystems – aus einer veränderten System-Umwelt-Interaktion hervorgeht. Diese Deutung entspricht einer Evolutionserklärung, die mit dem Baldwineffekt, der genetischen Assimilierung, aber auch mit dem obigen Hinweis von Mayr und Williams angesprochen wird: „Rules, not chance determine the course of evolution" (Weick 1969, S. 62).[56]

[56] Zur Isomorphie der Funktionen von Verhaltensregeln und Genkomplex vergleiche Simpson 1969 b, S. 244 (unsere Hervorhebung): „Bei der somatischen Entwicklung kontrolliert das genetische System nicht immer streng. *Es grenzt den Reaktionsbereich ab.*" Eigen und Winkler 1975, S. 99: „Was aus einer Zelle wird, ist also nicht unmittelbar im genetischen Programm vorbestimmt. Jede Zelle besitzt das Potential, praktisch jede Funktion auszuführen. Die Information für die Determinierung stammt demnach aus der Nachbarschaft der betreffenden Zelle ... Dieser Sachverhalt besagt, daß die Zellen aufgrund eines hierarchischen Aufbauprinzips auseinander hervorgehen müssen."; ähnlich Lorenz (1965 a, S. 301): „Merkmale werden nicht vererbt, sondern Variationsbreiten der möglichen Merkmalsausbildung. Diese verläuft innerhalb der erblich abgesteckten Variationsbreite in engster und komplexester Wechselwirkung zwischen Erbfaktoren und Außenfaktoren ..."; siehe auch die genau auf diese Frage zielende Diskussion bei Thorpe (1969, S. 68 ff.), der (S. 71) die Frage stellt, ob etwa die Einzelangaben über ein Pfauenrad im genetischen Code enthalten seien und wie es mit den Einzelheiten der angeborenen Verhaltensweisen stehe? „Was ist mit der Kodierung angeborenen Vogelsangs, einer Kodierung, die Tonhöhe, Zeit, Dauer, Rhythmus, Akzent und vielleicht noch Klangfarbe bestimmt? Ein vielleicht noch größeres Problem stellt sich in den angeborenen Mechanismen zur Orientierung nach Sonne und Sternen." Jacob (1972, S. 18; s. a. S. 335,

Wir haben bereits oben darauf aufmerksam gemacht, daß die Informationsmenge, die notwendig ist, den Phänotypus oder die Verhaltensordnung eines Systems zu beschreiben, um ein Vielfaches größer ist als die in den Genen gespeicherte Erbinformation. Wir hatten daher die systemtheoretisch begründete Vermutung geäußert, es handele sich bei der von den Genen übertragenen Information um Regeln, welche die Interaktion der Teilsysteme des Organismus beschränken. Die für die Entwicklung des Systems notwendige detaillierte Information würde dann durch die wechselseitigen Beziehungen der Teilsysteme (Zellen) unter kontrollierendem Einfluß einer hierarchisch geschichteten Umwelt geschaffen, wobei der in den Genen gespeicherte Erbcode die Interaktionsgrenzen festlegt oder, wie Simpson meint, den Reaktionsbereich abgrenzt. Der Genkomplex entspräche somit in seiner abstrakten Systemfunktion einem Regelkanon, und eine Änderung der genetischen Konstitution müßte mit einer Änderung des Regelsystems verglichen werden. Das biologische Pendant einer Innovation wäre daher nicht in einer Mutation oder sonstigen Änderung des Genotypus zu sehen, sondern in einer Änderung der Merkmale auf der phänotypischen Ebene eines organischen Systems.

Es ist schwierig, eine funktionale Entsprechung von Genkomplex und Regelsystem nachzuweisen, weil sich der Genotypus nicht nur auf die genetische Konstitution eines einzelnen Organismus, sondern auch auf eine Gruppe von Organismen, eine Spezies, bezieht. Der Genotypus ist die genetische Klammer einer Art, er bestimmt die Mitgliedschaft zur Gruppe. Zum anderen setzt aber die Umweltselektion am Phänotypus an, also an den Merkmalen eines einzelnen Organismus und somit nur indirekt an der genetischen Konstitution, die diesen Merkmalen zugrunde liegt. Man muß sich jedoch hüten, in die mögliche Identität von Genkomplex und Regelordnung zuviel hineinzuinterpretieren. Zunächst handelt es sich um eine systemfunktionale Identität, deren Bestehen keine Identität des konkreten Wirkungsablaufs einschließt. Weiterhin ermöglicht die „Planskizze“ des Erbcode nur eine schmale Spanne autonomen Verhaltens innerhalb der Reaktionsnorm (nähert sich also der kon-

338) schreibt: „Darüber hinaus wird aber nicht alles vom genetischen Programm starr fixiert. Sehr häufig zieht dieses nur die Grenzen für den Einfluß der Umwelt, oder es befähigt sogar den Organismus zu reagieren und zu der angeborenen noch zusätzliche Information zu erwerben.“; vgl. auch Popper (1973, S. 310); nach Hayek (1973, S. 24) versuchen biologische wie soziale Evolutionstheorie, “the rise of rules of conduct” zu erklären. Eine Interpretation des Bauplans des DNS-Moleküls als eines Systems von Regeln oder Werten gibt Wilden (1972, S. 367). Ähnlich Eigen und Winkler (1975, S. 194): „Die durch selektive Bewertung erzwungene Vorzugsrichtung bedeutet eine enorme Einschränkung der aufgrund der Verzweigungen bestehenden Möglichkeiten. Gesetz bedeutet hier Lenkung, wenn nicht gar Zähmung des Zufalls.“ Diese selektive Bewertung ist im übrigen genau dasjenige, was auch sozialkulturelle Werte zu leisten haben.

kretesten Form einer Regel, dem Befehl). Es ist kein Zufall, daß in sich rasch und unvorhersehbar ändernden (sog. „turbulenten") Umwelten Systeme auftreten und sich bewähren, deren „Struktur" unbestimmt ist. Solche Systeme verfügen über ein vielseitiges Verhaltensrepertoire. Systeme mit unbestimmter Systemstruktur (entspezifizierte Systeme oder „innovative Organisationen") sind hochgradig anpassungs- und vielfältig bewegungsfähig und daher kompetent, sich eine hochkomplexe Umwelt aufzubauen. Luhmann (1968 a, S. 128) nimmt an, daß „im Ausmaß der Unbestimmtheit der Systemstruktur", die ein System sich leisten kann, eine weitere Strategie der Reduktion von Weltkomplexität liegt. In organischen Systemen weicht die Unbestimmtheit der Struktur, die zur Meisterung neuartiger Problemsituationen notwendig ist, mit zunehmendem Alter und Reife ihrer Fixierung, wodurch sich eine Verlagerung der Systemaktivität auf die Lösung sich wiederholender Probleme andeutet. Demgegenüber zeichnen sich sozialkulturelle Systeme und psychische Systeme durch ihre prinzipielle Fähigkeit aus, beim Durchlaufen eines Lernvorganges von Strukturen relativer Fixierung auf solche relativer Unbestimmtheit umzuschalten; sie sind zum Beispiel in der Lage, von einer Phase des Durchsetzens von Lösungen auf eine Phase des Suchens und Erforschens neuer Probleme und Lösungen überzugehen. Der sich hier darbietende Trend zur Steigerung der Komplexität war allerdings nur möglich (und wird sich in der Zukunft nur fortsetzen) durch einen Übergang von relativ konkreten, das Verhalten genetisch einschränkenden Verhaltensregeln zu relativ abstrakten Regeln, die dem Verhalten einen weiteren Möglichkeitsbereich einräumen.

1.7.2 Der Baldwin-Effekt in Handlungssystemen

Die Bedeutung des Baldwin-Effektes scheint uns über die skizzierte biologisch-evolutionstheoretische Fragestellung hinauszugehen. Nicht nur liefert er eine Bestätigung unserer abstrakten systemtheoretischen Argumentation. Er scheint auch in menschlichen Sozialsystemen eine analoge Funktion auszuüben.

Verhaltensregeln hatten wir als Erwartungssynthesen verstanden. Erwartungen und Erwartenserwartungen hinsichtlich der Einhaltung von Regeln sind normativ fixiert. Normative Erwartungen sind auf Nichtlernen angelegt, sie sollen normatives Erwarten auch im Enttäuschungsfall für zukünftige Situationen gestatten. Normative stehen damit im Gegensatz zu kognitiven Erwartungen, die im Enttäuschungsfall an die Wirklichkeit angepaßt werden. Kognitive Erwartungen drücken Lernfähigkeit und Lernwilligkeit aus (vgl. Luhmann 1972a, S. 43).

Dominieren Anpassungsinteresse oder Anpassungszwang, wie in wettbewerblichen Herausforderungen, werden Erwartungsenttäuschungen kognitiv abgewickelt; „wenn Sicherheit und soziale Integration des

Erwartens vordringlich sind" (Luhmann 1972a, S. 44), werden Erwartungen in die normative Sphäre verlagert.

Der isomorphe Bezug dieser Differenzierung zwischen normativen und kognitiven Erwartungen zum Baldwin- bzw. Anti-Baldwin-Effekt scheint uns deutlich zu werden, wenn wir ihn vor dem Hintergrund unterschiedlich strukturierter Umweltgefüge sehen:

Die genetische Verankerung „erworbener" Eigenschaften sichert einem organischen System reproduzierbare Anpassungsleistungen für zukünftige Situationen und erfüllt damit eine ähnliche Funktion wie normative Erwartungen in sozialen Systemen. In beiden Fällen entlasten Verhaltensregeln von der Komplexität bzw. Varietät der Umwelt: Eine genetische Regel, indem sie spezifische, routinierte, instinktive Anpassungen an bestimmte Zustände der Umwelt ermöglicht; eine normative Regel, indem sie nahelegt, bestimmte Erwartungen auch bei Enttäuschungen durchzuhalten. In beiden Fällen gilt aber auch, daß die Funktionalität dieser Eigenschaften vom Umweltgefüge nicht unabhängig ist. In einer dynamischen Umwelt bringt genetische Entdifferenzierung (Übergang zu einem „allgemeineren", weniger Möglichkeiten ausschließenden genetischen Code) Überlebensvorteile; und Erwartungsenttäuschungen werden nur dann funktional auf nicht-kognitive (nicht-lernende) Weise verarbeitet, wenn die Enttäuschungen aus „einmaligen" oder „zufälligen" Regelabweichungen resultieren, die gewohnte Normativität des Umweltverhaltens also nicht in Frage gestellt werden muß. Je einfacher, repetitiver, stationärer oder weniger komplex die Umwelt erfahren wird, desto eher kann es sich ein System leisten, sich von der Varietät dieser Welt durch relativ konkrete genetische oder normative Regeln zu entlasten, Anpassungsprobleme also im Sinne des Baldwin-Effekts zu lösen. Je mehr Varietät dagegen die Umwelt bereithält, je „turbulenter" sie ist, desto wichtiger wird es für ein System,

a) den Bereich homöostatisch kontrollierten Verhaltens auszuweiten und
b) durch Substitution von konkreten durch allgemeine Regeln Möglichkeiten zu schaffen, Überraschungen der Umwelt nicht mehr normativ (genetisch), sondern kognitiv im Sinne eines Anti-Baldwin-Effektes zu absorbieren. Die kognitive Fähigkeit zur adaptiven Reaktion auf Störungen wird mit einer Zunahme der Umweltturbulenz steigen müssen.

Während organische Systeme innerhalb ihres Lebenszyklus nur minimale Chancen besitzen, zwischen genetischer und kognitiver Anpassung zu wählen, können Mitglieder gesellschaftlicher Handlungssysteme, zum Beispiel die Teilnehmer eines Marktes, durchaus Baldwin- bzw. Anti-Baldwin-Strategien bewußt einsetzen. So kann ein Marktteilnehmer versuchen, bei Enttäuschung seiner kognitiven Erwartungen die Erwartungen nicht der Wirklichkeit anzupassen, sondern die Erwartungen zu normativieren, also die Komplexität seiner faktischen Marktumwelt nicht kognitiv, sondern normativ zu reduzieren. Wenn ihm dies gelingt, können wir von einer Beschränkung des Wettbewerbs sprechen. Die Entlastung von der Varietät des Wettbewerbs erfolgt nicht mehr kognitiv, durch Lernprozesse (Produktion neuen Wissens, Forschung und Entwicklung), sondern – als Zeichen seiner Lernunwilligkeit – mittels Durchsetzung normativer Macht im Markt, durch Errichten eines privaten Herrschaftssystems. Die Risiken des Wettbewerbs werden durch Beschränkung des Wettbewerbs beseitigt, durch Privatregelsetzung absorbiert und dadurch die Komplexität einer wettbewerblichen Welt durch „private Marktregelung" (Biedenkopf 1971) reduziert.

1.7.3 Innovation und Systementwicklung

Als neuerungsträchtige Konstellationen im Evolutionsgeschehen haben wir drei Wandlungsvorgänge isoliert: nicht vorhersehbare Änderungen der Umwelt (von der Umwelt präsentierte Probleme), durch Systemmotivation angetriebene Umweltexploration (Entdeckung neuer Probleme) und die neodarwinistische Variante zufälliger Mutationen.

1. Umweltänderungen induzieren innovativ-adaptives Verhalten oder zwingen dazu. Unvorhersehbare Verschiebungen des Umweltgefüges lösen Krisensituationen aus, die durch neuartige Anpassungsleistungen gemeistert werden müssen. In der biologischen Evolutionstheorie versucht man, solche Konstellationen durch die Romersche Regel (Romer's Rule) zu beschreiben. In einer Formulierung von Hockett und Ascher (1968, S. 23) lautet sie: „The initial survival value of a favorable innovation is conservative, in that it renders possible the maintainance of a traditional way of life in the face of changed circumstances."

Das Bemerkenswerte dieser Regel: Sie erklärt revolutionäre Umbrüche als unbeabsichtigtes Ergebnis innovativer Verteidigung der Tradition. Um ein Beispiel von Romer (1966, S. 62) selbst zu geben: Die Evolution von Lungenfischen zu Amphibien im Zeitalter des Devon. Die Eroberung des Landes war nur mit Hilfe starker Flossen möglich, die dann später zu Beinen wurden. Starke Flossen sind aber nicht ausgebildet worden, um das Land zu erobern, sondern um die traditionale Lebensweise zu erhalten. Das Klima zu Ende des Devon zeichnete sich durch das Auftreten periodischer Trockenzeiten aus. Der Wasserstand der von Lungenfischen bevorzugten Gewässer konnte sich somit unvorhersehbar senken. Lungen stellten daher eine hervorragende Anpassung an die Lebensbedingungen in stagnierenden Gewässern dar. Wenn ein Fluß oder Teich dagegen vollständig auszutrocknen drohte, besaßen jene Fische einen Selektionsvorteil, deren Flossen stark genug ausgebildet waren, um in ein anderes Gewässer kriechen zu können, wo sie ihr normales Fischdasein wieder aufnehmen konnten. Erst sehr viel später wurde diese Fähigkeit zu Ausflügen aufs Land benutzt, aus denen dann schließlich ein Dauerzustand wurde.

Wir haben es hier mit der biologischen Variante eines synkretistischen Innovationsprozesses zu tun (die ersten Autos waren wenig mehr als motorgetriebene Pferdefuhrwerke)[57], dem Neuerungspotential der Tradition. Für derartige, durch Umweltwandel induzierte Krisenneuerungen bestehen im Grunde nur zwei Möglichkeiten genetischer Verankerung. Entweder muß das jeweilige System auf Zufallsmutationen oder auf eine durch Umweltstreß verursachte genetische Assimilierung einer phänotypischen Modifikation warten.[58]

2. Den beiden genannten Möglichkeiten gemeinsam ist eine überwiegend passive, wenn auch schöpferische Reaktion auf Umweltstörungen. Dem müssen wir die Möglichkeit gegenüberstellen, daß Systeme die Initiative ergreifen, aktiv die Umwelt erforschen, Probleme entdecken, die neue Lösungen verlangen; Lösungen, die sich, falls besonders erfolgreich, durch genetische Transmission und/oder sozial-kulturelle Imitation in der Population ausbreiten. Die Initiative einzelner Systeme steht dann am Beginn evolutorischen Fortschritts.[59] Evolutionstheoretisch interessant an

---

[57] In synkretistischen Vorgängen werden zwei oder mehr bisher getrennte Elemente, Beziehungen, Konfigurationen in einer neuen Gestalt miteinander verbunden, wobei die beteiligten Elemente modifiziert werden (vgl. Röpke 1970a, S. 88ff.). Zum Beispiel im Text vgl. folgende Anzeige von Karl Benz, mit dem er (um 1890) für seinen „Patent-Motorwagen" warb: „Vollständiger Ersatz für Wagen mit Pferden! Erspart den Kutscher, die teure Ausstattung, Wartung und Unterhalt der Pferde! Immer sogleich betriebsbereit! Absolut gefahrlos! Lenken, Halten und Bremsen leichter und sicherer als bei gewöhnlichem Fuhrwerk!..."

[58] Romer (1966, S. 62) entscheidet sich für die neodarwinistische Lösung: „... die Entstehung der allerersten Amphibien ... muß im wesentlichen als glücklicher Zufall angesehen werden." Die zweite, vor allem von Waddington diskutierte Möglichkeit, wird heute anscheinend auch von bekannten Vertretern der synthetischen Theorie der Evolution nicht mehr völlig ausgeschlossen. So bemerkt Dobzhansky (1968b, S. 77) hinsichtlich der Gültigkeit der Romerschen Regel: "Whether or not it also renders possible the maintenance of the 'traditional' way of life depends on circumstances. It may do so if a living species or population responds to an environmental change by a genetic innovation (or simply a genetic alteration) which compensates for the changed magnitude or sign of an environmental pressure. Thus, an increasingly colder or warmer climate may require metabolic changes, but may let the organism continue in its ecological niche otherwise undisturbed." Ob Dobzhansky hier den Vorgang genetischer Assimilation im Auge hat oder daran denkt, durch eine Mutation folge eine Veränderung des Genkomplexes, diese führe zur gewünschten phänotypischen Merkmalsänderung und diese passe dann auf die veränderte Umweltsituation, habe also Überlebenswert, können wir nicht beurteilen. Zur Unterscheidung beider Phänomene siehe die Diskussionsbemerkung von Waddington (1970, S. 366). Man vergleiche auch das Einschleichen lamarckistischer Überlegungen bei Simpson (1969b, S. 233 Fn.).

[59] Neugierverhalten, Spiel, Umwelterforschung sind natürlich keineswegs „regel-

dieser Möglichkeit ist die Tatsache, daß Mutationen oder Rekombinationen von Genen entsprechend dem Baldwin- oder Anti-Baldwineffekt in ihrem Zufallscharakter begrenzt werden.

3. Als dritte Möglichkeit bleibt schließlich das zufällige, weder durch Umweltwandel noch durch Systemaktivität zu beeinflussende Auftreten von Mutationen (zufälligen Änderungen des Regelsystems), eine Vorstellung, die der orthodoxen synthetischen Evolutionserklärung zugrunde liegt. Änderungen des Genkomplexes führen zu neuen Merkmalen auf der phänotypischen Ebene und ermöglichen so dem System, sich an neue Umweltbereiche anzupassen bzw. Änderungen der Umwelt zu meistern.

Wir können somit zusammenfassend drei Formen des Wandels unterscheiden, die den Bestand eines Systems gefährden bzw. ein System mit neuen Problemen konfrontieren und neuartige adaptive Lösungen verlangen:

1. Umweltwandel verlangt Änderungen des Verhaltens entsprechend der Romerschen Regel. Bei dauerhaftem Umweltdruck werden die Lösungseinfälle genetisch fixiert (Spezialisierung), bei häufig auftretenden Umweltschwankungen (turbulente Umwelt) sind dagegen Adaptionen in Richtung des Anti-Baldwineffektes zu erwarten (Ausweiten der Verhaltensflexibilität von Systemen als Spezialisten auf Nichtspezialisierung oder als „Generalisten").
2. Umweltexploration führt zur Entdeckung neuer Probleme, für deren Lösung das traditionale Verhaltensrepertoire nicht ausreicht und somit zu innovativen Verhaltensänderungen anregt.
3. Nach der neodarwinistischen Lösung führen zufällige Änderungen des Regelsystems zu neuen Merkmalen des Systems.

Jede dieser Evolutionsformen scheint uns einen isomorphen Kern zu haben. Bei den Formen (1) und (2) bestehen keine Schwierigkeiten, den gemeinsamen abstrakten Gehalt zwischen organischen, psychischen und sozialkulturellen Systemen aufzudecken. Die gemeinsame systemtheoretische Basis der dritten Lösung ist durch die konkrete Form des Interaktionsverhaltens der jeweiligen Teilsysteme gegeben. Die Zufallsmutationslösung entspricht einer konkreten Regel, die Ziele und Mittel in Form eines Befehls oder eines Plans zuweist. In sozialen Systemen wie Organisationen ist die Befehlsgewalt (s. 3. Teil) charakteristischerweise außerhalb der Hierarchie angesiedelt. Damit lassen sich in einem organischen System die zufällige Produktion von Interaktionsnormen bzw. Änderungen der genetischen Planskizze vergleichen.

---

los". Sie werden zwar durch das genetische Regelsystem in ihrer konkreten Ausprägung nicht fixiert, wohl aber in ihrem Potential begrenzt. Es ist also notwendig, "not (to) confuse the inherited capacity to learn a great variety of modes of conduct with an heredity of particular modes of conduct" (Hayek 1971, S. 82).

1.7.4 Evolution, Komplexität, Freiheit

Evolution sehen wir als unbeabsichtigtes Ergebnis des Zusammenwirkens von Mechanismen der Variation, Selektion und Stabilisierung, welche zur Steigerung der Eigenkomplexität eines Systems führen. Unter anderem zeigt sich die Komplexitätserhöhung in zunehmender Differenzierung der inneren Struktur, der Zunahme der Kontrollfähigkeit und Selbststeuerungskapazität, und der damit verbundenen Entwicklung neuer Kommunikationssysteme. Mit der Eigenkomplexität wächst die Zahl möglicher Verhaltensäußerungen oder die Vielfalt der Handlungsmöglichkeiten eines Systems; das System kann mehr Beziehungen zu seiner Umwelt aufnehmen und damit seinen Wirkungsbereich ausdehnen; es kann lernen, in einer varietätsreicheren und in höherem Maß unsicheren Umwelt zu überleben. Andererseits steigt mit der Ausweitung des individuellen Freiraums der Bereich, in dem Innovationen möglich, das heißt nicht verboten sind. Damit steigt uno actu die Multistabilität, das heißt die Problemlösungsmöglichkeit bei gegebener Kompetenz der Elemente des Systems.

Ausgehend von der Untersuchung des Zusammenwirkens der evolutionären Mechanismen in den Beziehungen zwischen einem System und seiner Umwelt kann eine allgemeine Theorie der Entwicklung sich selbst organisierender, komplexer Systeme begründet werden. Als zentrale evolutionäre Variable läßt sich die Adaptivität eines Systems, seine Kompetenz zur Anpassung, isolieren. Damit wird die Steigerung des Fähigkeitsniveaus zur grundlegenden Entwicklungs- bzw. Überlebensstrategie eines Systems in einer von ihm nicht kontrollierbaren oder „wettbewerblich" geordneten, das heißt in einer nicht durch Befehle oder Ausübung von „privater" Herrschaft kontrollierten Umwelt. Die Steigerung des Fähigkeitsniveaus gewährt bessere Chancen zu überleben. Eine Wettbewerbstheorie, die sich der Untersuchung der wechselseitigen Beziehungen von komplexen Systemen in einer nicht-kontrollierbaren („herrschaftsfreien") Umwelt bei Knappheit von Überlebensfonds widmet, wird somit notwendig Teil einer Evolutionstheorie. Diese Vorstellung war den nationalökonomischen Klassikern im Gegensatz zu ihren neoklassischen Nachfahren nicht fremd. Die Beziehung zwischen Evolution, Verhaltensregeln und Freiheit macht deutlich, daß die Bedeutung von „Freiheit" im Wettbewerb kein normatives, sondern ein nomologisches Problem darstellt, und daß eine nomologische, nicht-metaphysische Interpretation des „Fortschritts" eines Systems im Bereich des theoretisch Möglichen liegt. [60]

---

[60] In diesem Zusammenhang sei auch auf die Theorie wissenschaftlichen Fortschritts von Popper verwiesen, die ohne Zweifel darwinistische Züge aufweist (Popper 1973). Die Qualität wissenschaftlicher Erkenntnis hängt von ihrem Informationsgehalt ab, das heißt, erhöht sich mit ihrer Unwahrscheinlichkeit: „Die ‚bessere' oder ‚vorzuziehende' Hypothese ist also oft die unwahrscheinlichere" (1973, S. 29).

ZWEITER TEIL

DAS PSYCHISCHE SYSTEM: PERSONALE BESTIMMUNGSGRÜNDE DER NEUERUNGSKOMPETENZ

2.1 Einleitung

Das Ziel des zweiten Teils besteht darin, die Grundzüge einer Verhaltenstheorie zu entwerfen, die in der Lage ist, Innovationsverhalten zu erklären.

Es scheint überflüssig zu betonen, daß menschliches Verhalten in komplexer Weise bestimmt ist und daß folglich eine Vielzahl von Variablen berücksichtigt werden muß, um Verhaltensweisen erklären und voraussagen zu können. Andererseits gibt es mechanistische Verhaltenstheorien wie die neoklassisch-ökonomische oder die nahezu identische Skinnersche Verhaltenstheorie, die in ihrer Einfachheit die obige Aussage auf den Kopf zu stellen scheinen. Nach ihnen braucht der neoklassische Ökonom nichts weiter als die Verhaltensprämisse Gewinn-(Nutzen-) Maximierung mit situationsbezogenen, gewöhnlich stochastisch verteilten Faktoren der Umwelt zu kombinieren, um „ökonomisches" Verhalten zu erklären. Es wird sich im Laufe der Diskussion des zweiten Teils zeigen, ob mit diesem verhaltenstheoretischen Ansatz Neuerungsverhalten erklärt werden kann.

Die systemtheoretischen Überlegungen des ersten Teils legen allerdings einen differenzierteren verhaltenstheoretischen Ansatz nahe, der das Verhalten einer Person von drei Kausalfaktoren abhängig macht:

1. von Verhaltensregeln oder Normen, die den Möglichkeitsbereich individuellen Verhaltens beschränken (externe Beschränkungen des Verhaltens);
2. von den Fähigkeiten oder Kompetenzen einer Person (interne Beschränkungen des Verhaltens);
3. von Merkmalen und Ereignissen in der Umwelt oder von situationsbezogenen Faktoren, die auf eine Person einwirken.

Unsere grundlegende Verhaltenshypothese lautet demnach
das Verhalten (V) einer Person sei eine Funktion der Normen (N), der Kompetenz (K) und der Umwelt (U):

$$V = F(N, K, U)$$

In diesem zweiten Teil werden wir vor allem den Einfluß der Kompetenz oder des Fähigkeitsniveaus einer Person auf ihr Verhalten untersuchen. Die Verhaltens- oder genauer Innovationskompetenz einer Person zerlegen wir dabei in zwei Komponenten:

1. Die Komponente der Kognition, die durch die Begriffe Können, Wissen und Kreativität beschrieben werden kann. Diese kognitive Komponente liegt der Fähigkeit eines Individuums zugrunde, neue, kreative Ideen zu schaffen, zu imitieren und durchzusetzen.
2. Die Komponente der Motivation, die durch das Bedürfnis oder Wollen gekennzeichnet ist, neue Ideen zu entwickeln und durchzusetzen.

Wir werden uns zunächst mit den Bestimmungsgründen der kognitiven Fähigkeit einer Person zur Produktion neuer Ideen beschäftigen. Anschließend werden wir die motivationalen Probleme des Neuerungsverhaltens diskutieren, wobei dann auch der Einfluß von Situationsfaktoren auf die Aktualisierung von Motivation untersucht wird.

Den Kausalfaktor Normen werden wir erst im dritten und vierten Teil dieser Arbeit explizit berücksichtigen. In der nachfolgenden Diskussion sollte im übrigen berücksichtigt werden, daß die Untersuchung der Interaktion zwischen kognitiven und motivationalen Faktoren – bei der es darum geht, eine Theorie des Denkens mit einer Theorie des Handelns zu verbinden – erst in Anfängen entwickelt ist.

2.2 *Problemlösungsverhalten im offenen psychischen System*

2.2.1 *Problemlose Systemstabilisierung*

Ein offenes System interagiert mit seiner Umwelt. Es kompensiert Zustandsänderungen der Umwelt durch Produktion von Vielfalt. Den Stabilisierungsvorgang eines offenen psychischen Systems können wir an folgendem Regelkreis darstellen (vgl. Carson 1969, S. 87 ff.; Laszlo 1969, S. 36 ff.; MacKay 1969, S. 66 ff., 105 ff. Schütz 1971, 184 ff.).

Er wird bestimmt durch die Wechselwirkung zwischen dem System und seiner faktischen Umwelt. Die Umwelt U enthält Signale, die als Stimuli von den sensorischen Mechanismen des Systems wahrgenommen werden.

Die Perzeption der Signale wird von kognitiven Gestalten (K; Konfigurationen, Wahrnehmungscodes) gesteuert. Sind die sensorisch aufgefangenen Signale durch die kognitive Gestalt interpretierbar, produzieren also keinen „mismatch“, sondern sind sinnvoll oder üben in den Worten von MacKay (1969, S. 108 f.) eine selektive Funktion in bezug auf den Umfang möglicher Zustände eines kognitiven hierarchischen Systems aus, so wird die motorische Hierarchie V aktiviert, die auf die Umwelt anpassend oder diese manipulativ verändernd zurückwirkt und so den Kreis schließt.

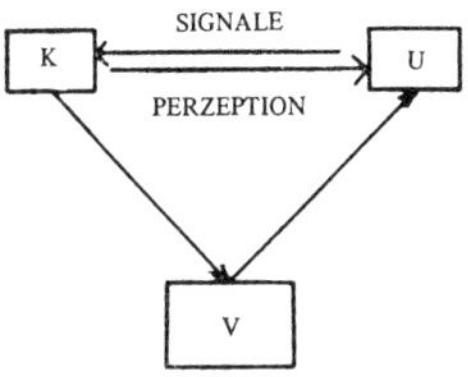

Abb. 1

Die über die sensorische Hierarchie aufgenommenen Umweltsignale werden somit erst durch ihre geordnete Interpretation durch kognitive Gestalten oder Konfigurationen für das System aufgeschlossen, bekommen Sinn und erlauben dadurch eine zweckhafte Rückwirkung auf die Umwelt. Die sinnvermittelnde Reduktion von Umweltkomplexität, welche die kognitiven Muster leisten, um in der Folge bestandserhaltende Aktionen zu ermöglichen, führt somit zu einer Stabilisierung der Innen-Außen-Differenz des psychischen Systems.

Hieraus geht hervor, daß die Reaktion einer Person auf Umweltereignisse zunächst von der Wahrnehmung dieses Ereignisses abhängt und nicht von dem „objektiven“ Ereignis selbst (deswegen die beiden entgegengesetzt laufenden Pfeile in der Figur). Der reaktionsauslösende Stimulus ist insofern durch diese Reaktion determiniert, als er von der wahrnehmungsmäßigen bzw. kognitiven Kompetenz abhängt und auch von dieser geändert werden kann (Carson 1969, S. 15, spricht von einem „response-determined stimulus“). Darüber hinaus versucht eine Person, ihre Umwelt entsprechend ihren Vorstellungen, Plänen, Bedürfnissen bzw. Zielen zu beeinflussen. Die Ergebnisse dieser Versuche werden dem System über seine sensorischen Mechanismen als Information rückgespielt. Diese Information wird aufgrund invarianter kognitiver Gestalten analysiert. Entsprechen die gefilterten Umweltsignale dem Kognitionscode des Systems, so können wir diesen Code als selbst-stabilisierend bezeichnen. Bei Wahrnehmung „sinnloser“ Signale kann andererseits die motorische Hierarchie V solange variiert werden, bis die sensorischen Signale, die dem System als Ergebnis seiner motorischen Aktivität zugehen, den Sinn haben, der der invarianten Gestalt K entspricht. K wird somit manipulativ über die Variation der Output-Bedingungen in die Umwelt U projeziert; der Output des Systems konditioniert den

Input. Dadurch wachsen die Chancen, daß der Input durch die gegebene kognitive Gestalt strukturiert werden kann. Die kognitive Gestalt wäre einem Regler zu vergleichen, der das System stabilisiert, indem er dasjenige Systemverhalten gegenüber der Umwelt ermöglicht, bei dem die Wahrscheinlichkeit am größten (die Unsicherheit minimal) ist, daß es Signalkonstellationen hervorruft, die mit der kognitiven Gestalt, die das System über die jeweilige Klasse von Umwelt-System-Zusammenhängen entwickelt hat (inneres Modell der Außenwelt), übereinstimmt. Komplexe Umweltsituationen „will tend to find themselves ‚matched‘ (internally represented) by the best possible (hierarchic) combination of the basic organisers that previous experience of goal-pursuit has evolved in that individual“ (MacKay 1969, S. 113).

2.2.2. *Problemlösende Systemadaption*

Versagt die traditionelle Strategie, wird das System mit einer Umweltsituation konfrontiert, für die es keine Antwort bereit hat, dann sieht es sich einem *Problem* gegenüber. Es muß Prozesse problemlösender Adaption initiieren, es muß eine neuartige System-Umwelt-Beziehung einspielen. Ein Problem kommt also zustande, wenn die traditionelle Interaktion zwischen System und Umwelt „gestört“ ist. Die Störung kann bedingt sein durch eine Änderung der Systemumwelt, durch die explorative Entdeckung neuer Umweltbereiche und durch die neugier- und leistungsmotivierte Suche nach neuen Lösungen.

Guilford gibt uns hinsichtlich der Entstehung von Problemen folgenden Hinweis: „If a stimulus situation arises, to which the organism reacts without hesitation, because it is fully prepared, there is no problem. But to the extent a stimulus situation catches the organism unprepared or the organism's response proves inadequate, there is a problem. Some problems, to be sure, are solved almost instantly. But there is at least an element of novelty in every solution to a problem, either in the form of a new strategy or tactic that is formed by the organism or in the form of a new application of one previously acquired.“ (1967, S. 435). Dewey meint, ein Problem sei, „whatever... perplexes and challenges the mind so that it makes belief at all uncertain...“ (1933, S. 13).[1] Die von Dewey und anderen Stufentheoretikern angesprochenen Typen von Problemen

[1] Vgl. auch Northrop (zit. bei Shapiro 1968, S. 59): "A situation is not problematic until there is something in it that disturbs you..."; und Shapiro (1968, S. 60): "The scientist, disturbed by something ill-defined, feels a compulsion to pursue the problem until he reaches the stage of insight and is then able to verbalize the hitherto covert implications." Polanyi (1966, S. 75): "... a problem that does not worry us is no problem: there is no drive in it, it does not exist"; ausführlich zum Problembegriff äußert sich Reber (1973, S. 299 ff.).

nennt Guilford (1967, S. 435) „komplex“ und er unterscheidet sie von „einfachen“ Problemen, die routinemäßig, schnell, sozusagen mit der linken Hand zu lösen sind. Diese Unterscheidung wird in der psychologischen und organisationswissenschaftlichen Problemlösungstheorie durch die Dichotomie von wohl-definierten (well-structured) und schlecht-definierten (ill-structured) Problemen angesprochen. Während sich die Problemlösungstheorie vor allem der Untersuchung wohldefinierter Probleme zugewendet hat, bemüht sich die neuere Kreativitätsforschung, die Lösungsvorgänge bei schlecht-definierten Problemen aufzuhellen. Diese Trennung ist nicht zufällig, da in der Tat bedeutsame, wenn auch oft geleugnete oder nicht allzu ernst genommene Unterschiede zwischen kognitiven Prozessen der Lösung einfacher und komplexer Probleme bestehen. Bevor wir darangehen können, diese Unterschiede aufzuzeigen, müssen wir versuchen, die Bedeutung einiger Begriffe präziser zu umreißen.

Wie spielt sich ein Vorgang problemlösender Adaption ab? Ein Problem taucht auf, wenn die Sensoren Umweltsignale aufnehmen, welche das traditionale Gestaltsystem K1 nicht entschlüsseln kann.

Die Umweltkomplexität kann vom kognitiven System nicht reduziert oder selektiert werden, da zwischen System und Umwelt keine selektive, durch Sinn vermittelte Interaktion stattfindet. Das System muß also durch eine Reorganisation seines kognitiven Musters, durch eine „conceptual innovation“ (MacKay 1969, S. 113) versuchen, Sinn in die konfusen, nicht verstandenen oder unbedeutenden Umweltaspekte zu bringen und auf eine Strategie innovativer Problemlösung übergehen.

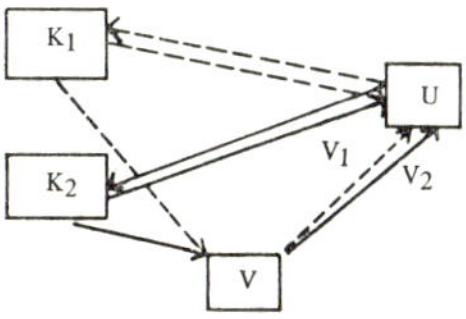

Abb. 2

Nehmen wir an, durch das Problemlösungsverhalten werde die neue Gestalt K2 produziert. Das System ist nun in der Lage, mit seinem motorischen Apparat, der über die Rückkoppelung K1-V-U lahmgelegt war, auf die Umwelt einzuwirken. Die Ergebnisse des Verhaltens werden vom sensorischen Apparat wiederum aufgenommen und entsprechend der neuen Gestalt K2 entschlüsselt, so daß das kognitive System den entsprechenden Umweltzustand in K2 repräsentiert, und das System sich über den Aufbau eines inneren Modells der Außenwelt angepaßt hat. U ist adaptiv in K2 repräsentiert. Es handelt sich um einen Vorgang des Lernens aus Einsicht oder um die adaptive Selbst-Organisation des Systems auf kognitiver Ebene.

Das skizzierte systemtheoretische Modell stellt im Grunde genommen nichts weiter als eine zeitgenössische Interpreation längst bekannter Problemlösungsrezepte und traditionaler Konzeptionen kreativer Problemlösungen dar, die den Problemlösungsprozeß in eine Folge nacheinander ablaufender Vorgänge zerlegen, die zwischen der Entstehung eines Problems und der endgültigen Annahme des Lösungseinfalls liegen.

Die klassische Formulierung eines Stufenmodells stammt von Dewey, der „fünf gesonderte Stufen der Reflexion" unterscheidet: Auftreten einer Schwierigkeit, Lokalisierung und Präzisierung der Schwierigkeit, Entstehen möglicher Lösungen, rationale Durcharbeitung der Lösung, Annahme oder Ablehnung (Dewey 1965, S. 116 ff.). Wallace unterscheidet die Phasen der Vorbereitung, Inkubation, Illumination und Verifikation. Rossmann kommt zu ähnlichen Ergebnissen (siehe ausführlicher Guilford 1966, S. 78 ff.). Die neuere organisationswissenschaftliche Forschung arbeitet mit ähnlichen Stufenmodellen. Vor allem die Unterscheidung von H. A. Simon (z. B. 1960, S. 1 ff.) zwischen „intelligence activity" (Informationsbeschaffung), „design activity" (Erfinden, Entwickeln und Analyse neuer Alternativen) und „choice activity" (Auswahl einer Lösung aus den vorhandenen Alternativen) ist vielfach nachgeahmt und erweitert worden (vgl. z. B. Irle 1970, S. 527).

Der Wert dieser Stufentheorien liegt weniger in ihrer Fähigkeit, analytische Einsichten in die zugrunde liegenden kognitiven Prozesse zu geben, als vielmehr in der konzeptionellen Aufgliederung des Problemlösungsprozesses in einzelne Phasen, die einander vor- oder nachgelagert und durch Rückkoppelung verbunden sind.

2.2.3 *Das Zusammenwirken von Problemlösungs- und Entscheidungsverhalten*

In den Stufenmodellen ist angesprochen, inwiefern Problem und Entscheidung miteinander verknüpft sind. Bei derart enger Verflechtung zwischen Entscheidungs- und Problemlösungsprozeß nimmt es nicht wunder, daß beide Termini in der neueren Literatur gewöhnlich austauschbar verwendet werden.

Dennoch scheint es uns von Vorteil zu sein, eine Unterscheidung aufrechtzuerhalten. Wir folgen dabei zunächst der Darstellung, die Werner

Kirsch gegeben hat (1971 a; vgl. auch Klein 1971 sowie grundlegend March/Simon 1958). Eine Entscheidung fußt auf Entscheidungsprämissen. Hierunter sind alle von Individuen wahrgenommenen (aus der Umwelt resultierenden) und aus seinem Gedächtnisspeicher abgerufenen Informationen zu verstehen, die eine gegebene Situation definieren (Kirsch 1971 a, S. 99 f.). Die kognitiven Informationen, die die Definition der Situation bestimmen, beziehen sich auf drei Begriffsklassen: die Definition des Problems selbst, das Programm oder die Instruktionen, nach denen die Lösung des Problems erfolgen soll, sowie die Ausführungsbefehle, die die Information enthalten, wie die Lösung zu verwirklichen ist. Das Problemlösungsprogramm steuert mit Hilfe der in ihm enthaltenen Vorschriften die kognitiven Vorgänge in der Phase der Problemlösung, das Ausführungsprogramm steuert die motorischen Aktionen der Rezeptoren und Effektoren. Die Situation ist wohldefiniert (well-defined), wenn die Stimulussituation oder die Herausforderung durch neue Informationen (Phase 1 im Entscheidungsprozeß) gleichzeitig ein spezifisches Programm zur Lösung wie Ausführung des Problems hervorruft. Es handelt sich um eine Situation, der manche Kreativitätsforscher den Problemgehalt absprechen und die von Shackle (siehe S. 97) in bezug auf ihre Entscheidungsqualität als „leer“ bezeichnet wird. Wohldefinierte Entscheidungssituationen können weiter unterteilt werden. Bei routinemäßigen „Entscheidungen“ rufen die vom Individuum wahrgenommenen Stimuli eine fertige Definition der Situation hervor, das Individuum reagiert automatisch. Davon sind Entscheidungssituationen abzugrenzen, in denen die Umweltreize die Reaktion nicht determinieren, sondern verschiedene Reaktionsmöglichkeiten offenlassen. Gleichzeitig wird jedoch dem Individuum ein Problemlösungsprogramm an die Hand gegeben, das die Vervollständigung der Definition der Situation zur reinen Routine macht, wenn das Individuum nur dem Programm folgt. Kirsch nennt diesen Entscheidungstypus „adaptiv“, weil „die jeweils aufgrund des Programms zu wählende Alternative von Merkmalen der konkreten Situation abhängt, deren spezifische Ausprägung von der Definition der Situation noch nicht festgelegt ist“ (1971 a, S. 144). Wir wollen statt dessen von einfach-adaptiver im Gegensatz zu komplex-adaptiver Entscheidung oder von problemloser im Gegensatz zu problemlösender Adaption sprechen. Die Adaptibilität von Entscheidungen betrachten wir dabei als höherwertiges Kriterium, das sowohl die beiden genannten Entscheidungssituationen wie auch innovative Entscheidungen einschließt.

Innovative Entscheidungen sind Ausfluß einer schlecht-definierten Situation. Das „ill-defined“ kann sich entsprechend den Begriffsmerkmalen der Entscheidungssituation auf die Problemdefinition und/oder auf die Problemlösungs- und Ausführungsprogramme beziehen. Da in der Problemlösungsdiskussion sowohl von wohl- bzw. schlecht-definierten

Problemen wie Entscheidungssituationen gesprochen wird, die zugrunde liegenden Phänomene jedoch nicht identisch sind, folgen wir dem Vorschlag von Kirsch, sogenannte „wohl-definierte" Probleme als operational und „schlecht-definierte" Probleme als nicht-operational zu bezeichnen (S. 147).

Von einem operationalen oder „einfachen" Problem i. S. von Guilford können wir dann sprechen, wenn eindeutig festgestellt werden kann, ob ein Lösungsvorschlag im Hinblick auf die Bewertungskriterien des Problems oder die „Ziele der Aufgabenstellung" (Klein 1971, S. 32) tatsächlich eine Lösung darstellt oder nicht. Hyman spricht von „closed-system tasks where the subject either succeeds or fails in achieving this goal" (1964, S. 71). Dem stehen nicht-operationale Probleme oder „open-system tasks" gegenüber, die durch keine eindeutig richtige oder falsche Antwort gekennzeichnet werden können, und bei denen daher die Lösungen im Hinblick auf verschiedene Grade subjektiver und objektiver Entsprechung differieren können. Nicht-operationale Probleme sind vage definiert, bedeutende Elemente der Aufgabenstellung sind unbekannt oder nicht genau (quantitativ) erfaßbar, ihr Lösungskriterium ist nicht eindeutig formuliert; der Entscheidungsprozeß beschäftigt sich weniger mit der Suche nach Lösungen, sondern vielmehr mit der Konkretisierung und Abgrenzung des Problems sowie der Schließung offener Beschränkungen (Klein 1971, S. 34 f., Kirsch 1971 a, S. 148 ff.). [2]

Innovative, nicht-programmierte Entscheidungen beziehen sich auf schlecht-definierte Entscheidungssituationen und können sowohl mit Lösungen operationaler wie nicht-operationaler Probleme verbunden sein. [3] Ihr primäres Merkmal ist somit, daß das Individuum über ein Aus-

---

[2] Die Erklärung des Lösungsprozesses bei nicht-operationalen Problemen liegt bis heute erst in Ansätzen vor. Bei der Abgrenzung operationaler von nicht-operationalen Problemen scheint es sich um eine ähnliche Sachlage zu handeln wie bei der Unterscheidung zwischen linearen und nichtlinearen Systemen. So Newell: "... well-structured problems are to ill-structured problems as linear systems are to nonlinear systems, or as stable systems are to unstable systems, or as rational behavior is to nonrational behavior" (1969, S. 363). In beiden Fällen sind bisher alle Versuche gescheitert, theoretische Methoden und Techniken, die für den Fall einfacher Zusammenhänge entworfen wurden, auf Fälle komplexer Erscheinungen, seien sie sozialer oder kognitiver Natur, zu übertragen. Dieser Ansicht scheint auch Newell zuzuneigen, wenn er in Abkehr von früheren optimistischen Aussagen die Ansicht ausspricht, die Untersuchung operationaler Probleme könne hinsichtlich des Bereiches nicht-operationaler Probleme wenig aussagen, es könne niemals eine Formalisierung nicht-operationaler Probleme und mithin auch keine Theorie im strengen Sinne geben. "All that is possible is the conversion of particular problems from ill-structured to well-structured via the one transducer that exists, namely, man" (1969, S. 363).

[3] Als Beispiel eines operationalen Problems sei an eine bekannte Aufgabe von Duncker erinnert: Das Problem bestand darin, ein Verfahren zu entdecken, mit dem

führungsprogramm oder ein Rechenverfahren (Algorithmus) nicht verfügt. Es muß sich daher sogenannter heuristischer Programme bedienen, die im Einzelfall die Lösung einer Entscheidungsaufgabe nicht garantieren, wohl aber im Durchschnitt den Zeitaufwand zur Lösung der Aufgabe verringern (Klein 1971, S. 36).

2.2.4 *Präsentierte vs. kreierte Probleme: Eine Gegenüberstellung der Entscheidungstheorien von Simon und Shackle*

Wir haben bisher Problemlösungsaktivität als Lösung eines mehr oder weniger vollständig formulierten *gegebenen* Problems mit Hilfe algorithmischer oder heuristischer Verfahren gleichgesetzt. Dem Problemlöser wurde das Problem präsentiert, zum Beispiel von einem Vorgesetzten oder von der Umwelt. Zur Diskussion stand lediglich, ob mit der Problemdefinition eine algorithmische oder heuristische Lösungsmethode angeboten wurde, und ob das Problem operational war oder nicht. Von dieser „presented problem situation" (Getzels/Csikzentmikhalyi 1967) sind solche Problemsituationen zu unterscheiden, in denen das Problem erst noch zu entdecken oder zu kreieren ist: „discovered problem situations." Ein Problem muß hier zunächst entdeckt, dann strukturiert und schließlich gelöst werden. Es handelt sich um explorative Umwelterforschung durch ein System.[4] Die empirische Untersuchung von Problementdeckungssituationen ist bisher auch in Ansätzen kaum entwickelt, obwohl Problementdeckungen der eigentliche „prime mover" evolutionärer

---

man einen Menschen mit Hilfe von Strahlen von einer Magengeschwulst befreit, die operativ nicht zu behandeln ist, und zwar ohne das Gewebe zu zerstören. Die Lösung liegt darin, nicht nur eine, sondern mehrere Strahlungsquellen zu verwenden, die von verschiedenen Seiten auf die Geschwulst gerichtet werden. Die einzelnen Strahlen zerstören so das gesunde Gewebe nicht, ermöglichen jedoch im Brennpunkt gebündelt eine erfolgreiche Bekämpfung.

[4] "Some problem solvers ... do not wait for others to pose the task of identifying problems but are continually sensitive to identifying unformulated problems themselves. This takes imagination and divergent thinking" (Getzels und Csikzentmikhalyi 1967, S. 83; siehe auch Mackworth 1965, S. 56ff.). Michael Polanyi argumentiert ähnlich. Er unterscheidet zwischen explizitem und verborgenem oder hilfsweisem Wissen (tacit knowing). "Tacit knowing" ist nichtverbalisierbares und nichtformalisierbares „Vorwissen" über bisher nicht entdeckte und explizit gemachte Zusammenhänge (1966, S. 23; 1968b, S. 59). (Dieses „stillschweigend angenommene Vorverständnis" ist eine empirische Erscheinung und keineswegs Ausdruck von Unwissenheit über die Problemlösungsaktivität des menschlichen Geistes.) Heuristische Suchprozesse können erst dann eingeschaltet werden, wenn nicht-explizite und vorbewußte Muster imaginativ und intuitiv erkannt oder kreiert wurden, wenn das Problem strukturiert ist. "... to see a problem is to see something that is hidden. It is to have an intimation of the coherence of hitherto not comprehended particulars" (Polanyi 1966, S. 21).

Weiterentwicklung sind. Dies liegt daran, daß die experimentelle Problemlösungstheorie davon ausgeht, der Entdeckung und Lösung einfacher und komplexer Probleme liege ein Kontinuum menschlicher kognitiver Aktivität zugrunde, das es zuläßt mit dem Ausräumen der Schwierigkeiten bei einfachen Zusammenhängen sich auch schrittweise an komplexere kognitive Vorgänge heranarbeiten zu können. Darüber hinaus identifizieren viele Autoren, vor allem diejenigen, die sich der Untersuchung künstlicher oder maschineller Intelligenz widmen, Problemlösungsaktivität mit kreativer Aktivität schlechthin. Die jüngsten Ergebnisse der Kreativitätsforschung lassen aber schon beinahe die Gewißheit zu, daß in Problemlösungsaktivität und Problemkreationsaktivität zwar jeweils kreative Elemente eingehen, daß die kognitiven Prozesse, die hiermit zu verbinden sind, jedoch bedeutsame Unterschiede aufweisen. Dies ist für unsere Untersuchung deswegen von weitreichender Bedeutung, weil die Zusammenhänge, die uns interessieren – vor allem die Innovations- und Entscheidungstätigkeit von Unternehmern und ihre organisatorischen und marktmäßigen Voraussetzungen und Konsequenzen – sich überwiegend auf Situationen der Problemkreation beziehen bzw. auf solchen Situationen basieren. Problemlösungsmodelle haben die analytischen, kontrollierten, vom Intellekt (oder Programmierer) bewußt gesteuerten kognitiven Prozesse in den Vordergrund geschoben, bei ungerechtfertigter Vernachlässigung imaginativer, intuitiver und vorbewußter Denkprozesse. Diese Prozesse, obwohl noch gelegentlich als Mysterien und Spekulationen ins Reich der Phantasie verbannt, werden dennoch zunehmend als reale Phänomene ausgewiesen.[5] Gewöhnlich unterstellt man jedoch experimentelle Situationen, in denen diese Unterscheidung überhaupt nicht von Bedeutung ist, in der die kreative Fähigkeit des Menschen nur eine dürftige Rolle spielt. Dies läßt sich kaum besser als an einer Gegenüberstellung der Entscheidungstheorien von Herbert A. Simon und George L. S. Shackle zeigen.

Simon und die von ihm beeinflußte und bedeutsame Denkrichtung in Simulationsforschung und Organisationswissenschaft gehen von gegebenen, präsentierten Problemen aus und fragen dann, wie ein Individuum das ihm gestellte Problem wahrnimmt und aufgrund welcher Programme das Problem gelöst wird. Die Entscheidungssituation ist gewöhnlich wohldefiniert, zumindest werden operationale Probleme unterstellt. Simon stellt dabei die im wesentlichen passiven, reaktiven, von außen stimulierten kognitiven Prozesse in den Vordergrund, während Shackle von einem aktiv, spontan und intuitiv entscheidenden Menschen ausgeht.[6]

---

[5] Viele Psychologen und Entscheidungstheoretiker vermengen – in den Worten von Arasteh (1968b, S. 79) – "the thinking process, that is, the mechanism of intelligence, with the intuitive process, that is, the mechanism of creative vision".

[6] Da wir im Verlauf der Arbeit auf die Argumentation von H. A. Simon noch

Die Entscheidungseinheit oder der Problemlöser werden bei Simon mit einem weitgehend strukturierten Problem konfrontiert – mit einem „fully posed problem" (Shackle 1961, S. 100). „You are placed in some situation, situation A; your task is to change that situation to situation B. You are permitted a certain set of operations Q for changing the situation. In summary, you have A, you want B, you have some operations Q, and you want to make A into B, using Q" (Simon 1961, S. 226). Die hier unterstellten Probleme beziehen sich auf Situationen in sogenannten Problemlabyrinthen oder Entscheidungsbäumen. Der Problemlöser muß versuchen, einen zumindest befriedigenden oder brauchbaren („satisficing") Pfad durch das Labyrinth zu finden, etwa ein Theorem der Logik oder der Geometrie zu beweisen, ein Kreuzworträtsel oder eine Denksportaufgabe zu lösen, die Kombination eines Safecodes zu entschlüsseln oder sogar erfolgreich Schach zu spielen, also potentiell Wißbares zu konkretisieren und auf ein gegebenes Problem oder Thema zu beziehen. Man kann eine solche Entscheidungssituation mit einem Baum vergleichen, der sich zur Spitze hin immer feiner verästelt, und dessen einzelne Äste Entscheidungs- oder Verhaltensalternativen darstellen.[7] Einen solchen Baum möglichen zukünftigen Verhaltens betrachtet Simon als „common conceptual roof", unter dem sowohl der homo oeconomicus der formalen Entscheidungs- und Spieltheorie[8] wie auch der von ihm präferierte „administrative man" zusammenleben können (1957 a, S. XXIX). Beide Typen unterscheiden sich hinsichtlich des Ausmaßes der Rationalität ihres Entscheidungsverhaltens.

Der „economic man" der Neoklassik und der Spieltheorie ist unbegrenzt rational, während der normale Mensch nur über begrenzte Rationalität verfügt. Die Annahme der begrenzten oder subjektiven im Gegensatz zur objektiven Rationalität des Menschen liegt der Organisations- und Problemlösungstheorie von Simon zugrunde, einer Theorie der „intended and bounded rationality of the behavior of human beings who *satisfice* because

---

detaillierter eingehen, beschränken wir uns auf grundsätzliche Aspekte. Die im folgenden vorgetragenen Argumente wurden in wesentlichen Teilen von Stanley Stark (1962; 1966) angeregt.

[7] "The idea of representing possible future behavior as a 'tree', with a number of branches radiating from each choice point; so that the individual must select at each such point the appropriate branch to follow. This concept ... is intuitively familiar to most chess players and to psychologists who have run rats through mazes" (Simon 1957 a, S. xxvii).

[8] In der Spieltheorie wird das Bestehen eines vollständigen und genaueren Verhaltensplans vorausgesetzt; für jede überhaupt denkbare Situation ist eine Entscheidung spezifiziert; Überraschungen, das Eintreten nicht-zurechenbarer Ereignisse innerhalb des Spielgeschehens sind ausgeschlossen; zu den Grundkonzepten der Spieltheorie, der Realitätsferne ihrer Axiome und zur Kritik strategischen Denkens vgl. Junne 1972.

they have not the wits to *maximize*" (1957 a, S. XXIV). Die Grenzen der Rationalität deuten an, in welchem Umfang die solche Grenzen leugnende neoklassische Entscheidungstheorie die kognitiven Fähigkeiten des Menschen überfordert. Nach Simon beziehen sich diese Grenzen auf:

1. den fragmentären Charakter des Wissens der Konsequenzen, die aus den alternativen Verhaltensweisen folgen;
2. die unvollständige Antizipation der Bewertungskriterien der Entscheidungen;
3. die Unmöglichkeit, alle möglichen oder denkbaren Verhaltensalternativen, denen das Individuum folgen könnte, in die Entscheidungssituation einzubringen (Simon 1957 a, S. 80 ff.).

„The pattern of human choice", so faßt Simon zusammen, „is often more nearly a stimulus-response pattern than a choice among alternatives" (1957 a, S. 108).

Bemerkenswert ist, daß Simon diese Abweichungen vom Modell „objektiver Rationalität" mit den Schwierigkeiten der Informationsgewinnung und -verarbeitung begründet. Er lehnt also einen superintelligent kalkulierenden Halbgott, der dem Menschenbild der neoklassischen Ökonomie entspricht, für erklärende und normative Zwecke ab. Dagegen unterstellt er in Übereinstimmung mit der modernen Entscheidungstheorie eine Entscheidungssituation, in der die möglichen Handlungsabläufe irgendwie „da sind". In einer solchen Situation vereitelt lediglich der Mangel an Zeit, Wissen, Verstandesschärfe und Rechenkapazität des Entscheidungsträgers seinen Versuch, sämtliche Alternativen offenzulegen, in ihren Konsequenzen auszumachen und eine optimale Lösung zu kalkulieren. [9]

Die möglichen Handlungsabläufe und ihre Wirkungen existieren also real, sie können gelernt, bestimmt, berechnet und entdeckt werden, sie sind kein Produkt der Imagination und Kreation. Intuition, Einsicht, Urteilsvermögen gelten als Begriffe, mit denen wir unser Unwissen über die problemlösende Aktivität des menschlichen Geistes umschreiben, die aber keinem besonderen Seinsbereich kognitiver Vorgänge zugeordnet werden können. „The secret of problem solving is that there is no secret" (Simon 1960, S. 27). [10]

---

[9] Intelligenz zeigt sich folglich dann in der Fähigkeit, eine bestimmte Lösung aus einem gegebenen Satz von Alternativen auszuwählen, eine Fähigkeit, über die auch Maschinen verfügen; eine Kritik dieser Vorstellung gibt Georgescu-Roegen (1971, S. 83 ff.).

[10] Vgl. auch die Interpretation Simons durch Stark: "In the maze or tree problem, then, whether the specific content takes the form of chess-playing or policy-making, consequences are to be learned, determined, or discovered" (1966, S. 554). Wertheimer hat diese Art der Problemlösungsaktivität als „produktives Denken" bezeich-

Simons Theorie steht in ihrer Annahme einer atemporalen Mentalität in enger Beziehung mit Guilfords Vorstellung von „perceptual foresight" (wahrnehmungsgebundener Voraussicht): „Die visuelle, wahrnehmungsgebundene Voraussicht (perceptual foresight) ist die Fähigkeit, mögliche Handlungsabläufe visuell vorwegzunehmen, um die offensichtlich wirksamsten herauszufinden. Diese Tätigkeit läßt sich durch ... eine Labyrinthprobe prüfen, bei welcher der Proband die zu passierenden Punkte vorwegbestimmt, ohne sie wirklich mit dem Bleistift zu verfolgen" (Guilford 1964, S. 368).

Im Gegensatz hierzu steht die begriffliche Voraussicht (conceptual foresight) als die Fähigkeit, „die Folgen einer vorgegebenen Situation vorauszusehen" (Guilford 1964, S. 368). Die wahrnehmungsgebundene Voraussicht ist zum Beispiel für Schachspieler oder für Elektriker, die einen Schaltplan anlegen, oder für Architekten und andere „layout"-Berufe von Bedeutung, während Guilford die begriffliche Voraussicht mit Unternehmertätigkeit in Verbindung bringt (Guilford 1964, S. 369) [11]

Vor dem Hintergrund dieser Erläuterung muß man Simons Theorie als statisch, auf atemporaler oder wahrnehmungsgebundener Voraussicht basierend betrachten. Der Verhaltensbaum oder das Labyrinth sind in allen ihren Verästelungen real, dem Entscheidungsträger möglicherweise verborgen, in Nebel gehüllt und nur durch heuristische Strategien, welche die begrenzte kognitive Kapazität des Menschen berücksichtigen, in ihrer Struktur zu erfassen. Wohl läuft das heuristische Programm in der Zeit ab, wenn der Problemlöser die verschiedenen Pfade und Zweige exploriert. Dennoch handelt es sich um atemporale oder perzeptuelle Voraussicht im Sinne Guilfords, denn die kalkulativen Denkakte spielen sich in einem geschlossenen System (Labyrinth, Käfig) ab; sie sind mechanische Operationen, die in vielen Fällen besser von einem elektronischen Rechner als von einem Menschen durchgeführt werden könnten. Simon meint denn auch (mit Newell 1958, S. 6): „Intuition, insight, and learning are no

---

net – Simon führt Wertheimer zur Bestätigung seiner Ansichten an (1957a, S. xxvi; siehe auch Newell, Shaw und Simon 1958) –, wir werden sie unten (S. 98ff.) als „sequentielles Denken" charakterisieren. Bartlett (1958, S. 137) bezeichnet sie als „Denken im geschlossenen System": "The thinker in the closed system is in the position of contemplating a finished structure. Very often this may be exceedingly complex and elaborate and the rules of its construction difficult to appreciate. The thinker is, however, in the position of a spectator searching for something which he must treat as being in some way 'there' all the time. His search is rational but is often emotionally sustained ..."

[11] Es sei am Rande vermerkt, daß für die von Guilford mit wahrnehmungsgebundener Voraussicht in Verbindung gebrachten Tätigkeiten mehr oder weniger erfolgreiche Computerprogramme geschrieben wurden. Siehe hierzu den ausführlichen Rechenschaftsbericht von Newell und Simon (1972).

longer exclusive possessions of humans; any large high-speed computer can be programmed to exhibit them also." [12]

Implizit gilt also die Welt, in der sich der Problemlöser bewegt, als geschlossenes System, das nicht die Fähigkeit kreativer Einfälle belohnt, sondern die Fähigkeit, die Gesetze des Systems zu lernen, die möglichen Handlungsabläufe zu erforschen und deren Konsequenzen kalkulativ zu antizipieren. Dieser impliziten Annahme über die Umwelt steht die explizite Vorstellung eines kognitiven Systems Mensch als eines informationsverarbeitenden, problemlösenden, eines von Sensoren und Gedächtnis dominierten Organismus gegenüber. Die Umwelt eines solchen Organismus bestimmt, welche Alternativen in Erwägung gezogen und welche Konsequenzen antizipiert werden (March und Simon 1958, S. 139), und welche seiner im Gedächtnis gespeicherten Strategien oder Programme „aktiviert" werden (Newell, Shaw und Simon 1958, S. 163). Es wird ein kognitives Image unterstellt, „reasonably valid in my view for what most if not all lower animals have been, for what digital computers can be made to be, and for humans when they behave more like either and less as only humans seem to be able" (Stark 1962, S. 59).

Simons Theorie ist realitäts- oder stimulusgebunden und verliert an Erklärungswert, wenn es sich um Problemfelder handelt, die nicht als geschlossen oder atemporal beschrieben werden können. Während Simons Theorie, wie Shackle andeutet, sich mit „fully posed problems" beschäftigt, stellt Shackle selbst Probleme temporaler oder begrifflicher Voraussicht in den Vordergrund. Das Problemfeld gilt nicht als geschlossen, sondern wird vom Individuum selbst kreiert und ist jederzeit veränderbar. „... the future is not there to be discovered, but must be created" (Shackle 1961, S. 100). Der Mensch wird nicht in ein Labyrinth gesetzt, das aus zeitlosen bzw. gleichzeitig existierenden, wenn auch verborgenen, unbekannten Pfaden besteht, an deren Ende irgendwo eine Lösung wartet, sondern er baut sich eine gedankliche Welt prekärer Existenz, die augenblicklich ihr Gefüge zu ändern vermag. In einer von ihm selbst geschaffenen Zukunft müssen seine Entscheidungen unvorhersehbar bleiben, denn sie implizieren eine Selektion aus selbstproduzier-

---

[12] Zum Problemtyp und zur Lösungsstrategie, von denen die künstliche Intelligenzforschung ausgeht, bemerkt Feigenbaum (1969, S. 1010): "As it was a decade ago, the central paradigm of A. I. (Artificial Intelligence; J. R.) research is heuristic search. A tree of 'tries' (aliases: subproblems, reductions, candidates, solution attempts, alternatives-and-consequences, etc.) is sprouted (or sproutable) by a generator. *Solutions* (variously defined) *exist* at particular (unknown) depths along particular (unknown) paths. *To find one is a 'problem'*. For any task regarded as nontrivial, the search space is very large. Rule and procedures called heuristics are applied to direct search, to limit search, to constrain the sprouting of the tree, etc." (Unsere Hervorhebung.)

ten „sets“ von Hypothesen oder möglichen Folgen. Shackle erhält als Ergebnis eine „psychic, imaginative, expectational economy, in which the seeds of change, development and evolution are present“ (1958, S. 95).

Im Gegensatz zur Annahme von Simon wird bei Shackle der Prozeß der Entstehung möglicher Konsequenzen von innen gesteuert. Er ist stimulusfrei und führt zu grundsätzlich unvorhersehbaren Gedanken und Lösungseinfällen, deren mögliche Konsequenzen als „unverursachte“ Alternativen echter, nicht-leerer Entscheidungen auf die Realität bezogen werden. Ursachen sind, so ist daraus zu folgern, was wir selbst zu Ursachen machen.[13]

Solche einmaligen Entscheidungen können – behauptet Shackle – keinem Wahrscheinlichkeitskalkül unterworfen werden, zeichnen sich durch „true uncertainty“ oder, wie wir sagen werden, „unstrukturierte Ungewißheit“ aus. Die konventionelle Ökonomie dagegen ist keine Ökonomie freier Wahl oder echter Entscheidungen, sondern des Handelns nach extern vorgegebenen Notwendigkeiten und Zwängen. Der „economic man“ gehorcht dem Diktat der Vernunft und folgt einer *Logik der Entscheidung*.[14]

Um die Entscheidungstheorie von Shackle in den Gesamtbereich kognitiver Aktivitäten einzuordnen, müssen wir kognitive Prozesse auf zwei hierarchisch verbundenen Ebenen unterscheiden: den Primärprozeß der Imagination, Inspiration und Ideenfindung und den Sekundärprozeß des Urteils, der rationalen Auswahl und Entscheidung innerhalb eines durch primäre intuitive Akte aufgebauten oder kreierten Problemrahmens. Weder Simon noch Shackle machen klar, daß ihre jeweiligen Entscheidungstheorien unterschiedlichen Ebenen geistiger Aktivität zuzuordnen sind. Shackle betont den Primärprozeß. Entscheidung ist kein Kalkül, sondern eine Erfindung. „Decision is choice in face of a lack of sufficient knowledge, and so the study of decision is the study of conjectural appraisal and assessment“ (Shackle 1970, S. 77). Diese Vor-

[13] „Echte“ oder „nicht-leere“ Entscheidungen beziehen sich daher nicht auf potentielle Kenntnisse, sondern auf Leerstellen unseres Wissens. Sie können nicht von Umweltreizen oder Programmen „abgerufen“ werden. Sie erfordern Rückgriff auf interne Ursachen des psychischen Systems und Entscheidungsfreiheit: "Freedom to decide implies that decisions are creative, capable of injecting something essentially new into the stream of events, something which was not already implicit in past history. Freedom of decisions implies that decisions can be creative, perhaps we may say inspired, and therefore essentially unpredictable" (Shackle 1958, S. 108).

[14] Shackle (1961, S. 272f.): "To call this conduct choice is surely a misuse of words, when we suppose that to him the ends amongst which he can select, and the criteria of selection, are given, and the means to each end are known... Choice, inescapably, is choice amongst thoughts, and thoughts, we suppose, are not given." Shackle (1973, S. 42) fordert daher programmatisch: "It is time for economists to concern themselves with the thoughts that create conduct and not treat that conduct as the operation of a machine."

stellung entspricht ziemlich genau unserer unten (§ 2.4.3) zu entwickelnden Rolle der Intuition im kreativen Problemlösungsprozeß. Simon sieht es anders. Phänomene wie Intuition, kreative Fantasie und Ideenfindung einem Primärprozeß zuzuordnen, scheint ihm ihrer Mystifizierung gleichzukommen. Er verlagert daher kognitive Primärprozesse auf die Ebene empirisch direkt zugänglicher mentaler Kategorien. Intuition mißt er kaum reale Bedeutung bei (Simon 1957 a, S. 190). Denn in einem Labyrinth- oder Verhaltensbaumproblem kommt es folgerichtig darauf an, sich mit einem Minimum atemporaler Voraussicht und unter Einsatz heuristischer Strategien durch komplexe Probleme mit exponential anwachsenden möglichen Handlungsalternativen zu lavieren.

Wir werden in folgenden Abschnitten ausführlicher begründen, wieso die Lösung von Simon beabsichtigt oder unbeabsichtigt grundlegende Unterschiede zwischen Primär- und Sekundärprozeß zudeckt und daher für einen weiten Bereich kognitiver Aktivität, den Bereich spontan-schöpferischer Aktivität, nur bescheidene Aussagekraft besitzt.

2.3 Kognitive Grundmuster des Innovationsprozesses

2.3.1 Sequentielles und multiples Denken

Die einführende Diskussion des Problemlösungsverhaltens hat deutlich gemacht, daß es notwendig ist, zwischen zwei grundlegenden Mustern des Denkens zu unterscheiden, einem rational-logischen und einem intuitiv-prälogischen (vorbewußtem oder überbewußtem). Den einen Denkstil hatten wir bei der algorithmischen und heuristischen Lösung gegebener oder präsentierter Probleme kennengelernt, den anderen bei Problemen, die erst entdeckt und strukturiert werden müssen. Am Ende des ersten Prozesses steht eine analytisch-deduktiv erarbeitete Lösung oder Entscheidung, während die vorbewußt-intuitive kognitive Aktivität mit einem emergenten Produkt endet, das durch Neukombination vorhandener Konfigurationen oder durch Umstrukturierung der kognitiven Struktur gewonnen wird. Erst im Anschluß an diese schöpferische Phase wird der Umweltbezug durch rational-logische Prozesse hergestellt. Man stellt diese kognitiven Prozesse sehr oft einander dichotomisch gegenüber. Wir ziehen es vor, in Übereinstimmung mit neueren Ergebnissen der kognitiven Psychologie (Bruner et. al. 1971, Hayek 1967 S. 43 ff., Neisser 1967) von einer Hierarchie von Denkprozessen zu sprechen.

Sequentielles Denken, wie wir das erste kognitive Grundmuster mit Neisser (1963, 1967) nennen können, gilt als Schritt-für-Schritt-Lösung von Problemen, zeichnet sich durch Aufgliederung des Problems in Unterprobleme aus, läuft logisch und (subjektiv) rational ab, wird durch Algorithmen oder heuristische Programme gesteuert.

Multiples oder paralleles Denken (Neisser) als zweites Grundmuster gilt als intuitiv, kreativ, ist holistisch organisiert, läuft unbewußt (oder vorbewußt) ab, wird als vorlogisch, autistisch und nichtrational beschrieben. Freud nannte es „primäres Denken" und sprach vom „Primärprozeß".

Bruner (1960) unterscheidet ähnlich zwischen analytischem und intuitivem Denken. Guilford (1967) spricht von divergentem und konvergentem Denken und Bartlett (1958) kennt ein „Denken im geschlossenen System" und „kühnes Denken". Stark (1966, S. 554 ff.) führt zwanzig solcher Gegenüberstellungen an, wobei die von uns genannten noch nicht einmal erwähnt sind. Uns kommt es lediglich darauf an klarzumachen, daß diese Unterscheidungen zwischen zwei Arten kognitiver Organisation des Denkens von vielen Autoren, die sich mit diesen Fragen beschäftigen, anerkannt sind. Sie gelten als reale Vorgänge, die jedoch nicht unmittelbar beobachtbar oder zugänglich und durch Einübung von Verhaltenstechniken erlernbar, reproduzierbar und simulierbar sind. Ihre präzise Abgrenzung und die Formulierung von Hypothesen ihrer hierarchischen Verbundenheit ist bis heute erst in Ansätzen gelungen. [15]

Wie könnte eine mögliche Theorie der höheren Denkprozesse aussehen? Das menschliche Denken spielt sich auf zwei Ebenen ab. Auf der Ebene bewußter kognitiver Tätigkeit werden konkrete Probleme angegangen, die die Anspassung an die Außenwelt bewirken. Diese Ebene kontrolliert die motorische Aktivität und löst Anpassungsprobleme logisch-analytisch und sequentiell bzw. Schritt für Schritt.

Wenn die geistige Kapazität durch sequentielle kognitive Tätigkeit nicht ausgelastet ist oder die analytischen Lösungsstrategien blockiert sind, spielen sich auf einer zweiten Ebene vorbewußte Denkprozesse ab. Das psychische System spielt mit Ideen auf der Grundlage gespeicherter Informationen ungehindert von den akuten Anforderungen der Umwelt und mit der Möglichkeit, auch irrationalen, inkonsistenten Vorstellungen und abwegigen Gedanken nachgehen zu können. Die in diesem Primärprozeß entstandenen Gedanken und Einfälle können vom rationalen Sekundärprozeß übernommen, selektiert und weiterentwickelt werden. Beide Prozesse ergänzen sich also. Das rational-analytische oder konvergente Denken (Guilford) ist zweitrangig nur in dem Sinn, daß es Ideen oder kognitive Produkte übernimmt, die bereits von einem vorgelagerten, unbewußten Prozeß hervorgebracht wurden. Von Bedeutung in dieser kognitiven Interaktion ist nun, daß der primäre Prozeß keiner außengelenkten Kontrolle zugänglich ist. Er ist nicht steuerbar. Die geistigen

---

[15] "There is still relatively little to say about them, even after 100 years of psychological research", äußert Neisser (1967, S. 11), um allerdings später zu ergänzen: "The purpose of this epilogue is not so much to present a cognitive theory of the higher mental processes as to show that one is possible" (S. 280).

Konfigurationen, die er hervorbringt, sind Ganzheiten, die sich durch sublimierte Wahrnehmung und „tacit knowing" (Polanyi) aus unverbundenen Konfigurationen bilden, einmal eine deutlichere Gestalt annehmen können, ein anderes Mal wie in Träumen temporär fixiert werden und sich oftmals auch wieder desintegrieren. Es gibt eine Fülle von Beschreibungen von Künstlern, Wissenschaftlern und Erfindern hinsichtlich ihres Glücks oder Pechs, solche flüchtigen geistigen Bilder zu fixieren. Und es gibt noch mehr Ratschläge darüber, wie man versuchen kann, die vorbewußten Denkprozesse zu überlisten und auf Ergebnisse hin zu „melken".

Es existiert jedoch unseres Wissens keine anerkannte Theorie kognitiver Prozesse im primären Bereich. Neisser unterstellt eine funktionale Ähnlichkeit aber keine Identität (1967, S. 303) zwischen höheren geistigen Prozessen und visuellen sowie anderen Prozessen der „pattern recognition". Neisser unterscheidet dabei zwischen sogenannter „focal attention" und „preattentive processes" als zwei verschiedenen Ebenen sinnlicher Wahrnehmungstätigkeit.[16]

Präattentive Prozesse sind offenbar holistischer Natur. Jede Figur, jedes Objekt, jedes Muster, dem sich das Auge zuwendet, muß in seiner Ganzheit von den umgebenden Figuren usw. getrennt werden. Die nachfolgenden fokalen Zuwendungsakte spielen sich in dem Kontext ab, der auf präattentivem Niveau geschaffen wurde.[17] Nur durch diese Analyse, glaubt Neisser, können die Phänomene verstanden werden, die im Mittelpunkt der gestalttheoretischen Forschung stehen. Die Aussage, das Ganze sei mehr als die Summe seiner Teile, bedeutet, daß die Wahrnehmung der Teile von der Existenz des Ganzen abhängt, in das sie eingebettet sind, d. h. aber auch, daß die holistische Wahrnehmung einer Gestalt der

---

[16] Neisser antwortet zum Beispiel auf die Frage, woher ein Individuum weiß, daß es sich um ein „A" handelt, wenn es einen Buchstaben dieser Gestalt sieht: "(1) The A is segregated from other simultaneously presented figures by preattentive processes. These mechanisms emphasize the global rather than the particular, the whole rather than the part, in the figures they construct. They are reduplicated in parallel all over the input field. (2) Focal attention is then devoted to the A, either as it is reached by an internally directed scan, or because of some attention-compelling feature detected by the preliminary mechanisms. To 'direct attention' to a figure is to attempt a more extensive synthesis of it" (1967, S. 103). Ähnliche Überlegungen finden sich an der Innovationstheorie von Barnett (1953, 1961), auf die wir im Abschnitt 2.3.2 noch ausführlicher eingehen werden.

[17] Vgl. auch Barnett (1953, S. 437 f.): "... we say that a thing can have meaning only with reference to some context; that is, some other component in a larger universe. The larger universe is implicit in the definition of a thing although it is largely ignored as a conscious element ... Paradoxically, a whole is such only when it is a part of a greater whole." Barnett nennt diesen Vorgang der kognitiven Schöpfung einer Gestalt oder Konfiguration eine „Analyse".

Präzisierung oder der perzeptionellen Konstruktion ihrer Teile vorausgeht. Die logische Notwendigkeit wie die beobachtete Tatsache fokaler Zuwendung setzen eine präattentive kognitive Ebene voraus. Im Hinblick auf die Informationsverarbeitung gilt also, daß das Ganze *vor* seinen Teilen existiert (Neisser 1967, S. 91, Barnett 1953 S. 417 ff.).

Diese allgemeine Beschreibung visueller Wahrnehmungsprozesse – ähnliche Vorgänge liegen der sprachlichen und akustischen Wahrnehmung zugrunde – scheint sich uns gut auf höhere geistige Prozesse übertragen zu lassen. Beide produzieren flüchtige Objekte des Bewußtseins, die nur vage zu definieren und schwer im Gedächtnis zu behalten sind. Wenn ihre Ergebnisse auf der präattentiven Ebene nicht von exekutiven Prozessen auf der Sekundärebene aufgegriffen und vervollkommnet werden, haben sie nur geringe Einwirkung auf zukünftiges Denken und Handeln (Neisser 1967, S. 301). Umgekehrt scheinen viele Eigenschaften in Vorgängen fokaler Zuwendung Prozessen rational-analytischer Problemlösung zu entsprechen (Neisser 1967 S. 302). Neisser zufolge handelt es sich bei Denkprozessen wie bei Vorgängen visueller Wahrnehmung um einen Zwei-Stufen-Mechanismus oder eine Prozeßhierarchie. [18]

So stellt sich z. B. die Frage, wie ein Schachspieler bemerkt, daß in einer bestimmten Phase des Spiels eine interessante Konstellation besteht, daß der Gegner schwach aussieht oder wie man ein bekanntes Gesicht in einer Menschenmenge erkennt oder wie ein Unternehmer eine Lücke im Markt „fühlt". Hier geht es anscheinend nicht um eine heuristisch gelenkte explizite Analyse und Speicherung der Vielzahl von Möglichkeiten, sondern um unbewußte oder vorbewußte Vorgänge, welche die Wahrnehmung einer Gesamtkonfiguration ermöglichen. [19] Es handelt sich um Wahrnehmung an den „fringes of consciousness" (William James).

Durch vorbewußtes Wahrnehmen und Schätzen, präattentives Erkennen oder „tacit knowing" wird Information nicht explizit berücksichtigt, sondern sie kann vorbewußt an den Grenzen der Wahrnehmung

---

[18] Im wesentlichen zu denselben Ergebnissen wie Neisser kommt Polanyi (1966; 1968 b). Polanyi argumentiert mit Vorgängen sogenannter sublimer oder vorbewußter Wahrnehmung (siehe auch Neisser 1967, S. 129–134; Eriksen 1968, S. 576 ff.). Er behauptet, „daß die in der Wahrnehmung fortwirkende intuitive Kraft Momente enthält, die nur hilfsweise (tacit) wahrgenommen werden und kaum spezifizierbar sind" (1968 b, S. 59). Auch Polanyi unterscheidet zwei Stufen des Problemlösungsprozesses: die intuitive Lösungsfindung, die aber nicht alle verborgenen Lösungsansätze aufdeckt und die nachfolgende analytische Elaboration der Lösung. Man denke an die Entdeckung des Kopernikus; erst später haben Kepler, Galilei und Newton die von Kopernikus „gefühlte" integrierte Problemsicht exakt nachgewiesen.

[19] Konfiguration definieren wir mit Barnett (1953, S. 416) als "any whole concept which, upon being analyzed, is revealed as a composition of mental activities that are bonded together by definable sets of relations... A configuration ... is an integrated activity system."

bleiben. Sie wird jedoch implizit in die Betrachtung einbezogen durch ihre Wirkung auf das Erscheinen von Objekten, auf die sich unsere Wahrnehmung richtet.

Die Vermutung hierarchischer Denkprozesse gibt uns jedoch noch immer eine äußerst unvollkommene Einsicht in die Denkoperationen, die sich bei innovativen Einfällen abspielen. Das Hervorbringen innovativer Einfälle oder Lösungen wollen wir dabei dem Primärprozeß zuordnen, zumindest in jener kritischen Phase, die man als die Umstrukturierung eines Problems bezeichnet.

2.3.2 Prozeßablauf innovativer Tätigkeit

Wir wollen in diesem Abschnitt detailliertere Hinweise über den möglichen Ablauf derartiger kreativer Denkprozesse geben. Im Mittelpunkt steht dabei die Entstehung neuer Ideen oder Innovationen als emergenten Produkten multipler Denkprozesse. Bei kreativen Denkprozessen handelt es sich immer darum, durch eine Neukombination bestehender oder im Gedächtnis gespeicherter und imaginativ erfundener Elemente, eine neue Relation zwischen diesen herzustellen und somit kognitive Ganzheiten hervorzubringen, die mehr sind als die Summe ihrer Teile und die in ihrer innovativen gesamthaften Form den einzelnen Teilen vorausgehen. Eine Innovation resultiert für Barnett aus einer Rekombination von Elementen kognitiver Konfigurationen, aus der Umstrukturierung einer Gestalt. „The essence of change ... lies in the restructuring of the parts so that a new pattern results ...“ (1953, S. 9). Diese Vorstellung liegt mehr oder weniger ausgeprägt allen Theorien und Konzepten zugrunde, bei denen zumindest noch Spuren gestalttheoretischer Argumentation zu erkennen sind. Eine Vielzahl von Autoren umschreiben kreative Prozesse mit Ausdrücken wie kombinatorische Aktivität (Bruner), Fusion von Wahrnehmungen (McKellar), Produktion geordneter Ganzheiten (Poincaré), Entdeckung unerwarteter Verbindungen zwischen Dingen (Kubie), Herausbildung neuer „relational products“ (Rogers; zu genauen Angaben siehe Hallman 1963, S. 20). Unseres Wissens scheint Barnett der einzige Autor zu sein, der über solche Allgemeinheiten hinaus eine detailliertere Erklärung des Umstrukturierungsprozesses zu geben versucht.[20] Der Vorgang der Umstrukturierung wird

[20] Zum Begriff der Innovation führt Barnett (1953, S. 7) aus: "An innovation is here defined as any thought, behavior, or thing that is new because it is qualitatively different from existing forms. Strictly speaking, every innovation is an idea, or a constellation of ideas; ... 'innovation' is therefore a comprehensive term covering all kinds of mental constructs, whether they can be given sensible representation or not." Die Definition von Barnett ist also objekt- und nicht prozeßbezogen, d. h.

in der abstrakten Sprache Barnetts folgendermaßen beschrieben: „It is that mental action by which a detached element of one preexisting configuration (antecedent) replaces a partially equivalent detached element of another pre-existing configuration (antecedent) to form a third configuration with some properties in common with its antecedents but with others that are peculiar to itself“ (1961, S. 26). Als Konfiguration gelten dabei durch kognitive Beziehungen zu einer Ganzheit verbundene geistige Aktivitäten bzw. ein integriertes System von kognitiven Aktivitäten (Barnett 1953, S. 416; 182f.). Jede Konfiguration kann analysiert, d. h. in ihre Teile zerlegt werden, diese wiederum in ihre Teile usw. Bei der Analyse einer Konfiguration gehen ihre Eigenschaften verloren, da das diese Eigenschaften begründende Ganze sich auflöst. Eine solche Analyse gilt als erster und unverzichtbarer Schritt im Innovationsprozeß. Sie ist vor allem notwendig, um von den konventionellen und traditionalen Bezügen loszukommen, die aus Gewohnheit, durch Erziehung oder aus kulturellen Gründen mit den Konfigurationen verbunden sind.[21]

Barnett glaubt den Innovationsprozeß im Sinne einer Umstrukturierung eines kognitiven Feldes durch sechs Grundmuster erfassen zu können (1953, S. 188; 1961, S. 29; siehe Figur). AR1B und XR2Y stehen für die traditionalen Konfigurationen. Die beiden ersten Muster der Rekombination ergeben sich, wenn X mit B in der Beziehung R1 oder R2 kombiniert wird. Die nächsten zwei Grundmuster folgen aus der

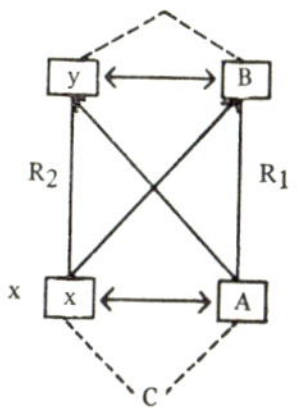

Abb. 3

Innovation erscheint als qualitativ neues Ergebnis eines kognitiven Prozesses. Auch Schumpeter (1964, S. 96) gilt das Auftreten von „qualitativ neuen Erscheinungen“ als das Merkmal, welches das „bloße Wachstum der Wirtschaft“ von einem „Entwicklungsvorgang“ unterscheidet. Schumpeters klassisches Beispiel: Man mag noch so viele Postkutschen aneinanderfügen, eine Eisenbahn wird man dadurch niemals erhalten. (Auf die Problematik der Definition von Neuerungen auch bei Schumpeter werden wir an späterer Stelle noch zurückkommen.)

[21] “If we are to gain insight into innovative reconstructions, we must treat conventional ideas ... merely as more or less stable organizations of experience that can be torn down and reassembled in the wink of an eye” (Barnett 1953, S. 185).

Kombination von A mit Y in der Beziehung R1 oder R2. Die beiden letzten Grundmuster ergeben sich, wenn X und Y zusammen als Substitute für A und B in der Beziehung R1 auftreten oder wenn in der Relation R2 die Elemente X und Y durch A und B ersetzt werden. In diesem letzten Fall handelt es sich um die Entdeckung einer verborgenen Analogie (siehe Koestler 1964, S. 653).

Mit einer Anekdote, die Arthur Koestler (1964, S. 33) Sigmund Freud zuschreibt, wollen wir die Entstehung einer innovativen Rekombination verdeutlichen.

„Chamfort erzählt die Geschichte von einem Marquis am Hofe Ludwigs XIV., der, als er in das Boudoir seiner Frau trat und sie in den Armen eines Bischofs fand, gelassen zum Fenster ging und anfing, die Leute unten auf der Straße zu segnen.

‚Was tut Ihr da?' rief die geängstigte Frau. Der Marquis entgegnete: ‚Monsignore vollziehen meine Pflichten, also vollziehe ich die seinen.'"

Der im Beispiel beschriebene Prozeß der Entstehung neuer Ideen läßt sich in drei Teilvorgänge zerlegen:

1. Problementdeckung und Problemanalyse als Erfassen eines Problems und Analyse der Konfiguration, Erkennen ihrer Bestandteile und der zwischen ihnen bestehenden Beziehungen (siehe Abb.: der Marquis baut die konfigurative Beziehung AR1B und XR2Y auf).

2. Identifikation als Herstellen geistiger Beziehungen zwischen zwei Konfigurationen; die Bestandteile unterschiedlicher Konfigurationen können nur miteinander innovativ verknüpft werden, wenn sie in irgendeiner Hinsicht von dem Neuerer als äquivalent betrachtet werden. Zwei verschiedene Ganzheiten (Konfigurationen) innerhalb des gegebenen

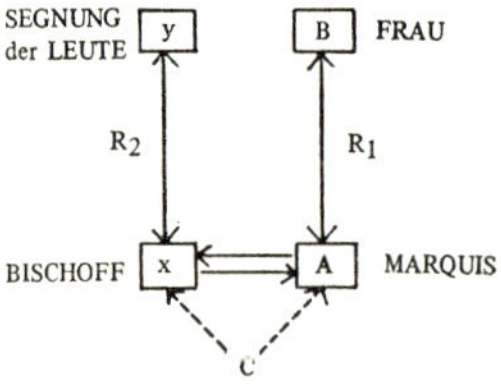

Abb. 4

Kontextes werden als gleich bewertet. (Die Fähigkeit, Bestandteile unterschiedlicher kognitiver Muster gleichzusetzen, macht im wesentlichen die Kreativität einer Person aus).

In unserem Beispiel haben der Bischof (X) und der Marquis (A) viele gemeinsame Züge. Einen solchen gemeinsamen, Identifikation ermöglichenden Factor (C) sieht der Marquis in der Pflichterfüllung. Dadurch gelingt es ihm, die Tätigkeit des Bischofs mit seiner eigenen Rolle (seinen eigenen Pflichten) und sich selbst mit der Rolle des Bischofs (dessen Pflichten) zu identifizieren (CA = CX).

3. Rekombination als neue Verknüpfung der Bestandteile von Konfigurationen. In unserem Beispiel findet eine neue Substitution statt. a) Der Marquis substituiert X für A in der Beziehung R1 („Monsignore vollziehen *meine* Pflichten ..."). b) Dem Marquis glückt noch mehr, er setzt sich an die Stelle des Bischofs in der Beziehung R2 („... also vollziehe ich die *seinen*").

Wir könnten die Untersuchung der Grundmuster des Innovationsaktes, wie sie von Barnett vorgeführt wird, hier noch weiter ausführen, etwa indem wir jedes der sechs Grundmuster ausführlich darstellen würden. Barnett selber hat jedoch in einem Aufsatz (1961) seine Vorstellungen so gedrängt zusammengefaßt, daß wir nur kopieren könnten (siehe auch eine kurze Zusammenfassung bei Wallace 1961, S. 120 ff. und Röpke 1970 a, S. 78 ff.). Wir wollen jedoch einige ergänzende Überlegungen anstellen. Wegen des obigen Beispiels und vieler anderer, die Barnett anführt, mag der Eindruck der Trivialität entstehen. Dies hat seinen Grund überwiegend darin, daß eine wesentliche Aufgabe schöpferischer Problemlösung, die Suche nach neuen Konfigurationen, für den Leser bereits erledigt ist. Weiterhin kann die Analyse eines kreativen Aktes sich nur als nachträgliche Erklärung abspielen, eine Vorhersage der Ergebnisse von Prozessen begrifflicher Voraussicht ist unmöglich. Andererseits macht der Stufenprozeß von Analyse, Identifikation und Rekombination klar, daß schöpferische Leistungen nur dem „well prepared mind" gelingen, also demjenigen, der sich durch eine eingehende Analyse der Konfigurationen mit verschiedenen Aspekten des Problems soweit vertraut gemacht hat, daß die Lösungsrelevanz einer innovativen Umstrukturierung des Problemfeldes erkannt und gewürdigt wird, also den exekutiven Prozessen des Sekundärprozesses übertragen werden kann.

Bei unserem Beispiel und allen Beispielen, die Barnett bringt, fällt auf, daß ihnen Probleme zugrunde liegen, deren Lösung nicht von außen durch objektive Kriterien determiniert ist. Dies steht im Gegensatz zur Literatur der Problemlösungstheorie (einschließlich der Gestalttheorie), die sich nahezu ausschließlich mit Problemen befaßt, die nur „richtig" oder „falsch" gelöst werden können. Der Lösungsweg ist dann programmierbar oder heuristisch zu steuern, denn die Lösung präsentiert sich an irgendeiner, wenn auch unbekannten Stelle des geschlossenen Problemlabyrinths. Der Lösungserfolg wird dann eine Sache der Denkschärfe, nicht der Originalität. Originalität könnte sich nur auf den Weg der Problemlösung beziehen, nicht auf die Lösung selbst.

Auf der Stufe der multiplen Denkprozesse finden wir Merkmale wie

Kreativität, Originalität, Intuition und Einfall. Begriffe wie Programm, Selektion, Lösung sind dagegen sequentiellen Vorgängen zuzuordnen. Damit eine innovative Rekombination als „Einfall" oder, wie Wertheimer sagt, als „seeing the light" ins Bewußtsein rückt oder auf die Ebene der durch Programme gesteuerten Denkprozesse vorstößt, muß ein Bezug des Einfalls zum Problem hergestellt werden. [22]

Kreatives Verhalten muß daher nicht nur neuartig sein, sondern sich außerdem durch seinen potentiell adaptiven Bezug auszeichnen, in der Realität der Situation verankert sein. Dieser Aspekt konkreten Problembezugs kreativer Tätigkeit wird auch von Barnett hervorgehoben: „For the truth is that every man is an inventor many times over. The problem is not to invent something, but to invent something that someone wants" (1961, S. 41). Es ist also notwendig, daß die Produkte kreativer, multipler Prozesse gleichsam an die Oberfläche stoßen, wo sie von heuristischen Suchprozessen aufgegriffen werden können, und so ein Bezug zur Aufgabenstellung des Problemlösers entsteht.

Auch in der ökonomischen Welt haben wir es mit zwei Bereichen kognitiver Aktivität zu tun: dem Bereich diskursiven Denkens und programmierten Entscheidens und den damit verbundenen Organisationsabläufen und Motivationsstrukturen und der Ebene multiplen Denkens, das gewöhnlich als Bestandteil der Unternehmerfunktion betrachtet wird. Wir haben eine solche dichotomische Abgrenzung bereits oben abgelehnt, da sich in der Welt der Realtität die Prozesse der Intuition und des rationalen Kalküls ergänzen müssen. Andererseits scheint uns die Vorstellung mancher „systems-analyses"-Forscher, Operations Researcher und Informationsanalytiker unbegründet, den intuitiven Entscheidungs- und Problemlösungsstil als irrationales Relikt aus Opas Welt der Unternehmer hinzustellen. [23]

---

[22] Beispiele hierzu sind Legion. Jedermann könnte aus eigener Erfahrung berichten. Wir möchten daher nur Wynne-Edwards zitieren, der sehr schön ausdrückt, was wir meinen: "When I first saw the force of this deduction (daß Tierpopulationen ihre Mitgliederzahl in Abhängigkeit von der Bevölkerungsdichte regulieren) ten years ago, I felt that the scales had fallen from my eyes. At once the vast edifice of conventional behavior among animals in relation to food began to take on a new meaning. A whole series of unconnected natural phenomena seemed to click smoothly into place" (1965, S. 1544).

[23] Neben Unkenntnis scheint hier auch das Bemühen mitzuspielen, die Produkte eigenen geistigen Schaffens an den Mann zu bringen, und zwar vornehmlich bei Mitgliedern privater und staatlicher Bürokratien. Systemanalyse, Operations Research etc. zielen bekanntlich auf die optimale Lösung wohldefinierter Probleme. Private Herrschaftssysteme, die ihre Umwelt nicht kontrollieren, denen aber unternehmerisches Potential abgeht, sind daher gezwungen, ihre kreative Inkompetenz durch Beschränkung der Umweltkontrolle bzw. Aufkauf kreativen Potentials durch externes Wachstum auszugleichen. Soelberg (1967, S. 28) fordert daher die Rückkehr des Schumpeterschen Unternehmers in die Welt der Organisationen: "A manager should

2.4 Die kreative Persönlichkeit

2.4.1 Kultur- und systemgebundene Kreativitätsforschung

Psychologen, die sich mit Problemen menschlicher Kreativität beschäftigen, interessieren sich auch heute noch mehr für die Produkte kreativer Prozesse und für den Nachweis charakteristischer Züge kreativer Persönlichkeiten als für die Untersuchung des kreativen Prozesses selbst. Das gilt vor allem für amerkanische Psychologen (und nicht nur Behavioristen), die mit den verschiedensten Tests die Natur des kreativen Menschen freizulegen hoffen, aber damit Gefahr laufen, das menschliche Sein und Potential auf operationale Bereiche der Meßbarkeit und Manipulierbarkeit zu reduzieren.[24]

Leider ist derjenige, der Informationen über Eigenschaften kreativer Persönlichkeiten sucht, beinahe ausschließlich auf amerikanisches empirisches Material angewiesen. Wir möchten daher zur Vorsicht mahnen, wenn wir im folgenden über diese Ergebnisse referieren. Es scheint uns nicht ausgeschlossen, daß diese Befunde teilweise kulturgebunden sind, also Persönlichkeitsmerkmale freilegen, die überwiegend nur für die westliche Kultur, wahrscheinlich nur für Nordamerika und möglicherweise auch hier nur schichtspezifisch gelten.

Kreative Produkte bedürfen kreativer Köpfe. Da kreative Leistungen nicht unmittelbar durch Außenreize zustande kommen, sondern das Ergebnis umweltoffener, hierarchisch interagierender kognitiver Prozesse sind, scheint es uns zunächst angebracht, den Einfluß der jeweiligen Umweltgefüge zu vernachlässigen, und jene Faktoren der individuellen Persönlichkeitssysteme in den Vordergrund zu stellen, die für inter-

---

work on integrating his formal models of rational decision making with his intuitive, judgmental, common sense manner or solving choice problems and seek to adapt the former to fit the latter, rather than submit to a bastardization of his intuition in the name of some modern mathematical technique" (Soelberg 1967, S. 28). Als Minimalbedingung wollen wir festhalten, daß die Fähigkeit zu multiplem Denken ein notwendiger, wenn auch nicht hinreichender Bestandteil der unternehmerischen Leistung ist. Edith Penrose unterscheidet so folgerichtig zwischen „ökonomischen" und „unternehmerischen Entscheidungen", wobei die letzteren den ersteren vorausgehen: "... the decision to search for opportunities in an enterprising decision requiring entrepreneurial intuition and imagination and must precede the 'economic' decision to go ahead with the examination of opportunities for expansion" (1959, S. 34).

[24] "... many of the so-called objective psychologists are trained without a mature insight into life and without a thorough insight into human nature. Rather they are well equipped with strict yet manipulable techniques to provide the kind of results they are seeing and which conform to accepted theoretical views" (Arasteh 1968b, S. 95).

personale Unterschiede in bezug auf kreative Produktion in ähnlichen Umweltbedingungen verantwortlich sind. [25]

Eine weitere Vorbemerkung scheint uns zu den Ausführungen dieses und des nächsten Abschnitts notwendig zu sein. Das Persönlichkeitsprofil des kreativen Problemlösers wird von uns (1) auf seine ökonomischen Konsequenzen und (2) noch weiter verengend auf seine marktwirtschaftlich-kapitalistischen Implikationen hin untersucht (manche werden sagen „ausgeschlachtet"). Zunächst ist es eine Sache der Arbeitsökonomie, auf systemvergleichende Ausführungen, von einigen Hinweisen abgesehen, zu verzichten. Zum anderen sind wir der Ansicht, daß das sogenannte bürgerlich-kapitalistische Gesellschaftssystem zwar keine Idealform, wohl aber die bis heute evolutionär am weitesten fortgeschrittene Umwelt für die kontinuierliche Herausbildung und den Einsatz schöpferischer Talente auf allen Ebenen menschlicher Aktivität darstellt. Sozialistische Systeme in ihren verschiedenen Spielarten halten wir verglichen mit ihrer liberal-bürgerlichen Alternative für evolutionär verkürzte, möglichkeitsbeschränkende und komplexitätsarme Gesellschaftsordnungen. In der sozialistischen Gesellschaftsform ist die Ebene marktmäßiger Interaktion von Individuen und Organisationen weitgehend beseitigt und offensichtlich nicht durch ein evolutionäres Pendant mit annähernd vergleichbarem Komplexitätspotential zu ersetzen. Die Begründung dieser Ansicht geben wir implizit in dieser Arbeit (explizit siehe Röpke C). Die Ökonomie der sozialistischen Welt ist vor allem eine Ökonomie der Organisation. In Grenzen werden daher für sie unsere Überlegungen hinsichtlich einer chancenmaximierenden Gestaltung von organisatorischen Umwelten gelten (siehe auch S. 181).

2.4.2 Das kreative Persönlichkeitssystem

Eine Person repräsentiert einen einzelnen menschlichen Organismus, der zwar eine Persönlichkeit besitzt, aber auch über einen Status verfügt, eine soziale Rolle spielt, eine Anatomie hat etc., Eigenschaften, von denen hier zunächst abstrahiert werden soll. Wenn wir von einer kreativen, innovativen, intuitiven oder unternehmerischen Persönlichkeit sprechen, meinen wir die dauerhaften Züge und Dispositionen eines Individuums,

---

[25] Implizit gehen wir auch bei der Untersuchung dieses Teilproblems von einem systemtheoretischen Ansatz aus. Wir sind der Ansicht (und werden hierfür einige Hinweise geben), daß systemtheoretische Überlegungen auch für die Persönlichkeitsforschung fruchtbar gemacht werden können. Eine kritische Durchsicht der Literatur würde jedoch den Rahmen dieser Arbeit sprengen. Zudem sind die Fundamente, auf denen wir aufbauen können, noch kaum gelegt. Die führenden Psychologen sind sich, wie Nevitt Sanford in einer umfassenden Darstellung über die Persönlichkeitsforschung bemerkt, keineswegs darüber einig, "what the elements of personality are, and how they are organized, what the boundaries of personality are, and how personality interacts with other phenomena" (1968, S. 587).

die dazu führen, daß es sich in einer nicht-zufälligen und erkennbaren Weise „kreativ“ verhält.[26] Auf eine neue Ebene der Erklärung stoßen wir vor, wenn wir über nomologische Informationen jener Prozesse und Faktoren verfügen, die die Regelmäßigkeit hervorbringen, die wir beobachten. Dafür bieten sich zwei Untersuchungsmethoden an: Ausgehend vom Innovationsprozeß können wir danach fragen, welche Eigenschaften einer Person dazu beitragen, kognitive Primär- und Sekundärprozesse zu hindern oder zu fördern bzw. welche Persönlichkeitsmerkmale mit kreativen Denkprozessen verbunden sind. Eine zweite Methode wäre genetischer Natur: Wir würden den Werdegang von Personen verfolgen, die über bestimmte uns interessierende Verhaltensmuster verfügen und würden dann untersuchen, welche Ereignisse, Einflüsse und Erfahrungen welche Wirkungen auf die uns interessierenden Verhaltensmuster ausüben. Mit beiden Ansätzen wird in der Kreativitätsforschung gearbeitet. Unsere Ausführungen stützen sich auf Ergebnisse beider Methoden. Mit Kreativität bezeichnen wir die Fähigkeit eines Individuums, neue Konfigurationen (Barnett) oder Bisoziationen (Koestler) hervorzubringen. Da neue Ideen Resultat eines zumindest zweistufigen hierarchischen kognitiven Prozesses sind, scheint es möglich zu sein, aus der Analyse dieses Prozesses Bedingungsfaktoren abzuleiten, die zwar für sich allein genommen weder hinreichend noch notwendig sind, um eine Disposition zur Kreativität zu begründen, die jedoch in ihrer Bündelung den kreativen Persönlichkeitstypus zu charakterisieren vermögen.[27]

Wir wollen zunächst die Unterscheidung zwischen multiplen und sequentiellen Denkprozessen noch einmal aufgreifen. Aus der notwendig interaktiven Überlagerung der beiden kognitiven Prozesse können wir ableiten, daß ein idealtypisches kreatives Individuum – eine kreative „Musterpersönlichkeit“ – sich einerseits dadurch auszeichnet, neue Probleme zu entdecken und neuartige Beziehungen zwischen bekannten Konfigurationen herzustellen, daß es andererseits aber auch über die Fähigkeit verfügt, neue Ideen aufgrund ihrer Umwelteffektivität zu bewerten und

---

[26] Persönlichkeit wird in diesem Sinne von Singer definiert als "a hypothetical construct embracing and structuring the individual's total reservoir of behavioral predispositions" (1968, S. 135 f.). "Strictly speaking, then, personality is nothing more (or less) than the patterned regularities that may be observed in an individual's relations with other persons, who may be real in the sense of actually being present, real but absent and hence 'personified', or illusory" (Carson 1969, S. 26). Luhmann (1971 e, S. 76) definiert Persönlichkeit als „Selbstprogrammierung eines menschlichen Organismus“.

[27] In diesem Zusammenhang begnügt man sich oft mit einer Gegenüberstellung einer kreativen und einer rigiden Persönlichkeit. Man denke an die bekannten Dichotomien von innen- und außengeleitet (Riesman), von introvertiert, idealistisch, ambivalent versus extrovertiert, pragmatisch, autoritär (Presthus) oder offenem und geschlossenem Persönlichkeitssystem (Rokeach), um nur wenige zu nennen.

sich für ihre Anerkennung bzw. Ausbreitung zu engagieren. Die Entdeckung origineller Probleme und Lösungen muß sich außerhalb etablierter Methoden und Vorstellungen abspielen. Deshalb erfordern sie das Vermögen, die Selektionsmechanismen des Sekundärprozesses zunächst zurückzudrängen, sowie ein hohes Autonomiebedürfnis (Feldunabhängigkeit), um sich gegen Ansprüche (auf schnelle, risikolose Ergebnisse) und Kritik (an bizarren, „verrückten", „gefährlichen", abweichenden etc. Ideen) der Umwelt abzuschirmen. Zu frühe Selbstkritik und Umweltkritik schließen das kognitive Feld und töten originelle Einfälle. Außerdem weist das idealtypische kreative Individuum einen hohen Grad von Kompetenz auf, um die Bedeutung neuer Ideen zu erkennen. Es besitzt den Mut, den traditionalen Bewertungsprozeß selbst in Frage zu stellen, ferner zeichnet es sich durch Disziplin aus, um seine Ideen zu verifizieren und ihre Implikationen herauszuarbeiten und verfügt schließlich über ein hohes Leistungsbedürfnis und Selbstvertrauen, um trotz Rückschlägen, Pannen, Mißerfolgen und Anfeindungen nicht aufzustecken. Es zeigt sich bei dieser Aufzählung, daß die Produktion kreativer Ideen nicht nur einer kognitiven, sondern auch einer motivationalen Determinante bedarf, die wir bislang ausgeklammert haben. Das kreative Individuum ist nicht nur ein Denker, sondern es handelt auch. Es produziert nicht nur neue Ideen, sondern versucht auch, sie zu realisieren, zumindest seine Umwelt von der Qualität und Originalität seiner Einfälle zu überzeugen. [28]

Er verbindet explorative Kuriosität mit Problemsensitivität. Unstrukturierte Situationen und ungelöste Probleme werden nicht gemieden, sondern aktiv gesucht oder als Herausforderung akzeptiert. Die kreative Persönlichkeit muß somit gegenüber Ambiguität tolerant sein, Ungewißheit und Vorläufigkeit akzeptieren, „in der Schwebe der Ungewißheit arbeiten können" (Matussek 1974, S. 28) , ohne Ausflucht in spekulativen Aktionen zu suchen. Die kreative Person besitzt, was Gestalttheoretiker ein ausgeprägtes „Ordnungsbedürfnis" nennen. Sie bemüht sich, durch einen kreativen Umformungsprozeß des Erkenntnisfeldes die durch explorative Neugier geschaffene und möglicherweise chaotische, unvollkommene, nicht-stimmige, bipolare, aber problemgeladene Ausgangs-

---

[28] Um diese Auffassung durch einige Zitate unterschiedlichster Herkunft zu belegen. Ein Managementberater schreibt: "Ideas need selling. Unless and until somebody recognizes that an idea is a good idea, and acts on it, the whole creative process is just a flash in the pan" (Raudsepp 1967, S. 29). In Erweiterung der Schumpeterschen Definition des Unternehmers als des Durchsetzers neuer Kombinationen bemerkt Wright: "Anyone in any type of society who evolves a new technical, artistic, or social program and puts it into practice is an entrepreneur" (1951, S. 44). Dies ist die prägnanteste Definition einer kreativen Persönlichkeit, die wir gefunden haben. Ein Kreativitätsforscher meint schließlich: "The creative person is the person who engages in activities that are original, that are adaptive, and that are realized in his behavior and his performance" (MacKinnon 1966, S. 183).

situation sinnvoll zu ordnen. Dies impliziert dann wiederum kognitiven Streß, der sich bei den mit den Problemlösungsvorgängen verbundenen Schwierigkeiten ergibt, nicht durch frühzeitige Schließung des kognitiven Feldes und Rückfall auf traditionale Lösungsmuster auszuweichen. Die kreative Persönlichkeit verbindet also ein hohes Ordnungsbedürfnis mit einer „Streß-Toleranz". „He knows creative insecurity. He can encure anxiety" (Maslow 1965, S. 30). Zukunftsoffenheit und Alternativenreichtum, die Überproduktion von Möglichkeiten mit nachfolgenden Überraschungen und Erwartungsenttäuschungen erfordern eine ausgeprägte Fähigkeit zur Abstraktion, zur Erfassung und Reduktion von Komplexität, eine „abstraktere Persönlichkeit", ein psychisches System mit relativ hoher Eigenkomplexität.

Für manche Autoren ein Ergebnis dieser Eigenschaften, für andere ein eigenständiges Merkmal einer kreativen Persönlichkeit ist die sogenannte kognitive Flexibilität, eine Fähigkeit, mit Konfigurationen zu spielen, eine Vielzahl von Neukombinationen ohne rigide Fixierung auszuprobieren, traditionelle Lösungen zu überwinden usw. Das hohe Autonomiebedürfnis und die Toleranz für Ungewißheit, Mehrdeutigkeit usw. implizieren, daß die kreative Persönlichkeit über interne Bewertungsmaßstäbe verfügt, daß das Ich zur Quelle des Urteils wird. Kreative Persönlichkeiten sind also Nonkonformisten in *jenen* Bereichen, die Unabhängigkeit im Denken und Handeln verlangen. Diese Charakterisierung des kreativen Persönlichkeitstypus entspricht weitgehend den Vorstellungen sogenannter Human-Psychologen (wie Arasteh, Maslow, Murphy, Rogers), die die genannten Persönlichkeitszüge als „natürliche" Eigenschaften eines psychisch „gesunden" Menschen betrachten, unabhängig davon welchem Beruf er nachgeht, welche Rolle er spielt, oder welche Position er einnimmt. Empirische Befunde und Selbstzeugnisse, die wir hier nicht referieren können (zu einer kommentierenden Bibliographie vgl. Arasteh 1968a und b), unterstützen dieses Bild in seinen allgemeinen Zügen. Diese gedrängte Übersicht über Fähigkeiten und Prädispositionen kreativer Menschen kann selbstverständlich nicht die Schlußfolgerung zulassen, jedes einzelne kreative Individuum verfüge über diese Züge in einem „optimalen" Ausmaß, was immer man darunter verstehen mag. Wohl darf man aber unterstellen, daß bestimmte minimale Ausprägungen von Merkmalen notwendige Bedingungen kreativer Tätigkeit sind. Die Theorie kognitiver und motivationaler Prozesse ist jedoch noch zuwenig entwickelt, um hier präzisere Angaben machen zu können. Lediglich über den Zusammenhang zwischen Kreativität und Intelligenz gibt es zufriedenstellende Befunde. In jedem Fall jedoch werden wir in der Wirklichkeit verschiedene Ausprägungen kreativer Persönlichkeiten auffinden, in Abhängigkeit von komplizierten Interaktionen zwischen psychischem und sozialem System. Wissenschaftler, Künstler und Unternehmer unterscheiden sich zweifellos in der Gewichtung verschiedener Züge kreativen Talents, ohne daß man jedoch ihre Zugehörigkeit zu einem umfassenden Typus einer kreativen Persönlichkeit leugnen könnte.

2.4.3 Der intuitive Denker

Unsere Skizze des kreativen Individuums wird festere Umrisse annehmen, wenn wir versuchen, sie durch charakteristische Züge des sogenannten intuitiven Denkers zu ergänzen. Intuition hatten wir mit der Erfassung bereits bestehender oder innovativ zu bildender neuer Gestalten, die sich aus bisher unverbundenen Konfigurationen zusammensetzen, in Beziehung gebracht. Intuition kann sich nicht in sequentiellen Denkprozessen abspielen, da es um die Wahrnehmung von kognitiven Ganzheiten oder Kollektiven geht, deren sequentielle Analyse ja das „Mehr" des Ganzen über seine Teile verschwinden ließe. Dieses Mehr der Information des Ganzen, der kognitiven Gestalt über die Summe der Informationen bezüglich der Teile wird durch intuitive kognitive Prozesse geschaffen. Intuition erfüllt diejenige Aufgabe im multiplen Denkprozeß, die Neisser präattentiven Vorgängen bei visueller Wahrnehmung zuspricht. Durch Intuition wird aus der Vielheit unverbundener Konfigurationen eine neuartige Gestalt herausgelöst. Stachowiak deutet Intuition daher sehr treffend als eine Art „vorbewußten Schätzens" (1969, S. 87). Intuition kann man als jene Phase im multiplen Prozeß bezeichnen, in welcher die Rekombination bisher unverbundener Konfigurationen stattfindet und erfaßt wird. Aus kognitiver Sicht ist Intuition insbesondere mit Problemsituationen verbunden, in der die Informationen über die Daten entweder außerordentlich komplex oder begrenzt und unzureichend sind, oder bei der die relevanten Informationen zwar reichhaltig, jedoch nicht eindeutig bzw. obskur sind, oder aber die Zeit für eine explizite Manipulation der Daten beschränkt bzw. nicht vorhanden ist. Es handelt sich demnach um Situationen, in denen der Sinn oder die Struktur eines Problems überhaupt nicht oder nur vage erfaßt werden, in denen also eine Strukturierung oder Umstrukturierung eines Problems erforderlich ist. Wenn Individuen unter diesen Umständen zu akkuraten Schlüssen und Entscheidungen kommen, handeln sie intuitiv (Westcott 1968).[29]

---

[29] "An intuition is said to occur when a conclusion is reached under impoverished conditions and is subsequently verified under conditions of more adequate information and more adequate operation on the information" (Westcott 1968, S. 82). Westcott versucht auch klarzumachen, daß Vernunft, also ein Charakteristikum des sequentiellen oder analytischen Denkens, keine notwendige Bedingung für das Eintreten von Intuition darstellt. "In fact, the occurence of intuition is contingent upon release from reason and logical constraints, once these functions have done their utmost in the gathering of knowledge" (1968, S. 179). Konrad Lorenz spricht sogar von einer Identität von Gestaltwahrnehmung und Intuition:

Es wird hier offensichtlich, daß der kreative Problemlöser auch ein intuitiver Denker sein *muß*. Die kreative Persönlichkeit präferiert unstrukturierte Situationen, sie scheint zumindest nicht vor ihnen zurückzuschrecken. Solche Situationen sind nur durch intuitive Prozesse zu meistern, in welchen zusätzliche Information gewonnen wird, die aus der kreativen Umstrukturierung des Erlebnisfeldes herrührt. Es erstaunt daher nicht, daß die Persönlichkeitszüge, die nach Westcott den intuitiven Denker auszeichnen, mit denen einer kreativen Persönlichkeit weitgehend übereinstimmen.

Der intuitive Denkstil ist ein charakteristischer und notwendiger Bestandteil von Versuchen, Probleme in einer komplexen, sich unvorhersehbar ändernden Welt zu lösen, einer Welt, die sich bereits von der Definition her durch unzureichende und nicht formalisierbare Informationen auszeichnet und in der bereits das Bemühen, zusätzliche Informationen zu erhalten, Wirkungen auslöst, die wiederum, wenn auch oftmals unbeabsichtigt, dazu tendieren, die Ungewißheit der Welt zu erhöhen (ausführlicher im 4. Teil). Der intuitive Denkstil ist also auf der Ebene des psychischen Systems die wirksamste kognitive Strategie der Reduktion von Umweltkomplexität.[30]

2.4.4 *Offene und geschlossene Persönlichkeitssysteme*

Die Unterscheidung zwischen offenen und geschlossenen Persönlichkeiten ist mit den Forschungsarbeiten von Milton Rokeach (1960) verbunden.

Rokeach und seine Mitarbeiter untersuchen Glaubens- und Persönlichkeits*systeme* und nicht einzelne Züge eines solchen Systems. Als System wird die Gesamtheit aller Einstellungen oder Orientierungen einer Person bezeichnet. Einstellungsstrukturen werden in einem Kontinuum von „offen" bis „geschlossen" geordnet. Positive und negative Orientierungssysteme („belief-" und „disbelief-" Systeme) erfüllen zwei Funktionen. Sie stellen einen kognitiven Rahmen zur Interpretation der Welt und sie dienen dazu, sich gegen feindliche oder drohende Aspekte der

---

"I hold that Gestalt perception ... is identical with that mysterious function which is generally called 'intuition' ... Without intuition, the world would present unconnected facts" (1968, S. 176 f.). Nach Bruner impliziert Intuition „den Akt des Erfassens des Sinnes, der Bedeutung oder der Struktur eines Problems oder einer Situation; sie verläßt sich nicht in erkennbarer Weise auf den analytischen Apparat von jemandes fachlicher Fertigkeit" (Bruner 1970, S. 68).

[30] Wann und wo also, so fragt auch Westcott, ist die Fähigkeit zu intuitivem Erkennen eine Tugend? "... we must look to situations in which information, explicitness, and redundancy are just not available. One such situation is at the frontiers of knowledge in any field. At these frontiers, we might well expect that the ability to solve problems on minimal information is the only way that problems can be solved at all" (1968, S. 191).

Realität abzuschirmen. Sie leisten Erfassung und Reduktion von Weltkomplexität. Das Handeln einer Person wird also von zwei Faktorgruppen abhängen: von „rationalen" kognitiven Faktoren und „irrationalen", die Realität verzerrenden Faktoren. Eine Person mit einem offenen Einstellungssystem wird die „relevanten" Merkmale der Situation wahrnehmen, ihre Bedeutung abschätzen und aufgrund ihrer „intrinsic merits" handeln, unabhängig von irrelevanten inneren oder äußeren Faktoren. Eine Person mit einem geschlossenen Einstellungssystem wird durch interne Einflußfaktoren wie Gewohnheiten, Machtbedürfnisse, Bedürfnisse zur Fixierung von Angst und durch externe Einflüsse wie Belohnungen und Strafen externer Autoritäten (z. B. Eltern, Bezugsgruppen)[31] und kulturelle Normen daran gehindert, die Situation „objektiver" wahrzunehmen und Informationen weniger verzerrt zu empfangen. Je geschlossener das Orientierungssystem, desto größere Schwierigkeiten hat das Individuum, Informationen über den Inhalt eines Ereignisses von der Quelle der Information zu trennen, desto mehr wird er von den Quellen (Autoritäten) der Information abhängen. Personen mit geschlossenen Orientierungssystemen, unfähig zwischen substantieller Information und Information über die Quelle zu differenzieren, sehen die Welt immer in Beziehung zu ihren eigenen Einstellungen, aus egozentrischer oder ethnozentrischer Perspektive; sie sind „locals" (Merton). „Offene" Individuen interpretieren ihre Umwelt situations- und tatsachenorientiert.

Zur Ableitung ihrer Hypothesen führen Rokeach und seine Mitarbeiter die weitere Unterscheidung zwischen dogmatischen und rigidem Denken ein. Rigidität bezieht sich auf den Widerstand oder die Schwierigkeit, einzelne Einstellungen zu ändern, Dogmatismus auf die Schwierigkeit, Einstellungs*systeme* zu ändern (1960, S. 182 ff.). Diese Unterscheidung kombiniert Rokeach mit der uns bekannten von analytischen und kreativen (synthetischen) Denkprozessen. Synthese bezieht sich auf die Fähigkeit einer Person, neue Orientierungen (Konfigurationen) in ein Orientierungssystem zu integrieren (man vergleiche in diesem Zusammenhang auch die Entwicklungspsychologie von Jean Piaget; Montada 1970, S. 24 ff.). Analytisches Denken bezieht sich dagegen auf die Fähigkeit einer Person, eine Einstellung auf ihre Problemrelevanz zu untersuchen. Personen, die hinsichtlich Rigidität differieren, werden auch in ihrer analytischen Fähigkeit Unterschiede aufweisen, während eine unterschiedliche Intensität ihrer dogmatischen Haltung sich in ihrer kreativen Denkfähigkeit bemerkbar macht. Rokeach bezieht interpersonelle Unterschiede zu Recht nicht auf unterschiedliche Intelligenzgrade (1960,

[31] Autorität wird von Rokeach (1960, S. 43) definiert als "any source to whom we look for information about the universe, or to check information we already possess". Personen nicht-autoritärer Einstellung bewerten Information "on its own merits".

S. 212 f.), sondern auf die unterschiedliche Position im Kontinuum eines offenen-geschlossenen Orientierungssystems. Es ergeben sich dann folgende Hypothesen:

1. Rigide Individuen haben in der analytischen Phase des Problemlösungsprozesses größere Schwierigkeiten als weniger rigide.
2. Die analytische Denkfähigkeit wird von dem Grad des Offen- oder Geschlossenseins der Einstellungssysteme nicht berührt.
3. Individuen mit geschlossenen Einstellungssystemen haben in der kreativen oder integrierenden Phase des Problemlösungsprozesses größere Schwierigkeiten als „offene" Personen.
4. Personen mit hoher oder niedriger Rigidität unterscheiden sich nicht hinsichtlich ihrer kreativen Denkfähigkeit.

Die für unsere Argumentation zentrale Aussage von Rokeach lautet daher, daß Individuen mit geschlossenen Einstellungssystemen gegenüber Wandlungen ihres kognitiven Systems hoch resistent, mit anderen Worten schlechte kreative Problemlöser sind.

Nachfolgende Untersuchungen haben Rokeachs Hypothesen in den für unsere Argumentation entscheidenden Punkten bestätigt (Vacchiano et.al. 1969). Hunt und Miller (1968) kommen zu dem Ergebnis, daß offene und geschlossene Individuen in bezug auf die für den kreativen Prozeß bedeutsame Eigenschaft, Inkonsistenzen und Ambiguitäten zu tolerieren, signifikant differieren. Ehrlich und Lee (1969) legen dar, daß die Ablehnung von Wandel mit dem Grad des Geschlossenseins des Einstellungssystems zunimmt. Je offener das Einstellungssystem einer Person, desto ausgeprägter wird sein Lern- und Problemlösungsverhalten von den Erfordernissen der Situation und weniger von den Anforderungen einer Autorität geleitet.

Rokeachs Klassifikation kognitiver Orientierungssysteme als geschlossen und offen überschneidet sich teilweise mit Versuchen anderer Autoren (siehe die Aufstellung bei Roghmann 1966, S. 97). Rokeach versucht, die gemeinsame kognitive Basis solcher Klassifikationssysteme nachzuweisen. Gegen Ende seiner Arbeit (S. 400) macht Rokeach eine bemerkenswerte Aussage: „The beautiful thing about a belief system is that it seems to be constructed to serve both masters at once: to understand the world insofar as possible, and to defend against it insofar as necessary." Dieser Hinweis erlaubt uns, die Ideen von Rokeach in eine engere Beziehung zu systemtheoretischen Argumenten zu bringen, denn er scheint uns eine systemtheoretische Zentralaussage zu enthalten. Orientierungssysteme reduzieren Umweltkomplexität und -veränderlichkeit, ermöglichen aber auch, je nach dem Ausmaß ihrer internen Differenzierung (Grad ihrer Abstraktheit) eine kognitive Interpretation und nachfolgende Manipulation der Umwelt des Systems.

Eine zunehmende Öffnung des kognitiven Systems ist mit verstärkter interner Differenzierung oder höherer Eigenkomplexität verbunden. In der Hayekschen Terminologie sind offene, komplexe Systeme (relativ) abstrakter Natur; geschlossene, weniger komplexe Systeme sind (relativ) konkreter Natur. Hayek trifft diese Unterscheidung sowohl für soziale als auch für psychische Systeme, auf die wir uns hier beschränken. Er untersucht nicht explizit die interpersonelle Variation im Grad der Abstraktheit von Persönlichkeitssystemen, auf die es uns besonders ankommt.[32] Bei einer abstrakten wie konkreten Einstellung handelt es sich, wie Goldstein und Scheerer bemerken, um *„Fähigkeitsniveaus der Gesamtpersönlichkeit“* in spezifischen Tätigkeitsbereichen (1965, S. 146). Komplexere Systeme verfügen über eine größere Anzahl abstrakter Klassen, vermögen auf Umweltreize differenzierter zu reagieren oder „eine komplexere Umwelt zu akzeptieren“ (Luhmann 1971b, S. 99). Offene Systeme können durch „verschiedene Kombinationen abstrakter Tendenzen“ (Hayek 1970b, S. 312), durch ihre gesteigerte Fähigkeit zur Synthese, neue Verhaltensweisen hervorbringen, i. S. von Ashby mehr Umweltvarietät kompensieren. Wer differenziert zu strukturieren vermag, kann situationsgerechte Problemlösungen finden und Entscheidungen treffen. Systeme mit abstrakterer Erlebnisverarbeitung verfügen über ein größeres Maß an Lernfähigkeit und über ein stärkeres Potential, ihr Handlungsfeld zu vergrößern. Die Dimension des Konkreten und Abstrakten[33] bezieht sich also auf die gleichen kognitiven Phänomene wie das Kontinuum von „closed“ und „open mind “von Rokeach.[34]

---

[32] Allerdings spricht er davon, daß z. B. „das Baby und das Tier sicherlich nicht in der gleichen Sinneswelt (leben) wie wir, aber nicht deshalb, weil sie aus ihren Empfindungen, die den unseren gleichen, noch nicht so viele Abstraktionen ableiten konnten wie wir, sondern wegen des viel dünneren Netzes von Ordnungsrelationen, das sie besitzen; denn die viel geringere Anzahl von abstrakten Klassen, unter die sie ihre Eindrücke subsumieren können, hat eine viel geringere Reichhaltigkeit der Qualitäten ihrer vermeintlichen elementaren Empfindungen zur Folge“ (Hayek 1970 b, S. 308).

[33] Abstrakt und konkret bezieht sich jeweils auf das Niveau integrativer Komplexität der Einstellungen, die zwischen Umweltreizen und Systemaktionen vermitteln. “Concrete concepts represent simple stimulus-response links where a single stimulus or nonintegrated stimuli lead inevitably to a single response possibility, while abstract concepts link integrated stimulus configurations to a variety of response responsibilities” (Tuckman 1966, S. 656).

[34] Man vergleiche den Katalog von Merkmalen von Individuen mit relativ konkretem Einstellungssystem (Ware und Harvey 1967, S. 38 f.) mit den Ergebnissen von Rokeach und unseren Ausführungen über die Eigenschaften kreativer Persönlichkeiten. Tuckman (1966), der gleichfalls mit dem Ansatz konkreter versus abstrakter Systeme arbeitet, unterscheidet vier solcher Systeme integrativer Komplexität, von denen wir nur auf die beiden Extremfälle hinweisen wollen. In einem Fall handelt es sich um hoch konkrete Persönlichkeitssysteme. Sie sind gekennzeichnet durch die uns bereits bekannten Eigenschaften kategorialen Denkens, Rigidität, Übergenerali-

Ohne allzuviel Phantasie ist die Bedeutung dieser Zusammenhänge zwischen Persönlichkeitsprofil bzw. Grad der Eigenkomplexität psychischer Systeme und Problemlösungsverhalten auch für ökonomische Fragestellungen einsichtig; insbesondere wenn man die keineswegs der Psychologie entsagende neoklassische Vorstellung eines fiktiven homo oeconomicus der hier vertretenen gegenüberstellt.

Für entscheidend halten wir, daß es wiederum im Gegensatz zur neoklassischen Ökonomie möglich wird, zwischen *unterschiedlichen* Problemlösungsstrategien von Individuen zu unterscheiden, oder anders formuliert: Das Handeln von Teilnehmern im Markt läßt sich aus ihren unterschiedlichen kognitiven (und motivationalen) Fähigkeitsniveaus deduzieren. Die Verhaltensmöglichkeiten der psychischen Systeme sind an bestimmte Kompetenzen gebunden (hier kognitive Potentiale) bzw. das jeweilige Fähigkeitsniveau schließt bestimmte Verhaltensmöglichkeiten aus. Wenn wir diese kompetenzbegründete Skala unterschiedlicher Verhaltenspotentiale mit bestimmten kausalen Gefügen der Umwelt (zum Beispiel Wettbewerbsgefüge) oder bestimmten externen Beschränkungen des individuellen Verhaltens kombinieren, erhalten wir die Umrisse einer Theorie der Evolution marktmäßigen Verhaltens. Sie informiert zumindest darüber, warum bestimmte Handlungen von einzelnen Marktteilnehmern **nicht** zu erwarten sind, oder mit welchen „pathologischen" Reaktionen psychische Systeme eine gemessen an ihrer psychischen Kompetenz zu hohe Komplexität der Welt zu erfassen und zu reduzieren versuchen (siehe hierzu den 4. Teil). Dieser theoretische Anspruch läßt sich weiter begründen, wenn wir in unsere Überlegungen explizit motivationstheoretische Argumente aufnehmen.

2.5 Das Persönlichkeitsprofil des schöpferischen Wirtschaftsmenschen

2.5.1 Ökonomie und Psychologie

Kann die ökonomische Theorie auf eine Theorie der Motivation verzichten? Diese Frage ist nicht leicht zu beantworten. Auch die Ant-

---

sierung, Intoleranz gegenüber Ambiguität und Abhängigkeit von externen Autoritäten, die Normen und Regeln zur Reduktion von Umweltkomplexität und zur Selbstdefinition bereitstellen. Sie besitzen autoritäre Tendenzen bei – verglichen mit allen anderen Mitgliedern der verschiedenen Gruppen – niedrigster Kreativität. Im anderen Extremfall handelt es sich um Personen mit ausgeprägten abstrakten Zügen. Sie unterhalten eine in keiner Weise beschränkte informatorische Beziehung zu ihrer Umwelt. Ihr Denkprozeß zeichnet sich durch Offenheit, Flexibilität und Orientierung an Verschiedenartigkeit aus. Sie weisen extrem niedrige autoritäre Dispositionen auf, entfalten aber ein Höchstmaß an Kreativität. Sie pflegen „unterkühlte" zwischenmenschliche Beziehungen in dem Sinn, daß sie wenig Informationen über sich preisgeben. Hoch konkrete Menschen haben dagegen keine Hemmungen, sich anderen gegenüber aufzuschließen.

worten von Vertretern der herrschenden neoklassischen Ökonomie fallen gewöhnlich mehrdeutig aus. Zumindest zwei Ansätze lassen sich skizzieren: Die Handlungsmaximen der Wirtschaftssubjekte werden entweder als theoretische Konstrukte bzw. fiktive Modellprämissen oder als psychologische Motive mit Realexistenz gedeutet. An sich unvereinbare Kombinationen beider Ansätze sind nicht nur verbreitet, sondern vor allem in der Markttheorie die Regel.

Der erste Ansatz geht auf John Stuart Mill (1976, S. 145 ff.) zurück, wurde von Pareto ausgebaut und von Schumpeter ausführlich methodologisch dargelegt. Er wird heute vor allem von Machlup vorgetragen und hat u. a. auch in einem Lehrbuch der Gleichgewichtsökonomie seinen Niederschlag gefunden (Krauss/Johnson 1974). Nach Ansicht dieser und anderer Autoren hat Ökonomie mit Psychologie nichts zu tun. Die Verhaltensannahmen ökonomischer Modelle (Nutzen- und Gewinnmaximierung) sind frei gewählte Modellmaximen fiktiven Charakters. Man benötigt Psychologie auch nicht, um das Verhalten *einzelner* Marktteilnehmer zu erklären, weil dies nicht Aufgabe der ökonomischen Wissenschaft ist. Diese beschäftigt sich nicht mit Menschen, sondern mit der Produktion, Verteilung, Akkumulation und dem Konsum knapper Güter. „Wir wollen ... überhaupt nicht auf die handelnden Menschen sehen, sondern nur auf die Gütermengen in deren Besitze: Wir wollen deren Veränderungen oder richtiger, eine gewisse Art ihrer Veränderungen beschreiben, wie wenn sie sich automatisch vollzögen, ohne die Menschen, die dieselben tatsächlich bewirken, weiter zu beachten" (Schumpeter 1908, S. 86).

Um solche Veränderungen zu beschreiben und zu erklären, insbesondere aber jene Zustände, bei denen kein Anlaß mehr besteht, weitere Änderungen vorzunehmen, weil die Beziehungen zwischen den Gütern sich im Gleichgewicht befinden, muß sich der Ökonom nicht auf das Verhalten tatsächlicher Menschen stützen.[35] Vielmehr kann sich der theoretische Ökonom mit typischen Reaktionen (nicht Aktionen) imaginärer Individuen zufriedengeben. Fiktives Verhalten wird vom Theoretiker bewußt konstruiert oder erfunden, um jene Wirkungen auf Güterpreise und -mengen deduzieren zu können, die dann möglicherweise auch tatsächlich in der Wirklichkeit zu beobachten sind. Ziel dieser Version neoklassischer Ökonomie ist also die Untersuchung der Wirkungen von Reaktionen fiktiver, Gewinne und Nutzen maximierender Marktteilnehmer innerhalb bestimmter Marktgefüge (wie vollkommene Konkurrenz, Monopol etc.) auf externe Störungen (z. B. Änderungen von Zins, Zöllen, Steuern, der natürlichen Umwelt; siehe Machlup 1974; Krauss/Johnson 1974, S. 18).

[35] Machlup (1974, S. 276): "living persons or historical personalities"; Schumpeter (1908, S. 125): Der „Begriff des wirtschaftlichen Handelns" wird in der reinen Ökonomie „eliminiert".

Um die Bedingungen des Gleichgewichts in der Güterwelt beschreiben zu können, muß man notwendig auf ein Maximierungskalkül der Wirtschaftseinheiten zurückgreifen. Das „Maximumwerden der Funktionen ist *gleichbedeutend*" dem Gleichgewichtszustand und dieser dem „Aufhören weiterer Tauschakte, das heißt Veränderungen in den ökonomischen Quantitäten" (Schumpeter 1908, S. 198 ff.). Eine Aufgabe des Maximierungstheorems wäre das Ende der reinen Ökonomie (Krauss/Johnson 1974, S. 54).

Eine Kritik des Wirklichkeitsgehalts der Verhaltensprämissen kann diesen Ansatz nicht treffen. Weder behauptet er, das tatsächliche Verhalten der Wirtschaftsmenschen zu beschreiben, noch ist Gleichgewichtsökonomie auf Hypothesen über tatsächliches Verhalten angewiesen. Über die Grenzen dieser Ökonomie geschlossener Systeme muß man sich jedoch Klarheit verschaffen. Schumpeter und Machlup lassen daran im übrigen keinen Zweifel.[36] Reine Ökonomie muß notwendig versagen, wenn es um die Untersuchung von Entwicklungsphänomenen geht. Wirtschaftstheorie, die sich mit Wettbewerbs- und Entwicklungserscheinungen beschäftigt – und das wurde von Schumpeter gleichfalls mit aller Deutlichkeit nachgewiesen (siehe Schumpeter 1964, S. 131 ff.) – muß sich auf Hypothesen über menschliches Verhalten jenseits des Maximierungstheorems stützen.

Der zweite Ansatz behauptet, über solche Aussagen gerade im Nutzen/Gewinnmaximierungspostulat zu verfügen.

Er beansprucht für die Verhaltensprämissen neoklassischer Modelle Realgeltung. Objektive oder subjektive Maximierung bestimmter Ziele sind Ausdruck verhaltensbegründender Motive mit empirischer Relevanz. Die meisten Ökonomen betrachten die Verhaltensannahmen ihrer Modelle als empirisch fundierte Hypothesen.

Diese Ansicht ist in der Klassik verankert. Adam Smiths ökonomische

[36] Schumpeter (1908, S. 212): „Das Maximumtheorem, das bisher allein wirklich ausgearbeitet wurde und das allein für die reine Theorie, soweit sie gegenwärtig Anspruch auf allgemeine Anerkennung hat, nötig ist, ist essentiell statisch." – S. 538: „... das System der reinen Ökonomie ... (ist) essentiell entwicklungslos ...". – Schumpeter (1964, S. 91): „Für die Entwicklungstheorie leistet die reine Ökonomie... ‚nichts'." – Machlup (1974, S. 277) warnt seine Leser ausdrücklich davor, "to confuse the reactions to changes with spontaneous actions of the entrepreneurial type". Maximierungsmodelle sind "well designed to explain and predict adjustments of an interdependence among market variables, not innovative entrepreneurial activities". Siehe auch George Stigler (1965, S. 265) zur Beziehung zwischen Wettbewerbs- und Entwicklungstheorie: "The way in which the competitive concept loses precision when historically changing conditions are taken into account is apparent. It is also easily explained: the competitive concept can be no better than the economic theory with which it is used, and until we have a much better theory of economic development we shall not have a much better theory of competition under conditions of non-repetitive change."

Verhaltenstheorie fußt auf einer äußerst vielschichtigen sozialpsychologischen Basis. Mit Ricardo beginnt die Einengung der Vielfalt der Handlungsantriebe auf einen homogenisierten „city man“ als einer Subspezies des „economic man“. In der Folge bis heute dominiert der Wirtschaftsmensch als homo oeconomicus oder „hedonische Rechenmaschine“ (Schumpeter 1908, S. 86); und zwar nicht mehr als Denkbehelf, welcher das Verhalten imaginärer Reaktoren beschreibt und formallogische Deduktionen von Gleichgewichtskonstellationen sichert, sondern als Motivbasis zur Erklärung des Verhaltens tatsächlicher Wahlakte, als empirisch gesicherte Hypothese über die Beweggründe des Verhaltens von Wirtschaftsmenschen.[37] Grundlage der Ökonomie wäre danach also eine Roboter-Psychologie: psychologisch gedeutete Wahlakte, die gänzlich — wie Lancaster feststellt (1969, S. 181) — an Computer delegiert werden könnten.

Gegen diese Interpretation des Maximierungstheorems (in seiner modernen Form: Maximierung des subjektiven Erwartungsnutzens) richtet sich die nachfolgende Kritik. Da seine reale Existenz behauptet wird, muß sich dieser Ansatz Fragen nach seiner empirischen Grund-

---

[37] Nahezu jedes Lehrbuch der Ökonomie versucht die Realexistenz des Maximierungstheorems zu rationalisieren. Vgl. z. B. Lipsey (1971, S. 231–233: „Die Motivation der Firma“); Ott (1968, S. 52 ff.); Schneider (1960, S. 128 ff.); Buchanan (1969, S. 38 ff.) betont ausdrücklich den empirischen Charakter des Maximumtheorems und aller aus ihm deduzierten Vorhersagen, z. B. hinsichtlich der Bedingungen eines Gleichgewichtes. Man vergleiche auch die exemplarische Argumentation von Samuelson (1970, S. 170 f.): Als Antwort auf die selbstgestellte Frage „Maximieren die Unternehmen ihre Gewinne?“ schreibt er: „Präzise Antworten auf diese Fragen zu geben, ist nicht ganz leicht ... Wenn ein Unternehmen die Kosten- und Erlöskalkulation *völlig* vernachlässigt, wird es nach dem Darwinschen Gesetz vom Überleben des Tüchtigsten bald von der ökonomischen Bühne verschwinden. Deshalb kann den Unternehmen, die tatsächlich überleben, die Gewinnmaximierung nicht ganz gleichgültig sein.“ Dann folgen Hinweise, warum auf Märkten nicht vollkommener Konkurrenz die Unternehmen nicht das „letzte Gewinnquentchen herausholen“, warum es „wahrscheinlich vorteilhafter“ ist, „sich in seinem Geschäftsgebaren *langfristig* zu orientieren, anstatt ausschließlich auf *kurzfristige* Gewinne abzustellen“. Schließlich wird der Leser aufgefordert, sich ein Unternehmen vorzustellen, „das seine Gewinne *in vernünftiger Weise* maximiert“ und darauf hingewiesen, daß auch dann, „wenn ein Unternehmen das Problem (der Gewinnmaximierung, J. R.) nicht bewußt mit den spezifischen Werkzeugen der Marginalanalyse des Wirtschaftstheoretikers anpackt“, es ihm dennoch gelingen wird „in dem Maße, in dem es die Situation der höchsten Gewinnerzielung *richtig* einschätzt, ..., seinen Grenzerlös mit seinen Grenzkosten annähernd auszugleichen“ (unsere Hervorhebungen). Vgl. dagegen die Ansicht von Drucker (1973, S. 60), einem erfahrenen und erfolgreichen Unternehmensberater: "Profit is not the explanation, cause, or rational of business behavior and business decisions, but the test of their validity ... There has never been any evidence for the existence of the profit motive." Siehe auch die Kritik von Hayek (1944, S. 88 ff.) an dem „irrtümlichen Glauben“, es gäbe rein ökonomische Motive oder Ziele des Handelns. Zu einer ausführlicheren Kritik von Profitmotiv und Gewinnmaximierungshypothese siehe im übrigen unten Abschnitt 2.5.4.2.

legung und Falsifikationsmöglichkeit stellen lassen. Zumindest wird es dadurch möglich, den Geltungsbereich dieses Ansatzes herauszuarbeiten, und auf solche Umweltgefüge zu beschränken, in denen Verhalten der postulierten Art kognitiv überhaupt möglich und adaptiv-rational ist.

2.5.2 Der Unternehmer als Innovator

Obwohl allgemein Einigkeit darüber besteht, daß dem Unternehmer eine hervorragende Rolle im sozialökonomischen Entwicklungsprozeß zukommt, ist es bis heute nicht gelungen, Konsensus unter Nationalökonomen darüber zu erzielen, welche Funktion, welche Tätigkeit und welche Persönlichkeitszüge es sind, die den Unternehmer zu jener Figur machen, von der jedermann behauptet, sie sei fundamental. Adam Smith sieht im Unternehmer einen Subsistenzfonds akkumulierenden Kapitalisten. Für Jean Baptiste Say besteht die schöpferische Leistung des Unternehmers darin, die Produktionsfaktoren entsprechend den Bedürfnissen des Marktes zu koordinieren, eine Tätigkeit, die ihm als spezifisches Leistungsentgelt den Unternehmergewinn einbringen kann. Karl Marx gilt der Unternehmer als ausbeutender Nutznießer und Aneigner des Mehrwerts.[38] Für Werner Sombart ist der Unternehmer ein Erfinder neuer Produktionsmethoden und Organisationsweisen, ein Entdecker neuer Absatzchancen und ein merkantiler Eroberer, der alle Hindernisse aus dem Weg räumt. Joseph Schumpeter (1964) sieht die Funktion von Unternehmern darin, neue Kombinationen zu erkennen und durchzusetzen, neue Dinge zu tun oder Dinge auf eine *neue* Art zu tun. Mit der allgemeinen Anerkennung des neoklassischen, gleichgewichtsorientierten Denkstils ist der Typus des Unternehmers, von wenigen Ausnahmen (Knight, Schumpeter, Shackle, Heuss) abgesehen, aus dem Hauptstrom ökonomischer Analyse folgerichtig verbannt. Er fristet sein theoretisches Dasein als „Automat in einer fixierten und unveränderlichen Umwelt" (Morgenstern 1972, S. 1184). Die Unternehmerdiskussion lebt erst wieder auf, seit einerseits unterentwickelte Länder über Mangel an unternehmerischen Talenten klagen (Röpke 1970 a, S. 129 ff.), der Nationalökonomen (Hagen, Leibenstein) und Psychologen (Heckhausen, McClelland) aufs neue bei der Suche nach der Unternehmerfunktion motiviert, und seit andererseits in der entwickelten kapitalistischen Welt das Vordringen rational-bürokratischer Großorganisationen die Unternehmer – so liest man bei Schumpeter (1950), Galbraith und Marris – zum Aussterben verurteilt.

---

[38] In der politischen Ökonomie von Marx gibt es keinen Platz für Menschen, die sich des Problems der Reduktion von Unsicherheit und Komplexität annehmen, daher auch jenseits von Ausbeutung keine Profite, deswegen auch nur eine kapitalistische, aber keine aus der Unternehmerfunktion hergeleitete Interpretation des Eigentums.

Dieser Abriß verschweigt eine Fülle von Namen, verschweigt aber noch mehr die Konfusion unter Nationalökonomen bei der empirischen Einordnung und theoretischen Erfassung der bedeutendsten Funktion, die im ökonomischen System zu vergeben ist.[39]

Die Anlage und Zielsetzung unserer Argumentation macht klar, welchen Persönlichkeitstypus wir als Unternehmer betrachten, und welche Funktion ihm im ökonomischen System zukommt. Der Unternehmer gilt uns wie Schumpeter und Sombart als Innovator, der neue Ideen produziert oder imitiert *und* sie realisiert. Er ist der intuitivschöpferische Mensch im Wirtschaftsleben. Aber diese Charakterisierung genügt nicht. Wir nehmen für den Unternehmer folgende, uns inhaltlich bereits bekannte Beschreibung in Anspruch: „The creative man is one who has not only proposed a novel integration of ideas; he has rigorously tested the hypothesized relationship and has also vigourously communicated his findings."[40] In der Unternehmerpersönlichkeit vereint sind der Ideenmann *und* der Durchsetzer neuer Ideen. Die neue Idee muß nicht vom Unternehmer selbst stammen. Der Fall der Vereinigung von Erfinder und Unternehmer ist zwar historisch von einigem Interesse, hat aber hinsichtlich seiner ökonomischen und gesellschaftlichen Wirkungen keine überragende Bedeutung. Der kausale Bezug zwischen Ideenfindung und -realisation ist über die Notwendigkeit kreativer Imitation gegeben. Unternehmertätigkeit umfaßt somit alle Stufen des Problemlösungsprozesses. Diese Sicht entspricht nun nicht mehr explizit derjenigen Schumpeters.

Schumpeter trennt bekanntlich zwischen dem Erfinder und dem Durchsetzer neuer Kombinationen. Diese Unterscheidung zwischen Ideenfindung und Ideenrealisation wird im allgemeinen als fruchtbar akzeptiert. Erfindung bezieht sich dabei auf die Schaffung von etwas Neuem und möglicherweise auf die Konkretisierung der neuen Idee in einem Modell;

---

[39] Eine Bemerkung zur Verwendung des Begriffs Unternehmer. Wir gehen durchgängig in unserer Arbeit von einem funktionalen Unternehmerbegriff aus. Der Unternehmer gilt als Träger der schöpferischen Funktion im Teilsystem Wirtschaft. Der Unternehmer muß daher weder ein Kapitalist noch ein Inhaber von Spitzenpositionen in einer Organisationshierarchie sein. Die erste Einschränkung zielt auf die Trennung von Eigentum und Kontrolle des Produktionskapitals; daraus folgt das Auftreten von Unternehmern auch in Wirtschaftsordnungen, die die Institution des Privateigentums an Produktionsmitteln nicht kennen. Die zweite Einschränkung bezieht sich auf die Tatsache, daß Unternehmerpersönlichkeiten auf allen Ebenen einer Organisationshierarchie auftreten, daß sich in Hierarchiespitzen oftmals Personen halten, die des unternehmerischen Talents entbehren, und es schließlich von den organisatorischen Regelsystemen und Aufstiegsmustern abhängt, welcher Möglichkeitsbereich kreativen Persönlichkeiten offensteht.

[40] Parloff et al. 1968, S. 549 f.; vergleiche auch Kastner 1973, S. 62, der schöpferische Fähigkeit als „den bewußten zielgerichteten Prozeß selbständigen Erkennens und Lösens individuell und/oder gesellschaftlich neuer Probleme sowie deren Materialisierung in der Praxis" definiert; vgl. auch unsere obigen Ausführungen, S. 110.

Neuerungstätigkeit dagegen impliziert die Anwendung einer Erfindung, von manchen Autoren (z. B. Rosenbloom 1965, S. 8) noch ergänzt durch den Zusatz, daß nicht die realisierte Erfindung, sondern die Anwendung der Idee in dem relevanten Kontext neuartig sein muß. Diese Unterscheidung führt zu Schumpeters gleichfalls bekannter Definition der Neuerung als einer Verschiebung der Produktionsfunktion, die entweder zur Erzeugung des gleichen Produktes führt, sich dabei aber auf eine neuartige Kombination der Produktionsfaktoren (Verfahrensinnovation) stützt oder die Produktion „neuer" Güter bewirkt. Als Innovation gilt also anscheinend nicht das neue oder qualitativ modifizierte Produkt, sondern der zeitlich vorgelagerte Prozeß der Neukombination.

Wieder andere Autoren trennen zwischen Innovation und Innovationsprozeß: „The innovative process includes invention. Invention is the creation of an idea ...; innovation is the bringing of the invention into widespread use" (Price und Bass 1969, S. 802).

Wir könnten die Aufzählung divergierender, im Grundtenor jedoch übereinstimmender, da auf Schumpeter zurückgehender Interpretations- und Definitionsversuche über einige Seiten fortsetzen, würden unsere Argumentation aber kaum bereichern, da die oftmals spitzfindigen, manchmal auch feinsinnigen Abgrenzungsversuche einen gesicherten nomologischen Unterbau voraussetzen, der nicht vorhanden ist bzw. nur durch Abschirmung von der Realität als scheinbar existierend ausgewiesen wird. Wir ziehen einige kritische Anmerkungen zu den herkömmlichen Abgrenzungsversuchen vor.

Die Trennung zwischen Erfindung und ihrer Durchsetzung scheint uns aufrechterhalten zu werden, um die anscheinend vor- oder außerökonomischen Faktoren des Erfindungsvorganges aus der ökonomischen Analyse herauszuhalten. Man kann nun zwar die einzelnen Subprozesse des Neuerungsvorganges empirisch getrennt untersuchen, muß aber beachten, daß diese nur ein Glied in einer Kette vor- und nachgelagerter weiterer kognitiver Prozesse sind. Auf *jeder* Stufe des Neuerungsprozesses sind kreative Akte notwendig, falls die einzelnen Subprozesse von verschiedenen Leuten ausgeführt werden. Ohne kreative Imitation stockt der Diffusionsfluß, scheitert die Durchsetzung neuer Ideen. Die Zergliederung des Neuerungsprozesses verschleiert die gemeinsame kognitive Basis aller Stufen des Prozesses. Auf jeder Stufe des Neuerungsprozesses bedarf es Personen, die über die Eigenschaft einer kreativen Persönlichkeit verfügen, Unternehmer also. Zwar gibt es unternehmerische Universalgenies, die von der Problementdeckung über Ideenfindung und -durchsetzung das gesamte innovative Repertoire beherrschen. Der Normalfall – heute wie früher – ist jedoch die unternehmerische Spezialisierung auf verschiedenen Stufen des Innovationsprozesses innerhalb einer Organisation wie zwischen Organisationen im Markt. Trotz dieser Spezialisierung läuft auf jeder dieser Stufen der unteilbare kreative Prozeß ab, unabhängig davon, ob die vor- und nachgelagerten Stufen ökonomisch spezialisiert von verschiedenen Funktionsträgern besetzt sind. Nicht jeder Unternehmer wird über das idealtypische Profil einer kreativen Persönlichkeit verfügen, jeder Unternehmer wird aber über minimale Ausprägungen der Züge einer kreativen Persönlichkeit verfügen müssen, deren Ausmaß bestimmen wird, ob er sich mehr auf die Phase der Ideenfindung oder mehr auf die der Ideendurchsetzung spezialisieren wird.

Diese allgemeinen Hinweise erlauben uns bereits, den Typus des Unternehmers von demjenigen sowohl des Managers wie dem des sogenannten „statischen Wirtes" (Schumpeter) abzugrenzen. Unternehmer manipulieren Ideen, Manager manipulieren menschliche Beziehungen. Unternehmer sind kreative Nonkonformisten, Manager konforme Verteidiger der Institution, der sie dienen. Unternehmer repräsentieren im Evolutionsmodell die Funktion der Variation, Manager die Funktion der Stabilisierung. Der Ehrgeiz des Managers bezieht sich auf die tüchtige und gewissenhafte Erledigung präsentierter Aufgaben und die Teilhabe an der bürokratischen Macht; der Ehrgeiz des Unternehmers auf das Auffinden neuer Lösungen für alte Probleme und die Kreation und Lösung neuer Probleme.[41] Presthus (1966, S. 171 ff.) hat den Typ des Managers mit dem Anpassungsmuster des „Aufsteigenden" umschrieben, Edith Penrose unterscheidet zwischen „entrepreneurial versality" und „managerial or technical versality"; letztere gelten als Eigenschaften administrativer und technischer Kompetenz, die unternehmerische Qualität jedoch als eine Fähigkeit zu Imagination und Vision ganz im Sinne von Shackle (Penrose 1959, S. 36). Die Aufgabe von Managern besteht darin, „to operate a concern and to draw up and execute plans for expansion", die unternehmerische Aufgabe in der Schaffung und Annahme von Neuerungsvorschlägen und in der Initiierung und der Entscheidung über Expansionspläne (Penrose 1959, S. 183, s. a. Schumpeter 1964, S. 119 ff.). Es gibt, wie McClelland sagt (1966, S. 220, ähnlich Heckhausen 1965 b, S. 393 f.), „zwei deutlich unterschiedene Typen von ‚Leistern'... Den Menschen, der mehr oder weniger unterschiedslos schwer und tüchtig an

[41] McClelland behauptet, Unternehmer seien leistungsmotiviert, Manager machtmotiviert. Machtmotiv und Leistungsmotiv schließen sich aber nicht notwendig aus. (McClelland äußert sich zu diesem Punkt nicht eindeutig.) Notwendige psychische Voraussetzung für gute (= erfolgreiche) Managerleistungen sind jedoch ein Überwiegen des Machtmotivs über das Bedürfnis, gute Beziehungen zu seinen Untergebenen zu haben (Anschlußmotiv: "establishing or maintaining friendly relations with others"; McClelland und Burnham 1976, S. 107). Die guten Manager streben nicht nach Macht, um sich persönliche Vorteile zu verschaffen, sondern sie versuchen durch Einsatz von Macht organisatorische Ziele zu verwirklichen (McClelland und Burnham 1976, S. 103: "They care about institutional power and use it to stimulate their employees to be more productive.") Zu einer ausführlichen Diskussion dieser Zusammenhänge verweisen wir auf den dritten Teil dieser Arbeit.

jeder Aufgabe arbeitet, und den anderen, der nur an solchen Aufgaben hart arbeitet, die, weil sie eine Herausforderung enthalten, ihm nach ihrer Lösung das Gefühl vermitteln, persönlich etwas vollbracht zu haben... Die eine Tätigkeit führt zu gewissenhafter Leistung, die andere zu innovierender Tätigkeit." Die Unternehmerfunktion ist daher nicht mit einer bestimmten Rolle und einem spezifischen Status in der Organisation oder mit bestimmten rechtlichen Positionen verbunden. Ein Geschäftsmann, der nicht innoviert, ist kein Unternehmer, und ein Vorstandsvorsitzender, der seine Funktion darin sieht, als primus inter pares Konflikte zu glätten, erfüllt keine Unternehmerfunktion. Die Unternehmerfunktion liegt in kreativer Manipulation von Problemen, die Managerfunktion in der Aufsicht, Verwaltung und Kontrolle von Organisationsabläufen und der Führung von „Mitarbeitern". Beide Funktionen können in einer Person vereinigt sein und waren es vielfach in der Eigentümer-Unternehmer-Organisation, sind es aber zunehmend weniger in der modernen Großorganisation. [42] Die Gründe hierfür liegen vor allem in den divergierenden Persönlichkeitsstrukturen und dem zu ihrer Entfaltung erforderlichen unterschiedlichen Gefüge der organisatorischen Umwelt. Während beim Eigentümer-Unternehmer das Ausmaß seiner schöpferischen Qualität über die Position seiner Unternehmung im Markt (mit-) entscheidet, beeinflußt die unternehmerische Qualität eines Organisationsmitglieds primär nicht die Marktposition der Unternehmung, sondern lediglich die Einordnung in das hierarchische Gefüge. Die Belohnung orientiert sich in den wenigsten Fällen unmittelbar am Erfolg seiner innovatorischen Tätigkeit, wie es bei einer direkten Interaktion zwischen Unternehmer und Markt der Fall wäre. In Organisationen treten also völlig neue, den Innovationsprozeß beeinflussende Faktorgruppen auf, denen wir ein eigenes Kapitel widmen werden.

Unser erster Punkt der Kritik an der Schumpeterschen Abgrenzung von Unternehmer und Neuerungsprozeß bezog sich auf die empirisch, wirkungspsychologisch und persönlichkeitsstrukturell kaum zu haltende Trennung von „Erfindung" und „Neuerung". [43] Unsere Argumentation läßt allerdings den Umkehrschluß nicht zu, aus der kognitiven Beherrschung *einer* Stufe – auch wenn sie noch so virtuos gelingt – auf die

---

[42] Die organisatorische Trennung von Unternehmer- und Managerrolle wirft vielschichtige organisatorische Probleme auf, auf die wir ausführlicher im dritten Teil eingehen.

[43] Schumpeter selbst ist im übrigen keineswegs konsequent. Neben anderen Faktoren beruht seine bekannte Begründung des Niedergangs des Unternehmertums und damit, wie er glaubt, des Kapitalismus auf der Einbeziehung der Ideenfindungsphase in den Innovationsprozeß und somit in die Unternehmerfunktion. Es sei „heutzutage viel leichter als in der Vergangenheit", schreibt Schumpeter, „Dinge zu tun, die außerhalb der vertrauten Routine liegen: das Erfinden selbst ist zu einer Routinesache geworden" (Schumpeter 1950, S. 215).

Erfüllung einer Unternehmerfunktion oder eine kreative Persönlichkeit zu schließen. Kreative Menschen sind „thinker and doer", Personen, die nicht nur kreative Einfälle haben, sondern auch Einfälle mit Problembezug und diese dann auch verkaufen können.

Ein schwierigeres Problem ergibt sich bei dem Versuch, die Unternehmerfunktion in Systemen nachzuweisen, in denen der Neuerungsprozeß organisatorisch verankert ist. Individuelle innovative Führerschaft weicht hier anscheinend der routinierten Lösung von Teilproblemen des Innovationsprozesses. Die von Schumpeter und nachfolgenden Autoren vorgenommene Trennung des gesamten Neuerungsprozesses in einzelne Teilprozesse hat genau herbeigeführt, was Schumpeter prognostizierte: die zunehmende Bedeutungslosigkeit des Unternehmers. Durch die organisatorische Zerlegung des Innovationsprozesses (in Forschungs-, Entwicklungs-, Planungs- und Marketingabteilungen) werden innovative Fehlschläge geradezu institutionalisiert. Im Innenverhältnis schafft sie Kompetenzstreit, Kommunikationslücken und geistige wie tatsächliche Emigration unternehmerischer Talente auf allen Ebenen der Hierarchie. Im Markt erlaubt sie ein Überleben nur, wenn die Organisation als Einäugiger unter Blinden auftritt – oder wenn sie den Wettbewerb durch noch ausführlich darzustellende Methoden ausschaltet. Die kreative Person läßt sich nicht auf eine Phase des Neuerungsprozesses festschreiben. Wohl gibt es Erfinder, die ihre Idee mit ins Grab nehmen, aber keinen Innovator, der nicht zu Lebzeiten die Umwelt von den Vorzügen seiner Idee zu überzeugen versuchte. Hier liegen ernste Probleme innerorganisatorischen Wandels, die wir ausführlich zu diskutieren haben.

Unser zweiter Punkt der Kritik der (nach-)schumpeterschen Unternehmertheorie bezieht sich auf die Trennung von Unternehmern und „Wirten schlechtweg". Schumpeter vernachlässigt hier das Diffusionsproblem, d. h. die positiven Rückkoppelungsvorgänge bei der Ausbreitung neuer Ideen. Ein Diffusionsprozeß im Markt startet mit einem „initial kick" durch Pionierunternehmer. Ihnen folgen manchmal „scharenweise" weitere Unternehmer, die entweder an den Pioniergewinnen partizipieren oder die Neuerung erst zu einem profitablen Geschäft machen. Im Prozeß der Ausbreitung von Neuerungen müssen wir von einem Kontinuum von Unternehmertypen ausgehen, das vom bahnbrechenden Pionier über verschiedene Zwischenstufen bis zum Schumpeterschen Wirt reicht, der in seiner Routine zu ersticken droht. Die einzelnen Unternehmertypen werden hinsichtlich ihrer Persönlichkeitsmerkmale, vor allem hinsichtlich ihres Kreativitätspotentials Unterschiede aufweisen. Es gibt, wie Redlich (1964, S. 303) in seiner Kritik an Schumpeters Konzeption bemerkt, zahlreiche Schattierungen des Schöpfertums.[44] Redlich argumentiert wie wir

[44] Diese Kritik wird Schumpeter nicht ganz gerecht. Schumpeter (1964, S. 121) weist ausdrücklich darauf hin, in seiner Theorie kämen „Typen sehr verschiedener

mit Barnetts These schöpferischer Imitation. Ernst Heuss (1965) hat das Modell von Schumpeter auf ähnliche Weise modifiziert. Heuss interpretiert den Schumpeterschen Unternehmer als intuitiven, spontanen Menschentyp, der nicht aus Zwang oder durch Druck von außen neue Kombinationen durchsetzt. Heuss unterscheidet wie Schumpeter zunächst zwei Typen, den initiativen und den konservativen Unternehmer, denen er jeweils zwei Untertypen zuordnet: „Pionierunternehmer" und „spontan imitierende Unternehmer" einerseits, „unter Druck reagierende" und „immobile" Unternehmer andererseits. Uns interessiert vor allem die Abgrenzung zwischen dem zweiten und dritten Typ. Der eine agiert, der andere reagiert, der eine wirkt aktiv, manipuliert seine Umwelt; der andere versucht, sich an die Welt anzupassen, sich durch Imitation von Neuerungen, „die schon keine mehr sind" (Heuss 1965, S. 10) seiner Haut zu wehren.

Der Ansatz von Heuss belastet sich allerdings mit einer Schwierigkeit, die er zwar selbst anerkennt (S. 12), der er jedoch ausweicht, nämlich Kriterien der Abgrenzung zwischen spontan imitierenden und unter Umweltdruck handelnden Unternehmern angeben zu müssen.[45] Uns scheint es kaum möglich zu sein, eindeutige Kriterien für eine Abgrenzung zu gewinnen, da die Merkmale der Persönlichkeitsstruktur ein Verhaltenspotential darstellen, dessen Entfaltung von den jeweils vorherrschenden Gefügen der organisatorischen und marktmäßigen Umwelt abhängig ist. Damit wird deutlich, daß die in diesem Kapitel vorgetragenen Hypothesen keineswegs ausreichen, das Innovationsverhalten zu erklären.

2.5.3 *Innovation, Ungewißheit, Profit und ihre Synthese in der Unternehmerfunktion*

Die folgenden Bemerkungen sind nicht als ein Beitrag zur ökonomischen Profittheorie zu verstehen, sondern als unser Versuch, einige system- und innovationstheoretische Implikationen aufzuzeigen, die für die Erklärung

---

Intensität vor. Mancher kann sicher gehen, wo noch keiner ging, ein anderer nachfolgen, wo erst einer ging, ein Dritter nur im Haufen, aber in diesem unter den ersten."

[45] Dies hängt wohl mit einer Vorstellung von Heuss zusammen, nach der die Unternehmertypologie auch die Markttypologie vorzeichne (was ohnehin nur für Einprodukt-, aber nicht für Mehrproduktunternehmen und Unternehmensorganisationen möglich wäre), also mit seinem Bestreben, in Abkehr von der neoklassischen Markttheorie (nach der die jeweilige Marktstruktur das Verhalten des Unternehmens determiniert, mit dem Ergebnis, daß der Unternehmer selbst verschwindet), die Entwicklung von Marktstrukturen an das Auftreten bzw. die Existenz unterschiedlicher Unternehmertypen zu binden, dabei aber nach wie vor eine eindeutige Beziehung zwischen Marktstruktur und Unternehmerverhalten aufrechtzuerhalten. Im übrigen wurden ähnliche Typologien wie die von Heuß im Anschluß an Schumpeter von vielen Diffusionsforschern vorgelegt; vgl. Rogers 1962 und Kiefer 1967 für zusammenfassende Darstellungen.

des Entstehens von Gewinnen eine Rolle spielen. Uns scheint es ohnehin unmöglich zu sein, eine Profittheorie zu konzipieren, die für die verschiedenen ökonomischen Seinsbereiche allgemeine Aussagen machen kann. Zumindest spiegelt diese Anschauung den gegenwärtigen Stand der Profittheorie, über die eine Reihe höchst widersprüchlicher Hypothesen in Umlauf sind. Sie resultieren zum einen daraus, daß unterschiedliche Bereiche der ökonomischen Welt angesprochen sind, zum anderen weil zentrale Begriffe unbedacht verwendet werden. Dies gilt insbesondere für die Verwendung der Begriffe „Risiko“ und „Ungewißheit“. In der psychologischen Literatur wird zwischen Risiko und Ungewißheit nicht explizit unterschieden. Risiko wird in einem Kontinuum von Haltungen und Verhaltensweisen aufgelöst, das von konservativ bis spekulativ reicht (siehe z. B. Kogan und Wallach 1967), sich aber in jedem Fall auf den möglicherweise ungünstigen Ausgang einer Handlung bezieht. In diesem Sinne spricht auch Schumpeter von Risiko. Auch wir werden uns diesem Gebrauch anschließen, wenn nicht aus dem Zusammenhang deutlich erkennbar einer der folgenden Inhalte angesprochen wird. Die Verwirrung stammt daher, daß sich im Anschluß an Knight (1921) in der Nationalökonomie eine andere Unterscheidung durchgesetzt hat, die wiederum von der jüngeren Entscheidungstheorie als überholt betrachtet wird. Knight unterscheidet zwischen versicherbaren oder zumindest meßbaren Risiken und nichtversicherbarer und unmeßbarer Ungewißheit. Risiko kann durch Messen objektiver Wahrscheinlichkeit kalkulierbar und dadurch reduzierbar gemacht werden. Nichtmeßbare Ungewißheit ist demgegenüber für Knight die Quelle des Profits. Unternehmerische Entscheidungen und Profite können also nicht durch Umstände erklärt werden, auf die das Wahrscheinlichkeitskalkül Anwendung findet. „The practical difference between the two categories, risk and uncertainty, is that in the former the distribution of the outcome ... is known ..., while in the case of uncertainty this is not true ...“ (Knight 1921, S. 233). Andererseits, und hier setzt die jüngste Kritik an der Unterscheidung von Knight ein, schließt Knight für den Fall von Ungewißheit die Existenz von subjektiven im Gegensatz zu objektiven Wahrscheinlichkeiten – wie im Risikofall – nicht aus: „We can employ the terms ‚objective‘ and ‚subjective‘ probability to designate the risk and uncertainty respectively“ (Knight 1921, S. 233). Auch Situationen der Ungewißheit sind daher, so schließt die moderne Entscheidungstheorie, ihren mathematisch-statistischen Techniken zugänglich, solange für sie subjektive Wahrscheinlichkeiten bestehen.[46] Das Herausheben der Risikosituation bei Knight wird als

[46] Bei der objektiven Interpretation der Wahrscheinlichkeit geht man in der Entscheidungstheorie gewöhnlich von der relativen Häufigkeit bestimmter Ereignisse aus; bei der subjektiven Wahrscheinlichkeit legt man psychische Erwartungswerte zugrunde.

überflüssig abgelehnt. Entweder ist die Entscheidung beliebig oft wiederholbar; dann führt die Risikosituation auf den Fall der Gewißheit zurück. Oder die Entscheidung wird nicht beliebig wiederholt, ist möglicherweise einmalig, dann liegt Ungewißheit vor (Schneider 1970, S. 67).[47] Dennoch findet man durchgängig in der Entscheidungstheorie mehr oder weniger modifiziert die folgende Abgrenzung von Ungewißheitsgraden:

1. vollkommene Information, Gewißheit, Sicherheit;
2. Risikosituation: objektive oder empirisch ermittelte Wahrscheinlichkeitsverteilungen der Zustände der Welt sind bekannt;
3. strukturierte oder subjektive Ungewißheit: Wahrscheinlichkeiten oder Glaubwürdigkeitsaussagen sind im subjektiven Sinn bekannt;
4. unstrukturierte Ungewißheit, Unwissenheit: auch subjektive Wahrscheinlichkeiten sind unbekannt.

Die Fälle (2) und (3), die man gewöhnlich mit Knights Unterscheidung in Verbindung bringt, kann man auch als stochastische Ungewißheit, Fall (4) als nicht-stochastische Ungewißheit bezeichnen. Die Ungewißheitssituationen der Fälle (2) und (3) lassen sich, unmittelbar bezogen auf den Unsicherheitsgrad von Neuerungen, weiter untergliedern (siehe Freeman 1974, S. 226) (s. Tab. S. 130).

Die Kategorien V und VI könnten als unstrukturierte Ungewißheit, die Kategorien I–IV als strukturierte Ungewißheit bezeichnet werden, wobei die Zuordnung insbesondere von IV und V natürlich nicht ohne Problematik ist.

Zum besseren Verständnis der Übersicht wäre anzumerken, daß neue Verfahren, die *innerhalb* einer Unternehmung entwickelt bzw. eingeführt werden, einen geringeren Grad von Ungewißheit aufweisen als Produktinnovationen (einschließlich neuer Prozeßinnovationen von außerhalb des Unternehmens), weil bei ihnen lediglich technisch-ökonomische Ungewißheit, nicht jedoch Marktungewißheit der Innovation von Bedeutung ist.[48] Auch die allgemeine Geschäftsunsicherheit (Konjunktur, Politik usw.) dürfte bei internen Neuerungen geringer sein. Den skizzierten Ungewißheitsgraden lassen sich sowohl Unternehmensstrategien (Freeman 1974,

---

[47] Wir wollen offenlassen, ob nicht auch für einmalige Wahlakte Wahrscheinlichkeitskalküle nach dem Bernouilliprinzip möglich sind, wenn in die Entscheidungsmatrix induktive Wahrscheinlichkeiten eingehen.

[48] Man könnte versuchen, für jede Innovation drei Ungewißheitswerte bzw. Wahrscheinlichkeitsgrade zu berechnen: Die Wahrscheinlichkeit eines technologischen Erfolges; die Wahrscheinlichkeit, daß ein technologisch erfolgreiches Produkt bis zur Marktreife weiterentwickelt wird und die Wahrscheinlichkeit, daß ein Produkt auf dem Markt erfolgreich ist. Die Wahrscheinlichkeit bzw. die Ungewißheit eines Innovationserfolges wäre dann das Produkt dieser drei Einzelwahrscheinlichkeiten. Mansfield und Wagner (1975) haben nach diesem Muster erste empirische Untersuchungen durchgeführt.

S. 255 ff.) wie auch bestimmte Unternehmertypen (etwa entsprechend dem Vorgehen von Heuss 1965: konservative Unternehmer [I, II, III] und initiative Unternehmer [IV, V, VI]) zuordnen.

Grad der Ungewißheit in Abhängigkeit von der Art der Innovation

Traditionale Strategie	I. Sehr geringe Ungewißheit	Neues „Modell" Produktdifferenzierung kleinere technische Verbesserungen späte Übernahme einer etablierten Prozeßinnovation
Imitative Strategie	II. Geringe Ungewißheit	Lizensierte Neuerung Imitation einer Produktneuerung Modifikation von Produkten und Verfahren frühe Übernahme eines ausgewiesenen Verfahrens
	III. Mäßige Ungewißheit	Neue „Generationen" etablierter Produkte
Defensive Neuerungs-Strategie	IV. Hohe Ungewißheit	Bedeutende Produktneuerungen grundlegende Verfahrensneuerungen innerhalb der eigenen Unternehmung
Offensive Neuerungs-Strategie	V. Sehr hohe Ungewißheit	Grundlegende Produktneuerungen grundlegende Verfahrensneuerungen außerhalb der Unternehmung
	VI. Echte Ungewißheit	Grundlagenforschung grundlegende Erfindungen

Die entscheidungstheoretische Kritik an Knight (z. B. durch Schneider 1970, Fellner 1965, S. 29 ff.) hat nicht versucht, seine Unterscheidungsmerkmale vor dem Hintergrund seiner Profittheorie zu analysieren. Dabei scheint sich nämlich zu ergeben (s. z. B. Weston 1954), daß seine Argumentation auf Entscheidungssituationen fußt, die zwischen den Fällen strukturierter und unstrukturierter („echter") Ungewißheit liegen. Subjektive Wahrscheinlichkeitskalküle sind nicht möglich; dennoch besteht keine vollständige Unkenntnis hinsichtlich der Zustände der Welt. Auch diese Zwischenkategorie werden wir in Zukunft als Unsicherheit oder Risiko (im psychologischen Sinn: Risiko als Verlustgefahr) bezeichnen. Für sie existiert anscheinend keine formale Entscheidungstechnik.[49]

[49] Diese Aussage wird durch die in der Entscheidungspraxis verwendeten Verfahren der Projekteinschätzung (siehe hierzu Freeman 1974, S.227 ff.) bestätigt. Die Anwendung mathematisch-statistischer Verfahren der Projektauswahl und Simulation führt wegen ihres hohen Informationsbedarfs zur Beschränkung auf Neuerungsalternativen mit relativ geringem Ungewißheitsgrad. Zu Vermutungen in dieser Richtung siehe auch Mansfield und Wagner 1975, S. 190.

Diese von der herrschenden Lehre nicht geteilte Ansicht vertreten vor allem Knight, Keynes und Shackle: „Echte“ Ungewißheit bildet die Grundlage „echter“ ökonomischer Entscheidungen.[50] Ungewißheit gilt als nicht meßbare oder zumindest nicht wahrscheinlichkeitsverteilte Variable. Für solche Fälle können wir die neoklassische Theorie als nicht anwendbar betrachten.

Ein nach den Regeln der Wahrscheinlichkeitstheorie vorgehender Wirtschaftsmensch sieht sich mit zwei unbefriedigenden Konsequenzen konfrontiert:

Einerseits kann er subjektive Gewißheitsäquivalente auf eine unendliche Zahl spezifizierbarer aber rivalisierender Entscheidungsmöglichkeiten verteilen. Um zu einer Entscheidung zu kommen, ist er aber andererseits gezwungen, an irgendeiner Stelle keine Alternativen mehr ins Kalkül aufzunehmen, relevante von nicht relevanten Möglichkeiten zu trennen, und das Entscheidungsfeld zu schließen.[51] Dieses Vorgehen läßt unerklärt, aufgrund welcher Überlegungen die Konstruktion des Entscheidungsbaumes abgebrochen wird, und welche Persönlichkeitsmerkmale für diesen Vorgang von Bedeutung sind. Es überträgt vielmehr die Entscheidungsfindung einem unendlichen Regreß und schließt – Entscheidungen optimierender Art postulierend – die Persönlichkeit des Entscheidenden aus dem Entscheidungsvorgang aus.

Andererseits kann der Suchprozeß durch Konstruktion einer Residualhypothese unbekannten Inhalts beendet werden, welche alle noch nicht ausgedachten und wegen eines unendlichen Entscheidungshorizonts auch nicht ausdenkbaren Möglichkeiten enthält: „... a Pandora's box of possibilities beyond reach of formulation“ (Shackle 1972, S. 22).

Dem neoklassischen Schema liegt weiterhin implizit die Vorstellung eines durch externe Kräfte determinierten Weltgeschehens zugrunde; einer

[50] Siehe z. B. Knight 1921, S. 19f.; Keynes 1936, S. 161; Shackle 1972, S. 21f.; die neoklassische Lösung des Ungewißheitsproblems impliziert in ihrer synoptischen Anlage eine geschlossene, damit determinierte Problemsituation, ein sogenanntes Labyrinthproblem, ein vollständiges System der Einordnung aller möglichen Lösungen oder Fragen, kognitive Omnipotenz, “the certainty that no answer can illude the list” (Shackle 1972, S. 21). Zur Kritik der subjektiven Wahrscheinlichkeitstheorie („unglaublich naiv“) siehe auch Popper (1973, S. 92ff.), eine Kritik, die im übrigen viel mit der von Shackle gemein hat; siehe zum Beispiel die Behauptung von Shackle (1972, S. 215), die Trennung von Profit und Sicherheitsstreben vernachlässige zwangsläufig Ungewißheit; vergleiche auch die ausführliche Darstellung und Kritik der nutzentheoretischen Entscheidungstheorie bei Reber (1973).

[51] Das Problem besteht darin, wie er aus einer diffusen Menge alternativer Entscheidungs- und Handlungsmöglichkeiten jene auswählen soll, die er seinem Maximierungskalkül zugrunde legen will. Nur in Lehrbüchern wird ihm dazu eine Entscheidungsmatrix vorgegeben. Zu den verschiedenen Reduktionsmöglichkeiten des möglichen auf das tatsächliche Entscheidungsfeld und ihrer Kritik siehe Michalos 1974, S. 424–426.

Natur, die in ihren zukünftigen Zustandsmöglichkeiten determiniert ist. Unterstellt wird also eine gegebene, dem Menschen präsentierte, wenn auch in ihren Zustandsänderungen nicht vorhersehbare und folglich nicht kontrollierbare Welt, eine Welt als Labyrinth und als Roulette. [52]

Dies ist jedoch nicht die Welt, in der ein Unternehmer operiert. Seine Welt ist nicht präsentiert und nicht (subjektiv) kalkulierbar, sondern von ihm interaktiv aufgebaut und zunächst nur durch seine Einbildungskraft kreiert. Ungewißheit in dieser Welt bezieht sich daher auf die mentalen, zunächst nur in der Vorstellung existierenden, zwar real möglichen, aber nur durch eigene Aktivität zu realisierenden Zustände der Welt. Wir müssen also das Auftreten von Ungewißheit auf zwei Ebenen unterscheiden, der Ebene der Sekundärprozesse und der Ebene der Primärprozesse. [53]

Die Entscheidungstheorie geht von Problemen bzw. Aufgaben aus, deren Lösung beziehungsweise Meisterung zufallsabhängig ist. Diese Vorstellung ist für die Untersuchung von Innovations- und Wettbewerbserscheinungen unzureichend, denn hier stehen Aufgaben im Vordergrund, deren Meisterung von Fähigkeit und Tüchtigkeit der Handelnden abhängig ist. Solche Erscheinungen sind innerhalb der orthodoxen Theorie, wie wir noch zeigen werden, nur bei Gefahr ihrer nomologischen Entleerung unterzubringen.

Alle Profittheoretiker sind sich darüber einig, daß die Entstehung von Gewinnen etwas mit der Ungewißheit oder Unsicherheit der Welt zu tun

---

[52] So heißt es z. B. bei Krelle (1968, S. 201): „Wir fassen die Natur als einen großen Zufallsapparat auf, sozusagen als überdimensionalen Würfelspieler. Die Wahrscheinlichkeiten, mit denen die Natur gewisse Ergebnisse liefert, sind an sich festgelegt, nur in den meisten Fällen nicht bekannt. Die subjektiven Wahrscheinlichkeiten sind dann die Schätzungen dieser unbekannten Wahrscheinlichkeiten der Natur. Mit ‚Natur' meinen wir hier die Gesamtheit aller möglichen Ereignisse überhaupt." (Siehe auch unsere Kritik der Arrow-Debreu-Walras-Welt, S. 262 ff., wo wir auf einige Aspekte ausführlicher eingehen.)

[53] Sehr klar wird dieser Gedanke von Shackle (1966, S. 85 f.) formuliert: "Creative decision ... is inconceivable except on condition of the non-existence of a determinate future ... If history is determinate, he [man] cannot alter its predestinate course. If history is anarchy and randomness, he cannot modify this randomness or mitigate the orderlessness of events. It is only a bounded uncertainty that will permit him to act creatively ... We thus define uncertainty as a state of mind and as subjective." Shackle macht auch deutlich, daß für die Orientierung der herrschenden Ökonomie an Modellen, Erklärungsansätzen und heuristischen Prinzipien von Physik, Physiologie und Ingenieurwissenschaften ein hoher nomologischer Preis zu zahlen war: "By tacitly assuming that the right conduct can always be discovered by taking orderly thought, and that this is how men's conduct is formed, economics has precluded itself from understanding the vast area of human enterprise where disorder is the essence of the situation, the areas of break-away, of origination, of poetic creation or innovation in elevated contexts or in the mundane one of business, and of conflict and cut-throat struggle" (1972, S. 23).

habe, in der sich ökonomisches Handeln abspielt. Von den Profiten können wir also jene Einkommen oder „Renten" von Produktionsfaktoren ausklammern, die ihre Existenz vertraglichen Abmachungen verdanken, wo es gelingt, „to contract out of uncertainty" (Shackle 1961, S. 262), also durch eine in der Gegenwart vertraglich verabredete Bindung der Zukunft. Wir können somit unterscheiden zwischen vertraglichen und unternehmerischen Kategorien in Abhängigkeit davon, ob die Vergütung für bestimmte Dienste vertraglich bestimmt ist oder nicht. Profite entstehen dann durch nichtvertragliche Reduktion von Ungewißheit bzw. Schließen von Ungewißheitslücken. Diejenigen Wirtschaftssubjekte werden also die höchsten Gewinne erzielen, die über die wirksamsten Strategien verfügen, die Ungewißheit ihrer Umwelt zu reduzieren, d. h. ein Maximum an Information zu kreieren bzw. die kausale Verknüpfung oder kognitive Strukturierung eines bis dahin unstrukturierten Problems zu erfassen.[54] Die Entstehung von Profiten müssen wir also zunächst auf Problem- bzw. Entscheidungssituationen zurückführen, die – da unstrukturiert und hoch komplex – nur durch intuitive Prozesse zu meistern sind, bei der Information durch die Herauslösung einer neuartigen kognitiven Gestalt entsteht. Diese in multiplen Denkprozessen gewonnene Information ermöglicht einem Unternehmer sein traditionales Handeln auf eine überlegenere kognitive Basis zu stellen (neuartige Interaktionsbeziehungen aufzubauen, d. h. Neuerungen im Markt durchzusetzen). Innovationsprofite resultieren daher aus der Kreativität des komplexitätsreduzierenden Einfalls. Die kognitive im Unterschied zur motivationalen Grundlage der Profite bezieht sich auf den innovativen Gehalt der Primärprozesse. Profite entstehen demnach, wenn die durch die Produktion von Information (Vielfalt, Reduktion von Komplexität) ermöglichte Wertsteigerung der Marktleistungen eines Unternehmers höher ist als die (vertraglich fixierten) Kosten der für die Produktion dieser Marktleistungen notwendigen Ressourcen. Für Unternehmer gibt es, so heißt es bei Knight, (1921, S. 308; s. a. Schumpeter 1964, S. 208) „but one possible renumeration, the residuum of product remaining after payment is made at rates established in competition with all owners for all services of men or things for which competition exists. This residuum is profit" (1921, S. 308).[55]

---

[54] Man kann sich durchaus Probleme vorstellen, deren Lösung durch zusätzliche Information nicht erleichtert, sondern erschwert wird. Information wirkt ungewißheitserhöhend, Informationen können zu neuen Problemen führen, die alte Lösung von Problemen in Frage stellen. Nur im geschlossenen Entscheidungsmodell (bei Entscheidungsbaumproblemen, Problemen von "perceptual foresight") kann man davon ausgehen, daß Information Ungewißheit reduziert. Deswegen unsere obige Relativierung.

[55] Theoretisch wäre zu vermuten (und empirische Ergebnisse scheinen diese Vermutung zu bestätigen: siehe Mueller und Tilton 1969), daß Unternehmen, denen es gelingt, mit Problemen echter Ungewißheit fertig zu werden, Pionierleistungen im

Das Ausmaß der Profite ist eine Funktion unterschiedlicher Fähigkeitsniveaus der psychischen und organisatorischen Systeme. Die Fähigkeit bezieht sich (1) auf das Aufschließen neuer Möglichkeitsbereiche (Kreation von Ungewißheit durch Problementdeckung usw.), (2) die Reduktion von Komplexität und Ungewißheit, die durch umwelt- oder selbstproduzierte Ausweitung des Möglichkeitsbereichs entstanden ist (= Produktion von Information), und (3) die Durchsetzung der aus (1) und (2) hervorgegangenen Ideen in der Umwelt, d. h. den Verkauf von Information und Vielfalt im Markt. Die Durchsetzung der Idee erfolgt nicht in einer gegebenen Umwelt, sondern erfordert die Umgestaltung der Umwelt (durch Ausbildung, Bedürfniskreation, Überzeugung usw.) entsprechend der Vorstellung des Unternehmers (der Unternehmer als „change agent"). Profite entstehen also aus Problemkreation (Produktion von Ungewißheit), der kreativen Problemlösung (Reduktion von Ungewißheit, Schaffung von Information) und der Diffusion von Information im Markt.[56]

Gewinne im volkswirtschaftlichen Sinn scheinen ursächlich mit jener Fähigkeit eines Unternehmens verknüpft zu sein, die sich aus kognitiver Sicht als „Voraussicht", „Weitblick" und Reduktion von Ungewißheit bezeichnen läßt. Dabei sind jedoch zwei gewinnbeeinflussende Komponenten auseinanderzuhalten.

1. Die Problemlösungskompetenz: Personen mit höherem Fähigkeitsniveau setzen sich scheinbar überproportional hoher Ungewißheit aus. Wird jedoch ihr Fähigkeitsniveau berücksichtigt, kann sich herausstellen, daß sie durchaus keine risikoreicheren Verhaltensweisen bevorzugen, sondern aufgrund von intuitiver Fähigkeit und Weitblick lediglich in der Lage sind, Risiken kognitiv zu bewältigen, die für andere mit relativ geringerem Fähigkeitsniveau nicht reduzierbar sind und deswegen als spekulativ usw. eingestuft werden.

2. Die Motivation (bei gegebenem kognitivem Fähigkeitsniveau), herausfordernde, in ihren Ergebnissen tüchtigkeitsabhängige Aufgaben zu meistern.

Profiterklärung erfolgt also nicht durch subjektiv abweichende Risikobereitschaft, sondern durch unterschiedliche kognitive Fähigkeiten, ungewisse Situationen zu strukturieren, und durch die unterschiedliche motivationale Bereitschaft, die eigene Tüchtigkeit herausfordernde Aufgaben zu meistern.

Nach diesen Hinweisen macht es keine Schwierigkeiten mehr, unter-

---

Markt erbringen, und daß Unternehmen, die ihre Entscheidungsprozesse hoch arbeitsteilig organisiert und formalisiert haben, erst in späteren Phasen des Produktzyklus als Imitatoren in Erscheinung treten.

[56] Die Theorien von Knight (Profit durch Ungewißheitsreduktion) und von Schumpeter (Profit als Resultat der Durchsetzung neuer Kombinationen) sind damit Spezialfälle der hier vorgetragenen gewinntheoretischen Überlegungen.

schiedliche Unternehmerprofile – seien es die von Schumpeter oder Knight – theoretisch zu fundieren. Problemkreation, Problemlösung und Problemverkauf durch den Pionier ebnen den Weg für nachfolgende Unternehmer. Diese verfügen nun über die vom Pionier geschaffene Information, Problemdefinition und Problemlösung, können somit Entscheidungen bei geringerer Ungewißheit treffen, und sich auf die kreative Imitation beschränken.[57] Der jeweiligen Persönlichkeitsstruktur eines Unternehmers, entsprechen typische Verhaltensweisen und – Wettbewerb unterstellt – parallele Gewinnprofile und möglicherweise auch parallele Postionen im Markt. Die wesentlichen der hier angesprochenen Zusammenhänge scheinen uns von niemandem deutlicher gesehen worden zu sein als von Shackle, der die von uns vorgenommene Verbindung von Neuerungs- und Ungewißheitstheorie des Gewinns[58] in folgendem Satz zusammenfaßt: „The pursuit of profit has become the pursuit of knowledge" (1970, S. 12). Das heißt, Profite im Sinne von Knight und Schumpeter sind nur möglich und systemfunktional, wenn sie aus der Produktion von Wissen bzw. der Reduktion von Ungewißheit herrühren. Unterschiedliche Fähigkeiten zur „Ausbeutung des Unbekannten" (Shackle) auf der Ebene der psychischen (und organisatorischen) Systeme begründen entsprechende Positionen im Markt. „To hit upon something new that will beat what exists is the only way for a firm to alter its rating in the table of success" (Shackle 1970, S. 155).

Der Vollständigkeit halber sei darauf hingewiesen, daß die „Ausbeutung des Unbekannten", d. h. die Produktion und Reduktion von Komplexität (Ungewißheit) zwar eine notwendige, aber keine hinreichende Begründung für die Entstehung von Profiten ist. Als zweite Bedingung muß die Annahme von Immobilitäten (und Unteilbarkeiten) im Marktprozeß hinzukommen (vgl. Weston 1954; Krüsselberg 1969, S. 206 ff.; Machlup 1966, S. 225 ff.). Bei vollkommener Mobilität und vollkommener Teilbarkeit würde eine Anpassung an die geänderten Umstände ohne Verzögerung erfolgen, während ohne Ungewißheit, d. h. bei vollkommener Information, immobile Produktionsfaktoren völlig korrekt bzw. optimal eingesetzt würden.

---

[57] Freeman (1974, S. 226 f.) schreibt hierzu: "... the nature of the uncertainty associated with innovation is such that most firms have a powerful incentive most of the time not to undertake the more radical type of product innovation and to concentrate their industrial R and D on defensive, imitative innovations, product differentiation and process innovation." Freeman (S. 237 f.) versucht auch, jene Kategorien von Marktteilnehmern zu isolieren, deren Kompetenz es ihnen gestattet, hochgradig ungewisse Innovationen anzugehen. Siehe hierzu auch unten, dritter Teil, S. 224 ff.

[58] Im übrigen behauptete schon Knight (1933, S. 484), es sei ihm gelungen, in seiner Profit-Theorie "the conceptions of risk, of economic change and the role of business ability" zu verbinden.

2.5.4 Unternehmermotivation und Zielsetzung

2.5.4.1 Leistungsmotivation

2.5.4.1.1 Bedingungen leistungsmotivierten Verhaltens

Wir haben bisher die kognitive Grundlage innovativen Verhaltens in den Vordergrund gestellt und vor allem gezeigt, durch welche Merkmale sich das psychische System eines Innovators kennzeichnen läßt, und welche kognitiven Qualitäten der Entstehung von Neuerungsprofiten und Profiten im allgemeinen zugrundeliegen. Analoge Überlegungen müssen wir nun unter motivationalen Aspekten anstellen.

Auch bei den folgenden Überlegungen gehen wir wiederum von einem offenen psychischen System aus und unterstellen wiederum „echte" im Gegensatz zu „leeren" neoklassischen Entscheidungen.

Motivation in einem systemtheoretischen Ansatz bezieht sich auf Person-Umwelt-Interaktionen, in unserem Fall auf das Wirkungsgefüge von Faktoren, die das Handeln eines Individuums auf Ziele im Organisations- und Marktkontext richten und regulieren.

Die Motivationstheorie unterscheidet zwischen Motiv und Motivierung eines bestimmten Verhaltens (vgl. z. B. Heckhausen 1965 a, 1974; Weiner 1975). Unter Motiv kann man eine gelernte, zeitlich relativ überdauernde, nur langfristigen Änderungen unterliegende Disposition einer Person zu einem bestimmten Verhalten verstehen (z. B. Leistungsmotiv, Machtmotiv, Sozial- oder Anschlußmotiv). Aus dem Zusammenwirken eines überdauernden Motivs und anregenden Faktoren und Gegebenheiten der Situation oder der Umwelt entsteht eine momentane Tendenz, bestimmte Verhaltensweisen zu vollziehen oder zu unterlassen. Diese kurzfristige Handlungstendenz, die Aktualisierung der zeitlich relativ stabilen überdauernden Disposition, läßt sich als Motivation oder Motivierung bezeichnen.

Das Leistungsmotiv gehört zu einer Klasse von Motiven, die anscheinend dann zur Erklärung des Verhaltens herangezogen werden müssen, wenn Handlungsantriebe, die sich auf die Befriedigung organischer Bedürfnisse (wie Hunger, Durst usw.) beziehen, nicht mehr verhaltensbedeutsam sind. Ein Organismus entfaltet auch dann Aktivitäten, wenn alle primären Triebe befriedigt sind. Robert White (1959) hat zur Erklärung solchen, insbesondere spontanen Verhaltens (Neugier, Spiel) ein Motiv postuliert, das er „effectance motivation" („Wirksamkeitsmotivation" in der Übersetzung von Heckhausen) nennt, und das in enger Beziehung mit der Kompetenz eines Individuums steht, wirksam mit seiner Umwelt zu interagieren: Wirksamkeitsmotivation ist der motivationale Aspekt der Kompetenz (White 1959, S. 321).

Nach Whites Auffassung handelt es sich bei der Wirksamkeitsmotivation um eine intrinsische Tendenz, Effekte in der Umwelt um ihrer selbst willen auszulösen, verbunden allerdings mit ihrer Funktion einer effektiven Umweltbewältigung. Das Interesse eines Individuums an spontaner Umweltinteraktion wird geringer, wenn die Wirksamkeit seines Handelns nachläßt, und es schwindet, wenn eine Umweltsituation so exploriert wurde, daß sie keine neuen Möglichkeiten und Herausforderungen mehr bereithält (White 1959, S. 322).

Von einer *leistungs*bezogenen Wirksamkeitsmotivation kann man erst dann sprechen, wenn der Handelnde die Wirkungen seines Handelns auf sich selbst als Urheber zurückbezieht, um seine eigene Fähigkeit und nicht nur ihre Umweltwirkungen zu erfahren. Damit stellt er ein kausales Beziehungsverhältnis zwischen sich selbst und seinem Tätigkeitsprodukt her (Meyer 1973, S. 30 ff.). Das jeweilige Leistungsergebnis (Erfolg oder Mißerfolg) muß als Wirkung der eigenen Tüchtigkeit aufgefaßt werden.[59] Die internale Attribuierung von Handlungsfolgen oder ihre Kausalinterpretation ist notwendige (aber nicht hinreichende) Bedingung für das Auftreten leistungsmotivierter Erscheinungen. Als weitere Voraussetzungen leistungsthematischen Handelns nennt Heckhausen (1974, S. 14 ff., siehe auch Weiner 1975, S. 19 ff.):

1. Das Handlungsergebnis muß vom Handelnden selbst verursacht, von ihm beabsichtigt und zustande gebracht worden sein. Der Handelnde muß das Wirken auf sich selbst als Urheber zurückbeziehen können. Eine leistungsbezogene Handlungssituation liegt nicht vor, wenn das Handlungsergebnis vom Zufall oder von nicht kontrollierbaren Einflußfaktoren determiniert ist oder unbeabsichtigt — unter Zwang — zustande kommt. Psychologisch gelten als Leistung nur selbst verursachte Ergebnisse freien Handelns.[60]

2. Das Handlungsergebnis muß auf Maßstäbe der Schwierigkeit der Aufgabe und/oder des nötigen Kraftaufwands beziehbar und daran

---

[59] Der Definition des Leistungsprinzips als einer überdauernden Disposition, Informationen über die eigene Tüchtigkeit einzuholen bzw. zu vermeiden, liegt eine kognitive Interpretation des Leistungsmotivs zugrunde (Meyer 1973, Weiner et al. 1971, Weiner 1975). Hiervon zu unterscheiden ist eine auf Atkinson (1957; 1964) zurückgehende hedonistische Motiv- bzw. Verhaltenskonzeption: Das Erfolgsmotiv wird als eine Disposition definiert, Erfolg anzustreben, um dadurch positive leistungsbezogene Affekte zu maximieren; umgekehrt definiert er das Mißerfolgsmotiv als eine Disposition, Mißerfolge zu vermeiden, um dadurch negative leistungsbezogene Affekte zu minimieren.

[60] In der Marktform vollkommener Konkurrenz wäre z. B. leistungsmotiviertes Handeln ausgeschlossen; damit würde sich bereits aufgrund motivationstheoretischer Überlegungen ergeben, daß vollkommene Konkurrenz und die mit ihr verbundenen ökonomischen Überlegungen keine Grundlage für theoretische Ansätze sein können, in deren Mittelpunkt die Erklärung von Wettbewerbs-, Wachstums- und Entwicklungsprozessen steht (wir werden auf diese Überlegungen noch ausführlich im vierten Teil eingehen).

beurteilbar sein. Das impliziert die Fähigkeit, Schwierigkeitsgrade von Aufgaben bzw. Tätigkeiten unterscheiden zu können.

3. Der Handelnde beurteilt sein Handlungsergebnis an Standards der Tüchtigkeit als verbindlichen Indikatoren für seine eigene Fähigkeit (Gütemaßstab) und/oder des von ihm aufzubringenden Kraftaufwands (Anstrengungsmaßstab). Tüchtigkeitsstandards können (siehe Heckhausen 1965 a, S. 604) sachbezogen (z. B. Vollkommenheitsgrad einer produzierten Leistung), personenbezogen (Vergleich mit früheren eigenen Leistungen) oder sozialbezogen (Vergleich mit Leistungen anderer) sein.

4. Die Anforderungen der Aufgaben bzw. Probleme hinsichtlich der zu meisternden Schwierigkeit und/oder des benötigten Kraftaufwands müssen das Fähigkeitsniveau und/oder die Kraft bzw. Ausdauer des Handelnden herausfordern. Die Aufgabenanforderungen dürfen weder zu leicht noch zu schwer sein. Die Handlungen müssen also in ihren Ergebnissen gelingen oder mißlingen können.

Das Motivziel, die eigene Tüchtigkeit zu erfahren, läßt das Individuum danach streben, Informationen über die eigene Tüchtigkeit (Fähigkeit, Kompetenz) einzuholen (Meyer 1973, S. 156). Leistungsmotivation bezieht sich auf eine Inhaltsklasse von Person-Umwelt-Beziehungen, in die alles fällt, was McClelland (1965) „eine Auseinandersetzung mit einem Gütemaßstab" genannt hat. Heckhausen (1965 a, S. 604) definiert Leistungsmotivation als „das Bestreben, die eigene Tüchtigkeit in allen jenen Tätigkeiten zu steigern oder möglichst hochzuhalten, in denen man einen Gütemaßstab für verbindlich hält und deren Ausführung deshalb gelingen oder mißlingen kann".

Die überdauernde Motivation bzw. das Motiv gilt als persönlichkeitsspezifischer Kennwert (als „überdauernde Voreingenommenheit") und handlungsleitende Wertungsdisposition (siehe Heckhausen 1974, S. 99) und ist nicht als letzte Ursache oder Elementarfaktor des Verhaltens zu verstehen, sondern als ein Faktor, der den Bezug zwischen dem psychischen System und seiner Umwelt herstellt.

2.5.4.1.2 Das Modell Atkinsons

Atkinson hat versucht, die Stärke der Motivierung und die Beziehung zwischen aktualisierter und überdauernder Motivierung in einem mathematischen Kalkül auszudrücken. Er unterscheidet zwischen dem Anreizwert oder Aufforderungscharakter einer Aufgabe oder eines Zieles (Is) und dem Schwierigkeitsgrad der Aufgabe, die durch die subjektive Erfolgswahrscheinlichkeit oder die Erwartung (Ps) wiedergegeben wird, daß die Aufgabe zur Zielerfüllung beiträgt; die überdauernde Motivation erscheint als Motiv, Erfolg zu erzielen (Ms) und Mißerfolg zu vermeiden. (Atkinson/Feather 1966, S. 238). Die aktualisierte Leistungsmotivation

(Ts) („the Tendency to achieve success") wird von Atkinson als das Produkt der Werte des ursprünglichen Niveaus der überdauernden Leistungsmotivation Ms, der Erfolgswahrscheinlichkeit Ps und des Anreizwertes Is definiert:

$$Ts = f(Ms \cdot Ps \cdot Is)$$

Den Anreizwert läßt Atkinson mit dem Schwierigkeitsgrad der Aufgabe variieren (d. h. Is = 1-Ps): Je kleiner der Anreizwert, desto kleiner der Schwierigkeitsgrad (bzw. desto größer die Erfolgswahrscheinlichkeit) der Aufgabe und umgekehrt.[61] Die aktualisierte Motivation Ts wird dann durch die Werte der überdauernden Motivation Ms und der Erfolgswahrscheinlichkeit (Schwierigkeitsgrad) Ps bestimmt: $Ts = Ms \cdot Ps\,(1\text{-}Ps)$.

Hieraus folgen die Hauptvoraussagen der Theorie von Atkinson:

1. Die aktualisierte Leistungsmotivation ist maximal bei mittleren Schwierigkeitsgraden (bzw. Anreizwerten). Denn bei diesen Schwierigkeitsgraden ist das Produkt von Is und Ps am größten (siehe hierzu die nachfolgende Tabelle).

2. Die auf unterschiedliche Schwierigkeitsgrade zurückzuführende Änderung der aktualisierten Motivation ist nur bei relativ hoher überdauernder Motivation Ms bemerkenswert.

3. Wird der Schwierigkeitsgrad konstant gehalten, steigt die aktualisierte Motivation mit zunehmender überdauernder Motivation. Eine bemerkenswerte Auswirkung auf die aktualisierte Motivation Ts ergibt sich aber erst bei mittleren Schwierigkeitsgraden der Aufgabe.

4. Erfolgsmotivierte Personen ziehen Aufgaben mit mittleren Schwierigkeitsgraden vor, da hier die aktualisierte Motivierung maximal wird (siehe Tabelle bei Ms = 8).

5. Personen mit ausgeprägter Neigung zur Meidung von Mißerfolgen (Ms = -8) werden am stärksten durch Aufgaben von mittlerem Schwierigkeitsgrad (0,50) abgeschreckt; sie werden vielmehr sehr leichte oder sehr schwierige Aufgaben bevorzugen, denn in beiden Fällen gelingt es, ihre Angst vor Mißerfolgen zu minimieren. Eine leichte Aufgabe wird

[61] Der in der Leistungsmotivationstheorie benutzte Begriff der subjektiven Wahrscheinlichkeit ist nicht mit dem der Nutzentheorie identisch. Der Wahrscheinlichkeitsbegriff der Nutzentheorie bezieht sich auf die Vorhersage des Eintritts zufälliger, d. h. kompetenzunabhängiger und vom Individuum nicht zu beeinflussender Ereignisse. In der Leistungsmotivationstheorie wird dagegen die Erfolgswahrscheinlichkeit eines Ereignisses abhängig gemacht von den motivationalen und kognitiven Fähigkeiten einer Person, er bezieht sich also auf Ereignisse, deren Eintreten kompetenzabhängig ist, und deren mögliches Eintreten von der Fähigkeitseinschätzung eines Individuums abhängt. Auf die Gefahr, „allzu kurzschlüssig ein enges Verhältnis zwischen der Nutzen- und der Anspruchsniveau-Theorie" zu behaupten, verweist Reber (1973, S. 120; dort auch weitere Literaturhinweise).

Tabelle zur Ermittlung der Werte von Ts = Ms · Ps · Is bei

Aufgabe	Ps	Is	Ts für Ms = 1	Ms = −8	Ms = 8
A	0,90	0,10	0,09	−0,72	0,72
B	0,50	0,50	0,25	−2,00	2,00
C	0,30	0,70	0,21	−1,68	1,68

sehr wahrscheinlich gelöst, bei schweren Aufgaben kann sich die Person bei Fehlschlägen mit der Schwierigkeit der Aufgabe entschuldigen.

In den Erwartungen der Mißerfolgsmotivierten überwiegt die Angst vor dem Mißerfolg; sie neigen dazu, sich zu unterfordern oder zu überfordern. Sie schreiben einen Erfolg dem Zufall, Mißerfolg dem Mangel eigener Begabung zu. Erfolgsmotivierte sind dagegen zuversichtlich in ihren Erwartungen. Sie führen ihren Erfolg auf eigene Begabung und Fähigkeit zurück und machen für einen Mißerfolg die mangelnde eigene Anstrengung verantwortlich.

Als ein für unsere Argumentation höchst interessantes Ergebnis der Ausführungen von Atkinson können wir zunächst festhalten, daß Hochmotivierte Ziele mit mittlerem (bis mittelhohem, wie wir gleich sehen werden) Schwierigkeitsgrad bevorzugen, also die „größte Ungewißheit über den Erfolgs- oder Mißerfolgsausgang ihrer Bemühungen" (Heckhausen 1965 a, S. 657) anstreben, weil sich hier das subjektive Erleben oder die subjektiven Wahrscheinlichkeiten des Erfolgs (Erfolgswunsch) und Mißerfolgs (Mißerfolgsbefürchtung) ausgleichen.

Die Ansicht Atkinsons, Erfolgsmotivierte, d. h. Personen, die mehr den möglichen Erfolg als den möglichen Mißerfolg im Auge haben, würden Aufgaben mit mittlerer Erfolgswahrscheinlichkeit bevorzugen, ist allerdings nicht unwidersprochen geblieben.[62] Eine empirische Überprüfung seiner Aussagen hat gezeigt, daß Erfolgsmotivierte dazu neigen, Probleme mit noch geringerer Erfolgswahrscheinlichkeit (zwischen 0,30 und 0,40) vorzuziehen (mittelhohe Zielsetzung). Man wies nämlich darauf hin, daß die Vorliebe der Personen im Modell von Atkinson für Aufgaben mittleren Schwierigkeitsgrades mit seiner Annahme zusammenhängt, daß die beiden Ereignisse, deren wahrscheinliches (oder mit Shackle: mögliches)

[62] Auch die Voraussagen Atkinsons über das Wahl- und Zielsetzungsverhalten von Mißerfolgsmotivierten haben sich nicht bestätigen lassen. So bevorzugen Mißerfolgsmotivierte nicht extrem leichte und extrem schwere Aufgaben und meiden solche mittlerer Schwierigkeit. Verglichen mit Erfolgsmotivierten streuen ihre Wahlen vielmehr über den gesamten Aufgabenbereich. Das Wahlmaximum liegt meist im mittleren Schwierigkeitsbereich. (Vgl. Meyer 1973, S. 39 ff., 150 ff.)

Eintreten abgeschätzt wird, für den Abschätzenden psychisch indifferent sind, da die Beziehungen zwischen Anreizwert und Schwierigkeitsgrad einer Aufgabe völlig formaler Natur sind (Is + Ps = 1). In diesem Fall würde in der Tat bei Aufgaben mittleren Schwierigkeitsgrades die Ungewißheit des Eintretens maximiert. Dieses Kalkül ist jedoch, wie Heckhausen ausführt, „logisch, aber kaum psychologisch", denn die meisten Personen hoffen, eher Erfolg zu erzielen, oder sie fürchten, sich eher einen Mißerfolg einzuhandeln. „Die einen wie die anderen wägen deshalb auch kaum unvoreingenommen und kühl die Wahrscheinlichkeiten zweier *alternativer* Ereignisse als vielmehr *des* Ereignisses ab, das für sie im Mittelpunkt ihrer Hoffnungen oder ihrer Befürchtungen steht. Mit anderen Worten: Die Erfolgsmotivierten berücksichtigen eher die Wahrscheinlichkeit eines eventuellen Erfolges und weniger zugleich eines eventuellen Mißerfolges" (Heckhausen 1963, S. 120).[63] Beim Erfolgsmotivierten wird daher die größte subjektive Ungewißheit der gewählten Aufgaben tatsächlich eine Erfolgswahrscheinlichkeit von weniger als 0,50 aufweisen, d. h. mittelhohe Zielsetzungen bieten ihnen den möglichst offenen und ungewissen Ausgang hinsichtlich Erfolg und Mißerfolg. Warum setzen sich aber Erfolgsmotivierte nicht noch höhere Ziele, z. B. Erfolgswahrscheinlichkeiten von 0,20 oder 0,30? Heckhausen (1963, S. 121) meint, weil bei diesen Schwierigkeitsgraden die Erfolgsmotivation „umkippt". Die Möglichkeit des Mißerfolges tritt nun auch für den Erfolgsmotivierten in den Vordergrund, der Mißerfolg wird selbst einem Erfolgsmotivierten zunehmend gewiß. Aus motivationspsychologischer Sicht wird ein extrem hoher Schwierigkeitsgrad nicht wegen seiner geringen Erfolgswahrscheinlichkeit ungewiß oder riskant, sondern eher weniger ungewiß und weniger riskant, statt dessen aber spekulativer, da nun Erfolg wie Mißerfolg der Aufgabe eher von äußeren, nicht kontrollierbaren Faktoren abhängen als von persönlichem Einsatz, Können und Kreativität. Bei spekulativen Zielsetzungen ist nicht mehr offen oder ungewiß, ob Erfolg oder Mißerfolg eintritt; somit besteht keine Herausforderung mehr für eine Person, Können und Tüchtigkeit in ein Problem zu investieren, das nicht hinsichtlich Erfolg oder Mißerfolg maximal ungewiß ist und daher nur durch eigene Anstrengungen erfolgreich gelöst werden kann.

---

[63] Man kann also davon ausgehen, daß die Annahme, die überdauernde Motivation eines Individuums habe keinen Einfluß auf seine Wahrscheinlichkeitsurteile (dies kommt in der multiplikativen Verknüpfung von überdauernder Motivation, Wahrscheinlichkeit und Anreizwert der Aufgabe zum Ausdruck) problematisch ist. Sie wird auch durch empirische Untersuchungen nicht bestätigt (siehe Kupsch 1973, S. 189 f.). Je nachdem, ob bei einer Person das Erfolgs- bzw. Mißerfolgsmotiv überwiegt, nimmt sie stärker auf Erfolgs- bzw. Verlustwahrscheinlichkeiten Bezug. Die subjektiven Wahrscheinlichkeiten werden motivational „verzerrt".

2.5.4.1.3 Ein kognitives Modell leistungsmotivierten Verhaltens

Atkinsons Theorie der Leistungsmotivation kann man als Spezialfall einer utilitaristischen oder hedonistischen Verhaltenstheorie bezeichnen. Leistungsbezogenes Verhalten wird vollzogen oder unterlassen, um Befriedigung zu maximieren bzw. Unlust zu minimieren. Atkinson betrachtet das Leistungsmotiv als eine Disposition, Erfolg aufzusuchen und das Mißerfolgsmotiv als eine Tendenz, Mißerfolge zu meiden (Atkinson 1957, S. 360).

Die von Atkinson behauptete Wahl von extrem leichten und schweren Aufgaben oder Problemen durch Mißerfolgsmotivierte ist empirisch nicht nachgewiesen worden. Andererseits hat sich die Wahl von Aufgaben mittlerer Erfolgswahrscheinlichkeit durch Erfolgsmotivierte Heckhausen (1973, S. 9) zufolge „immer wieder bestätigen lassen". Insbesondere scheint es nicht gerechtfertigt zu sein, das Zielsetzungs- und Wahlverhalten mit Meidungstendenzen zu erklären. Das Bestreben, die eigene Tüchtigkeit zu erfahren bzw. Informationen über die eigene Tüchtigkeit einzuholen, scheint vielmehr für erfolgs- und mißerfolgsmotivierte Personen gleichermaßen charakteristisch zu sein. Die Bedingungen für das Erleben von Erfolg und Mißerfolg werden durch das Risikowahl-Modell von Atkinson offensichtlich nicht ausreichend bestimmt.

Worin zeigt sich dann aber die interindividuelle Differenziertheit von Leistungsmotiven? Neuere Forschungsergebnisse zeigen bemerkenswerte individuelle Unterschiede bei der Selbstbeurteilung oder Kausalinterpretation von Erfolg und Mißerfolg.

Die kognitive Verhaltenskonzeption geht davon aus, Leistungsverhalten sei primär eine Funktion der von der Person subjektiv wahrgenommenen und nicht der tatsächlichen „objektiven" Ursachen. In das mechanistische Verhaltensmodell – ein Reiz bestimmt die Reaktion – werden intervenierende Variable (kognitive Prozesse, Selbstbild der eigenen Fähigkeit) eingefügt.[64] Wenn man Leistungsverhalten von der subjektiv wahrgenommenen Ursache von Erfolg und Mißerfolg abhängig macht, dann wird der Grund, weshalb eine Person ein bestimmtes Ergebnis (Erfolg, Mißerfolg) als von einer ganz bestimmten Ursache abhängig betrachtet, zu einer entscheidenden Verhaltensdeterminante. Unterschiede im Leistungsverhalten von Individuen ließen sich auf die unterschiedliche Erklärung der Ursachen von Erfolg und Mißerfolg zurückführen.

Auf welche Ursachen könnte z. B. ein Unternehmer den Erfolg bzw. Mißerfolg des von ihm produzierten Gutes auf dem Markt zurückführen? Aus der Vielzahl möglicher Erklärungen haben sich vier Kausalfaktoren als besonders erklärungsträchtig herausgestellt:

[64] "The model is based upon the assumption that beliefs about the causes of success and failure mediate between antecedent stimulus-organism transactions and ensuing achievement behavior" (Weiner et al. 1971, S. 96).

1. Der Unternehmer könnte sagen, der Erfolg (oder Mißerfolg) sei auf seine (fehlende) Begabung, Kreativität, sein Wissen und Können zurückzuführen.

2. Er könnte den Erfolg (Mißerfolg) durch seine (zu geringe) Anstrengung, Ausdauer, Energie und Fleiß zu erklären versuchen.

3. Er könnte den Erfolg bzw. Mißerfolg mit dem Schwierigkeitsgrad der Aufgabe erklären: Das Problem sei zu schwierig gewesen, hätte ihn überfordert; andererseits könnte er sagen, gerade die Schwierigkeit der Aufgabe habe ihn herausgefordert.

4. Schließlich könnte er behaupten, sein Erfolg oder Mißerfolg sei eine Frage des Zufalls, er hätte eben Glück oder Pech gehabt.

Diese vier wahrgenommenen Kausalfaktoren von Erfolg und Mißerfolg lassen sich wie folgt klassifizieren (siehe Schema):

		Kausalfaktoren	
		Person (internal)	Umwelt (external)
Stabilität über die Zeit	Stabil	Begabung Wissen Können Kreativität Intuition } (Kognition)	Aufgaben-schwierigkeit
	Variabel	Anstrengung (Motivation)	Aufgaben-schwierigkeit Zufall

Zwei der Kausalfaktoren, nämlich Begabung (Wissen, Können, Kreativität, Intuition) und „Anstrengung" (Motivation) sind offensichtlich Eigenschaften der jeweiligen Person, also internale oder personenabhängige Faktoren (wir nannten sie Kompetenz oder Fähigkeit). Die Faktoren Aufgabenschwierigkeit und Zufall sind dagegen umweltzugehörig, wobei – wie noch ausführlich gezeigt wird – der Faktor Aufgabenschwierigkeit eine Funktion organisatorischer und wettbewerblicher Prozesse ist. [65]

[65] Die vollständige Zuordnung des Faktors Aufgabenschwierigkeit zur Kategorie Umwelt wäre bei einer differenzierteren Analyse rückgängig zu machen. Wir haben bereits auf die Notwendigkeit hingewiesen, zwischen umweltpräsentierten und selbstentdeckten Aufgaben zu unterscheiden. Diese Differenzierung läßt sich ohne Schwierigkeiten in eine kognitiv orientierte Theorie der Leistungsmotivation einbringen, wenn man die spontane Suche nach Aufgaben und die Lösung von Problemen leistungsthematisch interpretiert. Für die Erklärung von Wettbewerbsprozessen ist zu-

Die vier Kausalfaktoren lassen sich außerdem nach dem Kriterium ihrer zeitlichen Stabilität klassifizieren. Begabung, Wissen, Kreativität sind zeitlich relativ stabile Gegebenheiten; Anstrengung und Zufall sind variable Kausalfaktoren und unterliegen kurzfristigen Änderungen; der Faktor Aufgabenschwierigkeit ist bei überwiegend selbstentdeckten Problemen über die Zeit stabil, bei von der Umwelt präsentierten Aufgaben dagegen variabel.

Es zeigt sich nun, daß zwischen Personen markante Unterschiede in der Ursachenerklärung von Erfolg und Mißerfolg bestehen, d. h., daß Personen Erfolg und Mißerfolg in spezifischer Weise auf unterschiedliche Kausalfaktoren zurückführen. Erfolgsmotivierte Personen erklären Erfolg stärker mit internalen Faktoren als mißerfolgsmotivierte. Ein Erfolgsmotivierter schreibt seinen Mißerfolg dem variablen Faktor Anstrengung zu, während Mißerfolgsmotivierte einen Mißerfolg vergleichsweise stärker mit mangelnder Begabung erklären. Anscheinend erleben sich Erfolgsmotivierte als begabter und kompetenter als Mißerfolgsmotivierte.

Dieses unterschiedliche Selbstbild der eigenen Kompetenz bei der Ursachenerklärung eigener Leistungen führt dazu, daß erfolgsmotivierte Individuen – verglichen mit mißerfolgsmotivierten – ihre Erfolge stärker positiv und weniger negativ beurteilen (Heckhausen 1974, S. 29; Meyer 1973). Mitbestimmend für eine derartig unterschiedliche Selbstbeurteilung von Erfolg und Mißerfolg sind also mehr oder weniger unterschiedliche „Selbstkonzepte der eigenen Fähigkeit", d. h. der Selbsteinschätzung der eigenen Begabung, Kreativität, Intuition usw. Denn, so Meyer (1973, S. 156), „ob in einer gegebenen Situation die eigene Fähigkeit als erfahrbar wahrgenommen wird oder nicht, hängt mit ab vom Konzept der eigenen Fähigkeit". Eine Person etwa mit einem Selbstkonzept großer eigener Kompetenz kann bei einer schweren Aufgabe die eigene Fähigkeit erfahrbar erleben, nicht jedoch eine Person mit geringer Einschätzung der eigenen Fähigkeit.

Derart unterschiedliche Erklärungsmuster für Leistungsresultate beider Motivgruppen beeinflussen konsequenterweise deren Verhalten in leistungsthematischen Situationen (Weiner et al. 1971, S. 104 ff.; Weiner 1975, S. 103). Wenn eine Person Leistungserfolge ihrer eigenen Person zuschreibt, kann sie Stolz und Freude über ihre eigene Leistung erleben. Dieses positive Erfolgserlebnis stärkt ihr Leistungsverhalten und erhöht die Wahrscheinlichkeit, daß diese Person sich auch zukünftig leistungsbezogenen Aufgaben zuwendet. Erklärt eine Person ihren Erfolg dagegen überwiegend mit externen Faktoren, wird sie nach Erfolg weniger stolz auf ihre Leistung sein, ihr Leistungsverhalten wird kaum bekräftigt. Da Erfolgsmotivierte die Ergebnisse ihres Verhaltens als anstrengungsabhän-

---

mindest in der sogenannten Imitationsphase die Umweltzuordnung des Faktors Aufgabenschwierigkeit unproblematisch.

gig wahrnehmen, werden sie mit größerer Intensität an einer Lösung leistungsbezogener Probleme arbeiten. Mißerfolgsmotivierte sehen dagegen keine enge kausale Beziehung zwischen dem Erfolg eines Verhaltens und dem Ausmaß ihrer Anstrengung, sie strengen sich deswegen auch bei der Meisterung von leistungsbezogenen Aufgaben nicht stark an. Erfolgsmotivierte erklären ihren Mißerfolg mit dem selbstkontrollierbaren Faktor „mangelnde Anstrengung". Sie werden bei zukünftigen Lösungsversuchen daher Erfolg erwarten oder sich bei anfänglichem Mißerfolg vermehrt anstrengen und die Aufgabe nicht fallenlassen. Empfindet dagegen eine Person ihren Mißerfolg als durch „mangelnde Begabung" verursacht, wird sie auch in Zukunft Mißerfolg erwarten und kann keinen Sinn darin sehen, sich bei anfänglichem Mißerfolg ausdauernd der Lösung eines Problems zu widmen. Schließlich sind auch Erwartungen und Erwartungsänderungen hinsichtlich Erfolg und Mißerfolg bei der Lösung von Problemen persönlichkeitsvermittelt (Meyer 1973, S. 160 ff.; Weiner 1975, S. 96 ff.). Erklärt eine Person Verhaltensergebnisse mit zeitlich stabilen Kausalfaktoren, wird sie ceteris paribus ein ähnliches Ergebnis auch für den nächsten Lösungsversuch erwarten. Bei einem Erfolg würde allerdings die Erfolgserwartung ansteigen, bei einem Mißerfolg sinken. Erfolg führt demnach zur Wahl schwierigerer Aufgaben, Mißerfolg zur Wahl leichterer Aufgaben. Sieht die Person die Ursache bestimmter Verhaltensergebnisse dagegen in zeitlich variablen Faktoren, ließe sich folgern, daß sich das nachfolgende Ergebnis vom vorangehenden unterscheidet. In beiden Fällen beeinflussen Kausalattribuierungen Erwartungsänderungen.

Leistungsmotiviertes Verhalten können wir in folgendem Prozeßmodell darstellen. Hinsichtlich der motivationstheoretischen Überlegungen stützen wir uns im wesentlichen auf Meyer (1973, insbesondere S. 156 ff.). Wir formulieren jedoch seinen Ansatz für unsere Zwecke um und verzichten auf fachpsychologische Details.

Wir gehen in unserer Analyse aus von der bereits bekannten grundlegenden Verhaltenshypothese, die das Verhalten eines Individuums als eine Funktion seines Fähigkeitsniveaus (K), seines Umweltgefüges (U) oder der Aufgabenschwierigkeit und der Verhaltensregeln [Normen, Erwartungssynthesen (N)] erklärt (siehe Figur). Die personale Kompetenz wiederum setzt sich zusammen aus den Faktoren „Begabung" und „Anstrengung".

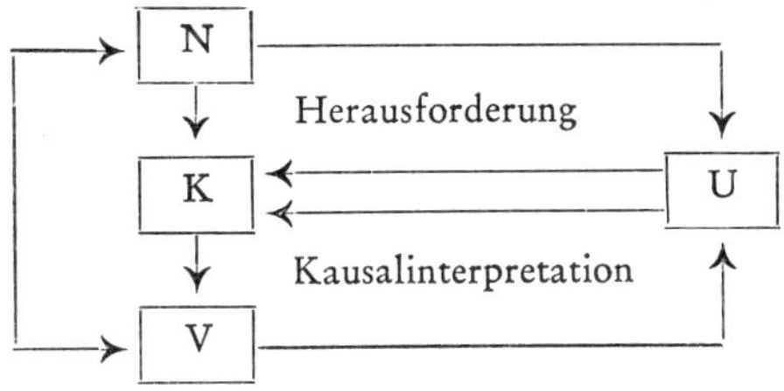

Abb. 5

Beginnen wir den Zyklus leistungsmotivierten Verhaltens mit dem Faktor Normen oder Verhaltensregeln.

1. *Verhaltensregeln* beschränken den möglichen Verhaltensbereich eines Individuums.[66] Innerhalb dieses Möglichkeitsbereiches verfügt das Individuum über Chancen für leistungsthematische Interaktionen[67] mit seiner Umwelt.

2. Leistungsmotivrelevante Situationen (selbst- oder umweltproduzierte Probleme) aktualisieren *Aufgaben-* oder *Problemmotivierung* (Anstrengungsaufwand). Problem*herausforderungen* aktivieren kognitive Bewertungsprozesse, die darüber entscheiden, ob das Individuum sich entschließt, eine Problemlösung in Angriff zu nehmen oder nicht.

3. Die kognitive Bewertung von Problemen erfolgt unter dem Gesichtspunkt der Schwierigkeit (nicht nach Aspekten etwa der Ästhetik oder der sozialen Konsequenz), wenn das Individuum anstrebt, Informationen über die eigene Fähigkeit einzuholen und damit Motivbefriedigung, d. h. die Erfahrung der eigenen Fähigkeit sucht. Die Bewertung einer Aufgabe nach ihrem *Schwierigkeitsgrad* ist nicht mit subjektiver Erfolgswahrscheinlichkeit zu verwechseln (siehe unten 5.).

4. Das Individuum schätzt die eigene Fähigkeit für die Lösung des Problems *(Fähigkeitseinschätzung)* in Abhängigkeit von zurückliegenden Problemlösungserfahrungen und dem Selbstkonzept eigener Fähigkeit ein. Bei Annahme einer hohen eigenen Fähigkeit und überwiegend Erfolgserfahrungen mit dem in Frage kommenden Problemtyp wird die eigene Fähigkeit als hoch eingeschätzt, umgekehrt als niedrig bei überwiegenden Mißerfolgserfahrungen und negativem Begabungskonzept für einen spezifischen Problemtypus.

5. Bewertung von Aufgabenschwierigkeit und Fähigkeitseinschätzung sind Bestandteile eines Prozesses, den man mit *Anstrengungskalkulation* bezeichnen könnte. Vor Inangriffnahme einer Aufgabe und während der Lösung eines Problems stellt das Individuum Erwägungen an, ob sich der Einsatz von Fähigkeit und Anstrengung unter dem Aspekt der Motivbefriedigung lohnt oder nicht. Informationen über die eigene Kompetenz lassen sich nicht bei jedem Grad der Schwierigkeit von Aufgaben in gleicher Weise einholen.

Eine grundlegende Hypothese der Leistungsmotivationstheorie lautet: Informationen über die eigene Fähigkeit lassen sich in maximaler Weise

---

[66] Eine ausführliche Wirkungsanalyse, insbesondere der kognitiven und motivationalen Wirkungen bestimmter normativer Erwartungen ist für die folgenden Überlegungen nicht erforderlich.

[67] „Leistungsthematik liegt ... immer dann vor, wenn ein Betrachter oder ein Handelnder einer gegebenen Situation einen Aufgabencharakter abgewinnt, das heißt, wenn er eine Beziehung knüpft zwischen Schwierigkeiten, die zu meistern, oder Kräften, die aufzuwenden sind, und Fähigkeiten bzw. Anstrengungen, die dazu erforderlich sind." (Heckhausen 1974, S. 87.)

einholen, wenn das Individuum von Aufgaben (Problemen) herausgefordert wird, bei denen Erfolg und Mißerfolg in annähernd gleicher Weise als möglich wahrgenommen werden. Diese Hypothese wird auf verschiedene Weise begründet.

a) Die Ansicht von Atkinson und Heckhausen kennen wir bereits.

b) Weiner et al. (1971) gehen zur Begründung der obengenannten Hypothese von der Annahme einer Einwertigkeit von Aufgabenschwierigkeit und subjektiver Wahrscheinlichkeit aus: Einer gegebenen Aufgabe ist nur ein Wert subjektiver Erfolgswahrscheinlichkeit zugeordnet. Diese Annahme ist jedoch nur bei Gültigkeit der einschränkenden Bedingung hoher bzw. konstanter beabsichtigter Anstrengungen bei der Lösung des Problems realistisch. Denn in diesem Fall ist die Erfolgswahrscheinlichkeit abhängig von der Einschätzung der eigenen Fähigkeit und der Aufgabenschwierigkeit. Bei gegebener Aufgabenschwierigkeit führen dann unterschiedliche Selbstkonzepte eigener Fähigkeit zu unterschiedlichen subjektiven Erfolgswahrscheinlichkeiten. Ist diese Bedingung erfüllt, liefern Aufgaben, bei denen Erfolg und Mißerfolg als gleich wahrscheinlich erwartet werden, bei denen also die Lösung des Problems maximal ungewiß ist, auch maximale Informationen über die eigene Fähigkeit (bei Beachtung der einschränkenden Überlegungen von Heckhausen). Das heißt: Aufgaben mittleren Schwierigkeitsgrades besitzen den maximalen Herausforderungscharakter für das Individuum.

c) Der Anstrengungsaufwand ist jedoch keine gegebene Größe. Die Zuordnung von subjektiven Wahrscheinlichkeiten zu bestimmten Aufgaben wird bei variablem Anstrengungsaufwand mehrwertig (Meyer 1973, S. 160 ff.).

Wird z. B. eine Aufgabe – gemessen an einer sozialen oder individuellen Bezugsnorm – als extrem leicht wahrgenommen und die eigene Fähigkeit als gut eingeschätzt, kann ein positiver Handlungsausgang bei relativ geringem Anstrengungsaufwand als sehr wahrscheinlich ($P = 1{,}00$), bei minimaler Anstrengung dagegen als subjektiv ungewiß ($P < 1{,}00$) erwartet werden. Eine extrem leichte Aufgabe kann daher aufgrund minimaler beabsichtigter Anstrengung zu positiven wie negativen Leistungsresultaten führen. Fähigkeitsinformation liefert in diesem Fall jedoch nur Aufgabenerfolg, nicht jedoch Mißerfolg, da dieser nicht auf mangelnde eigene Fähigkeit, sondern auf mangelnde Anstrengung zurückgeführt wird. Fähigkeitsinformationen sind also nur dann zu erhalten, wenn ein hohes Maß an Anstrengung aufgewandt wird. Nur dann liefern positive und negative Leistungsergebnisse bei Aufgaben mittlerer subjektiver Erfolgswahrscheinlichkeit maximale Informationen über die eigene Fähigkeit. Und nur dann variiert Erfolgswahrscheinlichkeit einwertig mit dem Herausforderungscharakter (dem Schwierigkeitsgrad von Aufgaben).

Die Beziehung zwischen Anstrengungsaufwand und Schwierigkeitsgrad der Aufgabe ist deshalb von außerordentlich großer Bedeutung, weil die Aufgabenschwierigkeit sowohl in Organisations- wie Marktsystemen sozialtechnologisch z. B. durch Aufgabenzuweisung oder durch Änderung organisatorischer und marktlicher Verhaltensregeln beeinflußbar ist. Aufgabenschwierigkeit ist die entscheidende kausale Variable im Prozeß der Diffusion von Neuerungen (siehe unten S. 165 ff.). Im Gegensatz zu Weiner und anderen gehen wir im übrigen von einem zeitlich variablen Schwierigkeitsgrad aus. Bei gegebener Begabung usw. wird dann das Ausmaß der Aktualisierung des Leistungsmotivs zu einer Funktion des Herausforderungsgrades bzw. der Aufgabenschwierigkeit.

6. Der Entschluß, eine Aufgabe in Angriff zu nehmen und die Wahl des Aufgabentypus hängen bei konstanter Aufgabenschwierigkeit und gleich hohem Anstrengungsaufwand von der Einschätzung der eigenen Fähigkeiten des Individuums ab. Bei hoher Selbsteinschätzung liegt die Erfolgserwartung einer Aufgabe ceteris paribus höher als bei niedrigerer Fähigkeitseinschätzung.

7. Das Leistungsresultat wird nach Abschluß der Handlung mit dem erwarteten Wert verglichen (Ist-Soll-Wert-Vergleich). Erfolg oder Mißerfolg werden auf bestimmte Ursachen zurückgeführt (Kausalinterpretation).

2.5.4.1.4 Unternehmer als Hochmotivierte

Die Theorie der Leistungsmotivation vor allem im Anschluß an Heinz Heckhausen und David McClelland behauptet nun, das Handeln eines Hochmotivierten sei mit unternehmerischem Handeln gleichwertig.

So charakterisiert Heckhausen (1965 b, S. 393 f.) unternehmerische Initiative durch

1. eine hohe, erfolgszuversichtliche Leistungsmotivation;
2. eine mäßige, realistische Risikoneigung;
3. eine weit vorausblickende und aktivistische Zeitperspektive.

Nach McClelland (1966, S. 203 ff.; 1972) gehören zu den möglichen Determinanten einer unternehmerischen Persönlichkeit:

1. mäßige bis mittelhohe Risikobereitschaft bei Vertrauen auf Geschicklichkeit und Können und nicht auf unkontrollierbare Chancen; Entschiedenheit;
2. kraftvolle und/oder innovierende Aktivität;
3. persönliche Verantwortlichkeit;
4. Verlangen nach Kenntnis der Ergebnisse der Entscheidungen (Geld als Maßstab des Erfolges);

5. Vorwegnahme von Zukunftsmöglichkeiten;
6. organisatorische Geschicklichkeit.

Untersuchen wir die Merkmale des Unternehmerprofils nach McClelland ausführlicher:

ad 1: Risikoübernahme; McClelland (1966; mit Winter 1969 und dort zitierte Literatur) kommt zum gleichen Ergebnis wie Schumpeter, Shackle, Knight, Keynes: Unternehmerverhalten impliziert Entscheidungstätigkeit bei Ungewißheit; motivationstheoretische Überlegungen erlauben eine Präzisierung hinsichtlich des Grades der von einer Person angestrebten, da motivbefriedigenden Unsicherheit.

Unternehmerische Leistungsmotivation bezieht sich auf Handlungen, deren Ausgang durch eigene Tüchtigkeit beeinflußt werden muß. Risikobereitschaft bei Handlungen (Entscheidungen), deren Ausgang zufallsbedingt ist, ist kein Test für das Vorliegen einer leistungsthematischen Risikobereitschaft als Persönlichkeitsvariable (Heckhausen 1965 a, S. 636; Weiner 1975, S. 21). Unternehmer setzen sich weder spekulative noch vorsichtige Ziele. Sie bevorzugen „kalkulierte Risiken". Nur bei Aufgaben mit kalkulierten Risiken scheint es sinnvoll, sich „hineinzuknien", sich emotional zu engagieren und zu verpflichten.

Aus Angaben von Heckhausen (1965 b, S. 391) kann man schließen, daß auch spezialisierte Positionsträger in Großorganisationen Unternehmerinitiative nicht mit ausgesprochener Risikoneigung verbinden (siehe auch 3. Teil, § 3.4.2.3): Leitende Angestellte im Marketing sind bedeutend höher leistungsmotiviert als Manager in Produktions-, Finanz- und Personalabteilungen. Gerade jene Unternehmensfunktionen scheinen mit der höchsten Leistungsmotivation ausgestattet, die am stärksten mit Ungewißheit konfrontiert und auf Risikoentscheidungen angewiesen sind; gerade die hier tätigen Stelleninhaber sind es, die einen mittelschweren Zielsetzungsbereich bevorzugen bzw. von einer realistischen Selbsteinschätzung ihres Könnens, ihrer persönlichen Tüchtigkeit ausgehen.

ad 2: Kraftvolle und/oder innovierende Tätigkeit; Übereinstimmung mit dem Motivationsmodell besteht für jene Fälle, in denen das Ergebnis durch persönliche Anstrengung beeinflußt werden kann, in Situationen, die Herausforderungscharakter tragen und bei Aufgaben, die geistige Manipulation, Originalität und eine neue Betrachtungsweise zu ihrer Meisterung verlangen (McClelland 1966, S. 217). Der „unternehmerische Geist", durch den sich Erfolgsmotivierte auszeichnen, kommt in ihrem Wunsch und ihrer Fähigkeit zum Ausdruck, „sich in Situationen zu bewähren, die ihre Erfindungsgabe und ihren Ideenreichtum herausfordern", Probleme zu entdecken und gerne solche Probleme zu lösen, „die sie sich selbst aufgeben, statt solcher, die ihnen andere stellen" (McClelland 1967, S. 77; Heckhausen 1965 b, S. 393 f.).

Es gehört zu den Eigenschaften einer unternehmerischen Persönlichkeit, ihre Umwelt mit neuartigen Situationen zu überraschen und zu konfrontieren. Was Morse Peckham für den schöpferischen Künstler behauptet, können wir für den kreativen, unternehmerischen Menschen verallgemeinern: „The artist is the challenger: his role requires him to create unpredicted situations" (1965, S. 76). Den gleichen Gedanken hat Shackle ausgedrückt: „The businessman ist not merely the helpless victim of uncertainty. He is at all times actively promoting it ... Businessmen compete with each other largely by policies which create uncertainty. Innovation is the chief means of business success" (1970, S. 21 f.).

ad 3: Persönliche Verantwortlichkeit; Erfolgsmotivierte ziehen Situationen vor, in denen sie sich persönlich verantwortlich für ihre Leistung fühlen. In Situationen, in denen sie keine persönliche Kontrolle über das Ergebnis ihrer Tätigkeit haben (Wetten, Komitee-Situationen, Zwang zur Annahme von Zielen und Aufgaben, die andere gesetzt haben), gehen sie kein Risiko ein und halten sich zurück. Die kreative Persönlichkeit weist eine innengerichtete Leistungsorientierung auf, im Gegensatz zu niedrigmotivierten, psychisch geschlosseneren und kognitiv weniger differenzierten Personen, die „eine auf Autorität gerichtete Konformitätsorientierung zeigen" (Vontobel 1970, S. 89). Sie werden daher Verantwortlichkeit nur unter Bedingungen tragen, in denen keine Konformität erwartet wird, in der Freiheitsspielräume für innovative Tätigkeit bestehen, und in der das Handlungsergebnis durch eigene Tüchtigkeit und persönlichen Kräfteeinsatz beeinflußt werden kann. Vontobel (1970, S. 169) registriert daher eine positive Verbindung zwischen dem Grad positiver persönlicher Kontrolle der Umwelt („der Grad, in dem das Individuum glaubt, die für es relevante Umwelt manipulieren zu können") und der Leistungsmotivation, und zwar in dem Sinne, „daß sich die Leistungsmotivation um so wirkungsvoller in Leistungszielen realisiert, je unabhängiger sich ein Individuum von seiner jeweiligen Umwelt fühlt und je autonomer es relevante Entscheidungen treffen kann"[68]. Diese Aussage korrespondiert mit unseren obigen Ergebnissen zu den Eigenschaften einer kreativen Persönlichkeit.

ad 4: Kenntnis der Ergebnisse von Handlungen: Profitmotiv und Leistungsmotiv (s. Abschnitt 2.5. und 4.2.).

ad 5: Vorwegnahme von Zukunftsmöglichkeiten: die Zeitperspektive des Unternehmers. In der Zeitperspektive drückt sich die Fähigkeit eines Menschen aus, gegenwärtige mit vergangenen und zukünftigen Erlebnisinhalten zu verbinden. Je stärker ein Mensch verschiedenzeitliche Erlebnisinhalte miteinander verbindet und aufeinander bezieht und je

[68] Siehe auch Reber (1973, S. 118), zu Versuchen von Feather, Heckhausen und Meyer, den Verantwortungsfaktor in die Theorie der Leistungsmotivation zu integrieren.

weiter er sie von der Gegenwart auf zukünftige bzw. vergangene Inhalte bezieht, je größer damit seine zeitliche Spannweite wird, desto ausgeprägter ist seine Zeitperspektive. Zeitperspektive kann also vergangenheits- und zukunftsbezogen sein (Vontobel 1970, S. 158 f.). Den erfolgreichen Unternehmer kennzeichnet nach McClelland (1966, S. 229 f.) die Fähigkeit, künftige Möglichkeiten früh zu erkennen und sich in seinem Verhalten auf sie einzustellen (sog. unternehmerischer „Weitblick"). Die Antizipation von Zukunftsmöglichkeiten bedeutet, daß der Unternehmer Alternativen und deren Konsequenzen erwägt, bevor er mit ihnen konfrontiert wird. In der leistungsthematischen Zielsetzung ist diese Art der perspektivistischen Strukturierung der Zeit notwendig enthalten. „Die zeitliche Diskrepanz zwischen gegenwärtiger und vorweggenommener künftiger Situation ist ja gerade das eigentlich Motivierende der Leistungsmotivation" (Vontobel 1970, S. 159). Sie führt zu einer Erwartungsemotion, einem Erwartungsgefälle mit positiver Gefühlsbetonung, das eine Person veranlaßt, sich einer herausfordernden Aufgabe zuzuwenden. Erfolgszuversichtliche hohe Leistungsmotivation und Bevorzugung realistisch ausgewogener Ziele als den Leitvariablen der Unternehmerinitiative lassen sich nur aktualisieren bzw. verwirklichen, wenn man über ein „aktiv-gestaltendes Verhältnis zur Zeit, zur eigenen Zukunft" (Heckhausen 1965 b, S. 397) verfügt. Die Risiken einer Entscheidung mit ausgesprochen weiter Zukunftsperspektive lassen sich durch eine größere Spannweite der Zeitperspektive realistischer abwägen. Mit Zunahme der Dominanz der Erfolgsmotivation wächst die Spannweite der zukunftsbezogenen Zeitperspektive.

ad 6: Organisatorische Geschicklichkeit (s. den 3. Teil).

2.5.4.2 Profitmotiv und Leistungsmotivation: Die These der Gewinnmaximierung

Die Annahme der Gewinnmaximierung (Nutzenmaximierung) ist der Grundpfeiler der neoklassischen Analyse. Generationen von Nationalökonomen haben versucht, diese Stütze zu beseitigen. Die Verteidiger dieser These haben es bis heute verstanden, durch unzählige Erweiterungen, Umdeutungen, philosophisch und weltanschauliche Absicherungen den Kern der Annahme der Gewinnmaximierung über die Zeit zu retten. Es liegt uns fern, auch nur einen vorläufigen Versuch einer Gegenüberstellung der Argumente, Verteidigungsreden und einen Abriß der damit verbundenen methodologischen Verschleierungsversuche zu geben. Wir wollen lediglich aufzeigen, wie sich die These mit unseren oben entwickelten kognitiven und motivationalen Zügen einer kreativen oder unternehmerischen Persönlichkeit verträgt.

Bei der Darstellung und Kritik der Gewinnmaximierungshypothese müssen zwei Standpunkte klar unterschieden werden:

1. Die motivationale Grundlage oder die Frage der empirischen Relevanz des sogenannten Gewinnmotivs.
2. Die kognitive Grundlage oder die Frage nach der Gültigkeit der Gewinnmaximierungshypothese unter verschiedenen einschränkenden Bedingungen. [69]

Die erste Frage bezieht sich auf den Bereich unternehmerischer Motivation als eines Interaktionsphänomens zwischen Persönlichkeits- und Umweltvariablen. Die zweite Frage bezieht sich auf die kognitive Möglichkeit, die Norm der Maximierung des Gewinns (oder Nutzens) als Entscheidungskriterium im Problemlösungsprozeß zu betrachten. Hier steht also zur Diskussion, ob der Unternehmer in Abhängigkeit von bestimmten Umweltsituationen überhaupt in der Lage ist, seinen Gewinn zu maximieren, *wenn er nur wollte,* während es bei der Frage nach der Motivation darum geht, ob er seinen Gewinn maximieren will, vorausgesetzt, er könnte es. Hinsichtlich der kognitiven Fähigkeiten eines Menschen, optimale Entscheidungen zu treffen, sind wir (mit Simon) zu negativen Ergebnissen gelangt. Wir werden auf einige Aspekte noch einmal eingehen. Hinsichtlich der motivationalen Komponente unternehmerischen Handelns gibt es eine Fülle empirischer Untersuchungen, die mehr oder weniger deutlich zu belegen scheinen, daß je nach Umwelt die Wirtschaftsmenschen nicht nur auf Gewinne aus sind, sondern auch an ihren Umsatz denken, mit Marktanteilen operieren, ihre Liquidität nicht aufs Spiel setzen wollen, aber auch Bedürfnisse nach Macht, Prestige entwickeln, gelegentlich sogar als Mäzene auftreten. Wie andere Menschen auch scheinen Unternehmer also eine Menge von Bedürfnissen und Motiven zu pflegen. „Profit is one, perhaps, but they are also interested in sex, food, and saving souls.“ (Cyert und March 1963, S. 9). Es wird von Autoren, die diese oder ähnliche Motivkataloge aufführen, selten klargemacht, ob der Unternehmer sein Gewinnziel verwässert, weil er unter bestimmten und meistens alltäglichen Bedingungen überhaupt nicht weiß, auf welche Weise er seinen Gewinn maximieren kann, oder ob die sogenannten Ziele funktional im Sinne der Bestandserhaltung der Unternehmung sind, oder ob tatsächlich aufgrund unterschiedlicher persönlichkeitsspezifischer motivationaler Bezüge einem

[69] Das läßt – typisch für die hier kritisierte Vorstellung – zum Beispiel Alfred Ott (1968, S. 53) außer acht, wenn er zur „dominierenden Rolle“ der Gewinnmaximierung in der „kapitalistischen Marktwirtschaft“ ausführt: „Trotz aller Einwendungen muß diese Zielsetzung als die wichtigste und typische Zielsetzung der Unternehmer (Anbieter) angesprochen werden. Dabei kann man ... zwischen kurz- und langfristiger Betrachtung unterscheiden. Bei kurzfristiger Betrachtung sucht der Unternehmer den Periodengewinn zu maximieren, bei langfristiger Betrachtung den Gesamtgewinn mehrerer Perioden...“; siehe auch S. 120, Fn. 37.

Unternehmer die Organisation als Mittel dient, Bedürfnisse nach Macht, Prestige oder Gewinn zu befriedigen. Wenn wir davon ausgehen, daß die neoklassische Gewinnmaximierungsthese als Entscheidungskriterium für die Welt der Realität tatsächlich nicht geeignet ist, bleibt immer noch das Problem, welche Bestandteile die Zielfunktion des Unternehmers enthält, wie sich die Ziele in Abhängigkeit vom Wandel der Umwelt verändern, und welche motivationalen Bezüge, wiederum in Abhängigkeit von verschiedenen Umweltlagen, bestimmte individuelle wie organisatorische Verhaltensstile implizieren. Ein Unternehmer, der nicht weiß, wie er seinen Gewinn im neoklassischen Sinn maximieren soll, kann immer noch leistungsmotiviert, machtmotiviert oder sozialmotiviert sein. Auf der Grundlage jeder dieser Motivationskomponenten kann er sich bemühen, irgendeines der Ziele (Gewinn, Umsatz, Liquidität, Überleben) oder ein bestimmtes Mischungsverhältnis von ihnen anzustreben, um seine mit der Motivation verbundenen Bedürfnisse zu befriedigen. Unsere These besagt, daß sich Unternehmer, seien es kapitalistische, sozialistische, private oder staatliche, durch ein Vorherrschen des Bedürfnisses nach Leistung auszeichnen, und daß dieser leistungsthematische Bezug eines Unternehmers sich in einer kapitalistischen Wettbewerbswelt vorwiegend an Gewinnen orientiert. Diese bewußt vage Aussage werden wir unten präzisieren, verweisen den Leser aber hinsichtlich einer noch detaillierteren Diskussion auf den 3. und 4. Teil dieser Arbeit, da unternehmerische Verhaltensweisen ohne explizite Berücksichtigung des jeweiligen Umweltgefüges noch nicht erklärt werden können. Der zweite Teil unserer These lautet, daß das Leistungsbedürfnis als charakteristischer Zug einer kreativen Persönlichkeit auf der Ebene des psychischen Systems neben der kognitiven Komponente des Wissen oder Könnens die eigentliche Ursache von Unternehmenswachstum und volkswirtschaftlicher Entwicklung darstellt.

Die Kompliziertheit der hier zugrunde liegenden Zusammenhänge drückt sich nicht nur darin aus, daß zwischen der motivationalen und der kognitiven Grundlage der Gewinnmaximierungshypothese zu unterscheiden ist, sondern liegt auch darin begründet, daß bereits im ersten Problemkreis eine vielschichtige Interdependenz zwischen der Motivdynamik der einzelnen Individuen, ihren Rollen als Organisationsmitgliedern und der Position der Organisation im Markt besteht. Hieraus ergibt sich eine jeweils unterschiedliche Bedeutung der Funktion von Profiten, welche die einzelnen Unternehmer und ihre Organisationen anstreben. So kann Streben nach Macht zu Positionen im Markt führen (möglicherweise unter Verzicht auf Gewinne), die bei wettbewerbsbeschränkender Ausnutzung mehr Gewinne einbringen als eine leistungsthematisch begründete Position. In einer durchgehend monetarisierten Wirtschaftsgesellschaft läßt sich gar nicht vermeiden, daß die Akkumulation von Geld(-Kapital), verstanden als Abstraktion der in der Gesellschaft vorhandenen Tauschchancen (s. S. 361 f.), als Mittel zur Erreichung unterschiedlich motivierter Bedürfnisse dient. Hohe Gewinne können durch unterschiedliche Ausprägung von Motivstrukturen verursacht sein und Erfolge in nicht-ökonomischen Teilsystemen der Gesellschaft (z. B. im politischen oder sozialen Bereich) können in den ökonomischen Bereich transferiert werden, um dort Positionen aufzubauen oder zu verfestigen, die nicht leistungsbezogen sind. Es ist daher von wesentlicher Bedeutung, daß die Realisierung einer unternehmerischen oder innovierenden oder leistungsthematischen Zielsetzung einer bestimmten organisatorischen, marktlichen und politischen Umwelt bedarf. Diese muß jenseits einer noch zu präzisierenden Grenze verhindern, im Markt erworbene Positionen außermarktlich aufzuwerten, um dann erneut im Markt mit zusätzlicher Münze aufzuwarten. Hier sind Tauschprozesse zwischen ökonomischer und politischer Macht angesprochen. Denn auf Dauer läßt sich ökonomische Macht nur durch ihre Abstützung im politischen System erhalten. Anders gewendet: Eine hohe Leistungsmotivation kann die von McClelland und anderen unterstellten Wirkungen nur nach sich ziehen, wenn leistungsmotivierte Persönlichkeiten (a) in Organisationspositionen selektiert werden, die die Erfüllung unternehmerischer Funktionen erlauben und (b) „leistungsmotivierte" Unternehmen ihrerseits ihren Qualitäten entsprechende Aufstiegschancen im Markt besitzen. Dies mag als Hintergrund der folgenden detaillierten Untersuchung der Zusammenhänge dienen, wie sie zwischen der Leistungsmotivation als der Unternehmermotivation per se und dem Streben des Unternehmers nach Gewinnen bestehen.

Würden wir über eine allgemeine Theorie verfügen, welche das Entscheidungsverhalten des Unternehmers mit einem Grad der Genauigkeit vorhersagen könnte, der den rivalisierender Theorien überstiege und dennoch ohne Berücksichtigung inter-individueller Differenzen in den psychischen Systemen der Unternehmer auskäme, könnten wir auf die folgenden Ausführungen verzichten. Dies ist im übrigen die Position von neoklassischen Verteidigern der traditionalen Theorie der Unternehmung. Sie behaupten nicht unähnlich einem Psychologen, der das Gebaren einer Ratte in einer Skinner-Box untersucht, sie könnten das Verhalten des Individuums vorhersagen, ohne zu wissen, wie es seine Entscheidungen treffe. Man weist diese Argumentation gewöhnlich mit dem Einwand zurück, das Einzelverhalten eines Wirtschaftssubjektes zu erklären, sei gar nicht der Zweck der neoklassischen Theorie. Es gehe überhaupt nicht um tatsächliche Reaktionen, sondern, wie Fritz Machlup in einer Verteidigungsschrift ausspricht, um die Wirkungen von „hypothetical reactions of numerous anonymous ‚reactors' (symbolic firms) ... In this causal connection the firm is only a theoretical link, a mental construct helping to explain how one gets from the cause to the effect" (Machlup 1967,

S. 9 f.). Wir haben größte Schwierigkeiten, diese Auffassung sogar für Typen von Verhaltensweisen zu akzeptieren, die Machlup gewöhnlich unterstellt (Reaktionen auf *exogene* Störungen wie Zollerhöhungen, Lohnsatzänderungen etc.). Hinsichtlich der Untersuchung unternehmerischen, d. h. innovierenden Verhaltens scheint uns diese Position unhaltbar zu sein.[70] Was die Relevanz der Gewinnmotivierung angeht, erlaubt diese Position allerdings mühelos, Angriffe auf das Maximierungspostulat elegant abzuwehren. Die Erklärung des Verhaltens individueller Unternehmen wird nicht zur Diskussion gestellt; andererseits kann die Hypothese der Gewinnmaximierung, die nur auf individual-konkreter Basis überhaupt einen Sinn besitzt, für die Ableitung der aggregierten Marktzusammenhänge nicht aufgegeben werden, sofern sie nicht als fiktive Modellprämisse zur Deduktion tendenziell gleichgewichtiger Preis-Mengen-Kombinationen von Gütern dient.[71] So kommt es zur bekannten „Black-box"-Erklärung menschlichen Verhaltens: Auf irgendeine nicht interessierende oder nicht zu ermittelnde Weise maximiert das Wirtschaftssubjekt eben seinen Gewinn (Nutzen). Machlup (und andere) werden so gezwungen, den Wirtschaftsmenschen mit „hypothetischen Genen", Atomen, Elektronen zu vergleichen und müssen Analogien wie die des „theoretischen Autofahrers"[72] bemühen, um die Kritik der kognitiven Überforderung zurückzuweisen.

---

[70] Sie wird von Machlup selbst auch nicht vertreten (siehe oben 2.4.1). Ähnliches gilt für Schumpeter. Auch er trennt strikt zwischen den Motiven von Wirtschaftsmenschen in Systemen wirtschaftlichen Gleichgewichts und der Motivation unternehmerischen Handelns in sich entwickelnden Wirtschaftssystemen. Beides auf ein „Motiv der Bedürfnisbefriedigung" oder der Maximierung des subjektiven Erwartungsnutzens, wie es die moderne Entscheidungstheorie nennt, zusammenzuziehen, heißt die Theorie „zur Tautologie" zu machen (Schumpeter 1964, S. 134).

[71] Dieser entscheidungslogische Unterbau der Marktsoziologie scheint mir die einzig zu rechtfertigende Interpretation des Gewinnmaximierungstheorems zu sein. Sie wird (siehe oben Abschnitt 2.4.1) vor allem von Schumpeter und Machlup vertreten. Insbesondere Schumpeter versucht deutlich zu machen, daß die Annahme der Gewinnmaximierung mit irgendwelchen psychischen Motiven („Gewinnmotiv") des Wirtschaftshandelns nichts zu tun hat. Das Maximumtheorem dient lediglich dazu, Gleichgewichtspositionen zu deduzieren. Allerdings verliert dieser Ansatz seine methodologische Unschuld, wenn man erstens wie Schumpeter, Machlup und andere behauptet, in der realen Welt würden sich tatsächlich – zumindest tendenziell – Bewegungen zum Gleichgewicht einstellen (eine empirische, keine logische Frage) und zweitens diese Behauptung mit der Aussage verknüpft, die Bewegungen zum Gleichgewicht kämen durch gewinnmaximierendes Verhalten der Marktteilnehmer zustande. Man kann sich durchaus vorstellen – unterstellt, es gäbe tendenzielle Bewegungen zum Gleichgewicht –, daß die Handlungen der Marktteilnehmer, welche die Gleichgewichtstendenzen hervorrufen, nicht gewinnmotiviert sind. Zumindest in seiner Innovationstheorie deutet Schumpeter an, daß dies der Fall sein könnte.

[72] "The theoretical automobile driver has to estimate ... the speeds of three vehicles and the distances between them, and to perform calculations involving

Im ersten Teil dieser Arbeit haben wir nachgewiesen, daß Probleme des Wachstums, der Entwicklung, der Innovation durch Theorien einfacher und statistischer Erscheinungen nicht adäquat untersucht werden können. Ansätze zur Erklärung von Entwicklungs- und Wettbewerbsprozessen können mit dem neoklassischen Ansatz nicht einmal formuliert werden (ausführlicher im vierten Teil). Diese Fragen interessieren jedoch, wenn nach der kognitiven und motivationalen Basis der Gewinnmaximierungsthese gefragt wird. [73]

1. Motivationale Aspekte

Die Leistungsmotivationstheorie geht davon aus, daß hochmotivierte Leute bedeutend Besseres leisten, wenn sie eine positive und konkrete Bestätigung ihrer Leistung erfahren. Umgekehrt gilt dann aber auch: Wer eine konkrete Bestätigung seines Leistungserfolges wünscht, muß auch ein größeres Risiko in bezug auf Fehlschläge in Kauf nehmen. Hochmotivierte (Unternehmer) interessieren sich für eine unmittelbare Rückkopplung der Wirkungen ihres Handelns „in excellence for its own sake, rather than for rewards of money, prestige, power. Men high in n-achievement will not work harder at a task when money is offered as a reward" (McClelland/Winter 1969, S. 23). [74] Hier geht es um „Erfolghabenwollen des

---

potential acceleration and a few other things, before he could decide to overtake the truck ahead of him. An actual driver simply 'sizes up' the situation and goes ahead." (Machlup 1967, S. 6 Fn.)

[73] Wir werden im folgenden lediglich die motivationalen Aspekte der Gewinnmaximierungsthese etwas ausführlicher darstellen, da über die Problematik der kognitiven Basis dieses Theorems ausgezeichnete Untersuchungen verfügbar sind (siehe Kupsch 1973 und Reber 1973).

[74] Die Frage, ob und in welchem Umfang die Aussicht auf Geld motiviert, ist mit diesem Zitat selbstverständlich nicht beantwortet. Die Theorie der Leistungsmotivation gibt hierzu einige aufschlußreiche Hinweise. Hinsichtlich der Wirksamkeitsmotivation vermutete White (1959), motivbefriedigend sei nicht die Erreichung einer Wirkung (die z. B. durch Geldbeträge belohnt wird), sondern das Verhalten selbst. Diese Aussage ist von der Theorie der Leistungsmotivation spezifiziert worden: Erfolgsmotivierte nehmen auch dann freiwillig leistungsbezogene Aufgaben in Angriff, wenn keine anderen Motive, wie Streben nach Geld, Macht, Prestige angeregt oder verhaltenswirksam sind. Andererseits vollziehen Mißerfolgsmotivierte keine leistungsbezogenen Tätigkeiten, solange nicht andere, nämlich extrinsische Motive (wie Geld), angeregt werden (Atkinson 1964; Weiner 1975, S. 55). Gewinn und Verlust werden gelegentlich als Bestandteile eines finanziellen Sanktionsmechanismus (Belohnung–Strafe) verstanden. Dieser Aspekt extrinsischer Motivation, der der Skinnerschen Kausalkette Reiz–Reaktion und Belohnung–Strafe folgt, ist jedoch streng zu unterscheiden von der Vorstellung der Leistungsmotivationstheorie, nach der das Ausmaß von Gewinnen und Verlusten über Erfolg und Mißerfolg informiert, also Informationen über die eigene Tüchtigkeit liefert, und nur in diesem Sinne motivierend wirkt. Gewinne und Verluste haben aus motivationstheoretischer Sicht andere

Erfolges als solchen wegen ...", um Wagen „um des Änderns und Wagens und gerade der Schwierigkeiten willen" (Schumpeter, 1964, S. 138 ff.). Es bedarf keines ausführlichen Hinweises, daß die im Marktprozeß durch Geld rechenbar gemachten Wirkungen unternehmerischen Handelns einen relativ objektiven und präzisen Maßstab des Leistungserfolges abgeben. Gewinn und Umsatz vermitteln die konkrete Kenntnis der Ergebnisse unternehmerischer Entscheidungen und Anstrengungen: „Gewinngröße als Erfolgsindex – oft nur in Ermangelung eines anderen – und Siegespfosten" (Schumpeter 1964, S. 138). Dies hat sehr wenig mit dem sogenannten Profitmotiv zu tun. Nicht Gewinn ist die Motivationskomponente. „The goal of achievement-oriented activity is to succeed, to perform well in relation to a standard of excellence or in comparison with others who are competitors (Atkinson 1968, S. 27). McClelland deutete an, daß Gewinn nicht das einzige Leistungsmaß des Unternehmers sein muß, daß also je nach Umwelt und Wirtschaftsordnung andere quantifizierende Maßstäbe als Leistungsstandard bestehen können. Die Theorie der Leistungsmotivation sagt voraus, daß eine erfolgsmotivierte Person ein unmittelbares Interesse an der direkten Quantifizierung des „how well he is doing" hat. „In a sense, expansion of labor force, output, and investment are more immediate and obvious indicators of ‚growth' than profits are. Profits are secondary measures derived usually (but not always of course) from expansion and growth" (McClelland und Winter 1969, S. 14). Das Gewinnziel ist also kein notwendiger Bestandteil der Unternehmermotivation, es dient vielmehr als Maßstab des Leistungserfolgs, als „sozial verbindlicher Gütemaßstab für die Tüchtigkeit des Einzelnen" (Heckhausen 1965 b, S. 390), und entsprechend als Indikation für die Schwierigkeit einer Aufgabe. Das Schlüsselmotiv der Unternehmerinitiative ist hohe erfolgszuversichtliche Leistungsmotivation, nicht Gewinnstreben. Das Gewinnstreben ist daher zunächst kein Problem der Motivation, sondern der jeweiligen Umwelt, mit der ein Unternehmer interagiert. In Abhängigkeit vom organisatorischen Gefüge und dem Marktgefüge sind unterschiedliche Leistungsorientierungen zu erwarten, die dann als „Ziele" umgedeutet werden, aber mit der Motivation des Handelns nur sekundär in Verbindung gebracht werden können. Der leistungsthematische Bezug zur Umwelt kann sich in der Verfolgung verschiedener Ziele ausdrücken. Das Gewinnziel oder „Profitmotiv" kann dabei empirische Relevanz nur in ganz be-

---

Wirkungen als aus neoklassisch-behavioristischer Perspektive. So führen zum Beispiel Gewinne nicht – wie bei Gültigkeit des einfachen Bekräftigungsprinzips – zur Wiederholung des gewinnverursachenden Verhaltens, sondern zur Aufgabe des Verhaltens und zur Suche nach neuen, schwierigeren, stärker herausfordernden Aufgaben. Und Verluste führen nicht zur Aufgabe des Verhaltens, sondern können bei entsprechender Kausalattribuierung motivierend wirken, d. h. die Wahrscheinlichkeit erhöhen, daß die Person dieselbe Handlung noch einmal wiederholt.

stimmten Umweltkonstellationen beanspruchen, vornehmlich solchen, die sich durch ein Vorherrschen von „Wettbewerb“ auszeichnen. Wir folgen so einerseits der Ansicht von Alchian (1950), Wettbewerb selektiere jene Unternehmungen, die die höchsten Gewinne machen; weisen jedoch den zweiten Teil seiner These zurück, die Selektionsfunktion des Wettbewerbs manifestiere sich in einem Zufallsprozeß.[75] Zufallselemente spielen eine Rolle, aber nur hinsichtlich von Einzelschicksalen, nicht tendenziell in der Arbeitsweise der selektiven Mechanismen einer Wettbewerbsordnung. Nur in speziellen Fällen ist also die Gewinnerzielung Ausdruck unternehmerischer Leistungsmotivation.[76] In Wettbewerbsprozessen werden die Unternehmer, die die höchsten Gewinne erzielen, in jener Gruppe von Marktteilnehmern zu finden sein, deren Persönlichkeit wir kreativ nannten.

Fassen wir unsere Diskussion zusammen: Leistungsmotivation als Ausdruck der Unternehmermotivation orientiert sich nur bei Vorherrschen bestimmter organisatorischer und marktlicher Umweltlagen an der Gewinnerzielung. Und zwar deswegen, weil nur in diesen speziellen Fällen das Bedürfnis des Unternehmers, sein Verhalten an einem präzisen Maßstab zu orientieren, mit der Notwendigkeit zusammenfällt, Gewinne erzielen zu müssen, um im Wettbewerb zu überleben. Die Realisierung dieses Ziels kann vom Verfolgen bestimmter Zwischenziele abhängen. Auch Nichtunternehmer (im oben definierten Sinn) müssen sich am Gewinnziel orientieren, sie haben jedoch tendenziell gesehen nur geringe Chancen gegenüber kognitiv und motivational „überlegenen“ Unternehmern, im Markt zu überleben oder abgeschwächt, Spitzenpositionen in der Markthierarchie zu bekleiden.

Wenn wir Nicht-Wettbewerbslagen unterstellen, wird die Argumentation außerordentlich kompliziert. Verkürzt gesagt handelt es sich darum, daß in solchen Umweltsituationen andere Selektionsmechanismen wirken, somit auch andere Persönlichkeitssysteme selektiert werden, die nicht mehr denjenigen der kreativen Persönlichkeit entsprechen müssen. Dies hat auch Rückwirkungen auf die Zielsetzungen der Unterneh-

---

[75] Das ist eine typisch neoklassische Interpretation der Beziehung zwischen Wettbewerb, Verhalten und Motivation. Tüchtigkeit und Anstrengung werden nicht als wesentliche Bestimmungsgründe des Leistungsverhaltens aufgefaßt. Erfolg und Mißerfolg, als Gewinn und Verlust gedeutet, werden in ihrem Ausmaß unkontrollierbaren, stochastisch wirkenden externen Faktoren zugeschrieben. Also eine „mißerfolgsmotivierte“ Deutung ökonomischen Verhaltens.

[76] Und nur in diesen Fällen können wir Sombarts Charakterisierung des Unternehmerverhaltens folgen: „Was also auch immer der Unternehmer sonst noch wollen mag, welchem Zweck auch immer sein Wirken subjektiv unterstehen mag: immer muß er, weil er kapitalistischer Unternehmer ist, das Gedeihen, das erfolgreiche Wirken der kapitalistischen Unternehmung wollen, das ist aber die Gewinnerzielung“ (1928, S. 36 f.).

mungen, die wiederum sehr allgemein gesagt, nun über größere „Ermessensspielräume“ verfügen, vom Gewinnziel abzuweichen.

Was über den Einfluß unterschiedlicher Marktgefüge auf Zielsetzung und Verhalten eines Unternehmers gesagt wurde, gilt grundsätzlich auch für den Einfluß verschiedener Organisationsstrukturen auf das Verhalten der Organisationsmitglieder. Auch hier ist zwischen motivationalen und kognitiven Faktoren zu trennen, also zwischen dem, was die einzelnen Mitglieder wollen und dem, was sie können. Das Problem wird noch komplizierter, wenn wir berücksichtigen, daß das Organisationssystem nicht geschlossen, sondern gegenüber seiner marktlichen Umwelt offen ist, also keine Autonomie besitzt, seine Struktur unabhängig von den Erfordernissen seiner Umwelt zu gestalten. Wenn man Gewinnmaximierung aller Marktteilnehmer unterstellt, werden solche Erörterungen belanglos, weil die Möglichkeit Gewinne zu maximieren, an eine ganz bestimmte – aber bei allen Unternehmen als identisch betrachtete – Gestaltung organisatorischer Abläufe gebunden ist. Die Annahme der Gewinnmaximierung ist also nicht nur wegen ihres begrenzten theoretischen wie normativen Gehalts außerordentlich fragwürdig, sondern sie erschwert auch die Suche nach alternativen Erklärungseinfällen.

2. *Kognitive Aspekte*

Wenden wir uns nun den kognitiven Aspekten der These der Gewinnmaximierung zu. Wir beschränken uns dabei auf Probleme, die mit der Existenz von Ungewißheit verbunden sind und lassen Probleme, die sich aus der organisatorischen Komplexität des Entscheidungsprozesses und Zielkonflikten ergeben, außer acht. Wir unterstellen dabei den Fall, der in der neueren Entscheidungstheorie als der komplizierteste betrachtet wird und auf den sich die Verteidiger der Gewinnmaximierungshypothese zurückzuziehen pflegen: Entscheidungen bei (strukturierter) Ungewißheit, in der der Entscheidende über subjektive oder intuitive Wahrscheinlichkeiten der Konsequenzen alternativer Handlungen verfügt. Für unsere Argumentation sind drei Prämissen dieser Theorie von Bedeutung:

1. Der Entscheidende ist „ein rational handelndes Individuum, ein homo oeconomicus, der mit unbegrenzter Rechenkapazität und unbegrenzten logischen Fähigkeiten ausgestattet ist und dem auch das Nachdenken keine Unlust verursacht“ (Menges 1969, S. 83).
2. Weiterhin werden vorgegebene Alternativen und die Ergebnisse unterschiedlicher Zustände der Welt als bekannt unterstellt (Annahme einer gegebenen Entscheidungsmatrix); Angaben über vorgelagerte Prozesse der Suche nach Alternativen werden nicht gemacht. Zusätzlich wird vorausgesetzt, daß die Konsequenzen jeder Alternative ermittelt,

zumindest subjektive Wahrscheinlichkeitsverteilungen erstellt werden können.

3. Die Entscheidungstheorie geht von einer Unabhängigkeit zwischen Wahrscheinlichkeitsverteilung und Erwartungsnutzen aus. Diese Eigenschaft wird als Substitutionsaxiom bezeichnet (Schneeweiß 1967, S. 74 f; Menges 1969, S. 61 ff.).

ad 1: Wir haben oben gezeigt, daß von einer Reihe von Autoren, vor allem im Anschluß an H. A. Simon, heuristische Prinzipien als realistische Alternative zu einem an die beiden ersten Voraussetzungen gebundenen Entscheidungsverhalten betrachtet werden. Die Kritik der Carnegie-Schule ist jedoch von der modernen mathematisch-statistischen Entscheidungstheorie kaum aufgenommen worden, so daß wir es heute mit zwei im Grunde sich unabhängig voneinander entwickelnden Entscheidungstheorien zu tun haben. Unsere Kritik an der Carnegie-Richtung impliziert auch eine Kritik der formalen Entscheidungstheorie. Der Kritik von Simon u. a. an den Prämissen der Entscheidungstheorie schließen wir uns an und verzichten daher auf ein erneutes Vortragen der Argumente [77]

ad 2: Die Unterstellung gegebener Alternativen ist ein gleichermaßen nützlicher wie charakteristischer Bestandteil der modernen Entscheidungstheorie wie der traditionalen Neoklassik. Daraus ergibt sich allerdings eine Reihe von Schwierigkeiten:

(i) Eine gegebene Entscheidungssituation wird dadurch nur in bezug auf die möglichen Alternativen und deren Ergebnisvektoren erfaßt. „Andere situative Einflußgrößen werden entweder als irrelevant erachtet, oder sie schlagen sich, für den externen Beobachter unerkennbar, in Nutzen- oder Wahrscheinlichkeitsmodifikationen nieder.“ (Kupsch 1973, S. 152). Die Annahme gegebener Alternativen und ihrer Situationsneutralität verhindert eine Überprüfung der Entscheidungsregeln bzw. Kriterien, denen die ausgewählten, von der jeweiligen Entscheidungssituation unabhängigen, aber „gegebenen“ Alternativen ihre Existenz verdanken (Problem des unendlichen Regresses). Die Annahme gegebener Alternativen bewirkt ferner eine willkürliche Eliminierung jener Entscheidungsalternativen oder Handlungsmöglichkeiten, für welche im Entscheidungsbaum sozusagen keine Äste vorgesehen sind – der in primären Denkprozessen entstandenen neuartigen Problemlösungen.[78]

---

[77] Siehe die Schriften von Simon, Kirsch, Klein und die Aufnahme der Kritik bei Schneeweiß 1967, S. 79 ff., sowie die ausführliche Diskussion der Maximierungsmodelle bei Kupsch (1973) und Reber (1973).

[78] „Wie sich denken läßt, ist die Hauptschwierigkeit, die der Anwendung der Entscheidungstheorie entgegensteht, das Informationsproblem. Der Entscheidende muß eine ganze Menge wissen, damit er überhaupt eine Entscheidungsanalyse durchführen kann. Er muß zunächst die möglichen Aktionen kennen, die ihm zur Verfügung stehen. Diese Kenntnis ist oft nicht ohne weiteres gegeben. Gerade radikale,

Die Spezifizierung aller Handlungs- bzw. Entscheidungsalternativen wirft Probleme auf, die innerhalb des Maximierungsansatzes nicht lösbar sind. Sollen die logisch oder tatsächlich möglichen oder die relevanten Alternativen in die Entscheidungsmatrix eingehen, welche dann schließlich dem Kalkül zugrunde liegt (siehe ausführlicher Michalos 1974)? Aufgrund welchen Kalküls oder welcher Überlegungen gelangt das Entscheidungssubjekt zu jener anscheinend maximal effizienten, gegebenen Entscheidungsmatrix, ohne in einen infinitiven Regreß hineinzusteuern? Prinzipiell, das heißt innerhalb der Logik geschlossener entscheidungstheoretischer Modelle, sind keine Regeln verfügbar, welche die nutzenmaximierende Suche nach einer effizienten Entscheidungsmatrix beenden könnten. Nach der Maximierungsregel, von der Theorie als Kriterium der Handlungsrationalität vorgestellt, kann es gar keine rationale Wahl oder kein rationales Handeln geben, weil sie keine Anweisung enthält, wie eine maximaleffiziente Entscheidungsmatrix, aus der die Nutzen maximierende Entscheidungsalternative zu gewinnen wäre, aufzustellen ist. Die Maximierungsregel schließt ihre eigene Anwendung aus. Das entscheidungstheoretische Konzept der Maximierung im Hinblick auf die alternativen Ergebnisse von Handlungsmöglichkeiten (Theorie der Wahlakte) scheint daher bereits aus logischen Gründen höchst fragwürdig.

(ii) In der Regel bleibt diese Schwierigkeit unsichtbar, weil man die Entscheidungsmatrix als einen gedanklichen Ausgangspunkt und nicht selbst als Problem betrachtet. Die Annahme einer gegebenen Entscheidungsmatrix verdeckt das Verhalten der Individuen bei der Suche nach Information. [79] Sie verdeckt auch die organisatorischen Konflikte, die mit der Suche nach und der Evaluierung von Entscheidungsalternativen normalerweise verbunden sind. [80]

---

inopportune und zukunftsweisende Aktionen unterliegen der Gefahr, nicht als mögliche Alternativen erkannt zu werden" (Menges 1969, S. 31).

[79] In welchem Ausmaß sollen Informationen über das zu lösende bzw. zu entscheidende Problem gesammelt werden? Wie sollen die Maßnahmen der Informationsgewinnung auf den Alternativen- und Ergebnisraum aufgeteilt werden? (Siehe zu diesen Fragen Kupsch 1973, S. 121.) Wie verhält sich das Entscheidungssubjekt bei sich widersprechenden Informationen und/oder bei Informationen, welche Ungewißheit erhöhen? (Siehe Fußnote 54.)

[80] Der durch das Auftreten von nicht-kalkulierbarer Ungewißheit notwendig werdende Verzicht auf das Axiom der Gewinnmaximierung macht Platz für andere Verhaltensannahmen bezüglich der Auswahl von Alternativen, einer Auswahl, der das Prädikat „optimal" nicht mehr zugewiesen werden kann. Freeman (1974, S. 251 f., 230 f.) kommt nach Überprüfung des Entscheidungsverhaltens von Unternehmen hinsichtlich der Auswahl innovativer Alternativen zu dem Ergebnis: "... the empirical evidence confirms that decisionmaking in relation to R and D projects or general strategy is usually a matter of controversy within the firm. The general uncertainty means that many different views may be held and the situation is typically one of advocacy and political debate in which project estimates are used by interest groups to buttress a particular point of view. Evaluation techniques and

(iii) Die dritte Schwierigkeit bezieht sich auf die Unterscheidung, ob das Eintreffen positiver und negativer Ergebnisse bei Wahlsituationen zufalls- oder fähigkeitsabhängig ist. Im Gegensatz zu Entscheidungssituationen, in denen vom einzelnen oder der Entscheidungsgruppe nicht kontrollierbare Zufallsmechanismen für das Zustandekommen von Ergebnissen verantwortlich sind, zeichnen sich Situationen mit unternehmerischem Herausforderungscharakter gerade durch die Eigenschaft aus, daß in ihnen die Wahrscheinlichkeit des Eintretens von Ergebnissen auch von Anstrengungsaufwand und Tüchtigkeit der Individuen (bzw. der Mitglieder einer Gruppe) abhängt. Kausalattribuierungen beeinflussen Erwartungsänderungen je nach Erfolg und Mißerfolg.

In Abhängigkeit vom Ausmaß des beabsichtigten Anstrengungsaufwandes lassen sich einer Aufgabe (einer Entscheidungsalternative) verschiedene subjektive Erfolgswahrscheinlichkeiten zuordnen (Meyer 1973, S. 160 sowie oben S. 147). An Stelle einer Situationsneutralität bzw. zufallsbestimmten Entscheidungssituation müssen wir nicht nur von einer Interaktion von Individuum und Umwelt ausgehen, also interaktionsbestimmte Entscheidungssituationen zugrunde legen, sondern je nach dem Konzept der eigenen Kompetenz der Individuen von einem situativ unterschiedlichen Anstrengungsaufwand, bevorzugter Aufgabenschwierigkeit und damit unterschiedlicher Erfolgswahrscheinlichkeit der zu lösenden Probleme (siehe auch die folgende Kritik am sogenannten Substitutionsaxiom).

ad 3: Unabhängig davon, ob der Entscheidungsträger mit objektiven oder subjektiven Eintrittswahrscheinlichkeiten rechnet, schließt die Unabhängigkeitsannahme einen Einfluß der Wahrscheinlichkeitsverteilung auf die Nutzenschätzungen der betrachteten Alternativen aus. Der wesentliche Einwand gegen das Unabhängigkeitsaxiom scheint folgender zu sein: Je schwieriger eine Aufgabe zu erfüllen ist, d. h. je geringer die Erfolgswahrscheinlichkeit ist, desto höher wird ein Erfolg bei der Lösung der Aufgabe bewertet. [81] Diese Einsicht geht auf Kurt Lewin zurück und ist innerhalb der Theorie der Leistungsmotivation weiterentwickelt worden. Die Ausarbeitung dieser Einsicht setzt voraus, zwischen einem „context of chance“ und einem „context of skill“ zu unterscheiden (siehe z. B. Feather 1966, S. 38; Kogan und Wallach 1967, S. 122 sowie oben S. 139 Anmerkung 61). Entscheidungsmodelle treffen diese Unterscheidung nicht bzw. bezie-

technological forecasting, like tribal war dances, play a very important part in mobilizing, energizing and organizing." Wir werden im dritten Teil ausführlicher auf die organisatorischen Beschränkungen des Neuerungsprozesses in Unternehmen eingehen.

[81] Zu Experimenten von Veroff und Atkinson, welche diese Zweifel zu bestätigen scheinen, siehe McClelland (1971 a, S. 7, 17); zu einer Kritik der Annahme der Unabhängigkeit der Nutzenbewertung vom Grad der Gewißheit siehe auch Junne (1972, S. 130) und Kupsch (1973, S. 116 ff.).

hen sich ausschließlich auf stochastische Entscheidungssituationen (context of chance). Leistungsthematische Umweltbezüge sind aber bereits definitorisch nichtstochastischer Natur, entscheidungstheoretische Kalküle scheinen also für unternehmerisches oder innovierendes Verhalten kaum relevant zu sein. Auch eine von Edwards (1967, S. 83) erwähnte Möglichkeit scheidet aus, nach der die Beziehung zwischen Nutzen und subjektiver Wahrscheinlichkeit lediglich bedeutet, „that more valuable objectives are in fact usually harder to attain", da es sich um eine persönlichkeitsstrukturell vermittelte Beziehung zwischen den beiden Größen handelt. Vielmehr gilt: „The same goal becomes more attractive if it becomes harder to attain", so daß die unterstellte Allgemeinheit des Unabhängigkeitsaxioms angezweifelt werden muß. Der Zusammenhang zwischen Nutzen und Wahrscheinlichkeit wird in einer persönlichkeitsvermittelten Abhängigkeit des Nutzens von der Größe der Erfolgs- bzw. Mißerfolgswahrscheinlichkeit gesehen.[82] Wie wir oben gesehen haben, werden Aufgaben mittleren Schwierigkeitsgrades von Erfolgsmotivierten am höchsten bewertet.

Wie im Fall der motivationalen Grundlagen der Gewinnmaximierungshypothese können wir nun untersuchen, welche Art von kausalem Umweltgefüge hinsichtlich der kognitiven Aspekte unterstellt wurde. Wir wiesen bereits darauf hin, daß die Entscheidungstheorie von einer sogenannten stochastischen Umwelt ausgeht, in der die Wirtschaftssubjekte in der Rolle „anonymer Reaktoren" oder „hypothetischer Gene" (Machlup) auftreten. Wir werden diesen Umwelttypus als Arrow-Debreu-Walras-Welt bezeichnen (siehe 4. Teil). Die Auffassung, es gäbe einzig-richtige bzw. optimale Lösungen, impliziert, daß auch die Organisation wie der anonyme Reaktor als gegenüber der Umwelt geschlossenes System erscheint (mechanistischer Organisationstyp, siehe 3. Teil). Eine solche Organisation kann in sich verändernden Umwelten nicht überleben. Sie muß die Entscheidungskompetenz außerhalb oder oberhalb der Organisationshierarchie ansiedeln. Der Tatsache der Umweltoffenheit wird so durch einen Kunstgriff Rechnung getragen, der allerdings in seiner organisatorischen Auswirkung bedeutsame Konsequenzen hat. Er impliziert die zweck-optimierende Gestaltung organisatorischer Abläufe im Sinne eines Maschinen-Befehlsmodells.

---

[82] Vor diesem Hintergrund ist auch die Kritik von Heckhausen zu verstehen, daß „bei einem mathematisierten Wahrscheinlichkeitskalkül ..., wie es die informationstheoretische Behandlung menschlicher Entscheidungsvorgänge mit sich bringt, von vornherein sinnvolle Ansätze eliminiert sind, und der Entscheidungsakt letztlich auf ein affekt- und bedürfnisfreies Kalkül zusammenschrumpft" (1963, S. 121). Diese Vorstellung ist explizit in den Voraussetzungen der Entscheidungstheorie enthalten; sogar beim Glücksspiel wird „Abwesenheit der Lust am Spielbetrieb" (Schneeweiß 1967, S. 76) verlangt.

Zusammenfassend können wir sagen, daß sich die der Pflege des Optimalprinzips widmende Entscheidungstheorie weder von einer Theorie der Persönlichkeit noch von einer Sozialtheorie her rechtfertigen läßt. Die moderne Entscheidungstheorie und die von ihr aufgestellten Entscheidungsnormen wie „Maximiere den Gewinn!" sind nur für einen begrenzten Bereich von Entscheidungsproblemen relevant. Das Anwendungsgebiet der Entscheidungstheorie läßt sich nur erweitern, wenn man die Welt ihren Voraussetzungen entsprechend organisiert. Ihr Vordringen könnte man mit jenem Trend identifizieren, den Max Weber bei der dem Rationalprinzip folgenden Bürokratisierung der kapitalistischen Welt beobachtete. Vor allem der zunehmende Einsatz maschineller Intelligenz könnte den Anwendungsbereich des „maximization approach" ausdehnen.[83] Daß solchen Entscheidungen weder in kognitiver noch motivationaler Hinsicht unternehmerische „Qualität" zukommt, haben wir ausführlich begründet. Weiterhin läßt sich die Gewinnmaximierungshypothese mit einer positiven Theorie der Entstehung und Funktion von Profiten kaum in Verbindung bringen. Wenn Profite aus Ungewißheit bzw. deren Reduktion entstehen – wie wir oben dargelegt haben –, gewinnmaximierendes Verhalten bei Ungewißheit aber nicht möglich ist, würde die Möglichkeit der Gewinnmaximierung die Abwesenheit dessen implizieren, was maximiert werden soll, des Profits. Gewinne, die in einer zukunftsoffenen, wettbewerblich geordneten Wirtschaft entstehen, können nicht durch gewinnmaximierendes Verhalten entstanden sein (von ex post rationalisierten Zufallstreffern abgesehen).

Wir sind somit zu dem Ergebnis gekommen, daß aus motivationaler wie kognitiver Sicht das Gewinnmaximierungstheorem nicht zur Erklärung innovativen Verhaltens herangezogen werden kann. Bemüht man das Maximumprinzip jenseits der ihm von Schumpeter zugewiesenen Funktion (als methodisches oder heuristisches Hilfsmittel zur Bestimmung von Gleichgewichtspositionen) als Realprämisse zur Beschreibung und Erklärung tatsächlichen Verhaltens von Unternehmen, wird es zu einer Leerformel, das heißt zu einer Aussage ohne Erklärungskraft. In einem wettbewerblichen Marktsystem beobachten wir Unternehmen, die expandieren, stagnieren, schrumpfen, die Verluste machen und auch in Konkurs gehen. Folgt man der neoklassischen Theorie, maximieren alle diese Unternehmen ihren Gewinn (bzw. minimieren ihren Verlust). Welche Information über das Verhalten dieser Unternehmen gewinnen wir mit dieser Aussage? Offensichtlich gibt es *unterschiedliche* kognitive und motivationale Fähigkeiten (Kompetenzen) der Unternehmen, Gewinne zu er-

[83] "... the domain of applicability of the classical model in the explanation for business behavior may well be expected to increase over time with the expanding use of the computer as a decision tool and increasing reliance on the advice of the operations analyst" (Baumol und Stewart 1971, S. 138).

wirtschaften; und diese unterschiedlichen Fähigkeiten scheinen dafür verantwortlich zu sein, daß einige dieser Unternehmen expandieren, andere stagnieren usw. Wir brauchen Hypothesen, die uns über das unterschiedliche Verhalten und die Leistungsfähigkeit von Unternehmen informieren, unterschiedlich hohe Gewinne zu machen. Warum Unternehmen unterschiedlich hohe Gewinne machen, ist durch das Profitmotiv offensichtlich nicht zu erklären. Auf die Frage, warum einige Unternehmen innovieren oder expandieren oder stagnieren zu antworten: weil sie die Gewinne maximieren (wollen), ist genauso aufschlußreich wie auf die Frage, weshalb ein bestimmter Mann einen Wettlauf gewonnen hat, zu antworten: weil er die schnellste Zeit laufen wollte. Alle Teilnehmer am Lauf wollten die schnellste Zeit laufen. Der Erfolg des Schnellsten muß daher eine andere Basis haben als den Wunsch, die schnellste Zeit laufen zu wollen. Soll der Trainer den verlierenden Läufern etwa sagen: Du hast versagt, weil Du nicht schnell genug gelaufen bist oder nicht schnell genug laufen wolltest? Das wäre eine völlig leere und auch sozialtechnologisch völlig unbrauchbare Analyse der Situation.

Die Prämissen der Gewinnmaximierung bzw. Nutzenmaximierung und die Theorie der Leistungsmotivation gehören unterschiedlichen theoretischen Ansätzen an. Im einen Fall handelt es sich um heuristische Prinzipien für die Konstruktion gleichgewichtsanalytischer Aussagesysteme; im anderen um Hypothesen zur Erklärung empirisch beobachtbaren Verhaltens. Daraus folgen auch unterschiedliche Sozialtechnologien und Vorstellungen über die Rationalität menschlichen Verhaltens. Ein Gleichgewichtssystem läßt sich „ohne alle Berücksichtigung von Motiven" konstruieren. Sieht man – wie die neoklassische Ökonomie – in der Nutzenmaximierung die Ratio des Wirtschaftens, ist das Verhalten eines Unternehmers „überhaupt irrational oder von einem anders gearteten Rationalismus." (Schumpeter 1964, S. 132, 134).

2.5.4.3 Eine Theorie optimaler unternehmerischer Herausforderung

2.5.4.3.1 Bestimmungsgründe der Aufgabenschwierigkeit

Da bei Problemen mittlerer Schwierigkeit die aufsuchende leistungsbezogene Motivierung maximal ist, ist es interessant zu wissen, welche Faktoren den Schwierigkeitsgrad einer Aufgabe bestimmen, eine Frage, mit der sich die Motivationspsychologie kaum beschäftigt hat. Wenn von Problemen mittlerer Aufgabenschwierigkeit die günstigsten motivationalen Wirkungen ausgehen, wäre diese Aussage auch innovationstheoretisch interessant. Es wäre zu vermuten, daß Neuerungen mit mittlerem Herausforderungsgrad die größten Chancen hätten, von erfolgsmotivierten Unternehmen übernommen zu werden. Der Grad der

Aufgabenschwierigkeit wäre eine wichtige Determinante im Diffusionsprozeß von Neuerungen. Die theoretische Verknüpfung würde auf kognitiver Ebene durch die Problemanalyse und Identifikation im Neuerungsprozeß erfolgen.

Ausgehend von theoretischen Überlegungen und empirischen Befunden der Diffusionsforschung [84] möchten wir fünf Merkmale von Neuerungen in unserem Kausalmodell des Neuerungsverhaltens berücksichtigen (siehe Abbildung). Diese Merkmale werden von den Individuen subjektiv als verschiedene Dimensionen der Schwierigkeit einer Aufgabe (AS) wahrgenommen. [85]

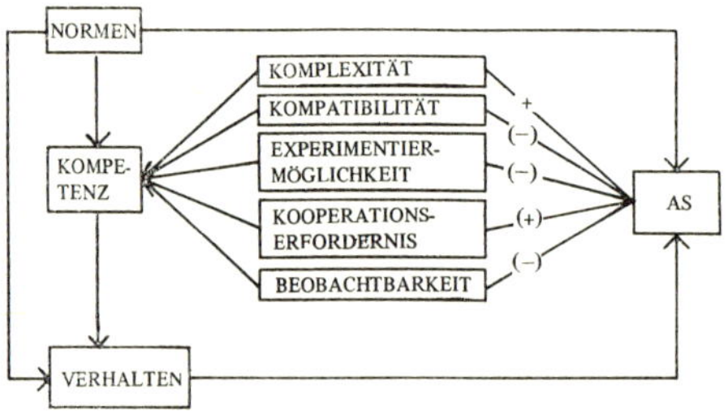

Abb. 6

Unsere grundlegende Aussage zur Bestimmung des Schwierigkeitsgrades einer Aufgabe (des Herausforderungsgrades der Umwelt) lautet wie folgt: Je geringer die Kompatibilität, die Experimentiermöglichkeit und die Beobachtbarkeit und je größer die Komplexität und das Kooperationserfordernis einer Aufgabe (einer Neuerung) sind, desto höher ist der Schwierigkeitsgrad einer Aufgabe.

1. *Kompatibilität* ist der Grad, in dem eine Aufgabe, ein Problem, eine Neuerung als übereinstimmend mit den existierenden Werten und vergangenen Erfahrungen eines Individuums wahrgenommen wird. Wird eine Person mit einer neuen Aufgabe konfrontiert, wird sie versuchen, das Neue mit Hilfe ihrer persönlichen Erfahrungen und ihrer kulturellen Werte zu analysieren und eine Identifikation zwischen einem Element des Neuen und des Vertrauten herzustellen. Auf der Grundlage seiner früheren Erfahrungen und seines Wertesystems formuliert ein Individuum seine Vermutungen und Schätzungen über das, was für ihn Gleichheit zwischen Bestandteilen der alten und der neuen Konfiguration bedeutet. Je mehr Möglichkeiten bestehen, eine neue Aufgabe (Neuerung) mit überlieferten Dingen, Ideen, Verhaltensweisen und Werten zu verknüpfen und

[84] Vgl. Rogers 1962, Rogers and Shoemaker 1971, Röpke 1970 a, Kaufmann und Schmidt 1976.

[85] Auf die Beziehung zwischen Normen und Aufgabenschwierigkeit gehen wir im nachfolgenden Abschnitt ein.

an früheren Erfahrungen zu überprüfen, desto leichter kann sie analysiert und mit Bestandteilen vertrauter kognitiver Gestalten identifiziert werden.

2. Unter *Komplexität* verstehen wir die Zahl der möglichen Zustände, die ein System (hier ein Problem, eine Aufgabe, eine Neuerung) einnehmen kann. Sie ist abhängig vom Grad der Kompliziertheit (der Zahl und der Unterschiedlichkeit der Elemente des Systems) und dem Grad der Dynamik (der Häufigkeit, Intensität und Ungewißheit), mit welcher sich die Elemente des Systems ändern (s. ausführlich S. 256 f.).

3. Unter *Experimentiermöglichkeit* kann man den Grad verstehen, mit dem eine Neuerung in kleinem Umfang ausprobiert, in dem eine Aufgabe in Teilschritten gemeistert oder ein Problem in Teilprobleme zerlegt und gelöst werden kann.

4. Das *Kooperationserfordernis* läßt sich als der Grad definieren, in dem eine Person bei der Meisterung einer Aufgabe (Lösung eines Problems, Übernahme einer neuen Idee) auf die Mitwirkung anderer angewiesen ist. Die Meisterung von Aufgaben hat also eine organisatorische Dimension.

5. Mit *Beobachtbarkeit* läßt sich der Grad bezeichnen, mit dem die Ergebnisse der Meisterung der Aufgabe (der Problemlösung, der Annahme einer Neuerung) sichtbar und nachprüfbar sind.

Der Grad der Ausprägung eines Merkmals ist nicht unabhängig vom Grad der Ausprägung eines anderen Merkmals, das heißt die Merkmale sind miteinander verknüpft. Untersucht man diese Verknüpfung, so stellt man eine Kovariation der Ausprägung aller Merkmale mit dem der Komplexität fest. So wird sich mit zunehmender Komplexität (und abnehmender Kompatibilität) einer Aufgabe der Grad der Experimentiermöglichkeit verringern: Komplexere Aufgaben erfordern Beachtung der wirkungsmäßigen und zeitlichen Verknüpfung der Elemente und weniger kompatible Aufgaben verringern die Möglichkeiten, Experimente durchzuführen, weil weniger Verknüpfungspunkte mit traditionalen Werten und Erfahrungen bestehen. Mit zunehmender Komplexität und damit abnehmender Experimentiermöglichkeit erhöht sich das Kooperationserfordernis einer Aufgabe. Die Beobachtbarkeit wird mit zunehmender Komplexität und wachsendem Kooperationserfordernis abnehmen. Der Grad der Komplexität taucht also in allen Merkmalen als wesentliche Determinante des Umfangs der Merkmalsausprägung auf. (Ausnahme Kompatibilität.)[86] Die Zunahme der Komplexität von Problemen ist

[86] Das Merkmal Kompatibilität gewinnt mit zunehmenden interkulturellen Differenzen zwischen zwei Systemen an Bedeutung, kann aber innerhalb eines relativ geschlossenen Systems vernachlässigt werden. Bei der Untersuchung der Übertragung von Technologien z. B. von Industrie- auf Entwicklungsländer ist die Kompatibilität eine wichtige Determinante der Aufgabenschwierigkeit.

zudem bis heute eine historische Tatsache, deren zukünftige Gültigkeit weiterhin unterstellt werden kann, wenn die komplexitätserhöhenden evolutiven Mechanismen nicht ihre Wirksamkeit aus Gründen verlieren sollten, die wir noch diskutieren werden. Die Abhängigkeit der jeweiligen Merkmalsausprägungen vom Umfang der Komplexität und die Tendenz der Komplexitätssteigerung in der historischen Zeit gestatten uns, die Komplexität einer Aufgabe zum herausragenden Bestimmungsgrund ihres Schwierigkeitsgrads zu machen: Eine komplexere Umwelt wird bei *gegebenem* Fähigkeitsniveau der Individuen und Organisationen eine Umwelt mit höherem Herausforderungsgrad sein.

2.5.4.3.2 Verstärkerbedingungen leistungsmotivierten Handelns

Wie ein Individuum sich in einer konkreten Situation verhält, hängt nach der oben vorgetragenen Motivationstheorie von der relativen Stärke seiner überdauernden Motivation, seinen kognitiven Fähigkeiten und von Situationsfaktoren und Chancen des jeweiligen Umweltgefüges ab. Mißerfolgsmotivierte meiden Aktivitäten mit ungewissem Ausgang, Erfolgsmotivierte bevorzugen Erfolgschancen, deren Ausgang maximal ungewiß ist. Das Leistungspotential von Erfolgsmotivierten wird in ungewissen Situationen am stärksten mobilisiert, weil für deren Meisterung die persönliche Tüchtigkeit die entscheidende Rolle spielt. Bei Aufgaben mittlerer Schwierigkeit erfährt eine Person im Durchschnitt ebensoviel Selbstbestätigung an erfolgreich gelösten Problemen wie Enttäuschungen aus Mißerfolgen. Das Individuum wird weder aus Mißerfolgsangst resignieren noch in seinem Leistungsstreben durch Selbstzufriedenheit gehindert. Die überdauernde Motivation eines Unternehmers wird somit durch jene sozial-kulturelle Umwelt am stärksten aktualisiert, die ihn (a) am häufigsten mit Stimulationssituationen oder Aufgaben mittleren Schwierigkeitsgrades konfrontiert und/oder (b) die es ihm erlaubt, Initiative und Explorationsverhalten bei der Suche nach neuen Problemen zu entfalten, deren Lösung seine leistungsthematischen Bedürfnisse befriedigt. Die aktualisierte Motivation, die sich in konkretem Unternehmerverhalten äußert, bedarf also neben ihren persönlichkeitsstrukturellen Merkmalen eines entsprechenden Gefüges oder „Klimas" der Umwelt.

Wir bezeichnen eine organisatorische oder marktliche Umwelt als „optimal", wenn sie den psychischen Systemen ein Maximum an Chancen zur Entfaltung ihrer Persönlichkeit gibt. Eine optimale unternehmerische Umwelt würde solche Herausforderungen enthalten, die das Eingehen „kalkulierter Risiken" erlaubt und belohnt und bei gegebener überdauernder Motivation die günstigsten motivationalen Wirkungen auslöst, da sie größtmögliche Information über die eigene Tüchtigkeit liefert. Im

Gegensatz dazu stünde ein Umweltgefüge, das konservative und vorsichtige Züge anspricht, Servilität und Gehorsam belohnt, oder eine Umwelt, die blinde Spekulation zu einer anerkennenswerten Tätigkeit macht. Wenn wir die Schlüsselherausforderung durch Familie und Erziehung als gegeben unterstellen, also von einer gegebenen Verteilung und einem gegebenen Ausmaß von überdauernder Leistungsmotivation im ökonomischen System ausgehen, wird es zum zentralen Problem, wie dieses Motivationspotential aktualisiert wird, auf welche Weise also die größtmögliche Zahl von Chancen für das Aufspüren, Kreieren und Realisieren von Problemen mit maximal offenem Ausgang geschaffen wird.

Eine Herausforderung wird allerdings nicht von allen Unternehmern mit der gleichen Deutlichkeit wahrgenommen. Während Pionierunternehmer sich Aufgaben mit maximal ungewissem Ausgang durch explorative Initiative selbst schaffen (eine Marktlücke z. B. wird nicht entdeckt, sondern kreiert, sie ist nicht einfach „da", wie Amerika vor Kolumbus, sondern sie ist ein Produkt kreativer Einbildungskraft des Unternehmers), sehen sich die nachfolgenden imitierenden Unternehmer Herausforderungen gegenüber, die mit größerer Erfolgswahrscheinlichkeit wie mit geringerem kognitiven Streß verbunden sind. Neben diesen allgemeinen motivationalen und kognitiven Unterscheidungen der Persönlichkeitssysteme einzelner Unternehmer, die auf psychischer Ebene bestimmen, wie Chancen kreiert, wahrgenommen und verwirklicht werden, kann man „Verstärkerbedingungen" (Vontobel 1970, S. 78) der Leistungsmotivation entwickeln:

1. Druck durch unbefriedigenden Ist-Zustand

Die Leistungsmotivation wird um so stärker aktiviert, je unbefriedigender ein Individuum seinen gegenwärtigen Zustand gesamthaft erlebt bzw. je stärker es mittels Leistungszielen einen befriedigenden Gesamtzustand zu erreichen hofft. Eine ähnliche Begründung hat Barnett (1953, S. 378) in bezug auf die Imitation und Annahme von Neuerungen gegeben. Umweltdruck und Krisensituationen rücken Leistungsziele in den Blickpunkt und betonen die Dringlichkeit, mit der sie zu erreichen sind. („Hungrige Wölfe jagen besser".) Dies gilt sowohl längerfristig für die überdauernde Motivationsbereitschaft als auch für die aktualisierte Motivierung in einem konkreten Person-Umwelt-Bezug, die durch die Erwartungsdiskrepanz und die Stärke der überdauernden Motivation bestimmt werden.

Grundlegend für eine Aktualisierung des Motivationspotentials ist, die Aufgabenschwierigkeit in Bereichen zu halten, deren Meisterung „optimal" über die eigene Fähigkeit informiert. Die Güte der Leistung und das Ausmaß der Anstrengungen kovariieren: hohe Anstrengung bringt

Erfolg, niedrige Anstrengung führt zu Mißerfolg.[87] Auf organisatorischer Ebene wäre dies eine sozialtechnologische Aufgabe: Der Herausforderungsgrad für den einzelnen bzw. die Gruppe darf weder zu gering (permissiver Führungsstil) noch zu schwierig sein. Für die marktliche Umwelt läßt sich im Anschluß an Überlegungen von A. Smith (1974) nachweisen, daß sich der Herausforderungsgrad unter gewissen Voraussetzungen (Wettbewerbsfreiheit) spontan in einem optimalen Bereich stabilisiert (Theorem der Selbststabilisierung des Motivationspotentials).[88]

2. Strukturierung des Weges zur Zielerreichung

„Die Leistungsmotivation wird um so stärker aktiviert, je klarer ein Leistungsziel vor Augen steht und je stärker die Wege zu diesem Ziel strukturiert sind" (Vontobel 1970, S. 78). Innovatoren stellen Beispiele und Vorbilder zur Verfügung, die durch Problemschaffung und Reduktion von Ungewißheit den Weg zur Zielerreichung für Nachfolger ebnen, für einige Individuen bislang spekulative Ziele zu Aufgaben mittleren Schwierigkeitsgrades machen und somit die Annahme und weitere Ausbreitung neuer Ideen beschleunigen. Der Pionierunternehmer „hat auch für andere gesiegt, für andere die Bahn gebrochen und eine Vorlage geschaffen, die sie kopieren können. Sie können und werden ihm folgen, zunächst einzelne, dann ganze Haufen" (Schumpeter 1964, S. 213).

3. Starre und freie Regelung

Heckhausen, (1974, S. 88 ff.) unterscheidet zwischen zwei Anwendungen des Leistungsprinzips. Bei der ersten werden die Zuweisungen für

---

[87] Für erfolgsmotivierte Personen ist ein mittlerer Herausforderungsgehalt der Aufgaben „optimal", was weder zu einfache noch zu schwierige Probleme impliziert. Zum Beispiel würden weder eine Kapazitätsausweitung von fünfzig Prozent oder von hundert Prozent, weder Schlafmützenkonkurrenz noch ruinöse Konkurrenz durch wettbewerbsbeschränkende Praktiken innovatives Handeln aktualisieren; zu einer ausführlicheren Diskussion mit weiteren Beispielen und dem Nachweis einer derartigen „Optimierung" des Herausforderungsgrades durch spontane Wettbewerbsvorgänge siehe Röpke e sowie unten S. 365 ff.

[88] Bei Adam Smith findet sich die grundlegende Einsicht, daß es ein „natürliches Gleichgewicht" gibt, „das sich von selbst (genauer: spontan, durch Wettbewerb, J. R.) zwischen regem Erwerbsfleiß und Gewinn einstellen würde und das von allen Antriebskräften und Anreizen für die wirtschaftliche Entwicklung eines Landes die wichtigste und wirksamste ist" (Smith 1974, S. 644). Erst heute – nach entsprechenden Fortschritten in Psychologie und Sozialpsychologie – wird es nicht nur möglich, die Smithschen Hypothesen zu würdigen, sondern es zeigt sich auch, welche Forschungsperspektiven die ricardianische Wende (oder die Ablösung von der Smithschen Systemtheorie) in der Ökonomie verbaut hat. (Siehe hierzu ausführlicher Röpke d und e.)

leistungsthematisches Handeln – Rückmeldungen über Erfolg und Mißerfolg – durch organisatorische Regeln oder Instanzen zugewiesen („starre Regelung“: wie Laufbahn, Prüfungsordnung, Juries, Vorgesetzte); bei der zweiten erfolgen die Zuweisungen als Ergebnis spontaner Interaktionen in einer durch allgemeine Normen abgegrenzten Ordnung freien Wettbewerbs („freie Regelung“).

In Abhängigkeit vom Vorherrschen eines sich frei regelnden Leistungsprinzips steigen die Chancen für den einzelnen, mit leistungsthematischen Herausforderungen konfrontiert zu werden. (Wir werden dies im dritten und vierten Teil dieser Arbeit ausführlich begründen.) Für diese Behauptung sprechen sowohl Mobilitätsuntersuchungen (über Persönlichkeitsmerkmale von Menschen, die Lebensräume mit hoher Leistungsthematik wie Wissenschaft und Wirtschaft aufsuchen), wie auch entwicklungstheoretische und entwicklungsgeschichtliche Überlegungen (Zusammenhang von Wirtschaftsentwicklung und Zunahme der Leistungsthematik; siehe insbesondere McClelland 1966 und 1972; aber auch Arbeiten von Schumpeter und Max Weber).

4. Möglichkeit zur Durchsetzung allgemeiner Verhaltensregeln

Eine erfolgreiche Problemanalyse, Identifikation und Durchsetzung einer neuen Idee sind um so wahrscheinlicher, je weiter der durch Regeln geschützte Freiraum ist, in dem ein Individuum mit einer neuen Idee experimentieren, ein Problem lösen oder eine Aufgabe meistern kann.

i) Allgemeinere Normen erweitern den Bereich, in dem Neuerungen möglich, also *nicht* verboten sind.

Hinter dieser Aussage verbergen sich außerordentlich komplizierte Sachverhalte. Zunächst führen wir über den Begriff Norm soziale Kategorien in die Bestimmung leistungsmotivierten Verhaltens ein. Normen sind Ergebnis sozialer Interaktion (siehe oben S. 54ff.). Normen können zum Beispiel die Rollenerwartungen sein, die von einem Positionsinhaber in einer Organisation erfüllt werden müssen bzw. die sein Verhalten in der Organisation beschränken. Befinden sich z. B. zwei Personen mit gleichem kognitiven Fähigkeitsniveau in unterschiedlichen organisatorischen Positionen, könnte sich die Person mit höherem Status schwierigeren Aufgaben widmen, Aufgaben, die ihr Fähigkeitsniveau optimal herausfordern, weil die Erwartungen hinsichtlich der Erfüllung in der vorgegebenen Stellung die Meisterung solcher Aufgaben einschließt. Eine Person mit niedrigerem Status könnte sich dagegen Verhaltenserwartungen gegenübersehen, die eine Meisterung von Aufgaben, die hinsichtlich ihres Fähigkeitsniveaus eine optimale Herausforderung darstellen, nicht zulassen. Diese Person wird kein Leistungsverhalten zeigen, weil ihre Rolle ein solches Verhalten verbietet, und nicht weil ihre

Kompetenz zu gering wäre (bei Meisterung einer für sie optimal herausfordernden Aufgabe könnte sich der Vorgesetzte „herausgefordert" fühlen; sie könnte die Achtung ihrer Arbeitskollegen verlieren usw.). Der Sachverhalt wird noch komplizierter, wenn man berücksichtigt, daß die Zuweisung einer unterfordernden oder überfordernden Position Rückwirkungen auf das Selbstbild dieser Person haben kann. Auf die Probleme der Entfaltung leistungsmotivierten Verhaltens in Organisationen gehen wir im übrigen ausführlicher im dritten Teil ein.

ii) Ein größerer Freiheitsgrad erlaubt auch, einen größeren Bereich der Erfahrungswelt zu erforschen, nach persönlicher Vorstellung zu gestalten und die Elemente kognitiver Muster zu rekombinieren.

Aus diesen beiden Überlegungen könnte man schließen, daß mit zunehmender Abstraktheit der Normen ceteris paribus die Schwierigkeit einer gegebenen Aufgabe sinkt. Andererseits bedeutet das Einräumen eines durch abstrakte Normen geschützten Freiraumes (z. B. in Form von „Wettbewerbsfreiheit") für ein Individuum, sich mit Problemen und Problemlösungen konkurrierender Individuen konfrontiert zu sehen.

Unter der Voraussetzung eines Normensystems, welches wettbewerbsbeschränkendes Verhalten verbietet, hängt der Erfolg oder Mißerfolg bei der Lösung von Problemen ausschließlich von den individuellen und organisatorischen Fähigkeitsniveaus eines Individuums oder einer Organisation ab. Unter dieser Voraussetzung stabilisieren Normen den Schwierigkeitsgrad von Aufgaben in Richtung auf Bereiche mittlerer Schwierigkeiten. Wenn Normen wettbewerbsbeschränkendes Verhalten von Marktteilnehmern verbieten, so senken sie damit die Aufgabenschwierigkeit für die anderen Marktteilnehmer, erhöhen jedoch den Herausforderungsgrad für den potentiellen Wettbewerbsbeschränker, da dieser sich jetzt dem Konkurrenzdruck der anderen gegenübersieht. Werden durch private und staatliche Normen geschützte Privilegien durch den Übergang zu allgemeineren Regeln abgebaut, können sich Individuen und Organisationen relativ geringeren Fähigkeitsniveaus nicht mehr der Herausforderung mit fähigkeitsüberlegenen Konkurrenten entziehen. Für diese Marktteilnehmer wächst der Schwierigkeitsgrad. (Siehe ausführlich hierzu den vierten Teil.) Diese Überlegungen machen deutlich, daß eine Theorie optimaler unternehmerischer oder innovativer Herausforderung in eine Theorie sozialer Evolution übergehen wird, für die wir auf der Ebene des psychischen Systems einige Hinweise geben können.

a) Von Bedeutung ist, inwiefern der Autonomieanspruch des psychischen Systems, den wir sowohl aus kognitiver wie motivationaler Sicht begründen, durch die Ausbildung allgemeiner Regelsysteme gewährleistet wird, die dem einzelnen System einen Freiraum für innovierende Tätigkeit geben. Diese Bedingung erfordert ein Umweltgefüge, in welchem eine höhere Ebene der Hierarchie eine untere Ebene durch das

Aussprechen von Verboten kontrolliert, was notwendig freie Regelungsmechanismen erfordert.

b) Die Notwendigkeit, sowohl Autonomie für die Teilsysteme zu gewähren, als auch das Verhalten der Teilsysteme einer Umweltkontrolle zu unterwerfen, deutet Konfliktpotentiale zwischen Herrschaft und Macht sowie der Wahrnehmung von Leistungschancen und -notwendigkeiten an, deren Ausgang über das Ausmaß der Aufstiegs- und Abstiegsprozesse in Markt und Organisationen mitentscheidet. Es gibt systemfunktionale und -disfunktionale Konflikte jeweils auf einer Ebene der Hierarchie wie bei der Interaktion eines Systems mit seiner Umwelt, die nur dann unerheblich werden, wenn es gelingt, ein System gegenüber seiner Außenwelt zu schließen.

c) Von Bedeutung ist weiterhin, inwiefern die organisatorischen und marktlichen Sanktionsmechanismen leistungsthematische Verhaltensweisen fördern oder erschweren, indem sie Wirkungen des Verhaltens zurechenbar machen (Problem einer konkreten Rückkopplung, Möglichkeiten zu nichtmanipulierbarer Erfolgs- und Mißerfolgsrückmeldung) und dadurch das Tragen von Verantwortlichkeit ermöglichen.

d) Schließlich geht es darum, evolutionäre und sozialstrukturelle Bedingungen zu präzisieren, die die Entfaltung des Innovations- und Leistungspotentials gestatten. Dies ist angesichts gesteigerter Komplexität mit wachsender Ungewißheit und Angst verbunden, die durch Kriterien und Mechanismen rationaler Selektion zu reduzieren sind und gleichzeitig die ausgewählten Ideen ausbreiten, bewahren und so Wirkungen von Neuerungen im System stabilisieren. Es handelt sich also um Bedingungen sozialer Evolution, bei deren Vorhandensein der Einsatz der Strategie der Innovation auf der Ebene des psychischen Systems nicht durch evolutionäre Engpässe auf anderen hierarchischen Ebenen blockiert wird.

2.6 Zusammenfassung

Wir sind von umweltoffenen psychischen Systemen ausgegangen, Systemen also, die sich der Notwendigkeit gegenübersehen, durch Interaktion mit der Umwelt zu überleben. In den Beziehungen zwischen Umwelt und System tauchen ständig Probleme auf, welche das System herausfordern, und die es mittels seines Fähigkeitsniveaus befriedigend zu lösen gilt.

Wir konnten zeigen, daß psychische Systeme über unterschiedliche, in ihrer Persönlichkeit verankerte Problementdeckungs- und Problemlösungsstrategien verfügen. Zwar spielen sich bei allen Individuen Neuerungsprozesse auf dieselbe Weise ab; es bestehen jedoch signifikante Unterschiede in ihrer Fähigkeit, kreative Leistungen zu vollbringen.

Als kreatives oder innovierendes Verhalten gilt die Produktion neuartiger Ideen (im multiplen Denkprozeß), die realitäts- oder umweltbezogen sind und die aktiv in der Umwelt getestet und durchgesetzt werden. Ein Schizophrener kann zwar neuartige Ideen entwickeln; diese haben gewöhnlich jedoch keinen Bezug zur Wirklichkeit. Und ein neoklassischer Wirtschaftsmensch vermag zwar in atemberaubender Weise auf bestimmte Änderungen seiner Umwelt zu reagieren, verfügt jedoch nicht über die Fähigkeit zu schöpferischem Handeln.

In den Neuerungsvorgang gehen sowohl kognitive als auch motivationale Komponenten ein. Ein kreativer Persönlichkeitstypus muß über minimale Ausprägungen von kognitiven und motivationalen Merkmalen als notwendiger Bedingung schöpferischer Tätigkeit verfügen. Diese Merkmale lassen sich präzise formulieren und deutlich unterscheidbaren Persönlichkeitsprofilen zuordnen. Psychische Systeme unterscheiden sich im Grad ihres intuitiven Denkvermögens, in ihrer Aktivierung vorbewußter Prozesse, in ihrem Geschlossensein gegenüber der Umwelt; sie lassen sich in ein Konkret-Abstrakt- oder Einfach-Komplex-Kontinuum einordnen, das Ausdruck ihrer internen kognitiven Differenzierung ist. Größere Abstraktheit impliziert verstärkte interne Differenzierung des psychischen Systems, gesteigerte Fähigkeit, mannigfaltige Züge der Umwelt wahrzunehmen, kognitiv zu erfassen und entlastende Varietät zu produzieren.

Weiterhin zeichnen sich kreative Persönlichkeiten durch einen ausgeprägten leistungsthematischen Bezug zu ihrer Umwelt aus, bevorzugen Probleme, die weder leicht zu lösen noch spekulativ sind, sich vielmehr durch mittlere Schwierigkeitsgrade auszeichnen. Sie wenden sich also Aufgaben mit einem Maß an Erfolgsungewißheit zu, die ihr kognitives und motivationales Potential herausfordern.

Wir haben begründet, warum wir sogenannte „Unternehmer" mit kreativen Persönlichkeiten gleichsetzen. Unternehmer erfassen und reduzieren Weltkomplexität durch Einsatz ihrer innovativen Strategie. Auf kognitiver Ebene geschieht das durch Intuition und Kreativität, auf motivationaler Ebene durch Realisierung von Aufgaben mit hoher Ungewißheit ihres Ausgangs. Für die Erfüllung dieser Funktion fallen ihnen Profite zu. Da Unternehmerverhalten sich bei echter Ungewißheit abspielt, das nicht auf rationale Wahrscheinlichkeitskalküle reduzierbar oder an rechnende Maschinen delegierbar ist, können die Gewinne die ihnen zufließen, nicht aus gewinnmaximierenden, sondern bestenfalls gewinnsuchenden Entscheidungen entstanden sein. Gewinnmaximierung ist nur Systemen möglich, die a) ihre Umwelt kontrollieren oder b) lediglich mit externen Störungen konfrontiert sind, die sich durch Wahrscheinlichkeitskalküle meistern lassen. Für eine ungewisse Welt ist die Maximierungsforderung eine Aussage ohne empirischen Gehalt. Jeder der in diesem Teil aufgezeigten Aspekte (Kognition, Motivation, Interaktion mit einer komplexen Umwelt) wurde von der neoklassischen Analyse vernachlässigt, ist inhaltlich in weiten Teilen mit ihren Erklärungseinfällen unvereinbar und deutet die beschränkte empirische Relevanz neoklassischer Sätze an.

Allerdings kann auch die neoklassische Theorie nicht ohne eine zumindest stillschweigend vorausgesetzte psychologische Basis für ihre Wirtschaftsmenschen auskommen. Die Neoklassik verzichtet durch die Unterstellung rationalen Verhaltens nur scheinbar auf „nicht-ökonomische" – hier: psychische – Variable bei der Erklärung des Verhaltens von Wirtschaftssubjekten. Ihre voraussetzungsreichen Annahmen bezüglich der kognitiven und motivationalen Struktur der Wirtschaftsmenschen erlauben jedoch ökonomisches Verhalten lediglich in spezifischen und überwiegend „unrealistischen" Umweltlagen zu beschreiben und zu erklären: in Maschinen-Befehls-Organisationen und der Arrow-Debreu-Walras-Welt vollkommener Konkurrenz. Von einer „study of mankind in the ordinary business of life", wie Alfred Marshall die Aufgabe der Nationalökonomie beschreibt, bleibt dann so wenig, daß manche Autoren gerade die moderne Ökonomie als „unterentwickelt" charakterisieren, nicht zuletzt weil sie, wie Phelps-Brown (1973) meint, sich nichtverifizierter Annahmen über das Verhalten der Wirtschaftssubjekte bediene. Wenn wir behaupten, ökonomische Theorie setze psychologische Sätze voraus, und wir von der Wirtschaftstheorie mit Menger (1871, S. 94; s. a. Grunberg 1972, S. 215 ff.) als einem „ebenso schwierigen, wie bisher unbearbeiteten Gebiet der Psychologie" sprechen, kann das jedoch nicht heißen, ökonomisches Geschehen auf psychische Gesetze zu reduzieren. Dem steht unsere ausführliche Argumentation im ersten und zweiten Teil entgegen: 1. Psychische Systeme sind umweltoffen. 2. Offene Systeme besitzen keine vollständige Kontrolle über ihre Umwelt. 3. Es besteht hierarchische Interaktion und Kontrolle zwischen System und Umwelt. 4. Die Aktualisierung leistungsthematischen, innovierenden Verhaltens erfordert nicht-beliebig geordnete kausale Gefüge der Umwelt auf den hierarchischen Ebenen der Organisation und des Marktes.

DRITTER TEIL

DAS ORGANISATORISCHE SYSTEM

3.1 Einführung

Jede Handlung einer Unternehmung im Markt ist kausalanalytisch mindestens auf drei Ebenen wirkungsrelevant: der psychischen, der organisatorischen und der marktlichen. Diese Ebenen werden durch offene komplexe Systeme repräsentiert, die in wechselseitigen, hierarchisch angelegten Beziehungen zueinander stehen.

Psychische Systeme sind Elemente von Handlungssystemen, die durch Verhaltenserwartungen geordnet sind. Die psychischen Systeme als Quelle der kognitiven und motivationalen Kompetenz von Personen unterliegen in ihrem Verhalten organisatorischen Beschränkungen, die aus den Verhaltenserwartungen anderer psychischer Systeme bestehen. Jede Aktion einer Unternehmung im Markt steht daher in kausalem Bezug zu Faktoren auf zumindest drei hierarchischen Ebenen, ist also hierarchisch verankert und kann ohne Berücksichtigung ihrer hierarchischen Einordnung nicht erklärt werden. Diese Selbstverständlichkeit wurde von der vorherrschenden mikroökonomischen Theorie nicht zur Kenntnis genommen, obwohl bereits Adam Smith einen grundlegenden Beitrag zur differenzierten organisationstheoretischen Untersuchung der innerbetrieblichen Arbeitsteilung und der wechselseitigen Abhängigkeit von organisatorischer Kompetenz und Umweltgefüge leistete (Smith 1974, S. 9 ff.; 620 ff.). Das Negieren organisatorischer Faktoren bei der Erklärung des Verhaltens von Unternehmungen im Markt ist um so bemerkenswerter, weil diesen mikroökonomischen Deutungen der wirtschaftlichen Welt implizit durchaus konkrete Vorstellungen über die organisatorische und psychische Basis des Marktverhaltens zugrunde liegen. Aufgabe dieses dritten Teils wird es daher sein, die von der orthodoxen ökonomischen Theorie des Marktes und der Unternehmung für die Erklärung des Marktverhaltens von Unternehmen als nicht relevant hingestellten organisationsinternen Strukturen und Prozesse einer detaillierten, speziell auf das Neuerungsverhalten bezogenen Untersuchung zu unterziehen.

Der neoklassische Ansatz der mikroökonomischen Theorie gründet seine Erklärungsvermutungen und Entscheidungskalküle auf die Vorstellung, eine Unternehmung bestehe aus Personen, deren kognitive Kapazität eine Optimierung bestimmter Organisationsziele ermögliche, deren Motivation durch finanzielle Anreize gekauft, deren Gehorsam durch befehlende Autorität erzwungen und deren Zusammenarbeit für den übergeordneten Unternehmenszweck entsprechend dem ökonomischen Prinzip gestaltet werden könne. Es gelingt also der Unternehmungsleitung, durch Ausübung von Zielzwang und Kauf von Motivation das Verhalten der Organisationsmitglieder im Hinblick auf die Optimierung von Reaktionen gegenüber Veränderungen der marktlichen Umwelt zu koordinieren.

Implizit unterstellt demnach die vorherrschende Theorie des Marktes, daß die optimale Reaktion auf Änderungen der Marktkonstellation innerorganisatorisch vorbereitet und durchgesetzt wird, genauer, daß

1. die Herrschafts- und Machtverhältnisse in der Unternehmung die Vorbereitung und Durchsetzung optimaler Reaktionen, d. h. entsprechend den Zielvorstellungen der Unternehmungsspitze (gewöhnlich die eines homo oeconomicus) garantieren;
2. die Rollenverteilung, Kommunikationsbeziehungen, Motivation und Belohnung der einzelnen Organisationsmitglieder (sog. „Mitarbeiter") herrschafts- bzw. machtstabilisierend und damit zielkonform bzw. optimalopportun manipulierbar sind.

Zur neoklassischen Markt- und Entscheidungstheorie paßt somit nur eine ganz bestimmte Organisationsform, wie umgekehrt die Umweltlagen, die die Neoklassik in den Mittelpunkt ihrer Untersuchungen des Marktgeschehens rückt, auch die einzigen sind, in der diese spezielle Organisationsform überlebensfähig ist. Die Universalität der traditionalen Mikrotheorie wird daher sowohl dadurch eingeschränkt, daß die organisatorischen Teilsysteme mit Fähigkeiten ausgestattet sind und nach Prinzipien kooperieren, die man als „heroisch" bezeichnen kann, und daß andererseits ein Umwelttypus als vorherrschend deklariert wird, der gerade das Ausspielen solcher Fähigkeiten und den Besitz solcher Prinzipien überlebensfunktional macht.

Die neoklassische Unternehmenstheorie legt ein Organisationsmodell zugrunde, in dem sich die ökonomische Irrelevanz organisatorischer Beschränkungen des Entscheidungsverhaltens von Marktteilnehmern bei Vorliegen bestimmter Voraussetzungen nachweisen läßt. Organisationsverhalten läßt sich auf das Verhalten eines Eigentümer-Unternehmers reduzieren. Von der Unternehmung als Organisation wird abstrahiert. Sie wird als ökonomische und legale Person betrachtet.

Zur Untersuchung bestimmter Erscheinungen mag dieses Vorgehen angebracht sein, obwohl Zweifel angebracht sind, ob bereits bei gleichgewichtsanalytischen Überlegungen im Sinne von Machlup oder Schumpeter von Organisationsvariablen abstrahiert werden kann. Zumindest jedoch bei einem ökonomischen Verhalten jenseits eines „economic man" scheint kaum bestreitbar zu sein, daß auch organisatorische Variable für die ökonomische Theorie relevant sind. Eine Organisation verhält sich anders, trifft andere Entscheidungen als eine natürliche Person, auch wenn man alle an der Entscheidung partizipierenden Organisationsmitglieder mit der gleichen Nutzenfunktion und dem gleichen Informationsstand ausstatten würde wie einen organisationslosen Alleinentscheider.

Die neoklassische Markttheorie hat völlig konsequent mit der Eliminierung des Unternehmers zumindest implizit (in einem Teil der betriebswirtschaftlichen Organisationsforschung auch explizit) einen Organisationstypus aufgebaut, der sowohl strukturell wie prozessual innovatives Verhalten zu einem disfunktionalen Akt macht. Diesen Nachweis versuchen wir im Abschnitt 3.3 zu führen. In den Mittelpunkt unserer Diskussion stellen wir zwei Organisationstypen: Zunächst untersuchen wir das traditionale, am konstruktivistischen Rationalitätsideal orientierte Organisationssystem, das der neoklassischen Markt- und Entscheidungstheorie weitgehend zugrunde liegt und bis in jüngste Zeit als nahezu ausschließlich akzeptiertes Organisationsmodell der Betriebswirtschaft und Soziologie galt. Dem stellen wir (in Abschnitt 3.4) ein innovatives Organisationssystem gegenüber, ein umweltoffenes System, das sich mit einer hochkomplexen Welt auseinandersetzt und dessen grundlegende Adaptionsstrategie sich in Neuerungsverhalten zeigt. Diese Zweiteilung fußt auf unserer im zweiten Teil begründeten Unterscheidung zwischen analytisch-sequentiellem und schöpferisch-multiplem Denken. Das klassische Organisationsmodell kultiviert ein Handlungssystem und schafft ein Organisationsklima, das schöpferisches Handeln der Systemelemente zu einer Rarität macht (oder zu einem Privileg der Organisationsspitze) und somit gleichzeitig dazu beiträgt, die bestehenden Organisationsverhältnisse als Ausdruck der an der Spitze angesiedelten unternehmerischen Kompetenz und damit auch Befehlsgewalt zu legitimieren.

Der innovativen Organisationsform liegt dagegen die Vorstellung zugrunde, unternehmerisches Verhalten — wenn auch arbeitsteilig — in die Organisation selbst zu verlagern, also allen Organisationsmitgliedern Chancen für kreatives Verhalten einzuräumen. Wir betrachten diese Form organisierter Innovation als die freiheitliche oder liberale Alternative im Gegensatz zur totalitären des klassischen oder traditionalen Organisationsmodells.

Bevor wir diese auch in der Realität konkurrierenden Organisationsformen detaillierter vorstellen, wollen wir (im Abschnitt 3.2) einige grundlegende analytische Kategorien entwickeln, um unsere Darstellung und Kritik theoretisch zu fundieren.

3.2 Analytische Kategorien und Probleme der Organisationsforschung

3.2.1 Abgrenzung von sozialer Organisation und gesellschaftlicher Ordnung

Eine Organisation verstehen wir als komplexes soziales System. Systeme gehen, so haben wir mit Luhmann gesehen, aus Reduktionen von Weltkomplexität hervor. Das grundlegende Systemziel besteht in der Stabilisierung einer Differenz zwischen Eigen- und Weltkomplexität. Organisieren steht für arbeitsteilig-kooperative und hierarchisch koordinierte und kontrollierte Reduktion von Weltkomplexität und Produktion von Varietät (Vielfalt als Maß der Komplexität). Organisation ist demnach die Übersetzung des grundlegenden Bestandzieles in Prozesse und Strukturen. [1] Der Unterschied zwischen einer sozialen Organisation und gesellschaftlicher Ordnung, speziell einem Marktsystem, liegt abgesehen davon, daß im Markt die arbeitsteilige Interaktion der Teilsysteme durch Tauschvorgänge erfolgt, während sie in Organisationen kooperativ geregelt ist, vor allem in zwei Bereichen:

(1) dem Ausmaß der Hierarchisierung und
(2) dem Ausmaß der Bindung des Verhaltens der Systemelemente an relativ konkrete Regeln.

(1) Im Unterschied zum Marktsystem, in welchem sich die Interaktionen der einzelnen Marktteilnehmer in horizontal arbeitsteiligen Tauschakten abspielen, vollziehen sich die arbeitsteiligen Interaktionen zwischen Organisationsmitgliedern sowohl horizontal als auch vertikal. Die Organisation ist ein hierarchisch geordnetes System zwischenmenschlicher Beziehungen. Die Staffelung kann aus der formalen Autoritätsstruktur herrühren, kann aber auch Ergebnis funktionaler Kompetenz der Teilsysteme sein. Im ersten Fall arbeiten die unteren *für* die höheren hierarchischen Ebenen, im zweiten Fall *mit* den höheren Ebenen.

Eine hierarchische Struktur läßt sich folgendermaßen charakterisieren (siehe oben 1.4.1)

a) Die Untersysteme sind vertikal angeordnet;
b) höhere Systemebenen besitzen Handlungspriorität oder ein Interventionsrecht;
c) die höheren Ebenen sind von der Leistung der unteren Teilsysteme abhängig und umgekehrt. Die höheren Ebenen üben deswegen keine

[1] "A social organization is a continuing unique system of differentiated and coordinated human activities utilizing, transforming, and welding together a specific set of resources (people, materials, money, ideas, operational field, allies, time, and nature) into a unique problem-solving whole engaged in satisfying particular human needs in interaction with other systems of human activities, resources and constraints in its environment" (Bakke 1966, S. xv).

totale Kontrolle über die jeweils niedrigeren Teilsysteme aus. Die Untersysteme verfügen über Freiräume, pflegen eigene Zielvorstellungen und wenden autonome Selektionskriterien an, haben also die Möglichkeiten („Macht"), das Verhalten höherer Ebenen zu beeinflussen. Komplexe, umweltoffene Organisationen sind grundsätzlich Mehrebenen- und Multizielsysteme.

(2) Im Gegensatz zum Markt sind in sozialen Organisationen die festen wechselseitigen Verhaltenserwartungen, „Erwartungssynthesen" (Luhmann) oder Verhaltensregeln, denen die einzelnen Mitglieder unterworfen sind, nicht nur relativ konkret angelegt, sondern sie definieren darüber hinaus explizit die Rolle des Mitgliedes im hierarchischen Gefüge. Bestimmte, die Handlungsmöglichkeiten des einzelnen Elements begrenzende Erwartungen sind in einer Mitgliedschaftsregel formalisiert, das heißt, es besteht „erkennbarer Konsens darüber, ... daß die Nichtanerkennung oder Nichterfüllung dieser Erwartung mit der Fortsetzung der Mitgliedschaft unvereinbar ist" (Luhmann 1964, S. 38). Die als Bestandteil der Mitgliedsrolle aufgenommenen Verhaltenserwartungen definieren aber nicht den gesamten Verhaltensbereich, den ein Mitglied in seiner Organisation arbeitsteilig abdeckt, sondern den Rahmen und die Grenzen für seine jeweilige Sonderrolle. Sein Verhalten ist durch die Anerkennung der als Prämisse für Eintritts- und Austrittsentscheidungen fungierenden Mitgliedsregeln zwar „nicht konkret vorgezeichnet, aber gewisse selektive Standards sind gesetzt" (Luhmann 1964, S. 48). Der Unterschied zwischen Markt und umweltoffener Organisation liegt somit nicht im Bestehen formalisierter Erwartungen, sondern in ihrer Anerkennung als Eintritts- und Austrittsbedingung und im Ausmaß ihrer jeweils abstrakteren oder konkreteren Definition. In einem wettbewerblich geordneten Marktsystem existieren hochabstrakte Handlungsnormen; der Ein- und Austritt in den Markt ist jedoch „frei", das heißt nicht an die Anerkennung von spezifischen Handlungspositionen und konkret definierten Erwartungen gebunden. Erst Beschränkungen des Wettbewerbs, z. B. durch Kartellabsprachen, führen zur Bildung von Mitgliedschaftsregeln, die spezifische, nicht für alle Mitglieder eines Marktsystems gültige Verhaltensnormen enthalten. Diese Ausführungen machen deutlich, daß zwischen Markt und Organisation lediglich graduelle Unterschiede bestehen, die nur von ihren Extremformen her dichotomische Ausmaße annehmen.

Ein sehr häufig herangezogenes Merkmal zur Abgrenzung formaler Organisationen, die bewußte Orientierung des Verhaltens der Mitglieder an einem gemeinsamen Zweck oder Ziel, scheint uns lediglich ein Unterfall der Unterscheidung sozialer Systeme nach dem Ausmaß der Bindung des Verhaltens der Teilsysteme an abstrakte Normen zu sein (ausführlich unten S. 184 ff.). Erst der Umfang der Macht, Abweichungen von Verhaltensnormen zu sanktionieren, gibt einer Autorität die Möglichkeit, mehr oder weniger abstrakte Normen durchzusetzen und damit den Teilsystemen ein geringeres oder höheres Maß an Chancen für die Erfüllung eigener Ziele einzuräumen. Hayek (1969, S. 110) hat diesen Gedanken durch seine Gegenüberstellung von „spontaner Ordnung", in der die Elemente eines Systems in ihrem Verhalten lediglich abstrakten Regeln unterworfen sind, und „einer auf Befehl basierenden *Organisation oder Anordnung*" ausgedrückt. Auch unsere obige Unterscheidung zwischen einer freiheitlichen, liberalen, innovativen Organisation und der totalitären, durch Zwang begründeten traditionalen Organisationsform basiert auf dieser Vorstellung.

Die gleiche Unterscheidung findet sich im übrigen bei marxistischen Politökonomen. Oskar Lange (1963, S. 110 ff.) spricht einerseits von einer spontanen Ordnung des Marktes — spontan, weil die ökonomischen „Gesetze" in ihm *unbeabsichtigt* wirken [2] — und kennt andererseits die „entfetischisierte", durch „Überwindung der spontanen Wirkung der ökonomischen Gesetze" in der Gesellschaftsform des Sozialismus gekennzeichnete Organisation, in der die „ökonomischen Triebkräfte" so gestaltet sind, „daß die Menschen entsprechend dem Willen der organisierten Gesellschaft auf sie reagieren". Die Diskussion dieses Kapitels kann als eine Untersuchung einer hierarchischen „sozialistischen" Ordnung betrachtet werden, einer Ordnung, in der die Tätigkeit der Organisationsmitglieder durch konkrete Verhaltensregeln in „beabsichtigter Weise" und in Übereinstimmung mit dem „Willen der ganzen Gesellschaft" organisiert ist. [3] Die nachfolgende, vor allem innovationstheoretische Kritik am traditionalen Organisationsmodell kann auch als eine (natürlich thematisch verkürzte) Auseinandersetzung mit der sozialistischen Utopie einer organisierten Gesellschaft angesehen werden.

Unser Hauptaugenmerk in diesem dritten Teil liegt jedoch auf der

---

[2] „Diese Gesetze wirken im allgemeinen deshalb spontan, weil die ökonomischen Triebkräfte und die Art, auf die sie reagieren, ungewollt und meistens unbewußt aus dem historischen System der Produktionsverhältnisse hervorgehen, so daß sich die Wirkungen der verschiedenen Triebkräfte kreuzen und das Aufeinanderwirken der menschlichen Handlungen zu einem Ergebnis führt, welches von keiner der handelnden Personen oder Menschengruppen beabsichtigt ist" (Lange 1963, S. 110). Zu den unbeabsichtigten Wirkungen menschlichen Handelns und ihre Bedeutung in einer Theorie komplexer Phänomene siehe ausführlich Hayek 1969, S. 97 ff.

[3] Im offiziellen „Lehrbuch der politischen Ökonomie" (Band 1, 1970, S. 220 f.) wird als „eine der Ausdrucksformen des Grundwiderspruchs des Kapitalismus ... der Widerspruch zwischen der Organisation der Produktion in den einzelnen Betrieben und der Anarchie der Produktion in der gesamten Gesellschaft" vorgestellt. Dieser Widerspruch wird im Sozialismus dadurch aufgelöst, daß die „autoritäre Leitung und Steuerung des kooperativen Arbeitsprozesses" auf der Ebene der Betriebe durch „bewußte Organisation und einheitliche zentrale Leitung" im „volkswirtschaftlichen Maßstab" ergänzt wird.

hierarchisch und normativ beschränkten Interaktion von Mitgliedern einer sozialen Organisation, die ihrerseits nur Komponente (und hier endet die Analogie zur organisierten Gesellschaft im Sozialismus) einer hochkomplexen geordneten Umwelt, dem Marktsystem, ist, das ihr Verhalten teils beschränkt, teils zu schöpferischen Anpassungen herausfordert.

Durch Bildung von Organisationen läßt sich allerdings nur ein Teil der hohen Komplexität des Marktsystems absorbieren. Bestimmte Funktionen des Marktsystems können durch organisationsinterne Mechanismen entweder nicht oder nur bei Komplexitäts- bzw. Evolutionseinbußen übernommen werden. Andererseits erlaubt eine organisatorisch vermittelte Reduktion und Produktion von Varietät eine gewaltige Steigerung des Anpassungspotentials von Marktteilnehmern in einer hochkomplexen Umwelt. Die Aufrechterhaltung und Steigerung der Komplexität und damit der Evolution von hochentwickelten Marktsystemen beruht daher auch auf der gesteigerten Anpassungsfähigkeit organisierter Marktteilnehmer. Allerdings kann ein Marktsystem, weniger als jedes andere System, selbst Organisation sein. [4]

3.2.2 Das Umweltgefüge von sozialen Organisationen

Der strukturelle und prozessuale Charakter eines umweltoffenen, hierarchischen Organisationssystems wird bestimmt (1) durch die Notwendigkeit, die Komplexität seiner Welt zu reduzieren und neue Varietät zu produzieren, und (2) durch die Notwendigkeit, seinen Subsystemen Verhaltensspielräume (Autonomie) für die Erfüllung der durch (1) umrissenen Systemprobleme einzuräumen. Die Struktur des kausalen Gefüges der Umwelt und der Umfang der hierarchisch gestaffelten Verhaltensautonomie der Untersysteme und Komponenten sind der Rahmen, innerhalb dessen sich organisatorisch gestaltende Tätigkeit abspielt.

Auf der Grundlage unserer Überlegungen im ersten Teil gehen wir von der Hypothese aus, je komplexer das Umweltgeschehen [5], desto größer

[4] Auf diesen Zusammenhang hat Hayek mehrfach hingewiesen, siehe z. B. Hayek 1969, S. 110 f.; siehe auch Luhmann (1972 c), insbesondere S. 207 f., auf den sich unsere Formulierung im Text bezieht: „Mehr als jede andere vor ihr beruht die bürgerliche Gesellschaft auf Organisationen, und weniger als jede andere vor ihr kann sie Organisation sein" (S. 208).

[5] Weick (1969, S. 41) illustriert seine These, "that the equivocality of processes must match the equivocality of their informational inputs" mit einem Zitat von G. W. Allport (Pattern and Growth in Personality, New York 1961, S. 508): "As a rule people cannot comprehend others who are more complex and subtle than they. The single track mind has little feeling for the conflicts of the versatile mind... Would it not follow, therefore, that the psychiatrist, since he deals with intricate mental tangles, should benefit by the possession of a complex personality? If he has

werden die Verhaltensspielräume sein, die den Mitgliedern des Systems eingeräumt werden müssen, desto differenzierter werden die organisationsinternen Verhaltensmuster sein und desto schwieriger wird es sein, die Tätigkeiten der Untersysteme und ihrer Komponenten gesamthaft zu integrieren und zu koordinieren.

Bevor wir diese Aussagen präzisieren, wollen wir die Verwendung des Begriffs „Umwelt" in diesem Zusammenhang klarstellen. Wir haben die Umwelt eines Systems als ein Interaktionsphänomen verstanden, hervorgegangen aus dem Dialog zwischen System und Objekten seiner Umgebung. In den Sozialwissenschaften wird diese Vorstellung vor allem von Vertretern des symbolischen Interaktionismus (Blumer 1969, Weick 1969), insbesondere von Alfred Schütz vertreten. Bei Schütz (1971, S. 130) heißt es zum Beispiel: „*Umwelt* ... ist kein nur von außen uns einfach auferlegter Sektor der Welt, etwas, das wir, weil es keine eigene Schöpfung ist, hinnehmen müssen und mit dem wir nur durch ‚Anpassung' zurechtkommen. Dies ist bestenfalls ein Aspekt ihrer Bedeutung. Die Umwelt hat gleichfalls ihren subjektiven Sinn für den Organismus (= faktische Umwelt bei Legewie, J. R.). Sie ist das Ergebnis und das Produkt der Wahl des Weltausschnitts, den wir für unser ganzes organisches und geistiges Tätigsein als relevant betrachten und anerkennen ... Sie ist, wenngleich nicht unsere eigene Schöpfung, dennoch durch uns zu bestimmen, und eine solche ‚Definition' der Umwelt stellt genau die Art dar, mit der wir mit ihr ‚zurechtkommen'". Weick spricht folgerichtig von einer „enacted environment" statt einer „external environment", um klarzumachen, daß der Mensch oder eine soziale Organisation seine oder ihre Umwelt (mit-)*kreieren,* an welche sie sich dann anzupassen haben. „The human actor does not *re*act to an environment, he *en*acts it. It is this enacted environment, and nothing else, that is worked upon by the processes of organizing" (Weick 1969, S. 64; s. a. Blumer 1969). Faktische, sinnvolle Welt und damit auch Systemsein entsteht durch Akte des Zuwendens, der Wahl, der Selektion. Das selektive Verhältnis von Systemen zur Welt ist darin zu sehen, daß Systeme „nur *Ausschnitte* aus einer überkomplexen Welt sind und als solche nur bestehen können, wenn der Ausschnitt *nicht-beliebig* gewählt ist ... Auf allen Ebenen der Systembildung ... wird Welt durch Selektion erst erzeugt" (Luhmann 1971 c, S. 307 f.).

Was bestimmt nun die individuelle Zuwendung und damit die Selektion nicht-beliebiger Weltausschnitte in einem organisatorischen Kontext? Je differenzierter ein organisatorisches System, je arbeitsteiliger sich also die Interaktionen der Systemkomponenten abspielen, desto größer ist die Fähigkeit der Organisation, die möglichen Zustände bzw. die Komplexi-

---

neurotic difficulties of his own and manages them well, might they not add to his qualifications?"

tät der Welt zu begrenzen und für die Ziele der Organisation nutzbar zu machen. Wir können auch sagen, zunehmende Differenzierung (oder Abstraktheit) gestattet es, die Inputmehrdeutigkeit oder Komplexität der Welt durch interne Varietätserzeugung entsprechend dem Gesetz Ashbys (s. oben S. 37 ff.) zu absorbieren. Das System gewinnt dadurch (Wettbewerbs-)Vorteile gegenüber anderen, weniger kompetenten Systemen, es kann weniger differenzierte Systeme mit neuer Varietät konfrontieren und gewinnt damit Macht über sie (ausführlich s. unten).

In einer Umwelt, in der das organisatorische System mit anderen Systemen um knappe Geldfonds konkurriert, erfordert das Überleben oder die Stabilisierung der Innen/Außen-Differenz entsprechend dem Varietätstheorem von Ashby, daß eine Steigerung der Störungsvarietät der Umwelt durch eine entsprechende Erhöhung der Varietät der Reaktionen der Organisation ausgeglichen werden kann. „... it takes equivocality to remove equivocality" (Weick 1969, S. 40). Diese Entsprechung gilt zunächst für die Wahrnehmung des Umweltgeschehens: Wahrnehmungsvorgänge von Organisationen müssen die Fähigkeit besitzen, zumindest im Ausmaß der Mehrdeutigkeit oder Ambivalenz des Umweltinputs Äquivokalität zu tolerieren. Dies ist Voraussetzung für die Transformation oder Reduktion der Äquivokalität durch nachfolgende organisatorische Prozesse. Wir haben analoge Zusammenhänge auf der Ebene psychischer Systeme kennengelernt und ihre unterschiedliche Fähigkeit, ein komplexes Umweltgeschehen zu tolerieren und zu absorbieren, als vom Grad der Offenheit oder Abstraktheit abhängig erkannt.

3.2.3 Arbeitsteilung und Rollensystem

Die Elemente oder Komponenten einer Organisation sind sogenannte Stellenrollen. Rollen kann man als allgemein geteilte Normen oder Regeln verstehen, die das Verhalten bestimmter Personen in bestimmten Positionen betreffen. [6] Die mit ihnen verknüpften Erwartungen beschränken die Autonomie der psychischen Systeme der Rollenträger im Organisationskontext. Je nach dem Grad der Formalisierung und Konkretisierung grenzen die Stellenrollen unterschiedliche Bereiche des Handelns der psychischen Systeme ab; im Grenzfall sprechen sie Reaktionsgebote aus. In der Gestaltung der Stellenrollen äußert sich der strukturelle Aspekt hierarchi-

[6] "A norm is, in its most fundamental sense, a shared rule or guide to behavior that is appropriate or inappropriate" (Brown 1965, S. 49). "A role is ... a special set of behavioral rules that apply to persons occupying a given formal position or status in a social system" (Carson 1969, S. 181). Da Normen als verhaltensvorschreibende oder -verbietende Regeln Ungewißheit beseitigen und Komplexität reduzieren (siehe oben S. 57 ff.), kann man Rolle auch als den „Inbegriff der kognitiven Informationen faktischer und wertender Art, die ein Individuum mit einer Position assoziiert" (Kirsch 1971 b, S. 102), bezeichnen.

scher Systemkontrolle. Mit der Gestaltung der Rollen verfügt die jeweils höhere Ebene der Organisationshierarchie über eine Minimalkontrolle des Verhaltens der psychischen Systeme. Psychische Systeme haben keine Kontrolle über ihre eigenen „boundary conditions", sind also nicht völlig autonom oder unabhängig von externer Kontrolle ihres Verhaltens.

Die Beziehungen zwischen dem Ausmaß der Äquivokalität des informatorischen Inputs (der Weltkomplexität) und der Struktur des Rollensystems einer Organisation lassen sich folgendermaßen darstellen: Je größer die Äquivokalität des Informationsinputs, desto abstrakter sind die organisatorischen Regeln (Rollen, Erwartungssynthesen), nach denen Weltkomplexität durch Selektion reduziert wird, das heißt desto umfangreicher ist der Bereich denkbarer möglicher Wahlen im Verhältnis zu den tatsächlich ausgewählten Möglichkeiten. Mit zunehmender Komplexität und Ungewißheit der Welt steigt die Allgemeinheit der in Stellenrollen fixierten organisatorischen Regeln, die bestimmen, welche der möglichen Verhaltensweisen der Komponenten des Systems jeweils zur weiteren Prozessierung des Umweltinputs aktiviert werden.

Karl Weick (1969, S. 72 ff.) hat diesen Gedanken auf ähnliche Weise formuliert: Je größer die Informationsmehrdeutigkeit des Inputs, desto *weniger* Regeln werden aktiviert, um die nachfolgenden organisatorischen Verhaltensprozesse zu konstruieren. Warum besteht keine direkte Beziehung? Bei einem mehrdeutigen Input besteht Ungewißheit darüber, was der Input darstellt und wie er analysiert und prozessiert werden kann, es ist also im Vergleich mit weniger mehrdeutigen oder weniger komplexen Umweltlagen schwieriger zu beurteilen, welche der dem System möglichen Verhaltensweisen für die Behandlung des mehrdeutigen Inputs relevant sind. Deshalb kommt in solchen Fällen nur eine geringe Zahl relativ allgemeiner Regeln für die Auswahl der nachfolgenden Verarbeitungsprozesse in Frage. Umgekehrt gilt: Je eindeutiger das Umweltgeschehen, desto präziser lassen sich Umweltsignale beurteilen, für die eine größere Zahl konkreterer Regeln zur Analyse herangezogen werden kann. Je eindeutiger der zu verarbeitende Input, desto konkreter und spezifischer können auch die Normen oder Regeln bzw. die Rollenerwartungen des Organisationssystems formuliert werden, denen die psychischen Systeme in ihrem Verhalten unterworfen sind, desto weniger Elastizität und Ambiguität ist hinsichtlich der Erwartungsmuster erforderlich, desto eindeutiger ist der Bereich abzugrenzen, auf den sich die konkreten Handlungen beziehen sollen, desto eher wird es schließlich möglich sein, Verhaltenserwartungen als Imperative oder Gebote auszusprechen und durchzusetzen. Im Extremfall perfekter Voraussicht und statischer Umwelt sind die organisatorischen Probleme mit dem Zeitpunkt gelöst, in welchem ein organisatorischer Meisterplan entworfen ist und jedem Mitglied seine Befehle ausgehändigt sind.

Die Fähigkeit von Systemen, Komplexität der Welt zu erfassen und zu reduzieren, äußert sich evolutionär wie systemvergleichend somit also im Grad der Abstraktheit ihrer Regeln – bezogen auf soziale Organisationen im Grad der Allgemeinheit der Rollenerwartungen oder Normen, die die Handlungen der einzelnen psychischen Systeme lenken und verknüpfen. Der Konsens hinsichtlich der Verhaltenserwartungen schließt jedoch keine Übereinstimmung der Systemmitglieder hinsichtlich ihrer motivationalen und kognitiven Aspekte ein. In *keinem* Fall sozialer Systembildung ist es notwendig, Übereinstimmung über ein grundlegendes Persönlichkeitsmuster zu erzielen; jedoch ist ein Minimum gegenseitiger Vorhersagbarkeit des Verhaltens notwendig (Wallace 1961, S. 40 f.; Goodenough 1963, S. 171 ff.). Die Stabilisierung der Verhaltenserwartungen durch Systemnormen oder Regeln ermöglicht dagegen sowohl die soziale Integration wie die Aktualisierung des kognitiven und motivationalen Potentials unterschiedlicher Persönlichkeitssysteme.

Rollen beschränken den Möglichkeitsbereich des Verhaltens und erhöhen die Wahrscheinlichkeit des Eintretens bestimmter Ereignisse. Abstrakte Rollenerwartungen lassen mehr Raum für Reaktionen auf unvorhersehbare Ereignisse, unerwartete Anforderungen, Entdeckung und Lösung von Problemen in schlecht definierten Situationen. Konkrete Rollenerwartungen legen das Verhalten fest, implizieren programmierte Reaktionen. Mit zunehmender Abstraktheit der Rollen erhöhen sich somit die Chancen für nicht-sanktioniertes, als nicht-abweichend klassifizierbares Neuerungsverhalten. Abstrakte Rollen sind innovative Rollen. Einer zunehmenden Abstraktheit der Rollen entspricht eine abnehmende Spezifizierung der Aufgaben oder der Stellenbeschreibungen eines Positionsinhabers. In einer totalitären Organisation kann dagegen, wie wir sehen werden, lediglich die Organisationsspitze (traditional als „Unternehmer“ bezeichnet) unbeschränkt nicht-programmierten Tätigkeiten nachgehen, das heißt innovieren.

Wir können somit festhalten:

(1) Organisatorische Regeln als relativ konkrete oder abstrakte Normierungen der mit einer Position verknüpften Verhaltenserwartungen beschränken die Autonomie der einzelnen psychischen Systeme, geben aber im Ausmaß ihrer Abstraktheit Freiheit für die Aktualisierung kognitiver und motivationaler Kompetenz.

(2) Ein umweltoffenes Organisationssystem hat jedoch keine vollständige Kontrolle über die Gestaltung seines Rollensystems und seiner Aufgabenhierarchie. Je komplexer seine Umwelt, desto abstrakter muß es seine Rollen anlegen. Relativ abstrakte Regeln schließen zwar Möglichkeitsbereiche aus (weniger als relativ konkrete Regeln), reduzieren also Weltkomplexität, nicht jedoch in einem für das Überleben ausreichenden Umfang. Die weitere Reduktion und die Produktion von Varietät müssen

relativ autonome Teilsysteme leisten, wobei ihre Autonomie in direkter Beziehung zur Komplexität der Welt steht.

(3) Eine detailliert fixierte Aufgabenfestlegung und Rollenbeschreibung, die den Vollzug der organisatorischen Zwecke in routinierten Programmen abwickeln, ist durchgängig nur in einem geschlossenen Organisationssystem möglich. Das System muß dann in einer Umwelt existieren, die es nicht zu Anpassungsleistungen zwingt oder die ihm lediglich Herausforderungen präsentieren, die von der Spitze der System-Hierarchie aus beherrscht werden können. Ein freiheitsbeschränkendes Regelsystem läßt sich ferner durchsetzen, wenn eine Organisation über die Macht verfügt, nicht lernen zu müssen, seine Umwelt also zum Beispiel durch Ausschaltung von Konkurrenten kontrollieren kann.

3.2.4 Macht, Zwang, Freiheit: Einflußprozesse in sozialen Organisationen

Warum müssen wir die Variable Macht in unsere innovationstheoretischen Überlegungen einbeziehen? Um das Verhalten eines Robinson Crusoe auf seiner Insel zu erklären, brauchen wir keine Machtanalyse. Sowie aber Freitag dazu tritt, also Interaktion stattfindet, bilden sich verhaltensbeeinflussende Machtbeziehungen. Alles menschliche Interaktionsverhalten hat auch einen Machtaspekt, von dem nur in besonderen Umständen abstrahiert werden kann. Wenn wir also Innovationsverhalten jenseits rein psychischer Prozesse untersuchen wollen, kommen wir zunächst um die Aufnahme von Macht in den Katalog unserer Variablen nicht herum. Das gilt insbesondere für die Interaktionsbeziehungen in Organisationen aber auch im Markt. [7] Erst wenn wir die möglichen Auswirkungen von Machtphänomenen auf das Verhalten berücksichtigt haben, sind wir in der Lage, willkürfrei und theoretisch kontrolliert zu entscheiden, in welchen organisatorischen und marktlichen Situationen wir ohne die Variable Macht auskommen. [8]

---

[7] McClelland hat daher folgerichtig seine Theorie der Leistungsmotivation durch eine Theorie der Machtmotivation ergänzt, die speziell auf die Erklärung des Verhaltens von Managern in Großorganisationen zielt. McClelland definiert das Machtmotiv als Bedürfnis, einen Einfluß auf andere auszuüben (siehe McClelland und Burnham 1976). Ähnliche Überlegungen finden sich bei Schumpeter in seiner Theorie der Ablösung des Eigentümer-Unternehmers durch den angestellten Manager: Die große Organisation „kennt Aufgaben, die bei den kleinen fehlen; der gewaltige Organismus besteht aus Teilen, deren Zusammenwirken durch besonders darauf gerichtete Tätigkeit gesichert sein muß: Geschick im Verhandeln, Sicherheit in der Behandlung der Gruppen und Individuen, Verständnis politischer Situationen – dergleichen gewinnt erhöhte, mitunter entscheidende Bedeutung und dergleichen ist Sache eines anderen Typus als des ‚Fabrikherren' von ehedem, der seinerseits wiederum vor Aufgaben stand, die den führenden Mann von heute kaum berühren" (Schumpeter 1928, S. 309).

[8] Die preistheoretischen Modelle der modernen Nationalökonomie sind a priori

Die Machttheorie, sei sie sozialpsychologischer, soziologischer, nationalökonomischer oder politikwissenschaftlicher Herkunft, befindet sich in einem desolaten Zustand, von der Theorie der Herrschaft ganz zu schweigen. Auch ein bescheidener Versuch, die vorliegenden Äußerungen und Hypothesen über die Entstehung, Formen, Funktionen und den strategischen Einsatz von Macht zu ordnen und kritisch zu bewerten, würde daher den Rahmen unserer Arbeit sprengen. Das vorliegende Material ist so entmutigend widersprüchlich, daß man den Eindruck gewinnt, Macht sei wohl ein reales Phänomen, doch niemand wisse genau, um was es sich bei Machtbeziehungen eigentlich handele, wie sie sich auswirke, wie sie theoretisch zu erfassen sei.[9] Andererseits ist „Macht" eine zentrale Kategorie der Organisationsforschung und der im nächsten Teil ausführlicher darzustellenden ökonomischen Theorie des Wettbewerbs, so daß wir zumindest in Umrissen klarzumachen versuchen, wie Macht systemtheoretisch faßbar ist. Die Schwierigkeit, mit der wir uns auseinanderzusetzen haben, hängt mit dem Umstand zusammen, daß die klassische Theorie der Macht auf Prämissen fußt, die auf selbstregulierende, morphogenetische, hochkomplexe Systeme offensichtlich nicht übertragbar sind. Die traditionelle Machttheorie ist „systemblind" (Luhmann 1969, S. 169). Wo also könnten aus systemtheoretischer Sicht Ansatzpunkte für Machtentstehung und Machtausübung liegen?

Unterstellen wir eine hierarchisch strukturierte, auf mehreren Ebenen gegenüber ihrer Umwelt offene soziale Organisation. Je komplexer die Umwelt, desto abstrakter sind die Verhaltensregeln der Organisation gestaltet, desto mehr Autonomie besitzen die Teilsysteme. Je komplexer die Umwelt, desto mehr muß sich eine hierarchische Ebene der Organisation darauf beschränken, die Kontrolle des Verhaltens der jeweils niedrigeren Ebene durch Setzung relativ allgemeiner Handlungsnormen zu erreichen. Die *Macht* einer höheren hierarchischen Ebene, das Verhalten ihrer Teilsysteme nach ihren eigenen Bedürfnissen und Zwecksetzungen zu beeinflussen, das heißt, von ihr selektierte Handlungsmöglichkeiten auf andere (untere Ebenen) zu übertragen, beschränkt sich also in einem offenen System, das seine Grenzen nicht selbst kontrollieren kann, auf die Durchsetzung und Sanktionierung eines Regelsystems. Dabei nehmen mit wachsender Umweltkomplexität und gesteigerter Abstraktheit der Regeln

---

unter Ausschluß von Machtbeziehungen konstruiert worden. Aufgrund solcher empirischer Spezialfälle läßt sich eine allgemeine Verhaltenstheorie nicht aufbauen, da die Berücksichtigung von Machtphänomenen – das wird sich noch herausstellen – ohne eine grundlegende Revision dieser Modelle nicht gelingt.

[9] Für den ökonomischen Bereich wird dies ausführlich durch eine von K. W. Rothschild (1971) herausgegebene Aufsatzsammlung und durch die Referate der Verhandlungen des Vereins für Socialpolitik, „Macht und ökonomisches Gesetz", herausgegeben von K. H. Schneider und C. Watrin, Berlin 1973, dokumentiert.

die Möglichkeiten ab, das konkrete Verhalten der einzelnen Teilsysteme direkt zu beeinflussen.

Regeln beschränken jedoch nicht nur die Handlungsmöglichkeiten von Teilsystemen, sondern garantieren diesen gleichzeitig Freiräume für sanktionsfreie, schöpferische Aktivität, geben also Chancen, um nicht-reduzierte Varietät aufzuarbeiten, Probleme zu kreieren, Lösungsalternativen zu entwickeln und nach eigenen Zielvorstellungen zu selektieren. Auch Teilsysteme haben also Macht, vornehmlich hierarchisch höherstehende Teilsysteme mit Ungewißheit zu konfrontieren. Macht zeigt sich in ihrer Möglichkeit und Fähigkeit, Umweltvarietät zu reduzieren, Information durch Beseitigung von Ungewißheit zu schaffen, neue Varietät zu produzieren und damit Ungewißheit für andere zu kreieren. Die Möglichkeit für prinzipiell unvorhersehbares, nicht determiniertes Handeln wird dem Individuum durch regelgeschützte Freiräume gegeben. Mit der Generalisierung von Handlungsnormen steigen somit die Möglichkeiten, Macht auszuüben. Wenn Mitglieder eines Handlungssystems ihre Freiräume ausweiten, bedeutet dies gleichzeitig – die Fähigkeit zur Produktion von Vielfalt vorausgesetzt – Ausdehnung ihres Machtpotentials bei Beschränkung der Möglichkeiten übergeordneter hierarchischer Systeme, bestimmte Verhaltensweisen von ihnen zu erzwingen. [10] Freiheit, Abwesenheit von Zwang und Unvorhersehbarkeit des Handelns sind demnach Begriffe, die auf ein identisches empirisches Erscheinungsbild zielen.

Machtphänomene scheinen also in umweltoffenen, hierarchischen Systemen folgendermaßen verankert zu sein:

1. In der Möglichkeit, Verhaltensregeln zu setzen und ihre Nichteinhaltung zu sanktionieren. Handlungsregeln beschränken Möglichkeiten autonomen Handelns, selektieren Handlungsalternativen, was von einer Selektion durch Aussprechen allgemeiner Verhaltensverbote bis zu einem konkretes Tun vorschreibenden Befehl reicht (Problem normativer Macht);

2. in der Möglichkeit, innerhalb durch Regeln geschaffener Freiräume Ungewißheit zu manipulieren: Ungewißheit über die Art und Weise der Reduktion von Ungewißheit und Ungewißheit, die aus der Produktion

---

[10] Dieser Gedanke wird ausführlich von Fox (1974, S. 44 f.) herausgearbeitet: "For top management to subject the occupant of a high-discretion role to authoritarian discipline and coercion is to run a risk, not simply that he will fail to exercise his discretion in the service of top management's interests, but that he will exercise it actively in opposition to them ... by virtue of the very job role allocated him, he has power against top management in the sense, that he could, if he chose, use his job discretion – perhaps for some time before the fact was discovered – in ways which could do it considerable harm.

By contrast, the occupant of a low-discretion job at the bottom of the hierarchy has far less opportunity as an individual to effect such damage ... His freedom of choice is much smaller, and in any case should he use it in ways damaging to top management objectives his actions will be more quickly detected."

von Varietät entsteht. Macht zeigt sich in der Fähigkeit, Zonen der Ungewißheit zu eigenem Vorteil zu kontrollieren. [11]

Die Funktion von Macht besteht darin, Handlungsselektionen auf andere zu übertragen, sei es durch Regelsetzung, sei es durch die Fähigkeit spontaner Produktion von Ungewißheit bzw. Varietät. Macht kann man daher als Kommunikationsmedium verstehen: Sie erlaubt, ähnlich wie der Besitz von Geld [12], eine Vielfalt von Zielen zu erreichen. A kann eine Maßnahme treffen, die den Möglichkeitsbereich des B beschränkt und damit den B – will er seine Beschränkung vermeiden – möglicherweise zwingt, eine für A vorteilhafte Handlung zu verwirklichen, die er ohne die Macht des A nicht verwirklicht hätte. Macht beruht somit, wie Luhmann (1972 b, S. 106) bemerkt, „nicht auf der Realisierung von negativ bewerteten Alternativen, sondern auf der Vermeidung ihrer Realisation“.

Wie kommt A zu seiner Macht? Worin besteht seine Machtbasis? Wir können auf Ashbys „law of requisite variety“ zurückgreifen: Nur durch Produktion von Vielfalt (Ungewißheit) läßt sich Vielfalt (Ungewißheit) kontrollieren. Produziert A von B nicht kontrollierbare Varietät, kann A den B kontrollieren, Macht über ihn auszuüben. Oder: Wenn A unabhängig von B ist, aber B nicht unabhängig von A ist, dann kann B von A dominiert werden.

Ein System verfügt demnach über Macht, wenn es die Fähigkeit besitzt, Varietät, Störungen, Ungewißheit für andere zu produzieren. Die ursprüngliche Machtbasis bezieht sich daher auf das Fähigkeitsniveau von Systemen, auf den Bereich von Handlungsmöglichkeiten, über den ein System, verglichen mit anderen, verfügt. Das konkrete Machthandeln als Beschränkung des Möglichkeitsbereichs eines anderen oder als fremdreduzierte Komplexität hängt vom Machtsaldo zwischen den Systemen ab. Wir verstehen diesen Saldo als Ausdruck ihrer unterschiedlichen Fähigkeiten, auch dann noch über Handlungsmöglichkeiten zu verfügen, wenn der andere bereits seine Aktionsmöglichkeiten eingebüßt hat. Oder wie es bei Crozier (1973, S. 218) heißt: „The balance of power is a confrontation between the partners' respective abilities to keep their future behavior less predictable than their adversary's. Strength, wealth, prestige, legitimate

[11] Auf den Machtaspekt der Unsicherheitsabsorption hat vor allem Michel Crozier hingewiesen: „... every individual or group forming part of the organization has power over other members and other groups, to the extent that he or they control an area of uncertainty which affects the stability or survival of the organization" (1968, S. 8). – "As long as the requirements of action create situations of uncertainty, the individuals who have to face them have power over those who are affected by the results of this choice" (1964, S. 158); s. auch weitere Hinweise bei Luhmann (1964, S. 188).

[12] Zur Unterscheidung der Kommunikationsmedien Macht und Geld s. unten, 4. Teil, S. 365.

authority are influential only insofar as they give their possessors greater freedom of action.“ [13]

Die Beziehung zwischen Macht und Regelsystem läßt sich über die Variable Ungewißheit oder Varietät genauer kennzeichnen: Wer über die Möglichkeit verfügt, die Spielregeln zu ändern, nach denen sich die Interaktionen vollziehen, verfügt über eine Quelle potentieller Ungewißheit. Regeln beschränken Möglichkeiten, binden die Freiheit der Handelnden an gemeinsame Beschränkungen, grenzen damit einen autonomen Bereich von Ungewißheit aus, innerhalb dessen sekundäre Machtprozesse möglich werden. Das heißt: Die Position anderer wird durch Varietäts- bzw. Ungewißheitsproduktion beeinflußbar, aber nur innerhalb eines Kontexts mehr oder weniger allgemeiner Regeln. Regeln begrenzen also Macht, denn sie beschränken die Möglichkeiten, die jemand zu seinem Vorteil verwirklichen könnte. Regeln erlauben daher zwischen zulässiger und nicht-zulässiger Ausübung von Macht zu unterscheiden.

Ein Unternehmer, Vorgesetzter usw. hat Macht über seine Arbeiter, Unterstellten usw., kann deren Verhalten zur Erreichung seiner Ziele beeinflussen, weil er – innerhalb eines bestimmten Normensystems – Varietät für sie produzieren kann. Er hat z. B. das Recht „to hire and fire“, Vergütung, Aufstieg usw. mehr oder weniger zu bestimmen. Seine Möglichkeiten, Macht auszuüben, können verändert werden durch eine Änderung der für ihn verbindlichen Handlungsnormen (z. B. Kündigungsschutzgesetze), aber auch im Ausmaß der Notwendigkeit, den Arbeitern, Untergebenen usw. Freiräume einzuräumen, um mit ihrer Kooperation seine oder die Ziele der Organisation zu erreichen. Die Arbeiter, Untergebenen usw. haben damit ihrerseits Möglichkeiten, durch fähigkeitsabhängige Varietätsproduktion Macht auszuüben. Im Extremfall können sie ihr Arbeitsangebot als einzelne oder kollektiv zurückziehen, um bestimmte Ziele durchzusetzen. Auch diese Möglichkeit, Macht auszuüben, ist abhängig vom jeweiligen Normensystem, welches von Stellen innerhalb der Organisation aber auch von solchen außerhalb (dem Gesetzgeber: Beispiel Streikrecht) beeinflußt oder aufgestellt werden kann.

Diese Ausführungen bringen uns unmittelbar zur Frage der Verteilung von Macht (-Salden) in einer sozialen Organisation. Die Organisationsspitze in einem System, das in einer ungewissen und dynamischen, also komplexen Umwelt überleben muß, ist weder in der Lage, das konkrete Verhalten der Rollenträger im voraus zu bestimmen, also konkrete Regeln

---

[13] Ähnlich Luhmann (1972b, S. 106): „Die größere Chance, zu bestimmen, was geschieht, fällt ... dem zu, dessen Alternativenkonstellation die größere Elastizität hat, so daß er Lagen noch akzeptieren kann, die dem anderen schon unangenehm sind.“ Diese Aussage entspricht Ashbys “Law of Requisite Variety” (s. o. Abschnitt 1.3.1).

zu setzen, noch besitzt sie die motivationalen und kognitiven Fähigkeiten, die es ihr erlauben könnten, die Reduktion und Produktion von Varietät bei sich zu konzentrieren. Wenn sie die Existenz des Systems nicht aufs Spiel setzen will, muß sie relativ autonome Teilsysteme schaffen, muß also Untersystemen Chancen zur Alternativenproduktion und -selektion einräumen, muß ihnen Freiheit geben, Unsicherheitssituationen aufzubauen. Die Macht in einer solchen Organisation wird notwendig dezentralisiert sein.

Wir können zwei Grundtypen der Machtverteilung bestimmen: (1) eine polyzentrische Machtstruktur (in der innovativen oder freiheitlichen Organisation) und (2) eine Zentrierung der Macht in der Organisationsspitze (im klassischen Organisationsmodell): Das heißt, alle Macht (Autorität) kommt von oben und wird zur zweckoptimalen Erfüllung der vorgeschriebenen Aufgaben an niedrigere Ebenen der Hierarchie ausgeliehen.

Eine Steigerung des Varietäts- und Selektionspotentials einer Organisation impliziert eine polyzentrische Aktivierung (keine Umverteilung) von Macht. Die Machtrelationen innerhalb einer Organisation wandeln sich parallel mit der Notwendigkeit, neuartige System-Umwelt-Bezüge zu entwickeln. Sowohl die Verteilung der Macht in Abhängigkeit von den jeweils neu entstehenden Zentren funktionaler Autorität als auch die Machtsumme, die in einer Organisation verfügbar ist, ändern sich mit Zunahme der reduzierten Umweltkomplexität. [14]

Die Änderung des Umweltgefüges im Sinne zunehmender Komplexität wirkt sich auf die Machtbeziehungen in Organisationen in verschiedener Hinsicht aus:

(1) Formal-bürokratische Autorität wird auf funktionale Autorität verlagert, mit entsprechenden Konsequenzen für die Staffelung von Rollensystemen und Aufstiegsmustern;
(2) Professionalisierung des Managements. [15]
(3) Aus funktionaler Autorität resultierende Macht ist außengeleitet, kosmopolitisch, umweltabhängig; Macht aus formal-bürokratischer Autorität innengeleitet. Es findet also eine Verlagerung zu außengeleiteter Macht statt.
(4) Steigerung der Weltkomplexität senkt die Macht und Autonomie höherer hierarchischer Ebenen, die Verhaltensregeln für niedrigere Ebenen konkret festzulegen. Je komplexer die Welt, desto abstrakter

[14] Der traditionalen aber populären Machttheorie liegt demgegenüber eine Nullsummenprämisse zugrunde: Der Zuwachs von Macht bei A ist der Verlust an Macht des B; zur Kritik Luhmann 1969, S. 162ff.

[15] "As professionalization advances management is rapidly losing its power to define work" (J. D. Thompson, 1967, S. 105). – "It is knowledge, momentary knowledge, in an element (or sub-system) of a system that really confers authority to act, not the arbitrary allocation of responsibilities" (Beer 1966, S. 437).

das Regelsystem, desto polyzentrischer die Verteilung der Macht in der Organisation.

(5) Dezentralisierung der Einflußbeziehungen impliziert eine Tendenz zur zunehmenden „Ziellosigkeit" organisatorischer Abläufe. Die Existenz einer einheitlichen Präferenzfunktion, die für das klassische Organisationssystem postuliert wird, besitzt für innovative Organisationen lediglich einen fiktiven Stellenwert (s. u. S. 209 ff.).

Alle diese Tendenzen laufen darauf hinaus, dem Problem der Freiheit in sozialen Organisationen eine neue Dimension zu geben. Der Freiheitsaspekt ist in der dualen Vorstellung von Macht von vornherein angelegt. Der Spielraum für die Produktion von Ungewißheit ist mit dem Freiheitsraum identisch. Oder die Freiheit des einen ist die Unsicherheit des anderen.

Der Zusammenhang von Macht und Freiheit wird unmittelbar ersichtlich, wenn wir einen dritten Begriff – „Zwang" – einführen und diesen mit Hayek (1960, S. 139) definieren als „the control of the essential data of an individual's action by another". [16] Freiheit heißt Abwesenheit von Zwang und bedeutet, daß unser Handeln nicht von der Zustimmung irgendeiner Person oder Autorität abhängt und lediglich durch abstrakte, für alle Individuen geltende Regeln eingeschränkt ist. Diese Vorstellung muß nicht abgeschwächt sondern nur um den Tatbestand erweitert werden, daß untere Ebenen der Hierarchie geringere Freiheitsgrade als höhere aufweisen, um sie auf den Fall organisatorischer Systeme zu übertragen. Wie wir sahen, nimmt mit abnehmender hierarchischer Ebene die Konkretisierung der Rollen zu, schrumpft der Freiheitsspielraum, und steigt umgekehrt die Macht der nächsthöheren hierarchischen Stufe, den Umfang und den Inhalt der auszuführenden Tätigkeit zu bestimmen, Alternativenkonstellationen zu selektieren, bis im Grenzfall des Maschinen-Befehlsmodells die Freiheit des Organisationsmitgliedes durch die Allmacht der anweisenden Hierarchie absorbiert wird. Die Abgrenzung, die Hayek (1971, S. 180 ff.) zwischen einem Gesetz als Ausdruck einer allgemeinen abstrakten Regel und einem Befehl vornimmt, trifft genau unsere Unterscheidung zwischen abstrakten und konkreten Rollen, und sie informiert über das Ausmaß der Macht von Rollenträgern im Sinne ihrer Möglichkeit, Alternativen zu produzieren und zu selektieren.

[16] „Von Zwang sprechen wir, wenn das Handeln eines Menschen dem Willen eines anderen unterworfen wird, und zwar nicht für seine eigenen Zwecke, sondern für die Zwecke des anderen ... Zwang setzt jedoch voraus, daß ich noch immer wähle, aber mein Verstand das Werkzeug von jemand anderem wird, der die Alternativen, zwischen denen ich wählen kann, so gestaltet, daß das Verhalten, das er wünscht, für mich das geringste Übel wird" (Hayek 1971, S. 161). Siehe auch Kant (Anhang zu den Zerstreuten Aufsätzen, Frankfurt und Leipzig 1794, S. 50; zitiert nach dem Abdruck in Jonas 1968 I, S. 212): „Da nun jede Einschränkung der Freyheit durch die Willkür eines Anderen Zwang heißt; ..."

Macht und Zwang sind nicht identisch. Zwang ist vielmehr die auf der Fähigkeit zur Setzung konkreter Regeln (Befehle) basierende Extremform der Macht. Macht konkretisiert sich im Zwang, wenn ein System über die Fähigkeit verfügt, die Handlungs- oder Entscheidungssituation eines anderen Systems, durch welche manifeste Strategie auch immer (gewöhnlich aber durch Drohung), so zu definieren, daß dieses System (der Gezwungene) dasjenige wählt, was das andere System (der Zwangausübende) will.

Die Möglichkeit, Zwang auszuüben, andere dem eigenen Willen zu unterwerfen, ist auch in diesem Fall eine Funktion der Fähigkeit, Varietät zu produzieren, d. h. den gegenwärtigen oder zukünftigen Umfang des Besitzes bewerteter „Güter" von anderen Personen wie Eigentum, Gesundheit, Einkommen, Status, Zustimmung, Freundschaft usw. zu beeinflussen.

Zur Unterwerfung unter den Willen des Machthabers genügt gewöhnlich die Androhung von Zwang; die Androhung von Zwang muß keine dauerhafte Aktion sein. Die auf eigene oder fremde Erfahrung gestützte Erwartung, der Machthaber werde bei Abweichung von der gesetzten Norm nicht davor zurückschrecken, den Abweicher seinem Willen zu unterwerfen, kann genügen, auch ohne manifeste Drohung Unterwürfigkeit zu erzwingen.

Zwang äußert sich in einer Beschränkung der Handlungsfreiheit; Freiheit ist die Abwesenheit von Zwang. Macht bezieht sich dagegen auf die Beschränkung der Freiheitsgrade eines personalen oder sozialen Systems oder die Begrenzung ihres Möglichkeitsbereiches. Machtausübung kann in einem bestimmten Tun oder Unterlassen liegen.

Als letzter von uns untersuchter Aspekt des Machtproblems bleibt die Abgrenzung von Macht und Autorität. Gewöhnlich wird Autorität als legitimierte Macht verstanden, Macht, die einer Person aufgrund ihres Wissens oder Könnens (funktionale Autorität) oder ihrer Position in der Hierarchie (hierarchische oder formal-bürokratische Autorität) zufällt. Im zweiten Sinn definiert Presthus (1966, S. 144) Autorität als „Vermögen, Unterwürfigkeit zu erwirken". Formal-bürokratische und funktionale Autorität stehen in einem antagonistischen Verhältnis zueinander, und ihre Verbindung in der klassischen bürokratischen Organisation ist, wie wir unten zeigen werden, nicht ohne Problematik. Evolutorisch betrachtet, scheinen sich eindeutig Systeme durchzusetzen, die in ihren internen Beziehungen durch funktionale Autorität charakterisiert sind. Die Legitimierung ihrer Macht beruht letzten Endes auf ihrem Überlebenserfolg, das heißt ihrem Erfolg in der Auseinandersetzung mit anderen Systemen. Nur in relativ statischen und wenig komplexen Umwelten werden funktionale und formal-bürokratische Autorität zusammenfallen, das heißt die gleiche Legitimationsbasis besitzen. Mit zunehmender Umweltkomplexität verliert dagegen formal-bürokratische Autorität ihre

Legitimierung, wenn wir diese auf den Rückhalt einer kompetenten Organisation in einer durch Wettbewerb kontrollierten Umwelt beziehen. Autorität wird, so betont Buckley zu Recht, auch durch ihre Legalisierung oder Institutionalisierung nicht notwendigerweise legitim (1967, S. 197).

Tendenziell wird mit zunehmender Komplexität der Welt und entsprechend zunehmender Abstraktheit des organisatorischen Rollensystems formal-bürokratische Autorität funktionaler Autorität weichen. Die grundlegenden Aspekte einer systemtheoretischen Konzeption der Macht werden wir in speziellen Zusammenhängen weiter präzisieren, insbesondere bei der Diskussion der Einflußprozesse im klassischen Organisationsmodell (S. 219), in der innovativen Organisation (S. 230) und bei dem Problem der Ausübung von Macht im Markt (S. 318, 342).

3.2.5 Kommunikative Aspekte der organisatorischen Problemlösungsprozesse

Unter Kommunikation wird die Übertragung von Information oder der Austausch von Nachrichten jeder Art verstanden. Der Vorgang der Informationsübertragung umfaßt „all the procedures by which one mind may affect another" (Shannon/Weaver 1949, S. 95). Kommunikationsvorgänge sind im Hinblick auf Sender und Empfänger wie auf Inhalt und Art und Weise der Übertragung von Nachrichten strukturiert. Der Informationsfluß kann der hierarchischen Positionsstruktur entsprechend von oben nach unten folgen (vertikale Kommunikation) oder sich zwischen Positionen der gleichen hierarchischen Ebene bewegen (horizontale Kommunikation). Kommunikationsprozesse können formaler und informaler Natur sein.

Wir beschränken uns im folgenden auf neuerungstheoretische Fragen des kommunikativen Verhaltens in umweltoffenen Organisationen. Die Organisation des Neuerungsvorganges in seinen Phasen der Problementdeckung, -lösung und -durchsetzung ist arbeitsteilig auf verschiedene Teilsysteme verlagert und von der Hierarchiespitze nicht eindeutig zu kontrollieren, da ohne Einräumen von Freiräumen das Neuerungspotential minimal ist. Dieser Tatbestand hat bedeutsame Konsequenzen für die Organisation von Kommunikationsprozessen in den einzelnen Phasen des innovativen Problemlösungsvorganges.

(1) Problementdeckung

Probleme zu entdecken, heißt nicht blindes, sondern auf den Organisationszweck bezogenes Aufspüren von Marktchancen und innerorganisatorischen Engpässen und Potentialen, deren Realisierung der Organisation Vorteile gegenüber ihren Konkurrenten, zumindest aber Überleben in ihrer Umwelt erlaubt. Von individualistischer Suche (zum Beispiel eines

Eigentümer-Unternehmers) unterscheidet sich der organisatorische Problementdeckungsvorgang nicht in seinen Anforderungen an die kreative Kompetenz des psychischen Systems, sondern in der Notwendigkeit, den Problembezug organisatorisch zu verankern, den Vorgang der individuellen Entdeckung von Problemen mit der Notwendigkeit hierarchisch-arbeitsteiliger Handlungsabläufe zu verknüpfen. Hier liegen denn auch die oftmals dokumentierten Nachteile von Großorganisationen im Neuerungsprozeß. Ein Vertreter des Marketings strukturiert seine Welt anders als ein Forscher, ein Produktionsingenieur oder ein Finanzierungsexperte. Jeder dieser spezialisierten Rollenträger ist Mitglied organisatorischer Untersysteme mit ausgeprägter Privatkultur [17] und kontrolliert bedeutsame Zonen der Ungewißheit. Das Problem besteht also darin, die nahezu zwangsläufig privatkulturell betriebene Problemsuche mit einer gesamtorganisatorischen Perspektive zu verbinden. Es geht nicht darum, die Suche nach Problemen ihrer schöpferischen Basis zu berauben (obwohl es in der Realität gewöhnlich darauf hinausläuft), sondern sie vor allem kommunikativ und motivational so zu lenken, daß sie gesamtorganisatorischen Anforderungen und Beschränkungen Rechnung trägt. Dies ist zu betonen, weil organisatorische Systeme bereits von ihrer Idee her die Zerlegung von Problemen in Teilprobleme zu ihrer Aufgabe machen, Problementdeckung aber aus innovationstheoretischen Gründen genau den umgekehrten Weg verfolgen sollte. Subsystemüberschreitender Problembezug erfordert eine momentane Entstrukturierung und Entdifferenzierung des organisatorischen Systems. Zur Problementdeckung sind daher Kommunikationsbeziehungen, die man als „frei" oder „offen" bezeichnen kann, von außerordentlicher Bedeutung. Das bezieht sich sowohl auf die Außenkontakte einer Organisation durch sogenannte Grenzstelleninhaber als auch auf die Diffusion von externen Informationen in der Organisation und die interne Problemsuche. [18]

---

[17] Zum hier verwendeten Kulturbegriff vgl. Röpke 1970 a, S. 55 ff.

[18] Organisationen sind mit ihrer Umwelt durch Grenzstelleninhaber verbunden. Als Schaltstellen des Kommunikationsflusses selektieren und ordnen sie Umweltinformationen und adaptieren diese für die Probleme der Benutzer innerhalb einer Organisation. Die beschriebene Funktion von Grenzstelleninhabern zeigt sich eindrücklich bei der Verwendung von Ergebnissen der (Grundlagen-)Forschung, die außerhalb der eigenen Organisation erzielt wurden. Um Zugang zu neueren Forschungsergebnissen zu erhalten, ist es anscheinend nicht ausreichend, einfach die Umwelt nach potentiell relevanten Forschungsergebnissen abzusuchen. Empirische Untersuchungen von Price und Bass (1969) deuten an, daß der Zugang zu Ergebnissen der Grundlagenforschung, insbesondere zu solchen, aus denen technischer Fortschritt resultiert, teilweise vom Grad der direkten Partizipation von Organisationsmitgliedern an externen Forschungsvorhaben selbst abhängt; ein weiterer Faktor der Umsetzung von neuen wissenschaftlichen Kenntnissen in technischen Fortschritt besteht in der „Verfügbarkeit" und „Ansprechbarkeit" (passive availability) von Forschern außerhalb der Organisation. Die Wirksamkeit der Kommunikation über

Die ungehinderte horizontale Kommunikation zwischen Forschung, Entwicklung und Marketing muß man geradezu als das A und O des Innovationserfolges bezeichnen. Die kommunikative Beziehung zwischen technisch-wissenschaftlichen Bereichen und organisatorischen Stellen, die die Bedürfnisse des Marktes interpretieren und kreieren, müßte bereits in der Phase der Problemsuche bestehen und nicht nur bei der Lösung und Durchsetzung von Problemen, wo ihre Bedeutung zumindest in der neueren Organisationswissenschaft allgemein anerkannt ist. Mit der Steigerung der Komplexität der Welt wird es mehr und mehr erforderlich, *gegebene* Probleme und Bedürfnisse nicht nur innovativ mit bestehendem Wissen anzugehen, sondern im Wege eines feed-forward bestehendes und neuauftauchendes Wissen zur Exploration neuer Bedürfnisse und Möglichkeiten einzusetzen. Der Übergang von einem Krisenmanagement zur planmäßigen Kreation neuer Probleme erfordert keinen neuartigen Persönlichkeitstypus, sondern eine neuartige Strukturierung der organisatorischen Umwelt der einzelnen Mitglieder. Der Strukturwandel besteht im wesentlichen darin, die arbeitsteilig und hierarchisch bedingten unterschiedlichen Kulturen der organisatorischen Teilsysteme im Hinblick auf die schöpferische Problemfindung und -lösung synkretistisch zu integrieren. Was in einem Kleinunternehmen nahezu automatisch anfällt und dessen überlegenes Innovationspotential begründet – die freie Kommunikation von Forscher, Techniker und Kaufmann oftmals durch „Selbstkommunikation" in einer Person vereinigt –, bedarf in der Großorganisation bewußter Einflußnahme und Koordination.

Unsere Argumentation für die Phase der Problementdeckung im organisatorischen Neuerungsprozeß zusammenfassend, können wir sagen: Das Aufspüren neuer Probleme (Ideen, Neuerungen) hängt notwendig von Informationen ab, die in ihren konkreten Anforderungen und Inhalten nicht im voraus bekannt sind; Kommunikationsprozesse müssen daher durch ein großes Maß an Freiheit gekennzeichnet sein. Die organisatorische Aufgabe besteht darin, bereits bei der Problemfindung, sei sie bezogen auf die Bedürfnisse der Umwelt oder auf innerorganisatorische oder technologische Fragestellungen, die unterschiedlichen Wissensvorräte und Weltsichten der einzelnen Teilsysteme schöpferisch zu integrieren. Die Lösung der Schwierigkeiten, die aus den unterschiedlichen Kulturen herrühren, besteht in einem kontinuierlichen, horizontalen, ratgebenden Ideenaustausch, also in Kommunikationen jenseits der hierarchisch strukturierten Kanäle. Sie verlangt Simulation von Kommunikationsprozessen

---

neuere wissenschaftliche Ideen ist bis zu einem gewissen Ausmaß also eine Funktion der Teilnahme an Forschungen außerhalb der Organisation. Oder: Auch die Ergebnisse sogenannter Grundlagenforschung sind nicht „frei", sondern nur durch partizipative Interaktion mit Wissensproduzenten außerhalb der eigenen Organisation verfügbar.

der kleinen Unternehmung und damit auch Schaffung eines kreativen Mikrokosmos in der Organisation. Wir werden später einige Lösungsvorschläge vorstellen.

(2) Problemlösung

Die Phase der Problementdeckung betrachten wir als die kritische Phase im Neuerungsprozeß. Ihre organisatorische Gestaltung bestimmt in wesentlichen Zügen, welche Vorstellungen die nachfolgenden Phasen der Lösung und Durchsetzung von Problemen beherrschen.

Aus unseren innovationstheoretischen Überlegungen folgt, daß kreative Problemlösungsaktivität bei gegebener Kompetenz der psychischen Systeme von der Qualität des Ideenpools abhängig ist, von der Reichhaltigkeit und Varietät der Informationen, die in die kognitiven Primärprozesse eingehen. Chance und Qualität einer Lösung stehen daher in unmittelbarer Beziehung zur Art der kommunikativen Beziehungen einer Organisation. Die Reichhaltigkeit des Ideeninputs, die gegenseitige Befruchtung im Denkprozeß, die Überwindung von Engpässen und die bewußte und unbewußte Überprüfung der Relevanz der Lösungseinfälle jenseits lokaler Kriterien werden durch freie nichtformale Kommunikation über die Grenzen der Teilsysteme hinaus und ungehindert durch hierarchische Autoritätslinien unmittelbar beeinflußt.

Auf diese Weise wird es möglich, die für Großorganisationen typische geistige Isolation und Problemverengung und die hierarchisch gesteuerte Kommunikation, die auf detailliert ausgewiesene Stellenrollen von Spezialisten eines Fachgebietes bezogen ist, durch einen stimulierenden Ideenaustausch (kognitive Partizipation) zu ersetzen. So können sich widersprechende, konfliktreiche Problemsichten, Lösungsmöglichkeiten und Interessen auf allen Ebenen der Hierarchie in den Problemlösungsprozeß einfließen; die unvermeidliche Verzerrung bei der Auswahl und Weitergabe von Informationen wird verringert, eine rasche Information über die Fortschritte im Problemlösungsprozeß, die Reduktion von Ungewißheit wird erleichtert. Im Ausmaß der Komplexität der Probleme und Aufgabenstellungen wächst die Überlegenheit dezentraler, multistabiler Kommunikationsnetze.[19]

(3) Problemdurchsetzung

Die Schwierigkeiten dieser Phase des organisatorischen Problemlösungsprozesses (Selektion der Lösungsalternative und ihre organisatorische Durchsetzung) lassen sich folgendermaßen skizzieren:

Bei der Auswahl der Alternative ist zunächst von Bedeutung, ob sie durch Individualentscheidungen erfolgt oder Ergebnis einer Gruppenent-

[19] Zum letzten Punkt siehe auch Witte (1972, S. 16), mit weiteren Hinweisen auf entsprechende Ergebnisse der Gruppenforschung.

scheidung ist. (Wir gehen hierauf ausführlich auf S. 234 ff. ein.) Wichtig ist weiterhin, ob die gewählte Lösungsalternative innerhalb des Horizontes der beteiligten Mitglieder liegt (Frage der kreativen Imitation), und inwieweit die Entscheidung die einzelnen Mitglieder psychisch verpflichtet. Beides hängt primär davon ab, ob die an der Entscheidung und Durchführung Beteiligten bereits *vor* der Entscheidungsfindung kooperativ in die Problementdeckung und Lösungsfindung eingeschaltet waren und inwieweit sie im Entscheidungsvorgang selbst partizipieren. Das Ausmaß der Erfüllung dieser Bedingungen beeinflußt wiederum, inwieweit die einzelnen Mitglieder ihre Arbeitsenergie und ihren Sachverstand für die Durchsetzung und für die Lösung der bei der Durchführung entstehenden Schwierigkeiten der gewählten Alternative einsetzen, oder ob sie zu Blockade, passivem Widerstand, Gleichgültigkeit übergehen.

Der zentrale Gedanke ist also auch hier: Je intensiver die Organisationsmitglieder in den Phasen der Problemsuche, der Problemlösung und der Auswahl der Lösungsalternative kognitiv und kommunikativ partizipiert haben, desto vertrauter sind sie mit der Entscheidungssituation, den Eigenschaften der Lösung und desto leichter fällt es ihnen, gesamtorganisatorische Aspekte neben individuellen und teilsystembezogenen Auswirkungen zu beurteilen. Um so weniger werden sie eine Neuerung als Eingriff in ihre Kompetenzsphäre betrachten und eher geneigt sein, die Neuerung bzw. die mit ihrer Einführung verbundene Änderung ihrer eigenen Verhaltensmuster zu akzeptieren und funktionale Autorität anzuerkennen.

Die Beziehungen zwischen Kommunikationsprozeß und organisatorischer Problemlösungsaktivität, die wir in Umrissen dargelegt haben, sind in jüngster Zeit mehrfach empirisch bestätigt worden. Burns und Stalker (1966) haben die Bedeutung unterschiedlicher Kommunikationsmuster für den Markterfolg schottischer Unternehmungen in verschiedenen Umweltsituationen beschrieben. Wir selbst haben nachzuweisen versucht, daß die kommunikativen Muster in japanischen Organisationen in bezug auf die Produktion und Diffusion neuer Ideen innovativ-funktional gestaltet sind (Röpke 1970 b). Einen Überblick über eine Reihe empirischer Arbeiten geben Aiken und Hage (1971). Hinsichtlich des Zusammenhanges zwischen Kommunikation und Ausmaß der Neuerungsaktivität kommen sie zu dem Ergebnis, daß in innovativen Organisationen vor allem „aufwärts" und horizontal zwischen einzelnen Abteilungen kommuniziert wird, dagegen weniger „abwärts" und innerhalb eines Teilsystems. Nichtinnovative Organisationen zeichnen sich dagegen durch relativ wenig nach „oben" gerichtete und mehr nach „unten" gerichtete kommunikative Beziehungen aus, die vor allem an Vorgängen innerhalb einer Abteilung orientiert sind.[20]

[20] Ökonomen haben sich vor allem für die Frage interessiert, ob „große" Forschungs- und Entwicklungsabteilungen produktiver als „kleine" arbeiten. Die bisher

Das Überleben in komplexen Umwelten durch die Produktion von Innovationen erfordert weiterhin nicht eine zeitlich durchgängige „Entbürokratisierung" der Organisation. Die These von der Innovationsfeind-

---

vorliegenden Untersuchungen lassen zwar noch keine Schlüsse, wohl aber die Vermutung zu, daß große, da bürokratischere Forschungsorganisationen hinsichtlich ihres Innovationspotentials kleineren Einheiten unterlegen sind. Siehe zum Beispiel Hamberg (1966, S. 110 f.). Sandor (1967) kommt zu dem Ergebnis, es bestehe eine inverse Beziehung zwischen der Unternehmensgröße und dem Prozentsatz an kommerziell ausgewerteten Patenten. Die von ihm gesammelten Daten lassen den Schluß zu (S. 79 f.), daß große Unternehmen Erfindungen mit einer geringeren Wahrscheinlichkeit späterer ökonomischer Nutzung zuführen. Sie verfügen nach Sandor über ein geringeres Innovationspotential, weil sie (1) über weniger kommunikative Beziehungen zwischen Forschern und Nicht-Forschern verfügen, (2) weniger gemeinsame Innovationstätigkeit zwischen Forschern und Nicht-Forschern ermöglichen und (3) weniger Forschung treiben, die sich auf spezielle Probleme der Unternehmung richtet. Zu weiteren Ergebnissen siehe auch Mansfield 1969, S. 57 f. Eine britische Studie kommt zu dem Schluß, daß Neuerungsfehlschläge innerorganisatorisch vor allem von der mangelhaften Integration zwischen Marketing- und Forschungs- und Entwicklungsfunktionen und unzureichenden Kommunikationsbeziehungen herrühren (CSII 1971, S. 19 ff.).

Zu ähnlichen Ergebnissen kommen Mansfield und Wagner (1975). Nach ihnen hängt die Erfolgswahrscheinlichkeit von Forschung und Entwicklung sehr stark davon ab, wie die Abteilungen Forschung und Entwicklung und Marketing integriert sind (S. 194 ff.). Die Produktivität industrieller Forschung und Entwicklung könnte „in großem Umfang" durch eine "better and fuller utilization of existing R & D findings", d. h. durch wirksame organisationsinterne Diffusion neuer Ideen gesteigert werden.

Cooper (1964) hat die Forschungseffizienz von Klein- und Großunternehmen verglichen und kommt zu Ergebnissen, die Plan (1970, S. 177) von einer geradezu „ungeheuren Unwirtschaftlichkeit" der Forschungs- und Entwicklungstätigkeit von Großunternehmen sprechen lassen. Robert Heller (1972, S. 57) kommt aufgrund zahlreicher Fallstudien zu dem Ergebnis: "The weakness of the big corporation lies not only in the sluggishness and inefficiences bred by long chains of command and entrenched bureaucracies, but in inability to behave like the smally-company entrepreneur, no matter how it tries ... Fear of failure within the big company is a prime cause of its entrepreneurial inertia."

Aus einer Studie von Booz, Allen & Hamilton (Management of New Products) geht hervor, daß 19 % der befragten Unternehmen einen Mangel an Kreativität und 81 % eine innovationsfeindliche Organisation für ihre Neuerungsprobleme verantwortlich machen (Handelsblatt, 19. 6. 1973, S. 12). Anders (1973, S. 5) referiert eine Studie von J. Olin (Stanford Research Institute, Zürich) über die Forschungspraxis in der europäischen Chemieindustrie. Nach dieser Studie ist die ungenügende Kommunikation zwischen der obersten Geschäftsleitung und der Forschungsabteilung eine der „wesentlichsten Unzulänglichkeiten der Forschungs- und Entwicklungspraxis in Europa".

Eine ausführliche Darstellung der Beziehungen zwischen Unternehmensgröße, Ausgaben für Forschung und Entwicklung sowie „Innovationsgrad" auf der Grundlage empirischen Beweismaterials geben Schmidbauer (1974, S. 553 ff.), sowie Kamien und Schwartz (1975, S. 9 ff.). Schmidbauer kommt (auf S. 622) zu folgendem Ergebnis: „(1) Die industrielle Forschung, die den Großteil der in der Forschung und Entwicklung insgesamt eingesetzten Ressourcen beansprucht, beschränkt sich vorwiegend auf lichkeit bürokratischer Strukturen muß auch (wie oben angedeutet) im Hinblick auf die Phasen des Neuerungsprozesses relativiert werden. Problemfindung, -lösung und -durchsetzung erfordern eine jeweils unterschiedliche Gestaltung von Organisationsstrukturen und Prozessen.

3.2.6 Die Motivation organisatorischen Verhaltens

Wir untersuchen in diesem Abschnitt vor allem, wie sich unterschiedliche Gefüge der Organisation als der Umwelt von psychischen Systemen auf ihr Leistungsverhalten, ihre Anteilnahme und Verantwortlichkeit sowie auf das Organisationsklima auswirken. [21] Vor allem interessieren uns natürlich die Beziehungen eines Neuerers zu seiner organisatorischen Umwelt. Welcher Typus von Organisation bietet die optimale Herausforderung für leistungsmotivierte Persönlichkeitssysteme?

Wir haben bisher drei Kriterien herausgearbeitet, durch die sich neuerungsorientierte Organisationssysteme auszeichnen: abstrakte Rollen, funktionale Autorität, freie Kommunikation. Die entscheidende Frage ist nun: Was fängt ein Individuum mit seiner durch abstrakte Regeln, funktionale Autorität und offene Kommunikationskanäle begründeten und garantierten Verhaltensautonomie an?

Wir machen die optimale Aktualisierung leistungsmotivierten Verhaltens in einem organisatorischen Kontext von drei zusätzlichen Bedingungen abhängig: (1) Der Existenz von Belohnungssystemen, die sog. intrinsische Motivation erlauben oder sog. „höhere" Bedürfnisse befriedigen; (2) die Individuen müssen Verantwortung für Tätigkeiten übernehmen

---

geringe Verbesserungen oder Modifikationen von Produkten oder Produktionsverfahren ...

(2) Soweit die industrielle Forschung bedeutende Fortschritte erzielt hat, wurden die Projekte meist von kleineren Unternehmen (und unabhängigen Erfindern) initiiert und in den ersten Phasen (die durch hohes Risiko und relativ niedrige Kosten charakterisiert sind) durchgeführt, während sich die großen Unternehmen auf die weniger riskante, unter Umständen kostenintensive Entwicklungsphase beschränken."

Die Mehrzahl der empirischen Untersuchungen zur Beziehung zwischen Unternehmensgröße und Innovationsgrad krankt daran, daß organisatorische Variable entweder ausgeklammert oder nur ad hoc berücksichtigt werden. Wie wir noch zeigen werden, können Großunternehmen durchaus die Fähigkeit besitzen oder erwerben, Neuerungen mit hohem Unsicherheitsgrad zu tätigen, falls sie ihre organisatorischen Abläufe zumindest phasenweise „entbürokratisieren". Zu einer differenzierteren Betrachtung siehe auch Freeman (1974, S. 237 f.), der allerdings Organisationsvariable nur implizit berücksichtigt.

[21] Zur Terminologie vgl. Burns (1967, S. 130): "For the most part, commitment to membership of a closed system in which authority relationships obtain is resolvable into two kinds: a contractual or quasi-contractual engagement of effort in return for rewards, material and immaterial; and involvement, dedication to effort over and above engagement, separate from it, or directed to other kinds of objective."

können, deren Wirkungen maximal ungewiß sind; (3) es muß ein Organisationsklima bestehen, das die Reduktion bzw. Absorption der durch Neuerungsverhalten erzeugten Ungewißheit ermöglicht.

(1) Organisatorische Belohnungssysteme

Motivation als psychisches Verursachungselement hatten wir auf Person-Umwelt-Interaktionen bezogen, um jenes Wirkungsgefüge freizulegen, welches das Handeln eines Individuums auf Ziele ausrichtete und reguliert. Das Bedürfnis nach Leistung galt als intrinsische Motivation, relativ unabhängig von äußeren Belohnungen und orientiert an Maßstäben von Erfolg und Mißerfolg. Leistungsmotivation wird jenen Bedürfnissen des Menschen zugerechnet, die seinem Wunsch nach Selbstverwirklichung, psychischem Wachstum und Vervollkommnung und seinem Neugierdrang entsprechen.[22] Dem stehen externe Handlungsmotive wie das Streben nach Geld, Macht, Status, Prestige gegenüber, die durch äußere Belohnungen befriedigt werden können, die in ihrem Umfang nach bestimmten Leistungsstandards verteilt und von der Hierarchie kontrolliert werden. Das Ansprechen der hierarchisch „höheren" Motive, auf denen Neuerungsverhalten basiert, kann nur indirekt erfolgen:

(1) Die Arbeitsaufgabe muß genügend Varietät, Komplexität und Herausforderungscharakter für die kognitiven und handwerklichen Fähigkeiten des Menschen besitzen.

(2) Hierauf *aufbauend* und nicht als mechanistische Substitution haben externe Belohnungssysteme die Funktion, das Ausmaß individueller Leistung durch spezifische, schnell wirkende, erfolgsorientierte Belohnungen objektiv (quantifizierbar) rückzukoppeln. Nicht der Belohnungsaspekt steht im Vordergrund, sondern der informatorische und symbolische Wert einer externen Maßgröße für individuelles Leistungsstreben. Das Individuum kontrolliert innerhalb seines Freiraums das Ausmaß der Belohnung, das heißt, es steht ihm frei, sich zu entscheiden, in welchem Umfang es seine Fähigkeiten in die Erfüllung seiner Aufgabe einbringt. Die Belohnungsmuster müssen der Forderung Rechnung tragen, daß komplexe Organisationen nur durch interne Freiheiten überleben können.

---

[22] Maslow (1965, S. 238) unterscheidet zwischen "higher needs" oder "metaneeds" und "basic needs": "The higher-need levels would be mostly at the level of esteem and self-esteem, where questions would be involved of dignity, of autonomy, of self-respect, of respects from the other; feelings of worth, of getting praise and rewards and credit for one's accomplishments and the like." „Es gilt", so beschreibt Heckhausen (1974, S. 37) diese metapsychologische Begründung des Leistungsstrebens, „das eigene Leben zu erfüllen, indem die verfügbaren Möglichkeiten, soweit es geht, ausgeschöpft werden. Zu den verfügbaren Möglichkeiten gehören vor allem die eigenen Fähigkeitspotenzen, die zu entfalten und zu aktualisieren sind ... Auch gezielter und ausdauernder Einsatz der eigenen Anstrengung sowie die Herausforderungen der sich stellenden Aufgaben gehören dazu."

(2) Reduktion von Ungewißheit durch Übernahme von Verantwortung

Neuerungsaktivität in Organisationen produziert unvermeidlich Ungewißheit für andere Organisationsmitglieder, verursacht Konflikte, verändert die Machtkonstellation. Übernimmt der Neuerer Verantwortung für seine Tätigkeit, oder wird er für sie verantwortlich gemacht, absorbiert er Ungewißheit, mindert Konflikte und entschärft den Herausforderungscharakter einer Machtanmaßung. Vor allem Luhmann (1964, S. 172 ff.) hat den ungewißheitsabsorbierenden Charakter von Verantwortungsübernahme betont. Verantwortung nimmt anderen das Risiko für die Folgen eigenen Handelns ab, gibt ihnen eine Handlungs- und Orientierungsgrundlage, schafft somit für *andere* ein Gewißheitsäquivalent, für dessen Enttäuschung der Verantwortliche Rechenschaft schuldet. Verantwortung (und Vertrauen) erfüllen im sozialen Verkehr die Funktion, die Intuition in kognitiven Primärprozessen übernimmt. Das Kernproblem ist in beiden Fällen gleich: die Notwendigkeit, in Ungewißheit, bei unvollkommener Information entscheiden und handeln zu müssen.

McClelland hat in seine Definition der unternehmerischen Rolle das bereitwillige Tragen von Verantwortung nicht zu Unrecht eingeschlossen (s. S. 150), auf den Zusammenhang zwischen Reduktion von Ungewißheit und Verantwortung jedoch nicht aufmerksam gemacht. Gelingt es einem Eigentümer-Unternehmer nicht, die Ungewißheit der Folgen seines Handelns durch vertragliche Absicherungen auszuschalten, legt ihn der Sanktionsmechanismus des Marktes unerbittlich auf seine Entscheidungen fest. Das Ausmaß seiner psychischen Kompetenz, Aufgaben mit maximal ungewissem Ausgang zu realisieren, wird durch die Höhe seiner Profite quantifiziert. Die von ihm für andere produzierte Ungewißheit braucht er nicht zu beachten, zumal im Markt Mechanismen der Ungewißheitsreduktion bestehen (s. unten S. 361 ff.).

In einer organisatorischen Umwelt jedoch läuft die Rückkopplung zwischen Entscheidung und Entscheidungskonsequenzen nicht direkt über den Markt, sondern sie ist horizontal zwischen Kollegen und vertikal durch die Hierarchie (Vorgesetzte, Untergebene) vermittelt. Erfolgsmaßstab ist nicht Profit, sondern Status, Macht, Ansehen, Gehalt. Der entscheidende Unterschied zwischen einem Eigentümer-Unternehmer und einem angestellten Unternehmer liegt jedoch im Ausmaß der Individualisierung der Verantwortung. Organisatorische Verantwortung wird als Pflicht zur Vermeidung von Fehlern definiert (Luhmann 1964, S. 180), und sie impliziert die Anerkennung des Rechts anderer zu strafen. Sie ist daher an die Zurechenbarkeit von Fehlern gebunden, ist in einer marktlichen Umwelt problemlos, in einer Organisation jedoch ein zentrales Anliegen. Im Markt hat es grundsätzlich keine Bedeutung, aus welcher Motivlage heraus der einzelne Marktteilnehmer aktiv wird, da die Konsequenzen jeder Entscheidung nahezu automatisch bewertet und an den Entscheider zurückgemeldet werden. Der Markt steht für den gesamten Bereich menschlicher Motivation offen und reduziert Ungewißheit unabhängig davon, ob bestimmte Entscheidungen oder Handlungen und deren Folgen erkennbar als Fehler ausgewiesen werden können. In einer formalen Organisation dagegen ist jede Stelle für ihre Informationsverarbeitung (das heißt auch Ungewißheitsabsorption) ihrem Vorgesetzten verantwortlich. Die Angst vor Mißerfolg, das heißt das Bestreben, Fehler zu vermeiden, wird zum zentralen Motiv organisatorischen Überlebens. Die bürokratische Ausgestaltung der Fehlerverantwortlichkeit führt, wie Luhmann (1964, S. 180) betont, in eine „starke Divergenz zu den Notwendigkeiten der Unsicherheitsabsorption, weil sie nicht alle Seiten des Unsicherheitsproblems erfaßt". Innovatives Verhalten ist überhaupt nicht möglich ohne Produktion von Fehlern; individuelle Fehlerverantwortlichkeit würde das einzelne Organisationsmitglied einem kaum tragbaren Karriererisiko aussetzen. Ein Innovator würde zu einem Außenseiter und Ambivalenten (Presthus) – Rollen, die im traditionalen Organisationssystem in der Tat vergeben werden.[23] Darüber hinaus sind Fehler bei der Entdeckung, Lösung und Durchsetzung komplexer Probleme in einer Organisation selten individuell zurechenbar.

In Organisationen gibt es somit eine nichtindividualisierbare Komponente der Verantwortung. Je innovativer eine Organisation, desto größer wird diese Komponente, da Neuerungsverhalten zunehmend aus kooperativer, gruppenbezogener Problemlösungstätigkeit resultiert. Neuerungsorientierte Organisationen müssen einerseits Belohnungsmuster entwikkeln, die eine ausreichende Befriedigung der sog. hierarchisch höheren Bedürfnisse ermöglichen und damit verbunden eine spontane Selbstkontrolle der durch abstrakte Rollenerwartungen geschaffenen Freiräume erlauben, während sie andererseits das einzelne Organisationsmitglied vom kollektiven Anteil des Neuerungsrisikos entlasten, Risiko sozialisieren. Das Problem der Ungewißheitsabsorption ist damit natürlich nicht gelöst (wir kommen darauf zurück), wohl aber wird deutlich, daß die traditionale Lösung in innovativen Organisationen nicht nur nicht greift, sondern bezogen auf das Überleben einer Organisation in einer hochkomplexen Welt auch disfunktional ist.

Diese Ausführungen deuten auf eine Organisationsform hin, die im Gegensatz zur Betonung externer Belohnungen und autoritär-bürokrati-

[23] Presthus (1966, S. 25) unterscheidet zwischen drei Persönlichkeitssystemen: „Die Aufsteigenden sind diejenigen, die auf die bürokratische Situation positiv reagieren und sich in ihr bewähren. Die Indifferenten sind die Mitglieder einer sich nicht engagierenden Mehrheit, für welche die Arbeit lediglich ein Mittel ist, sich außerhalb der Arbeitszeit Befriedigung zu verschaffen. Die Ambivalenten bilden eine kleine, unausgesetzt hin- und hergerissene Minderheit, die ihre Ansprüche auf Status und Machtpositionen weder abschreiben noch sich hinreichend diszipliniert verhalten kann, um diese Ansprüche zu befriedigen."

scher Kontrolle und der Selektion entsprechender Persönlichkeitssysteme und Verhaltensstile [24] die Fähigkeit des einzelnen zur Selbstmotivation und Selbstkontrolle anerkennt. In einem entsprechenden Organisationsklima sichern Netzwerke informaler Beziehungen durch selbstauferlegte Gruppennormen eine Orientierung des Verhaltens der Individuen und Gruppen an den Zwecken der Gesamtorganisation. [25] Eine Organisation bzw. eine höhere hierarchische Ebene muß sich auf die selbstmotivierte Eigenkontrolle von Individuen und Gruppen verlassen (können). Innovationsverhalten kann nicht kommandiert, aber auch nicht wegen seiner unvorhersehbaren Folgen an engen operationalen Kriterien organisatorischer Planerfüllung orientiert werden. [26]

(3) Komplexitätsreduktion durch Vertrauen

Wir haben das Problem offengelassen, durch welche Methoden die Ungewißheit und Komplexität, „die durch die Freiheit des anderen Menschen in die Welt kommt" (Luhmann 1968 b, S. 29), in Organisationen reduziert werden kann. Neben der Reduktion von Marktungewißheit geht es vor allem um die organisatorisch selbstproduzierte Ungewißheit, die im Neuerungsprozeß anfällt. Mit der Ausweitung der Freiräume und damit der Steigerung des Varietätspotentials, der Ungewißheit und der Komplexität der sozialen Beziehungen muß die Wirkungsweise komplexi-

---

[24] Die Belohnung von Mißerfolgsmotivation und die entsprechende Gestaltung der organisatorischen Aufstiegsmuster ist bis heute eine eingebaute Innovationsbremse nahezu aller Bürokratien. Hinsichtlich der sowjetischen Zentralplanungsbürokratie bemerkt Levine (1966, S. 278): "... the enterprise manager ... resists innovation (which always entails some risk) because the penalty for failure is great, and the reward for succes is short-lived", eine Beobachtung im übrigen, die auch für den bürokratischen Kapitalismus Gültigkeit besitzt.

[25] Cummings und Mize (1968, S. 45 f.) sind zu ähnlichen Ergebnissen gekommen. Sie untersuchen das Neuerungsverhalten von Individuen in einem "advisory set", einem "'set' in which the subject is more or less removed from direct responsibilities for decision outcomes". In einem System konsultativer Beziehungen würde das Individuum "attend less to the probabilities of failure or the infeasibilities of application of possible solutions". Das Auftreten von Organisationspionieren bei Unternehmen wie General Motors, Dupont u. a. (siehe unten S. 238 ff.) wurde von Chandler (1962, S. 320) folgendermaßen lokalisiert: "... organizational changes were most effectively undertaken by men who had not yet identified themselves with one certain pattern or role of action", also von Trägern ambivalenter Rollen.

[26] Siehe hierzu die Kritik von Burns (1969), Loasby (1968) und Yoshihara (1969) am Innovationsmodell von March/Simon (1958) und Cyert/March (1963), die von maschinellen Informationsverarbeitungsprozessen ausgehend, Neuerungen als Programmänderungen betrachten (z. B. Änderungen der Standards von Preis- oder Ausbringungsentscheidungen, des Lagerhaltungssystems u. dgl.) und sich daher vorwiegend kurzfristigen Anpassungs- und Entscheidungsvorgängen widmen, bei denen Problemsuche, Problemlösung, Ungewißheitsabsorption auf eindeutige Ja/Nein-Entscheidungen reduziert werden.

tätsreduzierender Mechanismen gesteigert werden. Traditionale Vorkehrungen wie die Absorption von Ungewißheit durch Verantwortung büßen ihre Funktion parallel mit einer zunehmend abstrakteren Gestaltung der Rollen ein.

Luhmann und unten angeführte Vertreter des partizipierenden Managements betrachten Vertrauen als den grundlegenden Mechanismus der Reduktion von Komplexität in Organisationen. Vertrauen reduziert vor allem jene soziale Komplexität, die aus den unsicheren Erwartungen zukunftsorientierten Verhaltens resultiert, eine Verhaltenskategorie, die besonders mit der Rolle des Unternehmers und Innovators in Verbindung zu bringen ist. Die Beziehung zu leistungsmotiviertem Handeln ist vor allem durch die Eigenschaft hochmotivierter Personen begründet, Aufgaben bzw. Probleme mit ausgesprochen weiter Zukunftsperspektive anzugehen (s. o. S. 150 f.). Leistungsmotiviertes Handeln basiert auf einer zeitlichen Diskrepanz zwischen gegenwärtiger und zukünftiger Situation, das heißt einer Spannweite der Zukunftsperspektive, die von anderen Personen (Organisationsmitgliedern) oftmals weder kognitiv noch motivational überbrückt werden kann und daher durch Vertrauen geschlossen werden muß. „Vertrauen ist die Erwartung einer künftigen Befriedigung, die zum Motiv für eigenes, sich festlegendes Verhalten wird. Vertrauen dient somit als elementarer sozialer Prozeß der Überbrückung von Zeitdifferenzen in Leistungsbeziehungen" (Luhmann 1964, S. 72). Soziale Beziehungen des Vertrauens und gegenseitiger Achtung werden von manchen Organisationsforschern geradezu als „Zement organisatorischer Systeme" betrachtet.[27]

Für hochkomplexe Systeme wäre es eine höchst aufwendige und disfunktionale Methode, das Verhalten ihrer Mitglieder durch Mißtrauensstrategien zu kontrollieren, wie es in traditionalen Organisationssystemen der Fall ist. Ein Organisationsklima des Mißtrauens („low trust pattern") führt notwendigerweise zu einer verkürzten Zeitperspektive des Handelns, einer Verringerung der Aktualisierung von Leistungsmotivation und damit des Neuerungspotentials einer Organisation. Vertrauen ist zugleich Bedingung wie Resultat komplexer sozialer Organisation. Vertrauen ist einerseits notwendig, um die Sicherheitsäquivalente für die durch die Ausweitung der Freiräume verstärkt möglich werdenden zukunftsorientierten Entscheidungen und Handlungen zu schaffen, andererseits ermöglicht ein auf Vertrauen gegründeter sozialer Verkehr die

---

[27] "... the cement of organic systems is mutual confidence and trust among members of the organization rather than authority-obedience relationships. Structures and procedures which support mutual confidence are necessary to replace the many mechanical procedures which have as one of their consequences the undermining of mutual confidence" (Shepard/Blake 1962, S. 90; siehe hierzu bes. Likert 1961 und 1967).

interne Differenzierung des Systems weiter voranzutreiben, die Komplexität der Organisation zu erhöhen, neue Umweltbereiche zu erschließen.

„Vertrauen" nimmt also in der Strategie einer Organisation, Umweltkomplexität zu reduzieren, eine grundlegende Bedeutung ein:
Wenn die Organisation nicht versucht, Umweltsicherheit durch die Ausscheidung der Störungsquellen zu absorbieren (Absprache mit Konkurrenten, Kooperation usw., generell: Beschränkung des Wettbewerbs), bleibt ihr nur die von Ashby angedeutete Möglichkeit, selbst Vielfalt zu erzeugen. Der Einsatz dieser Strategie ist jedoch organisatorisch nicht voraussetzungslos:

1. Es bedarf spezieller Untersysteme, die sich mit der Erfassung bestimmter Segmente von Umweltgewißheit und der Produktion von Varietät beschäftigen. Die Organisation muß sich intern differenzieren (Forschung und Entwicklung, um wissenschaftlich-technologische Ungewißheit, Marketing, um Marktungewißheit zu absorbieren).

2. Es bedarf aber auch bestimmter organisatorischer Führungsstile, Entscheidungs- und Kommunikationsprozesse und Motivationssysteme, um die Komplexität und damit den Möglichkeitsbereich und das Anpassungspotential der Organisation zu steigern, und die mit der Erfüllung dieser Funktionen verbundene Steigerung der innerorganisatorischen Ungewißheit zu absorbieren.

Der grundlegende Mechanismus innerorganisatorischer Ungewißheitsabsorption liegt nun darin, Problemlösungsverhalten, Entscheidung und Kontrolle auf der Grundlage von „high-trust"-Beziehungen zu gestalten.

Aufs engste verknüpft mit einer Strategie der Reduktion von Komplexität durch Vertrauen ist die Schaffung eines Organisationsklimas, das gegenseitige emotionale Unterstützung und Anteilnahme ermöglicht, was nicht zu verwechseln ist mit einem Führungsstil, der zu einer bequemen, freundlichen, permissiven Atmosphäre führt.[28] Sowohl im Bereich der

[28] Untersuchungen von McClelland und Burnham (1976) stützen unsere Überlegungen. Nach ihnen kommt ein permissiver, „demokratischer" Führungsstil dann zustande, wenn die Inhaber hoher Positionen in einer Organisation überwiegend sozial motiviert sind, das heißt, wenn sie daran Interesse haben, gute Beziehungen zu anderen Organisationsmitgliedern zu erreichen und aufrechtzuerhalten. Derart motivierte Manager werden ihren Untergebenen in speziellen Situationen Ausnahmen von den für alle geltenden Organisationsregeln gestatten. Das wird die organisatorische Moral (organisatorische Klarheit und Mannschaftsgeist) schwächen und zu einer geringeren Produktivität der Mitarbeiter führen. Der Versuch, sich durch Eingehen auf Einzelschicksale und Bedürfnisse mit Hilfe von Ausnahmeregelungen überall beliebt zu machen, führt zu Unbeliebtheit bei denen, die nicht aus der jeweiligen Nichtanwendung universaler organisatorischer Regeln Nutzen ziehen. Bei einem „guten" Manager überwiegt dagegen sein Machtmotiv sein Anschlußmotiv; sein Interesse, den Einfluß der Organisation, der er dient, zu erhöhen, läßt ihn versuchen, seine Mit-

Erziehung (Rosen/D'Andrade 1959), des Kulturwandels (McClelland/Winter 1969) als auch in organisatorischen Systemen (Litwin/Stringer 1968) hat sich die leistungsmotivationsfördernde Wirkung einer nichtdirektiven, anteilnehmenden, aufmunternden Atmosphäre gezeigt.[29] Als Erklärung bieten McClelland und Winter das Argument an, daß die Möglichkeit kulturellen Wandels eine (Zer-)Störung traditionaler Denk- und Handlungsmuster mit sich bringt, eine Vorstellung, die Erwartungsangst erzeugt und dazu führen mag, den Wandel zu unterlassen, eine Änderung der Umstände möglicherweise zu bekämpfen.[30] In solchen Situationen könnte unterstützende Anteilnahme als ein Mittel betrachtet werden, „the crippling anxiety introduced by the prospect of change" abzubauen, oder alternativ als eine Methode gelten, die mit der Aktualisierung von Leistungsmotivation verbundenen Verhaltensänderungen zu bekräftigen (1969, S. 75). Auf der gleichen Ebene liegen die Vermutungen von Litwin und Stringer (1968).[31] Die neuere Organisationsforschung, die wir unten darstellen werden, hat Organisationsmodelle entwickelt, die den obigen Anforderungen eines komplexen Umweltlagen entsprechenden Organisationsklimas ziemlich nahekommen.

Mechanismen des Vertrauens, der gegenseitigen Unterstützung, des Anteilnehmens und Respekts mildern Ungewißheit, reduzieren Komplexität, senken die Angst vor Mißerfolg und Wandel, aktualisieren aber auch gerade dadurch schöpferisches, leistungsmotiviertes Handeln in einer durch abstrakte Rollenstellen, offene und multiple Kommunikationsnetze und funktionale Autoritätsbeziehungen charakterisierten organisa-

---

arbeiter zu vermehrten Leistungen anzuregen. Der Erfolg eines „guten" Managers stellt sich also erst ein – diese Schlußfolgerung wäre aus den Überlegungen von McClelland und Burnham zu ziehen – wenn sich unter seinen Mitarbeitern leistungsmotivierte Personen befinden, deren Motivation durch ihn aktualisiert werden kann.

[29] Rosen und D'Andrade berichten, daß das Ausmaß an Wärme und emotionaler Unterstützung von Vätern eine wichtige Determinante oder Stärke der Leistungsmotivation ihrer Söhne war, und daß andererseits gerade diese Väter von Jungen mit hoher Leistungsmotivation für ihre Söhne höhere Leistungsstandards setzten als Väter von Söhnen mit niedrigerer Leistungsmotivation. Ein leistungsfördernder, anteilnehmender Erziehungsstil impliziert also keine "permissiveness and promiscuous reinforcement of any type of behavior", vielmehr gilt: "Changes in motives are more likely to occur in an interpersonal atmosphere, in which the individual feels warmly but honestly supported and respected by others as a person capable of guiding and directing his own future behavior" (McClelland/Winter 1969, S. 75); s. a. Meyer 1973, S. 170ff., und Weiner 1975, S. 113ff.

[30] Siehe hierzu unsere Charakterisierung einer kreativen Persönlichkeit, speziell seine Fähigkeit, Angst, Ungewißheit, Mehrdeutigkeiten zu tolerieren usw.; oben S. 108ff.

[31] "Environmental cues that an individual's activities are being supported, encouraged, and generally appreciated would tend to reduce the salience of fear of failure und increase the salience of achievement motivation and achievement-oriented activity" (Litwin/Stringer 1968, S. 52).

torischen Welt. Sie halten den Herausforderungscharakter der organisatorischen Umwelt für die Organisationsmitglieder in einer optimalen Schwebe. Sie verhindern, daß zu ausgeprägte Herausforderungen die aktualisierte Leistungsmotivation senken, und zu schwache Herausforderungen, wie sie Organisationen mit mißerfolgsmotivierten Individuen und auf Mißtrauen basierenden Kontrollsystemen auszeichnen, zu Konservatismus und unzureichender Varietätsproduktion führen.

3.2.7 Organisatorische Ziele

Traditionalerweise wird das prägende Merkmal von sozialen Organisationen in ihrer einheitlichen Zielfunktion gesehen. Ziele werden den Organisationsmitgliedern durch einen Herrschaftsakt von einmaliger Qualität vorgesetzt. Alles andere – Strukturen, Prozesse, Erwartungen – scheint aus dem Recht der Organisationsführer zu folgen, Ziele setzen zu dürfen.[32]

Hier stellt sich natürlich die Frage, wieso Organisationen Ziele verfolgen, obwohl es eine empirisch erwiesene Tatsache ist, daß die einzelnen Mitglieder und Gruppen einer Organisation voneinander abweichende Ziele vertreten. Zieldissens besteht auch nach Verhandlungsprozessen fort und wird auch durch monetäre Abfindungen nicht eliminiert. Es wäre also zu untersuchen, wie sich „Ziele" in Organisationen bilden.

Mit dem Organisationssystem wird eine kooperative Situation angesprochen, in der die Ziele der Individuen – und nur diese können Ziele in einem realen, nicht-metaphorischen Sinn besitzen – so miteinander verbunden sind, daß das Ziel eines Individuums tendenziell nur erreicht werden kann, wenn die anderen Individuen Aussicht haben ihre Ziele gleichfalls zu erreichen.[33] In der kooperativen Situation ist somit nicht impliziert, daß die Individuen ihre Ziele teilen, sondern nur daß das Handeln des einen zum Erfolg des anderen beiträgt (keine Null-Summen-Situation). Man kann sich nun vorstellen, daß derartige kooperative Interdependenzen sowohl horizontal zwischen einzelnen Individuen einer hierarchischen Ebene wie vertikal bestehen, also zwischen Individuen verschiedener Ebenen (Beziehungen zwischen Vorgesetzten und Untergegebenen). Das gesamte Organisationsgefüge besteht bei kooperativer

---

[32] Zu Belegen siehe die Zitate von Etzioni, Mayntz, Parsons u. a. bei Bosetzky 1970, S. 12 f.; zu den Vorstellungen der marxistischen Politischen Ökonomie vgl. Lange (1963, S. 113 ff.), der die Überwindung der Spontaneität der Beziehungen im Marktsystem durch die Gestaltung der „ökonomischen Triebkräfte ... entsprechend dem Willen der organisierten Gesellschaft" im Sozialismus hervorhebt.

[33] Dies entspricht der Definition einer kooperativen im Gegensatz zu einer kompetitiven Situation bei Buckley (1967, S. 187), die uns allerdings mißverständlich erscheint, da aus ihr nicht klar hervorgeht, ob die tatsächliche oder nur die mögliche Zielerreichung gemeint ist.

Zielinterdependenz aus sich sozusagen wie Fischschuppen überlappenden Individuen und Untersystemen (Likert spricht von einer „linking-pin"-Organisation; s. unten S. 227). Weder ist es notwendig, daß die einzelnen Organisationsmitglieder oder Gruppen ihre Zielvorstellungen teilen, noch daß sie die Ziele aller anderen Individuen oder Gruppen kennen. Nur eine Unterbrechung der horizontalen wie vertikalen kooperativen Überlappung muß vermieden werden. Je mehr sich dieser Zielbildungsprozeß (oder Prozeß der kooperativen Abstimmung der Verhaltenserwartungen) auf die Spitze der Hierarchie zubewegt, desto diffuser werden die Ziele. Die nicht-operationale Qualität der Ziele erlaubt es, dissente Zielvorstellungen auf unteren Ebenen zu „versöhnen", und die Ziele den Wandlungen der externen und internen Bedingungen anzupassen.

Wenn man in der Zielbildung einer umweltoffenen Organisation den Prozeß einer kooperativen und hierarchisch kontrollierten Abstimmung von Verhaltenserwartungen sieht, ist das nur eine andere Formulierung des uns bereits bekannten Zusammenhangs zwischen Umweltkomplexität, Rollenerwartungen und Autonomie des Handelns. Genau an dieser Stelle setzt eine Untersuchung von Simon (1964) zur organisatorischen Zielbildung an. Wenn wir Simon richtig verstehen, sind es die durch Normen oder Rollenerwartungen ausgesprochenen Beschränkungen oder Anforderungen, in welchen sich die Ziele einer Organisation manifestieren. Demnach findet die Zielstruktur einer Organisation ihren Ausdruck in den mehr oder weniger abstrakten Beschränkungen, denen das Verhalten der Rolleninhaber unterliegt. Organisationsziele sind die von den Mitgliedern geteilten Beschränkungen ihres Verhaltens (Simon 1964, S. 9; 21). Im Ausmaß der Abstraktheit der Rollenerwartungen können wir daher von mehr oder weniger expliziten Zielen *der* Organisation sprechen. Wir erhalten auf diese Weise ein Kontinuum unterschiedlich definierter Zielsysteme, in dessen jeweilige Erklärung alle Faktoren eingehen, die auch für die Erklärung des Entstehens und der Funktion organisatorischer Regelsysteme von Bedeutung sind.

Je abstrakter die Rollenstellen, desto mehr löst sich eine konkrete Zieldefinition auf. Die Machtkonzentration (oder Herrschaftsausübung) an der Hierarchiespitze, die in der Maschinen-Befehlsorganisation für die Durchsetzung optimaler Ziel-Mittel-Beziehungen sorgt, weicht einer dezentral angelegten Machtstruktur als dem Ausdruck abstrakterer Verhaltensbeschränkungen. Auch in einem abstrakten Zielsystem sind Individual- und Gruppenziele noch in dem Sinne vorhanden, daß einzelne Mitglieder oder Untersysteme andere Mitglieder zu überzeugen oder zu beeinflussen versuchen, ihre eigenen Ziele zu den Zielen der Organisation, d. h. der anderen zu machen. Aber Macht, sei sie funktional legitimiert oder formal-bürokratisch verankert, kann die Annahme dieser Ziele nicht garantieren. Nur innerhalb der abstrakten Verhaltensbeschränkungen besteht die Möglichkeit, durch kooperatives Handeln die Ziele der *einzelnen* Organisationsmitglieder aufeinander abzustimmen.[34]

Die Vorstellung, das Organisationsziel in den mehr oder weniger abstrakten Beschränkungen des Verhaltens der Organisationsmitglieder zu sehen, steht in unmittelbarer Beziehung zu der systemtheoretischen Annahme, im „Überleben" eines umweltoffenen Systems sein „oberstes" Ziel zu sehen. Statt Überleben können wir auch von Bestanderhaltung oder Erhaltung einer Innen/Außen-Differenz zwischen System und Umwelt sprechen. Denn nur solche Systeme überleben, die das Verhalten ihrer Elemente denjenigen Beschränkungen unterwerfen, die eine Erfüllung der notwendigen Systemfunktionen ermöglichen. Der Überlebenserfolg als „Urziel" eines umweltoffenen Organisationssystems wird so letztlich zur entscheidenden Legitimationsgrundlage für die Ausübung und Aufrechterhaltung organisatorischer Herrschaft (als der *normativen* Ausübung von Macht) und somit auch der Zuteilung von Rollen und Positionen. Die Umweltoffenheit eines Systems bedeutet, daß die Festlegung der Freiräume oder Verhaltensbeschränkungen als dem abstrakten Ziel einer Organisation nicht nur eine Sache der Macht oder Herrschaftsausübung als Ergebnis eines Kampfes um Normen, sondern auch Ausdruck des jeweiligen Umweltgefüges ist: Organisationen, die über keine Kontrolle ihrer Umwelt verfügen, können ihre Ziele nicht autonom festlegen. Organisationsziele sind ein Interaktionsprodukt.

3.2.8 Zusammenfassung

Wir haben versucht, analytische Kategorien aufzustellen und nomologisch aufzufüllen, die es uns gestatten, die Kompetenz formaler Organisationssysteme zu beurteilen, in Umwelten unterschiedlicher Komplexität zu überleben und zu expandieren; wir begnügten uns mit einer vagen Differenzierung unterschiedlicher Grade der Komplexität des Umweltgeschehens und sahen keine Notwendigkeit, bereits an dieser Stelle unserer Argumentation präziser zu werden (wir versuchen dies im vierten Teil nachzuholen).

Nach den Ursachen organisatorischer Kompetenz zu fragen heißt, die wechselseitigen Einflußbeziehungen zwischen Umwelt und Organisation systemtheoretisch aufzulösen in die Bestimmungsgründe hierarchisch-arbeitsteiliger Interaktion zwischen Organisationsmitgliedern, Organisation und Umwelt. Als zentrales Problem erweist sich dabei, inwiefern die organisatorischen Begrenzungen der Verhaltensautonomie der psychischen Systeme die Problemlösungsaktivität der gesamten Organisation

[34] C. D. Edwards (1971, S. 146 f.) scheint einer der wenigen Ökonomen zu sein, die aus der Tatsache pluralistischer Ziele in einer Organisation Konsequenzen für das Marktverhalten von Unternehmen ziehen.

berühren. Die organisatorische Gestaltung dieser Beschränkungen bestimmt das kreative Potential der Organisation. In diesem Sinne gibt es mehr oder weniger innovative Organisationen, da die unterschiedliche Strukturierung der Organisationsprozesse das Ausmaß beeinflußt, das vorhandene schöpferische Potential der psychischen Systeme zu aktualisieren und neues Innovationspotential durch Steigerung der psychischen Fähigkeitsniveaus zu gewinnen. Im einzelnen konnten wir in den Erwartungsbildungen (normative Regelsysteme), den Machtbeziehungen, den kommunikativen Netzwerken und der Motivations- wie Belohnungsstruktur Wirkungsfelder isolieren, die den Umfang und die Qualität leistungsmotivierten, schöpferischen Handelns der Organisationsmitglieder unmittelbar beeinflussen. Umweltoffene Organisationssysteme sind in ihrem Verhalten nicht autonom. In Abhängigkeit von dem jeweiligen Umweltgefüge ist vielmehr die Beliebigkeit organisatorischen Gestaltens von Strukturen und Prozessen eingeschränkt. Die Funktionalität bestimmter Züge von Organisationen muß daher im Hinblick auf Systembestand und Systemexpansion untersucht werden. Die Änderung des Umweltgefüges verlangt eine entsprechende Modifikation des internen Modells der Außenwelt. Unabhängig vom jeweiligen Umweltgefüge sind Aussagen über sog. „optimale" Organisationsstrukturen usw. sinnlos. „The beginning of administrative wisdom is the awareness, that there is no one optimum type of management system" (Burns/Stalker 1966 S. 125).

3.3 Die innovative Kompetenz formal-bürokratischer Organisationen

3.3.1 Die Maschinen-Befehls-Organisationen

Soziologische Organisationswissenschaft und betriebswirtschaftliche Organisationsforschung haben bis in jüngste Zeit theoretisch wie normativ einen Organisationstypus favorisiert, der, folgt man Max Weber, als Idealtypus einer Bürokratie überhaupt zu gelten hat, jedoch empirisch zunehmend als Grenzfall und als höchst einseitige Vorlage für eine organisatorische Sozialtechnologie ausgewiesen wird. Den mit ihm verbundenen theoretischen Aussagen wie praktischen Gestaltungsprinzipien gibt man gelegentlich den Namen „klassische" Organisationslehre. Der von dieser Lehre propagierte Organisationstypus selbst wird als Maschinen-Befehls-Modell (Luhmann 1968a), mechanistische Organisation (Burns/Stalker 1966) oder Rationalmodell (Gouldner) umschrieben.

Obwohl organisationswissenschaftlich „überholt" und als Grenzfall ausgewiesen, müssen wir uns dennoch mit dieser Organisationsform auseinandersetzen. Denn der neoklassischen Ökonomie der Unternehmung des Marktes liegt der klassische Organisationstyp zugrunde; in der Praxis dienen die Vorstellungen der klassischen Organisationslehre in vielen

Fällen als Richtschnur rationalen Gestaltens von Betriebsabläufen, und sie werden von sogenannten Unternehmensberatern in klingende Münze umgesetzt.[35] Die klassische Organisationslehre kann nach wie vor mit einer bemerkenswerten akademischen Anhängerschaft rechnen;[36] sie wird auch von Forschern akzeptiert, die sich als Pioniere auf dem Gebiet einer Verbindung von ökonomischer Markttheorie und Organisationsforschung betrachten (wie Marris, Penrose, Williamson), und erlebt als „Neotaylorismus"[37] in Operations Research und „system analysis" in staatlichen Bürokratien und privaten Herrschaftssystemen eine erstaunliche Renaissance. In Systemen des zentral gelenkten Sozialismus stellen sie die durchgängige Organisationsform auf betrieblicher wie gesamtwirtschaftlicher Ebene („demokratischer Zentralismus") dar.

Im ökonomischen Bereich blieb es bislang der Carnegieschule um Herbert Simon vorbehalten, eine Bresche in diese Phalanx von tradierten Vorstellungen und Management-Folklore zu schlagen; aber auch die Simonschen Vorstellungen sind, wie wir gesehen haben (S. 91 ff.) nicht unproblematisch. Die klassische Organisationslehre fußt auf einer ontologischen Systeminterpretation (Luhmann 1968a, S. 23 ff.; 1964, S. 355 ff.). Das Organisationssystem wird durch Teile definiert, die durch Beziehungen zu einem Ganzen verbunden sind. Diese Vorstellung von Teil und Ganzheit wird dann mit dem Zweck-Mittel-Schema oder dem sogenannten ökonomischen Rationalprinzip kombiniert. Der Zweck erscheint als das Ganze, die Struktur, die die Teile zu einer Ganzheit verbindet, als Aufgabenordnung, während die Mittel die Teile repräsentieren. Als rational gilt das Organisationssystem, wenn es seine Zwecke optimal erfüllt. Die Organisation erscheint als *Maschine*, deren Komponenten funktional auf die Erfüllung des einheitlichen Zweckes angelegt sind und deren Verhalten durch Einsatz von Herrschaft kontrolliert wird. *Befehls*modell und Maschinenmodell wurden nicht zusammen entwickelt, bedürfen sich jedoch zu ihrer gegenseitigen Abstützung. So enthält der betriebswirtschaftliche Ansatz keine expliziten Vorstellungen über die Interdependenz zwischen innerbetrieblicher Arbeitsteilung nach

---

[35] In Deutschland werden z. B. von der einflußreichen Bad Harzburger Akademie Organisationsmodelle verbreitet, die in wesentlichen Punkten der Bürokratievorstellung von Max Weber entsprechen; siehe Reber 1970.

[36] Luhmann (1968 a, S. 35), der eine beliebig vermehrbare Aufzählung von Autoren formal-bürokratischer Orientierung gibt, hält es angesichts der „vielfältigen Kritik des Zweckmodells" für „erstaunlich", daß die Vorstellung, Organisationen als zweckrationale Systeme zu betrachten, „nicht als zweifelhaft behandelt oder auch nur diskutiert wird".

[37] Taylor war mit Fayol der Begründer der sog. "scientific management"-Bewegung, die sich der industriepraktischen Probleme bei der Realisierung des Maschinen-Befehls-Modells annahmen. Zu einer kurzen Zusammenfassung vgl. Katz und Kahn (1966, S. 76 f.).

dem ökonomischen Prinzip (d. h. der Aufgabenstruktur) und der organisatorischen Einflußstruktur, die bestimmt, wessen Zwecke erfüllt, wie die Einhaltung der Zwecke erreicht oder wie ein Zweckkonsens zustande gebracht oder stabilisiert werden kann (Herrschaftsstruktur). Die Frage, wessen Ziele erfüllt werden sollen, ist mit dem Hinweis auf den Zweckbegriff selbst „nicht beantwortet. Sie verweist auf die Notwendigkeit einer Komplementärtheorie, z. B. einer Macht- oder Konsenstheorie, die selbst nicht mehr im Zweck/Mittel-Schema expliziert werden kann, weil sie gerade die Zwecksetzung erklären soll“ (Luhmann 1968a, S. 38; s.a. Ziegler 1970, S. 181 f.).

Das organisatorische Rationalmodell geht davon aus, der Unternehmer oder die angestellte Führungsspitze als Stellvertreter außerhalb der Organisation befindlicher Interessengruppen setze als herrschaftsausübendes Organ die Zwecke und Ziele der Organisation und rekrutiere sog. Mitarbeiter für die Erreichung dieser Ziele. Den zweckrationalen Einsatz der Organisationsmitglieder läßt sich die Hierarchiespitze vertraglich sichern, indem sie sich die Arbeitsmotivation der Mitglieder gleichsam „kauft“ und durch den Erwerb von Arbeitszeit auch die Kontrollbefugnis über das Verhalten der Mitglieder erhält. Den Organisationsmitgliedern werden entsprechend den im organisatorischen Meisterplan ausgeworfenen Positionen Aufgaben zugewiesen. Eine übergeordnete Stelle besitzt gegenüber rangmäßig untergeordneten Einheiten Befehlsgewalt, die als Fremdentscheidungsrecht ausgebildet ist.[38] Entsprechend unserer Definition von Freiheit entspricht dieses durch die Hierarchiespitze einklagbare Recht auf seiten des Untergebenen der Pflicht zum Verzicht auf die Ausübung von Freiheit. Das klassische Organisationsmodell kann man als organisatorische Entsprechung zu einem totalitären Staatswesen betrachten. Der Hierarchie von Aufgaben ist somit eine Befehlshierarchie zugeordnet, die wiederum die organisatorischen Kommunikationsbeziehungen prägt: Entscheidungen und Anweisungen laufen von oben nach unten, Verhaltensresultate werden von unten nach oben gemeldet, die Kommunikationsnetze sind vertikal oder hierarchisch bzw. zentralisiert angelegt. Kommunikationsmittel ist der Befehl. Macht wird als formal-bürokratische Autorität den untergeordneten Einheiten entsprechend ihrer Funktion in der Zweck/Mittel-Hierarchie von übergeordneten Stellen „geliehen“, wobei eine Kongruenz von funktionaler und bürokratischer Autorität zunächst unterstellt wird. Die Abgrenzung der

[38] „Die Leitungs- oder Rangrelation ist nach Kosiol“, der in seinen Schriften ein betriebswirtschaftliches Zweck-Mittel-Modell präsentiert, „dadurch gekennzeichnet, daß zwischen zwei Aktionsträgern eine Beziehung derart besteht, daß die rangmäßig übergeordnete Einheit gegenüber der untergeordneten Einheit ein Fremdentscheidungsrecht und die Anweisungsbefugnis (Anordnungs- und Befehlsrecht) besitzt“ (Wild 1967, S. 34).

Aufgaben muß eindeutig sein, um keinen Zweifel hinsichtlich der Verantwortung aufkommen zu lassen, die als Pflicht definiert ist, Fehler zu vermeiden (Prinzip der Einheit von Autorität und Verantwortung). Um die Zweckrationalität der organisatorischen Befehlsökonomie durch hierarchische Kontrolle sicherzustellen, ist weiter erforderlich, daß Auftragserteilung und Befehlsempfang einheitlich erfolgen. Mehrfachunterstellungen und Schwierigkeiten, die aus unklaren Kompetenzabgrenzungen folgen, beugt man auf diese Weise vor („unity of command"-Prinzip).

Die Belohnungen, die die Organisation ausschüttet, beziehen sich auf die Befriedigung sog. „niederer" Bedürfnisse (Geld, Macht, Status), und man versucht, ihr Ausmaß an möglichst objektiven, meßbaren Kriterien zu orientieren. Auch der Versuch, Anreize exakt zurechenbar zu machen, führt dazu, die Aufgaben präzise zu definieren und Aufgabenbereiche in möglichst programmierbare, „überspezifizierte"[39] Tätigkeitsfelder zu zerlegen. Überspezifizierung und die Abhängigkeit von externen Belohnungen bewirken eine enorme Übererfüllung der Aufstiegsqualifikationen: der Einzelne qualifiziert sich für eine höhere Position gewöhnlich Jahre, bevor sie verfügbar wird. Das Aufrücken in der Organisationshierarchie wird folgerichtig keine Funktion des Leistungshandelns (im Sinne der Definition von Heckhausen oder McClelland), sondern (1) des Alters (Seniorität) oder der „Erfahrung"; (2) der Fähigkeit, keine Fehler zu machen (als Ausdruck mißerfolgsmotivierten Handelns sowohl im zugewiesenen Tätigkeitsbereich wie im informalen Bereich der Intrigen und Machtgeplänkel); (3) der Fähigkeit der Unterwürfigkeit gegenüber Vorgesetzten und der Unterdrückung von Kollegen und Untergebenen.[40]

Die streng hierarchisierte Aufgabenordnung einer Maschinen-Befehls-Organisation (MBO) nötigt bei Interaktion mit der Umwelt dazu, die Außenkontakte über die nichtbürokratische Hierarchiespitze zu führen; denn jedes andere Vorgehen würde zu Kontrollverlusten führen, die den

---

[39] "... the jobs ... are smaller then the men who fill them ... Consequently, we will refer to the detailed specification of resources ... as the 'overspecification' of resources" (V. A. Thompson 1969, S. 30 f.).

[40] Im Resümee zu einer Befragung, die sich auf 18 000 Leser der Zeitschrift Capital stützt, wird als „eines der wesentlichen karrierefördernden Persönlichkeitsmerkmale" die Unkollegialität genannt. „Wer sich ohne Rücksicht auf die Kollegen in den Vordergrund spielt, sich auf ihre Kosten Vorteile verschafft, auch einmal gegen sie intrigiert, wer als Vorgesetzter auf sein Prestige bedacht ist und seine Untergebenen unterdrückt – der setzt sich durch" (Capital, Dezember 1971, S. 124). – In der International Herald Tribune (19. 2. 1972, S. 9) wird eine Arbeit von Dieter Blaschke, der die Diskrepanz zwischen den im Stellenmarkt der Zeitung geforderten Persönlichkeitsmerkmalen von Führungskräften und den in der Praxis geforderten oder geförderten Eigenschaften untersucht, folgendermaßen zusammengefaßt: "Business corporations pay lip service to dynamism and initiative in advertising for executive positions, but tend to reward conformity and servility in making promotions ..."

Grundgedanken einer Zweck-Mittel-Hierarchie unterlaufen. Ähnliches gilt für die Ausgestaltung innovativer Rollen. Auch sie sind vom Grundgedanken der MBO her nur an der Spitze denkbar (historisch im Eigentümer-Unternehmer vorgezeichnet). Handlungsfreiheit wird mit dem Eintritt in die Organisation vertraglich abgetreten. Probleme werden präsentiert, nicht kreiert. Da organisatorische, technologische wie marktbezogene Neuerungen notwendig eine Änderung der Tätigkeitsbereiche implizieren, diese jedoch von übergeordneten Positionen definiert werden, ist die Innovationsinitiative wie die Durchsetzungschance zwangsläufig bei der höchsten Instanz angesiedelt, die allerdings die Möglichkeit besitzt, die Produktion neuer Varietät einer gesonderten Abteilung (Forschung und Entwicklung) zu übertragen. Wir werden im folgenden Abschnitt (3.3.2) detaillierter untersuchen, wie es um das Neuerungspotential der formal-bürokratischen Organisation bestellt ist, und in einem weiteren Abschnitt (3.3.3) die Anpassungsstrategien einer Maschinen-Befehls-Organisation skizzieren, die ihr Überleben in einer komplexen Welt gestatten können.

3.3.2 Neuerungstheoretische Kritik der formal-bürokratischen Organisation

Als Grundprinzip der klassischen Organisationstheorie dient die Gleichsetzung von Ziel/Mittel-Ansatz mit dem eines Ganzen und seinen Teilen. Die hierarchische Stellenordnung wird als eine Ordnung von Zwecken (Zielen) und Mitteln gedeutet. Die einzelnen Stellen sind durch Aufgaben definiert. Höhere Stellen haben Befehlsgewalt über untergeordnete Einheiten, weil diese nur die Mittel, jene aber die Ziele vertreten. Die Unterwerfung unter eine formal-bürokratische Autorität ist jedoch nicht diffus, sondern auf spezifische Kompetenzen begrenzt, die trotz der Rangunterschiede rational-unpersönliche und zweckmotivierte Beziehungen erlauben. Dieser „bestechend harmonische Grundgedanke", den in bemerkenswerter Übereinstimmung Betriebswirtschaftler und Soziologen zum Kern der klassischen Organisationslehre machen, scheint unproblematischer Natur zu sein. „Das ist sein Fehler. Er vermittelt kein ausreichendes Schema der wirklichen Systemprobleme, keine Systemvorstellung, die hinreichend komplex wäre, um einem System gerecht werden zu können, das einer komplexen Umwelt Rechnung tragen muß" (Luhmann 1968a, S. 48).

Wir wollen keine detaillierte Kritik der klassischen Organisationslehre [41], sondern vielmehr unmittelbar auf der Grundlage unserer oben vorgetragenen analytischen Kategorien in eine neuerungstheoretische Würdigung des traditionalen Ansatzes eintreten.

[41] Siehe hierzu ausführlich Burns/Stalker 1966, Burns 1969, Bosetzky 1970, Katz/Kahn 1966, Luhmann 1964 und 1968 a, March/Simon 1958, V. A. Thompson 1969, J. D. Thompson 1967, Weick 1969, Ziegler 1970.

(1) Arbeitsteilung und Stellenhierarchie

Im traditionalen Organisationssystem hat jedes Mitglied eine (hoch)spezialisierte Rolle, die eindeutig gegenüber anderen Teilaufgaben abgegrenzt ist. Es wird mit den Ressourcen und Kenntnissen ausgestattet, die zur „optimalen" Erfüllung seiner Rolle notwendig sind. Alle Teilaufgaben sind auf das Gesamtziel koordiniert, alle denkbaren Aktivitäten sind durch eine Position in der Hierarchie markiert und alle Überlappungen und Duplikationen von Teilaufgaben eliminiert. Haire (1967, S. 37) charakterisiert diese Vorstellung als „the bit and piece view of the organization which divided tasks into fragmented rationalized operations".

Eine solche Aufgabenordnung kann nur überlebensfunktional sein, wenn die Abgrenzung der Rollenstellen über längere Zeiträume unverändert bleibt. Jede Neuerung in einer solchen Struktur würde entweder zu einem Umbau der Aufgabenordnung oder zur Angliederung neuer Abteilungen und Betriebe führen, in denen neue Zuständigkeiten für die Realisierung der neuen Ideen geschaffen werden. In beiden Fällen – Anbau oder Umbau der Aufgabenordnung – handelt es sich um Modifikationen innerhalb einer unverändert aufrechterhaltenen bürokratischen Ordnung (zu den Folgeproblemen ausführlicher Abschnitt 3.3.3). Neuerungen werden als Störungen (im negativen Sinn dieses Wortes) begriffen und entsprechend aufgenommen. Das System besitzt keine Kompetenz, um extern oder intern produzierte Störungen zu absorbieren. Überspezifizierung und genau umrissene Verantwortlichkeitsbereiche führen dazu, Probleme und Lösungen, die außerhalb des Kompetenzbereichs liegen, in der Hierarchie nach oben zu schieben. Je ausgeprägter die Neuerungsaktivität, desto mehr wird sie auf die oberen Instanzen konzentriert. Die Kommunikationsnetze sind überladen, die Entscheidungskapazität der oberen Instanzen ist durch relativ geringfügige Probleme blockiert, operative Probleme werden auf die Ebene taktischer Entscheidungen abgeschoben, taktische Fragen an die strategische Führung weitergeleitet.[42]

Diese Diskussion macht deutlich, an welchen Eigenschaften es der formal-

---

[42] Dies war genau die Situation, in welche sich Firmen wie Sears, DuPont, General Motors durch ihre Expansionsaktivität nach der Jahrhundertwende gebracht hatten und die sie durch die Erfindung des sog. Divisionsprinzips zu meistern hofften (ausführlich hierzu Chandler 1962 sowie unten S. 239); zu einem Beispiel aus den 70er Jahren siehe James Ensor (The running of British Leyland, Financial Times, 4. 11. 1973, S. 26): Die Unternehmensführung wird durch Überladung mit operativen und taktischen Aufgaben für strategisch-unternehmerische Entscheidungen blockiert; ein gleiches Phänomen schildert ausführlich am Beispiel der Entwicklungspolitik Indonesiens Derek Davies (1976, S. 103 f.): Über die Tätigkeit des indonesischen Wirtschafts- und Finanzministers, zugleich Vorsitzender der Planungskommission, heißt es, er sei "completely immersed in the minutiae of the tactics of growth ... he could be heard explaining how he decided on the number of windows for a school to be built in East Java."

bürokratischen Organisation fehlt: der Möglichkeit, Überschneidungen und Duplikationen von Rollen und ambivalente Aufgabenzuweisungen und Verantwortlichkeitsbereiche zu tolerieren, Freiräume, ungebundene Hilfsmittel und frei verfügbare Zeit für Individuen und Subsysteme bereitzustellen. Überspezifizierung und exakte Zuteilung von Ressourcen und Zeit verhindern das Experimentieren mit neuen Ideen. Die Übernahme eines diversifizierten Ideeninputs aus der Umwelt wird durch konkrete Rollenerwartungen (keine Möglichkeit, Äquivokalität wahrzunehmen) und durch fehlenden Weltkontakt erschwert, während die interne Ideenproduktion durch das Brachliegen von Wissen und Können gehemmt wird.

(2) Kommunikationsbeziehungen

Das Kommunikationsnetz im klassischen Organisationstyp ist vertikal oder zentralisiert entsprechend der hierarchischen Stellenordnung organisiert (Prinzip des Dienstweges). Kommunikationen orientieren sich am Interaktionsmuster Vorgesetzter-Untergebener und erfolgen vorschreibend, befehlend, entscheidend oder Rechenschaft ablegend. Problementdeckung oder -lösung sind Aufgabenbereiche der Unternehmensspitze oder der von ihr beauftragten Spezialabteilungen. Rangniedrigere Instanzen sind nicht bei Entdeckung und Lösung von Problemen eingeschaltet und partizipieren lediglich bei der Durchsetzung neuer Ideen, deren konkret geplante Realisierung keine Chancen für kreative Imitation läßt.

Unser erster Einwand betrifft das Ideenpotential, dessen Reichhaltigkeit bei Mitgliedern außerhalb der Führungsspitze nicht aktiviert wird. Die Zentralisierung und die damit verbundenen ungleichen Kommunikationschancen sowie die Vorstellung, systemexterne Kommunikationen müßten über die Spitze laufen, beeinträchtigen „die vollständige Ausnutzung des Informationsbesitzes und des intellektuellen Potentials einer Gruppe." (Luhmann 1964, S. 198 f.) [43] Die Notwendigkeit, Neuerungen durch Zwang durchzusetzen wird um so ausgeprägter sein, je geringer die Autonomie der Teilsysteme ist, je geringer ihre Chancen sind, in den einzelnen Phasen der Problemlösungsaktivität zu partizipieren und Lösungen kreativ zu imitieren. [44] Die Ausbreitung neuer Ideen auf horizontaler Ebene erfolgt gewöhn-

[43] Luhmann (1964, S. 199) scheint jedoch diese Position zu überziehen, wenn er der hierarchischen Netzstruktur anlastet, sie wecke „nicht alle denkbaren Einfälle" und stimuliere „nicht alle denkbare Kritik von Einfällen", diese Kritik dann mit der experimentellen Kleingruppenforschung verbindet und gegenüber ihrer scheinbaren Extremposition dann die Vorzüge einer hierarchisch-zentralisierten Kommunikationsstruktur hervorhebt. Es geht nicht um das Ausschöpfen aller denkbaren Einfälle und dem Nachjagen auch noch der marginalen Idee, sondern um die problemschaffende und problemlösende gegenseitige Stimulierung und Kritik, um die "cross-fertility" im Kommunikationsprozeß, die eben bei vorherrschend hierarchischer Netzstruktur blockiert wird.

[44] Hierbei handelt es sich um ein grundlegendes Prinzip des Kulturwandels, wie wir an anderer Stelle gezeigt haben (Röpke 1970 a, S. 88 f.).

lich informal; eine organisatorisch-informelle Welt ist sehr oft an dem Bedürfnis orientiert, den Freiheitsbereich durch Unterlaufen der Kontrollen auszuweiten, was den Zielen der Organisationsspitze widerspricht.

Die Vorteile einer hierarchisch-zentralisierten Kommunikationsstruktur, die vor allem in einer raschen und sicheren Koordination liegen, lassen sich nur dann realisieren, wenn die anstehenden Probleme „einfach" sind, oder wenn die an der zu koordinierenden Entscheidung Beteiligten bereits vorher an der Problemsuche und Problemlösung partizipiert haben, also sowohl kognitiv vorbereitet wie motivational verpflichtet sind. Das ist jedoch in einer nach den traditionalen Prinzipien aufgebauten Organisation nicht möglich. Diese Organisation ist daher nur überlebensfähig, wenn die Umwelt ihr die Probleme präsentiert, die Problemlösung langdauernde Gültigkeit besitzt, die organisatorische Durchsetzung der Problemlösung detailliert und für lange Zeiträume aufrechterhalten werden kann, und bewährte Methoden durch die hierarchische Aufgabenordnung sinnvoll tradiert werden. Wir können von einem organisatiorischen Baldwineffekt sprechen. Mit zunehmender Dynamisierung des Umweltgefüges stellen sich jedoch vermehrt die beschriebenen disfunktionalen Wirkungen ein.

Die Untersuchung der Kommunikationsbeziehungen wäre ohne die Berücksichtigung der Autoritätsstruktur unvollkommen, denn beide bedingen sich gegenseitig. Um die von einem Stelleninhaber erlassenen Anweisungen und Befehle als autoritativ und daher zu Gehorsam verpflichtend ausweisen zu können, ist es notwendig, Kommunikations- und Autoriätsstrukturen zu fusionieren. Der einseitigen Strukturierung der Einflußchancen entsprechen einseitige Chancen zur Kommunikation. Kommunikation wird zu einem „Instrument der Beeinflussung, zu einem Herrschaftsinstrument" (Ziegler 1970 S. 127 f.). Andererseits sollte nicht übersehen werden, daß auch die nach oben fließende Information Einflußchancen der Informationssender eröffnet. Informationen werden gefiltert, verzerrt, zurückgehalten; für die höheren Ränge dissonante und/oder die eigene Position gefährdende Informationen werden unterdrückt. Die Folgen sind bekannt und insbesondere in der Kritik an Versuchen zentraler, gesamtwirtschaftlicher Planung oftmals vorgetragen worden: Isolation der Führung vom tatsächlichen Geschehen, unzureichende Entscheidungsunterlagen, überzogene Erfolgsmeldungen, zunehmende Realitätsferne der Entscheidungen, daher vermehrter Widerstand gegen die Entscheidungen auf den unteren Ebenen, Vertuschen von Entscheidungsfehlern (siehe Röpke C).

(3) Autoriätsstruktur

Die Quelle der Macht im klassischen Organisationssystem liegt bei der Spitze der Hierarchie. Macht wird den niederen Rängen als formal-bürokratische Autorität verliehen. Das Ausmaß der Autorität entspricht der Position des Rolleninhabers in der Hierarchie als Ausdruck der Bedeutung seiner Aufgabe in der Zweck/Mittel-Hierarchie. Charakteristisch für die formal-bürokratische Organisation ist die Kopplung von Neuerungsverhalten und hierarchischer Position. Die von der Zentrale diktierten Verhaltensspielräume ermöglichen ein Experimentieren mit neuen Ideen, das mit der Position verbundene Anordnungs- und Sanktionsrecht gibt dem Inhaber gleichzeitig die Macht, seine Ideen hierarchieabwärts durchzusetzen. Das Neuerungsverhalten wird also durch die vertikale Interaktion zwischen Vorgesetztem und Untergebenem bestimmt. Wenn wir die Wirkungen von hierarchischer Aufgabenordnung und zentralisierter Kommunikation einbeziehen, ist die Wahrscheinlichkeit gering, daß ein Untergebener ranghöhere Einheiten mit einer Neuerung herausfordert. Er würde die Autorität seines Vorgesetzten in Frage stellen, seine Kompetenzen überschreiten, Konflikte auslösen. Ein potentieller Innovator kann nur innerhalb der ihm zugewiesenen Verhaltensspielräume aktiv werden, die jedoch von einer jeweils höheren Instanz kontrolliert werden, er kann neue Ideen also nur gegenüber seinen jeweiligen Untergebenen durchsetzen, kann neue Ideen nur in Umlauf bringen, wenn sie eine hohe Erfolgschance besitzen (wegen Fehlerverantwortlichkeit usw.) und die Aufgabendefinition nicht berühren. Je kompetenter er ist, desto weniger kann er sein kreatives Potential ausnutzen. Innovationschancen im formal-bürokratischen System rühren aus der Befehlsgewalt und dem Recht, Ungehorsam zu sanktionieren, aber nicht aus den überlegenen Fähigkeiten eines psychischen Systems.

(4) Die Motivation der Mitglieder

Die formal-bürokratische Organisation zeichnet sich durch die erstaunliche Eigenschaft aus, auf einen Teil des menschlichen Motivationspotentials verzichten zu können, um ihres Bestandes willen verzichten zu müssen. Die Maschinen-Befehls-Organisation (MBO) geht verschwenderisch mit externer Belohnung sog. „niederer" Bedürfnisse um, denn ihr Einsatz erlaubt es, das Handeln der psychischen Systeme instrumental zur Erreichung fremdbestimmter Zwecke zu koordinieren. Die Befriedigung sog. höherer intrinsischer Motive muß sie verneinen. Auf den Rängen der Hierarchie herrschen die Belohnungsmittel von Lohn und Strafe, Aufstiegshoffnung und Karriererisiko. Motivationale Aspekte jenseits von Reiz-Reaktions-Beziehungen interessieren nicht, werden auf außerorganisatorische Bereiche abgeschoben (Freizeit, Familie usw.). Das System ist darauf angelegt, daß die jeweils höhere Ebene der Hierarchie die generalisierte Einwilligung seitens der jeweils niedrigeren Ebene zur Ausführung der von oben kommenden Befehle kauft. Durch dieses Belohnungssystem „bezahlter *Indifferenz*", so meint Luhmann (1964, S. 97), wird der Vorgesetzte für „flexible Sachentscheidungen" frei: „Der Sinn formalisierter Systeme mit generalisierter Mitgliedschaftsmotivation liegt zunächst darin, die Systemleitung von Motivationsaufgaben zu entlasten und damit die Anpassungsfähigkeit des Systems in seinen sachlichen Leistungsbeziehungen zu einer bestimmten Umwelt zu erhöhen.“ Wenn allerdings in einer Organisation Aufgaben anstehen, deren Erfüllung nicht gehorsame Unterordnung und Akzeptierung konkreter Rollenstellen verlangt, sondern kritische Distanz, Toleranz gegenüber mehrdeutigen Informationen, Zweifel gegenüber traditionalen Lösungen, Suche nach neuen Problemen und Problemlösungen, wird ein überwiegend extrinsisch orientiertes Belohnungssystem versagen. Wenn es notwendig wird, allen Organisationsmitgliedern und nicht nur den Herren der bürokratischen Spitze Freiräume für nicht-programmierte Tätigkeiten einzuräumen, sind Belohnungssysteme bezahlter und nichtmaterieller *Differenz* notwendig; Belohnungssysteme, die nicht auf standardisierbare, meßbare Outputs zugeschnitten sind, sondern die geistige Vielfalt, Risikobereitschaft und Entscheidungen bei Unsicherheit sowie Produktion unbequemer und auch „falscher“ Ideen motivieren.

Während die MBO den zweckrationalen Einsatz der Arbeitskraft belohnt, erfordert die Aktualisierung schöpferischen, mitdenkenden, sich mit der Organisation identifizierenden Verhaltens eine genau entgegengesetzte Perspektive: eine Organisation als Mittel, um die Ziele ihrer Mitglieder zu befriedigen. Die Organisation bietet Ressourcen, Geld, Prestige, Karrierechancen, also Möglichkeiten für die Erfüllung persönlicher Ziele. Sie bietet Möglichkeiten zur Selbstentfaltung und Chancen aktiver Mitgestaltung organisatorischer Ziele; anstelle von Zielzwang und Fremdentscheidung treten Identifikationschancen und Partizipation auf allen Stufen der Problemlösungsaktivität.

Die formal-bürokratische Organisation versagt nicht dabei, Leistungsanreize für die konkrete, routinierte Erfüllung von Aufgaben zu geben, sondern wenn es darum geht, selbstmotivierten und sich selbstkontrollierenden Individuen Chancen zu geben, ihr Wissen, ihre Fähigkeiten, ihr psychisches Potential kooperativ zu nutzen. Die Kompetenz einer MBO, Umweltkomplexität zu reduzieren, neue Varietät zu produzieren, ist daher bescheiden. Sie kann daher auch darauf verzichten, ein Klima des Vertrauens, des Respektes und der gegenseitigen Unterstützung aufzubauen, da intern produzierte Komplexität und Ungewißheit, die zu absorbieren wäre, gar nicht produziert werden kann. Vielmehr dient es den Zwecken der Organisation, ein Klima des Mißtrauens,[45] des Neides und der Unterwürfigkeit zu pflegen, und Meinungsabweichungen als „Donquichotterie“ (Presthus 1966, S. 148) erscheinen zu lassen.

[45] "In place of the open problem-solving and free communications between equals that are possible in the situation of shared goals, we are likely to see power manoeuvres between unequals which display all the characteristics of low-trust relations-mutual suspicion, bargaining, gamesmanship, defensiveness and distorted communications. This is the pattern which in its more marked forms becomes a 'win-lose' situation where each party automatically defines a gain for the other as a loss to itself, and vice versa" (Fox 1974, S. 30).

3.3.3 Anpassungsstrategien von Maschinen-Befehls-Organisationen

Die Überlebensfähigkeit eines formal-bürokratischen Systems scheint nur in einem ganz spezifischen Umweltgefüge garantiert zu sein; einer Umwelt statischer Natur, geprägt durch repetitive Situationen, vorhersehbar, oder arm an Neuerungen, Herausforderungen oder Komplexität. Mit wachsender Dynamisierung des Umweltgeschehens zeigen sich jedoch die Grenzen der traditionalen Lösungsmuster. Ihre adaptive Kompetenz, ausreichend für die Komplexitätsbeherrschung einer „ruhigen" Umwelt, wird zunehmend überfordert. Eine Organisation in dieser Situation verfügt über zwei grundlegende Strategien der Anpassung, denen wiederum verschiedene Unterfälle beizuordnen wären. Sie kann einmal ihre Kompetenz steigern, lernen, den mühsamen Weg des Systemwandels in Richtung der noch darzustellenden innovativen Organisationsform einzuschlagen. Sie kann zweitens innerhalb des formal-bürokratischen Organisationsrahmens verschiedene Anpassungsmaßnahmen einleiten, die sich auf die externe und/oder interne Welt der Organisation beziehen. Im Kern handelt es sich darum, von einem konkreten auf ein abstraktes organisatorisches Regelsystem überzugehen, organisatorische Mutationen herbeizuführen.[46]

Die zweite, in der Realität vorherrschende Strategie der Anpassung ohne Systemwandel kann einmal als Einflußnahme auf die Umwelt erfolgen, kann sich aber auch auf interne Aspekte der Organisation beziehen. Diesen zweiten Fall untersuchen wir in diesem Abschnitt. Die Einflußnahme auf die Umwelt inkompetenter Organisationen ist dagegen ein beherrschendes Thema unseres vierten Teils. Zur Einordnung in unsere Argumentation seien daher an dieser Stelle einige Bemerkungen gemacht.

Einer Dynamisierung der Umwelt, die sich in gesteigerter Komplexität, Ungewißheit und Unvorhersehbarkeit des Umweltgeschehens ausdrückt, versucht eine inkompetente Organisation zu begegnen, indem sie ihre Lernunfähigkeit oder Lernunwilligkeit auf die Umwelt überträgt. Sie kauft Selektions- und Neuerungspotential auf dem Markt; sie ändert nicht ihre kognitiven Erwartungen, sondern versucht, bisher unabhängige Teilsysteme ihrem normativen Diktat zu unterwerfen (siehe 1.7.2); sie beseitigt Vielfalt, indem sie deren Entstehung kontrolliert und dadurch andere Systeme in ihren Herrschaftsbereich eingliedert. Allgemein können wir sagen: Einer Steigerung der Umweltkomplexität wird tendenziell durch eine Beschränkung des Wettbewerbs begegnet, durch Eliminierung der externen Kontrolle und damit Abschwächung des Zwanges zur Anpassung bzw. durch Bürokratisierung oder Organisierung des Marktsystems.

Die normale Reaktion eines Organisationssystems (wie jedes umwelt-

[46] Luhmann (1964, S. 137) definiert Systemänderungen als „die Änderung von Systemerwartungen ..., gleichgültig, ob diese Erwartungen sich auf die Handlungen des Systems selbst oder auf die Umwelt beziehen". Zur Art des Zusammenhanges von Mutation und Regeländerung siehe oben S. 74 ff.

offenen Systems) auf eine Erhöhung der Umweltvarietät besteht darin, auf der Grundlage der traditionalen formal-bürokratischen Prinzipien einen Umbau und/oder Anbau des organisatorischen Systems vorzunehmen.[47] Wir können drei Muster dieser gleichsam der Romerschen Regel folgenden Anpassungsmöglichkeiten unterscheiden:[48]

Eine erste Möglichkeit besteht darin, Probleme durch direkte Konsultationen zwischen der Unternehmensspitze und untergeordneten Einheiten unter Umgehung des hierarchischen Kommunikationsnetzes anzugehen. Auf diese Weise entsteht ein duales System: auf der einen Seite die offizielle Hierarchie von Macht, Verantwortlichkeit und Kommunikation, auf der anderen Seite im Hintergrund bleibende, informale Muster oft vertraulicher Beziehungen zwischen der Organisationsführung und strategisch wichtigen Personen auf unteren Ebenen der Managerhierarchie. Das Ergebnis dieser zunächst unstrukturierten Konsultationen wäre eine Neuverteilung der Kompetenzen, eine Herausbildung und Stabilisierung neuer Autoritätsstrukturen, die durch veränderte Aufgabenordnung und Gegenmaßnahmen der Umgangenen und Benachteiligten gekennzeichnet sind, wenn neue Probleme auftauchen, mit denen die bisherigen informalen Problemlöser nicht fertig werden.

Die zweite Möglichkeit einer quasi pathologischen Reaktion, einer „charakteristischen Krankheit von Verwaltungsbürokratien" (Burns 1969, S. 245) besteht darin, einem Komitee als einer Überperson kompetenzüberschreitende Problemlösungsprozesse zu übertragen.

Ein drittes Anpassungsmuster zeigt sich in der Anbaustrategie: man gliedert neue Abteilungen an, die sich spezieller Aspekte der Varietätsreduktion und -produktion annehmen (etwa eine Abteilung für Forschung und Entwicklung, Public Relations und Marketing), falls man es nicht vorzieht, die fehlende Kompetenz durch externes Wachstum in der Umwelt zu sichern (Kauf von Fähigkeit).

Bei allen drei Reaktionen auf Änderungen der Umweltkonstellation handelt es sich um organisationsinterne Differenzierungsvorgänge innerhalb des formal-bürokratischen Rahmens. Die Problematik derartiger Versuche liegt darin, daß sie keine adaptive Antwort auf die geänderte Natur der Umweltherausforderungen ermöglichen und zudem noch dazu beitragen, externe Anpassungsprobleme in systeminterne Konflikte zu verwandeln. Die

---

[47] In beiden Fällen, Anbau oder Umbau der Aufgabenordnung wird versucht, Änderung innerhalb der bürokratischen Ordnung zu erreichen. "Indeed, the ideology of formal bureaucracy seemed so deeply ingrained in industrial management that the common reaction to unfamiliar and novel conditions was to redefine, in most precise and rigorous terms, the roles and working relationships obtaining within management along orthodox lines of 'organization charts' and 'organization manuals', and to reinforce the formal structure" (Burns 1966, S. ix).

[48] Siehe ausführlicher Burns 1966, S. ix f.; Burns 1969, S. 243 f., Burns/Stalker 1966; s. auch die kritischen Anmerkungen bei Luhmann 1964, S. 148 ff.

Neuverteilung der Ressourcen, die durch die Angliederung und Expansion neuer Abteilungen entsteht [49], die Neuartigkeit ihrer Tätigkeit, die die spezialisierte Sachkundigkeit ihrer neuen Mitglieder erfordert und die Notwendigkeit, die neuen Abteilungen in die traditionale Zweck/Mittel-Hierarchie einzupassen, führen zu einem „Anschwellen interner Kommunikationen und Konflikte ... Die Anpassung an Umweltveränderungen, durch Vergrößerung des Systems scheinbar gelöst, taucht als neuartiges Problem in veränderter Gestalt, in Form von internen Konflikten, wieder auf" (Luhmann 1964, S. 149 f.). Die Organisation kauft Neuerungspotential und Wandlungsfähigkeit im Markt, ohne ihre Strukturen und Prozesse der Kommunikation, Autorität und Belohnung, und ohne ihr Normensystem den geänderten Umweltverhältnissen anzupassen. (Wir werden im vierten Teil ausführlich darstellen, wie man durch Gestaltung der externen Kontrollprozesse (Wettbewerb) die Organisationen „zwingen" kann, von totalitären auf liberale Kooperationsmuster überzugehen.)

3.4 *Organisierte Innovation*

3.4.1 *Die neuerungsorientierte Organisation*

Das Fehlen eines übergreifenden theoretischen Bezugs, der Mangel an interdisziplinärer Forschung und die bekannten Schwierigkeiten bei der Untersuchung komplexer sozialer Erscheinungen haben bislang keine organisationswissenschaftliche Grundlage hervorgebracht, auf die sich ein Nationalökonom bei seinem Versuch stützen könnte, die Beziehungen zwischen organisatorischen und marktlichen Variablen zu untersuchen. Erklärungslücken waren aufzufüllen, die erarbeiteten Hypothesen zu ordnen und kritisch zu prüfen. Trotz dieser Einschränkungen scheint es möglich zu sein, die Anforderungen zusammenzustellen, denen eine innovative Organisation genügen muß. Auf die hier zu beachtenden Zusammenhänge haben wir zu Beginn dieses Teils aufmerksam gemacht. Wir wollen sie in diesem Abschnitt in einigen Punkten konkretisieren. Ein großer Vorteil experimenteller Organisationsentwürfe ist, daß sie in Unternehmen, die unter Wettbewerbsdruck stehen, oftmals bereitwillig angenommen werden. Professionell geführte Unternehmen experimentieren dann mit diesen Ideen, so daß sich in der Realität ein Ausleseprozeß abspielt, in dem nomologisches Wissen uno actu mit unternehmerischer Leistungsfähigkeit getestet wird.

Innovative Organisationen interagieren mit einer Umwelt, der sie eine dauerhafte, hochkomplexe Qualität zuschreiben. Überleben erfordert

[49] Berthold (1969, S. 91) zitiert den Vorstandsvorsitzenden einer deutschen Aktiengesellschaft: „Die Forschung und Entwicklung *steht im Kampf* (sic!) mit den anderen Gruppen des Unternehmens. Durch die Forschung wird den ‚Verkaufsherzögen' der Gewinn gemindert" (unsere Hervorhebung).

kreative Anpassungen der gesamten Organisation und die Aktualisierung des psychischen Potentials aller Mitglieder. Unternehmerische Initiativen werden auf allen Ebenen der Hierarchie gestartet, da relevantes Wissen auf alle Mitglieder der Organisation verteilt ist, und nur Partizipation aller Ebenen einer Hierarchie einen gesamthaft abgestimmten Bezug einer Organisation zu ihrer Umwelt ermöglicht. Entdeckung und Lösung von Problemen können daher an jeder Stelle der Organisation beginnen.

Die Autoritätsbeziehungen in einer neuerungsorientierten Organisation sind primär funktional angelegt und gründen auf die kognitive und motivationale Qualität der psychischen Systeme. Da das Verhalten der einzelnen an relativ abstrakte Regeln gebunden ist und eine Überspezifizierung der Aufgabenbereiche in der Zweck-Mittel-Hierarchie vermieden wird, ist die einer Position zuschreibbare Amtsautorität nicht präzise definierbar und wird nur in Verbindung mit funktional abgestützter Kompetenz vergeben. Die Verpflichtung des einzelnen Organisationsmitgliedes und seine Verantwortung beziehen sich nicht auf die fehlerfreie Erfüllung einer speziellen Funktion (Mittel zum Zweck), sondern auf einen weiteren Bereich der Aufgabe, der im voraus nicht definiert werden kann und erst aus der jeweiligen Interaktion mit anderen Organisationsmitgliedern (Gruppen) entsteht. Die Koordination des Verhaltens erfolgt sowohl hierarchisch wie horizontal zwischen Mitgliedern von Aufgabengruppen. Der einzelne kann Mitglied mehrerer Gruppen sein und daher mehrere Vorgesetzte haben. Diesem Koordinationsmuster entsprechen aus der Befehlshierarchie herausgelöste überwiegend konsultative Kommunikationsbeziehungen. Die Belohnungsmuster versuchen das ganze menschliche Motivationspotential anzusprechen. Die Ziele werden nicht von der Zentrale vorgegeben, sondern partizipativ entwickelt, wobei die mehrfache Gruppenzugehörigkeit zu einer kooperativen Abstimmung der Erwartungen sowohl horizontal wie vertikal erfolgt. Die gesteigerte interne Komplexität und Ungewißheit dieses Organisationsgefüges wird durch ein Klima des Vertrauens, der Unterstützung und des gegenseitigen Respektes getragen.

Es handelt sich bei einer neuerungsorientierten Organisation demnach um ein soziales System, das sich kennzeichnen läßt durch offene vertikale wie horizontale Kommunikation, eine funktionale Autoritätsstruktur, ein durch mehrfache Gruppenzugehörigkeit koordiniertes und an abstrakten Rollenerwartungen[50] orientiertes System von Verhaltensregeln, eine Belohnungs-

[50] „... in der Dimension konkret–abstrakt liegt eine wesentliche Variationsrichtung des Evolutionsprozesses" (Luhmann 1972a, S. 143). In der Evolution komplexerer Organisationen wiederholt sich der Übergang von archaischen Gesellschaften geringer Komplexität auf Statusbasis (zugeschriebener Status) zu funktional ausdifferenzierten Systemen mit abstrakten Rechtsregeln und leistungsbegründeter Statushierarchie. Stopford und Wells (1972, S. 93) haben diese Entwicklung bei einigen multinationalen Konzernen beobachtet: "As the boundaries between divisions in a

struktur, die höhere Motive anspricht und Selbstkontrolle ermöglicht und ein Organisationsklima des Vertrauens, das Komplexität reduziert. Die Funktionalität dieser Organisationsform zeigt sich mit zunehmender Dynamisierung des Weltgeschehens. Vom traditionalen „industrial engineering and accounting model" (Haire 1967, S. 35) unterscheidet sich die innovative Organisation in jeder der von uns verwendeten analytischen Kategorien. Sie nimmt sozusagen eine Zwischenposition zwischen der formal-bürokratischen Organisationsform und dem Marktsystem ein, das sich horizontal und sich selbstregulierend koordiniert und über eine kompetitive Zielstruktur verfügt.

3.4.2 Gruppenorientierte Organisationsstruktur und Neuerungsverhalten

3.4.2.1 Als Gruppenstruktur aufgebaute Hierarchie

Die Kritik der neueren Organisationsforschung am traditionalen formalbürokratischen Organisationsmodell versuchen einzelne Autoren durch die Erarbeitung „zukunftweisender" Entwürfe organisatorischen Verhaltens zu präzisieren. Dabei werden die traditionalen Prinzipien bürokratischer Administration nicht ergänzt, sondern durch sog. „demokratisch-kooperative" Führungsprinzipien ersetzt. Der Begriff „demokratisch" in diesem Zusammenhang ist jedoch, wie wir sehen werden, eher irreführend; denn nicht demokratisierte Entscheidungsprozesse, sondern freiheitliche Partizipation als Abkehr von der Befehlsökonomie der bürokratischen „Hackordnung" kennzeichnen das neuerungsorientierte Organisationssystem. Im Mittelpunkt stehen daher nicht demokratisch-legitimierte mehrheitliche Entscheidungen (die bekanntlich durchaus in Entscheidungsdiktaturen ausarten können), sondern organisatorische Prinzipien und Vorschläge, die dem einzelnen Organisationsmitglied die größtmögliche Chance geben, seine Kenntnisse, Fähigkeiten und sein Motivationspotential kooperativ zu entfalten.

Die folgenden Ausführungen basieren auf der Organisationstheorie und Sozialtechnologie von Rensis Likert (1961, 1967). Likert hat einen detaillierten Organisationsentwurf vorgelegt, in den sowohl die Kritik am klassischen Modell wie neuere organisationssoziologische wie sozialpsychologische Einsichten eingearbeitet sind. Wir betrachten seine Vorstellungen als repräsentativ für die neuere, am Menschen orientierte Organisationslehre.

Die Likertsche Theorie (zu Sekundärliteratur siehe Haire 1967; Kingsbury 1967; Ziegler 1970, S. 210 ff.) läßt sich auf zwei zentrale Elemente oder „Prinzipien" zurückführen:

---

global structure become increasingly blurred, the emphasis shifts from hierarchical to contractual management" (ganz im Sinne der von Maine untersuchten "movement from status to contract"; siehe dessen Ancient Law, 1861).

1. die Methode der Gruppenentscheidung und -kontrolle; [51]
2. das Prinzip der „unterstützenden Beziehungen“ (supportive relationships). [52]

Das traditionale Organisationssystem fußt auf einem „man-to-man pattern of organization“ (Likert 1961, S. 107). Im Modell von Likert wird die Vorgesetzten-Untergebenen-Beziehung nicht aufgegeben, aber aus den die Hierarchie durchziehenden Zweipersonen-Interaktionen werden in Arbeitsgruppen verlagerte Beziehungsmuster (siehe Figur). Wie in dieser Figur zu erkennen ist, hat ein Organisationsmitglied eine vertikal angelegte doppelte Gruppenmitgliedschaft, einmal als Vorgesetzter (Gruppenführer), einmal als Untergebener. Es ist, wie Haire (1967, S. 34) formuliert, „a member of the group below him of the group above him.“ Likert charakterisiert diese doppelte Mitgliedschaft als „linking-pin“ einer Organisation, als Schalt- und Koordinationsstelle einer als Gruppenstruktur aufgebauten Organisation. In der linking-pin-Rolle erscheint der Gruppenführer nicht primär in der Funktion eines Vorgesetzten, sondern als Repräsentant seiner Gruppe auf der nächsthöheren Ebene; er koordiniert die Entscheidungen seiner Gruppe mit den Ansprüchen der jeweils höheren Ebene der Hierarchie.

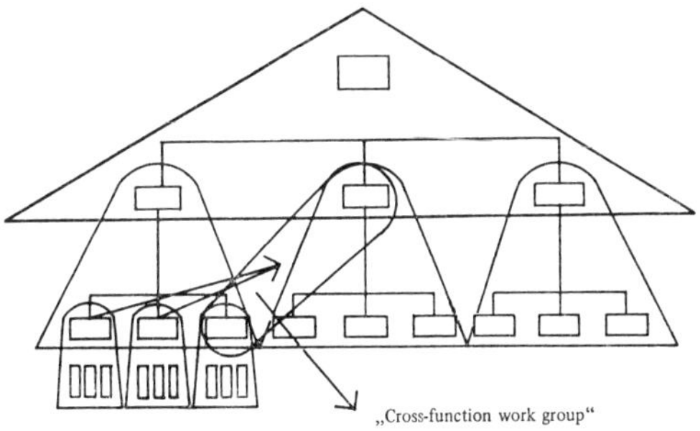

Abb. 7

Neben den vertikal-hierarchischen institutionalisierten Gruppen müssen wir horizontale Arbeitsgruppen unterscheiden, welche die verschiedenen Funktionsbereiche verbinden und deren Funktion in horizontaler Koordination, Kooperation, Kommunikation und „multidisziplinärer“ Problemlösung besteht („cross-function work groups“ bei Likert). Diesen Arbeitsgruppen

[51] Zu einer Organisationshierarchie aus sich überlappenden Gruppen vergleiche auch Luhmann (1964, S. 200) und die dort in Fußnote 21 genannte Literatur sowie Grochla (1972, S. 205 ff.), der auch auf verwandte Organisationsmodelle wie die Matrix-Organisation eingeht.

[52] An dieser Stelle sei erneut auf die im Kern identische Argumentation von Vertretern der neueren Organisationstheorie (wie Haire, Likert, McGregor u. a.) und modernen Kulturanthropologen (z. B. Goodenough, Barnett; siehe Diskussion bei Röpke 1970 a) im Hinblick auf eine Theorie und Sozialtechnologie des Systemwandels (organisatorischer und sozial-kultureller Wandel) aufmerksam gemacht.

steht jeweils als Führer das höchstrangige Mitglied der jeweils beteiligten Funktionsbereiche vor (siehe Figur). Ein Mitglied einer solchen Gruppe ist daher zumindest zwei Vorgesetzten unterstellt, entsprechend seiner doppelten Mitgliedschaft in horizontalen und vertikalen Arbeitsgruppen. Das klassische Prinzip der Einheitlichkeit der Auftragserteilung ist zugunsten von Mehrfachmitgliedschaft, Mehrfachunterstellung und mehrfacher Verantwortung aufgegeben. Die Koordination dieser vielschichtigen Interaktionsmuster erfolgt durch Gruppenentscheidungen. Likert nimmt an, daß in derart strukturierten Organisationssystemen Problemdurchlässigkeit in dem Sinne besteht, daß Probleme auf jene Ebene und in jene Gruppe wandern, die für ihre Lösung die besten Voraussetzungen mitbringen.

3.4.2.2 Neuerungstheoretische Diskussion

(1) Rollenstruktur

Rollen als personenbezogene Verhaltenserwartungen geben dem Organisationsmitglied unterschiedliche Verhaltensspielräume, je nachdem, ob sie konkret oder abstrakt definiert sind. Im Gruppenmodell ist es möglich, auf die detaillierte Beschreibung der individuellen Aufgabenbereiche zu verzichten: Der einzelne hat innerhalb seiner Gruppe einen weiten Autonomiebereich, seine Rollenerwartungen sind nicht im voraus konkret fixiert, sondern entstehen im Laufe der Interaktion der Gruppenmitglieder; es besteht ein Freiraum, in dem der einzelne Rollenträger wie die Gruppe sich Änderungen der Umwelt- und Organisationsverhältnisse anpassen können, in dem sie unterschiedliches Wissen und Können einsetzen und ihre psychische Kompetenz aktualisieren können. Hieraus resultiert eine wesentlich komplexere Gestaltung der Aufgabenstruktur als bei zentraler Vorgabe durch die Organisationsspitze. Weiterhin gewährt die Gruppe Freiräume für kreatives Handeln in einem umfassenden, sanktionsfreien Bereich, der sich bis an die Gruppengrenze ausweiten kann. Überspezifizierung wird tendenziell abgebaut, Überlappung der Aufgabenbereiche gefördert, Rollenflexibilität ist ein notwendiger Bestandteil (wegen Mehrfachmitgliedschaft); die Abweichung vom man-to-man-Prinzip, die Verantwortung gegenüber mehreren Vorgesetzten, die Erfahrung zugleich ratgebender und ratempfangender Beziehungen geben dem Organisationsmitglied verglichen mit den Zuständen einer MBO mehr Chancen zu kognitiver Partizipation. Der Arbeitsstil wird versachlicht und Rivalität abgebaut. Unklare Aufgabenbereiche lassen undefiniert, ob ein Vordringen in Zuständigkeitsbereiche anderer vorliegt. Konflikte werden offener diskutiert, so daß der Problemlösungsvorgang rationalisiert wird. [53]

---

[53] "... the less definition can be given to status, roles, and modes of communication, the more do the activities of each member of the organization become deter-

(2) Kommunikationsstruktur

Ein Kommunikationsnetz im neuerungsorientierten Organisationssystem ist sowohl vertikal wie horizontal (im Likert-Modell durch die cross-function work groups) institutionalisiert. Dies ermöglicht eine offene und freie Kommunikation in allen Phasen des Problemlösungsprozesses. Probleme werden aus einer Vielzahl divergierender, konfliktreicher Perspektiven entdeckt und diskutiert, gleichzeitig aber mit dem Fortgang des Prozesses mehr und mehr auf gesamtorganisatorische Belange ausgerichtet. Gegenüber den herkömmlichen vertikalen befehlsorientierten Kommunikationsbeziehungen vervielfachen sich die in den kognitiven Neuerungsprozeß eingehenden rekombinierbaren Elemente, bestehen vermehrte Chancen für kreative „cross-fertility" aus sich gegenseitig stimulierender Ideenproduktion und Kritik. Anstelle von Problemblindheit und Sterilität, wie sie in der Problemlösungsaktivität bei Spezialisten eines Fachbereichs auftreten, ergeben sich unterschiedliche individuelle wie ressortgebundene Problemdefinitionen und Lösungseinfälle in den mehrere Bereiche umfassenden Arbeitsgruppen. Gruppenorientierte Kommunikation ist unpersönlicher und offener, daher informativer und problembezogener als in der Zweipersonen Situation von Vorgesetztem und Untergebenem, in der unbequeme, neuartige, vom Status quo abweichende Initiativen vom Vorgesetzten als Herausforderung, Zweifel an Status und Autorität gedeutet, entsprechend sanktioniert und gewöhnlich in Erwartung dieser Konsequenzen erst gar nicht vorgebracht werden. Wird Kommunikation in die Horizontale verlagert und durch ein „linking pin" vertikal koordiniert, tritt an die Stelle einer Befehlsordnung ein System von Besprechungsschichten: „Die Initiative für den hierarchischen Verkehr liegt – anders als im Befehlsmodell der klassischen Theorie – in starkem Maße unten. Der Vorgesetzte wird von unten eingeschaltet, wenn in der Sachbearbeitung Probleme auftreten, die dies erforderlich machen. Die Initiative von unten appelliert an ganz andere Qualitäten des Vorgesetzten: nicht an seine Befehlsgewalt, sondern an seine Kompetenz als Ratgeber, seine weiterreichenden Beziehungen ..." (Luhmann 1964, S. 204). Nachteile horizontaler Kommunikation (Verhärtung von Meinungsverschiedenheiten, Überfülle von Argumenten, Anheizen von Konflikten) werden durch die Vorkehrung gemildert, daß die einzelnen Gruppen durch ein Mitglied einer hierarchisch höheren Ebene geführt werden. Derartige Kommunikationsprozesse sind also nicht „herrschaftsfrei", sondern verringern die aus der formalen Statushierarchie abgeleiteten Rangdifferenzen, ohne sie ganz zu beseitigen, mit der Folge einer

---

mined by the real tasks of the form as he sees them than by instruction and routine. The individual's job ceases to be self-contained; the only way in which 'his' job can be done is by participating continually with others in the solution of problems which are real to the firm, and put it in a language of requirements and activities meaningful to them all" (Burns/Stalker 1966, S. 125).

ausgeglicheneren kommunikativen Chancenverteilung.[54] Entscheidend ist jedoch die Erhöhung der formellen Gleichheit der Beteiligung an Kommunikationsprozessen durch die Funktionalisierung der Einflußbeziehungen. Probleme werden dort bearbeitet, wo das Informationsniveau am höchsten ist.

(3) Macht und Autoriät

Die klassische Machttheorie, die auch in die traditionale Organisationslehre Eingang fand, unterstellt die Gültigkeit des Prinzips der Machtsummenkonstanz: Der Machtzugang des einen ist der Verlust an Macht des anderen. Ursprünglich an der nichtbürokratischen Spitze zentriert, wird die Macht von den sog. „Herren" kaskadenförmig nach unten delegiert und dabei jedermann mit soviel Macht in der Form von Amtsautorität bedacht, wie er zur Erfüllung seiner im Organisationsschema fixierten Aufgaben benötigt. Diese einfache Form menschlicher Gestaltung von Einflußprozessen wird in der neuerungsorientierten und gruppenstrukturierten Organisationsform bedeutsam verändert.

Zunächst bedingt oder impliziert (die kausalen Zusammenhänge sind bislang nicht eindeutig herausgearbeitet) die Verlagerung der Interaktion vom Zweipersonenmuster von Vorgesetzten und Untergebenen in die Gruppenebene einen verminderten Anreiz zu machtmotivierten Manövern von Organisationsmitgliedern. Die Chancen zur Aktualisierung von Machtmotivation sind um so geringer, je stärker ein Organisationsklima vorherrscht, das Kooperation und Gruppenloyalität betont. Status, Macht und persönliche Dominanz sind Gruppennormen untergeordnet. Machtorientierte Personen müssen sich mit Beziehungen, die auf Freundlichkeit, Vertrauen und gegenseitiger Unterstützung gründen, auseinandersetzen.[55]

In der innovativen, gruppenorientierten Organisation ist formal-bürokratische Autorität von funktionaler Autorität grundsätzlich ablösbar und

---

[54] Ergebnisse der experimentellen Kleingruppenforschung „zeigen deutlich, daß es auch in ‚herrschaftsfrei' konstituierten Systemen keine Gleichheit der Beteiligung an Kommunikationsprozessen gibt" (Luhmann 1971 c, S. 332, Fn. 69 und die dort genannte Literatur).

[55] "If we can assume that most climates which emphasize group loyalty and identity tend also to emphasize friendliness, warmth, and unusual support, then power-oriented individuals will be frustrated by the emphasis on group identity" (Litwin/Stringer 1968, S. 61). Andrews (1967) zeigt, daß Organisationen, in denen Machtbeziehungen dominieren, nicht leistungsorientiert sind. Der Machtmotivierte im Sinne von McClelland scheint ein besonderer Typus zu sein: Er verfügt über seine Macht altruistisch. "Above all, the good manager's power motivation is not oriented toward personal aggrandizement but toward the institution which he or she serves ... This is the 'socialized' face of power as distinguished from the concern for personal power, which is characteristic of individuals whose stories are loaded with power imagery but which show no sign of inhibition or self-control" (McClelland und Burnham 1976, S. 103).

letztere damit auch unbeschränkt vermehrbar.[56] Die Autorität des Amtes wird verlagert auf Einflußchancen, die sich in überlappenden Gruppen aufgrund koordinativer und fachlicher Kompetenz in Interaktionsprozessen mehr oder weniger spontan herausbilden. Organisatorische Nullsummenspiele weichen Einflußprozessen, die das Einflußpotential aller Beteiligten erhöhen. Autorität fällt demjenigen zu, der die für die jeweilige Problemsituation überlegenen Kenntnisse und Fähigkeiten besitzt *und* von ihnen initiativ Gebrauch macht. Wir haben diese Zusammenhänge ausführlicher an anderer Stelle am Beispiel japanischer Organisationen dokumentiert (Röpke 1970 b). In japanischen Bürokratien mit ihrem ausgeprägten kulturierten „Gruppengeist" ist kennzeichnenderweise die Position, die der einzelne einnimmt, von einer konkreten Aufgabenzuweisung unabhängig, ein Organisationsprinzip, das den Anschauungen der klassischen Organisationsforschung widerspricht, aber offensichtlich Organisationen Selektionsvorteile in einer hochkomplexen Umwelt verschafft. Obwohl die Arbeitsmobilität *zwischen* Organisationen bis heute im Vergleich zu westlichen Ländern minimal ist, wird *innerhalb* einer Organisation um so mehr auf flexible Aufgabenzuweisung geachtet.

Macht äußert sich in der innovativen Organisation in problemorientierter, situationsspezifischer Einflußnahme bei Gruppendiskussion und -entscheidung und bei den einer Gruppe bzw. ihren Mitgliedern aufgrund ihrer überlegenen Problemlösungskompetenz zufallenden Durchsetzungschancen und unternehmerischen Initiativen. In einer dynamischen Welt ist diese Macht nur in Ausnahmefällen, die die klassische Organisationslehre allerdings zur Norm gemacht hat, in der Organisationsspitze repräsentiert, würde also die formalbürokratische Autorität zur Definition der Rollenstellen und der Ausübung von Befehlsgewalt mit entsprechender motivationaler und kognitiver Kompetenz gepaart sein. Die unternehmerische Funktion in Organisationen, die erfolgreich in einer komplexen Welt operieren (die scheinbare Leerformal „erfolgreich" füllen wir im 4. Teil nomologisch auf), ist in unvorhersehbarer Weise auf verschiedene Positionen innerhalb der Hierarchie verteilt. Unternehmer sind auf *allen* Ebenen der Hierarchie zu finden, was uns gestattet, einen Organisationstypus dieser Merkmalsklasse als innovative Organisation zu bezeichnen. Will in einer traditional konzipierten Organisation ein potentieller Innovator zur Entfal-

[56] Haire (1967, S. 41 f.) zieht aus den Überlegungen von Likert die Schlußfolgerung, daß "the total amount of influence in the system is not a finite commodity, but is expandable as a function of the way in which the organization is set up and managed". Die traditionale Organisationstheorie unterstellt eine Nullsummen-Organisation, ein geschlossenes System organisatorischer Aktivitäten und sie kultiviert damit eine Weltinterpretation, durch die sich vor allem sog. primitive Stammesgemeinschaften auszeichnen (siehe Röpke 1970 a, S. 38 ff.); interessant in diesem Zusammenhang auch die Ausführungen von Maslow (1965, S. 92 ff.), daß dieser Organisationsform geschlossene Persönlichkeitssysteme (autoritär, usw.) entsprechen.

tung kommen, muß er eine entsprechende Position in der Hierarchie bekleiden, da nur die mit dieser Position fusionierte Amtsautorität ihm die Möglichkeiten gibt, innovative Initiativen zu ergreifen, anzuordnen, und ihre Durchsetzung zu kontrollieren. [57]

(4) Aktualisierung des kognitiven und motivationalen Potentials

Systematisches Neuerungsverhalten in Großorganisationen erfordert die Entwicklung eines Organisationsklimas, das die einzelnen Mitglieder dazu bewegt, freiheitliches Handeln (an abstrakten Regeln orientiertes Handeln) mit der kooperativen Teilnahme an notwendigerweise hierarchisch geordnetem organisatorischem Geschehen zu verbinden. Wir haben zu zeigen versucht, daß eine an Gruppen und Untergebenen orientierte Organisation sich in dieser Hinsicht durch bemerkenswerte Eigenschaften auszeichnet, die sich in einem Führungsstil ausdrücken, der sich sowohl von einem permissiven wie autokratischen unterscheidet.

Die sog. intrinsische Motivation oder „Metabedürfnisse" jenseits der behavioristisch-utilitaristischen Ebene zu befriedigen, gilt der neuen Managementlehre geradezu als definierendes Kriterium einer aufgeklärten, freiheitlichen Organisation. [58] Nach Likert (1961, S. 98 ff.) bedarf es hierzu gruppenorientierter Interaktion oder der Partizipation einer möglichst großen Zahl von Organisationsmitgliedern in allen Phasen des Problemlösungsprozesses. Die Gruppe, die das Problem löst, betreibt auch seine Durchsetzung, ganz im Sinne der Schumpeterschen Unternehmerfunktion. [59] Zur Begründung seiner Ansicht greift Likert auf das zweite Grund-

[57] Diese Feststellung müssen zu ihrer Enttäuschung auch McClelland und Winter machen, die in der traditionalen indischen Gesellschaft Kurse zur Steigerung der Leistungsmotivation von Individuen abhielten. Die Ergebnisse waren enttäuschend, weil die traditionale Gesellschaft den leistungsmotivierten Personen keine Möglichkeiten gab, ihre überlegenen Fähigkeiten zu gebrauchen. "... a man cannot convert increased motivation unless he has a real opportunity to do so" (McClelland/Winter 1969, S. 311). Im übrigen liegt darin ein klares Eingeständnis der Tatsache, daß sog. psychologische Faktoren (die bei McClelland in der "Achieving Society" dominierenden Erklärungscharakter besaßen) nur in Verbindung mit sozial-strukturellen Variablen (oder der sozialen Umwelt des einzelnen) Erklärungsrang auf sozialer Ebene besitzen. S. auch oben S. 171 ff. zur Beziehung zwischen Aufgabenschwierigkeit und Grad der Abstraktheit von Normen.

[58] Vgl. zum Beispiel Maslow (1965, S. 208): "... enlightened management policy may be defined as an attempt to satisfy the higher needs in the work situation, in a nonmonetary way, that is, to have the work situation give intrinsically higher need satisfaction (rather than to give the money and expect the money to buy these satisfactions outside the work situation)."

[59] Hier tauchen allerdings Probleme auf, die von Likert und anderen Gruppentheoretikern ungenügend definiert werden. Nach unseren Überlegungen zur organisatorischen Gestaltung des Neuerungsprozesses (siehe oben, Abschn. 3.2) sind für die einzelnen Phasen des Problemlösungsprozesses unterschiedliche organisatorische Gestaltungsabläufe angebracht. Vor allem wäre zu untersuchen, in welchem Umfang

prinzip seines Organisationskonzepts zurück, die sog. „supportive relationships“, einen Führungsstil, der auf gegenseitiger Achtung und Vertrauen basiert, und damit überdauernde Leistungsmotivation aktualisiert. Die aus der Freiheit des einzelnen und der Gruppen resultierende Komplexität und Ungewißheit wird durch Vertrauen und anteilnehmende Unterstützung absorbiert. Die Organisation kann den Erfolg leistungsmotivierten Handelns belohnen und braucht Mißerfolg nicht dem einzelnen anzulasten. In der innovativen Organisation werden aus diesen Gründen auch andere Persönlichkeitssysteme als im formal-bürokratischen System Aufstiegschancen besitzen, während mißerfolgsmotiviertes Handeln nicht mehr belohnt wird.

Von Bedeutung ist, daß die von McClelland hervorgehobene *individuelle* Rückkopplung der Ergebnisse leistungsmotivierten Handelns der Einbettung des Individuums in eine Gruppenstruktur nicht widersprechen muß. Zander und Wolfe (1964) haben die Wirkungen unterschiedlicher Arten von Rückkopplung auf individuelles Leistungsverhalten, zwischenmenschlicher Beziehungen (wie Vertrauen, Offenheit), Befriedigung aus der Arbeit und Gruppenzusammenarbeit herausgearbeitet. Drei Situationen wurden untersucht:

(1) In der ersten Situation wurden den Individuen nur die Leistungsergebnisse über das Handeln ihrer Gruppe insgesamt rückgemeldet. Das Ergebnis war eine Erhöhung der Gruppenidentifikation, verstärkte Motivation, für die Gruppe zu handeln, ein geringeres Interesse an persönlichen Belohnungen, mehr Vertrauen und weniger zwischenmenschliche Reibereien.

(2) Wurde dagegen nur eine individuelle Rückkopplung der erzielten Ergebnisse gegeben (die typische MBO-Situation) war ein Rückzug aus interpersonellen Beziehungen, ein geringeres Bedürfnis nach guten Ergebnissen, weniger Vertrauen in Kollegen und verstärkte Konkliktbereitschaft zu beobachten.

(3) Wurden dagegen individuelle *und* Gruppenergebnisse betont, wurde die Leistungsmotivation am stärksten aktualisiert bei gleichzeitiger Steigerung der zwischenmenschlichen Sensitivität. [60]

Eine weitere Untersuchung von Zander (1968) stützt diese Ergebnisse. In ihr weist er nach, daß die Motivationstheorie von Atkinson, Heckhausen, McClelland (siehe oben S. 136 ff.) auch für Gruppen gilt, und zwar in der Weise,

und in welchen Phasen des Neuerungsvorganges eine Trennung von Problemlösung und Entscheidung, das heißt von Sachkompetenz und Entscheidungskompetenz angebracht wäre. Zumindest in der Praxis ist diese Trennung zu beobachten.

[60] Dieses Ergebnis legt es nahe, neben individuellen auch Belohnungen für gruppenbezogene Leistungen zu geben. Likert (1959, S. 198 f.) hat dies ausdrücklich vorgesehen, in japanischen Organisationen ist es eine Selbstverständlichkeit. “Japanese managers are encouraged to think of themselves not as individuals thrusting upwards to glory and success, but as members of a team. And therefore their success is judged not so much on their own track record but on their ability to fit in and work harmoniously with the rest of the team” (Aris 1971, S. 53).

daß Mitglieder einer Gruppe, die ein starkes Bedürfnis nach Gruppenleistungen entwickeln, sich eher Aufgaben mit mittlerem Schwierigkeitsgrad zuwenden als Problemen, die sehr schwierig oder leicht zu lösen sind. Zander scheint davon auszugehen, daß die Wahl des Anspruchsniveaus einer Gruppe abhängt (1) von der Kohäsion der Gruppe („starke" oder „schwache" Gruppe[61]) und (2) vom Grad der Leistungsmotivation einzelner Gruppenmitglieder. Starke Gruppen wählen herausfordernde Aufgaben. Hochmotivierte Gruppenmitglieder wählen auch für die Gruppe Ziele mittleren Schwierigkeitsgrades (Aufgaben mit maximaler Ergebnisungewißheit) unabhängig von ihrer Position innerhalb der Gruppe (Zander 1968, S. 422).[62] Zander macht jedoch nicht klar, warum andere (möglicherweise schwachmotivierte) Gruppenmitglieder sich dem Anspruchsniveau des Hochmotivierten anschließen (siehe hierzu unten § 3.4.2.3), gibt allerdings interessante Hinweise. Die hohe Gruppenmotivation wird aufrechterhalten, wenn die Mitglieder sich gegenseitig ständig auf die Ungewißheit der Aufgabenerreichung hinweisen; Optimismus wird durch Äußern pessimistischer Zukunftserwartungen zugedeckt, was deutlich zeigt, wie die Gruppe in beiden Fällen versucht, den Herausforderungscharakter der Aufgabe zu erhalten; kompetentere Gruppenmitglieder entwickeln mehr Sorge um die Realisierung der Gruppenaufgabe als weniger kompetente.

Als Zwischenergebnis können wir festhalten, daß die individuelle Leistungsmotivation im Sinne erfolgsmotivierten Handelns als prägendes Merkmal eines Unternehmer-Innovators auch in der von der Motivationstheorie beschriebenen Weise in einem Gruppenkontext wirksam ist. Dieses Ergebnis stützt auch unsere Behauptung, daß Gruppenorientierung, verglichen mit einer Organisationsform, die das Individuum in den Mittelpunkt stellt, die wirksamere Methode ist, Leistungsmotivation in hierarchisch-kooperativ angelegten sozialen Systemen zu aktualisieren, insbesondere wenn wir die kognitive Komponente gruppenbasierter Problemlösungsprozesse einbeziehen.

3.4.2.3 Gruppenentscheidungen und die Präferenz von Risiko

Personen mit hoher Leistungsmotivation setzen sich auch für entsprechende Gruppenaufgaben ein. Wir müssen nun klären, warum andere Gruppenmitglieder sich von den Vorteilen mittelschwieriger Aufgaben überzeugen lassen, vor allem, warum mißerfolgsmotivierte Personen sehr schwierig und

---

[61] "The more members are committed to the group or are responsible for its fate, the more they will develop a desire for group achievement of success" (Zander 1968, S. 423).

[62] Siehe auch unsere Diskussion zur Beziehung zwischen Rollenerwartung, Position und Aktualisierung von Leistungsmotivation im zweiten Teil dieser Arbeit (S. 171 ff.).

sehr leicht zu realisierende Ziele zugunsten von Aufgaben mit maximal ungewissem Ausgang aufgeben. Denn die vorherrschende These der Organisations- und Gruppenforschung lautet, etwa in der Formulierung von Crozier (1968, S. 4): „Le groupe est toujours et naturellement conservateur et c'est l'individu qui assume la charge de l'innovation.“ [63] Nur wenige Organisationsforscher wie Presthus (1966, S. 64 f.) behaupten, in Großorganisationen herrsche „organisierte Unverantwortlichkeit“, seien also Verantwortungslosigkeit und Risikobereitschaft gleichsam institutionalisiert. Diese Aussage ist jedoch zu unpräzise, um irgendwelche Schlußfolgerungen zu erlauben und gilt zweifellos nicht für jede Organisationsform und für alle Stufen der Hierarchie.

1961 machte Stoner (zu näheren Angaben Brown 1965, S. 657) eine wahre Flut von Untersuchungen auslösende Beobachtung; Gruppenentscheidungen, die einer Diskussion der unterschiedlichen Standpunkte der einzelnen Mitglieder folgen, sind durchgehend risikoreicher als Individualentscheidungen. Gruppenentscheidungen enthalten demnach mehr Risiko, als dem Durchschnitt der Risikoeignungen der Gruppenteilnehmer *vor* der Diskussion entsprechen würde. Man hat diesem Phänomen später den Namen „risky shift“ gegeben. [64] Soweit wir die Diskussion überblicken, scheinen vier Erklärungen dieses Phänomens möglich zu sein.

(1) Eine naheliegende Erklärung, die auch in dem zitierten Hinweis von Presthus anklingt, lautet: die Verschiebung zum Eingehen größerer Risiken tritt ein, weil bei der Gruppenentscheidung eine Diffusion der Verantwortlichkeit stattfindet, und zwar unabhängig davon (so Kogan/Wallach 1967, S. 260), welchen Einfluß die einzelnen Mitglieder der Gruppe auf die Standpunkte der anderen Mitglieder ausüben können. Mit dieser Erklärung versuchen Kogan und Wallach die zweite Erklärungsmöglichkeit zu eliminieren, nach der die gruppeninduzierte Verschiebung zu risikoreicheren Entscheidungen der Überzeugungskraft des Gruppenführers zu verdanken sei bzw. Personen, die eine hohe Risikoeignung haben, auch mit entsprechender Überzeugungskraft ausgestattet seien.

(2) Hinsichtlich der These von der Diffusion von Verantwortlichkeit hatten wir bereits zwei Hinweise vorgelegt: ein Organisationsklima des Vertrauens und gegenseitigen Respekts vermindert tendenziell die

---

[63] Siehe auch Brown (1965, S. 656), der die vorherrschende, von ihm aber nicht geteilte Meinung wiedergibt, daß "committees and boards in business and government have been generally thought to favor the pussyfooting compromise rather than the bold action".

[64] "... the striking finding (von Stoner; J. R.) is that the more conservative initial opinions converged more sharply than the riskier initial positions" (Brown 1965, S. 678); einen Überblick der "risky shift"-Diskussion gibt Pruitt (1971); eine kritische Bestandsaufnahme versucht Cartwright (1971); über den Einfluß von Gruppengröße und Diskussionszeit auf Risikoverschiebungen berichten Bonnet, Lindskold, Bennet (1973).

Komplexität der Entscheidungssituation und „sozialisiert" die individuelle Fehlerverantwortung im Gruppenkontext.[65] Die Schlußfolgerung von Kogan und Wallach (1967, S. 261) ist daher eindeutig: Wird die Bindung an Verantwortung mit einer Gruppendiskussion und der Möglichkeit, Verantwortung zu teilen, verknüpft, so wird sonst bestehender Konservatismus überwunden; eine zusätzliche Steigerung der Präferenz für Risiko findet statt, wenn die Verantwortung von der Gruppe getragen wird.[66]

(3) Auch die dritte Erklärung ist nicht neu. Sie bezieht sich auf den Umstand, daß die intensiveren Kommunikationsbeziehungen während einer Gruppendiskussion den Austausch von Information steigern, der für die Lösung des anstehenden Problems von Bedeutung ist. Diese Informationskreation senkt die Ungewißheit, die mit den Konsequenzen bestimmter Entscheidungsalternativen verbunden ist, so daß auch konservative Mitglieder risikoreichere Entscheidungen akzeptieren, ohne ihren grundlegend konservativen Standpunkt jedoch aufzugeben. Dieser Effekt wird durch die Ungewißheit absorbierende Funktion von Vertrauensbeziehungen noch verstärkt. Diese Erklärung wurde bisher nicht vorgetragen, obwohl die „exchange of information"-These, die in der Literatur auftaucht, sich auf den eindeutigen empirischen Nachweis stützen kann (siehe Brown 1965, S. 692, 697 f.), daß die Erhöhung der Risikoeignung mit der in der Gruppe kreierten Information zusammenhängt. (Genau gesehen kann man bei der dritten These nicht von einer Erhöhung der Risikoeignung sprechen, sondern von einer Senkung der Ungewißheit durch Verbesserung des Informationsstandes bei gleichbleibender individueller Risikopräferenz der einzelnen Mitglieder der Gruppe.) Für Brown (1965, S. 698) bleibt allerdings die Frage offen, warum überhaupt Information geschaffen wird, die Risiko anstelle von Vorsicht (Angst vor Mißerfolg) favorisiert.

(4) Brown (1965, S. 698 ff., s. a. Levinger/Schneider 1969) schlägt eine vierte Erklärung vor, die »risk as a value«-Hypothese. Wenn Risikofreudigkeit einen hohen Stellenwert in der Werthierarchie einer Gesellschaft oder eines gesellschaftlichen Teilsystems einnimmt (was man für das ökonomische System behaupten darf), so bietet eine Gruppendiskussion ihren Teilnehmern

---

[65] Kogan/Wallach (1967, S. 260): "... the subjective cost of anticipated failure may be reduced by affective support among group members"; Brown (1965, S. 660): "When one individual has complete responsibility he is afraid to risk bad consequences, whereas when several persons share the responsibility, they are less afraid."

[66] Kelley und Thibaut (1969, S. 83) begründen die Kogan/Wallach-These mit der Neigung der Menschen, die "are more highly motivated to avoid the blame for causing the loss of the stake than to aspire for the credit for winning the prize". Während der Diskussion in einer Entscheidungssituation werden die Einzelnen gewahr, daß sie die Verantwortung für mögliche negative Konsequenzen ihrer Entscheidung mit anderen teilen, die Ursache für einen Fehlschlag nicht einem einzelnen Mitglied angelastet wird. "The deindividuated member acquires safety in his anonymity."

die Möglichkeit, ihren jeweiligen Grad von Risikoneigung mit demjenigen anderer Mitglieder zu vergleichen. Die konservativen Mitglieder stellen das Ausmaß ihrer Abweichung von der kulturell bedingten Risikonorm fest und werden dazu bewegt, sozial höherbewertete, da risikoreichere Alternativen vorzuziehen. (Bestünde die Norm, das geringstmögliche Risiko einzugehen, ergäbe sich ein umgekehrter „risky shift", der in seinem Ausmaß noch dadurch verstärkt würde, daß die Informationskreation in der Gruppendiskussion den Weg zu einer Entscheidung bei vollkommener Gewißheit weiter verkürzen würde.)

Jeder der skizzierten Erklärungsansätze stützt die Schlußfolgerung, daß extreme Risikopositionen als Ausdruck einer überwiegenden Mißerfolgsmotivation in Prozessen der Gruppenentscheidung nicht zum Zuge kommen, was den erwähnten Befund von Zander hinsichtlich der Bildung von Anspruchsniveaus in Gruppen bestätigt und erklärt.

Die aus Gruppenentscheidungen folgende Tendenz zur risikoreicheren Alternative ist, wenn auch die bemerkenswerteste, so doch keineswegs die allein ausschlaggebende Eigenschaft gruppenorientierter Problemlösungsaktivität. Die Teilnahme an der Gruppenentscheidung bindet die einzelnen Mitglieder in höherem Maß an die gewählte Alternative, erhöht somit deren Durchsetzungschance. Hierzu trägt auch bei, daß die multiple Mitgliedschaft in einzelnen Gruppen die horizontale wie vertikale Koordination der Entscheidungen erleichtert.

Einige Fragen lassen sich allerdings durch diese gruppentheoretische Diskussion nicht beantworten. Wodurch zeichnen sich Gruppen aus, die eine Neuerungsinitiative ergreifen? Sind es einzelne Gruppenmitglieder, welche die Neuerungsaktivität einer Gruppe anregen und über die organisatorische Verbundenheit auf andere Gruppen übertragen? Oder sind es Individuen, die zwar einer oder mehreren Gruppen angehören, die aber als besonders neuerungsfreudig innerhalb und über ihre eigene Gruppe hinaus – also jenseits ihrer formalen Position – initiativ werden und sich zur Durchsetzung der Neuerung genausowenig an die etablierten Stellenzuweisungen und Funktionsbeschreibungen halten wie ein Unternehmer an die überkommene Marktstruktur? Einige Antworten auf diese Fragen soll der folgende Abschnitt geben.

3.4.3 Zur Evolution neuerungsorientierter Organisationssysteme

Wir können davon ausgehen, daß der Widerstand gegen organisatorische Neuerungen vor allem von jenen Positionsinhabern ausgeht, die ihren Aufstieg Persönlichkeitsmerkmalen verdanken, die den Bedingungen formalbürokratischer Systeme am besten angepaßt sind, die sich aber bei einer Dynamisierung der Umwelt als disfunktionale Eigenschaften herausstellen. Je umfangreicher die Macht ist, die sich in den Händen von Personen befindet, welche die für statische Umwelten typischen Aufsteigermerkmale verkörpern, desto geringer sind die Chancen organisatorischer Veränderungen in Richtung einer innovativen Organisationsform. Es ist eine durchgängige Forderung der Sozialtechnologien organisatorischen Wandels, daß (1) ohne Einsicht des Spitzenmanagements in die Notwendigkeit organisatorischer Veränderungen (kognitive Seite) und (2) ohne aktive Unterstützung durch die Bürokratiespitze (motivationale Seite) alle Veränderungsinitiativen versanden. Die Notwendigkeit dieser Bedingungen macht es unwahrscheinlich, daß ein bürokratisches System sich selbst reformiert. Auch externe Unternehmensberater pflegen den eigenen Wohlstand statt den ihrer Kunden zu vermehren, wenn die Bedingungen (1) und (2) nicht gegeben sind. Es bedarf daher gewöhnlich (3) der zusätzlichen Bedingung externer Kontrolle durch die Umwelt, des Wettbewerbsdrucks, der Gefahr oder des Erlebnisses einer Krise, damit sich organisatorischer Wandel vollzieht. „Historically, administrators have rarely changed their daily routine and their positions of power except under the strongest pressures" (Chandler 1962, 2. 2).

Eine Veränderung des organisatorischen Systems entsprechend dem Wandel des Umweltgefüges impliziert jedoch gemäß unserer Grundthese des interaktiven Aufbaus der Umwelt eine kognitive Neuorientierung der Beziehungen zwischen den psychischen Systemen und der organisatorisch vermittelten Umwelt – eine Bedingung, die es notwendig macht, gelegentlich die Spitze einer Organisation vollständig auszuwechseln. [67]

Umweltkontrolle in dezentralisierten ökonomischen Systemen verstehen wir als Wettbewerb. Zwischen der Intensität des Wettbewerbs und der Notwendigkeit zu organisatorischen Veränderungen besteht also eine unmittelbare Beziehung. [68] Organisationen, die nicht der externen Kontrolle durch konkurrierende Systeme unterliegen oder sich dem Wettbewerb durch Einsatz von Macht oder durch Erlangung von Privilegien im politischen Teilsystem entziehen können, zeichnen sich weltweit durch Züge aus, die wir

[67] Chandler hat dies ausführlich für die Übernahme des Divisionsprinzips bei amerikanischen Unternehmen belegt. So war ein Auswechseln des Vorstandsvorsitzenden ("chief executive") z. B. bei Goodyear (Chandler 1962, S. 436), bei General Electric (456 f.), IBM (458), International Harvester (460), Ford und Chrysler (462 f.) notwendig, um die Reorganisation des Unternehmens möglich zu machen.

[68] Da die deutsche Großindustrie mit Förderung des Staates zumindest in der ersten Hälfte dieses Jahrhunderts eine aktive Politik der Beschränkung des Wettbewerbs verfolgte, ist es keineswegs überraschend, daß die ersten großorganisatorischen innovativen Maßnahmen in Deutschland während des 2. Weltkrieges in der staatlichen Rüstungsadministration verwirklicht wurden. Der militärische Druck durch die alliierten Mächte ermöglichte mit Sanktionierung Hitlers eine Reorganisation der Rüstungsbürokratie durch Albert Speer, die teilweise bis ins Detail einer innovativen Organisationsform entspricht und weit über das hinausgeht, was amerikanische Unternehmen in jener Zeit und viele deutsche Großkonzerne heute an Innovationsmanagement bieten (siehe Speer 1969, S. 219–228).

in formal-bürokratischen Systemen lokalisiert haben. Umgekehrt sind das Experimentieren mit und die Einführung von neuartigen Organisationsformen am wahrscheinlichsten in solchen Unternehmen, die sich in wettbewerblicher Interaktion mit ihrer Umwelt befinden. Wettbewerbsbeziehungen unterstellt, sind organisatorischer Wandel und Dynamisierung der Umwelt synchron ablaufende Vorgänge. Gelingt es einem Organisationssystem, einen weiteren Bereich von Umweltkomplexität zu reduzieren, sind die mit ihm in Konkurrenz um knappe Fonds stehenden Systeme gezwungen, ihre organisatorische und psychische Kompetenz entsprechend zu steigern — wenn es ihnen nicht gelingt, die externe Kontrolle zu unterlaufen. Der Druck zur Imitation erhöht sich mit zunehmendem Kompetenzgefälle. Die explorative Organisation, die in neue Umweltbereiche vorstößt, neuartige Probleme entdeckt, sich mit Komplexität und Ungewißheit konfrontiert sieht, die sie mit traditionalen organisatorischen Mustern nicht reduzieren kann, muß versuchen, einen neuen Anpassungsmodus zu entwickeln. Ihr Erfolg oder Mißerfolg ebnet zunächst den Weg für frühe Imitatoren, und zwingt dann parallel mit verstärkter Dynamisierung der Umwelt mehr und mehr Organisationen dazu, die neuartigen Anpassungsmethoden zu übernehmen.

Dieses Muster wird durch die eindrucksvolle Untersuchung von Chandler (1962) bestätigt, in der er die historischen Vorgänge rekonstruiert, die zur Herausbildung der sog. Divisionsform der Unternehmensorganisation geführt haben,[69] die die bisherige Differenzierung einer Unternehmung nach Funktionsbereichen ersetzte. Die Organisationspioniere jener Zeit (1920–30), Dupont, General Motors, Sears, Standard Oil of New Jersey operierten als zunächst äußerst erfolgreiche Unternehmen, gerieten jedoch mit ihrer Strategie der raschen Aufschließung neuer Märkte in immer größere Schwierigkeiten, da sie weder psychisch noch organisatorisch in der Lage waren, die vermehrte Umweltvarietät zu verarbeiten. Ohne in die Details zu gehen, können wir sagen, daß die Schwierigkeiten genau in jenen Problemen liegen, die auftreten, wenn eine nach formal-bürokratischen Prinzipien arbeitende Organisation mit einer Dynamisierung ihrer Umwelt konfrontiert wird, was Probleme auf der Ebene der Rollenstellen, der Kommunikationsbeziehungen, der Autoritätsstruktur und der Motivierung aufwirft. Die Entwicklung des Divisionskonzeptes erlaubt den einzelnen Divisionen relativ autonomes Operieren im Markt, entlastet die Hierarchiespitze von operativen und taktischen Aufgaben bzw. macht sie für die Lösung marktstrategischer Probleme und Koordinationsaufgaben frei, wobei

[69] Die traditionale Organisationsform ist nach Aufgabenbereichen oder funktional gegliedert, die Divisionsform nach Produktgruppen, die jeweils die einzelnen funktionalen Bereiche einschließen (Speer: „Ich fertigte einen Organisationsplan an, dessen vertikale Linien die einzelnen Fertigprodukte, wie Panzer, Flugzeuge oder U-Boote, also die Rüstung der drei Wehrmachtsteile umfaßten ...“; 1969, S. 219).

sie durch außerhalb der Linie angesiedelte Stäbe unterstützt wird. Diese Organisationsform hat sich als zweckmäßig erwiesen, um mit der auf Oligopolmärkten auftretenden reaktiven Verbundenheit fertig zu werden, sie wird jedoch bei weiterer Dynamisierung der Umwelt überfordert. Denn abgesehen von der Divisionalisierung und der Einführung von Stäben, auf deren Fragwürdigkeit wir schon hingewiesen haben, hat sich an der Vorherrschaft bürokratischer Organisationsprinzipien wenig geändert.

Neuere Entwicklungen zielen daher vor allem auf eine grundlegende Umgestaltung der organisatorischen Organisationsmuster in Richtung einer innovativen Organisation. In der Praxis wird mit einer Vielzahl von Modellen experimentiert. Ihr konkreter Ansatzpunkt liegt in Versuchen, das Innovationspotential einer Kleinunternehmung für die Großorganisation nutzbar zu machen. [70] Wir können diese Experimente folgendermaßen charakterisieren:

(1) Der Mehrzahl der Experimente liegt die Vorstellung einer hochintegrierten Eigentümer/Unternehmer-Organisation zugrunde. Verschiedene Phasen des Problemlösungsprozesses werden aus einem unverändert bleibenden organisatorischen Gefüge herausgelöst: Man errichtet gleichsam Mikro-Unternehmen, stellt einen verantwortlichen „Unternehmer" an ihre Spitze, der sich, mit einem Team von Mitarbeitern ausgestattet, einem Problem bis zu seiner erfolgreichen (oder nicht erfolgreichen) Lösung annimmt. Auf diesem Prinzip beruht etwa der Erfolg der Minnesota Mining and Manufacturing Company (3-M). Bei 3-M gilt die Regel, daß jedermann, der eine neue Idee kreiert hat – den Segen des Topmanagements vorausgesetzt –, auch die Chance erhält, diese Idee in der Organisation und im Markt durchzusetzen, also im Sinne eines Schumpeterschen Unternehmers zu agieren. [71] Die Organisation stellt sozusagen die Infrastruktur, erfüllt die materiellen, personalen und institutionellen Basisfunktionen für unternehmerisches Handeln (Kapitalbereitstellung, Buchführung, elektronische Rechnerkapazitäten, administrative Dienstleistungen, z. B. zentralisierte Korrespondenz). Diese Lösung ist in einzelnen Unternehmen in vielfältiger Weise modifiziert worden, ohne am Grundprinzip der Individualisierung des Neuerungsvorganges etwas zu ändern. Wir wollen diesen Lösungsversuch, innerhalb einer traditionalen Organisationsstruktur unternehmerische Mikrostrukturen aufzubauen, den abendländischen Typus nennen, weil die Rolle des Schumpeterschen innovatorischen Unternehmers und die Tradition der „protestantischen Ethik" im Mittelpunkt stehen. [72]

---

[70] Zu solchen Versuchen und einer Analyse der jeweiligen Vor- und Nachteile vgl. zum Beispiel: Cordtz 1971, Fishlock 1972, Peterson 1967, Sherman 1969, Smith 1970, Wolf 1969.

[71] Ausführlicher zu 3-M: Business Week (15. 9. 1973, S. 224–227); zusätzlich bemerkenswert, daß 3-M auf ein zentrales Forschungslabor verzichtet.

[72] In diesem Zusammenhang ist auch auf Überlegungen von Witte (1973) hinzu-

(2) In einer zweiten Gruppe von Unternehmen wird mit Organisationsformen experimentiert, in deren Mittelpunkt die gruppenorientierte Lösung von Problemen steht. Wir können diese Form als orientalischen (oder japanischen) Typus bezeichnen, da die Gruppe hier als entscheidende Aktionseinheit auftritt und das gesamte Organisationsgefüge gruppenhierarchisch angelegt ist (Röpke 1970 b).

(3) Unserer Vorstellung nach wird sich eine schöpferische Synthese beider Formen durchsetzen. In japanischen Organisationen ist bereits eine Individualisierung im Sinne eines Vordringens von Aufstiegskriterien zu beobachten, die auf dem westlichen, individualisierten Leistungsmuster basieren. Andererseits beginnt man in westlichen Unternehmen das Adaptionspotential von Gruppen zu entdecken und experimentiert mit entsprechenden Änderungen der formalen Organisationsstruktur.

Allgemein können wir eine solche Unternehmung als einen finanziellen Verbund multistabiler Systeme bezeichnen. Im Zentrum dieses Verbundes stehen autonom im Markt agierende Einheiten (Produktgruppen; strategic business units); eine solche Einheit besteht aus hochintegrierten Forschungs- und Entwicklungs- (F & E) sowie Marketingabteilungen, die direkt mit dem Markt interagieren, unmittelbare Leistungsrückkopplung zum Markt besitzen und für Erfolg und Mißerfolg ihrer Entscheidungen als Gruppe selbst verantwortlich sind. Die interne Organisation entspricht den vorgetragenen Prinzipien innovativer Kooperation. Neben den dort genannten Vorteilen ermöglicht diese Organisationsform eine direkte, am Markt orientierte Erfolgskontrolle, intime Kenntnis des Marktes und schnelle Entscheidungen bei taktischen Problemen. Die grundlegende Idee dieser Organisationsform ist die Lokalisierung der unternehmerischen Funktionen bei den quasi-autonomen Teilsystemen oder Produktgruppen. Die Zentrale

---

weisen, die sich auf eine Untersuchung von 233 „Innovationsprozessen" stützen (erstmalige Beschaffung von elektronischen Datenverarbeitungsanlagen in Unternehmen und Behörden). Nach Witte ist die Durchsetzung einer Innovation in einer Organisation eine Funktion der Existenz von sogenannten Promotoren, „Personen, die einen Innovationsprozeß aktiv und intensiv fördern" (S. 20). Diese aktive und intensive Förderung kann sich auf das „hierarchische Potential" oder auf das „objektspezifische Fachwissen" einer Person stützen. Witte spricht im ersten Fall von Machtpromotor, im zweiten Fall von Fachpromotor. Die Promotoren können als „Gespann" oder als Fach- oder Machtpromotoren isoliert auftreten, sie können aber auch beide Funktionen in einer Person vereinigen. Es zeigte sich (es wird allerdings nicht klar, ob dies ein Ergebnis der empirischen Untersuchungen oder der theoretischen Überlegungen von Witte ist), daß die Gespannstruktur am erfolgreichsten arbeitet, daß „die einsam operierenden Machthaber und Experten" den Innovationsprozeß „nur schwach zu aktivieren vermögen", und daß Innovationsprozesse „ohne Promotoren nur ein sehr geringes Aktivitätsniveau aufweisen" (S. 21). Wichtig scheint uns auch der Hinweis von Witte zu sein, „daß die Promotoren von vornherein keinen formalen Kompetenzauftrag erhalten, sondern sich – im Rahmen eines freien Aktionsspielraumes – aus eigenem Antrieb einschalten. Sie entwickeln ein Engagement, das niemand von ihnen verlangt" (S. 20).

in dieser innovativen Organisationsform hat drei Funktionen: (1) Sie stellt die organisatorische und administrative Infrastruktur für die einzelnen Teilsysteme zur Verfügung und fungiert als „Hausbank" der einzelnen Produktgruppen. Infrastruktur bezieht sich auf die Unterhaltung zentraler Stäbe für die Erfüllung übergreifender Aufgaben (zum Beispiel ein zentrales Labor oder eine Marktforschungsabteilung oder ein Planungsbüro oder ein Rechenzentrum); die Hausbank arbeitet als Finanzier für die Teilsysteme nach Allokationskriterien der zentralen Unternehmungsführung. (2) Die Zentrale zieht alle programmierbaren Aufgabenbereiche an sich. Der Stand der Informationstechnologie ermöglicht es, Buchhaltung, Lagerhaltung etc. aus den innovativen Teilsystemen auszugliedern und direkt über die Zentrale zu koordinieren. (3) Die zentrale Unternehmungsführung bestimmt die grundlegende Strategie des Unternehmens. Sie setzt das Anspruchsniveau, bestimmt die Richtung der Diversifikation und Prioritäten für internes und/oder externes Wachstum und entscheidet über den Verbleib von Teilsystemen im Unternehmensverband.

Wir könnten dieses Organisationsmodell weiter konkretisieren, auf Details der Interaktion zwischen den Teilsystemen untereinander und mit der zentralen Unternehmensführung eingehen, was jedoch keine neuen Einsichten bringen würde. Der grundlegende Gedanke der Bereitstellung der Basisfunktionen (Infrastruktur) sei noch einmal wiederholt: Zentralisierung der programmierbaren Entscheidungsaktivitäten (wie Buchhaltung) und Dienstleistungen, das heißt jener Tätigkeiten, die Hilfsfunktionen für die eigentliche schöpferische Aktivität erfüllen, die ihrerseits in quasi-autonomen Teilsystemen oder Produktgruppen lokalisiert ist. Die Teilsysteme unterliegen dabei lediglich den durch die allgemeine Unternehmensstrategie gesetzten Beschränkungen und der finanziellen Kontrolle durch die zentrale Führung. Dieser vollständig auf hochkomplexe Umwelten zugeschnittene Organisationstyp ist unseres Wissens nirgends realisiert, jedoch in Vorläufern ausgebildet. [73]

---

[73] Wir denken zum Beispiel an die traditionalen wie modernen Zaibatsu in Japan; zu einer knappen Darstellung vgl. The Economist (20. 2. 1971, S. 54 f.), wo es heißt: "... a zaibatsu is like a mountain range. There is no single focus of power. There is no body of power over individual group members. In theory the members could all pursue their own interests in separate directions." Interessante Hinweise mit Beispielen gibt auch Mueller (1972, S. 202); einige Konglomerat-Konzerne (wie die International Telephone and Telegraph Company) haben Vorläufer innovativer Organisationsformen herausgebildet; zu einer ausführlichen Beschreibung organisatorischen Wandels in der von uns vermuteten Richtung am Beispiel von "City Investing" vgl. Business Week (17. 3. 1973, S. 62 f.) und am Beispiel von "Digital Equipment" (Business Week, 26. 4. 1976, S. 58 ff.), dessen Präsident äußert: "We think the computer markets are so complex that you can't centralize – you must break the company into pieces"; eine Fülle interessanter Anregungen und Fallstudien enthält auch Drucker (1973); zum Organisationswandel in multinationalen Unternehmen siehe Stopford und Wells (1972). Interessant scheint mir zu sein, daß sämtliche der

3.4.4 *Die organisatorische Basis der neoklassischen Theorie*

3.4.4.1 Die Organisation als Skinner Box

Die orthodoxe Theorie der Unternehmung ist ein Ableger der neoklassischen Markttheorie. Sie untersucht die Bedingungen, bei denen ein Wirtschaftssubjekt – repräsentiert durch einen Einzelmenschen oder eine Organisation – in einer neoklassischen Welt zu überleben vermag. Genauso wie in den neoklassischen Modellen das psychische System eines Menschen auf das Kunstprodukt des homo oeconomicus reduziert wird, gilt auch die Unternehmung als „theoretisches Konstrukt", welches nicht mit einer „realen Organisation" zu verwechseln ist. Das organisationsinterne Geschehen gilt solange als irrelevant, solange uns Probleme der wettbewerblichen Preisbildung und Faktorallokation beschäftigen (Machlup 1967, S. 4)[74]: Die Optimierungseinheit Unternehmung gilt in der Mikrotheorie als theoretisches Verbindungsglied zwischen Veränderungen von Daten der Umwelt und Vorgängen, die als Auswirkung der Datenänderungen betrachtet werden.

Die neoklassische Verzichterklärung auf einen psychologischen und organisatorischen Unterbau ihrer Theoreme ist allerdings – wir wiesen bereits darauf hin – nur von scheinbarer Gültigkeit. Die Argumentation, welche die Irrelevanz organisatorischer (und psychischer) Prozesse für die Untersuchung des Verhaltens von Wirtschaftssubjekten im Markt begründen soll, setzt implizit deren organisatorische (psychische) Verankerung voraus, das heißt, erfordert eine Gestaltung der organisatorischen Strukturen und Prozesse in einer ganz spezifischen, die jeweils geforderte Reaktion garantierenden Weise. Das klassische Modell der Maschinen-Befehls-Organisation entspricht dem Forschungsobjekt der neoklassischen Allokationstheorie: die effiziente Mittelverwendung bei (von außen vor-)gegebenen Zielen.

Die Voraussetzungen, auf welche die orthodoxe Theorie des Marktes und der Unternehmung ihre Welterkenntnis stützt, und die ihr gestatten, die Unternehmung als theoretisches Konstrukt oder „black box" zu betrachten, beziehen sich (1) auf die Zielfunktion der Wirtschaftssubjekte: unterstellt

---

hier angesprochenen innovationsaktiven Unternehmen (und die Liste ließe sich selbstverständlich erweitern) entweder von Unternehmerkollektiven (am eindrücklichsten bei den japanischen Zaibatsu) oder von Unternehmer-Innovatoren geführt werden, die Mitglieder einer integrierten Führungsgruppe sind.

[74] Alfred Marshall (1920, S. 342, 459 f.) entwickelte die Vorstellung einer „repräsentativen Firma", eines fiktiven sozialökonomischen Systems von "normal ability" oder genormter Fähigkeit, das als Hilfskonstruktion (Marshall spricht von „Kunstgriff") für die Analyse des Gleichgewichts in industriellen Märkten galt, und das Kaldor bereits 1934 (S. 62) zu der Kritik veranlaßte: "Instead of analyzing at first the conditions of equilibrium for individual 'firms' and then deriving from them, as far as possible, the conditions of equilibrium for an industry, Marshall first postulated the latter and then created a Hilfskonstruktion which answered its requirements."

wird Gewinn (Nutzen-)maximierung in ihren kognitiven wie motivationalen Aspekten; und (2) auf die Mechanismen der Kontrolle des Verhaltens der Wirtschaftssubjekte: unterstellt wird grundsätzlich externe Kontrolle, die durch Wettbewerb auf den Produkt- und Faktormärkten realisiert wird.

Externe Kontrolle erzwingt eine Unterwerfung der Unternehmen unter das ökonomische Prinzip, während die Annahmen bezüglich der Zielfunktion es den Unternehmen ermöglichen, die überlebensnotwendigen Entscheidungsakte kognitiv, motivational und organisatorisch durchzuführen.

Die erste Annahme impliziert die Identität von Eigentümer und Unternehmer (sog. Personalunionthese) und/oder die Existenz einer organisatorischen totalitären Herrschaft, wie wir sie im Maschinen-Befehlsmodell angetroffen haben. Die Personalunionthese unterstellt die gleichen Verhaltensweisen von angestellten Managern und Eigentümerunternehmern. Dazu kommt, daß die Unternehmensspitze, sei sie nun durch Eigentümer-Unternehmer oder angestellte Manager repräsentiert, in der Lage ist, die unternehmensinternen Abläufe auf optimale Weise zu organisieren, nämlich in der Weise, wie es rationales, also gewinnmaximierendes Verhalten erfordert. Das Rationalitätsaxiom (Rationalität in objektivem wie subjektivem Sinn) wird vom Eigentümer-Unternehmer auf den Eigentümer-Unternehmer-Organisator und schließlich auf die Verhältnisse von Managern übertragen – eine Situation, die Schumpeter (1950, S. 230) mit der Formel der „Verflüchtigung des Eigentums" umschrieb. Diesen Vorstellungen kommt die klassische Organisationslehre entgegen: Der Annahme einer durch ein bürokratisches Herrschaftssystem abgestützten hierarchischen Stellenordnung liegt die Idee zugrunde, der oberste Organisationszweck sei durch die Ziele der Hierarchiespitze gegeben, die Durchsetzung eines Gewinnziels in einer traditionalen Organisation also problemlos.

Auch wenn wir die Frage nach der Wünschbarkeit einer nach den klassischen Prinzipien arbeitenden Organisation zurückstellen, bleibt immer noch die für den Ökonomen bedeutsame Schlußfolgerung, daß die Überlebensfähigkeit des von der klassischen Organisationsforschung herausgestellten Organisationstyps, den die neoklassische ökonomische Theorie ihren Aussagen zugrunde legt, nur in ganz speziellen – platonischen – Umwelten garantiert ist. Nur in diesen spezifischen Umweltgefügen lassen sich, gemäß der ökonomischen Theorie, organisatorische Probleme des Verhaltens von Unternehmen im Markt als gelöst voraussetzen oder als irrelevant betrachten und von den psychischen und organisatorischen Grundlagen des Marktverhaltens durch die Annahme der kognitiven, motivationalen und organisatorischen Möglichkeit optimalen Entscheidens abstrahieren. Stellt man die Unternehmung als ein theoretisch-heuristisches Konstrukt vor, welches optimale Lösungen für von der Umwelt präsentierte Probleme produziert, verzichtet man auf Psyche und Organisation des Wirtschaftsmenschen [75] und damit

[75] „Gesamtoptimale Lösungen lassen sich nur durch vollständige Zentralisierung

auf die theoretische Diskussion der Folgen unterschiedlich kompetenter psychischer und organisatorischer Systeme für ökonomischen Wettbewerb und Evolution.

Bereits 1921 stellte Frank Knight fest, Organisationsprobleme könnten nur unter der Bedingung vollständiger Gewißheit vernachlässigt werden (1921, S. 106 f., S. 268 f.), also einer Situation, in der ökonomische Probleme lediglich in Lehrbüchern existieren. Gordon (1966) unterzog 1945 die seinerzeitige und auch heute noch vorherrschende Sicht der Beziehungen zwischen Unternehmer, Organisation und Markt einer eindrucksvollen Kritik, die nur für den Fall der Existenz einer statischen, neoklassischen oder Arrow-Debreu-Walras-Welt (wie wir später sagen werden) irrelevant ist.

Die mechanistische, einem vordarwinistischen Wissenschaftsideal verpflichtete Anschauung unternehmerischer Tätigkeit oder organisatorischer Beziehungen zum Markt ist in dem Moment überholt, in dem wir von einer Umwelt ausgehen, die durch hohe Komplexität charakterisiert ist und an die Unternehmen sich durch „echte" Entscheidungen anpassen müssen. Der Herausforderungsgrad solcher Umwelten ist derartig hoch, daß Unternehmen, denen es gelänge, neoklassisch „optimal" zu produzieren, keine Überlebenschance im Markt hätten. Es wird dann unvermeidlich, behavioristische Reiz-Reaktions-Funktionen durch ein komplexes Interaktionsgefüge zu ersetzen und Erklärungen für spontane, sich teilweise selbststeuernde und belohnende Aktivitäten der Wirtschaftssubjekte anzubieten. In dieser Welt kann sich die neoklassische Scholastik [76] wie der von ihr kultivierte Unternehmenstypus nicht mehr halten. Ihre im optimalen Kalkül aufgelöste Wirklichkeit bleibt für die Probleme komplexen Weltgeschens fiktiv. Dabei fehlt der behavioristischen Ökonomie nicht – wie wir wissen – ein persönlichkeitspsychologischer und organisationswissenschaftlicher Unterbau. Es mangelt aber an nomologischer wie begrifflicher Komplexität, die diesen Unterbau repräsentierenden Axiome und die aus ihnen gewonnenen Hypothesen aus ihrer Fixierung auf eine mechanistische Welt zu lösen, zu hinterfragen, rivalisierende Hypothesen zu entwickeln.

---

des Entscheidens, durch Vergleich aller Möglichkeiten in einer Entscheidung erreichen, und das bedeutet: Verzicht auf Organisation. Organisation ist ja immer eine Verteilung von Entscheidungskompetenzen und hat nur Sinn, wenn die einzelnen Entscheidungsstellen wirklich unberücksichtigt lassen können, welche Alternativen in den Teilentscheidungen anderer Stellen ausgesiebt worden sind, wenn sie also Kommunikationen, die das Ergebnis einer Informationsverarbeitung mitteilen, als Datum und als richtig behandeln können." – „Die üblichen Entscheidungsmodelle juristisch-konditionaler und wirtschaftlich-optimierender Art postulieren das Ideal einzig-richtiger Entscheidungen und schließen damit die Persönlichkeit der Entscheidenden prinzipiell aus den entscheidungsrelevanten Faktoren aus" (Luhmann 1971 a, S. 71, 77).

[76] Scholastik im Sinne von Popper (1973, S. 45 Fn.) als „eine Neigung zum Argumentieren ohne ein ernsthaftes Problem".

Welche Konkurrenzlagen man auch unterstellen mag, die reaktive, mechanistische Verbundenheit von Unternehmung und Markt bleibt der neoklassischen Theorie erhalten. Die Mechanik des Marktes entspricht der Mechanik eines Skinnerschen Dressurkastens. Die von der Umwelt geforderten Leistungen werden durch diese reaktive Mechanik so gesteuert, daß bei der Produktion nachgefragter Leistungen Futter ausgeworfen wird, bei Fehlleistungen das Futter ausbleibt. Die neoklassische, also behavioristische Welt ist eindimensional. [77] Im Gegensatz zu den Grundannahmen der neoklassischen Theorie der Unternehmung können wir für eine nichtstatische Welt die folgenden Zusammenhänge festhalten:

(1) Umwelteinflüsse sind organisatorisch (und psychisch) vermittelt; die Wahrnehmung von Reizen hängt von der psychischen und organisatorischen Reaktionsfähigkeit der Unternehmen ab; der Markt ist ein interaktives Produkt; umweltbezogene Aktionen von Unternehmen sind sowohl von den Anforderungen der Welt als auch dem organisatorischen Gefüge der Unternehmung geprägt.

(2) Die organisatorische Zielfunktion ist das Ergebnis organisatorischer Einflußprozesse und marktlicher Konkurrenzlagen, sie ermöglicht daher keine eindeutige Bestimmung der Reaktion der Unternehmung auf Reize der Umwelt und Wettbewerbslagen. Gewinnerzielung unterstellt, hängt somit die Profitrate (i) von der psychischen Kompetenz der am organisatorischen Problemlösungsprozeß beteiligten Organisationsmitglieder und (ii) von der konkreten Aktualisierung des kreativen und motivationalen Potentials durch die organisatorische Umwelt der einzelnen psychischen Systeme ab. Auch in einer Welt der Großorganisationen ist der Unternehmer keineswegs ausgestorben, wie zum Beispiel Blattner (1971, S. 98 ff.), Galbraith (1968), Marris (1964, S. 1 ff.), Williamson (1970, 1971) behaupten, Autoren, die sich mehr oder minder ausgeprägt um eine Integration von Organisations- und Markttheorie bemühen.

(3) Die in (1) und (2) genannten Zusammenhänge verhindern die Aufstellung einer Produktionsfunktion im Sinne einer quantifizierbaren Entsprechung zwischen Faktoreinsatz und maximal möglicher Ausbringung.

a) Die Vorstellung einer Produktionsfunktion gründet auf einer Theorie einfacher Zusammenhänge, die der komplexen hierarchischen Interaktion von psychischen, organisatorischen und marktlichen Systemen nur im Grenz-

---

[77] Dem entspricht in der Neoklassik die Vorstellung einer Produktionsfunktion. Eine Produktionsfunktion beschreibt "the maximum quantity of output obtainable from any quantitative combination of the physical input that are included in the function" (Fellner 1971, S. 2, Fn. 2). Wenn das Verhalten einer Unternehmung durch eine Produktionsfunktion beschrieben werden kann und diese über das Produktionsmaximum bei gegebenem Input informiert, sind notwendig organisatorische und psychische Kompetenz als Bestimmungsgründe des Unternehmenserfolgs ausgeschaltet. Wir gehen auf dieses Problem noch ausführlich ein.

fall jeweils statischer Umweltgefüge gerecht wird.[78] Es ist also nur in Grenzfällen möglich (z. B. bei Sklavenarbeit, Automation), die Output-Beiträge physikalischer Inputs bei gegebenem Stand technischen Wissens von denen anderer nichtphysikalischer Inputs (Organisationsfaktoren, Persönlichkeitsfaktoren) eindeutig zu trennen.[79]

b) Neben der Möglichkeit, zwischen Faktorsubstitution und technischem Fortschritt zu unterscheiden (eine Vorstellung, die wir im 4. Teil noch ausführlicher diskutieren werden), ist in der Theorie der Produktionsfunktion weiter impliziert, daß technischer Fortschritt „kostenlos" oder „frei" verfügbar sei und daß seine Einführung eindeutig kalkulierbare Auswirkungen auf die Ausbringung erlaubt (also Ausklammerung technologischer Ungewißheit).

Dagegen ist bei Ungewißheit hinsichtlich der Auswirkungen neuer Pro-

---

[78] Zu unseren Ausführungen über die neoklassische Vorstellung einer Produktionsfunktion vgl. auch den Revisionsversuch bei Leibenstein 1969, S. 602. Leibenstein argumentiert im Rahmen der klassischen Organisationstheorie und untersucht vor allem ein Phänomen, das man als organisatorische „Faulheit" oder „Trägheit" bezeichnen könnte. Leibenstein drückt sich zwar wesentlich komplizierter aus, doch ändert eine Substitution seiner Begriffswelt durch das Common-sense-Phänomen Faulheit weder etwas am Ableitungszusammenhang noch am Ergebnis seiner Ausführungen.

[79] Aus den Lehrbuchdefinitionen einer Produktionsfunktion geht nicht eindeutig hervor, ob als Input nur die physikalischen oder alle auf den Output einwirkenden Faktoren berücksichtigt werden. Wir haben im Text die erste Interpretation zugrunde gelegt. Aber auch im zweiten Fall würde das Problem der Komplexität nicht eliminiert. Denn auch hier wird eine eindeutige Zurechenbarkeit zwischen „definitorisch genau abgegrenzten Faktorarten" und dem Output zugrunde gelegt. Jede „Änderung der Faktorqualität" (z. B. höhere Motivation?!) führt dann zu einer neuen Produktionsfunktion (Müller 1967, S. 79). Wie will man aber eine Änderung der Faktorqualität nachweisen? Man könnte an outputunabhängige Kriterien denken (z. B. Ausbildung); man könnte aber auch versuchen, jede nicht durch eine Vermehrung der Inputmengen erzielte Erhöhung des Outputs auf eine Änderung der Faktorqualität zurückzuführen. Dies wäre aber wie im (noch ausführlich im vierten Teil darzustellenden) Fall des technischen Fortschritts eine zirkuläre Aussage, die das Konzept der Produktionsfunktion unüberprüfbar machen müßte: Alles, was nicht mit einer Vermehrung der „alten" Faktoren erklärt werden kann, wird der Änderung der Faktorqualität zugeschlagen. Auf der Basis der neoklassischen Theorie halte ich diese Probleme für unlösbar. Die Komplexität organisatorischer Zusammenhänge verhindert, bestimmten Inputkombinationen bestimmte Outputwirkungen zuzuschreiben: Wir können bestimmte outputwirksame Faktoren kaum quantifizieren (Betriebsklima, Motivation, Führungsstile usw.); es treten Faktoren auf, die im Einzelfall nicht spezifiziert werden können, aber outputwirksam sind (Rechtsrahmen, Rasse, Religion, politische Situation: Vom Vorsitzenden von Alfa Romeo ist die Aussage überliefert: „Wenn wir unsere Fabrikation in die Schweiz verlegen würden, gäbe es keine Streiks mehr, obwohl nach wie vor alle Arbeiter Italiener wären"; Financial Times, 5. 12. 1975, S. 21). Die Komplexität organisatorischer Prozesse verhindert also „definitorisch genau abgegrenzte Faktorarten" in die Produktionsfunktion aufzunehmen und ihre Auswirkungen auf den Output zu spezifizieren.

duktionsverfahren (neuer Qualitäten der Produktionsverfahren) die Beziehung zwischen Input und Output zunächst indeterminiert bzw. eine Produktionsfunktion nicht bestimmbar.

(4) Wenn die Entwicklung *neuer* Input-Output-Kombinationen (Verfahrensneuerungen, technisch-organisatorischer Fortschritt) nicht kostenlos ist, sondern den Einsatz knapper Ressourcen erfordert, treten neben den Problemen der Komplexität und Ungewißheit zusätzliche Schwierigkeiten auf, welche die Arbeit mit Produktionsfunktionen schwerwiegenden Bedenken aussetzen.

Wir müssen nämlich eine Produktionsfunktion finden, die mit Hilfe bestimmter Inputkombinationen neues Wissen (als Output) effizient hervorbringt. Das ist selbstverständlich aussichtslos. Denn um eine Produktionsfunktion für die Produktion von Verfahrensneuerungen aufzustellen, müssen wir bereits ex ante wissen, was wir erst entdecken wollen, nämlich neues technisches Wissen. Es existiert demnach keine Produktionsfunktion zur Produktion technischen Fortschritts, die uns informieren könnte, worin die effizientesten Methoden zur Produktion technologischer Neuerungen bestehen. Wir werden auf jene Überlegungen zurückgeworfen, die wir ausführlich unter dem zweiten und dritten Punkt diskutiert haben.

Wir wollen jedoch annehmen, diese Schwierigkeit ließe sich ausräumen und unterstützt durch eine Produktionsfunktion gelänge es, verschiedene Technologien zu produzieren, die sämtlich effizienter als die alten Technologien sind. Wir müßten dann die effizienteste dieser effizienten Technologien auswählen, d. h. diejenige Technologie, die bezogen auf die gegebenen Kosten ein Maximum neuen Wissens und damit zukünftigen, mit diesem Wissen produzierbaren Outputs erbringt. Man kann dies als das Problem der Existenz einer Minimalkostenkombination bei der Produktion technischen Fortschritts bezeichnen. Hier tauchen sofort zwei Schwierigkeiten auf:

a) Einmal ist – wie wir sahen (siehe oben 2. Teil) – eine effiziente Auswahl aus effizienten möglichen technischen Alternativen auf der Basis des Maximumtheorems nicht möglich.

b) Um die Minimalkostenkombination zu bestimmen, benötigen wir die Preise der Produktionsfaktoren. Die neu zu produzierende „effizienteste" Produktionsfunktion ist aber nicht unabhängig von den Preisen der Produktionsfaktoren bestimmbar. [80] Damit stellt sich sofort die Frage, woher wir die „gegebenen" Faktorpreise bekommen, wenn man zur Bestimmung der Fak-

[80] Das ist „normalerweise" der Fall. Die Aufstellung bzw. Herleitung einer Produktionsfunktion hat mit den Faktorpreisen nichts zu tun. Lediglich physikalische oder ingenieurwissenschaftliche Abhängigkeiten müssen berücksichtigt werden. Dieses Vorgehen ist allerdings nur deswegen möglich, weil ein gegebener Wissensstand unterstellt wird, also nicht gefragt wird, wie und mit welchen Kosten neues Wissen produziert wurde.

torpreise wiederum eine Produktionsfunktion benötigt (die Nachfrage nach Produktionsfaktoren wird in der neoklassischen Theorie bekanntlich aus der Produktionsfunktion, etwa dem Ertragsgesetz kombiniert mit der Grenzproduktivitätstheorie abgeleitet).

Bei der Ableitung der Faktorpreise ist also einerseits die Existenz einer Produktionsfunktion vorausgesetzt, andererseits kann neues Wissen nur effizient ausgewählt werden, das heißt eine neue Produktionsfunktion bestimmt werden, wenn die Faktorpreise gegeben sind. Daraus folgt, daß eine unabhängige Bestimmung der Faktorpreise oder die Auswahl „effizienter" neuer technologischer Produktionsverfahren in einer nicht-stationären Wirtschaft unmöglich sind. Damit ist in einer Welt, in der Neuerungen produziert und durchgesetzt werden, das Konzept der Produktionsfunktion nicht anwendbar. Angesichts dieser Situation ist es nur folgerichtig, wenn man die Produktionsfunktion auf die Untersuchung ökonomischer Erscheinungen bei gegebenem Wissen beschränkt. Da aber jede Produktionsfunktion einmal auf neuem Wissen basierte, heißt das gleichzeitig, daß die konventionelle Analyse der Produktion notwendig ahistorisch oder entwicklungslos ist. Alle Aussagen, die auf der Existenz gegebener Produktionsfunktionen gründen, haben für die Erklärung von Entwicklungserscheinungen (Neuerungen, Wettbewerb) nur beschränkte Aussagekraft.

(5) Die in (1) bis (4) aufgeführten Tatbestände verhindern, daß die Unternehmung ihre minimalen Kosten kennt (kennen kann) und daß sie immer bestrebt ist, ihre Kosten zu senken. Die traditionale Theorie übersieht entscheidende Faktoren, die das Kostenniveau einer Unternehmung und Kostenunterschiede zwischen Unternehmen bestimmen. Auch bei vorherrschender Gewinnorientierung der Unternehmen kann die neoklassische Theorie nicht erklären, warum Unternehmen, Industrien, Volkswirtschaften über unterschiedliche Effizienz verfügen, da sie lediglich eine Sozialtechnologie routinisierbarer Allokationsvorgänge anbietet, also von einer jeweils gegebenen psychischen, organisatorischen, marktlichen Struktur ausgeht.[81]

3.5 *Konsequenzen für die Markttheorie*

Die Verbindung von Gewinnmaximierungsthese und externer, marktlicher Kontrolle des Unternehmensverhaltens ermöglicht solange eine problemlose

[81] Leibenstein (1966; 1969) spricht treffend von "X-efficiency" oder "inefficiency", die in Organisationen herrsche. Er meint damit die Tatsache, daß Unternehmen in der Regel mit gegebenen Inputs weniger als den maximal möglichen Output produzieren (X-inefficiency) oder ihren Output steigern, ohne die Einsatzfaktoren entsprechend zu vermehren (X-efficiency). Das kann zwei Gründe haben: (1) Unternehmer bzw. Manager wollen nicht den maximalen Output produzieren (Motivationsfrage) oder (2) sie sind dazu überhaupt nicht in der Lage, weil sie nicht über das notwendige Wissen verfügen. Dafür gibt es unzählige Beispiele.

und plausible Interpretation des Marktgeschehens, als man sich nicht fragt, welche Aktionsmöglichkeiten durch sie eigentlich nicht ausgeschlossen werden. Der neoklassischen Theorie ist es bekanntlich möglich, zum Beispiel auch noch einem Monopolisten zu bescheinigen, daß er unter dem Druck des Marktes stehe, daß er gezwungen sei, sich rational gemäß dem ökonomischen Prinzip zu verhalten und dgl. (Der Monopolist ist Substitutionskonkurrenz und potentiellem Wettbewerb ausgesetzt, sein Verhalten wird über den Kapitalmarkt – Gefahr des Aufkaufes – kontrolliert.) Auch die verschiedenen Strategien, über die eine Unternehmung verfügt, um ihre Marktposition zu verbessern (vor allem internes und externes Wachstum mit den entsprechenden Unterfällen), lassen sich problemlos durch die Grundannahmen der neoklassischen Theorie interpretieren. Die Versuche, eine Monopolstellung im Markt zu errichten, mit einer anderen Unternehmung zu fusionieren, um „economics of scale" zu realisieren, durch interne und externe Diversifikation das Gewinnrisiko zu senken, können durchgängig als Ausfluß des Gewinnzieles verstanden werden. Denn das Unternehmen wählt jeweils die Strategie, die den höchsten Gewinn verspricht, was unter bestimmten Voraussetzungen dann auch maximale volkswirtschaftliche Effizienz verbürgt.[82] Unternehmen machen irgend etwas so lange, bis die Grenzkosten dieser Tätigkeit den aus dieser Tätigkeit entspringenden Grenzerlösen gleich sind. Wir halten dieses Vorgehen für eine nahezu perfekte Methode, der Konfrontation mit der Realität zu entgehen.

Eine Theorie, die auf die Frage, warum Unternehmen fusionieren oder nicht fusionieren, neue Märkte kreieren oder als Imitatoren auftreten usw., mit dem stereotypen Hinweis auf die Profitabilität des jeweiligen Tuns antwortet, scheint uns weder theoretisch noch sozialtechnologisch von Nutzen zu sein. Wir sahen uns daher gezwungen, anstelle der überlieferten Methode, durch Postulierung der Gewinnmaximierungsthese alternative Erklärungseinfälle abzuwehren, einen anderen Weg einzuschlagen. Durch Untersuchung der hierarchischen Verankerung des Marktverhaltens wurde die nomologische Basis so erweitert, daß die Analyse spezieller Verhaltensweisen in ihrem historischen Ablauf in unterschiedlichen Umweltgefügen möglich

[82] Vgl. z. B. Brozen (1971, S. 248) und seine Erklärung der industriellen Konzentration: "Concentrated industries are concentrated because that, apparently, is the efficient way to organize those industries. Unconcentrated industries are unconcentrated because that, apparently, is the efficient way to organize them." Bei Coase (1969, S. 46) heißt es hinsichtlich der wettbewerbspolitischen Beurteilung sogenannter reziprokaler Transaktionen, deren sich vor allem konglomerale Unternehmen bedienen, und die nach Ansicht einiger Autoren (z. B. Edwards) wettbewerbsbeschränkende Qualität besitzen: "If this practice leads to efficiency, there is no reason to stop it; if it leads to inefficiency, there is no reason why the conglomerate should adopt it (since it would reduce its overall profits)." Zu weiteren Beispielen und einer ausführlichen Diskussion der Beziehungen zwischen Gewinnmaximierung und Markteffizienz (bzw. „Marktversagen") verweisen wir auf den 4. Teil.

wird und daß die Prämissen, auf denen das neoklassische Aussagensystem fußt, in ihrem beschränkten Gültigkeitsbereich empirisch bestimmt werden können.

Hinsichtlich der Auswahl bestimmter Strategien unternehmerischen Verhaltens können wir dann folgendes sagen: Eine Organisation schafft sich diejenige Umwelt, für deren Meisterung sie kompetent ist, oder: Umweltvarietät kann nur im Ausmaß der vorhandenen psychischen und organisatorischen Kompetenz absorbiert werden. Diese Kompetenzen sind evolutionär variabel im Sinne divergierender Fähigkeiten, Umweltkomplexität zu reduzieren. Kompetenzgrade als Fähigkeitsniveaus psychischer und organisatorischer Systeme können wir alternativen unternehmerischen Strategien zuordnen, zum Beispiel wenn wir die innovativen Anforderungen alternativer Strategien bestimmen. In einem weiteren Schritt können wir bestimmen, welcher Typus von Unternehmen nicht die Fähigkeit besitzt (zumindest Schwierigkeiten haben wird), bestimmte Strategien im Markt einzusetzen. Mit anderen Worten erlaubt es uns dieses Vorgehen, die unterschiedlichen Reaktionen von Unternehmen auf Herausforderungen, Störungen, Steigerung der Komplexität der Umwelt zu beschreiben und zu erklären; wir können die psychischen und organisatorischen Beschränkungen des Marktverhaltens aufzeigen und darüber informieren, welche Fähigkeitsniveaus *nicht* ausreichen, um in bestimmten Umweltgefügen unternehmerisch zu überleben. So können relativ undifferenzierte oder weniger abstrakte Unternehmen nur überleben, indem sie (i) die von ihren relativ undifferenzierten sensorischen, kognitiven und motorischen Mechanismen als „Dissonanzen", „ruinöse Konkurrenz" etc. wahrgenommenen Störungen beseitigen, beherrschen, kontrollieren (durch Absprachen, Kooperation, Fusionen, Einsatz von Herrschaft etc.) oder (ii) in anderen Teilsystemen der Gesellschaft (z. B. im politischen System) materielle Privilegien einhandeln.

Es zeigt sich, daß eine Erklärung der Interaktion von Unternehmen in einem Marktsystem ohne eine explizite Berücksichtigung persönlichkeits- und organisationsstruktureller Variabler nicht auskommt, daß es also der Analyse der hierarchischen Beziehungen von psychischem, organisatorischem und marktlichem System bedarf, um das Verhalten von Unternehmen im Markt und die aus ihm hervorgehenden beabsichtigten und unbeabsichtigten Erscheinungen zu erklären.

3.6 Zusammenfassung

Strukturen und Prozesse von sozialen Organisationen bestimmen das Ausmaß, in dem die psychischen Systeme die Komplexität der organisatorischen Umwelt wahrnehmen und reduzieren können und neue Varietät zu produzieren vermögen. Die Kompetenz einer Organisation als Ausdruck ihrer

Überlebensfähigkeit in einer komplexen Welt kann in den analytischen Kategorien der Rollen und Motivationsstrukturen, der Kommunikationsmuster und der Machtbeziehungen beschrieben und erklärt werden. Die unterschiedlichen Fähigkeitsniveaus sozialer Organisationen können wir in zwei Grundmuster organisatorischer Aktivität dichotomisch einteilen: den traditionalen Organisationstypus (Maschinen-Befehls-Organisation) als der totalitären Variante und das neuerungsorientierte Organisationssystem als der freiheitlichen Variante. Die abnehmende Fähigkeit einer Organisation zu internen strukturellen und prozessualen Änderungen, zum Lernen, zur innovativen Adaption steht in direktem Verhältnis zu der Intensität ihrer Bemühungen, die systeminternen und -externen Quellen von Ungewißheit und Varietät zu kontrollieren. Inkompetente Systeme versuchen daher, die externe Kontrolle durch die Umwelt zu unterlaufen, ihre Inkompetenz in die Umwelt zu tragen, ihre Umwelt zu organisieren und (beabsichtigt oder unbeabsichtigt) die Anpassungsfähigkeit des übergeordneten (Markt-) Systems zu reduzieren. Kompetente Systeme sind dagegen in der Lage, mit der Komplexität und Ungewißheit ihrer Welt durch Umstrukturierung ihrer internen Beziehungen und durch Produktion neuen Wissens fertig zu werden. Sie kontrollieren Komplexität und Ungewißheit durch mutative Änderungen und Produktion von Varietät. Die vorherrschende neoklassische Ökonomie unterstellt in ihren Modellen implizit eine mechanistische Variante sozialer Organisation totalitärer Prägung und war bisher nicht bereit bzw. fähig, sich des systemhierarchischen Unterbaus von Marktinteraktionen anzunehmen. Ihre Axiome eliminieren organisatorische und psychologische Variable, in denen das Marktverhalten hierarchisch verankert ist. Durch die Annahmen der Gewinnmaximierung und durchgängiger externer Kontrolle des Verhaltens der Unternehmung ist sie in der Lage, sich Marktteilnehmer als „theoretische Konstrukte" wie Tauben in einer Skinner-Box zu halten. Zudem erbringen diese Annahmen noch den Vorteil, die daraus abgeleiteten Aussagen vor der Konfrontation mit bedeutenden Bereichen der Realität zu bewahren.

VIERTER TEIL

DAS MARKTSYSTEM

4.1 Aufgabenstellung

Ein Marktsystem entsteht als unbeabsichtigtes Ergebnis aus regelgebundenen Interaktionen der Wirtschaftssubjekte. Es geht als interaktives Produkt aus der Aktivität von Tauschpartnern evolutionär hervor und ist damit ein Tatbestand der Anpassung für die einzelnen Teilsysteme. Die Struktur der jeweiligen Beziehungen der Marktteilnehmer bezeichnen wir als Markt- oder Umweltgefüge. Das Umweltgefüge ist nicht autonom vorgegeben, sondern erwächst aus regelorientierten Interaktionen kognitiv, motivational und organisatorisch unterschiedlich kompetenter Wirtschaftssubjekte. In welchem Typus von Umweltgefüge eine Unternehmung zu (über-)leben vermag, ist primär eine Frage ihrer Kompetenz bzw. ihrer Fähigkeit, Weltkomplexität zu reduzieren, Ungewißheit zu absorbieren, Varietät zu produzieren oder ihrer Fähigkeit zu lernen, sich selbst zu organisieren, sich anzupassen.

In den vorangegangenen Abschnitten haben wir ausführlich die Determinanten der Aktions- und Reaktionsfähigkeit psychischer und organisatorischer Systeme untersucht. Aufgabe dieses Teils wird es sein, das Marktverhalten der Unternehmen zu erklären, das heißt, die beabsichtigten und unbeabsichtigten Folgen aufzuzeigen, die sich aus der Begrenzung der Autonomie der Wirtschaftssubjekte durch die Existenz eines Marktes ergeben. Die Prozesse, welche die Verhaltensautonomie der einzelnen Subjekte im Markt einschränken, bezeichnen wir als externe Kontrolle. Vertreter des neoklassischen und psychologischen Behaviorismus werden den Hinweis auf den externen Ursprung der Verhaltenskontrolle für überflüssig halten, da sie davon ausgehen, das Verhalten (sprich: Reagieren) sei durch die Kräfte der Umwelt ohnehin entweder determiniert oder stochastisch erklärbar. Wir haben zu zeigen versucht, daß diese Ansicht auf einem grundlegenden Irrtum beruht, und ein Zugang zu komplexen Phänomenen durch mechanistische und stochastische Erklärungsprinzipien nicht möglich ist. Wir werden auch in diesem Teil mehrfach Gelegenheit haben, unserer Meinung nach bedenkliche nomologische wie sozialtechnologische Implikationen dieser Vorstellung aufzuzeigen.

Wir sehen die externe Kontrolle des Unternehmensverhaltens durch den Markt unter zwei Gesichtspunkten:

1. Ein System wird extern kontrolliert, wenn es sich an Veränderungen der Umwelt durch interne (kognitive) Lernprozesse anpassen muß. Anpassung kann dabei entweder reaktiver oder antizipatorischer Natur sein.

2. Der zweite Aspekt externer Kontrolle bezieht sich auf die Regeln oder Normen, an denen sich das Verhalten der Unternehmung im Markt orientiert.

Während wir es bei der Kontrolle durch die Umwelt mit Vorgängen spontaner Selbstkontrolle des Marktsystems („Wettbewerb“) zu tun haben, handelt es sich bei der Verhaltenskontrolle durch Regeln um außerhalb des Marktsystems angesiedelte Sanktionen abweichenden Verhaltens. Auch wenn die Sanktionen vom politischen oder sozialen System ausgesprochen werden, ist die Manipulation des marktlichen Regelsystems durch Teilsysteme des Marktes ein keineswegs chancenloses Unterfangen. Regelkontrolle ist wiederum im Verhältnis zur marktlichen Selbstkontrolle durch Wettbewerb extern oder als Produkt der Interaktion von Marktsystem und politisch-sozialem System zu verstehen. Sie wird aktiviert, wenn das Verhalten des im Markt interagierenden Teilsystems Wirkungen auslöst, die seine Überlebensfähigkeit als eines sich selbst organisierenden und sich selbst differenzierenden Systems gefährden. Wir haben diesen Vorgang hierarchische Kontrolle genannt. Die Interaktionen der psychischen Systeme in einer Organisation sind kooperativ-hierarchisch aufeinander bezogen. Im Marktsystem dagegen haben wir es mit einer Verhaltensordnung zu tun, die horizontal-arbeitsteilig und kompetitiv angelegt ist, wobei sich die Arbeitsteilung über zunehmend sich differenzierende Tauschvorgänge abspielt. Die horizontale Interaktion hierarchisch organisierter Unternehmen ist allerdings unaufhörlich durch das Bestreben der Marktteilnehmer bedroht, sich der wettbewerblichen Kontrolle zu entziehen, die organisatorische Hierarchie in den Markt zu tragen (also die horizontal und wettbewerblich angelegten Marktprozesse in vertikale Anordnungs- und Unterordnungsmuster zu überführen), kognitives Lernen durch Aufrichten normativer Erwartungen im Markt zu unterlaufen, ganz zu schweigen von Versuchen, im politischen System Privilegien einzuhandeln. Die unternehmerischen Praktiken aufzuzeigen, die hinter diesen Tendenzen zur organisatorischen Internalisierung von Marktprozessen und zur Substitution kognitiver gegen normative Anpassung liegen, ist ein wesentliches Ziel der folgenden Ausführungen. Wir werden dabei von einer möglichst grundsätzlich ansetzenden Erklärung von marktlichen und wettbewerblichen Interaktionen ausgehen, wobei eine massive Kritik an den vorherrschenden mechanistischen Deutungsversuchen unvermeidbar ist. Unser Vorgehen wird durch den Umstand erleichtert, daß die Lösungsversuche der neuklassischen Kalkülökonomie, die durch die Modelle der vollkommenen, unvollkommenen und oligopolitischen

Konkurrenz repräsentiert werden, typischen Umweltgefügen entsprechen, die wir im folgenden noch näher erläutern werden. Durch den Aufbau jeweils unterschiedlich strukturierter Marktsysteme können wir uns theoretisch an die Realität des Marktgeschehens heranarbeiten und schrittweise jene Voraussetzungen eliminieren und jene Aussagen falsifizieren, mit denen sich die herkömmliche Theorie an der Untersuchung komplexer Phänomene versucht. Möglicherweise gelingt es uns damit auch, die traditionale Markttheorie unter eine umfassendere Theorie des Interaktionssystems Markt zu subsumieren. Als Kategorien der Analyse gelten die in den vorausgegangenen Kapiteln vorgetragenen Prinzipien hierarchischer Interaktion komplexer Systeme. Dieses Vorgehen gestattet uns einerseits, die von der neoklassischen Theorie vorgenommenen symbolischen Rekonstruktionen der Tatsachen von einer übergreifenden Theorie her zu relativieren (kritisch zu prüfen), und andererseits die durch die neoklassischen Grundannahmen hinsichtlich des Verhaltens der psychischen und organisatorischen Systeme implizierten Umweltgefüge mit der Wirklichkeit zu vergleichen.

4.2 Die Komplexität von Marktgefügen

Wir haben bislang des öfteren von unterschiedlichen komplexen Gefügen oder (Um-)Welten gesprochen und diese vage mit unterschiedlichen Graden der Dynamik charakterisiert. Bei der Anwendung systemtheoretischer Überlegungen auf die Erklärung von Marktprozessen wird es jedoch notwendig, einige der Begriffe und implizierten Zusammenhänge im Hinblick auf die unterschiedliche Komplexität von Umwelten genauer zu beschreiben.

Als Ausgangspunkt wählen wir „Ashby's law of requisite Variety“: Die Mannigfaltigkeit (oder Varietät) von Störeinwirkungen auf ein System kann nur dann wahrgenommen, untersucht und anpassungsfördernd bewältigt werden, wenn das System selbst über entsprechende Mannigfaltigkeit (Varietät) verfügt. Bei zunehmender Umweltkomplexität können nur solche Systeme überleben, die ihre Eigenkomplexität entsprechend steigern können, oder die in der Lage sind, die Vielfalt der Umwelt auf einen Umfang zu senken, der ihrer Kompetenz entspricht, eigene Mannigfaltigkeit hervorzubringen (s. o. S. 37 ff.).

Das Gesetz von Ashby verweist auf die zwei grundlegenden Anpassungsstrategien komplexer offener Systeme:

1. Erhöhung der Eigenkomplexität eines Systems (die personalen und organisatorischen Möglichkeiten hierzu haben wir in den Teilen 2 und 3 ausführlich dargestellt);

2. Reduktion von Umweltkomplexität (Beschränkung des Möglichkeitsbereichs):

a) durch allgemeine Normen, Regeln, Werte usw., welche den Möglichkeitsbereich für einzelne Individuen und/oder Organisationen beschränken. Dies kann innerorganisatorisch geschehen oder durch hierarchisch höhere Systeme (z. B. bei Rechtsnormen) durchgesetzt werden; und/oder

b) durch Ausschaltung der Quellen der störenden Mannigfaltigkeit: durch Ausübung von Zwang im Markt und in Organisationen und durch kooperative Kontrolle der Produktion von Varietät (z. B. Preis- oder Investitionsabsprachen); und/oder

c) durch Ausschaltung potentieller Produzenten von Mannigfaltigkeit bzw. durch Entscheidungszentralisierung im Marktsystem (z. B. Aufkauf oder Zusammenschluß von Unternehmen).

Die beiden zuletzt genannten Möglichkeiten der Reduktion von Komplexität bezeichnen wir, soweit sie sich auf ein Marktsystem beziehen, als Beschränkung des (potentiellen) Wettbewerbs.

In diesem vierten Teil wollen wir ausführlich die Beziehungen zwischen unterschiedlichen Graden der Umweltkomplexität (der Komplexität eines Marktsystems) und der Anpassungskompetenz der Marktteilnehmer untersuchen. Als Maß der Komplexität eines Systems bzw. der Umwelt hatten wir die Varietät bezeichnet und unter Varietät die Zahl der möglichen Zustände eines Systems bzw. der Umwelt verstanden.

Die Mannigfaltigkeit der Zustände eines Systems bzw. der Umwelt ist abhängig erstens vom Grad seiner Kompliziertheit und zweitens vom Grad der Dynamik, mit welcher sich System- bzw. Umweltfaktoren im Zeitablauf ändern.

Die Kompliziertheit eines Systems resultiert aus

1. der Zahl der Elemente bzw. Faktoren, die aus der Sicht zum Beispiel einer Unternehmung auf die Entscheidungsfindung einwirken,
2. der Unterschiedlichkeit dieser Elemente und Faktoren und
3. der Verteilung dieser Elemente auf verschiedene Segmente der Umwelt.[1]

Die Dynamik der Umwelt ergibt sich

1. aus der Häufigkeit, mit welcher sich die für die Unternehmung relevanten Umweltsegmente und Faktoren ändern;
2. aus der Stärke und Richtung der Änderungen;
3. aus dem Grad der Ungewißheit (Vorhersehbarkeit, Regularität), mit der die Änderungen (1) und (2) anfallen.

---

[1] Segmente der Umwelt aus der Sicht einer Unternehmung sind z. B. Nachfrager, Anbieter, Konkurrenten, Wissensproduzenten (Produzenten neuer Technologien und Produkte), Behörden. Die Segmente können in sich heterogen sein, bestehen also dann aus verschiedenen Faktoren: Ein Nachfragesegment könnte sich zusammensetzen aus Großhandel und/oder Einzelhandel als den Verteilern des Produktes und den Endverbrauchern selbst. Zu einer ausführlichen „Segmentierung" der Umwelt, ihrer Unterteilung in Elemente bzw. Faktoren und dem Versuch ihrer Operationalisierung siehe Duncan (1972, S. 315 f.).

Je nach dem Grad der Kompliziertheit und Dynamik erhalten wir unterschiedlich komplexe oder mannigfaltige Gefüge der Umwelt. Von der Vielzahl der aus der Kombination der Merkmalskompliziertheit und Dynamik resultierenden unterschiedlich komplexen Umweltgefüge untersuchen wir im folgenden aus heuristischen Gründen lediglich vier für die Markttheorie charakteristische. Zur Klassifikation und ausführlicheren Merkmalsbeschreibung vergleiche das nachfolgende Schema.

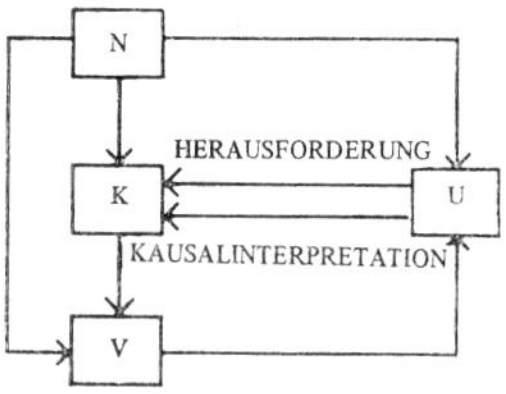

So ergibt z. B. die Kombination geringer Kompliziertheit mit einem statischen Charakter der Umwelt ein Umweltgefüge geringer Komplexität, wie es für einen Markt sogenannter vollkommener Konkurrenz, wie er üblicherweise in der ökonomischen Theorie definiert ist, typisch ist. Die Zahl der vom einzelnen Marktteilnehmer wahrgenommenen und einander ähnlichen Segmente und Faktoren ist gering; die Umwelt ändert sich nur geringfügig; auch die vom einzelnen empfundene Unsicherheit wird daher gering sein.[2]

Dem Umweltgefüge geringer Komplexität steht eine „turbulente Umwelt" gegenüber, in der hohe Kompliziertheit mit Dynamik des Umweltgeschehens verbunden ist. Die Markttheorie hat für diese Umwelt sehr hoher Komplexität keinen Marktformentypus entwickelt.

Ein drittes Umweltgefüge („gemäßigt hohe Komplexität") charakterisiert Situationen, wie sie für die Reaktionsverbundenheit auf Oligopolmärkten charakteristisch sind. Die geringe Kompliziertheit des Marktes (wenige Konkurrenten mit ähnlichen Produkten) ist mit Umweltdynamik verbunden, die zu einer als hoch empfundenen Marktungewißheit führt.

Es bleibt jenes Umweltgefüge, in welchem hohe Kompliziertheit mit geringer Häufigkeit, Stärke und Ungewißheit der Änderungen verbunden

[2] Der Grad empfundener Unsicherheit ist nach Duncan (1972) von drei Faktoren abhängig:

1. dem Ausmaß der Information über die Umweltfaktoren;
2. dem Ausmaß des Wissens über die Wirkungen alternativer Entscheidungen;
3. dem Umfang des Unvermögens, alternativen Wirkungen der externen Einflußfaktoren Wahrscheinlichkeiten zuzuordnen.

Im Ausmaß der Kompliziertheit und vor allem der Dynamik der Umwelt steigt der Grad empfundener Ungewißheit.

ist. Ein unmittelbares markttheoretisches Pendant für diese Umwelt besteht nicht. Sie ähnelt jedoch, wenn wir geringfügige Modifikationen anbringen, jenen Marktsituationen, wie sie in Fällen unvollkommener oder monopolistischer Konkurrenz unterstellt werden: Im Gegensatz zur vollkommenen Konkurrenz treten begrenzt unterschiedliche Marktteilnehmer auf, erhöht sich die Zahl entscheidungsrelevanter Segmente und Faktoren, und steigt wenn auch unbedeutend die mit Änderungen der Umwelt verbundene Ungewißheit für die einzelnen Konkurrenten. Ein Marktteilnehmer bei unvollkommener Konkurrenz hat es also, verglichen mit einer Situation vollkommener Konkurrenz, mit höherer Dynamik und größerer Kompliziertheit seiner Umwelt zu tun. [3]

Komplexität ist die wichtigste Determinante der Aufgabenschwierigkeit oder des Herausforderungsgrades der Umwelt (siehe oben, S. 165 ff.). Wird Komplexität wettbewerbskonform reduziert, muß zunehmender Komplexität auch ein höheres Fähigkeitsniveau des Unternehmens entsprechen.

Unser Vorgehen in diesem Teil ist damit angedeutet: Wir werden marktliche Umweltgefüge zunehmender Komplexität aufbauen, wir werden eine Hierarchie von Marktsystemen entwickeln, die zu ihrer unternehmerischen Beherrschung jeweils zunehmender Fähigkeitsniveaus bedürfen. Die ersten drei Marktgefüge wurden von der traditionalen Preis- und Markttheorie ausführlich untersucht: die Welt der vollkommenen Konkurrenz, der unvollkommenen Konkurrenz und der Oligopole. Der vierte Markttypus höchster Komplexität, die „turbulente Umwelt“, ist bisher nicht systematisch untersucht worden. Die Erklärung des Neuerungsverhaltens der Unternehmen im Marktsystem ergibt sich dann sozusagen als Nebenprodukt der Untersuchung von Interaktionsmustern in verschiedenen Marktgefügen.

---

[3] Duncan (1972) ordnet die Zustände der Umwelt nicht nach dem Grad ihrer „Komplexität“, sondern nach dem Grad der von den einzelnen Entscheidungsträgern empfundenen Unsicherheit (“perceived uncertainty”). Von ihm vorgetragene empirische Ergebnisse zeigen, daß die Dynamik der Umwelt stärker zu der empfundenen Unsicherheit beiträgt als ihre Kompliziertheit. Das heißt, Entscheidungsträger in dynamischen, aber nicht komplizierten Umwelten (Zelle 3) sehen sich einer größeren empfundenen Ungewißheit ausgesetzt als solche in komplizierten aber statischen Umwelten (Zelle 2). Andererseits zeigt ein Vergleich der Umweltgefüge von Zelle 3 (gering-dynamisch) und Zelle 4 (hoch-dynamisch) eine signifikante Differenz im Grad der empfundenen Unsicherheit. Daraus wäre zu schließen: Die Differenz im Grad der empfundenen Unsicherheit zwischen statischen und dynamischen Umwelten ist immer signifikant, unabhängig davon, ob die Umwelt gering- oder hochkompliziert ist, während der Unterschied im Grad der empfundenen Unsicherheit zwischen gering- und hochkomplizierten Umwelten davon abhängig ist, ob die Umwelt dynamische Züge aufweist.

4.3 Die Welt der vollkommenen Konkurrenz oder die statisch-stochastische Umwelt

4.3.1 Prämissen

Das Modell der vollkommenen Konkurrenz bildet trotz zunehmender Kritik an seinen Prämissen und Implikationen die theoretische Basis positiver wie normativer neoklassischer Ökonomie. Insbesondere in der englischsprachigen Nationalökonomie meint man mit „competition" nach wie vor das Modell vollkommener Konkurrenz. Die Zahl der Seinsbereiche, die erklärend wie normativ durch das Modell der vollkommenen Konkurrenz neu erschlossen werden, ist erstaunlich. Man denke an Probleme der Gesundheitsfürsorge, des Bildungswesens, der Forschung und Entwicklung, der natürlichen Umwelt, der politischen Theorie. Der wesentliche Bereich, in welchem der Glaube an die Relevanz der Axiomatik des Modells der vollkommenen Konkurrenz einen ernsthaften Schaden erlitten zu haben scheint, ist der Bereich *praktischer* Wettbewerbspolitik, während in der Theorie des Wettbewerbs und des Marktes nach wie vor Prämissen und Erklärungseinfälle vorherrschen, die im Modell der vollkommenen Konkurrenz nahezu hüllenlos dargeboten werden.

Der Kritik an der neoklassischen Ökonomie, speziell am Modell der vollkommenen Konkurrenz, liegen vier verschiedene Ansätze zugrunde, die wir in der Reihenfolge ihres kritischen Gehalts kurz vorstellen wollen:

1. Theoretiker des unvollkommenen Wettbewerbs („industrial organization theory", „workable competition theory") stoßen in ihrem Bemühen, theoretische Grundlagen einer aktiven Wettbewerbspolitik zu erarbeiten, zunehmend auf Divergenzen zwischen der Welt der vollkommenen Konkurrenz und realen Prozessen marktlicher Interaktion (Clark, Edwards, Heuß, Kahn, Scherer).

2. Vertreter der „managerial theory of the firm" bemühen sich um die Erklärung des Marktverhaltens von Großorganisationen (Berle/Means, Baumol, Gordon, Marris, Penrose, Schumpeter, Williamson).

3. Im Mittelpunkt des verhaltenstheoretisch orientierten Ansatzes („behavioral theory of the firm"), der mit den Namen Simon, Cyert und March verbunden ist, steht die Erklärung individuellen und organisatorischen Entscheidungsverhaltens von Unternehmen auf der Grundlage „realistischer" Prämissen.

4. Autoren der institutionalistischen Richtung (von Veblen bis Galbraith) untersuchen säkulare Entwicklungstendenzen des kapitalistischen Systems, die der traditionalen Theorie ihr Forschungsobjekt zu nehmen drohen.

Für diese abweichenden ökonomischen Gruppierungen ist charakteristisch, daß sie ihren Untersuchungen das Modell der vollkommenen Konkurrenz als

Ausgangspunkt zugrunde legen, oftmals im Sinne einer Strohmannfunktion, überwiegend aber – vor allem in den beiden ersten Richtungen – weil sie keine Möglichkeit sehen, außerhalb der neoklassischen Begriffswelt theoretisch zu arbeiten. Wir haben somit allen Grund, die Grundannahmen der neoklassischen Ökonomie, wie sie im Modell der vollkommenen Konkurrenz in höchster Reinheit dargeboten werden, auf der Grundlage der in den vorausgegangenen Kapiteln entwickelten Vorstellungen und in konkreter Anwendung auf den Komplex des Neuerungsverhaltens kritisch zu überprüfen.

Gemäß der Anlage unserer Arbeit wollen wir jene drei Bereiche von Prämissen unterscheiden, die sich auf das psychische System („Unternehmer"), das organisatorische System und das Marktsystem beziehen.

1. Das idealisierte Wirtschaftssubjekt der Neoklassik, der homo oeconomicus, maximiert seinen Nutzen (Gewinn); er hat keine kognitiven Schwierigkeiten, die optimale unter einer gegebenen Zahl von Alternativen auszuwählen; Informationsbeschaffung und Entscheidungsprozeß binden keine Ressourcen oder können in ihrem Umfang optimal kalkuliert werden; der neoklassische Wirtschaftsmensch kann sich vollkommene Information über die Preise und Mengen sämtlicher Güter und Faktoren verschaffen; perfekte Voraussicht aller Teilnehmer der vollkommenen Konkurrenz ist zwar nicht Bedingung, wohl aber müssen die ungewissen Situationen der Zukunft durch Wahrscheinlichkeitskalküle auf Bedingungen der „Sicherheit" reduziert werden können. [4]

[4] Ob sog. vollkommene Voraussicht oder vollständige Information zu den Prämissen des Modells vollkommener Konkurrenz gehören, ist nach wie vor ungeklärt. Das liegt primär daran, daß unter den Theoretikern keine einheitliche Meinung darüber besteht, was unter vollkommener Konkurrenz zu verstehen sei. Es gibt kein „typisches" Modell der vollkommenen Konkurrenz. Das in den Lehrbüchern abgehandelte Standardmodell deckt theoretische Probleme und unterschiedliche Interpretationen zu. Annahmen und Fragestellungen des Modells werden nicht ausformuliert. Zur „mutwilligen Sprachverwirrung" um das Grundmodell der ökonomischen Theorie siehe Machlup 1966, S. 100 f., Fn. 16 und die dort angeführten Beispiele. Wie erstaunlich vielschichtig das Grundmodell der neoklassischen Ökonomie verwendet wird, zeigt eine Untersuchung von Gerdsmeier (1972). Diese Vielschichtigkeit gewährt einen weiten Spielraum für Immunisierung gegen eine sich innerhalb des neoklassischen Ansatzes bewegende Kritik. Durch Rückzug auf andere Autoren und nicht-explizite Privatinterpretationen gelingt eine Kritik abweisende Uminterpretation der Prämissen. Zu möglichen Inhalten der „vollkommenen Voraussicht" siehe die Diskussion bei Gerdsmeier (1972, S. 14 f., 107–109): Dieser Inhalt reicht von Allwissenheit (bei Knight) über vollständige Markttransparenz (bei Ott) zu vollständigem Wissen (bei Shubik). Als Minimumbedingungen impliziert vollkommene Voraussicht im Modell der vollkommenen Konkurrenz nach Ansicht von Gerdsmeier (1972, S. 108): „Kenntnis der persönlichen Handlungsmöglichkeiten, das Wissen um alle anderen Wirtschaftssubjekte, die Information über alle individuellen Angebots- und Nachfragefunktionen, über den künftigen Tauschpartner und über die meisten Deduktionen" (wie künftigen Gleichgewichtspreis, optimale Nachfrage- und Angebotsmenge, kostenminimale Faktorkombination). Wird vollkommene Voraussicht vorausgesetzt, kommt es zu der bekannten, erstmals von Morgenstern (1935) aufgedeckten logischen Paradoxie, die das

2. Ist der „Unternehmer" auf die kooperative Mitarbeit anderer Wirtschaftsmenschen angewiesen, um seine Ziele im Markt zu realisieren, steht er also einer Organisation vor, gestattet es ihm die mit seiner Position verbundene und gewöhnlich durch „Eigentum" legitimierte Autorität, den zweckrationalen Einsatz aller Organisationsmitglieder zu befehligen; der Umfang der zu erwerbenden Mitarbeitermotivation richtet sich nach den Gesetzen der Grenzproduktivitätstheorie; Dissidenten verlassen die Organisation oder werden zur Einhaltung der Befehle gezwungen (Fremdentscheidungsrecht); Prozesse der Arbeitsteilung und Kommunikation sind im Sinne optimaler Zweckerfüllung gestaltbar; der „Unternehmer" delegiert die Anpassungszwänge des Marktes an die Mitglieder der Organisation.

3. Im Markt trifft der „Unternehmer" auf Konkurrenten, die ihm unbekannt bleiben, von denen er jedoch mit Sicherheit weiß, daß sie ein seinem Produkt identisches Gut anbieten. Er verkauft an Konsumenten, die über die Preise und Qualitäten sämtlicher Produkte informiert sind. Der „Unternehmer" muß also die Marktpreise hinnehmen; er ist nicht in der Lage, sein Angebot sachlich, räumlich, zeitlich oder persönlich zu differenzieren. Er ist machtlos: Der Markt diktiert ihm den Einsatz seiner Reaktionsparameter. Da keinerlei Präferenzen für einzelne Anbieter bestehen, muß er auf jeglichen Preiswettbewerb verzichten. Die einzige Möglichkeit, sich an Umweltvarietät anzupassen, besteht in einer Mengenvariation. Im Markt vollkommener Konkurrenz gilt das „Prinzip der ausgeschlossenen Strategie" (Schumpeter 1965, S. 1183).

Der Unternehmer produziert gewöhnlich nur ein Gut; bringt er jedoch mehrere auf den Markt, bringen sie ihm eine (im Gleichgewicht) identische Belohnung. Alle Informationen, die er für den optimalen Einsatz seiner Produktionsfaktoren und den Verkauf seiner Produkte benötigt, erhält er über die gegebenen Preise der Produkte und Produktionsfaktoren. [5]

Im folgenden Abschnitt versuchen wir, das aus diesen Prämissen folgende Marktgefüge in den für unsere Diskussion bedeutsamen Aspekten aufzubauen.

Modell vollkommener Konkurrenz in sich widersprüchlich macht: Die Handlungen aller Marktteilnehmer müssen zu einem Zeitpunkt determiniert sein, bevor sie determiniert sein können, da die Handlungen eines Marktteilnehmers sich an den zukünftigen Handlungen der anderen orientieren sollen (wegen vollkommener Voraussicht), andererseits aber bei den Handlungen der anderen die Entscheidungen des ersten Wirtschaftssubjekts vorauszusetzen wären.

[5] Aus der Zusammenstellung dieses Katalogs von Bedingungen wird klar, daß wir unter vollkommener Konkurrenz nicht nur jene Marktverhaltensweise verstehen, die durch Preisnehmerverhalten (Mengenanpasserverhalten, polypolistisches Verhalten, "pure competition") charakterisiert ist, sondern das Modell des allgemeinen Konkurrenzgleichgewichts ("perfect competition").

4.3.2 Das Arrow-Debreu-Walras-Universum

Der neoklassischen Interpretation der Welt wird oft vorgeworfen, sie beruhe auf „unrealistischen“ Voraussetzungen. Eine Theorie kann jedoch niemals Kopie der Wirklichkeit sein, setzt also immer unrealistische Annahmen bei der Modellbildung voraus. Eine andere Frage ist jedoch, wie die Wirklichkeit beschaffen ist, über die eine Theorie abstrahierend informiert. Die neoklassische Ökonomie hat sich eine Welt erschaffen, deren nomologische Deutung durchaus realistisch ist, wenn man sich nur innerhalb der Grenzen dieses Weltbildes bewegt. Samuelson betont, die funktionalen Beziehungen der formalen Ökonomie „hold as of a given environment and milieu“ (1948, S. 7).

Zu Ehren der Autoren, die sich um die Schaffung eines ökonomischen Universums basierend auf den Grundannahmen der vollkommenen Konkurrenz besonders verdient gemacht haben, nennen wir diesen Typus eines Marktgefüges auch Arrow-Debreu-Walras-Welt.[6] Arrow und Debreu haben in den vergangenen Jahren eine rigorose, formale Ausarbeitung der Theorien von Walras und Pareto über die Bedingungen der Existenz und Optimalität eines wettbewerblichen Gleichgewichts unternommen; ein Versuch, der von manchen Autoren (zum Beispiel Radner 1970; Shubik 1970) als Vollendung des neoklassischen Denkstils betrachtet wird, besonders, da es hier gelungen zu sein scheint, Unsicherheit hinsichtlich der Verfügbarkeit von Ressourcen Produktpreisen und -qualitäten zu berücksichtigen (siehe zu diesem Anspruch ausführlicher Abschnitt 4.3.3). Andere Autoren charakterisieren diesen Versuch als „unfruchtbar“ und „irrelevant“, und die dort verwendeten Denkschemata als „ein Haupthindernis für die Entwicklung der Ökonomie“. Man versuche zwar wie Debreu (1959, S. vii), Güterpreise, wie sie aus den Interaktionen der Marktteilnehmer hervorgehen, zu „erklären“; der Zweck dieser Übung sei jedoch, die minimale Anzahl von Prämissen zu finden, die notwendig sind, um das Bestehen einer „Gleichgewichts“-Menge von Preisen nachzuweisen, die eindeutig und stabil ist und die Bedingungen des Pareto-Optimums erfüllt (Kaldor 1973, S. 80 f.).

Die Arrow-Debreu-Walras-Welt geringer Komplexität läßt sich als statisch-stochastisch kennzeichnen. Die Ziele und Restriktionen erscheinen in dieser Welt als in sich selbst relativ stabil. „Gut“ und „schlecht“, positive und negative Umweltfaktoren sind willkürlich verteilt. Da keine Präferenzen bestehen, verteilen sich die Nachfrager zufällig auf die einzelnen Unternehmen. Der interdependente Charakter dieser Welt ist stochastischer Natur. Er bezieht sich auf die materielle Natur der Umwelt, auf Beziehungen physischer Größen, oder wie Boulding (1966, S. 79) in Charakterisie-

[6] Siehe die ausführlichen Interpretationen dieser Welt bei Arrow (1970), Debreu (1959), Radner (1968, 1970); zu Walras vgl. die interessanten Hinweise bei Leijonhufvud (1968).

rung des Forschungsobjektes der neoklassischen Ökonomie sagt, auf „jene Dinge materieller Art, die produziert, verteilt, ausgetauscht und verbraucht werden". [7] Diese Umwelt zeichnet sich durch die vollständige Abwesenheit von Organismus-Organismus-Interaktionen aus. Das einzelne Teilsystem ist einerseits von der Umwelt vollständig abhängig, da sie die einzige Quelle von Überlebenschancen ist; andererseits ist es auch vollständig unabhängig von ihr, denn das Umweltverhalten bietet keine Überraschungen oder ist zumindest probabilistisch zu erkennen. Diese Kennzeichnung von System/Umwelt-Beziehungen entspricht derjenigen, welche die Nationalökonomie für den Markt vollkommener Konkurrenz bereithält. Der „Unternehmer" oder die „Punktorganisation" hat auf einem vollkommenen Markt (Stackelberg: „Punktmarkt") keine Konkurrenten zu befürchten. Er ist vor nicht-kalkulierbaren Überraschungen oder Ungewißheit sicher, außer solchen, die als exogene Störungen (Akte Gottes oder der Natur – „Gott würfelt") die ökonomische Welt heimsuchen.

Der „Unternehmer" in vollkommener Konkurrenz setzt seine Güter an eine imaginäre Welt ab, die ihm Planungsanweisungen in Form von Preisinformation und Ressourcen liefert. Er ist Element eines durch Mechanismen negativer Rückkopplung kontrollierten Universums. Dieser Mechanismus arbeitet unpersönlich, wird als „Wettbewerb" bezeichnet und gilt als eine Form sozialer Kontrolle und Organisation, mit deren Hilfe sozialökonomische Optima erreicht werden können (optimal im Sinne von Pareto: Es besteht keine alternative Allokation von Ressourcen, welche die Wohlfahrtssituation auch nur eines Teilnehmers verbessern könnte, ohne die eines

[7] Boulding fährt fort: „Die reine wirtschaftstheoretische Analyse behandelt eine abstrakte Welt, die sich zusammensetzt 1. aus produzierten, konsumierten und getauschten Gütermengen (bzw. tauschbaren Beständen) und 2. aus den abgeleiteten Transformationsraten von Gütern oder anderen durch Tausch oder durch Produktion ineinander verwandelbaren Tauschobjekten ..., die wirtschaftstheoretische Analyse (ist) eine Art der Astronomie des ökonomischen Universums ..." Siehe hierzu auch den Hinweis des Walras-Forschers W. Jaffé über den Einfluß der Astronomie (Himmelsmechanik) auf das Denken von Walras und dessen Absicht, eine „Harmonie der Sphären" auch in einem Marktsystem zu begründen; wozu Leijonhufvud (1968), der den Jaffé-Hinweis (auf S. 394 Fn.) zitiert, kommentiert: "... from the standpoint of dynamic theory, it (the Walrasian model, J. R.) remains what cyberneticians term a Clockwork model – a strictly deterministic, Newtonian mechanism in which prices perform the functions of levers and pulleys" (S. 395); zum „verfeinerten Walras" als dem „Kernstück der herrschenden Wirtschaftstheorie" siehe auch Vogt (1973, S. 187f.); zu den nomologischen Problemen, denen sich eine Theorie der Evolution des Weltalls (im Gegensatz zu einer Theorie der Himmelsmechanik) gegenübersieht, siehe Kundt (1974); bemerkenswert vor allem, daß die moderne Kosmologie im Gegensatz zur Laborphysik und teilweise zur Astronomie nicht davon ausgehen kann, ihre Untersuchungsobjekte und ihre Meß- und Untersuchungsvorgänge seien reproduzierbar. Ähnlichen Problemen sieht sich die Evolutionsbiologie und Wettbewerbstheorie gegenüber.

anderen zu verschlechtern) [8]. Den Wettbewerber in der Umwelt vollkommener Konkurrenz müssen wir zwar als einen Organismus betrachten, der nur durch Austauschprozesse mit seiner Umwelt überleben kann; seine Autonomie ist jedoch so begrenzt, daß er keine Handlungen zu produzieren vermag (genauer gesagt, Leistungen, die auf solchen Handlungen beruhen), die außerhalb stereotyper und automatisierbarer Reaktionsmuster liegen. Er ist, wie Paul Weiss (1970, S. 14) in anderem Zusammenhang sagt, eine Marionette, deren Schnüre durch Umweltreize gezogen werden. Sein Verhalten ist außengelenkt, exogen bestimmt [9]. Der einzelne Handelnde spielt keine aktive Rolle und wird ersetzt durch „anonyme Reaktoren" (Machlup). Die „völlige Unterschiedslosigkeit aller Marktteilnehmer" kennzeichnet das Polypol auf dem vollkommenen Markt (Ott 1968, S. 62) [10]. Der einzelne

---

[8] Der Zusammenhang zwischen Pareto-Optimum und der Marktform vollkommener Konkurrenz bedarf an dieser Stelle keiner ausführlichen Diskussion mehr (siehe die ausführliche Darstellung bei Krüsselberg 1969 und Kleinewerfers 1972). Hier findet man im übrigen den locus classicus, in dem normative und positive Ökonomie verschmelzen: vollkommene Konkurrenz führt zu einer Allokation der Ressourcen, die nach dem Pareto-Kriterium „opimal" ist, weil durch Reallokation die Güterversorgung nicht erhöht werden kann. Und die Marktform, welche dies leistet, kann daher mit dem Attribut optimaler Wettbewerbsintensität versehen werden. Abweichungen lassen sich als „Verschwendung", „Wohlfahrtsverluste", und „Ineffizienzen" charakterisieren. Dadurch wird es möglich, aus dem Modell vollkommener Konkurrenz unmittelbar normative Folgerungen zu ziehen. Wie wir gesehen haben, gilt als eine der Modellprämissen ein homogenes Gut, welches von einer Vielzahl von Anbietern bei gegebenem Preis angeboten wird. Ott (1968, S. 175) zieht daraus den Schluß, daß es eines „Monopolisten" bedürfe, um das Angebot zu differenzieren. Andererseits führen jedoch monopolistische Konkurrenz „zur Unwirtschaftlichkeit, da eben (verglichen mit vollkommener Konkurrenz, J. R.) die Kapazitäten nicht ausgelastet seien und der für die Gesamtwirtschaft optimale Punkt, das Betriebsoptimum, nicht erreicht werde". Man kann nach Ott „die Unwirtschaftlichkeit als den Preis ansehen, den wir für ein differenziertes Güterangebot bezahlen müssen". Vergleiche mit ähnlichen Argumenten auch Scherer (1970, S. 400 ff.). Man muß sich fragen, welche Relevanz eine neoklassisch begründete Wettbewerbstheorie beanspruchen kann, wenn der „Wohlfahrtsverlust", der durch „Monopolisierung", also durch Abweichung von der Situation vollkommener Konkurrenz eintritt, weniger als ein Prozent des Sozialproduktes zum Beispiel der USA ausmacht (siehe Worcester 1973).

[9] Diese Folgerung gilt für alle preistheoretischen Modelle. Das Unternehmensverhalten ist – wie Ott behauptet (1968, S. 43; weitere Hinweise bei Herdzina 1973, S. 268 ff.) – Resultat der objektiven Marktstruktur. Das Unternehmen wird zum Gefangenen einer a priori konstruierten Marktform. Bei „den meisten Autoren", kommentiert Herdzina (1973, S. 273) seinen Überblick der Markt- und Wettbewerbstheorie, bleibt „die Anbieterzahl als alleiniges Kriterium" für die Intensität des Wettbewerbs übrig.

[10] Auch Downie (1958, S. 24) betont, die traditionale Wettbewerbstheorie arbeite mit der Voraussetzung gleicher Effizienz der Unternehmen; hinsichtlich der in allen statischen Gleichgewichtsmodellen auftauchenden stillschweigenden Annahme der symmetrischen Verteilung der Information auf die Marktteilnehmer vgl. Gerdsmeier (1972, S. 116); siehe auch oben, S. 243, zu Marshalls Vorstellung der repräsentativen Firma. Diese Annahmen müssen notwendig die theoretische Erfassung von Wett-

Marktteilnehmer ist unfähig – und unter den Lebensbedingungen der Arrow-Debreu-Walras-Welt benötigt er solche Fähigkeiten auch nicht – Varietät zu produzieren, das heißt, durch schöpferische Leistungen zu überleben. Seine Unfähigkeit ist kein Ergebnis genetischer Evolution, oder sozialkultureller Sozialisation, sondern die logische Implikation theoretischer Grundannahmen.

Zentrale Aussagen dieses Modells einschließlich der mit ihm verknüpften weitreichenden wohlfahrtsökonomischen Überlegungen haben sich als theoretisch außerordentlich problematisch herausgestellt. Wir möchten dies an zwei Punkten verdeutlichen:

1. Zunächst bleibt offen, wie ein Gleichgewicht (und damit optimale Allokation) auf dem Markt unter den Bedingungen vollkommener Konkurrenz zustande kommen soll. Kann das Erreichen eines Gleichgewichts (Anpassung an das Gleichgewicht) aus dem Prinzip der vollkommenen Konkurrenz überhaupt erklärt werden, oder ist das Gleichgewicht eine logische Konsequenz der Modellprämissen?

Gleichgewichts- und Optimummodelle können aufgrund ihrer Konstruktion über Anpassungsvorgänge keine Aussagen machen. Sie können die Beziehungen der endogenen Variablen im Gleichgewicht beschreiben, aber nicht erklären, wie ein Gleichgewicht erreicht wird. Gleichgewichtsmodelle beschreiben Zustände, in denen Wettbewerb ruht (ausführlicher Röpke b). Das „Prinzip der ausgeschlossenen Strategie“ (Schumpeter) im Modell der vollkommenen Konkurrenz schließt Wettbewerbshandeln aus: Preise, Produktionstechnik, neue Produkte sind vorgegeben (auf die Unvereinbarkeit von Neuerungen und vollkommener Konkurrenz gehen wir noch ausführlich ein). Wettbewerb jedoch ist nur möglich, wenn das Gleichgewicht „gestört“ ist, eine Einsicht, die bereits Smith (1974, S. 50) bekannt war. In dieser Situation von einem „Wettbewerbsgleichgewicht“ bei vollkommener Konkurrenz zu sprechen ist daher ein begrifflicher Widerspruch.

2. Es bleibt im Rahmen dieses Modells aber auch offen, wie die Anbieter auf exogene Störungen der genannten Größen (Datenänderungen) reagieren, auf welche Weise z. B. ein neuer Gleichgewichtspreis zustande kommt. Denn die Herausbildung eines neuen Gleichgewichtspreises auf nicht-idealen oder organisierten Märkten à la Walras ist nur möglich, wenn sich nicht alle Anbieter auf diesem Markt als Mengenanpasser verhalten; d. h. einige der Produzenten dürfen die Nichtgleichgewichtspreise als nicht vorgegeben betrachten, müssen also Preispolitik betreiben. Denn an welchen *gegebenen*

---

bewerb, Entwicklung, Evolution ausschließen. Dazu kommt, daß die Verwendung mathematisch formulierter Verhaltensprinzipien (Gewinn/Nutzen-Maximierung) und technischer Relationen (Produktionsfunktion) den Handelnden durch eine ihn kennzeichnende Funktion ersetzt; zur Eliminierung des Menschen aus der neoklassischen Ökonomie vergleiche Georgescu-Roegen (1971, S. 342 f.), Kempski (1972, S. 149 ff.), Gerdsmeier (1972, S. 112, 137), Machlup (1967, passim).

Marktpreis sollte sich ein Produzent anpassen, wenn sich der Marktpreis erst durch die Aktivitäten der Marktteilnehmer selbst herausbildet? Die Preisbildung auf dem Markt vollkommener Konkurrenz bleibt also unerklärt (Morgenstern 1972, S. 1170 ff.; Lancaster 1969, S. 39 ff.) [11].

Eine zentrale Eigenschaft einer Arrow-Debreu-Walras-Welt lautet demnach: Die Änderungen der Umstände, die sich in ihr abspielen, sind von solcher Natur, daß man den einzelnen Teilsystemen ein Verhalten unterstellen kann, das auf einer Kenntnis aller relevanten Umstände beruht. Preise, technisches Wissen, Präferenzen usw. sind für die einzelnen Wirtschaftssubjekte gegeben; es sind Daten, an die sie sich anpassen, die aber nicht ihrer autonomen Gestaltung unterliegen und die daher auch nicht marktsystem*endogen* veränderbar sind. Die Wandlungen, welche die einzelnen Teilsysteme zu Anpassungsreaktionen zwingen, sind exogen verursacht, liegen daher auch außerhalb des Erklärungsrahmens der Theorie. Die Anpassung der Wirtschaftsmenschen, die unbeabsichtigte, durch den Markt besorgte Koordination ihrer Wirtschaftspläne, ist immer an exogenen Störungen orientiert. Dieser Anpassungsvorgang ist vollständig mechanistischer (oder mechanischer) Natur. Den einzelnen isolierten Teilsystemen bleibt lediglich die (Ohn-)Macht, sich unaufhörlich in einem totalen Gleichgewicht zu reproduzieren.

Jeder exogenen Störung entspricht ein pareto-optimaler Zustand des Systems, wie umgekehrt gilt, daß pareto-optimale Zustände nur bestehen können, wenn die Produktion von Varietät (Unsicherheit) exogen verursacht ist. Nur in diesem Fall ist die theoretische Unterstellung angebracht, die Daten, an welche sich die einzelnen Teilsysteme anpassen, als gegeben oder als außerhalb ihres Einflußbereiches liegend zu betrachten. Daß eine Welt der vollkommenen Konkurrenz daher keine Welt des Wettbewerbs sein kann, ist oft hervorgehoben worden. [12] Erstaunlich genug scheint es daher,

---

[11] Im Modell vollkommener Konkurrenz sind also bereits die Preise von außen und dazu noch informatorisch kostenlos vorgegebene Größen, die von Teilnehmern des Marktes selbst nicht beeinflußbar sind. Das ist deutlich zu sehen an der Konstruktion des Auktionators im Idealmodell von Walras: Der Auktionator setzt die Preise aufgrund der von ihm erwarteten Angebots- und Nachfragekonstellationen und erst danach gibt er den Handel für das Produkt frei. Allgemein formuliert: Abweichungen von einem Zustand vollkommener Konkurrenz – und die sind, so wie das Modell vollkommener Konkurrenz formuliert ist, identisch mit Situationen des Ungleichgewichtes – implizieren notwendig eine Verschwendung von Ressourcen: "The incomplete competitiveness of the economy under disequilibrium conditions implies a departure from the maximum possible efficiency in the use of ressources" (Arrow 1959, S. 49).

[12] Vergleiche etwa Hayek (1952, S. 128): „... ‚vollkommener' Wettbewerb bedeutet tatsächlich das Fehlen aller wettbewerblichen Tätigkeiten"; Heuß (1968, S. 52): „... die übliche Marktkonzeption ... (macht) die entscheidenden Marktfaktoren zu einem Datum und (entzieht) sie damit von vornherein der Gestaltung der Marktteilnehmer ..."; s. a. Hoppmann (1970, S. 405–407); Kade u. a. (1968, S. 33): „Die

daß neoklassische Ökonomen bis heute versuchen, Probleme der Bewältigung von Ungewißheit, der innovatorischen Aktivität und des Wachstums von Systemen mit den Grundannahmen des Modells der vollkommenen Konkurrenz anzugehen.

4.3.3 Ungewißheit und ihre Eliminierung im Modell der vollkommenen Konkurrenz

Arrow und Debreu behaupten, die Aussagen über ökonomische Vorgänge in einer Welt vollkommener Konkurrenz bei vollständiger Information über alle Alternativen zu einem gegebenen Zeitpunkt seien auch durch das Auftreten von Unsicherheit nicht zu revidieren (Arrow 1969, S. 54 ff.; 1970, S. 44 ff.; Debreu 1959, S. 98 ff.).

Bei unsicheren Erwartungen hinsichtlich der zukünftigen Zustände der Welt können die Wirtschaftssubjekte Verträge abschließen, deren Erfüllung von dem Eintreffen bei Vertragsabschluß spezifizierter Zustände der Welt abhängig gemacht wird. Hierzu eignen sich vor allem Versicherungsgeschäfte. Durch die Institutionalisierung von Märkten für kontingente Verträge ändert sich an der formalen Identität von Prozessen vollkommener Konkurrenz bei vollkommener und unvollkommener Information auch dann nichts, wenn die einzelnen Wirtschaftsmenschen verschiedener Ansicht über die Wahrscheinlichkeitsverteilung des Eintretens zukünftiger Zustände der Welt sind. Paretooptimalität bezieht sich dann auf die erwarteten Nutzen der einzelnen Teilsysteme entsprechend ihren subjektiven Wahrscheinlichkeitsverteilungen.

Die Gültigkeit dieser Analyse beruht auf einer Reihe von Annahmen, die wir herausarbeiten sollten, wenn zu beurteilen ist, ob die Analyse hält, was ihre Autoren behaupten: die Erklärung ökonomischer Marktprozesse bei Unsicherheit. Zunächst müssen wir klarstellen, auf welche empirischen Phänomene sich Unsicherheit bezieht. Arrow und Debreu unterscheiden zwischen „Zuständen der Welt" und „Ereignissen" [13]. „Umwelt" im Modell der vollkommenen Konkurrenz bezieht sich immer auf die natürliche Umwelt, nicht auf das Interaktionsgefüge zwischen einzelnen Teilsystemen. Als Zustand einer solchen Welt gilt ihre vollständige Beschreibung in ihren vergangenen, gegenwärtigen und zukünftigen Aspekten. Die Entwicklung des Wirtschaftssystems erstreckt sich über elementare Zeitintervalle T. Eine Teilmenge aller möglichen Zustände der Welt gilt als Ereignis. Ungewißheit resultiert aus dem Umstand, daß die Wirtschaftssubjekte nicht wissen, welche der geplanten Alternativen oder Ereignisse die Natur auswählt. Die

---

realen Probleme eines Regelungssystems werden ... in die Rahmenbedingungen verdrängt."

[13] Vgl. zur folgenden Charakterisierung neben den Arbeiten von Arrow und Debreu auch Radner (1968, 1970) und Stigum (1969).

auszuwählenden Alternativen oder Ereignisse in einem Zeitintervall T stellt Debreu (1959, S. 98 f.) durch einen Index e_T dar, der von 1_T bis k_T läuft. Die Auswahl eines Ereignisses e_T transformiert schlagartig die ökonomische Szene von Unsicherheit in Sicherheit. Im Zeitablauf erhalten wir einen „Ereignisbaum", der auf jeder Ebene (für jedes Zeitintervall) die gegebenen Informationen über Ereignisalternativen wiedergibt (siehe Figur).

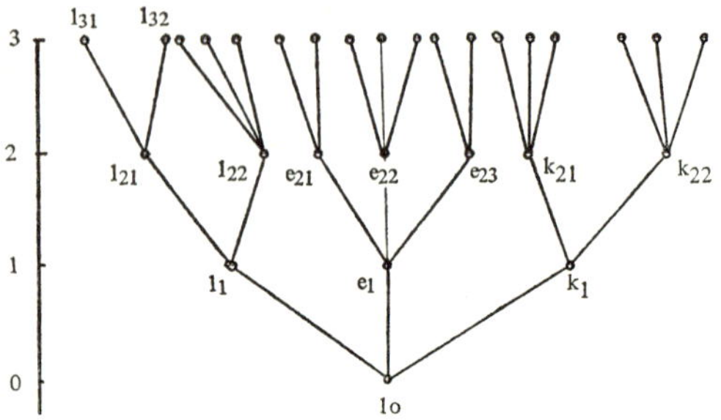

Abb. 8

Der Ereignisbaum gilt für den Fall von T = 3. Die Ereignisalternativen in jedem Zeitintervall T sind durch einen Index e_t dargestellt, der von 1_t bis k_t geht. In der Figur entspricht 1_0 einem Zustand fehlender Information am Beginn der Geschichte des Systems. Im Zeitpunkt t = 1 am Ende des ersten Zeitintervalls steht den Wirtschaftssubjekten mehr Information zur Verfügung, die eine Aufteilung in die Ereignismöglichkeiten 1_1, e_1 und k_1 erlaubt. Im zweiten Zeitintervall wird die Informationsstruktur noch feiner. Wenn die „Natur" zum Beispiel das Ereignis 1_1 ausgewählt hat, wird eine weitere Gliederung der Ereignisse in 1_{21} und 1_{22} möglich, hat sie Ereignisse e_1 ausgewählt, werden e_{21} usw. möglich. Im Gegensatz zu einer Welt vollkommener Voraussicht sind Güter bei Ungewißheit neben ihren physischen Eigenschaften und dem unterschiedlichen Ort und Zeitpunkt ihres Angebots bzw. ihrer Nachfrage auch durch ihre Ereigniszugehörigkeit zu definieren, das heißt, durch die jeweilige Umweltsituation, in der sie bereitgestellt bzw. nachgefragt werden (Schokoladeneis zu liefern nach . . ., am . . ., 12 Uhr mittags, bei Temperaturen über 30 Grad). Entsprechendes gilt für Vertragsabschlüsse.

Alle Verträge werden in der jeweils gegebenen Periode abgeschlossen. Sämtliche Entscheidungen von Konsumenten hinsichtlich des Angebots von Faktoren und des Güterkonsums sind unwiderruflich. Gleiches gilt für die Entscheidungen der Unternehmer. Nur jene Verträge werden abgewickelt, bei denen das ursprünglich spezifizierte Ereignis tatsächlich eintritt. Im Markt vollkommener Konkurrenz bei Ungewißheit werden gegenwärtige wie zukünftige Preise sämtlicher Güter in der Gegenwart determiniert. Da bei vollkommener Konkurrenz alle Marktteilnehmer als Preisnehmer auftreten, sind sämtliche gegenwärtige und zukünftige Preise gegeben, jedermann bekannt und durch eigene Aktionen nicht zu beeinflussen. Ungewißheit besteht lediglich darüber, welche der vielen Kontrakte, die in der Periode oder zu Beginn des Zeitintervalls T = 1 abgeschlossen wurden, tatsächlich in der Zukunft erfüllt werden. Ungewißheit resultiert also nicht aus den Handlungen und wechselseitigen Beziehungen der Marktteilnehmer, sondern sie ist exogen, von der Natur, verursacht.

Arrow (zum Beispiel 1969, 1970) und mit ihm andere neoklassische Ökonomen haben keinen Zweifel aufkommen lassen, daß die theoretischen Sätze, die ein allgemeines Systemgleichgewicht und Pareto-Optima (jeweils bei vollkommener Konkurrenz mit und ohne vollkommene Information) begründen, sich durch einen mittelbaren sozialtechnologischen Bezug auszeichnen. Deswegen scheint uns eine kurze Auseinandersetzung, insbesondere mit der Arrow-Debreuschen Lösung des Ungewißheitsproblems angebracht zu sein.

Unsere Kritik bezieht sich auf folgende Problembereiche:

1. Nach unseren Ausführungen in den vorausgegangenen Kapiteln mag man sich fragen, was die Ungewißheit bei vollkommener Konkurrenz mit jener „echten" Ungewißheit zu tun hat, die etwa aus der Produktion neuer Varietät resultiert.

Die ökonomischen Aktivitäten, die im Modell der vollkommenen Konkurrenz bei Unsicherheit gefordert werden, sind von einer Natur, die wir als „einfach-adaptiv" (im Gegensatz zu „komplex-adaptiv") oder als „problemlos" (im Gegensatz zu „problemlösend") bezeichnet haben (S. 89). Während wir es in einer Welt vollkommener Konkurrenz bei vollständiger Voraussicht mit wohldefinierten Entscheidungssituationen zu tun haben, bei denen Umweltreize automatisch bereits gespeicherte Antworten abrufen, unterscheidet sich die Situation bei Unsicherheit lediglich durch den Umstand, daß der Auslösemechanismus durch spezifische, in der Zukunft liegende und nur unvollkommen voraussehbare, exogen bestimmte Ereignisse aktiviert wird. Die mit kreativer Problemlösungstätigkeit verbundene Ungewißheit ist nicht eingefangen.

Die Parallelität zwischen dem Ereignisbaum von Debreu und dem Entscheidungsbaum von Simon und anderen ist nicht nur eine äußerliche. In beiden Fällen wird ein Tableau gegebener Alternativen unterstellt[14], die

[14] Debreu (1959, S. 98): "It is assumed that the uncertainty of the environment during that period originates in the choice that Nature makes among a finite number of alternatives." Weitere Voraussetzungen dieser Analyse: Konstanz der individuellen Präferenzen, der Produktionsfunktionen (kein technischer Fortschritt), der Zahl und Identität der Wirtschaftssubjekte; Unterstellung einer in ihrer Dauer bekannten Zeitspanne der noch verbleibenden Zukunft.

möglichen Handlungsabläufe existieren real, können berechnet und entdeckt werden, sie sind also nicht Ergebnis imaginativer, intuitiver Vorgänge, die durch unternehmerische Aktivität erst noch in der Wirklichkeit entwickelt und durchgesetzt werden müssen. Beide Ansätze fußen auf atemporaler Voraussicht (siehe S. 95). In der Welt der vollkommenen Konkurrenz sind also alle Fälle ausgeschlossen, bei denen Ungewißheit nicht durch Würfelspiele nicht-kontrollierbarer Agenten (der „Natur") produziert wird, sondern durch die Fähigkeit von Marktteilnehmern, neue Alternativen zu kreieren.

2. Wenn wir von der Art des postulierten Umweltgefüges auf den geforderten Menschentypus zurückschließen, können wir festhalten, daß sich auch durch die Einbeziehung von Ungewißheit in das Modell der vollkommenen Konkurrenz gegenüber dem Modell bei Sicherheit wenig geändert hat. Der Persönlichkeitstypus ist reaktiv und außenkontrolliert, von geringer kognitiver und motivationaler Komplexität. Der neoklassische Ansatz der Preis- und Markttheorie überfordert einerseits in einem erstaunlichen Ausmaß die kognitive und organisatorische Kapazität der Marktteilnehmer, während er andererseits jede Potenz zu schöpferischen Einfällen eliminiert. Dieses Vorgehen gestattet es, von den Kosten des Entscheidungsprozesses (Alternativenproduktion und -auswahl) zu abstrahieren. Versucht man demgegenüber, im Rahmen der neoklassischen Theorie die Entscheidungskosten in das ökonomische Kalkül einzubeziehen, sieht man sich mit einem infiniten Regreß konfrontiert, der nur durch Rückzug auf Hypothesen zu stoppen ist, die neoklassisch nicht begründbar sind (s. o. S. 131). Wenn Entscheidungen Kosten verursachen, wenn die Gewinnung und Aufbereitung von Information Ressourcen erfordert, müssen auch über die Verwendung der hierfür notwendigen Ressourcen Entscheidungen getroffen werden; dieser Entscheidung gehen wiederum Entscheidungsprozesse voraus usw. Die neoklassischen Sätze setzen eine gegebene Informationsstruktur voraus, sie enthalten aber keine Kriterien für die Entscheidung, ob oder wann es lohnend ist, Ressourcen für die Produktion einer „feineren" Informationsstruktur aufzuwenden.

3. Dieses Problem – Vorgehen innerhalb der alten, oder Aufbau einer neuen Informationsstruktur – ist nur lösbar, wenn der ständige Regreß durch Faktoren beendet wird, die die neoklassische Analyse in den Randbedingungen ihrer Modelle angesiedelt hat, und die damit von der theoretischen Erfassung ausgeschlossen sind: intuitives Erfassen, Kreativität, kognitive und organisatorische Regeln usw.

Hiermit ist im übrigen nur ein weiterer Nachweis erbracht, daß eine Ökonomie des Optimalkalküls, wie sie der Arrow-Debreu-Welt vollkommener Konkurrenz zugrunde liegt, jene Wirkungszusammenhänge nicht erfassen kann, die sich in Phänomenen wie unternehmerischer Aktivität, Profit (im Sinne von Knight, Schumpeter, Shackle), Wettbewerb und wirtschaftlicher Entwicklung ausdrücken. Für die in dieser Arbeit im Mittelpunkt stehenden Fragen ist sie daher nur von begrenztem Wert.

Der Verzicht der traditionalen Ökonomie auf die Untersuchung hierarchischer Systeminteraktion, wie wir den obigen Sachverhalt genannt haben, muß daher zu dem Ergebnis führen, real notwendig ungleichgewichtige Marktvorgänge, die u. a. auch Ergebnis unterschiedlicher Kompetenz der im Markt agierenden psychischen und organisatorischen Systeme sind, als nicht-pareto-optimal bzw. im Sinne der neoklassischen Theorie als Marktversagen auszuweisen. Man kann noch weiter gehen und behaupten, aus der Perspektive des neoklassischen Ansatzes *müssen* wettbewerbliche Vorgänge als Marktversagen ausgegeben werden; denn wettbewerbliche Aktivität resultiert aus dem Vorteil von Marktteilnehmern, über Information zu verfügen, die andere *nicht* besitzen; Wettbewerb ist aus der Sicht der traditionalen Preis- und Markttheorie notwendig „unvollkommen". Daß damit das Polypolkonzept für die Analyse von Wettbewerbsprozessen unbrauchbar wird, wollen wir nicht behaupten. Wohl aber, daß die Suche der neoklassischen Markttheorie nach einer idealen Marktform (z. B. der vollkommenen Konkurrenz) zweifellos in eine theoretische Sackgasse – und bei Normativierung der Ideallösung auch noch in eine wettbewerbspolitische – geführt hat.

Wenn wir begründen können (und wir haben bereits einige Argumente vorgelegt und werden weitere nachreichen), daß im Markt psychische und organisatorische Systeme mit unterschiedlichem Fähigkeitsniveau aktiv sind, daß Kompetenz Selektionswert besitzt, deswegen Profite einbringt, und unterschiedliche Fähigkeiten prinzipiell nicht zu eliminieren sind, so folgt: (1) pareto-optimale Zustände können weder tatsächlich noch tendenziell ein Ergebnis von Marktprozessen sein; normativ gesehen kann auch ihre wettbewerbspolitische Verwirklichung nicht wünschenswert sein; (2) die „abstrakte Lehre vom Befriedigungsmaximum" (Marshall) – die allgemeine Gleichgewichtstheorie – hat eine Fiktion kultiviert.

Vom neoklassischen Ansatz her gesehen wäre es Ergebnis rein ökonomischer Rationalität, auf den realen Märkten jene Zustände anzustreben, in denen sämtliche Kompetenzunterschiede nivelliert und alle Unternehmer beseitigt sind (Prinzip der Unterschiedslosigkeit). So beklagt z. B. Arrow (1970, S. 134 ff.) das Versagen des Marktsystems, keine Institutionen, insbesondere ein umfassendes System von Terminmärkten, für alle Güter und Dienstleistungen hervorgebracht zu haben, die eine Versicherung gegen die Unsicherheit des Eintretens aller nur denkbaren Ereignisse gestatten würden.

Arrow unterstellt hier offensichtlich seine eigene und Debreus Lösung des Unsicherheitsproblems in einem Markt vollkommener Konkurrenz, ohne klarzustellen, daß dieser Markt in der Realität keine Entsprechung hat [15], sich daher auch keine Institutionen der Unsicherheitsabsorption für solche Märkte herausbilden können, deren Fehlen er dann als Marktversagen (Wettbewerbsversagen) qualifiziert. Tatsächlich treten aber im Marktsystem immer Unternehmer und Organisationen auf, die bereit sind, sich auf solche Entscheidungen mit ungewissem Ausgang einzulassen, für die im Markt keine Versicherung angeboten wird. Gemeint sind Entscheidungen bei echter Ungewißheit. Versicherungsfähig sind grundsätzlich nur Ereignisse, an deren Existenz niemand zu zweifeln Anlaß hat, deren konkretes Eintreffen jedoch nicht vorhersehbar ist. Versicherungsfähig sind also Ereignisse atemporaler Voraussicht (zum Begriff siehe 2.1.4). Das Auftreten neuer Ideen, also echter Ungewißheit, entzieht sich dem Versicherungskalkül. Erst die mit der Diffusion verbundene zunehmende Reduktion der Unsicherheit bringt sie allmählich in die Klasse versicherbarer Phänomene.

Die neoklassische Markttheorie auf der Grundlage gleichgewichtsanalytischer Kategorien verbaut sich den Zugang zu einer differenzierteren Betrachtung des Marktgeschehens durch ihre Weigerung, unterschiedlich kompetente psychische und organisatorische Systeme als Akteure im Markt zuzulassen. Wenn man Wirtschaftssubjekte als unter Zwang externer Stimuli stehende reagierende Objekte, als fremdgesteuerte Produzenten optimaler Reaktionen hinstellt, endet man notwendigerweise bei der Idealisierung einer statischen Effizienzutopie wie sie mit dem Markt vollkommener Konkurrenz bei totalem Gleichgewicht des Systems beschrieben wird.

4. Auch in der Welt vollkommener Konkurrenz mit Ungewißheit treten die Marktteilnehmer als sog. Preisnehmer auf, d. h. die Preise als Aktionsparameter sind ihrer Autonomie entzogen. Der Polypolist auf dem vollkommenen Markt wird zum Preisnehmer und autonomen Mengenanpasser (Ott 1968, S. 161). [16] Wie im Fall vollkommener Voraussicht werden die Existenz eines Preissystems und seine Arbeitsweise vorausgesetzt. Wie sich die Preise im Zeitablauf aus den Interaktionen der Marktteilnehmer bilden und wie sich im Preissystem der dezentrale Transfer von Informationen vollzieht, wird nicht untersucht.

Auch die Erweiterung des Modells vollkommener Konkurrenz zu einer intertemporalen Allokationstheorie bei Ungewißheit durch Arrow und

---

[15] Radner (1968, S. 56) sieht dieses Problem, unterstellt jedoch, es sei gelöst. Matthews (1973, S. 14, 16) bringt – mit Hinweis auf Arrow – Unternehmensverhalten bei Ungewißheit (nämlich Erforschung und Entwicklung neuer Produkte und Verfahren) in direkten Zusammenhang mit dem Pareto-Optimum, was es ihm dann erlaubt, Neuerungsverhalten unter bestimmten Bedingungen als "below the socially optimum level", "below the social norm", als "overallocation", "Abweichung vom Pareto-Optimum" zu kennzeichnen.

[16] Wir wollen nicht untersuchen, ob die Mengenanpassung – wie gewöhnlich unterstellt – eine Deduktion aus den Modellprämissen oder – wie Gerdsmeier (1972, S. 88, 107) nachzuweisen versucht – selbst eine Prämisse darstellt.

Debreu ermöglicht es nicht, das neoklassische Satzsystem etwa mit dem Einwand zu hinterfragen, ob sich unter den Bedingungen der vollkommenen Konkurrenz jene Marktprozesse entfalten können, die notwendig sind, um einen als optimal postulierten Zustand des Systems überhaupt zu erreichen. Shubik bemerkt bezüglich des Vorgehens der traditionalen Gleichgewichtsökonomie: „We first constrain all of the economic agents to act as automated pricetakers and then show that a set of prices that clears the market at a Pareto optimal point exists" (1970, S. 415).[17] Die Annahme vollkommener Rationalität des Wirtschaftsmenschen und vollkommener Mobilität der Ressourcen macht Marktprozesse scheinbar überflüssig. Sämtliche Transaktionen werden uno actu von allen Marktteilnehmern in Kenntnis aller relevanten Umstände durchgeführt. Die historische Entwicklung des Marktsystems bleibt auf den Nullpunkt festgeschrieben. In der Arrow-Debreu-Walras-Welt, „all accounts are settled before the history of the economy begins" (Radner 1970, S. 456).[18] Das ökonomische Geschehen vollzieht sich in logischer, nicht historischer Zeit (Krüsselberg 1969, S. 52).[19]

---

[17] Eine ausgezeichnete Diskussion des Zusammenhangs zwischen vollkommener Konkurrenz, totalem Gleichgewicht und der Rolle der Information findet sich bei Leijonhufvud (1968), S. 68 ff.); vgl. auch Gerdsmeier (1972) und Morgenstern (1972, S. 1170 ff.).

[18] Wir sind nicht in der Lage, Koopmans (1957, S. 60) zu folgen, wenn er behauptet, daß "the great value of this interpretation (des Modells vollkommener Konkurrenz, J. R.) lies in its combination of simplicity with relevance to the more fundamental problems of the economic organizations of society that have been and will be with us for a long time." An anderer Stelle schreibt er allerdings (S. 14): "... our economic knowledge has not yet been carried to the point where it sheds much light on the core problem of the economic organization of society; the problem of how to face and deal with uncertainty." Es ist kein Zufall, daß das Modell vollkommener Konkurrenz sowohl als Blaupause marktwirtschaftlich-dezentralisierter wie sozialistisch-zentralisierter Wirtschaftsordnungen vorgestellt wird. In beiden Fällen übernimmt der Markt vollkommener Konkurrenz die Funktion einer Allokationsmaschine, die im marktwirtschaftlichen Modell von exogenen Faktoren gespeist und im sozialistischen Modell von der zentralen Behörde programmiert wird. "... the possibility of parallelism between a market economy and a planned economy depends chiefly on the existence of a competitive equilibrium" (Nordhaus 1969, S. 109). Das Gleichgewicht der ökonomischen Quantitäten entspricht in der Planungslogik dem Optimum aller Plangrößen im Hinblick auf die Plandaten (Albert 1967, S. 262 f.). Auch Brandt und Schulz (1972, Sp. 260) sprechen die Transformation des preistheoretischen Ansatzes der neoklassischen Gleichgewichtsanalyse in eine Plantheorie aus: „Die Isomorphie des konkurrenzwirtschaftlichen mit einem sozialistischen Modellpreissystem ist offensichtlich." Lancaster (1969, S. 244): "... in principle, a fully centralized system could be organized to achieve exactly the configuration of the economy represented by the competitive equilibrium." Daß derart konzipierte Wirtschaftssysteme entwicklungslos sind, haben wir an anderer Stelle gezeigt (siehe Röpke 1976 und Röpke c).

[19] Das heißt nicht, wie oft behauptet wird, in der Welt vollkommener Konkurrenz vollzöge sich das Verhalten der ökonomischen Reaktoren „zeitlos", der Zeit bedarf der Anpassung sei gleich Null. Auch wenn Stetigkeit und Differenzierbarkeit

Zusammenfassend können wir festhalten: Die Weiterentwicklung der atemporalen zur intertemporalen Allokationstheorie unter Einschluß von Umweltungewißheit (keine vollständige Information über das Verhalten der „Natur“) nötigt nicht zu einer Revision der wettbewerbstheoretischen Kritik, wie sie gegen das statische Gleichgewichtsmodell vorgebracht wird:

1. Das Komplexitätsproblem wird nomologisch nicht erfaßt. Die Marktteilnehmer in einer Arrow-Debreu-Walras-Welt verfügen über Anpassungskompetenz lediglich für ein Umweltgefüge geringer Kompliziertheit und Abwesenheit von Dynamik.
2. Die Entscheidungsbaum-Lösung des Ungewißheitsproblems klammert „echte“ Ungewißheit aus und erlaubt damit das Festhalten am Gewinnmaximierungsprinzip, die Bestimmung von Gleichgewichtszuständen und die Kalkulation systemoptimaler Zustände.
3. Das Modell vollkommener Konkurrenz enthält wegen seiner idealtheoretischen oder fiktiven Grundlage keine Sozialtechnologie für die konkrete Gestaltung sozial-ökonomischer Vorgänge.

4.3.4 Neuerungsaktivität im Markt vollkommener Konkurrenz

Das Neuerungsverhalten in einem Markt vollkommener Konkurrenz zu untersuchen, mag überflüssig erscheinen. Denn sollte unsere obige Analyse schlüssig sein, wäre es unmöglich, vollkommene Konkurrenz mit Neuerungsverhalten zu vereinbaren. Dennoch spielt sich in der ökonomischen Modellanalyse die Einführung des technischen Fortschritts nahezu ausschließlich in einer Welt vollkommener Konkurrenz ab. Wie ist es möglich, in einer solchen Welt technischen Fortschritt und auch die Einführung neuer Produkte unterzubringen?

John Hicks gibt in seiner „Theory of Wages“ (1932, S. 124 f.) die folgende, plausibel erscheinende Erklärung der Richtung des technischen Fortschritts: „The real reason for the predominance of labour-saving inventions is surely that which was hinted at in our discussion of substitution. A change in the relative prices of the factors of production is itself a spur to invention, and to invention of a particular kind – directed to economizing the use of a factor which has become relatively expensive. The general tendency to a more rapid increase of capital than labour which has marked European

der Angebots- und Nachfragefunktionen die Annahme einer „unendlich“ schnellen Reaktionsgeschwindigkeit erlauben, folgt daraus nicht, das statische Modell vollkommener Konkurrenz abstrahiere völlig von der (logischen) Zeit. Die Funktionen können nicht zeitlos definiert werden. Die utopische Reaktionsgeschwindigkeit erlaubt es zwar dem Wirtschaftssubjekt, „eine beliebige von allen möglichen Handlungen für die kommende Periode wahrzunehmen“, ist die Handlung jedoch einmal bestimmt, können neue Möglichkeiten erst in der folgenden Periode logischer Zeit selektiert werden (Gerdsmeier 1972, S. 113; S. 79 f.).

history during the last few centuries has naturally provided a stimulus to labour-saving inventions."

Diese Aussage enthält eine Fülle von Zweideutigkeiten. Ihre Deutung hält bis heute an. Zunächst zum *Begrifflichen.*

Hicks schreibt von „Erfindungen" [20]. Die nachfolgende Diskussion spricht wechselweise von Erfindungen und/oder Neuerungen. Die neoklassische Theorie unterscheidet bekanntlich zwischen Erfindungen als der Produktion neuen Wissens und Innovationen als der Einführung und Durchsetzung neuer Ideen in Organisationen und Markt. Hätte Hicks demnach in der zitierten Passage von Neuerungen anstelle von Erfindungen sprechen sollen? Hicks, wie die gesamte neoklassische Theorie gehen von folgender Vorstellung aus: Ein Unternehmer wählt aus einer Schar bekannter, aber noch nicht realisierter Erfindungen (=technisches Wissen) eine Idee aus und macht sie zur Innovation. Neuerungen beziehen sich auf ein gegebenes technisches Wissen, Erfindungen erweitern den technischen Horizont. Während Neuerungen als endogen bestimmt (durch Änderungen der relativen Faktorpreise induziert) sein sollen, gelten Erfindungen gewöhnlich als exogen verursacht.

Diese Unterscheidung zu treffen heißt, sie zu verwerfen. Aus der Sicht der einzelnen Unternehmung ist sie bedeutungslos. Zunächst verfügt diese nicht über die Kenntnis sämtlicher Techniken die beim gegebenen Stand technischen Wissens (kostenlos) verfügbar sind; noch besitzt sie die Möglichkeit, diese zu speichern. Diese Fähigkeit unbegrenzten Wissens wird in der neoklassischen Theorie des technischen Fortschritts wie üblich unterstellt und liegt implizit der Vorstellung einer Produktionsfunktion zugrunde [21]. Für

---

[20] Hicks (1965, S. 148) versucht in "Capital and Growth" zu präzisieren: "It should be understood that all we are now to consider is the response of technique to price changes. We still assume that technology is given: that there is a given range of techniques from which choice is to be made. The effects of changes in technology (changes in technical knowledge, or inventions) will not be considered ..." Diese Unterscheidung deckt sich mit der zwischen induzierten und autonomen technischen Änderungen. Autonomer technischer Wandel verschiebt die Produktionsfunktion oder die technische Grenze effizienter Produktion (von Hicks 1973, S. 40, definiert als Kurve technologischer Möglichkeiten maximalen Ertrages bei unterschiedlicher Lohn/Zins-Struktur; zur technologischen Effizienz siehe auch Lancaster 1969, S. 62 f.); induzierte technische Änderungen vollziehen sich entlang einer gegebenen technischen Grenze, ausgelöst durch Änderungen im Lohn/Zins-Gefüge (Hicks 1973, S. 118). Nach Hicks folgt induzierter auf (exogen bestimmten) autonomen Wandel.

[21] "... the production function already takes account of the entire spectrum of known technical possibilities" (Blaug 1968, S. 472); "... the economic analysis assumes a general context (Arrow–Debreu–Walras–Welt, J. R.) in which there is perfect transmission of technological information, so that the available technology is assumed to be the same for all firms in the economy" (Lancaster 1969, S. 62). Da die Diffusion neuer Produktionsverfahren als abgeschlossen gilt, sehen sich alle Unternehmen einer gleichen Produktionsfunktion gegenüber. Denn nur am Ende

das Verhalten eines Unternehmens ausschlaggebend kann jedoch nur seine subjektive Kenntnis organisatorischen und technologischen Wissens sein. Diese Vorstellung wäre allerdings mit den Grundannahmen der neoklassischen Lehre unvereinbar, denn diese Vorstellung zu akzeptieren hieße, bisher in den Rahmenbedingungen abgeschirmte exogene Einflußprozesse in den Rang der Erklärungsvariablen zu heben. Diese Überlegung wird noch ausführlicher dargestellt.

Bei subjektiver Interpretation der technischen und organisatorischen Möglichkeiten wird die Unterscheidung zwischen technologischem Wandel (=Erfindungen) und der Auswahl eines technisch-organisatorischen Verfahrens [oder seiner Durchsetzung (=Innovation)] aus einem Spektrum gegebener Techniken, hinfällig. Ob eine bestimmte Idee absolut neu, oder bereits mehr oder weniger bekannt ist (etwa an einer technischen Hochschule gelehrt wird) oder bereits von einer Unternehmung akzeptiert ist, interessiert einen Marktteilnehmer, der zum ersten Mal von dieser Idee hört und der sich überlegt, diese Idee zu realisieren, nur an untergeordneter Stelle. Ihn interessiert dagegen das Ausmaß technologischer und marktlicher Ungewißheit, die mit der Annahme und Realisierung der neuen Idee zusammenhängen, und die Zahl und Art der Experimente, die das neue Verfahren bereits hinter sich gebracht hat, sowie der Wettbewerbsvorteil, den ihm die Durchsetzung der Neuerung einbringen könnte. Unter technologischem Wandel verstehen wir daher mit Blaug (1968, S. 472) „any change in the production methods of an enterprise regardless of whether the new method has been tried before". Blaug selbst lehnt diese Definition allerdings im „Interesse theoretischer Klarheit" ab, da sie den Unterschied zwischen einer Verschiebung und einer Bewegung entlang einer Produktionsfunktion verwische. Genau diese Unterscheidung scheint uns für Erklärungszwecke wenig geeignet. Wir halten ihre theoretische Basis für eine Fiktion der neoklassischen Produktionstheorie [22]. Die Begründung Blaugs ist insofern bemerkenswert

---

eines Diffusionsprozesses produzieren alle Unternehmen bei gegebenem technischem Wissen. Das wettbewerbseliminierende Prinzip der Unterschiedslosigkeit gilt somit für Markt- (Output) wie Produktionssphäre (Input). In der Gleichgewichtstheorie wird den Unternehmen jede, für optimale, einzig-richtige Allokationsentscheidungen, notwendige Information durch ihre Produktionsfunktionen geliefert. Die Produktionsfunktion gilt als Rezeptbuch der bei gegebenem Stand der Technik möglichen optimalen Input/Output-Kombinationen. Sie informiert über "the maximum amount of output, x, which can be produced from any given set of inputs (v_1, ..., vn) (Samuelson 1948, S. 57; s. a. Fn. 77, S. 246). Die Produktionsfunktion impliziert Nullkosten hinsichtlich der Such- und Lernprozesse des Technologieerwerbs, Abwesenheit von Ungewißheit, psychischer und organisatorischer „Ineffizienz" ("X-inefficiency", "organizational slack"). Zur Frage der Existenz von Produktionsfunktionen auf mikroökonomischer Ebene s. o. S. 246 ff.

[22] Auch Kaldor (1961, S. 205 ff.) lehnt diese Unterscheidung ab. Sie gründe auf einer in Wirklichkeit nicht bestehenden Möglichkeit, zwischen technischen Änderun-

(zu ähnlichen Argumenten siehe auch Fellner 1970) als er die kaum noch überraschende Ansicht vertritt, „that contemporary economics lacks a systematic theory accounting for the rate and slant of innovations over time, and this failure to provide an explanation of the origin and nature of technical change probably constitutes the most important deficiency in current theorizing on economic growth" (1968, S. 472).

Nach diesem terminologischen Exkurs kommen wir zum Kernproblem der Theorie technischen Wandels zurück, dem Problem der sog. „Auswahl" von Techniken. Der mikroökonomischen Theorie technischer Veränderungen liegt — unseres Wissens durchgehend — die Vorstellung zugrunde, die Unternehmung wähle aus einer Schar gegebener Techniken, die durch eine Produktionsfunktion repräsentiert ist, jenes Verfahren aus, das bei gegebenen Faktorpreisen (Annahme vollständiger Konkurrenz auf den Faktormärkten) den Gewinn maximiere. Bei einer aus der Vermehrung des Wissens resultierenden Verschiebung der Produktionsfunktion wiederholt sich dieser Vorgang vor dem Hintergrund eines Spektrums durchgängig überlegener Techniken[23]. Die sich in den Preisen widerspiegelnde Knappheit der Produktionsfaktoren bestimmt die Richtung der Auswahl (arbeitssparend, kapitalsparend, neutral). In der Literatur finden sich drei Deutungen dieses Vorganges:

1. Die Analyse von Hicks

Wird zum Beispiel der Faktor Arbeit relativ „teurer", eine Erscheinung die nach Hicks und anderen der historischen Entwicklung entspricht, ver-

---

gen und der Auswahl von Techniken aus einem gegebenen "pool" zu unterscheiden, oder, was auf dasselbe hinausläuft, zwischen Bewegungen entlang einer „gegebenen" Produktionsfunktion und Verschiebungen der Produktionsfunktion. Das heißt, Kaldor bestreitet, es sei möglich, technischen Fortschritt (die Auswirkungen des technischen Fortschritts) von Änderungen des Arbeits- und Kapitaleinsatzes (Auswirkungen eines vermehrten Faktoreinsatzes) zu trennen. "We cannot isolate the element of pure novelty in a world where knowledge is constantly improving, and where the actual techniques are constantly lagging behind the very latest techniques that would be selected if everything were started afresh" (1961, S. 208). Der „Stand" des technischen und organisatorischen Wissens ist ein bis heute nicht quantifizierbarer Faktor. Ein gegebenes Niveau technischen Wissens kann daher nur implizit definiert werden. Es gibt keine Möglichkeit – bei einem Vergleich von zwei verschiedenen Positionen zu verschiedenen Zeitpunkten – eine Bewegung entlang der Kurve (also durch Änderung des Kapital- und/oder Arbeitseinsatzes) von Änderungen zu unterscheiden, die sich aus einer Verschiebung der Kurve selbst ergeben (durch „technischen Fortschritt"). Behauptet eine Theorie diese Möglichkeit, können wir vermuten, sie sei ohne Informationsgehalt – einen Nachweis, den Kaldor (1961) und Gahlen (1972) zu liefern suchen.

[23] Technologische Verfahren sind denen, die sie ersetzen, dann „überlegen", wenn sie die Ausbringung sowohl pro Beschäftigungseinheit als auch pro Kosteneinheit der Investition erhöhen. Mit demselben Einsatz von Arbeit und Kapital kann mehr produziert werden.

suchen die Unternehmungen, Arbeit durch Kapital zu ersetzen, sie wählen arbeitssparende Produktionstechniken.

Diese Argumentation ist in zweifacher Hinsicht angegriffen worden. Zum einen heißt es, Hicks verwechsle technischen Fortschritt mit Faktorsubstitution. Was die Hicks'schen Unternehmer wollen („economizing the use of a factor which has become relatively expensive"), könne durch Wahl einer neuen Minimalkostenkombination, also durch eine Bewegung entlang der gegebenen Produktionsfunktion realisiert werden, in der ja sämtliche mit dem gegebenen technischen Wissen realisierbaren Herstellungsverfahren eingeschlossen sind. (Ob Hicks dieser Interpretation zustimmt, ist eine offene Frage. In der Realität zumindest wird die Einführung neuer Produktionsverfahren – angenommen, sie wird tatsächlich durch Änderungen der relativen Faktorkosten induziert – automatisch auch neues technisches Wissen inkorporieren, was Hicks vermutlich meinte, aber aus Gründen „theoretischer Klarheit" möglicherweise nicht formulierte). Mit technischem Fortschritt (= Verschiebung der Produktionsfunktion) hat das nichts zu tun.

Zum zweiten wurde gefragt (z. B. von Salter 1960, S. 43f.), welchen Sinn es haben könne, im betrieblichen Gleichgewicht der Minimalkostenkombination von relativ „teuren" oder „billigen" Produktionsfaktoren zu sprechen. Im Gleichgewicht werde jeder Faktor mit dem Wert seines Grenzprodukts entlohnt, die Faktoren seien also gleichermaßen „teuer" oder „billig"; woher solle daher eine faktorpreisinduzierte Auswahl technischer Verfahren kommen?

2. Die Analyse von Fellner

William Fellner greift zwar einerseits die Einwände gegen Hicks auf („... the firm is not interested in whether any given product-raising or cost-saving effect is achieved by raising primarily the marginal productivity of the one or of the other factor of production"; 1961, S. 305), bemüht sich aber andererseits, auf der Grundlage der Lösung von Hicks weiterzuarbeiten.

Firmen in Märkten vollkommener Konkurrenz können durchaus Präferenzen für Neuerungen entwickeln, die einen knapper („teurer") werdenden Faktor einsparen helfen. Ein Lernprozeß könnte sie dazu befähigen, sich so zu verhalten, als ob sie marktmächtig („monopsonistisch") genug wären, um die Erfahrung machen zu können, daß gesamtwirtschaftlich das Angebot an Produktionsfaktoren nicht unendlich elastisch ist, wie es im Modell vollkommener Konkurrenz unterstellt wird. Wenn also, wie es in westlichen kapitalistischen Ländern der Fall zu sein scheint, das Angebot an Kapital langfristig elastischer ist als das Angebot von Arbeit, könnte sich eine arbeitssparende Neuerung, auch wenn sie im Augenblick ihrer Einführung einer kapitalsparenden oder neutralen Neuerung unterlegen ist, im Zeitablauf als überlegene Investition herausstellen. „... this is a macro-economic fact which the atomistic firm can *learn* by watching trends in factor prices" (Fellner 1961, S. 307). Aber auch wenn die Unternehmen im Durchschnitt schlechte Beobachter sind, sorgt – so die Ergänzung der Fellner-Analyse durch Blaug (1968, S. 485) – ein Darwinscher Selektionsprozeß dafür, daß solche Firmen überleben, die entweder zufällig oder aufgrund ihrer überlegenen Prognosefähigkeiten gerade jene Neuerungen einführen, die auf optimale Weise den *zukünftigen* Knappheitsrelationen entsprechen.

Zur Analyse von Fellner und ihrer Ergänzung durch Blaug wäre anzumerken: In ihr zeigt sich der Beginn einer Auflösung des herkömmlichen Erklärungsansatzes. Denn die Höhe der Profite als Selektionskriterium des Marktes wird zu einer Funktion der Kompetenz von Unternehmen, Ungewißheit über die zukünftigen Faktorproportionen zu absorbieren. Die Argumentation von Blaug und Fellner scheint uns auf der Grundlage der Annahmen der vollkommenen Konkurrenz, von der beide ausgehen, nur stichhaltig zu sein, wenn *alle* Unternehmen *gleichzeitig* jene zukunftsüberlegenen Techniken einführen, eine Annahme, die den neoklassischen Gleichklang wiederum herstellt. Ein Pionier würde in einem Markt vollkommener Konkurrenz nur überleben, wenn er eine Innovation einführt, die trotz ihrer gegenwärtig unteroptimalen Einbeziehung der Knappheitsverhältnisse auf den Faktormärkten, anderen „optimalen" Neuerungen zumindest im Ausmaß ihrer gegenwärtigen Suboptimalität überlegen ist. Andernfalls würde er mit seiner zwar zukünftig überlegenen, gegenwärtig aber unterlegenen Technik aus dem Markt gedrängt.

Wenn wir aber die unhaltbare Annahme totaler Voraussicht *aller* Unternehmen in bezug auf die zukünftigen Knappheitsverhältnisse auf den Faktormärkten aufgeben, ergibt sich die Konsequenz, daß Unternehmungen nur solche Neuerungen zu übernehmen versuchen, die unabhängig von den gegenwärtigen wie zukünftigen Knappheitsverhältnissen überlegener Natur sind. Damit befinden wir uns aber nicht mehr auf dem Boden der neoklassischen Theorie, denn wir können nicht mehr davon sprechen, der Markt steuere entsprechend den herrschenden oder erwarteten Faktorproportionen die technologische Neuerungsaktivität der Unternehmen. (Die Auswahl von Neuerungen sei hier im Sinne des traditionalen Ansatzes verstanden als eine optimale Entscheidung zwischen allgemein bekannten Produktionsmöglichkeiten innerhalb eines gegebenen technischen Horizontes.) Wir werden auf diesen Zusammenhang nach Darstellung der dritten Deutung der Auswahl von Techniken zurückkommen.

3. Kosteninduzierter technologischer Wandel

Eine dritte Gruppe von Untersuchungen der Beziehungen zwischen technologischen Veränderungen und externer Kontrolle durch den Markt bezieht sich nicht auf die Induzierung bestimmter technischer Verfahren durch Änderungen der relativen Faktorpreise, sondern sieht einen Zusammenhang zwischen den anteiligen Kosten eines Faktors an den Gesamtkosten und der Stärke des Anreizes, Neuerungen einzuführen, um diesen Kostenanteil zu drücken. Diese Überlegungen beanspruchen mikro- wie makroökonomische Gültigkeit. Bei einem Übergewicht der Arbeitskosten glaubt man so einen tendenziell arbeitssparenden technischen Fortschritt erklären zu können.

Kennedy (1964) führte eine Kurve der Neuerungsmöglichkeiten ein (innovation possibility function), die alternative Raten kapital- und arbeitssparenden technischen Wandels aufzeigt, über die eine Volkswirtschaft verfügt. Die sich an Kennedy anschließende Diskussion ist jedoch für eine Wirklichkeitserklärung irrelevant und bringt für unsere Diskussion keine neuen Argumente [24].

Die grundlegende Annahme der drei skizzierten Versionen des Zusammenhanges zwischen Markt und technologischem Wandel bezieht sich auf die Möglichkeit eines Unternehmens, aus einer Schar gegebener Techniken, die das technische Wissen ihrer Zeit repräsentieren, eine optimale Variante auszuwählen. Für jedes Faktorpreisverhältnis oder jede Relation der Faktoreinkommen existieren mit anderen Worten optimale technische Verfahren oder Techniken gleicher relativer Überlegenheit. Eine tatsächliche oder erwartete Änderung dieser Relation zwingt den Unternehmer, eine entsprechend neue optimale Variante zu übernehmen. Manche Autoren achten dabei auf eine strikte Trennung zwischen einer Substitution von Techniken bei gegebener Produktionsfunktion und einer Annahme von absolut neuartigen technischen Verfahren, die im Sinne Schumpeters Verschiebungen der Produktionsfunktion implizieren. Aber auch bei Verschiebungen der Funktion gilt natürlich die Grundannahme, daß für jeden Punkt oder für wesentliche Punkte (bei linear-limitationaler Funktion) der neuen Produktionsfunktion Techniken gleicher relativer Überlegenheit zur Verfügung stehen (und der Unternehmung auch bekannt sind), die sich lediglich entsprechend unterschiedlichen Faktorpreisverhältnissen in ihren Mechanisierungsgraden unterscheiden.

Diese Vorstellung scheint uns einige Schwächen aufzuweisen, die teilweise mit den speziellen Annahmen vollkommener Konkurrenz zusammenhängen, teilweise aber auch grundlegender Natur sind und diesen Ansatz insgesamt treffen. Wir wollen vier kritische Anmerkungen ausführlicher darstellen:

1. Der erste Einwand bezieht sich auf die Vorstellung, die Unternehmung wähle aus einem Spektrum von Techniken eine „optimale" aus.

---

[24] Zu zusammenfassenden Darstellungen vgl. Nordhaus (1969, S. 93 ff.), Walter (1969, S. 192 ff.), kritisch: Nordhaus (1973); s. a. Abschnitt 4.3.5. zu einer Kritik der makroökonomischen Wachstumstheorie.

2. Die zweite Anmerkung bezieht sich auf die Trennung von Verfahrens- und Produktneuerungen und speziell die fehlende Berücksichtigung des Auftretens von Produktinnovationen in der traditionalen Theorie.

3. Ein weiterer Einwand beschäftigt sich mit der Unfähigkeit der neoklassischen Theorie, die wechselseitige Beeinflussung von Produkt- und Prozeßneuerungen zu erfassen.

4. Schließlich untersuchen wir den Zusammenhang zwischen Neuerungsaktivität im Markt und unternehmerischer Motivation.

ad 1: Nach vorherrschender Ansicht wird ein gewinnmaximierender Unternehmer jene Technologie auswählen, bei der er seine Produktionskosten minimiert. Er realisiert sein Kostenminimum (siehe Figur), wenn das Verhältnis der Preise der Faktoren (relative Preislinie 1) dem Verhältnis der Grenzproduktivitäten der Faktoren (der Grenzrate der Substitution, der Steigung der Einheitsisoquante) gleich ist (Punkt A). Steigt das Faktor-Preis-Verhältnis (zum Beispiel weil Arbeit relativ teurer wird, Preislinie 2) wählt der Unternehmer ein neues, kostenminimierendes Produktionsverfahren, in unserem Fall wiedergegeben durch Punkt B auf der Einheitsisoquante. Die entscheidende Voraussetzung dieses Vorgehens wird sofort deutlich: Die Auswahl eines Produktionsverfahrens aus einer gegebenen Schar von Technologien ist nur möglich, wenn die Produktionsfunktion im Gesamtbereich möglicher Verhältnisse der Faktorpreise bekannt ist. Davon kann man jedoch in Wirklichkeit nicht ausgehen.

Angenommen, die Unternehmen hätten aufgrund der historischen Entwicklung der Faktorpreisverhältnisse (Übergang von Preislinie 1 auf Preislinie 2) alle Produktionspunkte zwischen A und B verwirklicht. In diesem

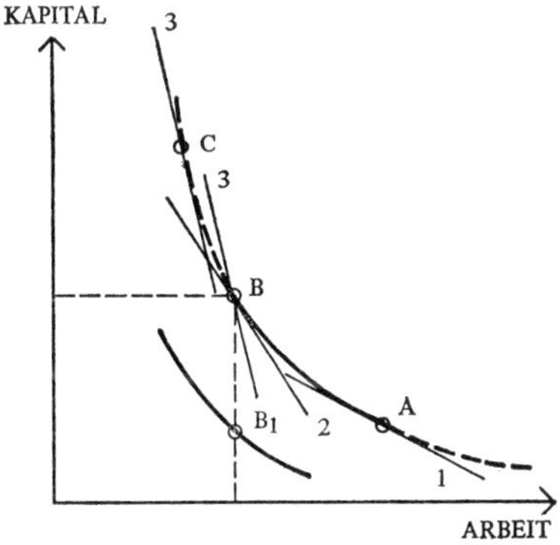

Abb. 9

Fall wäre der Abschnitt AB der Isoquante tatsächlich existent bzw. die durch ihn repräsentierten Verfahren allgemein bekannt, während die Punkte auf der Isoquante jenseits von A und B (die gestrichelte Linie) als noch nicht existierend bezeichnet werden müßten. Denn warum sollte eine Unternehmung Produktionsverfahren bei gegebenem technischem Wissen für jenen Fall entwickeln, in dem z. B. die Reallohnsätze bei gegebenem Realzins doppelt so hoch wie die gegenwärtigen Lohnsätze sind und die Kenntnis dieses Verfahrens zusätzlich noch allen anderen Unternehmen quasi in einem imaginären Diffusionsprozeß vermitteln. Die Isoquante müßte bei entsprechenden Änderungen der Faktorpreise von den Unternehmen erst noch vervollständigt oder entdeckt werden. Angenommen, die Faktorpreise würden auf das durch die Preislinie 3 angegebene Verhältnis ansteigen. Da den Unternehmen die Isoquante nur bis zum Punkt B bekannt ist, müssen die Unternehmen neue, bisher nicht eingesetzte Produktionsverfahren entwickeln, wenn sie entsprechend der neoklassischen Produktionstheorie ihre Minimalkostenkombination verwirklichen wollen (in unserem Fall wäre das der Punkt C). Warum sollten sie aber gerade eine Technologie mit den Eigenschaften des Punktes C „erfinden"? Da ein Unternehmer Technologien jenseits des Isoquantenbereiches AB nicht kennt, wird er mit neuem Wissen experimentieren müssen. Um eine „optimale" Technologie auswählen zu können, muß er also vorher innovieren. Das Ergebnis dieser Forschung und Entwicklung wird ein für ihn „neues" Produktionsverfahren sein. Es wäre falsch davon auszugehen, die Entwicklung der für das Unternehmen neuen Technologie bringe für das Unternehmen in der Regel kein neues Wissen hervor. Wenn jedoch neues Wissen oder eine höhere Qualifikation der Produktionsfaktoren bei der Entwicklung der neuen Produktionsverfahren anfallen, hat das Unternehmen nicht mehr bei gegebener Produktionsfunktion kostenminimierend substituiert, sondern eine neue Produktionsfunktion zumindest in Teilbereichen erstellt.

Es hat zum Beispiel ein neues Verfahren mit der Kombination der Produktionsfaktoren entsprechend B_1 realisiert. Dieses Verfahren liegt auf einer neuen, zum Nullpunkt verschobenen Einheitsisoquante (die Verschiebung der Einheitsisoquante zum Nullpunkt deutet technischen Fortschritt an). Trotz relativ steigenden Lohns hat das Unternehmen keine „arbeitssparende", sondern eine „kapitalsparende" Technologie verwirklicht. Es produziert im Punkt B_1 zwar nicht „kostenminimal" wie im fiktiven Punkt C, aber dennoch mit geringeren Kosten (verglichen mit B). Gewinnmaximierung unterstellt, kann man verallgemeinern: Ein Unternehmen wird jenes Produktionsverfahren einführen, das ihm pro Einheit der aufgewendeten Kosten für Forschung und Entwicklung den höchsten Ertrag bringt. Wenn man daher die Vorstellung eines kostenlos verfügbaren technischen Fortschritts aufgibt, ist nicht mehr einzusehen, warum zum Beispiel in unserem Fall (Steigerung des Lohnsatzes relativ zum Preis für Kapital) das neue Produktionsverfahren gerade arbeitssparend sein sollte.

Durch diese Überlegungen wird folgendes deutlich:

a) Gibt man die Vorstellung einer gegebenen Produktionsfunktion auf und damit die Möglichkeit, für alle denkbaren Faktorpreisverhältnisse optimale Technologien verfügbar zu haben, bricht die neoklassische Unterscheidung zwischen einer Substitution bei gegebener Produktionsfunktion und technischem Fortschritt (das heißt der Bewegung auf der Produktionsfunktion und der Verschiebung dieser Funktion) und damit auch die herkömmliche neoklassische Theorie des technischen Fortschritts zusammen.

b) Die Unterscheidung zwischen arbeits- und kapitalsparendem technischem Fortschritt wird zu einem Sprachspiel, das lediglich analytische Relevanz bei Gültigkeit der üblichen produktionstheoretischen Überlegungen beanspruchen darf, aber auf die Wirklichkeit nicht übertragen werden kann. Trotz steigenden Lohns im Verhältnis zum Preis des Kapitals ist es möglich, daß die Unternehmen „arbeitsintensiver" produzieren.

c) Wir sind bisher davon ausgegangen, das Unternehmensverhalten ließe sich durch Gewinnmaximierung erklären. Läßt man diese Prämisse aus nomologischen Gründen fallen (siehe S. 151 ff.), wird es nur noch in Grenzfällen möglich zu behaupten, die Unternehmen wählten ihre Technologie entsprechend den relativen Änderungen der Faktorpreise aus (These der faktorpreisinduzierten Innovationen). Auf der Grundlage der von uns vorgeschlagenen Erklärung des Innovationsverhaltens von Unternehmen bestimmen nicht die Faktorpreise die Technologieauswahl, sondern die Durchsetzung neuer „überlegener" Technologien bestimmt über verschiedene hier nicht im Detail darzustellende Wirkungen (Freisetzung von Produktionsfaktoren, zusätzliche Nachfrage nach Produktionsfaktoren) die Entlohnung der Produktionsfaktoren (These des innovationsinduzierten Faktorpreisverhältnisses). Die neoklassische Theorie des technischen Fortschritts kehrt die historischen Ursache-Wirkungs-Beziehungen zwischen Neuerungsaktivität und Faktorpreisverhältnissen um.

d) Die traditionale Theorie des technischen Wandels scheint nur dann Gültigkeit zu besitzen, wenn die Phänomene, deren Existenz zu erklären ist, also das Auftreten bestimmter technologischer Verfahren, als bereits gegebene Tatsachen in die theoretischen Überlegungen eingehen, wenn also die entwicklungsverursachende oder unternehmerische Tätigkeit bereits abgeschlossen ist. [25]

---

[25] Zum neoklassischen Vorgehen schreibt Leon (1967, S. 75): "I strongly suspect that marginalists and neomarginalists confuse the requirements of analysis and reality. They study the growth process at a given moment and, observing in such a moment a plurality of techniques, they conclude that entrepreneurs must make a choice between them. It is easy, once this conclusion is made, to reconstruct, ex post facto, imaginary criteria that entrepreneurs would adopt in choosing a technique ... and to postulate enterprises which change their production process continually according to the relative change in the rate of profits and the wage rate ... Only by retracing the historical decision-making process could one determine which is the causative element, the entrepreneurial decision or the variety of techniques."

Robinson und Eatwell (1973, S. 143): "... all the controversies that have been

Wir haben bereits bei der Kritik der Fellnerschen Version der Einführung neuer Produktionsverfahren darauf hingewiesen, daß Unternehmen bestrebt sein müssen, jene Techniken anzuwenden, die unabhängig von den jeweils herrschenden oder im Planungshorizont zu erwartenden Knappheitsverhältnissen auf den Faktormärkten von überlegener Natur sind. Die Unternehmung wählt keine technische Neuerung aus einer gegebenen Schar von Möglichkeiten, sondern entwickelt oder imitiert eine Neuerung, die ihr im Rahmen ihrer subjektiven Zeitperspektive einen Vorsprung gegenüber ihren Konkurrenten verspricht. Gewinnziel unterstellt, investiert eine Unternehmung in jene Technik, die in der Rentabilitätsskala an oberster Stelle steht (unter Beachtung von Nebenbedingungen wie Liquidität usw.). Die Aufstellung einer solchen Skala ist jedoch ein höchst subjektives Ereignis, abhängig von der kognitiven und leistungsmotivationalen Kompetenz der beteiligten psychischen und organisatorischen Systeme. Wir müssen daher in Vorgängen der hierarchischen Interaktion von psychischen, organisatorischen und marktlichen Systemen für eine Erklärung des technologischen Wandels suchen.

e) Die neoklassische Theorie der Auswahl von Verfahrensneuerungen ist gleichgewichtstheoretisch angelegt: Sie fragt, welche Eigenschaften jene Technologie aufweist, bei der ein Unternehmer nach Datenänderung sein Gewinnmaximum verwirklicht. Diese gleichgewichtstheoretische Fragestellung kann das kausalgenetische Moment der Entwicklung neuer Technologien vernachlässigen; sie kann auch vom tatsächlichen Neuerungsverhalten abstrahieren; und sie impliziert notwendig die Vorstellung eines verfügbaren „pools“ von Technologien, die für eine Vielzahl von Faktorpreisverhältnissen geeignet sind. Diese Fragestellung erlaubt es dem Theoretiker, je nach Art und Intensität der Datenänderung, sozusagen stellvertretend für den Unternehmer die optimale bzw. gewinn- oder effizienzmaximierende Technik auszuwählen.

Diese gleichgewichtsanalytische und idealtheoretische Konstruktion darf jedoch nicht mit dem tatsächlichen, sich in historischer Zeit vollziehenden

---

going on about the concept of a 'given state of technical knowledge' represented by a book of blueprints belong to the sphere of economic doctrines rather than to the analysis of an actual economy. Obviously, in industry in real life, a great number of alternative blueprints for different techniques do not coexist in time. In real life, techniques are continually being invented, and each is blueprinted only when it seems likely to be used ..."

Vgl. auch die Kritik Shinoharas (1970, S. 329 ff.) an der statischen mikro- wie makroökonomischen Produktionstheorie: "... the usual assumption of the passive choice of technique dependent on the present prices, wage rate, and interest rate is in reverse order of the actual causation. In the dynamic world, the entrepreneur is inclined towards introducing top-level technology or equipment, sometimes disregarding the present factor prices. In this sense, he would even try to introduce the first-class technology, if he has adequate provision of funds."

Prozeß technologischen Wandels verwechselt werden. Darauf hat im übrigen bereits Schumpeter (1964, S. 122, siehe auch Leon 1967) hingewiesen. Es wäre eine m. E. nicht mehr zulässige Interpretation des Gleichgewichtsmodells, wollte man behaupten, Änderungen der Faktorpreisrelationen „verursachten" (induzierten) die Einführung bestimmter Technologien. Vielmehr ist nur die Aussage möglich, im neuen Gleichgewicht seien ganz bestimmte, eindeutig in ihren Eigenschaften spezifizierbare Technologien mit den geänderten Faktorpreisverhältnissen vereinbar. [26]

Von Kritikern der neoklassischen Theorie wird oft das Argument vorgebracht, vollkommene Konkurrenz und unternehmens-initiierter ökonomischer Fortschritt seien unvereinbar. Diese Aussage ist, wie die vorangehenden Ausführungen zeigen dürften, zumindest mißverständlich. Auf der Grundlage eines Modells vollkommener Konkurrenz kann durchaus dargestellt werden, wie sich eine Datenänderung auf den alten (fiktiven) Optimalzustand auswirkt, und welche Eigenschaften das neue (fiktive) Optimum aufweist. Dieses Modell kann jedoch nicht das Anpassungshandeln der Unternehmen selbst, oder den Prozeß technologischen Wandels erklären. Das wird durch die Rahmenbedingungen des Modells notwendig ausgeschlossen. Optimummodelle können keine realen Erscheinungen erklären. Möglicherweise besitzt die gleichgewichtsanalytische Diskussion technologischen Wandels jedoch mehr als eine heuristische Funktion. Ob das der Fall ist, hängt davon ab, ob die komplexen Prozesse hierarchischer Interaktion in dezentralen Marktsystemen tatsächlich, zumindest tendenziell, zu jenen Gleichgewichtszuständen führen, welche die reine Ökonomie idealtheore-

---

[26] Diese Aussage muß zudem noch in zweifacher Hinsicht relativiert werden:

1. Zunächst durch einen Hinweis auf das Ergebnis der sogenannten Reswitching-Kontroverse. Entgegen der ursprünglichen neoklassischen Position konnte Pasinetti (1969) nachweisen, daß die gleiche Technik auch bei zwei oder mehreren Gewinn- oder Zinsraten die profitabelste sein kann. Das heißt: Die Kapitalintensität einer Volkswirtschaft ist nicht eindeutig einem bestimmten Verhältnis der Faktorpreise zugeordnet. Ein Sinken der Profitrate oder des Zinssatzes wird nicht notwendig das durchschnittliche Verhältnis von Arbeit zu Kapital erhöhen.

2. Eine weitere Modifikation ergibt sich, wenn wir eine Voraussetzung neoklassischer Modelle des technischen Fortschritts – die Konstanz interner oder die Abwesenheit externer Skalenerträge aufgeben. Bereits Adam Smith versuchte nachzuweisen (siehe ausführlichere Hinweise bei Hollander 1973, S. 219ff.), daß technischer Fortschritt sich, zumindest in seiner Epoche, nicht in Form von faktorpreisinduzierten Neuerungen vollzieht, sondern kausal mit zunehmender Arbeitsteilung (internen Skalenerträgen) oder der Größe des Marktes (externen Skalenerträgen) verknüpft ist. Die zweite Möglichkeit wird in unmittelbarem Bezug auf Smith ausführlicher durch Young (1926) und Kaldor (1973; 1972, S. 1252–55, hier S. 1255) diskutiert: "... if at any actual level of output the 'best' available technique for that output is less efficient than that available for a somewhat larger output – if, in other words, there is a whole hierarchy of activities not all of which are feasible or attainable at any point of time – the choice among 'activities' becomes primarily a matter not of prices but of the scale of production ..."

tisch zwar postuliert, deren reale Existenz und deren konkrete Herausbildung sie jedoch nicht nachweisen kann.

ad 2: Produkt- und Prozeßinnovationen *müssen* in der neoklassischen Lehre eindeutig geschieden werden. Die Einführung neuartiger Produktionsmethoden kann die reine Ökonomie zwar nicht erklären, doch existiert dieses Phänomen zumindest in ihren Modellen (= Verschiebung der Produktionsfunktion). Produktneuerungen sind im Rahmen der herkömmlichen Markttheorie nicht unterzubringen. Die Beschreibung und Erklärung der Entwicklung, Einführung und Ausbreitung neuer Produkte würde eine Einbeziehung gerade jener Faktoren und Vorgänge erfordern, deren Abwesenheit für die Untersuchung der gleichgewichtsökonomischen Prozesse in *bestehenden* Märkten, denen sich die neoklassische Markttheorie bevorzugt zuwendet, notwendige Bedingung ist. Nordhaus (1969, S. 6) rechtfertigt die Vernachlässigung von Produktneuerungen in der ökonomischen Theorie mit dem Hinweis auf die empirische Bedeutung der Prozeßinnovationen. Nach seiner Ansicht erfolgen 80 Prozent aller Aufwendungen für Forschung und Entwicklung für die Realisierung von neuen Produktionstechniken, eine Zahl, die vor allem dadurch zustande kommt, daß Produktinnovationen im Bereich des Kapitalgütersektors als Prozeßinnovationen in anderen Unternehmen auftreten.

Die wechselseitige Abhängigkeit beider Innovationstypen und damit die Notwendigkeit, die Erklärung des technologischen Wandels mit der Erklärung des Markterfolges der mit neuen Verfahren produzierten Gütern verbinden zu müssen, bezieht sich auf verschiedene Faktoren:

(i) auf eine direkte ökonomische Interdependenz zwischen Verfahrens- und Produktneuerungen (s. u. ad 3);

(ii) auf die Tatsache, daß Produktinnovationen für ihren Käufer zwar Verfahrensneuheiten sein mögen, diese Identität aber im Vergleich zu Prozeßinnovationen andere ökonomische Probleme impliziert, die sozusagen in eigener Regie produziert werden, also nicht über den Markt vermittelt sind; das äußert sich vor allem im Grad der mit diesen Problemen verbundenen Ungewißheit (siehe oben S. 130).

(iii) auf die Abhängigkeit der Prozeßinnovationen des Typs (ii) vom Markterfolg der mit ihnen produzierten eigenen Endprodukte und der Verfahrensneuerungen des Typs (i) vom Markterfolg der mit ihnen hergestellten Güter höherer Ordnung;

(iv) auf die technische Interdependenz von Prozeß- und Produktneuerungen: neue Verfahren bedingen sehr oft qualitative Änderungen der mit ihnen hergestellten Güter, manchmal auch neue Endprodukte und umgekehrt.

Die ökonomische Überlegenheit von Prozeßinnovationen ist somit nicht originärer sondern abgeleiteter Natur. Es handelt sich bei diesen Zusammenhängen um Selbstverständlichkeiten. Sie machen aber deutlich, daß es ohne eine Erklärung des Marktverhaltens von Unternehmen auch keine Erklärung des technologischen Wandels geben kann, das nomologische Versagen im ersten Fall notwendig das Scheitern im zweiten Fall nach sich ziehen muß.

ad 3: Die wechselseitige ökonomische Abhängigkeit von Verfahrens- und Produktneuerungen haben wir schon mehrfach angedeutet. Ihre Trennung in der traditionalen Markttheorie eliminiert einen bedeutenden Umfang unternehmerischer Tätigkeit (diese wechselseitige Abhängigkeit erhöht das Risiko eines Fehlschlags, und zwar additiv, möglicherweise multiplikativ [27]):

a) Die physische, zeitliche und lokale Beschaffenheit der Güter ist gegeben, d. h. der Aktivität der Produzenten entzogen.

b) Die technischen Produktionsmöglichkeiten sind gegeben, d. h. werden durch den Stand des jeweiligen technischen Wissens beschränkt.

c) Jeder Konsument kennt seinen persönlichen Entscheidungsbaum, in dem alle denkmöglichen Eventualitäten für seinen gesamten Planungszeitraum entsprechend seinen Präferenzen festgelegt sind. Die exogen bestimmten und ungewissen Ereignisse der Natur bestimmen dann den Weg des Konsumenten auf seinem Entscheidungsbaum. Die Ungewißheit der Konsumenten über zukünftige Veränderungen ihrer Präferenzen ist damit ausgeklammert.

ad 4: Die neoklassische Markttheorie kann auf die Diskussion der motivationalen Grundlagen des unternehmerischen Verhaltens verzichten, da sie nur Unsicherheit stochastischer Natur kennt und als Entscheidungsregel die Maxime der Gewinnmaximierung anbietet. Wenn aber jede Unternehmung die Gewinne maximiert, müssen es offenbar andere Faktoren sein, welche Unterschiede im Marktverhalten und Markterfolg bestimmen.

Eine nomologisch überlegene Verhaltenshypothese kann jedoch in das Modell vollkommener Konkurrenz nicht eingebaut werden, ohne dieses zu zerstören. Es schließen sich zum Beispiel vollkommene Konkurrenz und leistungsmotiviertes Verhalten gegenseitig aus. Bei vollkommener Konkurrenz besitzt das Wirtschaftssubjekt keinen Einfluß auf das Marktergebnis, die Preise auf den Faktor- und Gütermärkten sind gegeben; die Produkttechnologie für alle Anbieter eines bestimmten Gutes ist im Gleichgewicht identisch. Das Marktergebnis hängt von Faktoren ab, die das Wirtschaftssubjekt nicht selbst kontrollieren kann. Da Ungewißheit ausgeschaltet oder kalkulierbar ist, können die Handlungen psychisch weder gelingen noch mißlingen. Mißerfolge sind Ergebnis unvorhersehbarer Datenänderungen, also

---

[27] Eine multiplikative Ermittlung der Wahrscheinlichkeit eines Ereignisses ist notwendig, wenn die einzelnen Ereignisse (hier der Produktionserfolg eines neuen technologischen Verfahrens und der Markterfolg des neuen Produktes) stochastisch unabhängig sind, das Auftreten des ersten Ereignisses also keinen Einfluß auf die Wahrscheinlichkeit des Auftretens des zweiten Ereignisses hat bzw. umgekehrt.

nicht selbst kontrollierbar und damit leistungsthematisch irrelevante Einflüsse. Schließlich ist der Herausforderungsgrad eines Marktes vollkommener Konkurrenz zu gering, um leistungsmotiviertes Verhalten zu aktualisieren. Die Voraussetzungen des Marktes vollkommener Konkurrenz schließen somit die Möglichkeit leistungsmotivierten Verhaltens aus bzw. die Anwendungsbedingungen der Theorie leistungsmotivierten Verhaltens sind im Markt vollkommener Konkurrenz nicht gegeben. In diesem Sinne ist der konventionellen ökonomischen Lösung des Motivproblems in der Ökonomie zuzustimmen: Das „Gewinnmotiv" ist notwendig mit der vollkommenen Konkurrenz verknüpft; andere „Motive" sind überflüssig, denn sie können Verhalten in dieser Welt nicht oder nicht besser erklären.

Neuerungsverhalten kann auf der Grundlage des Modells vollkommener Konkurrenz nicht erklärt werden. Verfahrensneuerungen sind entweder exogen verursacht oder sie werden (wie bei Fellner und Blaug) mit der Fähigkeit kollektiver Voraussicht zukünftiger Faktorpreisproportionen aller Unternehmen begründet. Die unternehmerische Unterschiedslosigkeit auf der Produktions- und Absatzseite schließt spontane, marktendogene Neuerungstätigkeit aus. Produktneuerungen würden, wie Heuß (1965, S. 14) schreibt, den durch ein gegebenes homogenes Produkt gekennzeichneten Markt „sprengen"; sie können in der Marktform vollkommener Konkurrenz nicht untersucht werden. Für die Einführung von Verfahrensneuerungen bestehen weder kognitive Möglichkeiten noch motivationale Anreize; vollkommene Information über alle technisch möglichen Alternativen ist garantiert, und ein Anreiz zur Neuerung besteht nicht, denn neues Wissen würde unmittelbar allen Konkurrenten bekannt sein und Neuerungsgewinne entsprechend sofort eliminieren.[28]

Es scheint daher um so erstaunlicher, daß nicht nur die mikroökonomische Markttheorie sondern auch die Theorie des makroökonomischen Wachstums einer Volkswirtschaft auf den Prämissen einer Arrow-Debreu-Walras-Welt basiert.

[28] Technologisches Wissen wird also als sogenanntes öffentliches Gut betrachtet. Wegen des Fehlens des Ausschlußprinzips gilt bei diesen Gütern: Steht es einem zur Verfügung, so können daran alle anderen partizipieren. Auf den Fall technologischen Wissens angewendet gilt das nur, wenn die Ausbreitungskosten neuen Wissens unbedeutend sind. Im Anschluß an Arrow wird oft behauptet, in dezentralisierten Marktsystemen würden, weil eben Wissen ein öffentliches Gut sei, Unternehmen ohne Patentschutz notwendig zu wenig in die Produktion neuen Wissens investieren. Dabei beachtet man nicht, daß diese Voraussetzung strenggenommen nur für die ideale Welt vollkommener Konkurrenz Gültigkeit besitzt, weil hier das produzierte Wissen allen kostenlos zur Verfügung steht.

4.3.5 Die mikroökonomische Basis makroökonomischen Wachstums

4.3.5.1 Voraussetzungen

Die makroökonomische Wachstums- und Verteilungstheorie – vor allem ihre neoklassische Spielart, die u. a. mit den Namen von Hicks, Meade, Samuelson, Solow, von Weizsäcker verbunden ist – kann man als eines der erstaunlichsten Produkte der modernen Ökonomie betrachten. Sie wird von Forschern vorangetrieben, unter denen sich die schärfsten Denker in der Ökonomie befinden. Die materielle Unterstützung der auf ihren theoretischen Konstruktionen basierenden empirischen Forschungen dürfte im Bereich der Sozialwissenschaften unübertroffen sein. Der Nachweis der Relevanz ihrer Theoreme für die Lösung von Problemen der realen Welt ist jedoch bis heute nicht erbracht.

Die Kritik an den Prämissen und Begründungszusammenhängen der neoklassischen Wachstumstheorie wird vor allem von Mitgliedern der sogenannten postkeynesianischen[29] Cambridge-Schule vorgetragen[30], deren Überlegungen sich allerdings gleichfalls auf eine teils identische gleich-

[29] Die Charakterisierung als „postkeynesianisch“ soll auf die Unabhängigkeit der Investition von der Ersparnis oder die Anpassung des Sparens an die vom Sparen unabhängige Investition hinweisen. In der keynesianischen Theorie wird diese Anpassung durch den Multiplikatorprozeß geleistet, in der Wachstumstheorie durch Verteilungsänderungen zugunsten oder zuungunsten des Profiteinkommens. Die Cambridgeschule läßt sich mit den Namen von Kaldor, Joan Robinson, Pasinetti, Sraffa verbinden. Zu zusammenfassenden Darstellungen des Cambridge-Arguments vgl. Kregel (1971) und Rymes (1971).

[30] Die Wachstumstheorie von Solow (1970) z. B. qualifiziert Joan Robinson (1971, S. 189) als „doktrinäre Übung in vorkeynesianischer Orthodoxie“. Die Kritik der Cambridgeökonomen wird von manchen neoklassischen Autoren akzeptiert, wenn sie auch ihre Bedeutung anders bewerten. So bemerkt Ferguson (1969, S. 266): „The question that confronts us is not whether the Cambridge criticism is theoretically valid. It is. Rather the question is an empirical or econometric one: is there sufficient substitutability within the system to establish neoclassical results." Ein anderer Autor widerspricht, indem er seinen Kritikern vorwirft, sie hätten den Grundeinfall des neoklassischen Denkens, ein „System simultan zu lösender Gleichungen nicht wirklich verstanden“ (Weizsäcker 1971, S. 97), bezüglich deren dynamisierter Variante Boulding (1969, S. 1162) die Meinung vertritt: “The whole search for a dynamic equilibrium model ... seems ... to be little more than an interesting mathematical exercise, which throws very little light on the conditions of any real world." Nach John Hicks (1965, S. 183) befindet sich die moderne Wachstumstheorie auf einer theoretischen Ebene, in der „Übungen“, aber noch keine Probleme anfallen. Die Wachstumstheorie “has been fertile in the generation of classroom exercises; but so far as we can yet see, they are exercises, not real problems. They are not even hypothetical real problems, of the type 'what would happen if'? where the 'if' is something that could conceivably happen. They are shadows of real problems, dressed up in such a way that by pure logic we can find solutions for them."

gewichtsanalytisch begründete Mikroökonomie stützen – falls sie nicht mikroökonomische Überlegungen ganz außer acht lassen.

In einer ausführlich begründeten methodologischen und empirischen Kritik wirft Gahlen (1972, S. 87, 316 ff.) der neoklassischen Wachstumstheorie vor, sich zunehmend mit Sprachspielen zu beschäftigen, welche man sich in eine realitätsbezogene Fachsprache zu kleiden bemühe, dabei aber den Realitätsbezug der Terminologie mit Erklärungsrelevanz für tatsächliche Probleme verwechsle. Die moderne neoklassische Wachstumstheorie sei in eine Sackgasse geraten, aus der es – wie auch wir behaupten – innerhalb der überlieferten Tradition keinen Ausweg gebe. Ein weiterer Einwand, der über den des kritischen Rationalismus hinausgeht, scheint mir noch gravierender zu sein: Nicht nur, daß die moderne Wachstumstheorie empirisch nicht oder nur teilweise überprüfbar ist; sie ist auch, wie noch ausführlicher zu zeigen ist, zur Erfassung der Wirklichkeit nicht geeignet. Die Probleme oder „Übungen" (Hicks), mit denen sie sich beschäftigt, haben in der Wirklichkeit keine Entsprechung: Ihre Hypothesen beziehen sich auf eine fiktive, lediglich gedachte, aber nicht existente Welt. Was sie empirisch zu messen vorgibt, sind „Schatten realer Probleme" (Hicks 1965, S. 183) – ein exemplarischer Fall des Messens ohne Theorie oder eine Theorie auf der Suche nach einem Phänomen?

Der Inhalt der neoklassischen Wachstumstheorie tritt deutlicher hervor, wenn wir uns mit ihren Voraussetzungen beschäftigen.

Grundsätzlich wird eine sich im Gleichgewicht befindende Arrow-Debreu-Walras-Welt unterstellt, die von manchen Autoren nochmals vereinfacht und von Kaldor (1966, S. 315) als „Wunderland", „Ruritania", „Solovia" charakterisiert wird. Die psychischen Systeme unterliegen der herkömmlichen Maximierungsforderung. Organisationen existieren nicht. Auf Faktor- und Gütermärkten herrscht vollkommene Konkurrenz.[31] Die Grundlage einer Walras-Welt hält Samuelson (1962) als unabdingbar für eine korrekte Formulierung von Wachstums- und Kapitaltheorie.[32]

Das Ziel dieser Modelle wird darin gesehen, die Veränderung eines im Gleichgewicht befindlichen Systems, das von seiner politisch-sozialen Um-

[31] Soweit wir sehen, wird in der neoklassischen Wachstumstheorie durchgehend vollkommene Konkurrenz einschließlich vollkommener Voraussicht unterstellt, und zwar von Modellen der „ersten" wie der „zweiten" Generation. Vollkommene Konkurrenz wird dabei gewöhnlich als anzustrebendes Ideal im Sinne maximaler Wettbewerbsintensität verstanden (Beispiel: Fellner 1971, S. 4); wobei zusätzlich (wie bei Fellner 1971, S. 17) Elemente unkontrollierter Theorieproduktion in den Begründungszusammenhang einfließen, wenn zwischen verschiedenen theoretischen Ansätzen (vollkommener Wettbewerb i. S. der Marktformenansätze der Preistheorie; Wettbewerb i. S. der neueren "workable competition"-Theorie) nicht unterschieden wird bzw. aus beiden Ansätzen Hypothesen wahllos selektiert werden.

[32] An dieser Stelle in eine detaillierte Diskussion über weitere Annahmen der neoklassischen Wachstumstheorie einzutreten, würde den Rahmen unserer Arbeit sprengen; wir verweisen auf Gahlen (1972) und Wan (1971, S. 94 ff.).

welt vollständig isoliert ist, im Zeitablauf aufzuzeigen, das heißt die Untersuchung von Gleichgewichtspfaden. Die Gesamtheit der statischen, momentanen Gleichgewichtszustände bei jeweils vorgegebenen Faktorbeständen und vorgegebener Investitionsgüterproduktion wird durch dynamische Relationen miteinander verknüpft, so daß ein Wachstumspfad entsteht. Die Wachstumstheorie widmet sich dann der Untersuchung der Bedingungen der Existenz und Stabilität derartiger Gleichgewichtspfade. Hierüber scheint Einigkeit zu bestehen. Nicht jedoch, in welchem Umfang der Untersuchung von Gleichgewichtspfaden nomologische und sozialtechnologische Relevanz zukommt. [33]

Wenn wir die Voraussetzungen der neoklassischen Modelle betrachten, scheinen uns nur wenig Zweifel darüber möglich zu sein, daß die neoklassische Wachstumstheorie zur Erklärung historischer Prozesse sozialökonomischen Wachstums nicht geeignet ist. Die Begründung dieses Urteils folgt im wesentlichen aus der Art ihrer mikroökonomischen Fundierung. Nahezu sämtliche wachstumsverursachenden Markthandlungen sind aus dem Untersuchungszusammenhang eliminiert. Einige der wichtigen Probleme seien im folgenden aufgezeigt.

---

[33] Bei der Beschäftigung mit wachstumstheoretischer Literatur hat man den Eindruck, daß die oftmals eingestandene Irrelevanz der wachstumstheoretischen Modelle weder in der Forschungspraxis noch in der Lehre genügend berücksichtigt wird. So lassen sich Äußerungen finden wie die von Burmeister und Dobell (1970, S. 3), nach welcher der Zweck der Theorie darin bestünde "to illustrate the actual process of growth in real market economies"; oder noch anspruchsvoller Wan (1971, S. 267): "(to) predict the evolution of an economy". Entgegen der Ansicht von Hicks – wonach die Theorie des wirtschaftlichen Wachstums eine Antwort auf die Frage sucht: "what would be the working of an economy, which was constructed on given lines, whether an economy of that sort has actually existed or not. This is a purely theoretical question, ...; it cannot be answered by an appeal to facts. Nor can the answer be tested by an appeal to facts, ..." (1965, S. 9 f.) – werden aus Wachstumsmodellen unmittelbare wirtschaftspolitische Schlußfolgerungen gezogen (z. B. von Krauss und Johnson 1974, S. 313; siehe auch die Ausführungen von Samuelson zur Wachstumstheorie in den verschiedenen Auflagen seines Lehrbuches "Economics"). Geht man mit Popper von der strukturellen Identität von Erklärung, Prognose und Sozialtechnologie aus, darf man eine ähnliche Ansicht wohl auch bei anderen Autoren vermuten, z. B. bei Krelle und Gabisch (1972, S. 1), die als den „Erkenntnisgegenstand der Wachstumstheorie" das „langfristige Wachstumsverhalten von Volkswirtschaften" betrachten: „Die Gesetzmäßigkeiten und Ursachen des wirtschaftlichen Wachstums sollen aufgezeigt werden ..."; in einem Schlußkapitel („Phantasie und Wirklichkeit in der Wachstumstheorie") ihres Buches fragen die beiden Autoren dann: „Warum aber nun gerade der Widerstand gegen die neoklassische Wachstumstheorie, die doch aus wenigen, plausiblen Voraussetzungen sehr viel mehr erklären kann als die meisten anderen Wachstumstheorien und die Konfrontierung mit der Wirklichkeit auf ihren Abstraktionsgrad nicht zu scheuen braucht?" (S. 203).

4.3.5.2 Ursachen des Wachstums aus der Sicht der neoklassischen Wachstumstheorie

4.3.5.2.1 Outputwachstum durch Inputwachstum?

Die moderne Wachstumstheorie zerlegt das Wirtschaftswachstum, das als Steigerung des Realeinkommens pro Kopf gemessen wird, in drei Komponenten bzw. macht sie von drei „Ursachen“ abhängig, nämlich der Verwirklichung von Skalenerträgen (die Skalenkomponente: „capital widening“, vermehrter Einsatz von Kapital und Arbeit in gleichem Verhältnis), dem vermehrten Einsatz von Kapital pro eingesetzter Arbeitseinheit (Substitutionskomponente: „capital deepening“) und der Komponente technischer Fortschritt. [34] Wir wollen in diesem Abschnitt die These überprüfen, ob die der Vermehrung der Faktormengen Kapital und Arbeit zugeschriebene Erhöhung der Ausbringung pro Kopf oder der Steigerung der Einkommen pro Kopf in einer vollbeschäftigten Wirtschaft ohne die in den Wachstumsmodellen der Neoklassik ausgeklammerte schöpferische Aktivität der Marktteilnehmer möglich ist.

Zunächst wollen wir den Einfluß der Skalenerträge auf das wirtschaftliche Wachstum darstellen. Bei gleicher Wachstumsrate der Faktorinputs und bei einer Skalenelastizität von 1 bleibt selbstverständlich die Pro-Kopf-Erzeugung unverändert. Bei steigenden Skalenerträgen führt eine proportionale Vermehrung der Faktorinputs zu steigendem Pro-Kopf-Einkommen. Kann man jedoch behaupten, daß der vergrößerte Faktorinput Ursache, das heißt entweder notwendige oder/und hinreichende Bedingung für eine Steigerung der Realeinkommen pro Kopf ist? Wie sich leicht zeigen läßt, sind steigende Skalenerträge auch bei gegebenem und sogar bei sinkendem Faktorinput realisierbar. Denn weder müssen Unternehmer auf zusätzliche Ersparnisse noch auf eine Vermehrung der Arbeitskräfte warten,

---

[34] Der Zusammenhang zwischen dem Produktionsergebnis Y und dem Einsatz der Produktionsfaktoren Arbeit (A), Kapital (K) und technischem Fortschritt (T) läßt sich durch die makroökonomische Produktionsfunktion

(1) $$Y = f(A, K, T)$$

wiedergeben. Differenzieren wir diese Funktion nach der Zeit und dividieren durch Y erhalten wir nach einigen Umformungen die Wachstumsrate wy als Summe der mit ihren Produktionselastizitäten (E) multiplizierten Wachstumsraten von Arbeit und Kapital und der Wachstumsrate des technischen Fortschritts:

(2) $$wy = EK \cdot wK + EA \cdot wA + wT$$

Der Einfluß von wK auf wy läßt sich in zwei Komponenten aufspalten, in jenen Teil von wK, der notwendig ist, um bei positivem wA die Kapitalintensität K durch A konstant zu halten (wK = wA) und jenen Teil von wK, der das Wachstum von wA übersteigt. Wird Gleichung (2) entsprechend modifiziert, ergibt sich

(3) $$wy = (EK + EA) \cdot wA + EK \cdot wK/A + wT$$

wobei der erste Ausdruck der rechten Seite der Gleichung die Skalenkomponente (wK = wA), der zweite die Substitutionskomponente und der dritte die Komponente technischer Fortschritt darstellt.

um solche Produktionsverfahren einführen zu können, welche steigende Skalenerträge erlauben. Es genügt, wenn sie die Ausweitung der Produktion über Kredite finanzieren.[35] Voraussetzungen der Verwirklichung steigender Skalenerträge sind daher unternehmerische Kompetenz hinsichtlich der Einführung von Verfahren mit „increasing returns to scale" und der Ausweitung des Marktes, sowie die Möglichkeit Kredite aufnehmen zu können, falls keine Selbstfinanzierung über Neuerungsprofite möglich ist. Die gesamtwirtschaftliche Vermehrung der Faktorinputs ist weder notwendige noch hinreichende Bedingung.

Bei dieser Überlegung haben wir die neoklassische Konzeption einer Produktionsfunktion zugrunde gelegt. In Wirklichkeit sieht der Vorgang etwas anders aus, da Unternehmer nicht über ein Handbuch aller effizienten Produktionsverfahren einschließlich derjenigen mit steigenden Skalenerträgen verfügen. Wenn der Diffusionsprozeß nicht abgeschlossen ist, müssen Unternehmer sich für sie neues Wissen erst noch beschaffen. Die Verwirklichung von Skalenerträgen wird damit abhängig von ihrer Fähigkeit, für sie neues Wissen zu produzieren, zu imitieren und von ihrer Fähigkeit, das neue Wissen in Form von für sie neuen Produktionstechnologien durchzusetzen. In Wirklichkeit werden steigende Skalenerträge vermutlich ausschließlich mit der Einführung neuen Wissens oder dem Durchsetzen neuer Kombinationen, d. h. der Andersverwendung von Produktionsfaktoren, verbunden sein. Nicht sogenannte Produktionsfaktoren produzieren Wirtschaftswachstum, sondern Wachstumsfaktoren (Wissen und Motivation = unternehmerische Kompetenz) produzieren das Wachstum der Produktionsfaktoren.

Die zweite Wachstumskomponente der neoklassischen Wachstumstheorie bezieht sich auf Substitutionsprozesse zwischen Arbeit und Kapital, genauer: auf das Wachstum der Kapitalintensität; das ist der Fall, wenn die Wachstumsrate des Faktors Kapital größer ist als die Wachstumsrate des Faktors Arbeit. In diesem Zusammenhang stellen sich zwei Fragen:

1. Führt eine Steigerung der Kapitalintensität der Produktion zu einer Erhöhung der Pro-Kopf-Produktion (Einkommen), wie es in der neoklassischen Wachstumstheorie unterstellt wird?

[35] Auch aus einbehaltenen Gewinnen läßt sich die Durchsetzung neuer Kombinationen finanzieren. Diese Gewinne sind jedoch, wenn man sie bis auf den Zustand einer entwicklungslosen Volkswirtschaft zurückverfolgt, wiederum aus einer kreditfinanzierten Durchsetzung neuer Kombinationen hervorgegangen. Kredite haben die Funktion, dem Unternehmer die Herrschaft über die Produktionsmittel zu sichern, die er für die Durchsetzung neuer Kombinationen benötigt; in diesem Sinne sind Kredite Finanzierungsmittel für Investitionen, Fonds für Kaufkraft, man kann sie mit Schumpeter (1964, S. 167 ff.) und Preiser (1963, S. 99 ff.) als „Kapital" bezeichnen. Diesem entwicklungstheoretischen Kapitalbegriff ist derjenige der Wachstums- und Produktionstheorie gegenüberzustellen. Sogenanntes Realkapital gilt hier als ein originärer Produktionsfaktor mit sozusagen eingebauter Produktivkraft.

2. Ist die Steigerung der Kapitalintensität an einen Zuwachs des Kapitalbestandes gebunden?

ad 1: Es läßt sich schnell zeigen, warum bei Gültigkeit der Voraussetzungen der neoklassischen Wachstumstheorie eine Erhöhung der Kapitalintensität eine Steigerung der Pro-Kopf-Einkommen bewirkt.

Wenn wir den Bestand an Arbeitseinheiten der Einfachheit halber als gegeben betrachten, bewirkt eine Vermehrung des Kapitalbestandes über ein Fallen des Preises für Kapital relativ zum Zins eine Substitution von Arbeit durch Kapital, damit die Realisierung von Minimalkostenkombinationen bei höherer Kapitalintensität, andererseits werden jedoch höhere Ausbringungsniveaus erreicht, mit dem Ergebnis steigender Outputs (Einkommen) je eingesetzter Arbeitseinheit.

Diese Analyse stößt jedoch auf drei Schwierigkeiten:

a) Wegen der Wirkungsweise des sogenannten „Ertragsgesetzes" werden die Outputzuwächse einer zusätzlich eingesetzten Kapitaleinheit immer geringer. Die outputsteigernden Wirkungen des vermehrten Kapitaleinsatzes wären deswegen relativ schnell ausgeschöpft, wenn nicht der Residualfaktor technischer Fortschritt zu Hilfe käme, der die Produktivität der eingesetzten Faktoren steigert (Verschiebung der Produktionsfunktion zum Ursprung) und damit die outputsteigernden Wirkungen der Erhöhung der Kapitalintensität für eine neue Runde sichert. Da das Auftreten des technischen Fortschritts jedoch in dem Modell nicht erklärt wird, bleibt letztlich auch unerklärt, warum eine Steigerung der Kapitalintensität trotz des Wirkens des Ertragsgesetzes eine Erhöhung der Ausbringung pro Kopf möglich macht.

b) Die zweite Schwierigkeit bezieht sich auf die Voraussetzung, die Unternehmen könnten aus einer Schar unterschiedlich kapitalintensiver Produktionsverfahren das jeweils „optimale" auswählen. Wir haben diese Vorstellung bereits ausführlich kritisiert (siehe oben S. 274 ff.). Wenn Unternehmen die Isoquante, d. h. Produktionsverfahren für bestimmte bisher nicht verwirklichte Faktorpreisverhältnisse, entdecken müssen, kann nicht mehr zwischen einer Substitution bei gegebener Produktionsfunktion und der Produktion neuen Wissens (der Verschiebung der Produktionsfunktion) unterschieden werden. Der Einsatz kapitalintensiverer Produktionsmethoden erfordert die Entwicklung neuartiger Kontroll- und Führungsprinzipien auf organisatorischer Ebene. Ist das der Fall, dann besitzen die Aussagen der neoklassischen Wachstumstheorie lediglich modellanalytischen oder kalkülökonomischen Wert. Die Substitutionskomponente des Wirtschaftswachstums ist nur dann von Bedeutung, wenn die Prozesse der Entstehung und Ausbreitung neuen technologischen Wissens als bereits abgeschlossen gelten können. Alle Unternehmen produzieren dann mit effizienten Technologien. Für die Erklärung der Wirklichkeit ist dieser Fall jedoch relativ unbedeutend.

c) Mit der eben vorgetragenen Analyse steht ein Argument von Kaldor in engem Zusammenhang. Kaldor behauptet: Man kann zwischen der Substitution von Produktionsfaktoren bei einer gegebenen Produktionsfunktion und der Verschiebung dieser Produktionsfunktion durch technischen Fortschritt nicht unterscheiden. Die Trennung von Substitutionseffekten und Fortschrittseffekten ist deshalb nicht möglich. Damit wird das Konzept der Produktionsfunktion für die Erklärung von Wachstumsprozessen unbrauchbar. Die Begründung von Kaldor lautet: Mit der Verwirklichung von (Brutto-)Investitionen schleusen die Unternehmer gleichzeitig neues Wissen in den Produktionsprozeß ein. Ein Unternehmer, der neoklassisch versuchen wollte, seine Kapitalintensität zu erhöhen, wird durch diesen Versuch also uno actu auch technischen Fortschritt verwirklichen. (Zu weiteren Überlegungen Kaldors hinsichtlich der Produktion des technischen Fortschritts siehe unten, S. 305 ff.)

Man könnte das Argument Kaldors erweitern. Denn der Übergang zu kapitalintensiveren Produktionsverfahren impliziert gewöhnlich qualitative Änderung der eingesetzten Produktionsfaktoren. Jede Änderung der Faktorqualität bedeutet aber (siehe dritter Teil, S. 247) eine neue Produktionsfunktion. Auch hier erhalten wir somit als Ergebnis, daß eine unabhängige, das heißt bei gegebener Produktionsfunktion stattfindende Erhöhung der Kapitalintensität nicht möglich ist.

ad 2: Bei der Beantwortung der Frage, ob eine Steigerung der Kapitalintensität einen Zuwachs des Realkapitalbestandes voraussetzt, können wir uns kurz fassen; die Analyse ist der des Skaleneffektes vergleichbar. Die Finanzierung der „Brutto-Investitionen", durch welche eine kapitalintensivere Produktionstechnologie zu verwirklichen wäre, ist von der Vermehrung des Kapitalstocks unabhängig. Eine vermehrte Realkapitalbildung wäre nur dann erforderlich, wenn kapitalintensivere Produktionsverfahren über einen im Vergleich zum Lohn fallenden Zinssatz induziert werden müßten und die Höhe des Zinssatzes eine Funktion des Angebots und der Nachfrage von und nach Realkapital wäre.

Der Zins-Anreiz-Mechanismus ist andererseits nur deswegen für das theoretische Argument erforderlich, weil andere Gründe für unternehmerisches Investitionsverhalten aus der Theorie ausgeklammert werden (Motivationsaspekt) und weil der Unternehmer in der Lage ist, Produktionsprozesse aus einer gegebenen Produktionsfunktion auszuwählen (Wissensaspekt). Muß die Isoquante jedoch erst noch entdeckt oder verwirklicht werden, ist nicht zu sehen, warum das Zins/Lohn-Verhältnis die Einführung kapitalintensiver Produktionsverfahren steuern sollte (siehe oben, S. 281 f.). Damit ist aber die Vermehrung des Kapitalstocks nicht „Ursache" des Übergangs zu kapitalintensiveren Produktionsverfahren und der Verwirklichung der Substitutionskomponente des Wirtschaftswachstums, sondern die Vermehrung des Kapitalstocks wäre Folge zum Beispiel selbst- oder fremdfinanzierter

Investitionsentscheidungen, die innerhalb des neoklassischen Paradigmas nicht erklärt werden können.

Als Ergebnis können wir festhalten: Inputwachstum ist weder notwendige noch hinreichende Bedingung für die Steigerung der Pro-Kopf-Erzeugung. Inputwachstum ist eine Folge oder eine Begleiterscheinung der Versuche von Unternehmen, für sie neue Verfahrenskombinationen durchzusetzen (oder neue Märkte aufzubauen). Ursache des Wachstums ist, wie Schumpeter (1964) mehrfach betont, nicht die Vermehrung von Produktionsfaktoren, sondern ihre innovative *Andersverwendung*.

4.3.5.2.2 Technischer Fortschritt

Technischer Fortschritt wird in der neoklassischen Wachstumstheorie als eine Restgröße verstanden. Subtrahiert man vom Outputwachstum die Skalenkomponente und die Substitutionskomponente, ergibt sich als residualer Wachstumsfaktor der sogenannte technische Fortschritt. Warum aber kann dieser sogenannte technische Fortschritt nicht „unabhängig" sondern nur als Outputrest gemessen und erklärt werden? Auf der Grundlage unserer vorausgehenden Untersuchungen müßte die Antwort lauten: Weil eine Theorie des technischen Fortschritts (und natürlich auch der Marktkreation durch Entwicklung neuer Produkte) bei Gültigkeit der Voraussetzungen und Hypothesen der neoklassischen Wachstumstheorie nicht formuliert werden kann.

Die mikroökonomische Basis der makroökonomischen Produktionstheorie läßt keine Erklärung der Entstehung und Ausbreitung überlegener technisch-organisatorischer Verfahren zu, da der Prozeß der Ausbreitung neuer Produktionsverfahren als abgeschlossen betrachtet werden muß, um eine gegebene Produktionsfunktion (gegebenen Stand des technischen Wissens) voraussetzen zu können.

Auf der Makroebene führt dieser Erklärungsnotstand notwendig zur Konstruktion einer „empty box", die alles an Produktionssteigerung aufnimmt, was nicht direkt einer Vermehrung der Faktormengen zugeschrieben werden kann.[36] Erhöhter Output, der nicht auf vermehrten Faktoreinsatz

[36] Vgl. Solow (1957, S. 312); ausführlich zur "method of the residual" Fellner (1971, S. 3ff.) und Nelson (1973), sowie zur makroökonomischen Produktionstheorie bei technischem Fortschritt Gahlen (1972, S. 58ff.). Natürlich sieht Solow die kritischen Punkte der neoklassischen Wachstumstheorie; er weiß jedoch nicht, wie diese innerhalb des Paradigmas nomologisch auszuräumen sind. Mit Kaldor hält er es für notwendig, eine Investitionsfunktion in die Wachstumsmodelle einzubauen; das setzt jedoch die Lösung von Problemen des Verhaltens bei Unsicherheit voraus (Solow 1961, S. 263; Hague 1961, S. 393). Solow ist auch der Meinung technischer Fortschritt sei nicht, wie in seinen frühen Modellen angenommen, vollständig exogen verursacht; auf welche Weise er jedoch von endogenen Variablen abhänge, sei ihm selbst nicht klar (Hague 1961, S. 393). Und gerade auf diesen beiden

zurückgeführt werden kann, muß nolens volens auf technischen Fortschritt zurückgeführt werden. Technischer Fortschritt wird also nicht erklärt, indem man Hypothesen über seine Einführung, seine Ursachen usw. aufstellt, die Gültigkeit der Randbedingungen überprüft usw. Vielmehr bleibt unbekannt, was technischen Fortschritt verursacht.[37] Technischer Fortschritt wurde daher gelegentlich auch als „Maß der Unwissenheit" bezeichnet. Wenn jedoch technischer Fortschritt nicht erklärt, sondern als Differenz zwischen Output und der Summe von Skalen- und Substitutionskomponente definiert wird, kann selbstverständlich auch jener Teil des Produktionswachstums nicht durch technischen Fortschritt erklärt werden, der sich nicht auf Inputwachstum zurückführen läßt. Wir hätten es sonst mit einem Zirkelschluß zu tun: einer Erklärung des Wachstums der Produktion durch die Komponente Inputwachstum und jenen Teil des Outputwachstums, der nicht auf Inputwachstum zurückgeführt werden kann, eben die Residualkomponente technischer Fortschritt. Dies hieße, Outputwachstum wäre eben so hoch, weil das Outputwachstum so hoch ist. Würde also technischer Fortschritt als Restgröße definiert, wäre durch die Wachstumstheorie immer eine „Erklärung" der Fakten möglich, denn es bestände immer eine Übereinstimmung zwischen Theorie und Wirklichkeit. Eine solche Theorie wäre tautologisch. Die Erklärungen der Theorie wären Ergebnis einer Definition, nämlich der Definition technischen Fortschritts als Restgröße.

Unbestritten ist, daß die Verwirklichung des technischen Fortschritts (von Neuerungen) mit Kapitalbildung oder der Vermehrung des Bestandes anderer Faktoren verknüpft ist. Die Frage ist aber, ob die Neuerungstätigkeit von Unternehmen die Vermehrung des Faktorbestandes induziert, oder aber – und dies ist die konventionelle Argumentation – ob die Ursache-Wirkung-Beziehungen umgekehrt laufen: Änderungen der relativen Preise (zum Beispiel eine Steigerung des Lohn/Zins-Verhältnisses), die durch unterschiedliche Wachstumsraten der Faktorbestände verursacht werden, induzieren die Verwendung kapitalintensiverer Produktionsverfahren (Substitutionseffekt) und bewirken die Einführung von Produktionsverfahren mit steigenden Skalenerträgen oder arbeitssparendem technischem Fortschritt. Diese Konsequenzen sind, wie wir wissen, im Rahmen eines Modells voll-

---

kritischen Gebieten (Ungewißheitstheorie; Theorie des technischen Fortschritts) präsentiert uns die neoklassische Mikrotheorie einen Erklärungsnotstand. Solow kritisiert die Annahme vollkommener Voraussicht – "For some problems this may do as a start, but as a method for dealing with the basic problem of uncertainty it is like closing your eyes because you're afraid of the dark" (Solow 1961, S. 252) – glaubt aber dennoch, auf sie (noch) nicht verzichten zu können.

[37] Wir diskutieren hier den sogenannten outputvervielfachenden technischen Fortschritt; das Residuum technischer Fortschritt läßt sich auch durch faktorgebundenen technischen Fortschritt auffüllen; die grundsätzliche Kritik bleibt davon unberührt. Zur Darstellung und zur Kritik der neoklassischen Theorie des technischen Fortschritts siehe im übrigen ausführlich Gahlen (1972, 1973).

kommener Konkurrenz zwar möglich, verlieren aber ohne die nicht haltbaren Voraussetzungen, die der vollkommenen Konkurrenz zugrunde liegen, ihre analytische Relevanz und theoretische Eleganz.

Wenn einerseits unsere Argumentation schlüssig ist, daß vollkommene Konkurrenz Unternehmerverhalten ausschließt, andererseits die Durchsetzung von Neuerungen notwendige Bedingung wirtschaftlichen Wachstums ist, kann die neoklassische Wachstumstheorie Wachstum nicht erklären. So wäre von unserem innovationstheoretischen Ansatz aus betrachtet Kapitalakkumulation (Kapital *nicht* im Sinne von Schumpeter und Preiser definiert) Folge der Innovationsaktivität von Unternehmen. Änderungen des Preisverhältnisses der Faktoren würden nicht die Neuerungsaktivität induzieren oder steuern, sondern im Gegenteil, sie wären ein Reflex innovationsverursachter Auswirkungen von Entwicklungsprozessen (wenn wir konjunkturelle Schwankungen unberücksichtigt lassen). Die Neuerungsaktivität würde z. B. Arbeitskräfte in stagnierenden und schrumpfenden Branchen und Unternehmen freisetzen, umgekehrt vermehrt Arbeitskräfte in wachsende Branchen und Unternehmen ziehen. Preistheoretische Überlegungen wären entwicklungstheoretischen nachgelagert; erstere wären ein Spezialfall der letzteren. Neuerungsverhalten wird somit zu einem wesentlichen Bindeglied zwischen den mikroökonomischen und makroökonomischen Ebenen eines Marktsystems, da Neuerungsverhalten auf der Ebene der Unternehmungen kausal verbunden ist mit Änderungen der makroökonomischen Aggregate. Es zeigt sich, daß der neoklassische Erklärungsnotstand auf der Mikroebene auf der Makroebene nicht geheilt werden kann.[38] Dieser Zusammenhang wird noch deutlicher, wenn

[38] Man könnte argumentieren, bei makroökonomischen Sätzen handele es sich um theoretische Argumente sui generis – makroökonomische Aggregate seien, behauptet Kaldor (Hague 1961, S. 299), nicht “merely a summation of individual decision” – die empirische Gültigkeit auch ohne explizite oder sogar trotz unrealistischer mikroökonomischer Basis beanspruchen können. Denn ihr empirischer Bezugspunkt seien nicht mikroökonomische Tatsachen, sondern die “stylized facts” (Kaldor 1961, S. 178 f.) einer makroökonomischen Welt, z. B. ein konstanter Kapitalkoeffizient, die Korrelation zwischen Profit- und Investitionsquote. Wir bezweifeln jedoch die Gültigkeit makroökonomischer Sätze, wenn für ihre Deduktion mikroökonomische Annahmen gesetzt oder impliziert sind (wie die einer Arrow–Debreu–Walras-Welt), die im unterstellten Raum–Zeit-Gebiet empirisch ohne Grundlage sind. Auch Kaldor argumentiert nicht konsequent. Er behauptet zwar: Mikro- unterscheide sich von Makrotheorie dadurch, daß für erstere die Methode des “scientific individualism” (methodologischer Individualismus) gelte, der Makroansatz (z. B. die Einkommenstheorie von Keynes) sich dagegen auf “some overriding condition operating on the markets” stütze, welche das Verhalten der Mikroeinheiten beeinflusse, und nicht umgekehrt (Hague 1961, S. 299); aber andererseits vertritt er die Auffassung, daß z. B. seine makroökonomische Lösung (wie die empirische Gültigkeit des Gleichgewichtspunktes in seiner “technical progress function”; siehe die Figur auf S. 306) von der Einführung einer Investitionsfunktion “based on entrepreneurial behaviour” (1961, S. 210) abhänge.

wir Produktneuerungen in unsere Argumentation ausführlicher einbeziehen, was wir im übernächsten Abschnitt tun werden, nachdem wir uns vorher mit den Argumenten hinsichtlich des Informationsgehalts und der Existenz makroökonomischer Produktionsfunktionen auseinandergesetzt haben.

4.3.6 Zur Existenz makroökonomischer Produktionsfunktionen

Es gibt verschiedene Möglichkeiten, die vorherrschende neoklassische Deutung des ökonomischen Geschehens in Frage zu stellen. Man kann vom Modell der vollkommenen Konkurrenz ausgehen und nachweisen, daß seine Prämissen jene Handlungen ausschließen, die ökonomisches Wachstum verursachen. Man kann von der Profittheorie ausgehen und fragen, welche Rolle Profite (i. S. von Schumpeter-Knight) in der neoklassischen Theorie spielen können. Man kann, wie die Cambridge-Kritiker, die innere Konsistenz der neoklassischen Deduktionen angreifen und den Nachweis zu liefern versuchen, die neoklassische Wachstums- bzw. Produktionstheorie kultiviere einen logischen Irrtum: Sie leite nämlich den Zinssatz aus dem Wert des Kapitalstocks ab; der Kapitalstock könne aber erst bestimmt werden, wenn der Zinssatz bekannt sei; eine marginaltheoretische Ableitung der Faktorpreise (der Einkommensverteilung) aus der Produktionsfunktion werde zum Zirkelschluß.[39]

Jeder der eben aufgeführten Kritikpunkte ist aufs engste mit einem zentralen Einwand gegen die neoklassische Ökonomie verbunden, ein Einwand, der auf die Existenz einer Produktionsfunktion zielt. Die neoklassische Wachstumstheorie steht und fällt mit der Möglichkeit der Konstruktion makroökonomischer Produktionsfunktionen. Grenzproduktivitätstheorie und die daraus abgeleitete Verteilungstheorie brechen ohne die Existenz einer Produktionsfunktion zusammen (Krelle und Gabisch 1972, S. 203f.). Welche Gründe sprechen gegen die Existenz makroökonomischer Produktionsfunktionen? Wir möchten vier Argumente vortragen:

(1) Das Problem einer mikroökonomischen Fundierung makroökonomischer Produktionsfunktionen;

(2) der Informationsgehalt der makroökonomischen Produktionstheorie;

(3) das Problem der Aggregation mikroökonomischer Produktionsfunktionen und

(4) die Kritik von Kaldor und seine wachstumstheoretische Lösung.

Zu (1): Wir haben (im 3. Teil S. 247f.) dargestellt, daß die Aufstellung einer mikroökonomischen Produktionsfunktion nur möglich ist, wenn von Unsicherheit und Komplexität abstrahiert werden kann, wenn entwicklungs-

---

[39] Vgl. Leon (1967, S. 3ff.) mit Hinweisen auf italienische Arbeiten sowie Harcourt (1969), Kregel (1971) und Rymes (1971) mit ausführlicher Darstellung der neoklassischen und Cambridge-Positionen.

verursachende Zusammenhänge aus der Konstruktion einer mikroökonomischen Produktionsfunktion ausgeklammert werden. Dieses Argument spricht zwar nicht generell gegen die Möglichkeit der Aggregation mikroökonomischer Produktionsfunktionen, wohl aber gegen die Möglichkeit, Entwicklungs- oder Wachstumsprozesse auf der Grundlage makroökonomischer Produktionsfunktionen zu beschreiben und zu erklären.

Zu (2): Angenommen, auf der Ebene der Unternehmen existieren Produktionsfunktionen. Angenommen auch, sie lassen sich zu gesamtwirtschaftlichen Funktionen aggregieren; angenommen also, die makroökonomische Produktionstheorie als unverzichtbare Grundlage der makroökonomischen Wachstums- und Verteilungstheorie beziehe sich tatsächlich auf Phänomene der Wirklichkeit. Ließe sich diese makroökonomische Produktionsfunktion jedoch empirisch überprüfen, besäße sie Informationsgehalt?

Auf eine detaillierte Analyse der hier anfallenden methodologischen und empirischen Fragen wollen wir nicht eingehen. Für unsere Überlegungen interessiert lediglich, ob wir durch Berücksichtigung neoklassischer Sätze in unserer Analyse theoretische Anregungen erwarten können, ob wir möglicherweise zur Revision unseres theoretischen Standpunktes durch Vorliegen empirisch gehaltvoller rivalisierender neoklassischer Hypothesen gezwungen werden. Eine detaillierte Untersuchung würde die Irrelevanz dieser Vermutung aufzeigen können. Denn mir scheint schlüssig nachgewiesen worden zu sein: [40]

Der Informationsgehalt der neoklassischen gesamtwirtschaftlichen Produktionstheorie ist in jenen Fällen, in denen er überhaupt nachzuweisen ist, als bescheiden zu betrachten; die makroökonomische Produktionstheorie ist empirisch überwiegend nicht überprüfbar; wenn eine Konfrontation mit der Wirklichkeit überhaupt gelang, wurden die Hypothesen falsifiziert. Die Sätze der neoklassischen Produktionstheorie leisten zur Erklärung und Prognose von Wachstums- und Entwicklungsprozessen keinen Beitrag. Deuker (1974, S. 239) kommt nach einer gründlichen Überprüfung der neoklassischen Produktionstheorie zu dem Ergebnis: „Alle Produktionsfunktionen haben sich als unüberprüfbar erwiesen und vermögen demzufolge keine Informationen über die Strukturen realer Produktionsprozesse zu vermitteln.“ Und Gahlen bestätigt unsere vorangegangene, auf der Grundlage mikroökonomischer Überlegungen ausgesprochene Vermutung (1973, S. 153f.): „Schiebt man die Formelschleier (der Produktions- und Wachstumstheorie, J. R.) beiseite, so erkennt man die konservierten Mythen, das Fehlen von Hypothesen mit Informationsgehalt, die Belanglosigkeit der behandelten Versuche für die Praxis.

[40] Ich möchte insbesondere verweisen auf Gahlen 1972 und 1973 sowie Deuker 1974, S. 172ff., die auch eine große Zahl von Hinweisen auf die Arbeiten anderer Autoren geben.

Dieses scheint der Preis zu sein, den die Wirtschaftswissenschaft dann zahlen muß, wenn sie den Charakter der Sozialwissenschaft leugnet."

Zu (3): Den „coup de grâce" für eine produktionstheoretisch begründete makroökonomische Wachstumstheorie könnte der Nachweis liefern, bei den von ihr verwendeten Aggregaten handele es sich um fiktive Relationen zwischen Variablen ohne Entsprechung in der Wirklichkeit. Genauer gesagt würde es sich um den Nachweis handeln, die Aggregation der Mikro- zu Makrorelationen sei, von empirisch nicht bedeutsamen Sonderfällen abgesehen, unmöglich.

Existieren makroökonomische Produktionsfunktionen? Gibt es eine eindeutige Beziehung zwischen Indices der insgesamt eingesetzten Mengen der Produktionsfaktoren und der Gesamtausbringung? [41] Ist es also möglich, die Vielzahl der auf die Gesamtausbringung einwirkenden Produktionsfaktoren auf eine kleine Zahl repräsentativer Faktoren (Arbeit und Kapital) reduzierend zusammenzufassen (Problem der Inputaggregation)? Unter welchen Bedingungen lassen sich die einzelwirtschaftlichen Outputs zu einer gesamtwirtschaftlichen Größe zusammenfassen (Problem der Outputaggregation)?

Eine Reihe von Arbeiten, so scheint mir, haben in den letzten Jahren ziemlich eindeutig die Bedingungen herausgearbeitet, unter denen es möglich ist, die Produktionsmöglichkeiten komplexer ökonomischer Systeme durch eine aggregierte Produktionsfunktion zu repräsentieren (ähnliche Probleme treten im übrigen bei der Konstruktion gesamtwirtschaftlicher Nutzen- und Wohlfahrtsfunktionen auf). Wir können im folgenden lediglich die Ergebnisse dieser Diskussion referieren und müssen den interessierten Leser auf die Originalarbeiten verweisen.

Die Lösung des Problems der Aggregierung von Inputs geht auf Leontief zurück. In einem Aufsatz aus dem Jahre 1947 wies er nach, unter welchen Bedingungen eine kontinuierliche und zweimal differenzierbare Funktion so formuliert werden kann, daß zwei oder mehrere ihrer Argumente sich zu einem Aggregat zusammenfassen lassen.

$$Q = F(A, K_1, K_2)$$

sei eine Produktionsfunktion mit den genannten Eigenschaften, wobei Q die Ausbringung, A ein homogener Produktionsfaktor (z. B. Arbeit) und K_1 und K_2 zwei weitere Produktionsfaktoren darstellen (z. B. zwei nicht homogene

[41] Nach der Existenz eines makroökonomischen Aggregats zu fragen heißt im folgenden immer, nach seiner theoretischen Feststellbarkeit zu fragen. Mit Krelle (1969, S. 14 ff.) kann man zwischen theoretischen und empirischen (historischen) Produktionsfunktionen unterscheiden. Bei historischen Produktionsfunktionen handelt es sich um eine tatsächliche, empirisch vorfindbare Beziehung zwischen Input und Output. Die theoretische Produktionsfunktion ist dagegen im Sinne eines Verfahrenshandbuchs zu verstehen, „in dem alle wirkungsvollen Produktionsverfahren aufgezeichnet sind" (Krelle 1969, S. 14), auch solche, die in der jeweiligen historischen Zeitperiode von den einzelnen Unternehmen nicht verwendet werden.

Kapitalgüter). Die Bedingungen für die Aggregation der Faktoren K_1 und K_2 bzw. für die Konstruktion eines Kapitalindex ist gegeben – und nach Leontief ist diese Bedingung sowohl notwendig als auch hinreichend – wenn die Grenzraten der Substitution zwischen den zu aggregierenden Faktoren (K_1 und K_2) unabhängig von der in der Produktion eingesetzten Menge der anderen Faktoren (hier Arbeit) ist. Die Grenzrate der Substitution bzw. das Verhältnis der marginalen physikalischen Grenzproduktivitäten der beiden Faktoren (Kapitalgüter) ist dann unabhängig von der eingesetzten Menge des dritten Faktors (der Arbeitsmenge). Ein aggregierter Kapitalstock kann dann und nur dann konstruiert werden, wenn die Produktionsfunktion dem Leontief-Theorem der Separabilität von Funktionen genügt. Diese Überlegungen seien an einem Beispiel erläutert (siehe Green 1964, S. 11 ff). Wir verfügen über 100 Einheiten A und unterschiedliche Kombinationen der Mengen der Kapitalgüter K_1 und K_2. Unterschiedliche Kombinationen der beiden Kapitalgüter sollen lediglich dann und nur dann zu einem Kapitalstock K zusammengefaßt werden, wenn sie in Verbindung mit den 100 Arbeitseinheiten zur gleichen Ausbringung führen. Das ist z. B. in der folgenden Aufstellung der Fall:

Komb.	A	K_1	K_2	Q
I	100	20	5	1000
II	100	18	6	1000

Es gilt also I (20,5) = II (18,6).

Angenommen nun, wir erhöhen die Anzahl der mit den Kapitalgütern zu kombinierenden Arbeitseinheiten auf 200 und würden dann folgende Werte erhalten:

Komb.	A	K_1	K_2	Q
I	200	20	5	1800
II	200	18	6	1700

In diesem zweiten Fall ist die obige Aggregationsregel verletzt:

$$\text{I } (20{,}5) \neq \text{II } (18{,}6).$$

Es besteht keine Möglichkeit zur Konstruktion eines Kapitalindex K. Die Aggregation der Kapitalgüter ist vielmehr nur möglich, wenn zwei beliebige Kombinationen von K_1 und K_2, die in Verbindung mit einer bestimmten Menge von Arbeitseinheiten zur gleichen Ausbringung führen, auch in Verbindung mit einer anderen Menge von Arbeitseinheiten ein identisches Produktionsergebnis herbeiführen. Wenn sich z. B. folgende Werte ergeben:

A	K_1	K_2	Q
200	20	5	1800
200	18	6	1800

Ergebnis: Die Aggregation der Kapitalgüter K_1 und K_2 bzw. die Konstruktion eines Kapitalgüterindex K ist nur möglich, wenn die Grenzrate der Substitution zwischen dem ersten und dem zweiten Kapitalgut (2 K_1 gegen 1 K_2) unabhängig von der Menge der eingesetzten Arbeitseinheiten ist.

F. M. Fisher (1965) hat auf der Grundlage des Leontief-Theorems präzisiert, welche Produktionsmöglichkeiten, insbesondere welcher Typus technischen Wandels die Aggregation von Kapitalgütern gestattet.

Setzen wir konstante Skalenerträge voraus, dann ist bei der Aggregation von Kapitalgütern nur eine Ausnahme von dem Homogenitätspostulat zugelassen: Der technische Fortschritt muß an die Einführung neuer Kapitalgüter gebunden sein, er muß von rein „capital augmenting nature" sein, das heißt, es muß sich um sogenannten kapitalvervielfachenden Fortschritt handeln; der technische Fortschritt wirkt so, als ob der Produktionsfaktor Kapital vermehrt bzw. vervielfacht worden wäre. Eine Einheit eines neuen Kapitalgutes läßt sich in einer konstanten Zahl von Einheiten alter Kapitalgüter ausdrücken. Ein neues Kapitalgut ist in jeder Hinsicht mit zwei oder mehr alten Kapitalgütern identisch.

Ein Kapitalaggregat existiert also nur unter der Voraussetzung, daß die Produktionsfunktionen der einzelnen Unternehmen oder Unterabteilungen einzelner Unternehmen sich lediglich in einer generalisierten Form von „kapitalvervielfachendem" technischem Fortschritt unterscheiden. Nur eine sehr beschränkte und spezielle Art technologischen Wandels kann mit dieser notwendigen und ausreichenden Bedingung für die Kapitalaggregation vereinbart werden. Da nur kapitalvervielfachender Fortschritt zugelassen ist, implizieren z. B. diese Aggregationsbedingungen (Fisher, 1969, S. 560): Unterscheiden sich die einzelnen Unternehmen lediglich durch einen kapitalvervielfachenden Parameter und sind die einzelnen Arbeitskräfte optimal eingesetzt, dann müssen das Durchschnitts- und Grenzprodukt je Arbeitskraft und der Gewinn je Arbeitskraft in allen Unternehmen gleich sein.

Ähnlich restriktive Bedingungen gelten für die Aggregation der Leistungen von Arbeitskräften. Zu Details sei auf die Arbeiten von Fisher (1968, S. 391 ff. und 1969, S. 564 ff.) verwiesen. Die Bedingungen für die Existenz eines Aggregats von Arbeitsleistungen schließt zum Beispiel den Beitrag spezialisierter, nur in einem Unternehmen oder in einer Industrie verfügbarer Arbeitskräfte am Produktionsprozeß aus. Da alle Unternehmen der gleichen Struktur relativer Löhne gegenüberstehen, müssen sie auch alle eine identische „Mischung" der unterschiedlichen Arbeitsleistungen verwenden.

Gleiches gilt für die Outputaggregation. Da alle Unternehmen mit demselben Verhältnis der relativen Güterpreise konfrontiert sind, müssen sie alle den gleichen Outputmix produzieren. Auch diese für die Aggregation notwendige Annahme schließt die Spezialisierung der Unternehmen auf die Produktion bestimmter Güter aus. Zum Beispiel verhindern Produktneuerungen, die ja notwendig zuerst nur von einem und dann von wenigen Unternehmen hergestellt werden, die Aggregierung des Outputs und damit die Aufstellung einer gesamtwirtschaftlichen Produktionsfunktion.

Auch bei Modifikation einiger Prämissen der obigen Analyse, z. B. der konstanten Skalenerträge, ergeben sich keine bemerkenswert anderen Ergebnisse (zu den Details siehe wiederum Fisher und die dort verarbeitete Literatur). Wir können also zusammenfassen:

Input- und Outputaggregation ist nur unter derart restriktiven Prämissen möglich, daß von der Existenz gesamtwirtschaftlicher Produktionsfunktionen in nichtfiktiven ökonomischen Systemen nicht gesprochen werden kann. [42] Wie läßt sich diese Aussage jedoch mit der scheinbaren und oft behaupteten empirischen Relevanz makroökonomischer Produktionsfunktionen in Einklang bringen: Zum Beispiel mit der Beobachtung der Aufteilung der Faktoreinkommen auf die Faktoren Kapital und Arbeit entsprechend den Aussagen bzw. „Prognosen" der Cobb-Douglas-Funktion. Handelt es sich hierbei lediglich um eine Formalisierung von Fakten, oder beschreibt und erklärt die Cobb-Douglas-Funktion tatsächlich die empirischen Verhältnisse?

Zur Beantwortung dieser Frage kann wiederum auf einen interessanten Beitrag von Fisher (1971) hingewiesen werden. Fisher stellte sich die Frage, warum makroökonomische Produktionsfunktionen die Wirklichkeit anscheinend ganz gut beschreiben, obwohl nach seinen Überlegungen und denen anderer solche Produktionsfunktionen überhaupt nicht existieren können. Fisher versucht diese Frage mit einem Simulationsexperiment für ein fiktives Wirtschaftssystem, bestehend aus jeweils 2, 4 und 8 Wirtschaftseinheiten, zu beantworten. Dazu konstruiert er aus den Produktionsfunktionen der einzelnen Wirtschaftseinheiten eine gesamtwirtschaftliche Cobb-Douglas-Funktion, baut allerdings absichtlich einen „Konstruktionsfehler" ein, indem er lediglich die Aggregationsbedingungen für Arbeit und Output, nicht jedoch für Kapital verwirklicht. Mit Hilfe dieser Funktion simuliert er nun die Verteilung der Faktoreinkommen für dieses fiktive ökonomische System. Seine Ergebnisse zeigen, was Kritiker der neoklassischen Produktionstheorie erwartet hatten: Die aggregierte Produktionsfunktion prognostiziert eine ausgesprochen „realistische", die Cobb-Douglas-Hypothese stützende Verteilung der Einkommensanteile, die auf Kapital und Arbeit im Zeitablauf entfallen (insbesondere Konstanz des Lohnanteils), und zwar auch dann, wenn die mikroökonomische Basis sich wegen technologischen Fortschrittes ständig ändert.

---

[42] Zu demselben Ergebnis kommt auch Sato (1975, S. 293): "An economy-wide production function is a concept acceptable under the assumptions given in the chapters. What would make it unworkable then must be the violation of these assumptions; namely, homogenety of capital and labor, their free mobility, equality of rates of return, constant returns to scale, and a single social utility function."

Daraus könnte geschlossen werden: Die vorherrschende Ansicht, die Konstanz des Anteils der Lohneinkommen beruhe auf der Realexistenz einer Cobb-Douglas-Funktion, oder die Cobb-Douglas-Funktion „erkläre" Anteil und Konstanz der Faktoranteile, muß falsch sein. Denn die kausalen Beziehungen stellen sich genau umgekehrt dar: Der behauptete Erklärungserfolg von Cobb-Douglas beruht auf der — noch nicht erklärten — Konstanz des Anteils der Lohneinkommen. Genauer: Die Ansicht, eine aggregierte Produktionsfunktion beschreibe und erkläre in brauchbarer Weise die Beziehung zwischen gesamtwirtschaftlichem Faktorinput und Output, weil sie die zugrundeliegenden technologischen Mikrobeziehungen repräsentiere, kann nach Fishers Untersuchungen nicht aufrechterhalten werden. Die theoretische Grundlage der neoklassischen makroökonomischen Wachstums- und Verteilungstheorie ist daher „rather suspect" (Fisher 1971, S. 306). Fishers Analyse bestätigt damit unser bereits oben formuliertes Ergebnis: Der neoklassische Erklärungsnotstand auf der Mikroebene kann auf der Makroebene nicht geheilt werden.

Eine makroökonomische Produktionsfunktion läßt sich nicht auf mikroökonomische Produktionsfunktionen reduzieren bzw. aus letzteren aggregieren. Auf einer Wettbewerbstheorie jenseits der Neoklassik, welche die Komplexität der mikroökonomischen Beziehungen zu erfassen versucht, kann keine Makrotheorie errichtet werden, die den Anspruch erhebt, Wachstums- oder Entwicklungsphänomene erklären zu können.

Zu (4): Die Kritik Kaldors und seine Lösung: die technische Fortschrittsfunktion.

Kaldor wendet sich gegen die Existenz einer aggregierten Produktionsfunktion, weil technischer Wandel seiner Meinung nach notwendig an Kapital und Akkumulation gebunden sei: Nicht nur wird exogen gegebenes technisches Wissen durch Investitionen in den Produktionsprozeß eingeschleust (die These kapitalgebundenen technischen Fortschritts), sondern Investitionen induzieren auch technischen Fortschritt. Es ist daher nach Kaldor nicht mehr möglich, zwischen einer Bewegung innerhalb eines gegebenen Isoquantensystems (bei gegebenem Stand des Wissens) und einer Verschiebung des Isoquantensystems selbst (technischer Fortschritt) zu unterscheiden. Die Trennung von Substitutions- und Fortschrittswirkungen auf den Output wird fiktiv. Die Erhöhung der Kapitalintensität der Arbeit gilt nur bei gleichzeitigem Einschleusen neuen technischen Wissens durch die Investitionstätigkeit der Unternehmen als realisierbar.

Mit der Konstruktion eines Wachstumsmodells auf der Grundlage einer sogenannten technischen Fortschrittsfunktion hat Kaldor versucht, seine Vorstellungen zu formalisieren. Im folgenden beschäftigen wir uns nur mit jenen Aspekten des Modells, die für unsere Fragestellung von Bedeutung sind.

Kaldor versucht, explizit mit seinem Modell die Frage zu beantworten,

„why some societies grow so much faster than others" (1960, S. 259). Weil Kaldor den „technischen Dynamismus" einer Gesellschaft als Wachstumsmotor betrachtet, muß er folgerichtig versuchen, technischen Fortschritt modellendogen zu erklären. Das geschieht durch eine von ihm „technische Fortschrittsfunktion" (TPF) genannte Beziehung. Die Funktion technischen Fortschritts gibt den Zusammenhang zwischen der Rate der Kapitalakkumulation und der Wachstumsrate der Produktion je Arbeitskraft wieder. Kaldor behauptet, die Wachstumsrate des Pro-Kopf-Output (wy) sei eine Funktion der Wachstumsrate des Kapitals pro Kopf oder der Kapitalintensität wx (wobei x = K/A). Diese Beziehung läßt sich durch eine Kurve darstellen (siehe Figur). Die Kurve verläuft konvex nach oben und erreicht ein Maximum, jenseits dessen eine weitere Steigerung der Akkumulationsrate die Wachstumsrate der Ausbringung nicht weiter erhöht. Den Verlauf der Funktion sieht Kaldor durch folgende Tatsachen geprägt:

(1) Die Höhe der Kurve ist abhängig vom gesellschaftlichen „Dynamismus" eines Landes.[43] Hierüber macht Kaldor keine weiteren Angaben. Die innovatorische Kompetenz der Unternehmen eines Landes kann man daher als eine exogene Variable des Modells betrachten. Rückwirkungen von endogenen Modellvariablen auf den „technischen Dynamismus" (Kaldor) werden nicht spezifiziert.

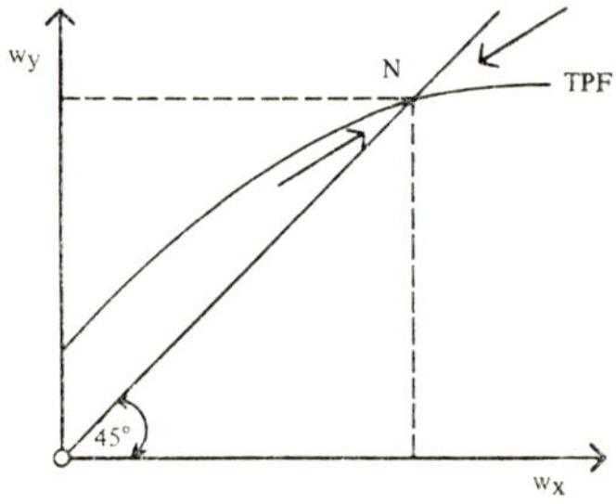

Abb. 10

(2) Die Kurve schneidet die Ordinate im positiven Bereich. Auch bei gegebenem Verhältnis von Kapital zu Arbeit ist daher technischer Fortschritt möglich: Durch Reinvestitionen fließt neues technisches Wissen in den

---

[43] Kaldor (1961, S. 207) ist wie wir der Ansicht: "The more 'dynamic' are the people in control of production, the keener they are in search of improvements, and the readier they are to adopt new ideas and to introduce new ways of doing things, the faster production (per man) will rise, and the higher is the rate of accumulation of capital that can be profitably maintained." Es ist also "... the 'technical dynamism' of the economy, as shown by the height or position of our technical progress curve, which is responsible, in a capitalist economy, both for making the rate of growth of production relatively small or relatively large" (Kaldor 1961, S. 209).

Produktionsprozeß; nicht-kapitalgebundene technische und organisatorische Neuerungen werden verwirklicht.

(3) Der technische Fortschritt steigt mit zunehmender Investition pro Arbeiter, neue Erfindungen mit höherer Produktivität werden realisiert; die Kurve flacht jedoch ab, da profitablere Neuerungen nicht beliebig zur Verfügung stehen, sondern schwieriger zu verwirklichen sind. Die Konvexität der Funktion rührt daher aus der Annahme, es sei möglich, bislang brachliegende alte oder neue Ideen auszunutzen, es jedoch die gewinnträchtigsten Ideen sind, die zuerst verwirklicht werden (Kaldor 1961, S. 207 ff.). Die Nutzbarmachung des technischen Fortschritts unterliegt anscheinend ertragsgesetzlichen Bedingungen.

Im Schnittpunkt der technischen Fortschrittsfunktion mit der 45°-Linie fallen die Wachstumsrate der Kapitalintensität mit der der Arbeitsproduktivität zusammen. Der Kapitalkoeffizient ist hier konstant. Das Endgleichgewicht des Wachstumsprozesses ist erreicht (die makroökonomischen Bedingungen dieses Endgleichgewichts interessieren uns im folgenden nicht; ein Unterschied zwischen Neoklassik und Kaldor scheint in dieser Hinsicht nicht zu bestehen). Welche Einsichten bietet uns das Modell von Kaldor für die Beantwortung der uns interessierenden Fragen?

In Kaldors Investitionsfunktion ist eindeutig ausgesprochen (Kregel 1971, S. 138), daß eine Volkswirtschaft sich in jeder Periode einer Schar technischer Neuerungen gegenübersieht (also die neoklassische Lösung des Problems der Produktion neuer technologischer Verfahren), daß die Neuerungen, welche den größten Beitrag zur Steigerung der Produktivität je Arbeitskraft ermöglichen, aus der Sicht der Unternehmungen die profitabelsten sind, daß es schließlich möglich ist, die neuen technischen Verfahren entsprechend ihrer Rentabilität in einer Funktion des technischen Fortschritts zu ordnen.

Leider wirft diese Darstellung mehr Probleme auf, als sie zu lösen vorgibt. Die TPF ist offensichtlich keine Charakterisierung eines historischen Entwicklungspfades, sie besitzt vielmehr nur Gültigkeit für ein bestimmtes, von Kaldor nicht spezifiziertes Raum/Zeit-Gebiet. Das Diffusionsproblem ist mithin ausgeklammert. Weiterhin wäre zu fragen: Welche Techniken werden ausgewählt? Warum soll sich die Einführung neuer Techniken in einer bestimmten Periode so abspielen, daß die Kaldorsche Kurve zustande kommt? Impliziert die Funktion, daß jeder Punkt auf ihr eine Technik repräsentiert, die von einer Unternehmung übernommen wurde? Unter welchen *mikroökonomischen* Bedingungen bewegt sich das System auf den Punkt N zu (für Kaldor eine Art Gleichgewichtszustand $wy = wx$)? Um den Punkt N zu erreichen, muß die gesamte Schar von Techniken bis N entweder von den Unternehmen eingeführt werden, oder die Unternehmen müssen schlagartig die mit N zu vereinbarenden Techniken einführen; (siehe Kregel 1971, S. 139). Welche mikroökonomischen Vorgänge führen dieses

Gleichgewicht herbei und stabilisieren es? Ermöglichen es die mikroökonomischen Prozesse, die den Einsatz neuer Verfahren steuern, der TPF überhaupt eine objektive, empirisch beobachtbare Qualität zuzuschreiben? Muß man nicht vielmehr davon ausgehen, daß sie lediglich subjektiv, in der Psyche der Unternehmer existiert?

Unterstellt, eine TPF pro Periode besäße eine ökonomisch weniger mehrdeutig interpretierbare Grundlage, so implizieren Gleichgewichtstendenzen zum Punkt N mikroökonomische Prozesse, die die Kurve im Zeitablauf zu verschieben tendieren, das Gleichgewicht also zu einer Fiktion machen. (Auf die makroökonomischen Konsequenzen eines solchermaßen schlechtdefinierten Zusammenhangs wollen wir hier nicht eingehen.)

Für unsere Fragestellung entscheidend ist, daß in Kaldors Theorie jene Prozesse unerwähnt bleiben und schon gar nicht erklärt werden, die den speziellen Verlauf der TPF und ihre Verschiebung im historischen Zeitablauf beeinflussen: psychische und organisatorische Prozesse, die das Fähigkeitsniveau der Unternehmen bestimmen, sowie die wettbewerbliche Interaktion der einzelnen Systeme im Markt. Der „technische Dynamismus" von Unternehmen, der nach Ansicht von Kaldor (1967) selbst ökonomische Systeme „progressiv" macht, ist eine exogene, vom Modell nicht erfaßte und von makroökonomischen Modellen auch nicht erfaßbare Größe.

Warum führen Unternehmer überhaupt neue „Maschinen" ein? Kaldors Antwort unterscheidet sich (methodologisch) nicht von derjenigen neoklassischer Autoren: Die Unternehmen versuchen, ihren Umsatz unter der Bedingung einer zufriedenstellenden Rendite des eingesetzten Kapitals zu maximieren (Kaldor und Mirrlees 1962, S. 98 f., S. 101), eine Verhaltensprämisse, die darauf hinausläuft, die Profitrate des Eigenkapitals zu maximieren. So gelingt es den Unternehmern im Kaldor'schen Modell, die „kontinuierliche Veraltung" der Kapitalgüter „weitgehend" vorauszusehen, obwohl die alten Kapitalgüter mit den „später erstellten Ausrüstungsgütern höherer Effizienz im Wettbewerb stehen", und obwohl „ihre *Nutzungs*dauer nicht durch den physischen Verschleiß sondern durch einen Komplex wirtschaftlicher Faktoren bestimmt wird" (Kaldor und Mirrlees 1962, S. 97). Kaldor geht also von Unternehmen aus, die technischen Fortschritt voraussehen können und die in der Lage sind, die Vielfalt der Einflüsse auf den Wert der Kapitalgüter genau einzuschätzen. Das wirft natürlich die Frage auf, ob eine Welt, in der Unternehmen solche Leistungen vollbringen können, noch eine Welt sein kann, in der sich technischer Fortschritt überhaupt vollzieht.

Der technische Fortschritt wird im Modell von Kaldor quasi-automatisch von kompetenzidentischen, „durchschnittlichen" oder „repräsentativen" Unternehmen verwirklicht. Kaldor setzt daher neben der kognitiven auch eine – für alle Unternehmen identische – motivationale Kompetenz zur Verwirklichung von technologischen Innovationen voraus. Das heißt:

Kaldor setzt voraus, die Unternehmen seien bereit, durch Investitionen technischen Fortschritt einzuführen. Als Begründung wird wiederum auf das erwähnte Maximierungspostulat verwiesen. Innovationskompetenz, technischer Fortschritt, damit auch technische Fortschrittsfunktion (nicht allerdings ihr konkreter Verlauf) werden daher im Modell als gegeben unterstellt. [44] Kaldor gelingt es zwar, ein Modell zu konstruieren, in dem technischer Fortschritt „die Hauptantriebskraft des wirtschaftlichen Wachstums" ist (Kaldor und Mirrlees 1962, S. 114), über die Einführung und Verwirklichung des technischen Fortschritts erfährt man jedoch nur, sie seien an die Wachstumsrate der Investition je Arbeitskraft gebunden.

Die Frage, ob Kaldor mit seinem Modell die Ursachen unterschiedlicher Wachstumsraten von Volkswirtschaften erklären kann, ist demnach negativ zu beantworten. Dabei verzichtet Kaldor von vornherein auf die Konstruktion einer technischen Wandel notwendig ausschließenden Produktionsfunktion. Auch die in der neoklassischen Wachstumstheorie üblichen Annahmen aus dem Modell vollkommener Konkurrenz spielen bei Kaldor keine Rolle. Er verzichtet überhaupt auf eine genaue Spezifizierung der mikroökonomischen Basis seines Modells. Wohl nicht ohne Grund, da er die herrschende Markttheorie für die Untersuchung von Entwicklungsproblemen für ungeeignet hält. [45]

Kaldor weiß zwar um die Bedeutung innovatorischer Kompetenz auf psychischer, organisatorischer und marktlicher Ebene; er kann diesen Variablenkomplex aber in seinem Modell nur als exogene Größe unterbringen. Die Faktoren, die unterschiedliche Wachstumsraten zwischen Unternehmen in einer Volkswirtschaft und zwischen Volkswirtschaften verursachen, kann er nicht modellendogen darstellen. Damit kommen wir zu einem Resümee hinsichtlich der Möglichkeit von Wachstumsmodellen, Wachstumsprozesse von Volkswirtschaften zu erklären. Die Schwierigkeiten des Kaldormodells sind nicht spezifisch, sie scheinen uns für alle makroökonomischen Modelle zu gelten, auch solche, die sich auf die neoklassische

---

[44] Kaldor und Mirrlees (1962, S. 99) sprechen selbst von der „grundlegenden Annahme" einer Fortschrittsfunktion. Gerade weil im Modell Kaldors „das Wachstum der Produktivität in einer Volkswirtschaft einzig und allein durch die Einführung neuer ‚Maschinen' in das System durch (Brutto-)Investitionen herbeigeführt" wird, springt die Nichterklärung der Antriebskräfte des technischen Fortschritts selbst um so mehr ins Auge.

[45] "The troble is" so formuliert Kaldor (1969, S. 3; siehe auch Kaldor 1966) seine Kritik an der tradierten Markttheorie, "that existing theories of imperfect competition (Chamberlin, Robinson, or Kalecki) are largely 'micro'-theories: they concern the equilibrium of an individual faced with a given market situation. When it comes to considering the equilibrium of a group of firms, they all assume (explicitly or implicitly) that all firms are identical with respect to their cost and demand functions – a procedure which assumes away all the interesting (and important) aspects of the competitive process."

Lösung zurückziehen, bestimmte Marktformen als mikroökonomische Basis einzubauen. Definiert man Wettbewerb nicht mehr positiv, wie die traditionale Markttheorie, sondern nur negativ über Verhaltensnormen (siehe ausführlich unten), dann können wettbewerbstheoretische Überlegungen in Makromodellen keinen Platz mehr finden. Im Kaldormodell wird dies ganz deutlich. Kaldor ist gezwungen, Kompetenzen, Verhaltensweisen usw. in seinem Modell zu homogenisieren, also die wettbewerbsverursachende Unterschiedlichkeit der Kompetenzen von Marktteilnehmern zu eliminieren. In einer neoklassischen Wachstumstheorie geschieht dies durch die Unterstellung vollkommener Konkurrenz auf den Güter- und Faktormärkten (jede andere Marktform, in welcher stabile Gleichgewichte möglich sind, würde aber den gleichen Zweck erfüllen). Damit sind aber die Prozesse wirtschaftlicher Entwicklung, die über die Unterschiedlichkeit (auf der Kostenseite: unterschiedliche Produktionsverfahren, auf der Gütermarktseite: differenzierte und neue Produkte) wirken, aus dem Modell eliminiert. Die Prozesse der Entstehung, Ausbreitung und Konkurrenz neuer Ideen können von Makromodellen also nur als mikroökonomisch bereits produzierte Ergebnisse übernommen und in die Modelle eingebaut werden. Oder anders formuliert: Makroökonomische Wachstumstheorie, sei sie neoklassisch oder postkeynesianisch orientiert, muß sich auf die Homogenisierung mikroökonomischer Beziehungen stützen. Technischer Fortschritt (und neue Konsumgüter) werden als bereits durch Marktkräfte geschaffene Artefakte vorausgesetzt. Die makroökonomische Theorie fragt dann „nur", ob technischer Fortschritt mit bestimmten makroökonomischen Variablen verbunden oder unverbunden auftritt, welche Auswirkungen er auf das Verhalten anderer makroökonomischer Variablen hat, welche Eigenschaften er besitzen muß, damit langfristige Gleichgewichtspfade verifiziert werden können, wie technischer Fortschritt die Verteilung der Einkommen zwischen bestimmten Einkommensklassen beeinflußt usf. Eine makroökonomisch orientierte Wachstumstheorie ist ungeeignet zur Erklärung von Entwicklungsprozessen. Die Bedingungen des Wachstums und der Entwicklung lassen sich, so trivial das auch klingen mag, eben nur aus den Ursachen oder Triebkräften des Wandels nichtstationärer Systeme ableiten, die durchaus mit makroökonomischen Variablen verknüpft sein können (siehe das Modell Kaldors), die aber makroökonomisch nicht darstellbar sind. Damit schließt sich der Kreis unserer Kritik an der makroökonomischen Wachstumstheorie. Um mikroökonomische Beziehungen makroökonomisch oder aggregativ darstellen zu können, müssen diese homogenisiert, von ihrer Varietät sozusagen gereinigt werden. Die Homogenisierung bezieht sich dabei auf die Inputseite (Produktionsfaktoren, Produktionstechnologie) und die Outputseite (Güterwelt). Sie schließt die Vereinheitlichung der psychischen und organisatorischen Kompetenzen der Marktteilnehmer ein. Die für Aggregationszwecke notwendige Eliminierung der mikroökonomischen Vielfalt eliminiert aber uno actu auch jene Faktoren und Prozesse aus den makroökonomischen Theorien, die Vielfalt oder Komplexität hervorrufen, koordinieren und reduzieren, die also Entwicklungsprozessen zugrunde liegen. Da Makroökonomie notwendig von der Unterschiedlichkeit der zu aggregierenden Elemente und Beziehungen abstrahieren muß, kann sie keine Entwicklungstheorie sein. Der Versuch, mit makroökonomischen Konzepten Entwicklungs- und Wachstumsprozesse zu beschreiben („growth accounting“) und zu erklären, ist zum Scheitern verurteilt und erschöpft sich in einer Formalisierung von Fakten.

4.3.7 Die nutzentheoretische Grundlage der makroökonomischen Wachstumstheorie

Die Präferenzen der Konsumenten sind in den makroökonomischen Modellen des Wandels eingefroren. Weder verlangen die Konsumenten neue Produkte, noch können die Unternehmen ihre Marktposition verbessern, indem sie Produktneuerungen und damit neue Märkte kreieren. All dies entspricht, wie wir sahen, den Prämissen der vollkommenen Konkurrenz. Die Annahme der Produkthomogenisierung in der neoklassischen Wachstumstheorie ist notwendig, weil ohne sie das Aggregationsproblem auf der Outputseite theoretisch nicht lösbar wäre.

Die Annahme einer gegebenen Zusammensetzung der Konsumgutproduktion (viele Modelle berücksichtigen die Produktion nur eines Gutes, das zugleich dem Konsum wie der Kapitalakkumulation dient), die man auch als Annahme einer stationären Nutzenfunktion bezeichnen kann, hat eine Reihe bemerkenswerter Implikationen und Konsequenzen: Zunächst ist zu fragen, ob die Existenz eines sozialen Systems denkbar ist, das wohl seine Produktivität (das Einkommen pro Kopf) unaufhörlich steigert, aber die Zusammensetzung seiner Produktion unverändert läßt.[46] Welche Umstände könnten Konsumenten dazu anhalten, ihre ständig steigenden Einkommen für ein in der Struktur unverändert bleibendes Güterbündel auszugeben? Müßte nicht nach den Gossenschen Gesetzen die Freude am Konsum in Abstinenz umschlagen (wenn die Sättigungsgrenze erreicht ist) und somit den Pfad ins „goldene Zeitalter“ versperren? In der Welt der Realität sorgen drei Vorgänge für die unaufhörliche Veränderung der Bedürfnisstruktur und damit eine sich verändernde Zusammensetzung der Güterproduktion (siehe Leon 1967, S. 119 ff.):

1. Der Generationeneffekt

Die nachwachsenden Generationen übernehmen durch Enkulturationsprozesse (zwischen Volkswirtschaften entwickelter und unterentwickelter

---

[46] Analytisch ist eine ständige Steigerung der Produktivität und der Realeinkommen pro Kopf bei konstanter Bedürfnis- und Nachfragestruktur nur möglich, wenn die Einkommenselastizitäten aller Güter gleich eins sind.

Länder: Akkulturationsvorgänge) zwar (zunächst) die Konsumgewohnheiten ihrer jeweiligen Elterngeneration, verbinden mit ihnen jedoch andere Nutzenschätzungen. Der jüngeren Generation fehlt die Erfahrung der persönlichen Anstrengungen und Bemühungen, die mit der Erreichung bestimmter Konsumniveaus und Konsumgewohnheiten verbunden war; sie wachsen in Konsumgewohnheiten hinein, die für sie „vererbt", gegeben, nicht in Frage zu stellen sind. Der Nutzen, den sie aus den enkulturierten Konsumerlebnissen ziehen, ist daher geringer als der ihrer Vorfahren. [47]

Dieser Generationeneffekt erklärt einmal ein im Zeitablauf mit steigendem Einkommen zunehmendes Subsistenzniveau; zum anderen und für uns bedeutsamer ist, daß der aus einem *gegebenen* Einkommen bzw. Konsumniveau fließende Gesamtnutzen in der Generationsfolge immer mehr abnimmt und so die Sättigungsgrenze bei steigendem Einkommen in den nachwachsenden Generationen immer weiter hinausgeschoben wird.

Hieraus folgt: (i) Einkommen, dessen Grenznutzen bei Altgenerationen bereits null wäre, hätte bei jüngeren Generationen noch positive Werte; (ii) das Maximum des Gesamtnutzens einer alten Generation wird durch junge Generationen „abgewertet" oder wird mit Einkommensniveaus verbunden, die weit vom Erstrebenswerten (Anspruchsniveau) entfernt sind; (iii) das Existenzminimum oder das subjektiv empfundene Subsistenzniveau steigt in der Generationenfolge; (iv) konstante Grenznutzen implizieren in der Generationenfolge steigende Einkommen.

2. Das Engelsche Gesetz

Nicht nur das Niveau des Konsums, sondern auch seine Zusammensetzung wird von neuen Generationen abgewertet. Die nachwachsenden Generationen treten also in die vom Engelschen Gesetz bestimmte Zusammensetzung des Konsums nicht an der Stelle ein, an der die alten Generationen abtreten. Das heißt, die Änderungen der Konsumstruktur infolge der Wirkung des Engelschen Gesetzes sind durch Änderungen überlagert, die aus dem Generationenwandel resultieren und für eine ständige Änderung der traditionalen Zusammensetzung des Konsums sorgen.

3. Die Einführung neuer Produkte

Wenn der Realkonsum pro Kopf mit steigendem Realeinkommen pro Kopf zunehmen soll und das dynamisierte Engelsche Gesetz gilt, wird die Einführung neuer Güter zu einer notwendigen Bedingung des Wachstums des Gesamtsystems. Dies bedeutet (Marris 1964, S. 229): Individuen werden ihre Konsumausgaben nicht entsprechend ihren gestiegenen Realeinkommen über

---

[47] Zu Argumenten für die Hebung des Anspruchsniveaus in der Generationenfolge siehe auch Claessens/Claessens (1973, S. 109 f.).

einen bestimmten relativen Umfang ausweiten, wenn sie nicht die Möglichkeit zum Kauf neuer Güter besitzen.

Lediglich die Einführung neuer Produkte verhindert, daß ein System, in dem unaufhörlich steigende Einkommen anfallen, sich dem Zustand eines Schlaraffenlandes nähert und zu einer ökonomischen Absurdität degeneriert. Produktneuerungen bewirken eine Reduktion des Nutzens, der mit der Befriedigung des Konsums der traditionalen Güter verbunden ist.

Duesenberry hat (1949) einen Demonstrationseffekt à la Veblen vorgetragen (siehe Veblen 1971, S. 62 ff.). Untere Einkommensklassen versuchen die Konsumgewohnheiten höherer Einkommensklassen zu imitieren. Dieser Effekt scheint einen sinkenden Grenznutzen des Einkommens zu verhindern und könnte als rivalisierende Erklärung zur Produktinnovationsthese herangezogen werden. Leon (1967, S. 120) macht jedoch zu Recht darauf aufmerksam, daß die Ungleichheiten zwischen den Einkommensklassen, welche die Konsumneigung hochhalten, nur aufrechterhalten werden können, wenn die höheren Einkommensschichten fortfahren, ihren Konsum zu differenzieren. Da die höheren Schichten andere Schichten nicht imitieren können, müssen wir auf die Wirkung der Einführung neuer Produkte zurückgreifen. Mitgliedern höchster Einkommensklassen fällt somit die Funktion von Konsumpionieren zu, und zwar in um so stärkerem Ausmaß, je geschlossener, hierarchisierter, feudalisierter das Gesellschaftssystem ist.

Bruno Frey (1970) hat in einer Arbeit, die sich mit der „heute fast unangefochten dominierenden" (S. 10) neoklassischen Theorie optimalen Wachstums beschäftigt, versucht, Produktinnovationen auf dem Wege einer „zweiten goldenen Nutzenregel" in das neoklassische Paradigma einzufügen (siehe Figur).

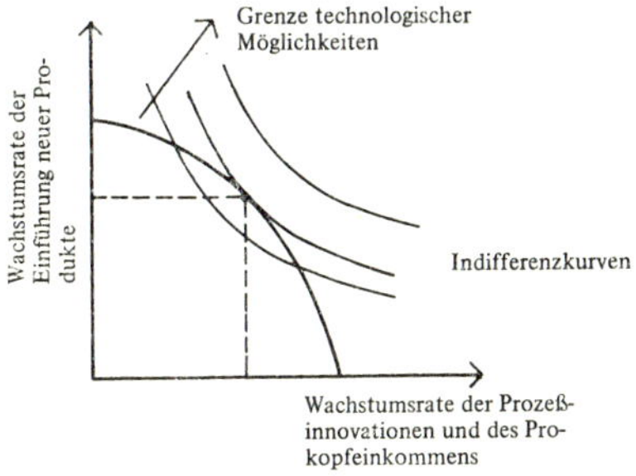

Abb. 11

Die „Gesellschaft" (sic!) ist mit einer Grenze technologischer Möglichkeiten konfrontiert und mit einer Wohlfahrtsfunktion ausgestattet, die ihr den Nutzen zwischen unterschiedlichen Raten des Wachstums von Produkt und Prozeßinnovationen offenbart. „Neue Produkte erhöhen den Nutzen direkt, wenn und weil die Nachfrager durch den Konsum ‚glücklicher‘ werden. Andererseits vermindern neue Produkte den Wohlstand, weil dadurch die alten Güter minder geschätzt werden“ (Frey 1970, S. 26). Die optimale Zuwachsrate der neuen Produkte und der die Realeinkommen steigernden Produktionsverfahren gibt sich im Punkt P der Figur.

Diese Vorstellung zu diskutieren hieße, die in den vergangenen Abschnitten vorgetragenen Argumente zu wiederholen. Wir können uns keine reale Situation vorstellen, in der es möglich wäre, den Informationsanspruch, der etwa aus den in der Figur wiedergegebenen Funktionen resultiert, zu befriedigen. Denn die Informationen, die zur Konstruktion dieser Funktionen notwendig sind, werden durch sich in historischer Zeit vollziehende Prozesse erzeugt, von deren Existenz jedoch abstrahiert werden muß, um solche Funktionen konstruieren zu können. Die zweite goldene Nutzenregel paßt auch nicht für zentralgeplante Systeme, die gewöhnlich der neoklassischen Vorstellung noch am nächsten kommen (siehe Wan 1971, S. 235, 269; siehe auch Fußnote 18, S. 273). Die entscheidenden Probleme werden zugedeckt bzw. als gelöst vorausgesetzt. Wie können neue Märkte durch neue Produkte erschlossen werden, wenn vollkommene Konkurrenz impliziert ist? Wann hört ein neues Produkt auf, neu zu sein? Wie sieht es mit Gütern aus, die zwar schon lange auf dem Markt sind, für viele Leute oder bestimmte Schichten aber immer noch neuartig sind?

Es handelt sich hier nicht primär um „technische“ Fragen der Abgrenzung und Definition von empirischen Tatbeständen. Vielmehr machen die Fragen deutlich, daß das Mikro- wie Makroinstrumentarium der vorherrschenden Theorie zu undifferenziert ist, um das Geschehen in einer komplexen Welt zu erfassen. Versucht man, die Prämissen der vollkommenen Konkurrenz zu relativieren, den Neuerungsprozeß auf Produkt- wie Prozeßseite nicht zeitlos als durch Logik determiniertes Kalkül, sondern als einen in historischer Zeit und Ungewißheit ablaufenden Diffusionsprozeß zu erfassen, zeigen sich die Grenzen der neoklassischen wie der Cambridge-orientierten Ökonomie. Theorien, die durch ihre Annahmen jene Vorgänge ausschließen, deren Erklärung Ziel ihrer Konstruktion ist, können nicht beanspruchen, „Wachstumstheorien“ genannt zu werden.

4.4 Die Welt der monopolistischen Konkurrenz

4.4.1 Charakterisierung

Stellen wir uns einen Walfänger und seine Umwelt vor. Seine Fangchancen werden bestimmt durch die Kenntnis der kausalen Beziehungen seiner Umwelt, sei dieses Wissen durch Erfahrung oder Wissenschaft vermittelt. Er kennt den Einfluß der jahreszeitlichen Änderungen des Klimas, der Meeresströmungen, des biologischen Lebensrhythmus auf die Lebensgewohnheiten der Tiere. Auf dieser Kenntnis seines Umweltgefüges gründet er seine Fangstrategie. Die Auswahl seiner Strategie wird durch das Wissen um Konkurrenten, die auch auf der Suche nach Walen sind und über nahezu identisches Wissen und Fähigkeiten verfügen, nur mittelbar beeinflußt. Der Walfänger kann sich als isoliert betrachten. Das Fangergebnis anderer wird sein Verhalten nicht spürbar beeinflussen. Die Umwelt erscheint ihm daher als in ihrem Gefüge relativ unveränderlich, statisch (s. oben S. 257).

Die ökonomische Entsprechung dieses Umweltgefüges können wir in der Marktform der monopolistischen oder unvollkommenen Konkurrenz (heterogenes Polypol) sehen. Die Entsprechung ist allerdings nicht vollständig, da die preistheoretisch orientierte Markttheorie wegen ihrer materiellen, statischen (gleichgewichtsanalytischen) und mechanistischen Perspektive Handlungsmöglichkeiten ausschließt, die in einer Welt „ziemlich geringer Komplexität" überlebensfördernd wären. Das Güteruniversum erscheint in einem System unvollkommener Konkurrenz nicht mehr als eine durch einen einmaligen Schöpfungsakt aufgebaute Welt, die sich selbst ohne Veränderungen reproduziert, sondern als ein Gefüge in sich relativ stabiler Gruppen (Industrien), deren Mitglieder durch substitutionale Nachbarschaft verbunden sind. Der Übergang von der Marktform vollständiger auf die Marktform unvollständiger Konkurrenz, der in der Theorie der 30er Jahre vollzogen wurde, wird von manchen Beobachtern als so grundlegend betrachtet, daß sie ihm Züge eines revolutionären Umbruches nicht absprechen wollen. Samuelson (1967) spricht von einer „Revolution des unvollkommenen Wettbewerbs", der durch Chamberlin 1933 ausgelöst worden wäre. Krüsselberg sieht in der Heterogenität der Güter und Unternehmensleistungen in einer Welt unvollkommener Konkurrenz „das zentrale Merkmal einer effizienten Marktstruktur", die das neoklassische System zerstören muß (1969, S. 186). Blaug betrachtet den Ansatz von Chamberlin zwar als „only trivially different from perfect competition", was offenbar jedoch ausreicht, um eine „Chamberlinian revolution in modern microecenomics" zu konstatieren: „We can never go back to the bold generalities of Marshallian price theory" (1968, S. 402 f.).

Wie immer, wenn Zeitgenossen Revolutionen zu beurteilen haben, werden unterschiedliche Meinungen geäußert. So hält Stigler (1968, S. 30 9ff.) die Konzeption der unvollkommenen Konkurrenz für eine Fehlentwicklung und schlägt eine — nach Blaug unmögliche — Rückkehr zum Modell der vollkommenen Konkurrenz vor, ein Vorschlag, der von Samuelson (1967, S. 108) vehement zurückgewiesen wird („Chicago economists can continue to shout until they are blue in the face that there is no elegant alternative to the theory of perfect competition"). Archibald hat die Chicago-Kritik (Friedman, Stigler) an Chamberlin einer Prüfung unterzogen und kommt zu dem Ergebnis (wenn auch aus anderen Gründen als Friedman, Stigler u. a.), die Theorie der unvollkommenen Konkurrenz sei empirisch „not totally empty, but very nearly so" (1961/62, S. 14). Auch Cohen und Cyert versuchen den Informationsgehalt von Modellen unvollkommener Konkurrenz zu ermitteln. Sie finden keinen Bezug zur Realität: „It is unfortunate ... that Chamberlin succeeded in creating only an empirically empty economic model" (1965, S. 226). Die Vorstellungen eines vollkommenen und unvollkommenen Marktes gegenüberstellend trifft Helmut Arndt (1970, S. 518) die Feststellung: „Ist aber jeder Markt, der unter realen Bedingungen überhaupt denkbar ist, unvollkommen, so ist der Begriff ‚unvollkommener Markt' vollkommen unbestimmt. Er ist ein Leerbegriff." [48]

Versuchen wir, bevor wir in diese Kontroverse eintreten, uns über die ökonomisch bedeutsamen Merkmale eines Umweltgefüges monopolistischer Konkurrenz, insbesondere im Vergleich zu einer Arrow-Debreu-Walras-Welt, klar zu werden. Der bemerkenswerteste Unterschied zu einem Markt vollkommener Konkurrenz besteht in der funktionalen Abhängigkeit zwischen Marktpreisen und Absatzmengen der einzelnen Unternehmen. Die Unternehmung im Markt unvollkommener Konkurrenz ist nicht mehr die perfekte Kopie aller anderen Unternehmungen. Sie kann vielmehr, da die Besitzer von Überlebensfonds nicht mehr stochastisch verteilt sind, ihr spezielles Wissen über die Bedürfnisse der Besitzer von Kaufkraft für ihre Zwecke einsetzen. Sie kann versuchen, Kaufkraft nicht-willkürlich an ihre Unternehmung zu binden, indem sie für ihre Produkte Präferenzen in den Augen der Konsumenten schafft. Da jede Unternehmung diese Möglichkeiten des Erwerbs von Überlebensfonds kennt, werden die angebotenen Unternehmensleistungen im Markt unvollkommener Konkurrenz heterogener Natur sein; die Unternehmen sind daher zur Produktion bestandserhaltender Heterogenität gezwungen, ein erster Anflug wettbewerblicher Interaktion. Die Unternehmung besitzt ein Minimum an Autonomie, und sie muß diesen durch Wettbewerb kontrollierten Verhaltensspielraum mit psychischer und organisatorischer Kompetenz auffüllen, um im Markt zu überleben. Die Unternehmung ist der *einzige* Anbieter der von ihr produzierten Leistungen (daher der irreführende Begriff *monopolistische* Konkurrenz). Ihr Produkt unterscheidet sich durch räumliche, zeitliche und sachliche Eigenschaften von den Marktleistungen anderer Unternehmen.

Der Umfang der Verhaltensautonomie eines Unternehmens im Markt un-

[48] Um Mißverständnisse zu vermeiden, sei darauf hingewiesen, daß der Begriff "monopolistic competition" von seinem Schöpfer E. H. Chamberlin für alle Marktformen zwischen Monopol und vollkommener Konkurrenz geprägt wurde, also auch für die Oligopolsituation. Im folgenden meinen wir mit monopolistischer Konkurrenz jenes Marktgefüge, in dem viele Unternehmen differenzierte oder heterogene Güter anbieten (Chamberlins "large group case"), also die Marktform des heterogenen Polypols. Ott (1968, S. 44) umschreibt diese Marktform mit den Begriffen Polypol auf dem unvollkommenen Markt, monopolistische Konkurrenz, monopolistic oder imperfect competition.

vollkommener Konkurrenz wird in der traditionalen Markttheorie von zwei Umständen abhängig gemacht:

1. Dem Grad der Substitutionalität der Produkte und
2. der Anzahl der Anbieter verwandter Produkte.

Je enger die substitutionalen Beziehungen von Produkten bei vergleichbaren Produktionskosten [49], je homogener also die angebotenen Leistungen in den Augen der Nachfrager sind, desto „vollkommener" wird die Konkurrenz.

Die Anzahl der Anbieter bestimmt das Ausmaß der Handlungsinterdependenz der Unternehmen: je mehr Anbieter sich um die knappen Fonds der Nachfrager in einem bestimmten Markt bemühen – wobei die Grenzen des Marktes durch die substitutionale Nachbarschaft der Erzeugnisse definiert sind – desto geringer ist der Einfluß der Handlungen eines Anbieters auf die übrigen Konkurrenten.

Während die Unternehmung bei vollkommener Konkurrenz dem Diktat des Marktes ausgeliefert ist, sieht sich der Anbieter im heterogenen Polypol einem aus seiner Verhaltensautonomie resultierenden Verkaufsproblem gegenüber. Seine Position im Markt ist nicht mehr das Ergebnis göttlicher Würfelspiele, sondern seiner Fähigkeit, eine erfolgreiche Verkaufsstrategie zu realisieren. Er kann durch Produktdifferenzierung und Werbung die Lage seiner Absatzfunktion beeinflussen, d. h. die Nachfrageelastizität für sein Produkt senken, Präferenzen kreieren, sein Angebot von dem anderer Unternehmungen relativ isolieren.

Durch substitutionale Nachbarschaft begrenzte Heterogenität der Marktleistungen und die große Zahl der Anbieter („große Gruppe") bewirken das charakteristische Fehlen spürbarer Reaktionsverbundenheit der Unternehmungen im Markt unvollkommener Konkurrenz. Beziehungen der Rivalität der Unternehmen sind auf dieser Stufe der Evolution eines Marktsystems nicht möglich.

Die einzige Voraussetzung der Welt vollkommener Konkurrenz, die im Markt unvollkommener Konkurrenz nicht übernommen wird, ist somit die Homogenitätsbedingung. Die Welt unvollkommener Konkurrenz hat man sich daher als ein Gefüge relativ isolierter Industrien oder Gütergruppen vorzustellen. Die Gruppenzugehörigkeit wird bestimmt durch die relativ höhere Kreuzpreiselastizität bestimmter Erzeugnisse im Vergleich zu Produkten anderer industrieller Gruppen.

Prüfen wir, was die Konstruktionsbedingungen dieser Welt für die

---

[49] Chamberlin geht von identischen Produktionskosten aus. Die Nichtidentität von Unternehmen im Markt monopolistischer Konkurrenz bezieht sich lediglich auf ihre Fähigkeit zur Produktdifferenzierung. Hinsichtlich ihrer Möglichkeiten, Verfahrensneuerungen einzuführen, unterscheiden sie sich nicht von Unternehmen im Markt vollkommener Konkurrenz. Wettbewerb durch Einführung neuen technischen Wissens ist auch innerhalb des Modells monopolistischer Konkurrenz nicht zu erklären.

Erklärung des Auftretens von Phänomenen wie Macht und Kommunikation zwischen Unternehmungen leisten, und in welchen Formen Neuerungsverhalten möglich ist.

4.4.2 Der preistheoretische Machtbegriff

Im Modell der vollkommenen Konkurrenz ist die einzelne Unternehmung „machtlos“. Diese Aussage gilt für alle uns bekannten Definitionen der Macht.

In der neoklassischen Theorie und der von ihr beeinflußten Wettbewerbstheorie wird Macht gewöhnlich als der Einfluß einer Unternehmung auf die Preishöhe bzw. Menge verstanden,[50] eine Vorstellung, die unmittelbar aus dem preistheoretischen Konkurrenzmodell folgt. Die Unternehmung im Markt unvollkommener Konkurrenz muß dann natürlich „mächtiger“ sein als die Wirtschaftsmenschen bei Arrow, Debreu und Walras. Sie ist kein „Preisnehmer“ mehr (auf den Produktmärkten), sondern ein „Preismacher“ wenn auch in Grenzen. Ihre Macht resultiert aus ihrer Fähigkeit, die Preiselastizität für ihre Marktleistung zu drücken, das heißt, durch Werbung und Produktvariation Präferenzen zu schaffen. Die Unternehmung kann sich durch den Einsatz dieser Entscheidungsvariablen der totalen externen Kontrolle (Abhängigkeit) durch den Markt entziehen, was sich eben preistheoretisch darin zeigt, daß ihre Preise von den Grenzkosten abweichen (nach dem Lernerschen Monopolmaß drückt sich Monopolmacht in der Differenz zwischen Preisen und Grenzkosten aus). Die preistheoretische Deutung sog. Marktmacht greift jedoch aus naheliegenden Gründen zu kurz. Der wesentliche Grund ist, daß Macht ein Interaktionsphänomen ist, die Preistheorie aber die prozessualen Aspekte wettbewerblicher Interaktion nicht erfassen kann.

[50] Vgl. etwa Kaufer (1967, S. 139), der von einem „entscheidenden Einfluß auf die Preishöhe, d. h. Marktmacht“ spricht; Low (1970, S. 6 f.): “Market power ... is essentially a firm’s price elasticity of demand for a product or product variant – that is, the degree to which a rise in a firm’s price for a particular good or variant does not loose customers ...”; Scherer (1970, S. 10): “Pure monopolists, oligopolists, and monopolistic competitors share a common characteristic: ... all three types of firms possess some degree of power over price, and so we say that they possess marketpower or monopolypower.” Schmidbauer (1974, S. 78): „Ein Produzent besitzt dann keine Marktmacht, wenn er Marktpreise nicht beeinflussen kann und sich deshalb als Mengenanpasser oder Polypolist verhält. Mit zunehmendem Einfluß auf Marktpreise nimmt die Marktmacht zu bzw. die Intensität des Wettbewerbs ab (Definition).“ Ich verweise aber auch auf die differenziertere Analyse der Marktmacht durch diesen Autor auf S. 326 ff. Hoppmann (1974, S. 13) bemerkt zu Recht, auch bei „Modellen der unvollkommenen Konkurrenz“ würde Macht „weiterhin als Abweichung vom Modell der vollkommenen Konkurrenz definiert ... und (würden) derartige Abweichungen wohlfahrtsökonomisch-normativ beurteilt ...“. Kritische Anmerkungen zur Machtanalyse der traditionellen Preis- und Markttheorie machen Arndt (1971 a) und Röpke (1973).

Die Übertragung der preistheoretischen Vorstellung von Macht auf konkrete Handlungsabläufe im Markt hat zu einer vagen Verwendung dieses Begriffes beigetragen, auch in der Wettbewerbs- und Antitrust-Theorie. So vermittelt beispielsweise Kahn (1963) den Eindruck, Marktmacht sei, was nicht Wettbewerb ist, obwohl auch gelte, daß zum Wettbewerb auch Marktmacht gehöre. Marktmacht als Fehlen von Wettbewerb zu definieren, läßt die Einflußprozesse im Markt und die Ursachen der Entstehung von Macht nicht nur völlig unspezifiziert, sondern ist im Grunde genommen zirkuläre Argumentation wie etwa in der Definition von Edwards (1967, S. 237): „A powerful firm is one that monopolizes a market". Als Ursachen der Marktmacht werden denn auch gewöhnlich ihre Symptome verstanden.

Wir haben im dritten Teil (S. 187 ff.) einige grundlegende Bemerkungen zum Machtproblem in offenen Systemen vorgetragen, die wir hier noch einmal zusammenfassen und im Hinblick auf die Markttheorie ergänzen wollen; in späteren Abschnitten werden wir uns noch detaillierter mit Machtfragen auseinandersetzen.

Macht oder ihr Gegensatz – das Nichtabhängigsein von anderen – ist eine Funktion der Fähigkeit eines Teilsystems, durch sein Handeln (oder Nichthandeln) die Überlebensposition eines anderen Teilsystems zu beeinflussen.[51] Ausübung von Macht als eines Aspektes umweltbezogener Einflußbeziehungen ist ein notwendiger Bestandteil der Verhaltensstrategie eines offenen Systems. Die Abhängigkeit des A von B (die Macht von B über A) drückt sich, wie wir sahen, in der Beschränkung der alternativen Befriedigungs-, Entscheidungs- und Handlungsmöglichkeiten des A durch B aus. Macht zeigt sich also in der Fähigkeit eines Systems, die Handlungsmöglichkeiten eines anderen Systems zu beschränken (Absorption fremdbestimmter Unsicherheit) oder in der Fähigkeit eines Systems zu unerwarteter, spontaner Alternativenproduktion (Unsicherheitsproduktion) für andere Systeme. Macht zeigt sich in beiden Fällen in der Fähigkeit zur Beherrschung, Kontrolle, Manipulation von Ungewißheit, das heißt, in der Fähigkeit, die Varietät der Ergebnisse des Handelns anderer Systeme zu erhöhen, oder mit anderen Worten in der Fähigkeit, die Sicherheit (das Überleben) anderer Systeme nach eigenen Zwecksetzungen zu beeinflussen. Andererseits ist aber auch die Produktion attraktiver, nicht durch den Mächtigen vermittelter Alternativen die hervorragende Möglichkeit des abhängigen Systems, das Machtdifferential abzubauen, sich aus der Abhängigkeit des Mächtigen zu lösen. Demgegenüber übt System B Zwang über System A aus, wenn es dessen Möglichkeitsbereich kontrolliert; der zu einem Verhalten Gezwungene verliert in einer bestimmten Situation seine Ver-

[51] Für Definitionen in dieser Richtung vgl. neben den oben (Abschnitt 3.2.4) genannten Autoren: Albert (1967, S. 448), Carson (1969, S. 154, 168), Stützel (1972, S. 27 ff., 187 ff.), J. D. Thompson (1967, S. 30 f.).

haltensautonomie (ein System ohne Freiraum). Der Einsatz von Zwang ermöglicht durch Kontrolle der Alternativenproduktion des „Opfers" die Aufrechterhaltung des Machtgefälles.

Entstehung und Einsatz von Macht unterliegen in sozialen Systemen den Begrenzungen durch Verhaltensregeln: Diese beschränken einerseits die Handlungsmöglichkeit der Marktteilnehmer und schaffen einen Bereich reduzierter Ungewißheit, sichern aber andererseits Freiräume für (auch machtsteigernde) Produktion von Vielfalt.

Diese Bemerkungen mögen klarmachen, daß in einer Welt vollkommener wie unvollkommener Konkurrenz keine Möglichkeiten zur Evolution von Machtbeziehungen bestehen. Die Nichtspürbarkeit der Wirkungen aus dem Einsatz der Aktionsparameter einer Unternehmung schließt die Produktion von Vielfalt für andere Anbieter aus.[52] Die Unternehmer handeln wie im Modell vollkommener Konkurrenz bei vollkommener Information.[53] Somit werden auch Fragen des Zwanges bzw. der Wettbewerbsfreiheit nicht berührt. Machtprobleme, so können wir zusammenfassen, werden in der Welt monopolistischer Konkurrenz weder aufgeworfen, noch können sie mit den analytischen Mitteln der traditionalen Preistheorie adäquat erfaßt werden.

4.4.3 Fähigkeitsniveau und Marktverhalten

Wir gehen im folgenden nicht von der vorherrschenden, neoklassisch-preistheoretisch orientierten Interpretation des Marktverhaltens in einer Welt un-

[52] Man kann diesen Gedanken auch folgendermaßen formulieren (vgl. Stützel 1972, S. 304 f.): Die Preistheorie arbeitet mit stetigen Funktionen und unendlich kleinen Veränderungen (Marginalanalyse); unendlich kleine Veränderungen (B schränkt z. B. sein Angebot bei gegebenem Preis ein wenig ein) bewirken auch nur unendlich kleine Veränderungen bei den Marktpartnern (A kann zum gegebenen Preis etwas weniger kaufen). Bei den üblicherweise unterstellten Gewinn/Nutzen-Funktionen heißt das: im Maximum der Funktionen wird die mögliche Nutzensenkung wegen „zwangsweisen" Verzichts auf eine Gütereinheit durch den Nutzenzuwachs eines nun verbliebenen größeren Geldvorrates ausgeglichen. Der Nachteil, den B dem A durch Einsatz von Macht zufügen kann, ist null. Das Machtphänomen bleibt in der Preistheorie „notwendig unsichtbar" (Stützel 1972, S. 305); ähnliche Schlußfolgerungen ziehen Arndt (1971, S. 99 f.) und Albert (1967, S. 496).

[53] Siehe hierzu ausführlicher Jansen 1970, S. 51, 55 ff.; die Einführung sogenannter subjektiver Erwartungen ändert an unserer Aussage nichts, solange das Unternehmensverhalten in Gleichgewichtsmodellen dargestellt, also als determiniert betrachtet wird; Gleichgewicht und Ungewißheit schließen sich aus. Macht und Ungewißheit lassen sich gleichgewichtsanalytisch nicht darstellen. Wenn man sie jedoch berücksichtigt, wird das Verhalten von Unternehmen indeterminiert und ist in seinen konkreten Ergebnissen nicht mehr zu erfassen. Die Erklärung des Marktverhaltens müßte dann angesichts der nicht mehr ausgeschlossenen interaktionalen Komplexität über die Beschränkungen unternehmerischen Verhaltens durch Normen und Kompetenzniveau erfolgen. Es ließe sich nicht mehr gleichgewichtsanalytisch ausrechnen, wie sich Unternehmen in einer konkreten Situation verhalten, sondern nur noch, zu welchem Verhalten sie in einer bestimmten Situation nicht mehr fähig sind.

vollkommener Konkurrenz aus. Wir versuchen vielmehr, den Möglichkeitsbereich abzugrenzen, der jenseits der Psyche eines homo oeconomicus dem Anbieter im Markt unvollkommener Konkurrenz offensteht. Dieses Marktgefüge hatten wir gekennzeichnet durch die Heterogenität von Marktleistungen. Was die neoklassische Preistheorie zusätzlich an Prämissen einbringt, dient, wie wir mehrfach betonten, der Abschirmung gleichgewichtsanalytischer Logeleien gegen den Einbruch der Realität. Wenn wir die Prämissen der überlieferten Preistheorie zugrunde legen, sind Knightsche Ungewißheit und folglich Profite auf den Märkten unvollkommener Konkurrenz beseitigt. Ohne Zweifel produzieren jedoch Unternehmen in einer Welt „ziemlich geringer Komplexität" Varietät, sehen sich Unternehmen echter Ungewißheit gegenüber, machen Unternehmer Profite, wenn auch in der Ruhe nicht-rivalisierender Abhängigkeit. Von der Einführung neuer technischer Verfahren abgesehen resultiert die Ungewißheit vor allem aus der Notwendigkeit, die Marktleistungen zu heterogenisieren. Die Unternehmung muß Produkte anbieten, die in den Augen der Konsumenten zwar nicht notwendig neuartig sind (zur genaueren Kennzeichnung des Begriffs „neues Produkt" vgl. den folgenden Abschnitt), wohl aber über neuartige Eigenschaften verfügen. Die Annahme der variierten Erzeugnisse durch die Konsumenten kann scheitern.

Die Lösung des Verkaufsproblems eines heterogenen Polypolisten setzt somit eine, wenn auch bescheiden ausgebildete Fähigkeit zur Produktion von Varietät und zur Absorption nichtversicherbarer Ungewißheit voraus. Der kognitiv und motivational gleichgeschaltete Wirtschaftsmensch der neoklassischen Markttheorie weicht also bereits im Markt unvollkommener Konkurrenz einer Rangfolge unterschiedlich kompetenter psychischer Systeme. Bereits die Erklärung des Marktverhaltens im heterogenen Polypol erfordert die Berücksichtigung von Variablen auf verschiedenen Ebenen der Hierarchie, obwohl die Nachbarschaft dieses Umweltgefüges zur Welt der vollkommenen Konkurrenz noch so eng ist, daß keine unüberbrückbaren Unterschiede zu neoklassischen Lösungen auftreten, wie es in „turbulenteren" Umweltgefügen der Fall ist.

Wenn wir das psychische und organisatorische Fähigkeitsniveau als zentrale analytische Kategorie einbeziehen, sind wir in der Lage, den gesamten Bereich unternehmerischer Anpassung und Bestandserhaltung im Markt der unvollkommenen Konkurrenz zu erfassen, also externes und internes Wachstum zu erklären. Unternehmen, die nicht über die Fähigkeit verfügen, ihre Marktleistung genügend zu variieren und Entscheidungen bei echter Ungewißheit zu treffen (die beiden Determinanten des Markterfolges bei unvollkommener Konkurrenz), können ihr Ausscheiden aus dem Markt nur verhindern, wenn sie am Fähigkeitspotential anderer Unternehmen durch Kooperation, Beteiligung, Aufkauf oder Fusion teilhaben. Die Opfer unternehmerischer Unfähigkeit können Unternehmen der gleichen „großen

Gruppe" sein (Mitglieder eines neoklassischen Marktes), sie können jedoch auch außerhalb der traditionellen Grenzen substitutionaler Nachbarschaft liegen. Den zweiten Fall konglomeralen externen Wachstums halten wir für möglich, aber nicht für sehr wahrscheinlich. Externe Expansion innerhalb wie außerhalb der jeweiligen Produktgruppe erfolgt nicht, um sich eines Wettbewerbers zu entledigen (das wird durch die Konstruktionsbedingungen für eine Welt unvollkommener Konkurrenz ausgeschlossen), sondern um die Folgen relativer Inkompetenz zu heilen, oder (das wäre die neoklassische Variante) um seinen Gewinn zu maximieren, etwa weil die Opferunternehmung ihre Ressourcen nicht optimal einsetzt. Wir wollen das äußerst kontroverse Problem externen vs. internen Wachstums an dieser Stelle nicht weiter behandeln (wir kommen hierauf noch mehrfach ausführlich zurück) und lediglich festhalten: Inkompetente Unternehmen müssen extern wachsen um zu überleben, kompetente Systeme müssen es nicht. Je geringer das Fähigkeitsniveau einer Unternehmung, desto größer die Wahrscheinlichkeit, daß die Unternehmung versucht, die externe Kontrolle des Marktes zu unterlaufen. Zu den Entscheidungsvariablen oder Aktionsparametern einer Unternehmung im Markt unvollkommener Konkurrenz gehört daher neben Produktvariation und Werbung auch die Angliederung unabhängiger Unternehmenseinheiten. Der Einsatz des Aktionsparameters externes Wachstum ist hinreichende Bedingung, um in einer Welt monopolistischer Konkurrenz zu überleben; er ist eine notwendige Bedingung, wenn die Unternehmung Kompetenznachteile besitzt, also durch die Aktivität bestehender oder den Zutritt neuer Mitglieder aus der Marktgruppe eliminiert würde.

Die preistheoretische Analyse des Verhaltens einer Unternehmung im Markt unvollkommener Konkurrenz übergeht diese Marktvorgänge, da sie (komparativ-statisch) die Positionen einer Unternehmung zu bestimmten Zeitpunkten vergleicht, in denen die Preis-Absatzfunktionen jeweils gegeben sind, und die Ungewißheit, die aus der Tätigkeit der Unternehmung herrührt, eine Marktposition aufzubauen oder ihre Lage zu verändern, also bereits eliminiert ist. Folglich fehlt auch der psychische und organisatorische Unterbau des Marktverhaltens, also die Determinanten *unterschiedlicher* Fähigkeit im Einsatz der Aktionsparameter; und folglich wird es möglich, die Fiktion identisch befähigter Unternehmen aufrechtzuerhalten, jeden Unternehmer mit der Psyche eines subjektiv „rational" handelnden, die Maximierung des Erwartungsnutzens betreibenden Wirtschaftsmenschen auszustatten, eine Eigenschaft, die es ihm gestattet, in einer jeweils gegebenen, ihm präsentierten Situation Gewinn und Nutzen zu maximieren. Diese Argumentation führt unmittelbar zum grundlegenden neoklassischen Trugschluß in Wettbewerbstheorie und -politik. Da die Prämissen garantieren, daß alle Unternehmen in gleicher Weise kognitiv fähig, motivational bereit und intern organisiert sind, ihre Gewinne zu maximieren (Annahme identischer Fähigkeitsniveaus), und da die Prämissen zusätzlich die vollständige externe Kontrolle des Unternehmensverhaltens durch den Markt garantieren (freier Zutritt und Austritt aus dem Markt), ist jede Verhaltensweise ex definitione gewinnmaximierend angelegt, somit effizienzsteigernd und nichtwettbewerbsbeschränkend (es sei daran erinnert, daß im hier unterstellten Umweltgefüge keine spürbare und zurechenbare Interaktion der Marktteilnehmer möglich ist, also Eliminierung von Rivalen ausscheidet). Warum sollte eine Unternehmung so töricht sein, sich durch Verzicht auf Gewinne selbst zu ruinieren?

Die Determinanten des Markterfolges und des Marktversagens erschließen sich erst, wenn man die Annahme der Gewinnmaximierung und der totalen Umweltabhängigkeit aufgibt; erst dann wird es möglich, die Unternehmung aus ihrer Skinner-Box zu entlassen, reaktives, extern und anonym kontrolliertes Verhalten durch hierarchisch verankerte Interaktionsprozesse zu ersetzen.[54] Dies war bei vollkommener Konkurrenz bereits notwendig, um den Prozeß der Einführung technischer Neuerungen zu untersuchen, und es wird im Markt unvollkommener Konkurrenz zur Notwendigkeit, um das Marktverhalten in seiner historischen oder genetischen Dimension zu erfassen. Denn bedeutsame unternehmerische Qualitäten sind in Ansätzen bereits im Markt der unvollkommenen Konkurrenz angesprochen: motivationale

---

[54] Bei Aufgabe der Gewinnmaximierung besteht keine eindeutige kausale Verknüpfung zwischen Marktform und Verhaltensweise mehr (Ott 1959, S. 81), andererseits muß auch die Marktstruktur bekannt sein, um rationales Verhalten zu bestimmen, „denn erst bei gegebener Marktstruktur kann über das Verhalten etwas ausgesagt werden" (Brandt 1960, S. 174). Man denke an einen Anbieter, der sich so verhält, als ob sein Marktanteil hundert Prozent ausmacht (der sich also monopolistisch verhält), obwohl sein Marktanteil in Wirklichkeit geringer ist. Er handelt bei Erwartungsirrtum. Die Ableitung seiner Gleichgewichtsposition, also die Aussage, welche Faktoren sein Verhalten bestimmen, ist jedoch entweder nur möglich (die Lösung Erich Schneiders), wenn man stillschweigende Übereinstimmung zwischen seinen subjektiven Erwartungen und objektiven Tatsachen oder vollkommene Information über seine Marktstellung unterstellen kann. In beiden Fällen determinieren Marktstruktur und Gewinnmaximierung das Verhalten. Verzichtet man auf ihre theoretische Verknüpfung, werden aus Problemen einfacher Zusammenhänge Probleme komplexer Zusammenhänge. Deterministische Gleichgewichtsanalyse weicht der Untersuchung der hierarchischen Interaktion offener Systeme. Die durch eine Aufgabe der Gewinnmaximierungsthese eintretende Auflösung der eindeutigen Beziehung zwischen Marktform und Verhaltensweise (auf die neben Ott z.B. auch Chamberlin 1962, S. 51 ff., und E. Schneider 1965, S. 33, hinweisen) wurde jedoch in der Preistheorie nicht zum Anlaß einer theoretischen Rekonstruktion genommen; vielmehr wurde versucht, auf Umwegen wiederum gleichgewichtsanalytischen Determinismus in den Begründungszusammenhang einzubringen; etwa durch die bereits erwähnte Annahme einer weitgehenden Übereinstimmung von subjektiven Erwartungen (konjekturalen Preis/Absatz-Funktionen) mit den tatsächlich eintretenden Gegebenheiten. Das zu erklärende Verhalten (bei Ungewißheit) wird wiederum zum Datum der Analyse: „In einer wirklichkeitsnahen Theorie muß deshalb die zur Anwendung kommende Strategie eines Wirtschaftssubjekts als Datum behandelt werden" (Schneider 1965, S. 34). Eine ausführliche Darstellung und Kritik dieses Vorgehens gibt Jansen (1970, S. 48 ff.).

Fähigkeiten, die je nach Ausprägung und in Verbindung mit Herausforderungen durch die Konkurrenz leistungs- oder mißerfolgsmotiviertes Handeln aktualisieren und kognitive Fähigkeiten, welche in unterschiedlichem Ausmaß die Produktion und Reduktion von Vielfalt ermöglichen. Läßt man dagegen die individuellen Kompetenzen und ihre unterschiedliche Ausprägung in der Analyse des Verhaltens in unvollkommenen Märkten außer acht, das heißt, versucht man, das Verhalten mechanistisch im Sinne der überlieferten Preis- und Markttheorie zu deuten, wird man zu folgender Interpretation gezwungen: Einerseits muß man Abweichungen vom statischen Optimum der vollkommenen Konkurrenz als institutionelles Versagen und Wohlfahrtsverluste des Marktes ausgeben, das heißt nach unserer Vorstellung Wettbewerbshandeln als nicht effizient mißdeuten und andererseits, weit bedeutsamer, ist man gezwungen, Markttransaktionen bestimmter Art (wie den Aufkauf anderer Unternehmen) als individualistisches Streben nach optimaler Effizienz auszuweisen, die eine historische Prozeßanalyse als Beschränkung des Wettbewerbs oder als Ausdruck darwinistischer Unterlegenheit im Kampf um knappe Fonds klassifizieren würde.

4.4 Qualitative und innovative Änderungen von Marktleistungen

Wie kann man zwischen der Produktion neuer Güter (Produktinnovationen) und der Produktion neuer Varianten bestehender Güter (Produktdifferenzierung) unterscheiden? Die Preistheorie hilft sich mit dem Kriterium der Substitutionalität. Güter gehören zur gleichen Produktfamilie, wenn sie substitutional verwandt sind. Folglich wären Güter neu, müßten also außerhalb der Grenzen des gegebenen Marktes angeboten werden, wenn sie einer bestehenden Produktgruppe nicht als nahe Substitute zuzuordnen sind. Eine Produktdifferenzierung ändert dagegen die Identität des ursprünglichen Erzeugnisses nicht. Diese Unterscheidung kann für die Forschungszwecke der Preistheorie durchaus nützlich sein; sie ist jedoch — handelt es sich um Probleme der Erklärung des Marktverhaltens in historischer Zeit — ernsthaften Bedenken ausgesetzt.

Zunächst würde die Unterscheidung eine Abgrenzung der Gütermärkte implizieren, die ohne Willkür nicht vorgenommen werden kann[55], und die

[55] Zur Problematik der Marktabgrenzung vgl. Kaufer (1967), Hoppmann (1972, S. 47 ff.; 1974) und Möschel (1974, S. 21 f.). Man kann die Problematik durch die bewußt pointierte Behauptung zusammenfassen: Möglichkeit der Marktabgrenzung setzt Abwesenheit von Wettbewerb voraus: (I) Für die Unternehmen ist ihr „relevanter" Markt kein strategischer Aktionsparameter mehr; es gibt also keinen Innovationswettbewerb, kein Vorstoßen mit alten oder differenzierten Produkten in neue Konsumbereiche (mit entsprechenden Implikationen für Werbung, Marketing, Entwicklung neuer Produktionsverfahren); (II) Möglichkeit der Marktabgrenzung heißt Abwesenheit potentieller Konkurrenz, das heißt kein Eindringen neuer Kon-

einer Vorstellung Vorschub leistet, Wettbewerb spiele sich auf sog. Partialmärkten ab. Zum anderen impliziert diese Unterscheidung die Existenz externer Beobachter, die fähig sind, *objektive* Meßwerte (wie Elastizitäten) zu gewinnen, die über die jeweils konkrete Marktzugehörigkeit eines Produktes entscheiden. Diese objektiv-quantitative (operationale) Abgrenzung ist jedoch für die Marktteilnehmer selbst irrelevant und für ihr Verhalten höchstens deswegen von Bedeutung, weil möglicherweise eine Behörde existiert, die vorgibt, definieren zu können, auf welchem relevanten Markt jene Unternehmen anbieten, um dann daraus möglicherweise Schlüsse zu ziehen, ob auf diesem Markt Wettbewerb besteht oder nicht.

Wir benötigen also eine Abgrenzung, die sich auf die *subjektiven* Einstellungen der Anbieter und Nachfrager bezieht, die also darüber informiert, über welche Qualitäten ein Gut verfügen muß, um in den Augen der Marktteilnehmer als innovatorische Änderung zu erscheinen.

In der Diffusionsforschung wird ein Gut als „neu" bezeichnet, das auf einer neuen Idee basiert (siehe Rogers 1962). Neu muß die Idee für ihren potentiellen Annehmer sein, nicht für ihren Anbieter. Die Perspektiven des Anbieters und des Nachfragers fallen zusammen, wenn es sich um ein Produkt handelt, das am Anfang seiner Lebenskurve steht, ein Gut also, das auf einer neuen Idee basiert und erstmalig in den Markt eingeführt wird. Diese Abgrenzung erlaubt die Definition, daß ein Gut dann innovative Qualität besitzt, wenn es von den Konsumenten als neu wahrgenommen wird, und wenn die Anbieter es als verschieden von anderen Gütern betrachten. Bei innovativer Variabilität muß es sich somit nicht um eine originäre Neuschöpfung handeln. In jeder Phase der Lebenskurve eines Produktes kann eine Marktleistung innovative Qualität besitzen, wenn (i) das Produkt von Unternehmen imitiert wird, für die es im obigen Sinne „neu" ist, und wenn (ii) diese Imitatoren das Gut Konsumentengruppen anbieten, die es bisher nicht kannten.

Über welche Eigenschaften muß nun eine Marktleistung verfügen, damit man behaupten kann, sie sei „neu", und zwar sowohl aus Anbieter- wie Nachfragersicht? Die Eigenschaften, die uns gestatten, eine Idee als neuartig zu bezeichnen, haben wir im zweiten Teil ausführlich diskutiert. Neuerungen sind Produkte kreativ-originärer oder kreativ-imitativer kognitiver Vorgänge. Neuerungen basieren auf geistigen Konstrukten. Ihre Neuartigkeit zeigt sich darin, daß sie „qualitatively different from existing forms" sind (Barnett 1953, S. 7). Diese qualitativen Unterschiede müssen wir nun auf ökonomisch

---

kurrenten in die eingespielten Beziehungen etablierter Marktteilnehmer. Die Möglichkeit, einen Markt abzugrenzen, setzt ein Wissen voraus, das in jenen wettbewerblichen Marktprozessen, zu deren theoretischer Erfassung und wettbewerbspolitischer Steuerung die traditionale Preis- und Markttheorie die Grenzen des relevanten Marktes operational bestimmen muß, erst geschaffen wird. „So führt die Vorstellung, man könnte operational einen relevanten Markt mit hinreichender Gewißheit abgrenzen, im Kreise herum ..." (Hoppmann 1972, S. 51).

relevante Dimensionen beziehen, das heißt auf Eigenschaften von Marktleistungen, die in den Augen von Anbietern und Nachfragern qualitativ differenzierbar sind.

Die Eigenschaften eines Produktes lassen sich durch einen Produktraum („commodity space“; Sandkull 1968, S. 27 ff.) darstellen. Ein solcher Produktraum wird durch Kriterien der Produzenten (Angebot) und der Konsumenten (Nachfrage) abgegrenzt. Die Kriterien der Anbieterseite umfassen die physikalischen und technischen Eigenschaften (die Produktionsparameter) und Eigenschaften des Marketing (Kommunikationsparameter). Die Kriterien der Nachfrageseite umfassen die auf der Grundlage der Privatkulturen (Einstellungen, Werte, Bedürfnisse) der einzelnen Konsumenten wahrgenommenen physikalisch-technischen und Marketing-Eigenschaften. Eine Produktvariation liegt vor, wenn sich die Angebots- und Nachfrageattribute eines Produktraums ändern. Eine von den Anbietern eingeleitete Veränderung des Produktraums wird also erst durch kreative Imitation der Nachfrager zu einer Produktneuerung. Physikalisch-technische Änderungen zielen auf den technischen Nutzen eines Produkts, Änderungen im Marketing von Produkten auf den symbolischen oder expressiven Charakter von Marktleistungen.[56] Damit vom Unternehmer eingeleitete Änderungen des Produktraums innovative Qualität annehmen, müssen sie von den Nachfragern aufgrund ihrer symbolischen und/oder technischen Nutzenvorteile gegenüber anderen Produkten differenziert werden. Die Fähigkeit zu differenzieren ist persönlichkeitsstrukturell verankert. Von Anbietern induzierte Änderungen des Produktraums können die kognitive Kompetenz der Nachfrager übersteigen oder unterlaufen und somit verhindern, daß neue Ideen zu neuen Produkten werden. Der zweite Fall ist besonders interessant, da er für ein Phänomen steht, das in der Markttheorie als Produktdifferenzierung bezeichnet wird. Wir können zwei Subkategorien unterscheiden (White 1969, S. 102):

1. In einer Kategorie der „Nutzen“-Produkte (die physikalisch-technischen Eigenschaften des Produktraums stehen im Vordergrund), die im Laufe der Produktimitation ziemlich homogenisiert wurden, soll zwischen Änderungen symbolischer Natur differenziert werden; etwa wenn eine Margarinesorte mit einer intakten Familienwelt oder Bauernidylle (Margarine identisch Butter) identifiziert werden soll, oder wenn Waschmittelfabrikanten nahezu homogene Nutzenprodukte symbolisch differenzieren. Diese auf die kommunikativen Eigenschaften bezogene Segmentierung einer Produkt-

---

[56] Siehe zu dieser Unterscheidung White (1969, S. 101): “Expressive products are those whose very use constitutes an act of identification for the consumer – ... each product purchase and/or use constitutes a public or private communication to both self and community of the individuality of the consumer. ... ‘Utility products’ are those which are primarily to be used (often literally ‘consumed’) with a minimum ancillary communication – publicly or privately – about one’s individuality.”

kategorie, welche die Konsumenten aufgrund physikalisch-technischer Nutzenvorteile zu differenzieren gelernt haben, scheitert gewöhnlich an der „Unfähigkeit" der Konsumenten, die vom Unternehmer hineingelegten symbolischen Vorteile wahrzunehmen.

2. In einer zweiten Kategorie versuchen die Anbieter, bei Produkten, die ihre symbolische oder expressive Diskriminierungsqualität eingebüßt haben, physikalisch-technische Änderungen bei den Konsumenten bekanntzumachen und durchzusetzen (etwa Zigaretten mit teerabsorbierenden Filtern). Auch hier scheitert gewöhnlich die Strategie der Produzenten an der mangelnden kognitiven Fähigkeit der Konsumenten, traditional symbolisch differenzierte Güter nach ihrem technischen Nutzen zu unterscheiden.

Wir haben bisher die folgenden Fälle von Produktentwicklung (Änderungen des Produktraums) kennengelernt:

1. Produkte, die auf physikalisch-technischen Änderungen beruhen;
2. Produkte mit gegebenem technischem Nutzen, die symbolisch differenziert werden;
3. Produkte, die auf Änderungen des symbolischen Gehalts beruhen;
4. Produkte mit gegebenem symbolischem Wert, die hinsichtlich ihres technischen Nutzens differenziert werden;
5. Als letzte Kategorie verbleiben Produkte, die sowohl technischen Nutzen wie symbolischen Wert versprechen.

Selbstverständlich gibt es keine objektive, für einen außenstehenden Beobachter sichtbare Abgrenzung zwischen Veränderungen des Produktraums, die einmal zu neuen Produkten führen, ein anderes Mal die Heterogenisierung alter Produkte bewirken. Entscheidend für die Abgrenzung ist lediglich, daß ein neues Produkt Veränderungen des Produktraums bedingt, die sowohl aus der Sicht der Anbieter wie der Nachfrager eine neue Idee implizieren. Es gibt somit auch keine objektive Unterscheidung zwischen einer Produktdifferenzierung (Heterogenisierung traditionaler Produkte) und einer Produktneuerung. Wohl kann man genügend Fälle konstruieren, die wegen ihres extremen Charakters eine scheinbar eindeutige Zuordnung einer Marktleistung in die eine oder andere Kategorie zulassen. Diese Klassifizierung ist jedoch uninteressant, da sie weder theoretisch noch empirisch informiert. Die interessanten Wirkungen folgen aus der Möglichkeit subjektiv unterschiedlicher Wahrnehmungen von Produkteigenschaften, aus dem subjektiven Herausforderungscharakter von Produkten (Enttäuschung von Erwartungen, Ungewißheit, Profit, Ausbreitung neuer Ideen im Markt etc.)

Wenn unvollkommene Konkurrenz als eine Marktform verstanden wird, in der keine direkte Verhaltensinterdependenz zwischen den Anbietern besteht, ist nicht einzusehen, warum in einer solchen Welt keine Produktneuerungen auftreten könnten. Vom Oligopolfall abgesehen, kommen ständig neue Produkte auf den Markt, ohne daß irgendein anderer Anbieter in einer spezifischen und fühlbaren Weise darauf reagieren würde, ohne daß also der Innovator mögliche spürbare Reaktionen anderer Anbieter in Rechnung stellen müßte.

Den Markt unvollkommener Konkurrenz als einen heterogenen, aber nicht-innovativen Anbietermarkt zu betrachten, ist nicht empirisch begründet, sondern folgt aus der eigenartigen Interpretation des Marktgeschehens durch die neoklassische Preistheorie. Für die Preistheorie ist der Markt unvollkommener Konkurrenz ein vollkommenes Polypol, in welchem die Prämisse der Produkthomogenität nicht mehr gilt. Die Verhaltensweisen auf einem solchen Markt sind nicht Ausgangspunkt der Untersuchung, sondern Folge objektiv definierter Tatbestände (Zahl der Anbieter, Substitutionselastizität) und der üblichen Prämissen (vollkommene Rationalität etc.). Die Unternehmung kreiert nicht ihren Markt, sondern wird in ihn hineingesetzt, mit einer Produktions- und Preis/Absatzfunktion ausgestattet und dann im Hinblick auf ihre Gleichgewicht produzierenden Reaktionen beobachtet. Der Markt, auf dem die Unternehmung agiert, wird durch eine Substitutionslücke zu anderen Gütern begrenzt. Diese Grenze ist zunächst nichts weiter als eine Erfindung der Theorie, die gleichgewichtsanalytische Abläufe ermöglichen soll, und die daher nicht in Frage gestellt werden kann, ohne die logischen Deduktionen zu gefährden. Die freiwillige Selbstbeschränkung einer Theorie, ihre Untersuchungsobjekte in einen für ihre Zwecke geeigneten Aktionsraum zu setzen, kann aber nicht als Argument dienen, auch das Verhalten der realen Welt den Regeln der Entscheidungslogik zu unterwerfen. Es besteht mit anderen Worten kein Grund, warum ein Unternehmer sich einer Diktatur der Marktformen unterwerfen sollte, sofern diese Diktatur nicht Sanktionskraft gewinnen würde, weil gleichgewichtsanalytische Traditionen in Gesetzen normiert würden.

Es ist das Anliegen der Preistheorie, jene Verhaltensweisen aufzuzeigen, die einer Unternehmung oder einer Gruppe von Unternehmungen den Weg zu einem gleichgewichtigen Zustand weisen. Die preistheoretische Gleichgewichtsanalyse muß daher jene Handlungen in den Randbedingungen des Modells fixieren, also von der Erklärung ausschließen, die in der Realität bewirken, daß sich Gleichgewichtszustände weder tatsächlich noch tendenziell herausbilden. Zu diesem ausgeschlossenen Bereich der Realität unternehmerischen Verhaltens gehören vor allem die Entwicklung und Einführung neuer Produkte, da Produktinnovationen entweder die Grenzen substitutionaler Nachbarschaft sprengen oder Verhaltensweisen implizieren, die gleichgewichtsanalytisch nicht faßbar sind. Grenzt man einen Markt partialanalytisch ab, schreibt man damit gleichzeitig den Bereich des Verhaltens vor, in welchem sich Konkurrenten Konkurrenz machen dürfen; Produktdifferenzierung muß sich dann – zirkulär definiert wie bei Needham (1969, S. 78) – beziehen auf „a degree of difference which is less than that required to make the products of different firms members of different industries“.

Fassen wir zusammen:

Es gibt innovative und nicht-innovative Produktdifferenzierungen. Man kann nicht objektiv festlegen, wann Produktdifferenzierungen traditionaler Art in ein neues Erzeugnis „umschlagen". Bei innovativen Marktleistungen handelt es sich um Veränderungen des Produktraums (Sandkull), die sich auf den technischen und symbolischen Nutzen *und* auf ihre differenzierte Wahrnehmung durch die Nachfrager beziehen.

Produktinnovationen sind mit den Bedingungen, unter denen sich das ökonomische Leben in einer Welt relativ geringer Komplexität abspielt (Fehlen spürbarer Verhaltensinterdependenz), vereinbar, wenn der Möglichkeitsbereich nicht a priori mit einer bestimmten Gütergruppe (Industrie; Markt) identifiziert, das heißt partial- und gleichgewichtsanalytisch argumentiert und die Fiktion eines „relevanten Marktes" unterstellt wird.

Stabilitätsbedingung dieser Welt monopolistischer Konkurrenz ist die Beschränkung des Möglichkeitsbereichs auf Handlungen, die keine spürbar zurechenbaren Aktionen anderer Marktteilnehmer auslösen (das impliziert Änderungen der marktstrategischen Variablen einer Unternehmung, die nicht soviel Kaufkraft der Nachfrager auf sich ziehen, daß die Position anderer Unternehmen zurechenbar gefährdet würde). Der Innovations- und Imitationswettbewerb ist nicht-rivalisierenden Charakters.

Der hier vorgestellte Ansatz ist nicht auf einen Einzelmarkt bezogen. Er stellt die Interaktion einer Unternehmung mit ihrer Umwelt in den Vordergrund. Es erfolgen daher auch keine „Eintritte" und „Austritte" in einen Markt (eine partialanalytische Kategorie), sondern Ausweitungen und Begrenzungen des Möglichkeitsbereichs der Mitglieder eines Marktsystems. Die Interaktionen eines Systems mit seiner Umwelt besitzen hier sämtlich eine historische Dimension; der Prozeß des Wettbewerbs der Akteure ist ein „Ablauf von Ereignissen" (Hayek 1952, S. 135). Die neoklassische Markttheorie dagegen interessiert sich für das Verhalten der Unternehmen nur nebenbei. Sie untersucht primär die Determinanten von Preis- und Mengenbewegungen auf abgegrenzten Märkten mit exogen definierter Marktstruktur. Das Verhalten der Marktakteure wird als mehr oder weniger außengelenkt oder fremdkontrolliert hingestellt.

4.5 Die Welt oligopolistischer Rivalität

4.5.1 Reaktionsverbundenheit auf dem Oligopolmarkt

Eine Welt ziemlich geringer Komplexität zeichnet sich durch die Abwesenheit einer unmittelbaren Verhaltensinterdependenz der einzelnen Teilsysteme aus. Externe Kontrolle ist fühlbar aber nicht speziellen Aktionen von anderen Marktteilnehmern zurechenbar. Wohl gefährdet der Markt die Positionen inkompetenter Systeme und wird daher zu unterlaufen versucht. Eine wettbewerbsbeschränkende Überlebensstrategie im Markt unvollkommener Konkurrenz kann sich jedoch nicht darauf beziehen, Konkurrenten zu eliminieren, denn solche Konkurrenten existieren nicht.

Das Ende monopolistischer Konkurrenz ist gekommen, wenn ein Akteur der Ansicht ist, daß seine Marktposition oder Sicherheit durch bestimmte Handlungen anderer Akteure beeinflußt werden kann (oder umgekehrt), wenn er also Grund für die Annahme besitzt, sein Verhalten und das Verhalten anderer Marktteilnehmer stünden in reaktiver Verbundenheit oder in direkt zurechenbarer Interdependenz, oder seine Handlungen könnten die Kreise anderer Unternehmen *stören* und würden folglich *Reaktionen* auslösen, die sich mit seinen Zielen nicht vertragen. Ein Umweltgefüge, in dem Beziehungen dieser Art dominieren, bezeichnen wir als *gestört-reaktive Umwelt* oder als eine Welt mit gemäßigt hoher Komplexität.

Zur kognitiven Grundausrüstung jeden Teilnehmers in einem gestört-reaktiven Marktsystem gehört die Einsicht, daß dasjenige, was er selbst weiß, auch alle anderen wissen können, und daß die anderen wissen, daß er es weiß. Jeder bildet sich Erwartungen über die Erwartungen anderer, deren Eintreten außer im Wege eines infiniten Regresses probabilistisch und spieltheoretisch nicht mehr zu erfassen ist. [57]

Daß Unternehmen ihre wechselseitige Verhaltens- und Ergebnisabhängigkeit erkennen, wird in der traditionalen Theorie des Oligopols vor allem auf die geringe Zahl der Teilnehmer in einem gegebenen Markt zurückgeführt. Die Abgrenzung eines Marktes erfolgt wie bei unvollkommener Konkurrenz

---

[57] Weil die Interessen von Unternehmen im Oligopol zumindest teilweise in Konflikt miteinander stehen, und weil sich die Unternehmen darüber klar sind, daß ihre Aktionen nicht nur das Erreichen ihrer eigenen Ziele, sondern unmittelbar das der anderen beeinflussen, werden Oligopolsituationen als „strategisch" betrachtet. Es gibt zahlreiche Versuche mit Hilfe strategischer Oligopolmodelle empirisch überprüfbare Hypothesen über das Verhalten reaktionsverbundener Unternehmen zu gewinnen. Zumindest bis heute jedoch sind die Ergebnisse enttäuschend geblieben, was angesichts der Voraussetzungen der Strategieanalyse nicht überraschen sollte. Zum Stand der Oligopoltheorie bemerkt Martin Shubik (1970, S. 415): "There is no oligopoly theory. There are bits and pieces of models ... Our so-called theories are based upon a mixture of common sense, uncommon sense, a few observations, a great amount of causal empirism, and a certain amount of mathematics and logic." Einen ähnlichen Schluß zieht McGee (1971, S. 74). Joskow (1975) bemerkt, die formalen Oligopolmodelle würden von "serious students of actual markets and public policies" kaum verwendet werden (S. 270). Die formale Oligopoltheorie scheine zu ignorieren, was sich auf den Märkten tatsächlich abspiele (S. 274). Eine Bestandsaufnahme der Oligopoltheorie geben auch Simonis (1971) und Biermann (1973). Stigler (1964) hat wegen der beschränkten Relevanz strategischer Oligopolmodelle den Schluß gezogen, auf strategische Überlegungen vollständig zu verzichten und Oligopole einfach als unvollkommene Kartelle oder als Situationen unvollkommener kollusiver Verhaltensmuster zu betrachten.

durch die substitutionale Nachbarschaft (höhere Kreuzpreiselastizität) bestimmter Marktleistungen.

Im Oligopolmarkt herrscht die kleine Gruppe. Die Erfahrung der gegenseitigen Abhängigkeit der Gruppenmitglieder läßt sie ihre Beziehungen als die von Rivalen betrachten. Auch wenn im Laufe der historischen Entwicklung einer Gruppe sich ein bestimmtes stabiles Reaktionsmuster herausgebildet hat (von der Kollusion bis zum Kartell), bleibt die Harmonisierung der Ziele der Gruppenmitglieder durch potentielle Rivalität ständig bedroht.

Die wechselseitige Reaktionsverbundenheit im Oligopolmarkt bewirkt, daß Oligopolisten sich gegenseitig als Störungsquelle oder potentielle Produzenten von Varietät (Unsicherheit) betrachten müssen. Dies ist der grundlegende Unterschied zu einer Welt geringen Herausforderungsgrades, in der echte Ungewißheit als Ergebnis eigenen Handelns der Unternehmen auftritt, fremdproduzierte Ungewißheit aber wegen des Fehlens fühlbarer gegenseitiger Reaktionsverbundenheit nicht besteht. Im Oligopolmarkt werden daher erhöhte Anforderungen an die Fähigkeit von Unternehmen gestellt, gesteigerte Komplexität zu reduzieren, eigene Varietät zu produzieren und Ungewißheit zu absorbieren.

4.5.2 Strategien der Reduktion von Komplexität in der gestört-reaktiven Umwelt

Zur zentralen Voraussetzung der Bestanderhaltung einer Unternehmung im Oligopolmarkt wird die Fähigkeit, die aus unmittelbarer Wirkungsinterdependenz herrührende Varietät zu reduzieren. Überleben und Expansion im oligopolistischen Gefüge erfordern Strategien der Absorption der aus der Reaktionsverbundenheit der Unternehmen folgenden Ungewißheit. Diese Strategien können sich an zwei grundlegenden Mustern orientieren:

1. der Produktion eigener Varietät oder der Absorption von Ungewißheit durch Steigerung der psychischen und organisatorischen Kompetenz der Unternehmung;
2. der Abstimmung und gegenseitigen Kontrolle der Produktion von Varietät und/oder der Eliminierung von tatsächlichen oder potentiellen Quellen von Vielfalt.

Wenn wir Wettbewerb vorläufig als eine Verhaltensform kennzeichnen, bei der zwei oder mehrere Systeme um ihres Überlebens willen dazu gezwungen sind, sich unpersönlich oder rivalisierend, aber unabhängig um knappe Fonds zu bemühen, können wir die erste Strategie als wettbewerbskonform, die zweite als wettbewerbsbeschränkend einstufen. Die Ausschaltung des Wettbewerbs in einer gestört-reaktiven Umwelt zeigt sich in der kooperativen oder durch Macht erzwungenen Reduktion von Komplexität oder in der kooperativen oder zwangsweisen Kontrolle der Entstehung (Produktion) von Vielfalt. Das heißt, die Varietät der Störungen wird nicht durch eine erhöhte Varietät der eigenen Reaktionen – durch systemeigene Anpassungsleistungen – kompensiert, sondern durch ihre kooperative oder erzwungene Eliminierung, durch Kontrolle ihrer Produktion und durch Eliminierung oder Schwächung der zur Anpassung zwingenden Umweltkonstellationen. Welche dieser Strategien die Unternehmung einsetzt, hängt von dem Zusammenwirken folgender Faktoren ab:

1. der psychischen und organisatorischen Kompetenz der Oligopolisten;
2. der Beschränkung des Möglichkeitsbereichs der Oligopolisten durch allgemeine Regeln;
3. dem Ausmaß der Oligopolisierung anderer Marktsysteme.

Wir werden das Zusammenwirken dieser Faktoren im folgenden detaillierter darstellen.

1. Die Strategie der Kooperation

Für einen Oligopolisten ist die Menge und die Art der Umweltstörungen nur teilweise unabhängig von seinen eigenen Aktionen. Ein Oligopolist kann einen Teil der Störungen zwar nicht unmittelbar kontrollieren, er kann jedoch die Art und Weise ihres Eintretens beeinflussen. Das gelingt um so eher, je weniger Störungsquellen seine Umwelt aufweist und je länger die Zugehörigkeit der Mitglieder einer „kleinen Gruppe" andauert, denn in beiden Fällen steigen die Chancen, im Zeitablauf stabile Reaktionsmuster zu entwickeln und zu praktizieren.

Daß Oligopolisten einen Lernprozeß durchmachen und daß sie mit der Dauer der Zugehörigkeit zur Gruppe stabile Reaktionsmuster herausbilden, scheint eine Selbstverständlichkeit zu sein, deren Existenz jedoch die orthodoxe Markttheorie nicht daran gehindert hat, Modelle oligopolistischen Verhaltens zu entwerfen, die auf statischen, im Zeitablauf unveränderlichen Reaktionshypothesen beruhen.[58] Auch spieltheoretische Erklärungen scheinen uns die interaktive Dynamik des Geschehens auf Oligopolmärkten nicht erfassen zu können, da sie von dem für eine Oligopolwelt merkmalsbestimmenden Tatbestand zirkular verursachter echter Ungewißheit abstrahieren. Die Ergebnisse unterschiedlicher Züge (Strategien), die in der pay-off Matrix erscheinen, sind der Höhe nach bekannt, und ihr Eintreten kann probabilistisch bestimmt werden.[59] Es werden also *gegebene* Handlungsalternativen unterstellt, die eine Auswahl der optimalen Züge je nach den verwendeten Lösungskriterien erlauben.[60] Nur bei statischer Betrachtung kann

[58] Der Oligopolist "will continue to be steadily stupid until the end" (Shubik 1970, S. 416; siehe auch Biermann 1973, S. 556).

[59] Fellner (1967, S. 17 ff.) zum Beispiel geht von "all possible allocations of a given amount of joint profits" aus und unterstellt eine "given relative distribution of profits".

[60] Diese Ausführungen sind selbstverständlich fragmentarisch. Zu einer weiteren

man die Lösung des Oligopolproblems in der Erklärung sehen, wie und warum ein Oligopolist bei Kenntnis der jeweiligen Handlungsresultate einen bestimmten Zug aus einer gegebenen Menge von Möglichkeiten auswählen wird. Die Spieltheorie erklärt somit nicht, wie es zur Evolution bestimmter Reaktionsmuster gekommen ist; sie vermag jedoch Hinweise zu geben, wie sich bei Annahme eines gegebenen mehr oder weniger stabilen Reaktionsmusters die einzelnen Gruppenmitglieder verhalten werden, wenn sie bestimmte Ziele verfolgen.

In Prozessen oligopolistischer Interaktion lernen die Unternehmen, welche Art von Störungen, das heißt, welche Art der Produktion von Varietät dazu führt, bestimmte Zustände (Ziele, Anspruchsniveaus) zu erreichen oder nicht zu erreichen. Sie lernen, welcher Art die Aktionen (Reaktionen) sein müssen, damit – über den Mechanismus zirkulärer Interdependenz – andere Unternehmen ihr Anspruchsniveau nicht erreichen (die daraufhin mit einer Steigerung ihrer Produktion von Vielfalt reagieren, was die Erreichung der eigenen Ziele gefährdet usw.). Sie erfahren, welcher Art die Reaktionen sein müssen, die zwar bei anderen Unternehmen als Störung wahrgenommen werden, aber nicht zur Produktion solcher Arten von Vielfalt führen, die die eigenen Zwecke durchkreuzen; sie lernen, welcher Art das Verhalten sein muß, um ein gemeinsames Ziel der Gruppenmitglieder zu erreichen. Solche Lernprozesse können somit darauf hinauslaufen, die Produktion von Vielfalt zu koordinieren, ohne daß die sichtbare Hand eines Lenkers im Spiel wäre. Die Oligopolisten vermögen dadurch die Unsicherheit über ihr zukünftiges Verhalten zu vermindern oder auszuschalten. Der Erhöhung der Markttransparenz durch Verhaltensabstimmung und kooperativen Informationsaustausch entspricht eine Verminderung der Wettbewerbsintensität im Sinne eines eingeschränkten Freiraums für individuelle (nicht-abgestimmte) Handlungen. Der Zunahme der wechselseitigen Kenntnis der kognitiven Erwartungen entspricht der Aufbau einer normativen Erwartungsstruktur, das heißt, eine Begrenzung der Handlungsmöglichkeiten der einzelnen Oligopolisten.

Die Herausbildung stabiler Reaktionsmuster, die zu einer Verhaltensabstimmung auch ohne explizit formulierte Absprachen führen können,

---

kritischen Stellungnahme, die zu dem Ergebnis kommt, „daß die oligopolistische Preisbildung und der Wettbewerbsprozeß zwischen den Anbietern von außen mit dem Instrumentarium der traditionellen Theorie grundsätzlich unbestimmbar ist", siehe Jansen (1970, S. 141). Die Aussagefähigkeit der gleichgewichtsanalytischen und spieltheoretischen Ansätze in der Oligopoltheorie wird begrenzt (1) durch die Ausschaltung von Ungewißheit (Unterstellung der Kenntnis der Reaktionen der Marktteilnehmer; Kenntnis der Wahrscheinlichkeitsverteilungen der Reaktionen, welche zudem im Zeitablauf als unverändert unterstellt werden; Unterstellung sofortiger bestmöglicher Reaktionen auf Aktionen eines Oligopolisten); bei ungleichem Informationsstand, der zum Beispiel durch die unterschiedliche Fähigkeit, Informationen zu produzieren und zu verarbeiten, entstanden sein könnte, ist ein Gleichgewicht logisch nicht mehr konstruierbar; (2) Abgrenzung eines relevanten Marktes (siehe oben S. 324 Fn. 55).

scheint im wesentlichen von der Dauer der Gruppenzugehörigkeit (bzw. der jeweiligen Phase im Produktzyklus) und dem Ausmaß oligopolistischer Interdependenz abzuhängen.

Eine Tendenz zur kooperativen Ausschaltung des wettbewerblichen Anpassungszwanges garantiert ein Überleben der einzelnen Gruppenmitglieder mit zunehmender Reifung des Oligopolmarktes (Fortschreiten im Lebenszyklus des Produktes) nur, wenn sie Expansionschancen außerhalb ihres traditionalen Marktes (Reaktionsmusters) suchen [61]; und zwar Chancen in solchen Märkten, die

(a) noch nicht oligopolistisch strukturiert sind und/oder

(b) noch hohe Profitraten aufweisen, weil sich der Markt noch in der Imitationsphase des Produktzyklus befindet und/oder

(c) in denen die Unternehmen noch nicht gelernt haben, durch abgestimmten Einsatz ihrer Aktionsparameter, die aus oligopolistischer Rivalität resultierende Vielfalt zu beherrschen und folglich Chancen auf höhere Gewinne durch oligopolistische Lernprozesse bestehen.

Jede dieser drei Alternativen kann man als Diversifikation bezeichnen. Welcher Alternative sich ein Oligopolist zuwendet, können wir nicht sagen, da jede Möglichkeit in bezug auf die Anforderungen an die psychische und organisatorische Kompetenz als gleichwertig zu beurteilen ist.

Eine Unternehmung könnte zunächst in jene Bereiche expandieren, deren technologische und Marketing-Anforderungen ihr Fähigkeitsniveau nicht übersteigen. Sie könnte zum Beispiel vertraute Produkte bei gegebener Technologie an neue Kunden liefern, neue Produkte, die sie mit vertrauter Technologie an alte Kunden absetzen kann, zu imitieren versuchen usw. Es existiert also für jede Unternehmung eine Hierarchie von Anpassungsstrategien entsprechend ihrem jeweiligen Fähigkeitsniveau, deren Einsatz der Unternehmung eine Expansion auf Inlands- und Auslandsmärkten ermöglicht.

Die Erschließung neuer Möglichkeitsbereiche auf Inlandsmärkten ließe sich mit diesem Muster (Einsatz von Anpassungsstrategien entsprechend dem Fähigkeitsniveau) erklären. Je geringer das Fähigkeitsniveau eines Oligopolisten, desto eher können wir erwarten, daß bei Sättigung des Inlandsmarktes oder bei Verbot bestimmter oligopolistischer Praktiken durch inländische Wettbewerbsbehörden der Oligopolist auf der Grundlage seines traditionalen Produktsortiments und seiner traditionalen technologischen Basis in Auslandsmärkte expandiert, wo jene Beschränkungen nicht bestehen. Unter-

[61] Die folgenden Ausführungen setzen das Bestehen eines Kapitalmarktes voraus, der den Kapitaleignern der oligopolistischen Unternehmen die Möglichkeit gibt, ihre Anlageentscheidungen am Ertragspotential der Gesellschaften zu orientieren. Man kann den Kapitalmarkt oder den Markt für Unternehmenskontrolle als (neben dem Produktmarkt) zusätzliche externe Kontrolle des Unternehmens betrachten, welche sie unter bestimmten Bedingungen (siehe Abschnitt 4.5.6) dazu anhält, Ressourcen in gewinnbringendere Verwendungen zu transferieren.

schiedliche Fähigkeitsniveaus beeinflussen zumindest in einer oligopolistischen Welt die Verteilung der internationalen Handels- und Investitionsströme.[62] Die Oligopolisten werden in jenen Ländern investieren, in denen ihre Produkte die expansiven Phasen des Produktzyklus noch vor sich haben. Um die Varietät, die aus dem Verhalten potentieller Rivalen entstehen könnte, zu beschränken, werden oligopolistische Firmen versuchen, das Investitionsverhalten jenes Konkurrenten zu imitieren, der als erster in einem ausländischen Markt investiert. So werden sich zunehmend auf „neuen" Märkten „alte" Kooperationspartner begegnen, die ohne konfliktreiche Lernprozesse ihr Verhalten in die kooperative Phase überführen können.

Oligopolisten kontrollieren sich in den Märkten ihrer Hauptkonkurrenten gegenseitig. Daß dies nicht ohne massive Beschränkung des Wettbewerbs abläuft, wurde ausführlich von Mirow (1976) am Beispiel der Elektroindustrie dokumentiert.

Heidhues (1969; ähnliche Ergebnisse bei Cohen 1975, S. 14 ff.) hat in einer Arbeit über den Umfang und die Lokalisierung von Direktinvestitionen empirisches Material vorgetragen, das unsere Analyse stützt. Er fand, daß (i) der „überwiegende Teil an den gesamten Direktinvestitionen" (S. 181) der USA und Deutschlands von Unternehmen aus oligopolistischen Branchen mit hohem Konzentrationsgrad stammt; daß (ii) die Direktinvestitionen in

---

[62] Internationale Kapitalströme mit Realtransfer-Hintergrund wären durch die Variablen ihrer systemhierarchischen Verankerung zu erklären. Die Produktzyklustheorie des internationalen Handels (vgl. z. B. Vernon 1966; 1971, S. 65 ff.) scheint uns ein Spezialfall dieses Arguments zu sein. Die Theorien des internationalen Handels von Ricardo und von Heckscher-Ohlin sind Spezialfälle einer Theorie internationaler Wettbewerbsfähigkeit, in deren Mittelpunkt Hypothesen über die unterschiedliche Fähigkeit von Unternehmen, Industrien und Ländern stehen, Neuerungen zu entwickeln und im Markt durchzusetzen. Ricardo erklärt den internationalen Handel bekanntlich mit Produktivitätsunterschieden. Diese werden aber als gegeben unterstellt. Ricardo erklärt somit nicht, warum Länder mit unterschiedlichen Produktionsfunktionen arbeiten, warum also Kostenunterschiede beziehungsweise Preisunterschiede bestehen. Für eine Neuerungstheorie wäre die Erklärung derartiger Unterschiede kein Problem. Das Heckscher–Ohlin-Modell, als die vorherrschende neoklassische Erklärungsskizze, sieht die Ursachen des internationalen Handels in der unterschiedlichen Faktorausstattung bestimmter Länder. Sie ist nur für Situationen relevant, in denen homogene Produkte, identische Produktionsfunktionen, identische Konsumgewohnheiten und vollkommene Konkurrenz vorliegen. Auch diese Theorie läßt sich als ein Spezialfall einer Neuerungstheorie verstehen; insbesondere einer Theorie, welche in der Lage ist, die Durchsetzung von Produktinnovationen im Markt zu erklären. Die Heckscher–Ohlin-Theorie wird dann für jene Phase im Produktzyklus relevant, in der die Produkte dermaßen ausgereift und standardisiert sind, und in der die zu ihrer Produktion notwendigen Technologien soweit verbreitet sind, daß nur noch unterschiedliche Faktorausstattung als Determinante relativer Preisunterschiede übrig bleibt. Bereits diese Skizze macht deutlich, daß das neoklassische Standardmodell des internationalen Handels den Güteraustausch in einer Welt monopolistischer, oligopolistischer und „turbulenter" Konkurrenz nicht erklären kann.

dem Industriezweig erfolgen, dem die Muttergesellschaft angehört (S. 197), daß (iii) die im Inlandsmarkt durch kooperative Strategien eliminierte Ungewißheit in den Auslandsmärkten durch direkte Kontrolle des Verhaltens der ausländischen Konkurrenten erreicht werden soll (Beteiligung, Aufkauf); daß es (iv) fast ausnahmslos Großunternehmen sind, die Direktinvestitionen vornehmen. Als motivationale Basis des internationalen oligopolistischen Verhaltens sieht Heidhues das Sicherheitsmotiv kombiniert mit dem Wachstumsziel, also die für bürokratisierte private Herrschaftssysteme typische Mischung von Mißerfolgsmotivation, geringer Toleranz gegenüber Ungewißheit und managerialer Zielverfolgung durch quantitative Expansion. [63]

Wir sind allerdings nicht der Ansicht, daß die kooperative Tendenz sich auf oligopolistischen Märkten notwendig erst in jenen Marktphasen durchsetzen wird, die man als Ausreifungs- und Stagnationsphase eines Gutes bezeichnen kann, wie z. B. Heuß (1965, 1968) annimmt. [64] Diese Vorstellung ordnet jeder Marktphase (Phase bezogen auf die Entwicklung eines Gutes im Stadium des Experimentierens, der frühen Imitation usw.) bestimmte Unternehmertypen zu und determiniert so das Geschehen auf dem jeweiligen Teilmarkt, eine Vorstellung, die bestenfalls in einer Welt der Einprodukt-Eigentümer-Unternehmer einen plausiblen Charakter besitzt, nicht jedoch in einer Welt, in der Unternehmen dominieren, die von Managerkollektiven geleitet werden, die Multiproduktorganisationen vorstehen (Litton Industries z. B. produzierte 10 000 Güter in 120 Divisionen durch 225 Profitzentren; Vance 1971, S. 263).

Auch in einer oligopolistischen Welt produzieren Unternehmen gleichzeitig in mehreren Marktphasen bei jeweils gegebenen, aber im Zeitablauf veränderlichen Fähigkeitsniveaus. Es ist also zu erwarten, daß die Unternehmungen versuchen, die kooperativen Muster, falls sich ihre segensreiche Wir-

[63] Siehe hierzu auch Macrae (1972, S. xxii–xxv) mit Hinweisen auf die Motive des Managements zur multinationalen Expansion; Brooke und Remmers (1970, S. 230 ff.), die das Vorherrschen einer Defensiv- oder Sicherheitsstrategie als Beweggrund für internationale Expansion dokumentieren; Vernon (1971) gibt eine Fülle von Hinweisen; Robertson (1971, S. 339): "... a large proportion of overseas investment ... is stimulated by defensive motives ..."; Penrose (1971, S. 224): "The chief older incentives to direct foreign investment – the development of new sources of supply of raw materials or control over old ones – were increasingly supplemented by the need to secure and control markets"; vgl. weiterhin Caves (1971), Vernon (1974) und Cohen (1975), der auch aufzeigt, warum die Standardtheorie nicht in der Lage ist, „grundlegende Tatsachen", die mit Direktinvestitionen im Ausland in Zusammenhang stehen, zu erklären.

[64] „Es liegt in der Natur der Sache, daß zwangsläufig jeder Markt die einzelnen Stadien von der Experimentierungs- bis zur Stagnationsphase durchläuft, und es läßt sich daher ohne weiteres eine Parallele zu den Altersphasen des Menschen ziehen ... Dementsprechend ergibt sich zwangsläufig ein Wandel in der Wirkungsweise des Oligopols, und es gilt daher zu verhindern, daß sich Oligopole von der Expansionsphase in die späteren Phasen fortsetzen" (Heuß 1968, S. 61).

kung für die beteiligten Organisationen in einer bestimmten Marktphase oder auf einem bestimmten Teilmarkt einmal gezeigt hat, auch auf andere Marktphasen und Märkte zu übertragen. Es ist also nicht primär die jeweilige Phase oder die jeweilige Marktstruktur, die das Verhalten der Unternehmen mehr oder weniger diktiert, sondern es ist das Bestreben von Unternehmen, eine Welt aufzubauen, die ihrem Fähigkeitsniveau entspricht, und in der sie gelernt haben zu überleben, die ein bestimmtes Verhalten im Markt nahelegt, vor allem aber ihre Strategien im Markt bestimmt.

Es wäre daher zu erwarten, daß in einer Welt, in der oligopolistische Unternehmen dominieren, kooperative Strategien tendenziell auf andere Märkte und Marktsysteme (Ausland) übertragen werden, und daß sämtliche Phasen im Leben eines Produkts durch kooperative Strategien kontrolliert werden (Kooperation bei Forschung, bei Entwicklung, bei Markteinführung, Abstimmung der Investitionspläne). Wo immer die aktuelle oder potentielle Herausforderung einer Unternehmung durch Produktion von Varietät und Unsicherheit besteht, die oligopolistisch-fühlbarer Natur ist (und eine Vielproduktunternehmung wird ständig mit solchen Herausforderungen zu tun haben), besteht der Anreiz, die Produktion von Varietät einer kooperativen Kontrolle zu unterwerfen, das heißt, Wettbewerb zu beschränken [65].

Gelten die Konstruktionsbedingungen für eine oligopolistische Welt, haben wir jene Wirkungen zu erwarten, die Karl Marx (1961 I, S. 659) als „Zentralisation“ des Kapitals und Galbraith (1968) als „Herrschaft der Technostruktur“ beschrieben haben. Die These einer alle Märkte überziehenden kooperativen Oligopolisierung kann somit auch nicht durch Fakten falsifiziert werden, die sich auf die Struktur sog. Teilmärkte beziehen. Es ist nicht nur denkbar, sondern auf vielen sog. Teilmärkten zu beobachten, daß die Oligopolisierung (im Sinne der Zahl der Anbieter) abnimmt, die Anbieterkonzentration also zurückgeht, während die globale, auf das gesamte Marktsystem bezogene „Zentralisation der Kapitale“ zunimmt. Sweezy und Magdoff (1970, S. 79 f.) haben darauf aufmerksam gemacht, daß die Zentralisation des Kapitals (die u. a. aus kooperativem und

[65] Als Beispiel vergleiche die Kooperationspolitik der Siemens AG (Hermann Böckenecker, „Partnersuche aus Prinzip“, Die Zeit, 2. 2. 1973, S. 33): Jedem Kooperationsfall liegt eine – bei gegebenem Fähigkeitsniveau von Siemens – autonom nicht kontrollierbare Varietät der Umwelt zugrunde; Kooperationen dienen der Ausschaltung dieser Varietät; Kooperationen gelten als Vorform einer Fusion (Vorstandsvorsitzender Plettner: „Eine Kooperation schlägt immer dann zu Buch, wenn eine Fusion daraus wird.“) Zu einem Beispiel vergleiche einen Bericht der Frankfurter Allgemeinen Zeitung, 11. 2. 1976, S. 19, in dem es heißt: „Eine für das Gebiet der Elektronik wichtige Kooperation hat die Siemens AG mit der amerikanischen Intel Corp. in Santa Clara (Californien) vereinbart. Intel ist der Pionier und der in der Welt führende Hersteller von Mikrocomputern, denen für die weitere Entwicklung in der Elektronik große Bedeutung zugemessen wird. Speziell in Europa steht die Entwicklung auf diesem Markt noch in den Anfängen.“

externem Wachstum resultiert) der Proliferation von Kleinunternehmen bedarf.

1. Sie befriedigen den spezialisierten Bedarf oligopolistischer Großunternehmen;
2. saisonale und zyklische Schwankungen der Nachfrage werden auf Zulieferer und kleinere Konkurrenten abgeladen und
3. für uns von besonderem Interesse, ein Teil der innovativen Funktion wird aus den Großorganisationen ausgegliedert: Kleinunternehmen entwickeln und testen neue Produkte und Verfahren, produzieren neues Wissen, zeigen also, welche Ideen im Markt ankommen und profitabel sind, und senken somit die Ungewißheit auf jenes Maß, bei dem die Großunternehmen in die Lage kommen, in die neuen Märkte durch Aufkauf der Neuerer oder Imitation ihrer Ideen einzusteigen.[66] Die kooperative Verhaltenskoordination auf traditional-oligopolistischen Märkten wird durch eine innovative Veränderung des Produktsortiments (durch Einsteigen in neue Märkte) für eine begrenzte Periode mittels rivalisierender Imitation und externem Wachstum abgelöst.[67]

2. Die Ausschaltung von Störungsquellen durch externes Wachstum

Die Strategie der kooperativen Verhaltensabstimmung, die mindestens den Verzicht auf Handlungen impliziert, die Erwartungdiskrepanzen bei Mitgliedern der Oligopolgruppe auslösen können, ist weder die einzige noch die immer zweckmäßige Möglichkeit, die Produktion von Vielfalt in der Umwelt zu kontrollieren. Die zweite, wettbewerbsbeschränkende Alter-

[66] Zum dritten Punkt siehe auch Williamson (1970, S. 157–160), der diese Entwicklung als "a division of effort between the new product innovation process on the one hand and the management of proven resources on the other" charakterisiert (S. 159).

[67] Nicht jede Kooperation wirkt wettbewerbsbeschränkend. Durch ex-ante Koordination wird die Verhaltensabstimmung normativ geregelt (im Gegensatz zur ex-post Koordination über Änderungen der kognitiven Erwartungen). Durch Koordination bestehender Produktions- und Vertriebssysteme sinkt aber auch die Multistabilität des Marktsystems und durch Koordination der Technologie-, Produkt- und Marketingpolitik wird auch der potentielle Wettbewerb beschränkt (Beschränkung der Zukunftsoffenheit zusätzlich zur Senkung der spontanen Steuerungskapazität des Marktsystems). Andererseits sind Kooperationsfälle denkbar, die wettbewerbsintensivierend wirken, weil durch sie (z. B. bei Gründung einer Einkaufsgenossenschaft auf der vorgelagerten Marktstufe) zusätzliche Wettbewerbsimpulse manifest werden können. Damit ist die wettbewerbliche Problematik (insbesondere genossenschaftlicher Kooperation) jedoch nicht erschöpft: Denn gerade die zunächst ausgelöste Intensivierung des Wettbewerbs (mit Grossisten, Filialunternehmen) kann zu verstärkten Bemühungen führen, die Handlungsautonomie der genossenschaftlich verbundenen Unternehmen zugunsten der Befehlsgewalt einer Einkaufs-(bzw. Verkaufs-)Zentrale zu beschränken, eine vertikale Quasi-Fusion durch Bezugs- und Absatzzwang zu errichten. Zu solchen Tendenzen vgl. Gabriel (1971, insbes. S. 489–491, 507–509).

native des Überlebens in einer gestört-reaktiven Umwelt besteht in der Ausschaltung tatsächlicher oder potentieller Varietät durch Internalisierung der Störungsquellen oder Ausweitung des Herrschaftsbereichs. Der Oligopolist eliminiert Risikoobjekte. Wir können zwei Möglichkeiten unterscheiden: (i) Eine Unternehmung ist nicht zu einem kooperativen Arrangement bereit; sie wird dem eigenen Einflußbereich unterworfen (horizontaler Zusammenschluß, Aufkauf, Beteiligung); (ii) eine zweite Störungsquelle sind Unternehmen, die neue Produkte oder technische Verfahren entwickeln, welche die auf den traditionalen Produkten beruhende Marktposition gefährden; sie müssen daher internalisiert werden.

Da wir die Problematik des externen Unternehmenswachstums noch ausführlich diskutieren werden, beschränken wir uns an dieser Stelle auf die obigen Bemerkungen.

3. Die Produktion von Varietät und Steigerung der Kompetenz

Welche Möglichkeiten bestehen für eine Unternehmung in einem Markt oligopolistischer Interdependenz, die Varietätsproduktion der Umwelt durch eine entsprechende Vielfalt ihrer Aktionen zu kompensieren?

Wenn wir einen preistheoretisch definierten Partialmarkt unterstellen und die Annahme rationalen Handelns einschließlich der Fähigkeit zu lernen machen, werden die Marktteilnehmer früher oder später und mehr oder weniger stillschweigend zu einer kooperativen Koordination der Produktion von Varietät kommen:

Die Variation der Preise nach unten führt der bekannten Gründe wegen (oligopolistischer Zwang) zu keiner stabilen Situation („ruinöser Preiskampf") und wird durch ein (stillschweigendes) Arrangement zwischen den Konkurrenten ersetzt, in welchem die Preise stabil gehalten oder die Variation der Preise nach unten durch nicht-spürbare andere Aktionen (Kundendienst, Werbung, Produktdifferenzierung) ersetzt werden.

Auch bei Variation der Preise nach oben ist wegen der Reaktionsverbundenheit der Anbieter ein Nachziehen anderer Unternehmen nicht auszuschließen, wenn nicht sogar eine Preisführerschaft besteht.

Technischer Fortschritt wird demgegenüber zum Aktionsparameter, wenn mit den neuen Verfahren kostensparende und qualitätssteigernde Wirkungen erwartet werden. Da eine Weitergabe des technischen Fortschritts durch die Preise von der Konkurrenz nicht erzwungen wird, werden die Profite für die weitere Expansion des Marktes durch Werbung und Produktdifferenzierung bei gleichzeitiger Erhöhung der Eintrittsschranken eingesetzt, oder für die Alimentierung interner Bürokratisierung (organizational slack) verwendet. Das Nachziehen der anderen Anbieter und die Kosten der Nachfrageschaffung führen zur weiteren Erosion der Pioniergewinne und die durch die neuen technischen Verfahren, die Notwendigkeit zur Marktausweitung und die Imitation der übrigen Anbieter beschleunigte Ausreifung und Sättigung des Marktes erhöht auch die Wahrscheinlichkeit einer kooperativen Lösung bei der Koordination des Marktverhaltens.

Die Einführung neuer Produkte kann im preistheoretischen Oligopolmodell nicht dargestellt werden. Wenn wir die traditionale markttheoretische Definition der Marktabgrenzung aufgeben, und dem Oligopolisten für den Einsatz seiner Aktionsparameter der gesamte Möglichkeitsbereich eines Marktsystems zur Verfügung steht, wird die Expansion durch Diversifikation zur grundlegenden Strategie der Produktion von Varietät und der Absorbierung von Umweltstörungen. Umweltstörungen, die auf die Profitrate drücken, werden durch die Aufnahme neuer Produkte in das Angebot der Unternehmung kompensiert.

Das theoretische Problem der Diversifikationsstrategie besteht darin, inwieweit sie überhaupt im Rahmen einer gestört-reaktiven Umwelt möglich ist, ohne die Annahme oligopolistischer Reaktionsverbundenheit zu verletzen. Denn auch wenn wir eine partialanalytische Betrachtungsweise ausschließen, sind mit einem oligopolistischen Aktionsgefüge nur solche Unternehmenshandlungen zu vereinbaren, die aus zurechenbar-spürbarer Interdependenz der Marktteilnehmer herrühren und nicht Reaktion auf unbeabsichtigte Wirkungen und Anpassungsversuche an „irgendwo“ im Markt entstandene Varietät implizieren. Handeln in der gestört-reaktiven Umwelt äußert sich in rivalisierenden Aktionen oder Reaktionen, die der Ausschaltung der Rivalität dienen.

Diese Interpretation zugrunde gelegt, scheiden folgende Aktionsmuster aus dem Möglichkeitsbereich einer Unternehmung in einer gestört-reaktiven Welt aus (aus Gründen der Konsistenz; die Wirklichkeit kennt die ausgeschlossenen Alternativen):

1. Der Einstieg in Märkte unvollkommener Konkurrenz, gleichgültig ob durch internes oder externes Wachstum;
2. die Entwicklung von Produkten, die zur Kreation eines neuen Marktes führen (Pionierinnovationen).

Produktinnovationen in einem oligopolistischen Kausalgefüge beziehen sich dann auf

a) die Imitation der Marktleistungen eines anderen Oligopolisten durch internes Wachstum;

b) den Einstieg in einen oligopolistischen Markt durch externes Wachstum;

c) die Entwicklung neuer Produkte als Ausdruck oligopolistischer Reaktionsverbundenheit (Automobile mit elektrischem Antrieb oder die Instantkamera von Polaroid und Eastman Kodak).

In den Fällen a) und c) besteht eine direkt spürbare Aktionsverbundenheit, die sich in einer Steigerung der Rivalität ausdrückt; bei externem Wachstum ist dagegen zunächst keine Änderung des oligopolistischen Status quo zu erwarten, obwohl sie nicht ausgeschlossen werden kann. Bei Produktneuerungen in einem oligopolistischen Marktsystem kann es sich nur um Änderungen des Produktraums handeln, von denen die Unternehmen annehmen, daß sie sich innerhalb der Grenzen substitutionaler Nachbarschaft abspielen, und somit die Fühlbarkeit von Nachfrageänderungen sehr hoch ist.

Das bemerkenswerte Kennzeichen einer Diversifikationsstrategie ist, daß ihre Realisierung der Produktion von Wissen bedarf. Bei Produktinnovationen handelt es sich um die Produktion neuer Vielfalt. Im Gegensatz zu anderen Aktionsparametern (Preis, Werbung usw.) ist die kooperative Gleichschaltung von Diversifikationsaktionen unwahrscheinlich. Während die Abstimmung zum Beispiel der Preispolitik eine unmittelbare Ausschaltung von Unsicherheit bewirkt, ist dies hinsichtlich der Einführung neuer Produkte nur durch ihr Verbot gegeben. Die Unsicherheit, die mit der Einführung neuer Produkte zusammenhängt, kann durch abgestimmtes Vorgehen nicht eliminiert werden, sie wird im Gegenteil vermutlich erhöht, da die Wissensproduktion weniger dezentralisiert, parallel und graduell abläuft und nicht nur zusätzliche Ressourcen bindet, sondern auch die Gefahr von Fehlschlägen erhöht. Warum sollten Oligopolisten ihr Vorgehen koordinieren, da doch die Realisierung der möglichen (Knight-Schumpeterschen) Profite eine höchst ungewisse Angelegenheit ist, im Gegensatz etwa zu einer kollusiven Preispolitik. Die Steigerung der Unsicherheit, die mit der Einführung neuer Produkte für die anderen Oligopolisten verbunden ist, vermögen diese am sichersten zu absorbieren, wenn sie — externes Wachstum ausgeschlossen — selbst eine Politik der aggressiven oder defensiven Wissensproduktion betreiben. Denn diese ermöglicht ihnen einerseits, durch kreative Imitation des Neuerers eine nachhaltige Bedrohung ihrer Marktposition zu verhindern, und andererseits, die Unsicherheit für die anderen Marktteilnehmer zu erhöhen, möglicherweise Erwartungsdiskrepanzen auszulösen, also den Schwierigkeitsgrad der Aufgaben für die oligopolistischen Konkurrenten zu erhöhen. Dieser sich wechselseitig anregende Prozeß der Produktion neuer Varietät (Wissensproduktion), der Steigerung von Ungewißheit (Erhöhung der Aufgabenschwierigkeit), der Aktualisierung rivalisierender Varietätsproduktion usw. kann sich unbeschränkt fortsetzen, falls nicht eine der reaktionsverbundenen Unternehmen einen Ungewißheit produzierenden Rivalen aufkauft.[68] Dadurch würden

[68] Potentielle Varietät kann auch durch ein Gemeinschaftsunternehmen (joint venture) absorbiert werden. Im US-amerikanischen Antitrustrecht werden Gemeinschaftsunternehmen wie Fusionen behandelt (siehe Frankus 1973, S. 81 f., Schmidt 1973, S. 85 f., 146 f., jeweils mit Hinweisen auf die Rechtsprechung). Wettbewerbstheoretisch liegen sie zwischen Kooperation und Fusion: Da Gemeinschaftsunternehmen gewöhnlich der Entwicklung erst zukünftig auf dem Markt einzuführender Produkte dienen, beschränken sie den potentiellen Wettbewerb (entmutigen die Konkurrenz, vermindern den Imitationswettbewerb, erhöhen die "barriers of entry") ,vorausgesetzt, die Unternehmen würden auch ohne Liaison auf den betreffenden Gebieten innovativ tätig werden. Das zu ermitteln, dürfte kaum möglich sein. Andererseits

defensive Internalisierungsaktionen bei anderen Unternehmen ausgelöst, die insgesamt dazu führen, die Chancen zukünftiger unabhängiger Ideenproduktion (und damit Ungewißheit und damit die Notwendigkeit rivalisierender Anstrengungen usw.) zu verringern. Da bei Produktion neuen Wissens kollusive Praktiken die Position der beteiligten Unternehmen nicht verbessern, müssen wir externes Unternehmenswachstum als die wirksamste Methode betrachten, sich dem Zwang zur Anpassung durch schöpferische Tätigkeit (bei rivalisierendem Innovationswettbewerb) zu entziehen. Während rivalisierende Wissensproduktion die oligopolistische Entsprechung einer Strategie des Überlebens durch Steigerung der internen psychischen und oganisatorischen Komplexität ist, können wir externes Wachstum (incl. joint ventures) als die bedeutendste Alternative des Inkompetenten betrachten, die ihm offensteht, um sich der überlegenen Fähigkeit seiner Rivalen zu erwehren. Wenn der Regelkanon des Marktes ein Ausweichen auf Unternehmenszusammenschlüsse vor allem horizontaler Natur blockiert, müssen die Marktteilnehmer in einer oligopolistischen Welt versuchen, sich durch Schaffung neuen Wissens und damit Kompetenzsteigerung an die geänderte Umwelt anzupassen. Reaktionsverbundenheit zwingt die Unternehmen zu Neuerungsaktivität auf den Gütermärkten. Die Unternehmen mit dem höchsten Fähigkeitsniveau besitzen dann Macht über die weniger fähigen Konkurrenten. Macht im Oligopolmarkt (bei Verbot externen Wachstums) ist also Ausfluß der Fähigkeit, neue Suchprozesse zu organisieren, neues Wissen zu produzieren und neue Ideen im Markt durchzusetzen. Wettbewerbsmacht entspräche Innovationsmacht.

4.5.3 Macht und Machtkontrolle im oligopolistischen Markt

Im Wettbewerb der Oligopolisten ist Wissen Macht. Wissen fällt in ungewißheitsreduzierenden Suchprozessen an und ermöglicht die Anpassung an externe Störungen und die Steigerung der Ungewißheit für andere Unternehmen. Die Entdeckung neuer Tatsachen, von Hayek (1968) als „Kundschafterfunktion" des Wettbewerbs bezeichnet, bewirkt eine wechselseitige Enttäuschung der kognitiven Erwartungen und der Erwartungen von Erwartungen der Teilnehmer im Wettbewerb. Damit wird eine Erhöhung

---

läßt sich Wettbewerbspolitik nicht auf Absichtserklärungen von Unternehmen gründen. Die Auffassung von Wettbewerb als eines sozialen Verfahrens zur Entdeckung neuen Wissens (siehe unten 4.6.2) dürfte die erwähnte Antitrustvermutung eines per se wettbewerbsbeschränkenden Charakters von Gemeinschaftsunternehmen stützen (von Ausnahmen abgesehen, die sich vor allem auf einen überdurchschnittlich hohen Kapitalbedarf der neuen Projekte beziehen – wie das Überschallflugzeug „Concorde" –, aber gerade deswegen ohnehin aus dem Bereich einzelwirtschaftlich reduzierbarer Ungewißheit in den Bereich „übergeordneter" nationaler Interessen wechseln). Zur wettbewerbspolitischen Problematik von Gemeinschaftsunternehmen siehe im übrigen auch Mestmäcker (1971, S. 778 f.), der sie als Instrument einer kooperativen Marktstrategie bezeichnet.

des Herausforderungsgrads (der Aufgabenschwierigkeit) und folglich eine verstärkte Aktualisierung leistungsmotivierten Verhaltens bewirkt. Neue Tatsachen machen bisherige Lösungen zweitrangig, verändern die Chancenverteilung im Markt, senken die Nutzenschätzungen der Konsumenten für nun traditionale Produkte. Die Enttäuschung der Erwartungen oder die Steigerung des wettbewerblichen Herausforderungsgrads ist ein notwendiger Bestandteil des Wettbewerbs und der wesentliche Grund, warum Wettbewerbsprozesse auch tendenziell nicht zu Gleichgewichten führen. Neue wettbewerbliche Herausforderungen lösen neue Suchprozesse und Anpassungshandlungen aus, die abermals Erwartungsdiskrepanzen bei einigen Teilnehmern im Markt hervorrufen, usw. (siehe hierzu ausführlicher S. 365).

Dieser wettbewerbliche Prozeß wechselseitig induzierter Produktion und Reduktion von Varietät wird sich nur auf die skizzierte Weise abspielen, wenn

1. die Akteure die Macht, die ihnen aufgrund überlegener Fähigkeit zufällt, nicht dazu verwenden können, die Handlungsfreiheit anderer Marktteilnehmer zu beschränken;
2. Marktteilnehmer die (potentielle) Gefährdung ihrer Position, die sie in einigen Fällen dem Zufall, gewöhnlich jedoch ihrer psychischen und organisatorischen Unfähigkeit verdanken, nicht mit einer Flucht aus dem Wettbewerb beantworten können, also weder kollusive Praktiken anwenden, noch — weit schwerer wiegend, da im Falle des Innovationswettbewerbs wirksamer — (potentielle) Störungsquellen internalisieren oder kompetentere Systeme in ihren Herrschaftsbereich eingliedern können.[69]

[69] Man könnte einwenden, auch bei Verbot externen Wachstums stünden einer Unternehmung andere Wege als die der Neuerungstätigkeit offen, um Machtpositionen aufzubauen, zum Beispiel durch besseren Zugang zu den Märkten für Finanzkapital. Um Mißverständnissen hinsichtlich der Tragweite unserer Analyse vorzubeugen, sei zunächst noch einmal betont, daß die obige Analyse „theoretisch" in dem Sinne ist, daß sie ein durchgängig oligopolistisch strukturiertes Marktgefüge unterstellt: Alle Unternehmen sind Oligopolisten. Wir fragen, mit welcher Strategie können sie überleben, wenn sie nicht intern wachsen können. Besitzt ein Oligopolist auf einem solchen Markt mehr Macht als ein anderer, weil er zum Beispiel besseren Zugang zum Kapitalmarkt hat, dann wäre diese Finanzmacht jedoch sehr wahrscheinlich eine Funktion seiner Unternehmensgröße und diese wiederum – freier Wettbewerb unterstellt – eben eine Funktion seiner Fähigkeit zu innovieren. Zugang zu den Finanzmärkten, Kreditwürdigkeit usw. wären also eine Funktion unternehmerischer Kompetenz (ähnliches gilt für andere Aspekte von Marktmacht). Bei freiem Wettbewerb steht es den weniger mächtigen Konkurrenten frei, durch eine Steigerung ihres Fähigkeitsniveaus eine möglicherweise bestehende Machtdifferenz zu Konkurrenten abzubauen. Markterfolg bringt Marktmacht. Aber solange der Marktmächtige seine Position nicht zu wettbewerbsbeschränkendem Verhalten mißbraucht, ist auf der Grundlage der von uns vertretenen wettbewerbstheoretischen Position wettbewerbspolitisch dagegen nichts zu machen. Marktmacht an sich ist ein unzureichender Ansatzpunkt für wettbewerbspolitische Maßnahmen; wir werden darauf noch ausführlicher eingehen.

Die detaillierte Untersuchung des wettbewerbsbeschränkenden Aspekts von Unternehmungszusammenschlüssen stellen wir zunächst zurück (siehe ausführlich S. 392ff.). Was die Machtfrage angeht, sollten wir zunächst zwischen der Machtgrundlage bzw. der Quelle der Macht und den Machthandlungen selbst unterscheiden. Die Grundlage der Macht bezieht sich auf die Voraussetzungen, eine Machthandlung zu vollziehen. Machtbasis in einer oligopolistischen Welt ist die Fähigkeit, Vielfalt zu produzieren, die die Position oder das Existenzrisiko einer anderen Unternehmung fühlbar beeinflussen kann. Je ausgeprägter die Kompetenz, desto umfangreicher die Machtgrundlage einer Unternehmung, oder: je ausgeprägter der Unterschied im Fähigkeitsniveau zwischen zwei Unternehmungen A und B, desto größer die Macht des A über den B. In Anlehnung an obige Ausführungen (§§ 1.3., 3.2.4., 4.3.2) können wir auch sagen: das Ausmaß der Macht in einer sozialen Beziehung sei eine Funktion der Flexibilität, mit der ein System auf Störungen eines anderen Systems reagieren kann. Die Verwirrung beginnt, wenn wir Handlungen auf der Grundlage sozialer Macht in unsere Diskussion einbeziehen. Die Diskussion wird deswegen komplizierter, weil wir zwischen Machthandlungen zu unterscheiden haben, die Inbegriff wettbewerblicher Interaktionsprozesse sind, und Machthandlungen, die den Wettbewerb beschränken. Im ersten Fall sind Machthandlungen ein nicht zu trennender Bestandteil von wettbewerblichen Markthandlungen (jede Aktion im Markt besitzt einen Machtaspekt, wenn wir von der Tatsache unterschiedlicher Fähigkeitsniveaus und damit von Machtdifferentialen ausgehen), die zu einer ständigen Veränderung der Machtpositionen im Markt führen; im zweiten Fall dienen Machthandlungen dazu, die Handlungsfreiheit anderer Unternehmungen zu beschränken und damit zu verhindern, daß die Macht des Herausforderers durch die Produktion von Vielfalt durch das machtbedrohte Unternehmen in Frage gestellt und abgebaut werden kann.

Der wettbewerbsbeschränkende im Gegensatz zum wettbewerbsnotwendigen Tatbestand von Machthandlungen liegt darin, daß der Mächtige andere Unternehmungen dazu zwingt (durch Androhung oder Ausübung von Sanktionen oder Vorenthaltung von Belohnungen), ihre Aktionsparameter gemäß seinem Willen einzusetzen bzw. auf ihren Einsatz zu verzichten. Die wettbewerbsbeschränkende Ausnutzung einer Machtposition zeigt sich darin, daß die Möglichkeit zur Gefährdung der Marktposition oder zur Steigerung des Existenzrisikos der abhängigen Unternehmung mit der Beschränkung ihrer Handlungsfreiheit gekoppelt wird.

Die Beschränkung der Handlungsfreiheit, die zu ihrer Realisierung immer einer entsprechenden Machtbasis bedarf, beseitigt die spontane Verhaltenskoordination und -kontrolle im Markt. Die Machtposition dient dazu, die externe Kontrolle durch den Markt zu unterlaufen. Die Konsequenz wäre daher, Machthandlungen, die die Handlungsfreiheit anderer Marktteilnehmer beschränken, zu verbieten. Hiermit wäre auch die grundlegende

Aufgabe der Wettbewerbspolitik in einem oligopolistischen Markt angedeutet: Schutz der Handlungsfreiheit zur Durchsetzung von Chancen im Markt. [70]

Die Aufrechterhaltung einer Wettbewerbsordnung, in welcher die einzelnen Unternehmen in rivalisierenden Beziehungen zueinander stehen, hängt von der Existenz eines Regelkanons ab, der einen Verhaltensbereich abgrenzt, innerhalb dessen Machthandlungen vollzogen werden dürfen. Regeln sollen daher nicht den Aufbau von Machtpositionen und den Einsatz von Macht verhindern (was gleichbedeutend wäre mit einer Ausschaltung des Wettbewerbs als Ordnungsprinzip in einem komplexen Gesellschaftssystem); Regeln begrenzen jedoch den Möglichkeitsbereich von Handlungen und somit auch den Raum, der für den Erwerb und Einsatz von Macht zur Verfügung steht. Allgemeine Regeln garantieren eine Zone der Sicherheit, einen Freiraum, innerhalb dessen eine Unternehmung nicht durch Einsatz von Macht zu fremdbestimmten Handlungen gezwungen werden kann. Andererseits ermöglichen Freiräume die Durchsetzung von Initiativen im Markt, die unter anderem auch zu einem Abbau der Machtdifferentiale führen können. Das Verbot freiheitsbeschränkender Machthandlungen oder die Sicherung von Freiräumen durch allgemeine Regeln ist kein Mittel, um

---

[70] Vgl. in diesem Sinne die Formulierung des Inhalts einer Wettbewerbspolitik bei Edwards (1965), der darauf hinweist, "the principles of the common law from which the antitrust policy drew its ideas had been intended primarily to *protect opportunities to do business*" (S. 470, unsere Hervorhebung); vgl. auch dessen Hinweise (S. 470, Fn. 17) auf eine Arbeit von Blake und Jones, nach denen die Aufgabe der Wettbewerbspolitik in der "preservation of self-adjusting competitive markets" besteht, eine Inhaltsbeschreibung, die allerdings bei dem gegenwärtigen Stand unserer Diskussion noch nicht beurteilt werden kann, da in einer gestört-reaktiven Welt charakteristische Funktionen einer wettbewerblichen Ordnung noch nicht sichtbar gemacht werden können. Genügt aber Freiheitsschutz im oligopolistischen Markt zur wettbewerbspolitischen Neutralisierung von Marktmacht? Wenn der kollusive Einsatz von Aktionsparametern und Wettbewerbsflucht verboten wird, ist – wie schon erwähnt – die Machtposition im Markt ein Ergebnis überlegener Kompetenz. Aufrechterhaltung der Wettbewerbsfreiheit würde den Aufbau rivalisierender Machtpositionen wie die Erosion etablierter Macht fördern. Etwas anders sieht es aus, wenn ein Unternehmen seine Machtposition durch wettbewerbsbeschränkende Praktiken aufbauen oder erhalten konnte. Zusätzlich zu den drei genannten Maßnahmen könnte es in solchen Fällen angebracht sein, die Unternehmen zu entflechten, um den Herausforderungsgrad für Konkurrenten zu senken. Zumindest die historisch bekannten Entflechtungsfälle (z. B. in der Bundesrepublik Deutschland und Japan nach dem zweiten Weltkrieg) haben ein enormes Wettbewerbspotential freigesetzt. Ich kenne keine überzeugenden wettbewerbstheoretischen Argumente, die dagegen sprächen, auch in heutiger Zeit etwas Ähnliches zu versuchen, falls "economies of scale" nicht auf dem Spiel stehen. Generell kann man sagen: Die wirksamste Methode, machtbegründete Marktschranken zu senken (oder in unserer Terminologie, die Aufgabenschwierigkeit für aktuelle und potentielle Konkurrenten zu senken), besteht in der Aufrechterhaltung von Wettbewerbsfreiheit (vgl. zu diesen Problemen auch S. 417 ff.).

Macht im Markt zu eliminieren, wohl aber eine Methode, die es erlaubt, Chancen für die Erosion bestehender Machtpositionen im Markt offenzuhalten oder zu schützen. Von Bedeutung ist weiterhin, daß Regeln, anstelle der willkürlichen, zwangsweisen und Privilegien stabilisierenden Reduktion von sozialer Komplexität durch ungeregelte Macht, zu einer für alle Marktteilnehmer gültigen, freiheitserhaltenden und chancenegalisierenden Beschränkung des Möglichkeitsbereichs führen. Ungeregelte Macht ermöglicht die Auswahl unangenehmer, für andere Systeme vielleicht existenzbedrohender Alternativen, deren Annahme bei Widerstand erzwungen werden kann. Sie ermöglicht also willkürliche, gegen den Willen eines anderen Systems gerichtete Reduktion von Komplexität, während allgemeine Regeln Komplexität und Ungewißheit durch Handlungsverbote absorbieren, die individuelle Verhaltensautonomie sichern.

Soziale Macht ist ein integraler Bestandteil wettbewerblicher Interaktionsprozesse. Es kann daher nicht Aufgabe der Wettbewerbspolitik sein, Machtpositionen direkt zu kontrollieren. Hierdurch würde lediglich die willkürliche Anwendung von Macht eines Marktteilnehmers gegenüber einem anderen durch die Willkür jener ersetzt, die zu bestimmen haben, wann eine Machtposition ungerechtfertigte Ausmaße annimmt. Die willkürliche Reduktion von Unsicherheit würde durch eine willkürliche Produktion von Unsicherheit kompensiert; denn Unsicherheit würde für jene Marktteilnehmer geschaffen, die sich durch ihre Expansion im Markt der willkürlich definierten, unbekannten oder vage formulierten Zone von sog. „unerwünschten Machtpositionen" nähern[71]. Also nicht die Kontrolle sog. „undue marketpower" (unverhältnismäßig große Marktmacht) ist das zentrale Problem der Wettbewerbspolitik auf Oligopolmärkten[72], sondern die Bindung von Machthandlungen an allgemeine Regeln. Die Kontrolle ökonomischer Macht ist kein ökonomisches sondern ein politisches Problem; ein Problem der Ausgestaltung eines Regelkanons für das Teilsystem Wirtschaft. Es geht um eine ex-ante

[71] So übt IBM eine bewußte Zurückhaltung in ihrer Geschäftspolitik aus, um keine Entflechtungsauflage seitens der amerikanischen Antitrust-Behörden zu riskieren. Nach einem Bonmot in der Computerbranche ist es ertragreicher, IBM vor den Gerichten wegen vermuteter Übertretung der Wettbewerbsgesetze zu verklagen, als mit ihr in Wettbewerb zu treten. Zum „profitablen" Ausgang solcher Prozesse siehe Business Week, 22. 9. 1973, S. 18–20, mit einer Aufstellung der gegen IBM eingereichten Antitrustklagen, Schadens- und Vergleichssummen, sowie The Economist, 17. 11. 1973, S. 132.

[72] Die ökonomische Theorie konnte bisher kein Kriterium des "undue" liefern, das auch nur halbwegs praktikabel und theoretisch überzeugend wäre. Zu Hinweisen auf das Konzept der "undue market power" vgl. Hoppmann (1968, S. 15 f.) sowie Möschel(1974, S. 21 ff.) (Die interessanten Ausführungen von Möschel konnten wir leider nur noch gelegentlich in den Anmerkungen berücksichtigen.) Ein Beispiel für die außerordentlich verworrene Machtdiskussion und daraus folgende wettbewerbspolitische Vorschläge bietet der „Sachverständigenrat zur Begutachtung der gesamtwirtschaftlichen Entwicklung", Jahresgutachten 1971/72, Ziffern 378 ff.

Kontrolle durch ein Verbot bestimmter Klassen von Handlungen mit Hilfe allgemeiner, für alle Marktteilnehmer gültige Regeln, unabhängig davon, ob ein Ökonom oder eine Wettbewerbsbehörde zu der Ansicht kommen, eine spezifische Handlung sei Ausfluß „übergroßer" Marktmacht oder nicht. Fassen wir zusammen:

Die Trennung von tatsächlicher Machtausübung und Machtpotential und die weitere Unterscheidung von Machthandlungen, die dazu dienen, die eigenen Ziele im Markt ohne Ausübung von Zwang zu realisieren, von solchen, die die Handlungsfreiheit anderer Systeme einschränken, sollte deutlich machen, daß der Erwerb von Macht und die Ausübung von Macht notwendig mit Wettbewerbshandlungen verbunden sind. Es muß also Ziel einer Politik der Erhaltung einer Wettbewerbsordnung sein, freiheits- da wettbewerbsbeschränkende Handlungen zu verbieten. Das Konzept der „undue market power", ist nur dann nicht mißverständlich, nicht willkürlich und nicht tautologisch, wenn sich das „undue" nicht auf die Kategorie Marktmacht, sondern auf freiheitsbeschränkende Machtausübung bezieht. Die Existenz von Marktmacht als solcher ist Ausdruck von Wettbewerbsfreiheit, Marktmacht kann daher nicht als Fehlen von Freiheit verstanden werden. Es ist daher auch nicht möglich, ohne Willkür auf der Ebene des Macht*potentials* von „ausreichender", „übergroßer" usw. Marktmacht zu sprechen.

4.5.4 Inkompetenz und Überleben in einer gestört-reaktiven Umwelt

Neben dem Verbot freiheitsbeschränkender Handlungen ist ein Verbot der Wettbewerbsflucht als zweite Bedingung der Aufrechterhaltung wettbewerblicher Beziehungen in einer gestört-reaktiven Umwelt notwendig. Unter Wettbewerbsflucht können wir Handlungen verstehen, die auf eine kooperative Koordination des Einsatzes der unternehmerischen Aktionsparameter hinzielen, oder die die Ausschaltung aktueller oder potentieller Konkurrenten durch externes Wachstum bewirken. Dieses Verbot wettbewerbsflüchtigen Verhaltens mag manchen zu weit gehen. Die Perversion der kapitalistischen Gesellschaft ist jedoch im wesentlichen eine Folge des Versagens der Wettbewerbspolitik, Regeln des Verhaltens durchzusetzen, die die unternehmerische Freiheit schützen (Machtkontrolle), und die es verbieten, daß sich inkompetente Personen und Organisationen im Marktsystem ausbreiten und sich auf Kosten der Kompetenteren und der Konsumenten ein ruhiges Leben machen[73].

---

[73] Marris (1971 b, S. 289) bezeichnet die oligopolistische Kooperation als eine "potential coalition against the consumer"; bereits Adam Smith kritisiert die kooperative Marktstrategie, da sie gewöhnlich mit einer "conspiracy against the public" ende. Wir stimmen mit Möschel (1974) völlig überein, wenn er schreibt, ein Fusionsverbot sei „wahrscheinlich der wichtigste Beitrag, um die mit Oligopolsituationen

Psychische und organisatorische Inkompetenz haben wir als Unfähigkeit bezeichnet, den Wettbewerbsdruck zu ertragen und sich an die Herausforderungen der Umwelt anzupassen. Handeln inkompetenter Systeme in wettbewerblich geordneten Umwelten muß also darauf zielen, potentielle oder tatsächliche Quellen der Varietät zu isolieren, zu internalisieren oder zu kooperativer, ungewißheitsreduzierender Koordination zu veranlassen, die Zukunftsoffenheit des Marktsystems zu beschränken, allgemein: sich der externen Kontrolle des Verhaltens durch den Markt zu entziehen. Wenn Unternehmen unfähig sind, organisationsintern profitable Marktleistungen zu entwickeln und im Markt durchzusetzen, sind sie gezwungen, solche Alternativen im Markt für Unternehmenskontrolle zu erwerben und/oder Konkurrenten auszuschalten, die ihre Position gefährden. Auch wenn sie nicht mit einer Beschränkung unternehmerischer Freiheit verbunden sind, sind diese Praktiken aus zwei Gründen wetttbewerbsbeschränkend: Zum einen, weil Wettbewerb ein soziales Verfahren ist, in der Schumpetersche Unternehmer und innovative Organisationen selektiert werden, die obigen Praktiken aber Auf- und Abstiegsprozesse entsprechend dem Selektionswert oder Fähigkeitsniveau einer Unternehmung blockieren; zum anderen, weil Wettbewerb ein Mechanismus ist, der eine dezentrale Komplexitätsbeherrschung ermöglicht, während die Praktiken kooperativen Parametereinsatzes und externen Wachstums zu Ausschaltung von Komplexität führen und damit den Grad der Komplexität und damit die spontane Steuerungsfähigkeit des Gesamtsystems reduzieren (zu einer ausführlicheren Diskussion siehe S. 392 ff.).

Da in einem Marktsystem zu jedem Zeitpunkt Unternehmen mit unterschiedlicher Kompetenz existieren, wird es auch immer Unternehmen geben, die sich dem externen Druck zur Anpassung, der mit dem Auftreten von Ungewißheit und Varietät in der Umwelt verbunden ist, zu entziehen versuchen. Eine erste Gruppe besteht aus psychisch und organisatorisch so bescheiden ausgerüsteten Unternehmen, daß sie unfähig sind, Umweltveränderungen als ökonomisch relevant zu erkennen. Solche Unternehmen werden vom Markt eliminiert, falls es ihnen nicht gelingt, durch Emotionalisierung der Öffentlichkeit oder Politisierung ihrer Inkompetenz Ressourcen außerhalb des ökonomischen Systems zu mobilisieren. Eine weitere Gruppe von Unternehmen ist zwar in der Lage, die Zeichen ihrer Umwelt zu deuten, jedoch unfähig und zeitlich oder materiell überfordert, überlebensfähige Anpassungsstrategien zu entwickeln und durchzusetzen. Auch sie überleben nicht, außer sie gehen den politisch-sozialen Gnadenweg. Auch in der dritten Gruppe von Unternehmungen wird die Notwendigkeit

---

verbundenen Wettbewerbsprobleme lösen zu können", denn „externes Unternehmenswachstum als Mittel der Emanzipation von den Zwängen und Ungewißheiten des Wettbewerbs (stehe dann) nicht mehr zur Verfügung . . ." (S. 70 f.).

zu Veränderungen gesehen; aber ihre Unfähigkeit hindert sie daran, unternehmensintern neue Ideen zu entwickeln und im Markt zu realisieren.[74] Sie müssen daher versuchen, neue Lösungen oder Kompetenzen im Markt zu kaufen, mit Konkurrenten Koalitionen gegen die Konsumenten zu schließen, oder Wettbewerber zu eliminieren. Unternehmen dieser Gruppe werden nicht nur versuchen, durch Ausspielen von Beziehungen im politischen oder sozialen System eine materielle Alimentierung ihrer Unfähigkeit zu erreichen, sondern sie werden die entschiedensten Widersacher von Regeländerungen sein, die auf ein Verbot wettbewerbsbeschränkender Praktiken zielen. Eine vierte Gruppe von Unternehmen besitzt Anpassungskompetenz, geht jedoch den Weg des geringeren Widerstands. Lediglich die fünfte Gruppe versucht, der Herausforderung durch die Umwelt mit der Entwicklung und Realisierung neuer Lösungen zu begegnen. Auch von dieser Gruppe werden einige nicht überleben. Es sind die Mitglieder dieser Gruppe, welche die Evolution des Marktsystems vorantreiben, die Wettbewerb veranstalten, und deren Leistungsfähigkeit dazu beiträgt, das Überleben auch der Mitglieder jener Gruppen zu gewährleisten, die aus dem Markt ausscheiden würden, wäre es ihnen nicht gestattet, sich der Kontrolle durch den Wettbewerb zu entziehen.

Kompetenz im Markt ist für uns die zentrale Variable in der Erklärung des Marktverhaltens von Unternehmen. Hinter dieser Variablen sehen wir, wie mehrfach betont, ein hierarchisch gestaffeltes Gefüge weiterer Einflußfaktoren. Die Annahme unterschiedlicher Fähigkeitsniveaus steht für die neoklassische Prämisse der Gewinnmaximierung, die jedoch, wie gleichfalls betont, empirisch leer ist und fragwürdigen apologetischen Interpretationen des Unternehmerverhaltens wie der Arbeitsweise eines Marktsystems Vorschub leistet. Das Fähigkeitsniveau eines Systems determiniert nicht sein Verhalten, begrenzt aber seine Möglichkeiten des Einsatzes verschiedener Strategien im Markt. Unsere Überlegungen versuchen klarzumachen, daß bei relativ inkompetenten Unternehmen die Neigung ausgeprägt sein wird, das oligopolistische Existenzrisiko oder die Aufgabenschwierigkeit des Marktes durch Beschränkung des Wettbewerbs auf einen Grad zu senken, der ihnen bessere Überlebens- und Expansionschancen bietet. Die traditionale neoklassisch fundierte Theorie spricht in solchen Fällen von „Sicherheitsstreben“, das sich bei oligopolistischer Interdependenz zeige (siehe zum Beispiel Kantzenbach 1967, S. 94, 98), und lediglich

---

[74] Wir haben die Determinanten unternehmerischer und organisatorischer Fähigkeitsniveaus ausführlich diskutiert. An dieser Stelle sei lediglich ein Befund von Sherman (1972, Kap. 6) angeführt. Sherman versucht dort Interaktionen in Oligopolgefügen unter Einbeziehung psychologischer Variabler zu erklären. Er kommt u. a. zu dem Ergebnis: "There appears a tendency for persons more tolerant of social risk to compete more than opponents more averse to risk. On the other hand, when risk averse subjects play together they tend to cooperate more than other pairs ..."

eine unglückliche Umschreibung des klaren Sachverhalts sei, die Gewinne zu maximieren (Machlup 1966, S. 49 ff.). In unserer Theorie ist Sicherheitsstreben ein Persönlichkeitszug bestimmter psychischer Systeme, der darüber hinaus noch strukturell in Organisationen verankert werden kann. Sicherheitsstreben ist ein zentraler Aspekt von Mißerfolgsmotivation, die sich im Unternehmungsverhalten als Risikoaversion (oder Spekulationslust) und Wettbewerbsangst zeigt. Wir betrachten sie als Ausdruck psychischer wie organisatorischer Inkompetenz (ein Begriff, den wir wertfrei verwenden und den wir immer in Beziehung zu bestimmten Umweltgefügen sehen, der also relativ ist). Einer mißerfolgsmotivierten Unternehmung bleibt somit lediglich übrig, auf ihre Umwelt (auch wettbewerbsbeschränkend) einzuwirken, um die Umweltvielfalt auf jenes Maß zu reduzieren, bei dem sie in der Lage ist, diese Vielfalt intern zu absorbieren[75].

Die traditionale ökonomische Theorie zieht die gesamte Spannweite des Unternehmensverhaltens, das aus unterschiedlichen Fähigkeitsniveaus resultiert, in der Prämisse „rationalen" Handelns (im Sinne der Maximierung von Gewinn oder Erwartungsnutzen) zusammen. Sie hat daher auch keine Schwierigkeiten, plausible Hinweise für jedwede unternehmerische Aktivität zu geben, das heißt, sie vermag auch Praktiken zu rechtfertigen, die wir als Beschränkung des Wettbewerbs einstufen, die aber bei ihr als Ausfluß rationalen Handelns und somit auch effizienzvermehrend und damit wünschenswert erscheinen. Diese Perspektive, die in seltsamer Symbiose auch in der Wettbewerbstheorie und -politik nahezu aller Schattierungen auftaucht, halten wir nomologisch wie normativ für bedenklich. Aus Gründen der Effizienz kann nahezu jede Beschränkung des Wettbewerbs gerechtfertigt werden, weil das Effizienzkriterium nur für empirische Situationen sinnvoll verwendet werden kann, in denen kein Wettbewerb existiert. Steigerung der

---

[75] Einen interessanten Hinweis auf unsere Inkompetenzthese enthält eine Aussage E. W. Mommsens (im Hearing des Bundesministeriums für Wirtschaft zum Problem von „Unternehmensgröße und Wettbewerb", Bonn 1970). Mommsen äußerte hinsichtlich von Fusionsmotiven: „Ich gebe zu, daß ein ganz wesentliches Moment sehr oft der Markt, die Angst vor der Zukunft ... sind" (S. 285), und er sprach auch von der „Sorge, mit dem Markt nicht mehr fertig zu werden" (S. 286; Mommsen war zu jener Zeit Vorstandsvorsitzender der Thyssen AG). Diese Bemerkungen gaben Friedrich Hämmerling (Vorstandsmitglied der AEG-Telefunken, einem der aktivsten Fusionierer in der deutschen Großindustrie) die Gelegenheit zu behaupten: „Ich möchte es unter allen Umständen vermieden sehen, daß durch die schon gefallene Äußerung (von Mommsen, J.R.) ein falscher Eindruck hervorgerufen wird, daß Tendenzen zu einer Marktbereinigung, oder daß der Wunsch, sich die Geschäfte leichter zu machen, im allgemeinen zu Fusionen führen und daß die Begründungen, die später gegeben werden, nur eine Tarnung bedeuten. Ich fürchte, ein solcher Ausspruch kann mißverstanden werden ... Bei uns sind es rein technische Gründe ..., die zur Kooperation geführt haben. Wir weisen es weit von uns, daß Überlegungen, wie Herr Dr. Mommsen sie in gewissen Fällen als möglich angedeutet hat, in unseren Verhandlungen überhaupt eine Rolle gespielt haben" (S. 286).

Effizienz heißt, aus *gegebenen* Ressourcen mit gegebenem technischem und organisatorischem Wissen das Maximale herauszuholen. Dies ist jedoch zweifellos kein Problem, zu dessen Lösung wir des Wettbewerbs bedürften, sondern ein Allokationsproblem jeweils unterschiedlicher Kompliziertheit. Wettbewerb benötigen wir zur Lösung gesellschaftlicher Probleme, bei denen neues Wissen zu entdecken ist, neue Tatsachen zu verbreiten sind, neuartige Ressourcen lokalisiert werden müssen und jene Systeme auszuwählen sind, die für solche Aufgaben die beste Qualifikation besitzen. Wettbewerb ist ein Prozeß, der Gegebenes in Frage stellt. Ökonomisches Verhalten daher an der Elle des Ideals optimaler Allokation gegebener Ressourcen zu messen, hieße Wettbewerbsverhalten auszuschließen. Wettbewerb wird auch dann eliminiert, wenn man den Teilnehmern im Markt gestattet, die Krisen, die sie selbst heraufbeschworen haben, mit jenen offensichtlich unzureichenden – wenn auch „optimal" eingesetzten – Mitteln und Methoden zu bereinigen, die Ursachen jener Krisen sind.

4.6 Die turbulente Umwelt: Marktsysteme hoher Komplexität

4.6.1 Gründe für Umweltturbulenz

Die gestört-reaktive oder oligopolistische Umwelt ist gekennzeichnet durch eine unmittelbare Interdependenz der Handlungen oder durch eine fühlbare Reaktionsverbundenheit. Die Fähigkeit, neue Varietät zu produzieren und zu reduzieren, wird zum ausschlaggebenden Überlebenserfordernis. Da die Produktion von Varietät (oder Ungewißheit für andere Unternehmen) eine direkte Folge der Interaktionen der Akteure ist, entwickelt sich im oligopolistischen Marktgefüge geradezu eine „natürliche" Tendenz, zunehmender Umweltkomplexität nicht durch Steigerung der eigenen Anpassungsfähigkeit zu begegnen, sondern das Ausmaß und die Art der Störungen durch Kooperation mit anderen Akteuren zu kontrollieren, oder die Störungsquelle auf direkte Weise (durch externes Wachstum oder Einsatz von Macht) auszuschalten und in beiden Fällen Gewinne aus wettbewerbsbeschränkender Reduktion von Ungewißheit zu erzielen. Die Strategie, Störungsquellen auszuschalten, garantiert jedoch kein Überleben, wenn die Varietätsproduktion bestimmten Aktionen zirkular verbundener Marktteilnehmer nicht mehr zugerechnet werden kann, wenn die Störungen „irgendwo" in der Umwelt entstehen, wenn eigene Aktionen Wirkungen auslösen und zu erneuten Anpassungsleistungen zwingen, die nicht vorauszusehen sind, da sie irgendwo und irgendwann im komplexen Interaktionsfeld Reaktionen anderer Unternehmen auslösen, also unzurechenbare, ungeplante, unbeabsichtigte Folgen heraufbeschwören. Eine Umwelt dieses Typs nennen wir „turbulent" (Emery 1967, S. 222; Emery/Trist 1969). Der charakteristische

Zug eines turbulenten Feldes ist eine Dynamik, die aus den Interaktionen der einzelnen Teilsysteme *und* dem System selbst heraus entsteht. Anpassungstatbestände resultieren aus der Reaktionsverbundenheit der Akteure *und* aus den unbeabsichtigten Wirkungen der Interaktionen der Marktteilnehmer mit Mitgliedern des Marktsystems wie mit Komponenten der politischen, sozialen und natürlichen Umwelt.

Im turbulenten Feld herrscht der „Teufel der Überkomplexität" (Emery 1967, S. 227). Der multiple Charakter der Kausalkopplungen erlaubt es den Teilsystemen nicht mehr, das Umweltgeschehen durch ausgetüftelte Reaktionsfunktionen kausal-analytisch zu erfassen. Eine sozialtheoretische Lösung der hier anstehenden Probleme hat erstmals Adam Smith versucht. Er erklärte, durch welche Mechanismen in einer Wirtschaftsgesellschaft die Handlungen und ihre unbeabsichtigten Wirkungen koordiniert und kontrolliert werden, und zwar ohne daß die einzelnen Teilsysteme in der Lage wären (oder sein müßten), das komplexe Zusammenwirken ihrer Aktionen zu durchleuchten. Die Lösung von Smith sah bekanntlich vor, den Teufel der Überkomplexität durch eine „unsichtbare Hand" zu lenken. Das „Chaos der Märkte", durch welches sich ein turbulentes Umweltgefüge auszeichnet, stellt sich erst ein, wenn man versucht, die unsichtbare Hand sichtbar zu machen bzw. ein hochkomplexes System mit sozialtechnologischen Einfällen und Anleihen aus Newtons Mechanik zu regeln und auf der Grundlage eines cartesianischen, konstruktivistischen Rationalismus (Hayek 1969, S. 75 ff.) zu beschreiben.

Seit Ricardo war die Ökonomie auf der Suche nach Gesetzen, die man hinter dem Smithschen Mechanismus zu vermuten glaubte. Man bemühte sich, die Mechanik des Marktsystems aufzudecken, die „black box" von Smith auszuleuchten, übersah jedoch, daß man bei der Untersuchung jener vermuteten, mechanischen Abläufen verwandten Zusammenhänge gerade von jenen Erscheinungen abstrahieren mußte, deren Existenz und Erkennen durch die Smithsche Lösung überhaupt erst möglich wurde. Probleme geordneter oder interaktionaler Komplexität hatte man für „problems of simplicity" eingetauscht, ohne sich darüber klarzuwerden, daß man an Probleme einfacher Zusammenhänge zwar herankommt, wenn man von bestimmten Zügen hierarchischer Interaktion der Elemente mit ihrer Umwelt abstrahiert, daß der umgekehrte Weg jedoch, eine „Theorie komplexer Phänomene" (Hayek) aus der reduzierten Welt einfacher mikromechanistischer Zusammenhänge aufzubauen, zu einem Fehlschlag führen muß (siehe oben S. 23 f.).

Unsere Diskussion der verschiedenen kausalen Gefüge ökonomischer Welten hat allerdings gezeigt, daß jedem dieser Umwelttypen eine begrenzte empirische Plausibilität nicht abgesprochen werden kann, daß es jedoch einer übergreifenden Theorie bedarf, um die Gründe und Grenzen der Plausibilität aufzuzeigen. Die Plausibilität der Existenz einer Welt vollkommener Konkurrenz etwa setzt die Wirkungsweise eines als „Markt" bezeichneten „Mechanismus" voraus, über dessen Evolution und Wirkungsweise die Gesetze der vollkommenen Konkurrenz einen Schleier von Vermutungen ausbreiten. Das Bestehen eines Marktmechanismus muß man als gegeben voraussetzen, will man die Welt vollkommener Konkurrenz nicht als theoretisches Wunderland betrachten. Ähnliche Schwierigkeiten tauchen in einer Welt unvollkommener und oligopolistischer Konkurrenz auf.

Allgemein gilt: Die jeweils offenen Probleme einer Welt werden von Stufe zu Stufe (von Umwelt zu Umwelt) geschoben, was die einfachere Welt wohl aus dem Geschehen der höheren Welt deduzierbar macht, nicht jedoch eine Erklärung des Geschehens auf der komplexeren Ebene aus den einfacheren Zusammenhängen der niedrigeren Ebene ermöglicht. Die moderne neoklassische Theorie ist daher bis heute nicht in der Lage, sich alltäglicher Phänomene einer turbulenten Umwelt ohne die Einschränkung einer gleichgewichtige Abläufe garantierenden ceteris-paribus-Klausel anzunehmen. Sie unterstellt Prämissen, die für spezifische Umweltkonstellationen anscheinend plausible Beobachtungen und Erklärungen zulassen, wobei Veränderungen in der Umweltkonstellation, gegen die man sich in den Randbedingungen mittels ceteris paribus abgesichert hat, dazu zwingen, den nomologisch nicht erfaßbaren Umweltwandel als exogene Störung oder Datenänderung auszuweisen.

Das wesentliche und auch schon öfter dargestellte theoretische Manko der traditionalen wie modernen neoklassischen Ökonomie liegt in der durch ihre Prämissen und ihre Methodologie begründeten Unfähigkeit, Entwicklungsprozesse zu erfassen. An die Stelle der Untersuchung des komplexen Interaktionsverhaltens auf Märkten in historischer Zeit, treten die Definition hypothetischer Gleichgewichte und die Konstruktion kalkülökonomischer Modelle, deren Verhaltensanweisungen die Wirtschaftsmenschen folgen *müssen,* um die postulierten Gleichgewichtszustände zumindest tendenziell zu verwirklichen.

Wenn wir Evolution als Steigerung der Komplexität eines Systems verstehen, dann war es die Erklärung solcher Entwicklungsvorgänge, welche die Vertreter der klassischen Ökonomie zur Grundlage ihrer politischen Ökonomie machten. Zu jener Zeit, um die Wende des 18. zum 19. Jahrhundert, spielte sich vor ihren Augen eine Ausweitung wirtschaftlicher Tätigkeiten in bisher unbekanntem Ausmaß ab. Die Komplexität des sozialökonomischen Systems erhöhte sich geradezu sprunghaft (einige Historiker sprechen von *der* großen Diskontinuität der modernen Geschichte), vergleicht man sie mit derjenigen der vorausgehenden feudalistisch-merkantilistisch strukturierten Systeme. Wie wir heute mit Sicherheit wissen, spielte sich zu jener Zeit der erste erfolgreiche Versuch der Evolution eines ökonomischen Systems hochkomplexer Natur – eines turbulenten Feldes – ab. Die Komplexität ökonomischer Systeme hat sich seit der industriellen

Revolution in England bis in die jüngere Zeit nicht merklich erhöht. Erst seit der Wende zum 20. Jahrhundert ist eine erneute Steigerung der Turbulenz des Umweltgeschehens festzustellen. Wir werden im folgenden einige Gründe für die Steigerung der Komplexität der Umwelt der ökonomischen Teilsysteme (Unternehmen, Haushalte) aufzählen, die zur Zeit von Adam Smith überhaupt nicht oder nur in ihren Anfängen zu erkennen waren (zu einigen weiteren und teilweise ähnlichen Ursachen siehe Emery/Trist 1969; Emery 1967, S. 222–4).

1. Eine immer schon bestehende, aber in jüngerer Zeit wachsende und stärker beachtete Interdependenz zwischen ökonomischen und anderen Bereichen der Gesellschaft: die fortschreitende Durchdringung traditional nicht-ökonomischer Bereiche mit wirtschaftlichen (allokativen) Effizienzkriterien, die Ökonomisierung von Freizeit- und Konsumkultur, eine ökonomisch motivierte Lobbyisierung von Legislative und staatlicher Bürokratie, die Kommerzialisierung der Massenmedien. Alle diese Tendenzen bewirken eine in der Vergangenheit unbekannte gegenseitige Durchdringung von ökonomischen mit sozialkulturellen und politischen Verhaltensmustern und eine Potenzierung des Auftretens unbeabsichtigter Rückwirkungen und damit Ungewißheiten derartiger Interdependenzen.

Aus evolutorischer Sicht ist diese Interdependenz ambivalenter Natur. Zum einen ist sie Ausdruck einer weiter fortschreitenden Ausdifferenzierung und funktionalen Spezifizierung des ökonomischen Teilsystems. Diesem Vorgang entspricht eine zunehmende Ausweitung des Möglichkeitsbereichs der einzelnen Akteure, und er bedarf deshalb einer sozial-kulturellen wie politischen Abstützung (Änderungen der Wert- und Regelsysteme). Andererseits löst der mit steigender Umweltkomplexität verbundene Zwang zu vermehrter Reduktion von Komplexität und Absorption von Ungewißheit – und damit der Notwendigkeit einer Steigerung der psychischen und organisatorischen Fähigkeitsniveaus – vermehrte Anstrengungen von inkompetenten Akteuren aus, politisch geschützte ökonomische Enklaven geringerer Komplexität aufzubauen bzw. zu erhalten und Anpassungskosten auf andere ökonomische Teilsysteme oder auf das politische System zu überwälzen.

2. Der wettbewerblichen Herausforderung im Marktprozeß müssen die Unternehmen in stärkerem Maße durch Neuerungstätigkeit zu begegnen versuchen. Die Zeitspanne für die Entwicklung neuer Produkte und der Produktzyklus selbst verkürzen sich; gleiches gilt für die Reaktionsgeschwindigkeit im Markt; das Produktrisiko steigt. Der Druck zur Imitation der Neuerer nimmt weiter zu und beschleunigt einen neuerungsorientierten ökonomischen, sozial-kulturellen und politischen Wandel noch mehr.

3. Die geschilderten Wirkungen werden verstärkt durch die dramatische Steigerung der Geschwindigkeit, des Ausmaßes und der Kapazität zwischenmenschlicher Kommunikation mit Hilfe neuer Technologien der Übertragung und Speicherung von Nachrichten.

4. Die Evolution der menschlichen Gesellschaften war bis in die jüngste Zeit durch die Negierung einer faktisch immer vorhandenen Interaktion der gesellschaftlichen Teilsysteme mit ihrer natürlichen Umwelt gekennzeichnet. Die Ausdifferenzierung des Gesamtsystems Gesellschaft in ein ökonomisches, politisches und soziales Teilsystem hat eine vorher bestehende direkte ökologische Interdependenz des Gesamtsystems zerstört und an seine Stelle funktional spezifizierte Einflußbeziehungen gesetzt, die sich gelegentlich zu einem Komplott gegen die Natur auswachsen. Das ökonomische Teilsystem hat nur teilweise versucht, seine Beziehungen zur natürlichen Umwelt durch Knappheitsrelationen auszudrücken und auf diese Weise die Natur (als knappe Ressource und nicht als freies Gut) in den ökonomischen Kreislauf einzubeziehen. Die Existenz externer Effekte hat vormals bestehende homöostatische Beziehungen zwischen dem ökonomischen und natürlichen System in vielen Fällen zerstört und in allen beteiligten Teilsystemen der Gesellschaft ungeplante Wirkungen ausgelöst, die als gesteigerte Ungewißheit auf die ökonomischen Entscheidungsträger zurückschlagen. Komplexitätssteigernd wirkt weiterhin, daß die Interaktion zwischen dem ökonomischen System und der natürlichen Umwelt sich über Stufenfunktionen abspielt, deren kritische Werte nahezu unbekannt sind. Der Versuch, die homöostatischen Beziehungen zwischen dem Gesellschaftssystem und seiner natürlichen Umwelt aufrechtzuhalten oder wiederum herzustellen, wird für das ökonomische Teilsystem mit einer Steigerung seiner Umweltturbulenz verbunden sein, die ein ähnliches Ausmaß annehmen kann, wie es bei der scheinbaren Bändigung der Natur in der technisch-industriellen Revolution der Fall war; denn das ökonomische Teilsystem muß sich dann in seinen Strukturen und Prozessen auf einen um die Beziehungen zur Natur erweiterten Möglichkeitsbereich einstellen, der mit den traditionalen technischen und allokativen Effizienzkriterien nicht zu kontrollieren sein wird, da es um die Interaktion komplexer, nichtlinearer Systeme geht.

4.6.2 Prozesse wettbewerblicher Interaktion im turbulenten Feld

4.6.2.1 Informationsdiffusion und Komplexitätsreduktion durch das Preissystem

Die Klassiker der Ökonomie haben versucht, eine Theorie der bürgerlichen Gesellschaft gleichermaßen systemtheoretisch wie evolutorisch zu begründen. Das Primat des ökonomischen über das politische System stand für sie nicht in Frage, denn von seiner Durchsetzung hing die Stabilisierung und Fortentwicklung des ökonomischen Teilsystems und damit die Verhinderung eines Rückfalls auf „vorbürgerliche", komplexitätsarme, undifferenziertere gesellschaftliche Systeme ab. So hat Adam Smith – den wir in den Vordergrund stellen, weil in seinem Werk erstmals eine Synthese der Ansichten der liberalen Sozialtheoretiker jener Epoche erscheint – eine Theorie der ökonomischen Gesellschaft vorgelegt, welche die zunehmende Differenzierung des ökonomischen Systems wie die Wirkungsweise seiner Regelungs- und Koordinationsprozesse zu erklären versucht, eine Theorie also der Evolution einer ökonomischen Ordnung.

Die Smithsche Theorie der Evolution eines ökonomischen Systems stützt sich auf folgende Elemente:

1. schöpferische Akteure, die ihrem Selbstinteresse folgen; [76]
2. die Kontrolle des Verhaltens der Akteure: einmal im Sinne selbstkontrollierter psychischer Systeme („selfcommand"), zum anderen durch Regeln der Gerechtigkeit oder abstrakte Normen der Gesellschaft;
3. Wettbewerb als koordinierender und Fähigkeiten selektierender Mechanismus.

Die nachfolgenden Ökonomen waren jedoch weniger an der Gesellschaftstheorie von Smith, kaum an seiner Wettbewerbs- und Entwicklungstheorie, dafür um so mehr an seinen Hinweisen über die Bildung von Preisen auf wettbewerblichen Märkten und an seiner Schilderung jener Tendenzen interessiert, die das Marktsystem und einzelne Teilmärkte auf einen „natürlichen" Zustand bringen. Bis auf den heutigen Tag überwiegen die Versuche, die Smithsche Theorie des Wettbewerbs mechanistisch zu deuten und auf die neoklassische Perspektive umzubiegen. [77] Wir können an dieser Stelle weder die klassische Theorie einer offenen, durch den Wettbewerb koordinierten Wirtschaftsgesellschaft darstellen noch die Kritik der Neoklassik an der klassischen politischen Ökonomie einer Anti-Kritik unterziehen. Wir betrachten jedoch die folgenden Ausführungen als Versuch einer Weiterentwicklung der klassischen Ansichten und schließen dabei unmittelbar an die skizzierten Elemente des Smithschen Systems einer turbulenten, hochkomplexen Welt ökonomischer Beziehungen an:

1. die Koordination der Handlungen der Marktteilnehmer durch den Preis- und Geldmechanismus (Wettbewerb als Entdeckungsverfahren);

---

[76] Zur Psychologie der Kreativität und Imagination des (Wirtschafts-)Menschen bei Adam Smith siehe einige Hinweise und Smith-Zitate bei A. S. Skinner (1972). Skinner stützt sich vor allem auf Smiths "Philosophical Essays", einem Werk, das uns nicht zugänglich war; zur Motivationstheorie von Smith siehe Röpke e.

[77] Vgl. zu neueren Versuchen etwa Weber (1970, S. 110 f.), wo es u. a. heißt: „Es verging ein Jahrhundert, ehe es Léon Walras gelang, ein prinzipiell klassisches Modell exakt zu formulieren"; Ähnliches kann man auch bei Kritikern neoklassischen Denkens (wie Kade 1962) lesen; Blaug (1968) versucht, Smith von der neoklassischen Orthodoxie her zu interpretieren (S. 59), und macht sich (S. 46, 61 f.) auf die Suche, bei Smith die Prämissen der vollkommenen Konkurrenz auszugraben; Blaug weist allerdings darauf hin, daß Smith weniger an allokativer Effizienz als an den „dynamischen" Wirkungen des Wettbewerbs interessiert war; weitere Hinweise bei Röpke e.

2. der Zusammenhang zwischen Motivation und ihrer Aktualisierung durch wettbewerbliche Herausforderungen;
3. die Kontrolle des Verhaltens durch abstrakte Regeln.

Adam Smith kann man als den ersten Kybernetiker bezeichnen. Er zeigte, wie ein unpersönlicher sozialer Mechanismus das Verhalten der dezentralen Elemente eines komplexen Systems spontan koordiniert, ohne daß die Systemelemente eine reflektierende Kenntnis dieses Vorgangs besitzen. Haushalte und Unternehmen treten als Anbieter und Nachfrager von Produktionsfaktoren, Gütern und Leistungen im Marktsystem auf, indem sie Angebots- und Nachfrageimpulse in den Markt geben. Der Markt erscheint als Interaktionsfeld, in welches die einzelnen Elemente mehr oder weniger autonom eintreten können. Die Elemente im Feld sind durch Preise mittelbar gekoppelt. Die Preise bilden sich in Abhängigkeit von Gesamtnachfrage und Gesamtangebot einer bestimmten Leistung.

In einem geschlossenen ökonomischen System ohne Eingangsgrößen zur Systemumwelt würde der Prozeß der Preisbildung zu einem Ausgleich von Angebot und Nachfrage führen. Die Gleichgewichtsbedingung Angebot = Nachfrage würde als Führungsgröße eines Regelkreises dienen: Ist die Führungsgröße verschieden von Null (das heißt: $A \gtrless N$), geht die Abweichung in den Regler Markt ein und wird in eine Preisgröße transformiert. Das Marktsystem besitzt eine (negative und positive) Rückkopplung, weil Änderungen der Preise auf die Eingangsgrößen der Teilsysteme (Unternehmungen und Haushalte) zurückwirken und diese mit neuen Angebots- und Nachfrageimpulsen reagieren. Im Gleichgewichtssystem der Neoklassik erscheint die Führungsgröße des Regelkreises ($A-N = O$) als eine formale Sollwertbedingung, deren Erfüllung die Maximierung der Nutzen der Haushalte und Unternehmen garantiert (siehe hierzu ausführlicher Kade u. a. 1968, S. 18 ff.). Der Preis, welcher der Identität $A \equiv N$ entspricht, ist eine definitorische Größe, die eine bereits vollzogene Koordination der Teilsysteme ausdrückt und daher keine Erklärung des Koordinationsvorganges selbst geben kann. Systemendogene Störungen können nicht auftreten, da Wissen, Präferenzen, Technik usw. als gegeben unterstellt sind. Kade spricht in Einklang mit der neoklassischen Lehre bedauerlicherweise immer von „Wettbewerb“, wenn er das neoklassische Modell der vollkommenen Konkurrenz kritisch darstellt, obwohl, wie wir sahen, Wettbewerbshandlungen in diesem Modell nahezu ausgeschlossen sind.

Bei einer systemtheoretischen Betrachtung der Koordination der Teilsysteme durch das Preissystem in einer realen Marktordnung, benötigen wir zunächst eine andere Fassung der Führungsgröße. Ihre spezielle Form spielt dabei für die Lösung der uns interessierenden Probleme keine Rolle. Allerdings müssen in die Führungsgröße Elemente einer Zielfunktion der Teilsysteme eingehen, die eine systematische Beziehung zwischen den am Markt angebotenen und nachgefragten Mengen bzw. den resultierenden Preisen und dem Verhalten der einzelnen Anbieter und Nachfrager herstellen. Es muß somit sichergestellt sein, daß die Teilsysteme Abweichungen von ihren spezifischen Führungsgrößen mit bestimmten Angebots/Nachfragekonstellationen verbinden und dann über ihre Zielfunktion entsprechende Handlungen einleiten, die die Störungen im Markt zu kompensieren (bei negativer) oder zu verstärken (bei positiver Rückkopplung) tendieren. Hieraus folgt, daß die Teilsysteme unterschiedliche Ziele verfolgen können, wenn sie im Markt agieren. Jede Unternehmung oder jeder Haushalt kann daher mit Preisen oder Preisveränderungen sehr unterschiedliche Informationen verbinden und entsprechend seinen kognitiven Fähigkeiten, der Ausprägung seines Leistungsmotivs und der organisationsinternen Umsetzung von Information in unterschiedlichem Ausmaß Leistungsverhalten aktualisieren. Aber dennoch werden im Marktsystem die Handlungen (Entscheidungen, Pläne) der einzelnen Teilnehmer durch Rückkopplung, d. h. aufgrund von Preisinformationen über Störungen (Abweichungen von den Führungsgrößen) in den Angebots/Nachfragekonstellationen koordiniert[78]. Der Vorteil, Handlungen durch Rückkopplung oder dezentrale wechselseitige Anpassung zu koordinieren, steigt mit dem Grad der Komplexität und Unvorhersehbarkeit des Umweltgeschehens. Koordination durch Rückkopplung gestattet die Anpassung der Handlungen und ihrer ungeplanten Wirkungen an die aller anderen Elemente eines Marktsystems. Das Marktsystem ist dabei als eine Vielzahl miteinander in Wechselwirkung stehender (sog. vermaschter) Regelkreise zu sehen. Das Preissystem funktioniert als *ein* Markt.[79] Da hinter den Preisen Entscheidungen stehen und hinter den Entscheidungen

[78] In diesem Sinne wäre auch Smiths „unsichtbare Hand" zu verstehen. Denn bei Smith ist gesellschaftliche Koordination kein Ziel, das sich jemand bewußt planend vornehmen könnte, sondern wie Jonas (1968 I, S. 106) bemerkt, „ein Ergebnis, das ex post erreicht wird dadurch, daß die in Konflikt miteinander stehenden Handlungsziele vieler einzelner auf einen gemeinsamen Nenner gebracht werden", das heißt, die „unsichtbare Hand" steht für einen sich selbstregelnden (-organisierenden) Handlungszusammenhang in einem multistabilen System.

[79] Hayek (1952, S. 115): „Das Ganze funktioniert als ein Markt, nicht weil irgendeines seiner Mitglieder das ganze Feld überblickt, sondern weil der begrenzte Gesichtskreis des einzelnen den des anderen genügend überschneidet, daß durch viele Zwischenglieder die relevante Information allen übermittelt wird. Die bloße Tatsache, daß es für jedes Gut einen Preis gibt ... bringt die Lösung zustande, zu der (was gerade denkbar, aber nicht praktisch möglich ist) ein einzelner gekommen wäre, der all die Informationen besessen hätte, die in Wirklichkeit unter alle an dem Prozeß beteiligten Menschen verteilt sind." Im Wissenschaftssystem spielt sich ein analoger Vorgang ab: Kein Forscher ist in der Lage, die gesamte Entwicklung seiner Disziplin, geschweige denn diejenige von Nachbardisziplinen zu überblicken. Wenn jedoch die Forschungsgebiete der einzelnen Wissenschaftler, innerhalb der sie die wissenschaftliche Produktion auf ihren Wahrheitsgehalt überprüfen können, sich insgesamt überlappen, ist auch eine dezentrale Kontrolle des gesamten Wissenschaftssystems durch kompetente Mitglieder gegeben.

Erwartungen und Pläne der einzelnen Akteure, bedeutet Anpassung an Preisveränderungen auch implizit die Berücksichtigung der Kenntnisse und Erwartungen aller im Preissystem gekoppelten Elemente. Obwohl daher die Koordination durch Rückkopplung sich lediglich über die tatsächlich gegebenen Preise vollzieht (sog. ex-post Koordination), bedeutet dies nicht, daß die Koordination sich auf in der Vergangenheit liegende Umstände beschränkt. Der Marktpreis spiegelt zwar die in dem jeweiligen Zeitpunkt aktualisierten Angebots- und Nachfragekonstellationen; in die Entscheidung, zu einem bestimmten Preis als Anbieter oder Nachfrager aufzutreten, gehen jedoch eine Fülle von Erwartungen über die zukünftige Änderung von Umständen ein. Preise sind also Gegenwartssymbole der von den Marktteilnehmern erwarteten Entwicklung von Umständen, die auf das Angebot und die Nachfrage von Gütern einwirken. Preise reduzieren, wie wir noch ausführlicher zeigen werden, Weltkomplexität.

Von diesen Überlegungen ausgehend umschreibt Hayek (1968, 1969) die Wirkungsweise des Preissystems als die eines Entdeckungsverfahrens. Durch die Anpassung der Pläne der Marktteilnehmer an die Signale des Preissystems passen diese sich auch an jene Tatsachen und Vorgänge an, die „hinter" der Bildung eines Preises stehen, und von denen sie keine Kenntnis besitzen. Unternehmen können auf diese Weise Wissen, das bei anderen Unternehmen verfügbar ist, für sich selbst nutzbar machen.[80] Der einzelne vermag so zu handeln, als ob er über diese Kenntnisse verfügte. Das Preissystem „entdeckt" für die daran gekoppelten Elemente für ihre Entscheidungen relevante Umstände, „die ohne sein Bestehen entweder unbekannt bleiben oder doch zumindest nicht genutzt werden würden" (Hayek 1969, S. 249). Aus dieser Interpretation des Preissystems folgen zwei „keineswegs selbstverständliche Folgerungen" (Hayek 1969, S. 249 f.):

(1) Wären alle für eine Entscheidung relevanten Umstände den einzelnen Akteuren bekannt, bestünde keine Notwendigkeit, ihre Handlungen durch ein Preissystem zu koordinieren. Wettbewerb (oder genauer: durch das Preissystem vermittelter Wettbewerb) ist „nur deshalb und insoweit wichtig, als seine Ergebnisse unvoraussagbar und im ganzen verschieden von jenen sind, die irgend jemand bewußt hätte anstreben können ..."

(2) Da die durch das Preissystem zu entdeckenden Tatsachen auch einem außenstehenden Beobachter nicht vorher bekannt sein können, kann die Gültigkeit einer Theorie des Wettbewerbs (des Preissystems) „*für jene Fälle, in denen sie interessant* ist", also die Fälle, in denen *keine* vollkommene

[80] Die Anpassung an das Wissen erfolgt natürlich nicht in Kenntnis des konkreten Wissens anderer Unternehmen (z. B. der Kenntnis eines neuen Produktionsverfahrens). Das Wissen, an welches sich Unternehmen anpassen, ist vielmehr durch den Geld-Preis-Mechanismus von seinen konkreten Inhalten reduziertes oder abstraktes Wissen. Die Reduktionsfunktionen des Geldes werden wir gleich ausführlicher diskutieren.

Kenntnis aller relevanten Tatsachen besteht, „nie empirisch nachgeprüft werden". Weil wir die Tatsachen, mit denen das Preissystem die einzelnen Akteure bekannt macht, vorher nicht kennen, können wir auch nicht feststellen, wie wirksam das Preissystem „zur Entdeckung aller relevanten Umstände führt, die hätten entdeckt werden können".

(3) Die beiden Hinweise Hayeks wollen wir um einen dritten ergänzen. Die einzelnen Unternehmen passen sich nach eigener Initiative (Zielfunktion) an die Änderungen der Umstände an, soweit sie ihnen über den Preismechanismus oder über andere Informationskanäle bekannt werden. Die autonome Anpassung, auch wenn sie aufgrund von Nicht-Preissignalen (z. B. Auftragsbestände) erfolgt, setzt einen dezentralen Preismechanismus voraus; das heißt, ein durch Preise koordiniertes Wettbewerbssystem erlaubt auch die Anpassung an nicht über das Preissystem vermittelte Änderungen von Umständen. Bei freiem Wettbewerb gehen diese jedoch früher oder später über die Koordination der Handlungen und Handlungsergebnisse im Markt allen anderen Elementen des Systems zu. Preise scheinen dann bei freiem Wettbewerb (Verbot von Wettbewerbsbeschränkungen) als objektive Indikatoren für bestimmte Angebots/Nachfragekonstellationen auf dem Markt.

Zusammengefaßt ergibt sich: Über Preise werden die Handlungen der Marktteilnehmer koordiniert. Gleichzeitig erfolgt über diese sich selbst organisierende oder steuernde Koordination mit Hilfe der Preise die Ausnutzung des bei den einzelnen Marktteilnehmern verfügbaren Wissens. Schließlich erlaubt ein dezentrales Preissystem denjenigen Instanzen, die primär Träger der Information sind, auch diese Informationen auszuwerten; Informationsbesitz und Entscheidungsbefugnisse fallen zusammen.

Wir haben bisher jene Funktion des Preissystems vorgestellt, die Hayek als Verfahren zur Entdeckung von Tatsachen bezeichnet, und die Smith dazu bewog, von einem unsichtbaren Mechanismus zu sprechen, der die Aktionen der einzelnen Marktteilnehmer durch Preissignale koordiniert. Die neoklassische Version dieses abstrakten Verfahrens, eine Allokationsmaschine zur Produktion optimaler Zustände stützt sich lediglich auf einige Eigenschaften dieses Verfahrens: Der Preismechanismus kompensiert Abweichungen von einer für sämtliche Unternehmen bzw. Haushalte identisch definierten Führungsgröße und garantiert zumindest Tendenzen zum Gleichgewicht, indem er exogen verursachte Störungen im Marktsystem durch fortlaufende Anpassung reduziert. In der statischen Version eines Marktes vollkommener Konkurrenz ist eine Untersuchung des Regelungs- und Koordinationsaspektes eines Marktsystems allerdings nicht möglich, da sich alle Anpassungsvorgänge simultan vollziehen, alle „Handlungen" in ihren Ergebnissen augenblicklich realisiert sind und eine exogene Störung uno actu zu einer neuen Gleichgewichtskonstellation führt [81]. Es wird somit unter-

[81] Siehe dazu Kade u. a. (1968; 1971, S. 22 ff.), Hoppmann (1970, S. 407) und die

stellt, daß der Austausch von Wissen und die Entdeckung von Tatsachen, die sich in einem in historischer Zeit vollziehenden Interaktionsprozeß abspielen, bereits vollzogen sind; es wird als gegeben unterstellt, was günstigstenfalls Ergebnis nicht-simultaner Wettbewerbsprozesse sein kann.

Aufs engste verknüpft mit der informationsübertragenden und -entdeckenden Funktion des Preissystems ist die nicht weniger bemerkenswerte Eigenschaft, reduzierte Komplexität zu übermitteln. Im Preissystem, so bemerkt Hayek (1952, S. 168), werden „in abgekürzter Form, durch eine Art Symbol ... nur die wesentlichen Informationen" weitergegeben, „und zwar nur an die, welche es angeht". Wir wollen versuchen, diese Funktion der Reduktion von Komplexität durch das Preis- und Geldsystem einer Marktordnung detaillierter zu untersuchen, denn diese Funktion ist die Grundlage bedeutender sozialtechnologischer Folgerungen, die wir in späteren Abschnitten vortragen werden. [82]

Die Komplexität reduzierende Funktion des Preissystems ist davon abhängig, daß die zu bewertenden Güter durch ein einheitliches Maßsystem, nämlich Geld, ausgedrückt oder vergleichbar gemacht werden. Geld fungiert als Kommunikationsmedium, Preise sind informationsübertragende Signale. Geld ist, wie Luhmann (1972c, S. 192f.), formuliert, in seinen Funktionen zeitlich ein „Werthalter", sachlich ein „Wertmesser" und sozial ein „Tauschmittel". Die systemfunktionale Bedeutung des Geldmechanismus wird sichtbar, wenn wir die Geldfunktionen mit dem Komplexitätsgrad eines Systems in Beziehung setzen. Komplexität umschreibt den Möglichkeitsraum der einzelnen Akteure, „die Zahl der Möglichkeiten, aus denen Erleben und Handeln auswählen kann — sei es durch strukturelle Reduktion, sei es durch bewußt vergleichende Entscheidung" (Luhmann 1971 d, S. 164). Das tatsächliche Erleben und Handeln erscheint dann als Reduktion von Komplexität, als Selektion. Ein zentrales Problem in einem hochkomplexen System wie der Marktordnung ist, nun sicherzustellen, daß die Handlungen eines Teilsystems als Selektionsleistungen von anderen akzeptiert (erlebt) werden, und daß eine Koordination der Selektionshandlungen stattfindet. Wir benötigen somit Kommunikationsmedien – wie zum Beispiel Geld und Macht –, durch welche Selektionsleistungen übertragen werden können.

Wenn ich unter den Möglichkeiten auswähle, zum Beispiel durch den Kauf eines Gutes, und dadurch Komplexität für mich selbst reduziere, beschränke ich einerseits die Handlungsmöglichkeiten meines Vertragspart-

---

grundlegende Kritik von Richardson (1960), vor allem jedoch Shackle in mehreren Arbeiten, z.B. 1966, S. 17f.

[82] Grundlegend für unsere Ausführungen sind verschiedene Arbeiten von Luhmann, insbes. 1971 d und 1972 c; wertvolle Hinweise auch bei Shackle (1966) und Brunner/Meltzer (1971), Davidson (1972), der die Beziehungen zwischen den Funktionen von Geld und echter Ungewißheit diskutiert, sowie Ostroy (1973), der darauf hinweist, daß die Darstellung der Realfunktionen von Geld die traditionale Gleichgewichtstheorie sprengen muß.

ners (er kann über das Gut nicht mehr anderweitig verfügen), andererseits übergebe ich ihm jedoch in Form des Kaufpreises neue Möglichkeiten, nämlich die Möglichkeiten, mit dem Geld neue Tauschchancen zu realisieren. Geld steht somit für Verfügung über Komplexität. Geld gestattet die kommunikative Übertragung von Selektionsleistungen.[83] Wenn ich über Komplexität verfüge, sie durch Tauschhandlungen reduziere, kann ich dies nur, indem ich gleichzeitig die Chancen anderer, über Komplexität verfügen zu können, erhöhe. Geld ermöglicht also laufende Reduktion von Komplexität und gleichzeitig die permanente Erhaltung der Komplexität von Möglichkeiten (Luhmann 1971 d. S. 151 f.). Durch die freie Auswahl unter mehreren zulässigen Möglichkeiten können die monetären Kommunikationen als (Preis-)Informationen erscheinen. Geld fungiert als funktional spezifiziertes Kommunikationsmedium, welches Selektionsleistungen (-übertragungen) steuert und in Verbindung mit dem Preismechanismus koordiniert. Die funktionale Spezifizierung bezieht sich, wie schon angedeutet, auf eine Interaktionskonstellation, bei der A durch Handeln Möglichkeiten selektiert (Komplexität reduziert: Information schafft) und B dieses Handeln als Erleben akzeptiert,[84] was ein „Auseinanderziehen von Erleben und Handeln" (Luhmann, 1972 c, S. 189) ermöglicht, den Tauschvorgang entpersönlicht und die psychisch-kulturelle wie soziale Neutralisierung der Motive und Positionen der Tauschpartner gestattet. Diese Indifferenz gegenüber den Tauschpartnern wird gestützt (1) durch die Neutralisierung von Zeitunterschieden, die durch den Gebrauch von Geld

[83] Diese Selektionsfunktion des Geldes ist durchaus wörtlich zu nehmen. Denn wenn jemand über Geld verfügt, wählt er aus, scheidet zwischen Gewünschtem und Nichtgewünschtem, prämiiert damit die Leistungen anderer. Das heißt, die durch Wettbewerbsfreiheit garantierte Freiheit zur Auswahl ermöglicht mit Hilfe des Geld-Preis-Mechanismus, den Erfolg des Marktverhaltens von konkurrierenden Unternehmen „objektiv" anzuzeigen. Leistungserfolg und Höhe der Geldprämie kovariieren. Verzichtet man auf diesen dezentralen Mechanismus, der über Geld die Leistungen anderer bewertet, bleibt nur übrig, die Leistungsbewertung über Systeme von Kennziffern erfolgen zu lassen, die jedoch aus informatorischer und motivationaler Sicht außerordentlich problematische Folgewirkungen haben. Denn mit dem Verzicht auf den Geld-Preis-Mechanismus verfügt man über kein abstraktes Medium mehr, das die unterschiedlichen individuellen „Kennziffernsysteme" (Präferenzen, Bewertungsmaßstäbe, Qualitätsunterschiede) unmittelbar vergleichbar macht und zudem auf einen einzigen Leistungsindikator zusammenzieht. (Siehe hierzu ausführlicher Röpke c.) Auf die Zusammenhänge zwischen Markterfolg, Geldprämie und Aktualisierung von Leistungsverhalten gehen wir in dem nachfolgenden Abschnitt ausführlicher ein.

[84] Ausführlicher zur Unterscheidung von Erleben und Handeln Luhmann (1971 b, S. 75 ff.). Erleben ist die Hinnahme präsentierter, übernommener, fremdreduzierter Komplexität; Komplexität wird der Welt zugerechnet, als vorgegeben behandelt (etwa das einem Käufer präsentierte Güterangebot); Erleben stellt sich als interne Selektionsleistung anderer Systeme dar; diejenige Reduktion von Komplexität, die ein System selbst leistet, wäre als Handlung zu verstehen (etwa Auswahl aus dem Güterangebot durch Kauf einer Ware). „Erlebter Sinn wird als fremdreduziert erfaßt und verarbeitet, Handlungssinn dagegen als systemeigene Leistung" (1971 b, S. 77).

möglich ist (Geld ermöglicht die Verschiebung von Entscheidungen, stellt wirtschaftliches Potential dar, ermöglicht die willkürliche zeitliche Anordnung von Kauf- und Verkaufsakten),[85] und (2) durch die Neutralisierung sachlicher Inhalte als den spezifischen Eigenschaften der gegen Geld eingehandelten Güter und Leistungen.

Gerade die hochentwickelte Indifferenz des Kommunikationsmediums Geld gegen soziale, zeitliche und sachliche Unterschiede ist es jedoch, die den Tauschpartnern gestattet, ihre Einstellungen hinsichtlich der sozialen, zeitlichen und sachlichen Dimension der Interaktion erstaunlich sensibel mit Hilfe des Geldes auszudrücken. „... dank der institutionellen Abstraktheit des Mediums (wird) gerade eine gesteigerte, verfeinerte Informierbarkeit und Motivierbarkeit möglich, weil sich minutiöse Differenzen am Geld ausweisen lassen" (Luhmann 1971 d, S. 154). Welche Folgerungen können wir aus dieser Analyse ziehen?

1. Die von Hayek hervorgehobene Entdeckungsfunktion des Preissystems ist nur in einer monetarisierten Tauschwirtschaft möglich, denn nur in Geld ausgedrückte Preise vermögen als Informationsträger oder als Träger von Knappheitsrelationen über den engen Kreis elementarer Tauschpartner hinaus eine Rolle zu spielen. Das Preissystem koordiniert als „unsichtbare Hand" durch Geld kommunizierbar gemachte Selektionsleistungen der verschiedenen Elemente eines Marktsystems. Geld ist ein Medium, durch welches sich die Konkurrenzkräfte ausdrücken können. Hieraus folgt weiter:

2. Ökonomische Systeme in einer turbulenten Umwelt sind von abstrakter Ordnung. Ohne Geldmechanismus kann sich eine komplexe Wirtschaftsgesellschaft nicht aufbauen. Entscheidend jedoch: Das Geldsystem ermöglicht den Verzicht auf die Zweckvereinheitlichung des Systems oder mit anderen Worten die individuelle Teilnahme am Tauschprozeß aus unterschiedlichsten, durch Geld neutralisierten und vom Preissystem in ihren Wirkungen koordinierten Zielen und Motiven. Notwendige Bedingung der Existenz und Evolution einer abstrakten Ordnung ist also ein Preissystem, das durch Geld kommunizierbar gemachte Selektionsleistungen koordiniert. Dieses abstrakte Marktsystem steht in Gegensatz zu sozialen Systemen vom Typ einer Organisation, der als „Haushalt" zu verstehen ist (Hayek 1969, S. 110ff.; Luhmann 1972c, S. 207). Solche Systeme zeichnen sich durch eine kooperative bis zwangsweise Zwecksetzung aus, bei der Handlungsselektion durch Macht erfolgt, bei der die Interaktionen personalisiert sind. Die durch das Preissystem ermöglichten oder eingeräumten Chancen zur Reduktion von Komplexität bei gleichzeitiger Erhaltung von Möglichkeiten werden in einer

[85] Shackle (1966, S. 34): "Money, traditionally called a medium of exchange, is indeed a medium of postponement, a means of seperating in time the act of purchase." – "Money is dope, a tranquilizer against the effects of not knowing what to do" (S. 128).

Organisation an die Verrichtung zweckkonformer Aktivitäten gebunden. Geld wird in seiner „Generalisierungsleistung zerstört, als Freiheit vernichtet“ (Luhmann 1972 c, S. 207).

3. Der Preismechanismus des Marktes ist gegenüber Konflikten der an ihn gekoppelten Elemente indifferent. Er entpersönlicht Konflikte, ohne ihre Austragung zu unterdrücken. Konflikte im Marktsystem sind durch Zieldivergenz und Spontaneität der Handelnden begründet. Offenheit des Marktsystems gegenüber Konflikten heißt daher auch Offensein für Änderungen der Ziele, unvorhersehbare Entwürfe, für innovative zukünftige Entwicklungen. Ein wettbewerbliches Marktsystem ist unbeschränkt konfliktoffen, während eine Organisation nur ein bestimmtes Maß von Konflikten tolerieren kann und in seiner Ausprägung als formal-bürokratisches System alle Widersprüche aus der Erwartungsstruktur verbannen muß. Sich in einem durch einen dezentral-wettbewerblichen Geld-Preis-Mechanismus gekennzeichneten System vollziehende Konflikte erlauben zudem (die Begründung erfolgt im folgenden Abschnitt), ihre Lösung mit erhöhtem Output zu erreichen. Der Geldmechanismus erlaubt Spiele mit positiven und nicht mit Null-Summen. Es gibt weder Sieger noch Verlierer.

4. In einem durch den Preismechanismus integrierten Marktsystem sind die dezentralen Entscheidungszentren zugleich die Orte der Komplexitätsreduktion und Informationsschaffung. Entscheidung und Informationsschaffung fallen zusammen. Organisationen, welche Marktprozesse internalisieren oder andere Marktteilnehmer ihrem Herrschaftsbereich unterwerfen, reduzieren das Selektionspotential des Gesamtsystems und bewirken eine dauerhafte Beschränkung des Möglichkeitsbereichs. Die abstrakte Ordnung des Marktes wird konkretisiert, d. h. organisiert.

Die dezentrale Reduktion, Speicherung und Übertragung von Komplexität, welche das Preissystem ermöglicht, weicht bei einem Zusammenschluß von Marktteilnehmern der organisationsinternen Handlungsselektion durch funktionale oder bürokratische Autorität und vernichtet damit Chancen und Freiheit für die Produktion unabhängiger Anpassungs- bzw. Selektionsleistungen. Die Internalisierung von Markttransaktionen ist eine Möglichkeit, Umweltkomplexität in einem Bereich dauerhaft zu reduzieren oder Umweltturbulenz abzubauen, ohne die Komplexität der Möglichkeiten wie bei einem Austausch von Leistungen über den Markt zu erhalten. Der Wirkungsbereich des Preissystems wird eingeschränkt. Die Internalisierung von Markttransaktionen (Entdifferenzierung des Marktsystems) und die Internalisierung von Marktteilnehmern (Zentralisierung des Marktsystems) bewirken somit eine Senkung der Leistungsfähigkeit des Marktsystems, weil sie die komplexitätsreduzierende Funktion des Geldes, die Koordinationsleistung und die Informationsübermittlung des Preissystems ausschalten. Diese spontane Steuerungskapazität bezieht sich auf die Flexibilität oder Anpassungsfähigkeit gegenüber marktexternen und marktinternen Störungen, auf den Möglichkeitsbereich oder Komplexitätsgrad und die Konfliktoffenheit eines Marktsystems.

5. Das Preissystem „entmachtet" tendenziell die Interaktionen in einem Marktsystem. Wie bereits angedeutet, können wir unterscheiden zwischen (i) einer sachlich, zeitlich und sozial indifferenten, entpersönlichten, abstrakten Reduktion von Komplexität durch den Geld- und Preismechanismus, ein Vorgang, der Reduktionschancen verteilt, ohne sie zu vernichten, und (ii) der Reduktion von Komplexität durch Macht und Herrschaft, ein Vorgang, der Handlungsmöglichkeiten konkret und endgültig reduziert.

Macht ist ein Medium der Selektion fremdbestimmten Handelns. Reduktion von Komplexität wird nicht wie im Preissystem der Welt zugerechnet, sondern auf ein konkretes Teilsystem das Marktes bezogen. Die Macht des einen kann also, wie Luhmann (1972 c, S. 199) sagt, niemals als Freiheit des anderen akzeptiert werden, wie es beim Kommunikationsmedium Geld der Fall ist. Geld wie Macht ordnen die Selektion von Handlungsmöglichkeiten. Mit Geld reduziert man Komplexität für sich selbst, mit Macht jedoch für andere: man entscheidet für den anderen und zwingt (motiviert) ihn durch negative (positive) Sanktionen zur Annahme der möglichkeitsreduzierten Situation. Durch Macht wird fremdreduzierte Komplexität übertragen, durch Geld Komplexität selbst „in der Form der Freiheit beliebiger Reduktion" (Luhmann 1971 d, S. 151). Die Eliminierung des Preissystems durch Entdifferenzierung und Zentralisierung des Marktes führt daher zu einer Substitution freiheitserhaltender, selbstmotivierter Reduktion von Komplexität durch chancenvernichtende, fremdvermittelte Reduktion von Komplexität.

4.6.2.2 Die Aktualisierung von Leistungsmotivation durch Wettbewerbsprozesse

Die Koordinations-, Ordnungs- und Evolutionsleistung eines Preissystems kann nicht unabhängig von den Handlungen seiner einzelnen Elemente beschrieben und erklärt werden. Der schwache Punkt der Ökonomie nach Smith ist die Vernachlässigung der Beziehungen zwischen der Motivation der einzelnen Wirtschaftseinheiten und ihren Handlungen im Markt, der Koordination ihrer Handlungen durch den Preismechanismus und der externen Kontrolle ihrer Handlungen durch allgemeine Regeln der Gerechtigkeit.

Es ist daher nicht erstaunlich, daß in der neoklassischen Halbierung des klassischen Arguments für ein Marktsystem der Hinweis auf das Regelsystem fehlt, das Selbstinteresse der Akteure als nicht-erklärungsbedürftiges Axiom der Gewinn- oder Nutzenmaximierung in den Begründungszusammenhang eingeht, und Wettbewerbshandlungen auf jenen Typ von Aktionen verkürzt werden, die zu einer gleichgewichtigen Anpassung des Marktsystems an externe Störungen führen.

Um nicht in die nomologische Sackgasse der neoklassischen Markttheorie zu geraten, müssen wir zunächst eine grundlegende Differenzierung der in einem Marktsystem wirkenden Wettbewerbsprozesse vornehmen. Einerseits existiert ein sog. Preissystem mit seinen oben beschriebenen Funktionen. Es führt unter anderem zu einer Koordination des Verhaltens der Marktteilnehmer bei externen und internen Störungen und bewirkt, indem es die Anpassungsleistungen der Marktteilnehmer in Preissignalen festhält, eine Ausbreitung des dezentral zerstreuten Wissens. Dieser Vorgang ermöglicht – isoliert betrachtet – eine zunehmende Erfüllung der Erwartungen der einzelnen Marktteilnehmer, bewirkt also Tendenzen zu einem Gleichgewicht. Diese Tendenz zur zunehmenden Erfüllung der Erwartungen wird somit getragen durch die informationsschaffende (ungewißheitsreduzierende) Leistung des Preissystems. Dieser Vorgang ist jedoch überlagert von Handlungen, die keine Preis/Mengen-Reaktionen auf für den einzelnen Marktteilnehmer exogene Störungen sind, sondern denen die Produktion von Störungen bzw. Varietät zugrunde liegt, die also komplexitätssteigernd (den Möglichkeitsbereich erweiternd) und ungewißheitserhöhend sind. Diese Handlungen produzieren Ungewißheit, die von anderen Marktteilnehmern nur absorbiert werden kann, wenn auch sie neues Wissen produzieren, also ihrerseits Vielfalt für andere Teilsysteme in die Welt setzen. Diesem zweiten Handlungstyp liegen keine Gleichgewichtstendenzen zugrunde; er führt auch nicht zu Ungleichgewichten, wie man zur Rettung des traditionalen Begriffssystems behaupten könnte.

Auch diese zweite Klasse von Handlungen, die im System von Schumpeter und Knight eine hervorragende Rolle spielen, können wir mit einem Wettbewerbsvorgang der Entdeckung von (neuen) Tatsachen in Verbindung bringen, müssen dieses Aktionsmuster jedoch von dem des Preissystems genau unterscheiden. Dieser Unterschied wird unserer Ansicht nach auch von einem modernen Autor in der klassischen Tradition wie F. A. Hayek nicht eindeutig herausgearbeitet. So kennt Hayek einerseits das Entdeckungsverfahren des Wettbewerbs (Preise als Informationsträger usw.), zum anderen jedoch auch Marktteilnehmer, die als „Kundschafter auf der ständigen Suche nach unausgenützten Gelegenheiten sind, die, *wenn sie entdeckt wurden*, dann auch von anderen genützt werden können" (Hayek 1969, S. 260; unsere Hervorhebung). Hier sind zweifellos zwei zu unterscheidende Tatbestände angesprochen. Im ersten Fall haben wir es unter anderem mit einem Verfahren zur Entdeckung von Knappheit zu tun: das Preissystem gibt Informationen, „welche Art von Gegenständen und Leistungen verlangt werden und wie dringlich" (Hayek 1969, S. 254). Im Wettbewerb der Kundschafter handelt es sich um Such- und Neuerungsprozesse, die zwar aufgrund von Preisinformationen induziert sein können, die jedoch auf eine Verbesserung der Marktposition durch Entdeckung neuer Tatsachen (technische Verfahren, Organisationsmethoden, neue Produkte) zielen. Um zu erkennen, wie diese beiden Typen wettbewerblicher Entdeckungsverfahren in einem Marktsystem zusammenwirken, ist es notwendig, explizit motivationstheoretische Überlegungen einzubeziehen (zur Grundlegung siehe oben, S. 136 ff.).

Die zentrale Frage lautet, inwiefern Marktprozesse dazu beitragen, das Motivationspotential psychischer (und organisatorischer) Systeme „optimal" zu aktualisieren, das heißt, für die Marktteilnehmer die größtmögliche Zahl von Chancen für das Aufspüren und Lösen von Problemen mit maximal offenem Ausgang zu schaffen.

Wir hatten festgestellt, daß sog. Hochmotivierte, Knight-Schumpetersche Unternehmer oder kreative Wirtschaftsmenschen Probleme oder Aufgaben mit Schwierigkeitsgraden bevorzugen, welche die größte Ungewißheit hinsichtlich ihres Erfolges oder Mißerfolges aufweisen. Die Verstärkerfunktion des Wettbewerbs in bezug auf die Aktualisierungen unternehmerischen Leistungsstrebens zeigt sich darin, daß er (1) hochmotivierte psychische und organisatorische Systeme selektiert und (2) auf den Herausforderungsgrad oder den Schwierigkeitsgrad der Aufgaben und damit die aktualisierte Motivation (Motivierung) einwirkt (ausführlich Röpke e).

Im Anschluß an eine Überlegung von Adam Smith (1974, S. 644) lassen sich die Beziehungen zwischen Leistungsverhalten und dem Herausforderungsgrad freien Wettbewerbs durch vier Theoreme kennzeichnen.

1. Theorem der optimalen unternehmerischen Herausforderung: Es gibt einen Grad wettbewerblicher Herausforderung oder Aufgabenschwierigkeit, der die Intensität des Antriebs von Unternehmen, Leistungshandeln zu vollbringen, optimal aktualisiert. Diesen Zusammenhang haben wir im zweiten und dritten Teil dieser Arbeit ausführlich dargestellt.

2. Theorem der Selbststabilisierung des Motivationspotentials eines dezentralen Wirtschaftssystems: Durch spontane Interaktionen von Marktteilnehmern in einem „system of natural liberty" (Smith) stabilisiert sich tendenziell der Herausforderungsgrad für leistungsthematisches Handeln in einem optimalen Bereich.

3. Motivationstheorem der wirtschaftlichen Entwicklung: Die sich im Zeitablauf in einem optimalen Bereich stabilisierende Beziehung zwischen Leistungsantrieb und Herausforderungsgrad in einer wettbewerblichen Umwelt ist die wichtigste motivationale Ursache der wirtschaftlichen Entwicklung.

4. Theorem der Motivationskrise: Eingriffe in ein System freien Wettbewerbs führen zu Abweichungen vom optimalen Herausforderungsgrad.

Wir wollen uns in diesem Abschnitt insbesondere mit dem zweiten Theorem beschäftigen. Die kausalanalytische Verknüpfung der Variablen des zweiten Theorems haben wir im zweiten Teil ausführlich dargestellt. Es geht primär um die Beziehung zwischen Aufgabenschwierigkeit, Aktualisierung von Leistungsmotivation und Rückkopplung der Ergebnisse des eigenen Verhaltens (Kausalattribuierung). In der Analyse vorausgesetzt wird eine „normale“ Verteilung der Fähigkeitsniveaus in einem Marktsystem sowie das Verbot wettbewerbsbeschränkenden Verhaltens (also die Annahme sogenannten freien Wettbewerbs).

Die Begründung des Theorems erfolgt in zwei Schritten. Zunächst untersuchen wir, welche Wirkung ein Schwierigkeitsgrad von Aufgaben auf das Leistungsverhalten von Unternehmern hat, der über oder unter dem Optimum liegt. Anschließend wäre zu untersuchen, ob bei Abweichungen vom optimalen Schwierigkeitsgrad Tendenzen zur Rückführung des Herausforderungsgrades in den optimalen Bereich bestehen.

Gehen wir davon aus, die Marktteilnehmer würden im Durchschnitt mit sehr schwierigen Aufgaben konfrontiert, das heißt der Herausforderungsgrad der durch Wettbewerb präsentierten Probleme sei zu hoch [86]. Nach den Überlegungen der Leistungsmotivationstheorie würde dadurch eine relativ geringe Aktualisierung leistungsmotivierten Verhaltens erfolgen (Überforderung). Im einzelnen wären folgende Verhaltensweisen der Marktteilnehmer zu erwarten:

1. Der hohe Schwierigkeitsgrad der Aufgaben veranlaßt Unternehmen zu vermehrter Zurückhaltung in ihren ökonomischen Aktivitäten; Investitionsvorhaben werden zurückgestellt; statt Erweiterungs- erfolgen Rationalisierungsinvestitionen. Einige Unternehmen sind aufgrund ihres geringen kognitiven und organisatorischen Fähigkeitsniveaus dem Wettbewerbsdruck nicht gewachsen und verlassen freiwillig oder nach Aufforderung durch den Konkursrichter den Markt.

2. Unternehmen, die sich auf derart schwierige Probleme eingelassen haben, erfahren im Durchschnitt mehr Mißerfolgs- als Erfolgsrückmeldungen. Einige machen Verluste und scheiden aus dem Markt aus.

3. Die Eintrittsschranken auf dem Markt steigen. Potentieller Wettbewerb verringert sich.

4. Gelingt einer Unternehmung die erfolgreiche Durchsetzung einer Neuerung im Markt, bedeutet das zunächst für die Konkurrenten die Herausforderung mit einem Problem hohen Schwierigkeitsgrads. Wenn jedoch eine kontinuierlich abgestufte Hierarchie von Fähigkeiten zwischen den Unternehmen besteht, also das Kompetenzniveau zwischen dem Innovator und seinen potentiellen Konkurrenten nicht sehr groß ist, [87] werden zunächst

[86] Ursachen einer zu hohen Aufgabenschwierigkeit können unter anderem sein: die erfolgreiche Einführung von Neuerungen; Täuschungen und Irrtümer über den Schwierigkeitsgrad von Aufgaben; spekulative Zielsetzung von Marktteilnehmern; ein konjunktureller Abschwung (Rezession, Depression); und jenseits der oben genannten Voraussetzungen des Modells: Beschränkungen des Wettbewerbs; Eingriffe des Staates in den freien Wettbewerb.

[87] Diese Voraussetzung war und ist, zumindest in den heute hochentwickelten Ländern, gegeben. Deswegen versucht man auch, über Patente den Schwierigkeitsgrad für potentielle Imitatoren hochzuhalten. Anders sieht es zwischen Ländern mit markanten Kompetenzunterschieden aus (Entwicklungsländer versus Indu-

wenige dann mehr Imitatoren in der Lage sein, die Herausforderung anzunehmen. Es gelingt ihnen mit anderen Worten, das neue Wissen zu produzieren, um das vom Innovator präsentierte Problem erfolgreich zu lösen. Der Imitationswettbewerb senkt also den Herausforderungsgrad des zunächst sehr schwierigen Problems für die Unternehmen, die es noch nicht gemeistert haben.

Wenn wir die Auswirkungen dieser Verhaltensweisen auf die Änderung des wettbewerblichen Herausforderungsgrads zusammenfassen, würde sich folgendes ergeben: Die Steigerung des Herausforderungsgrads der marktlichen Umwelt von Unternehmen im Bereich zu hoher Aufgabenschwierigkeit löst unternehmerisches Anpassungsverhalten aus, welches in seinen Auswirkungen dazu führt, den Herausforderungsgrad wieder zu senken. Abweichungen vom Bereich optimaler Herausforderungen werden durch spontan wirkende Marktkräfte korrigiert.

Analoge Überlegungen lassen sich anstellen, wenn der Schwierigkeitsgrad von Unternehmen unter den durch Theorem (1) spezifizierten optimalen Bereich fällt. Sinken des Herausforderungsgrads löst Anpassungsreaktionen der Marktteilnehmer aus (Ausweitung der Produktion, Erwartung leichter Profite, Sinken der Eintrittschancen, beschleunigte Imitation von Innovationen [88]), die dazu führen, die hochgesteckten Erwartungen zu enttäuschen, den Schwierigkeitsgrad der durch Wettbewerb präsentierten Probleme wiederum zu steigern, das heißt den Herausforderungsgrad in den optimalen Bereich zurückzuführen. [89]

Ein dezentrales, über Märkte koordiniertes System stabilisiert unter bestimmten Voraussetzungen (Verbot von Wettbewerbsbeschränkungen, „Normalverteilung" unternehmerischer Kompetenzen) sein Motivationspotential in einem Bereich, der die Unternehmen zu ständigem leistungsthematischem

---

strieländer). Hier führt freier Wettbewerb (Freihandel) zu einer dauerhaften Überforderung der Länder mit geringem Fähigkeitsniveau: Der Freihandel setzt keine Entwicklungsimpulse frei, sondern bedeutet einen Import von Hilflosigkeit. Freier Wettbewerb erfordert also eine kontinuierlich gestaffelte Fähigkeitshierarchie oder die Fähigkeit, auf wettbewerbliche Herausforderungen auch mit verstärkter eigener Aktivität und mit Aussicht auf Erfolg antworten zu können. Diese Überlegungen kann man im übrigen als entwicklungstheoretische Grundlage des sogenannten infant-industry-Schutzes betrachten.

[88] Diese Überlegungen lassen sich konjunkturtheoretisch weiterentwickeln. Ein konjunktureller Abschwung tritt ein, wenn die Marktteilnehmer überwiegend leichte Aufgabenschwierigkeiten erwartet hatten. Die Erwartungsenttäuschungen treiben dann die Aufgabenschwierigkeiten in Bereiche zu hoher erwarteter Aufgabenschwierigkeit (unterer Wendepunkt). Dann tritt, wie beschrieben, eine „Selbstkorrektur" durch tendenziellen Abbau des Herausforderungsgrades ein. Die Aufgabe der Konjunkturpolitik wäre es daher, Abweichungen des Herausforderungsgrades vom optimalen Bereich nach oben und unten zu begrenzen.

[89] Der Imitationsprozeß hat eine zweifache Auswirkung auf den Schwierigkeitsgrad. Einmal senkt er den Herausforderungsgrad für potentielle Imitatoren, andererseits erhöht er die Aufgabenschwierigkeit für den Innovator und die frühen Imitatoren.

Handeln anregt. Ein Wettbewerbssystem regeneriert sein Motivationspotential spontan aus sich selbst heraus; die Aufgabenschwierigkeit wird tendenziell auf optimalem Niveau stabilisiert.

Aus diesen Überlegungen folgt unmittelbar die Vorstellung eines wettbewerblichen Entdeckungsverfahrens, welches sich – im Gegensatz zu dem von Hayek formulierten – auf die Produktion *neuen* Wissens bezieht. Denn die Stabilisierung des Herausforderungsgrads im optimalen Bereich bedeutet eine ständige Anregung zur Produktion neuen Wissens, neuer technischer Verfahren und Produkte, zur Steigerung der psychischen und organisatorischen Fähigkeitsniveaus. Und eine Steigerung des durchschnittlichen Fähigkeitsniveaus eines Marktsystems erlaubt es dann wiederum, den Aufgabenschwierigkeitsgrad, verglichen mit der Ausgangssituation, zu heben. Damit vollziehen sich auf höherem Niveau die gleichen Vorgänge.

Diese Überlegungen erlauben eine weitere Konsequenz zu ziehen, die vor allem im Hinblick auf die Möglichkeit, in der Wirklichkeit turbulenter Marktsysteme ein Verhalten von Unternehmen nachzuweisen, welches im Rahmen gleichgewichtsanalytischer Modelle beschrieben werden kann, von Interesse ist. Die Interaktionen der Marktteilnehmer bewirken eine unaufhörliche Veränderung der Schwierigkeit der Aufgaben, mit denen sich einzelne Wirtschaftssubjekte konfrontiert sehen. Wettbewerbshandlungen sorgen dafür, daß unmittelbar über zurechenbar-fühlbare Reaktionsverbundenheit und mittelbar über den Preismechanismus (weil wettbewerbliche Verbundenheit besteht und Geld oder Überlebensfonds „knapp" sind) bei irgendeinem Akteur die Erwartungsdiskrepanz gesteigert wird, oder Aufgaben „optimale" Herausforderungsgrade annehmen. Freier Wettbewerb aktualisiert somit abhängig von der Qualität der überdauernden Motivation und vom Gesichtspunkt des Gesamtsystems aus „spontan" in jedem Augenblick das Leistungsmotiv hochmotivierter, spekulativer und mißerfolgsmotivierter Marktteilnehmer. Die durch den Wettbewerb ausgelösten Veränderungen der situativen Variablen, die sich in Änderung der Steilheit des Erwartungsgefälles oder der Aufgabenschwierigkeit der einzelnen Marktteilnehmer niederschlagen, werden daher immer einige Unternehmen in jenen „kritischen" Aktualisierungsbereich bringen, bei dem Hochmotivierte zu höchster Leistung animiert, andererseits Unternehmen mit relativ geringem Fähigkeitsniveau durch wettbewerbliche Herausforderungen überfordert werden. Letztere müssen daher versuchen – wenn sie überleben wollen –, die durch ihre Kompetenz nicht kontrollierbare Varietät der Umwelt durch Beschränkung des Wettbewerbs abzubauen, da Wettbewerbsbeschränkungen den Herausforderungsgrad für den Begünstigten (den Beschränker des Wettbewerbs) senken und ihn für den, gegen den sich die Beschränkung des Wettbewerbs richtet, erhöht.[90]

---

[90] Wir gehen ausführlich auf die Auswirkungen von Wettbewerbsbeschränkungen auf die Aktualisierung des Leistungsmotivs im nachfolgenden Abschnitt ein.

Druckfehlerberichtigung

auf Seite 257 wurde versehentlich eine falsche Abbildung abgedruckt, die durch das folgende Schema zu ersetzen ist.

Kompliziertheit

Dynamik		gering	hoch
	gering	geringe Komplexität (1) wenige Segmente und Faktoren (2) Segmente und Faktoren sind ähnlich (3) Häufigkeit und Stärke der Änderungen gering	ziemlich geringe Komplexität (1) viele Segmente und Faktoren (2) geringe Ähnlichkeit der Segmente und Faktoren (3) Häufigkeit und Stärke der Änderungen gering
	hoch	gemäßigt hohe Komplexität (1) wenige Segmente und Faktoren (2) Segmente und Faktoren sind sich ähnlich (3) Faktoren und Segmente ändern sich ständig: hohe Ungewißheit	sehr hohe Komplexität (1) viele Segmente und Faktoren (2) geringe Ähnlichkeit (3) Faktoren und Segmente ändern sich ständig: hohe Ungewißheit

Jochen Röpke, Die Strategie der Innovation

J. C. B. MOHR (PAUL SIEBECK) TÜBINGEN

Dieser Sachverhalt scheint uns die motivationale Basis jener Markthandlungen auszudrücken, in denen einerseits Herausforderungen der Umwelt mit verstärkter eigener Aktivität beantwortet werden, und in denen andererseits Herausforderungen durch weinerliche Klagelieder oder mehr oder weniger massive Versuche beantwortet werden, die Umwelt unter Kontrolle zu bringen, das heißt den Wettbewerb zu beschränken. Wettbewerb wirkt also dualistisch: er induziert wettbewerbserhaltende oder -intensivierende Aktionen schöpferischer Wirtschaftsmenschen, aber gleichzeitig auch Verhaltensweisen, die den Wettbewerb zu eliminieren tendieren.

Im Gegensatz zur traditionalen Lehre kommen wir zu dem Ergebnis, daß ein Marktsystem unaufhörlich aus sich selbst heraus Störungen in Form neuer Varietät produziert, somit auch ständig neue Anpassungstatbestände geschaffen werden, die keine Tendenz zu einem Gleichgewicht bewirken, noch Ausdruck einer solchen Tendenz sind. Vielmehr lösen die Anpassungshandlungen neue wettbewerbliche Herausforderungen aus, die nur dadurch zu unterbinden sind, daß die Unfähigkeit von Teilnehmern sowohl im marktlichen als auch politischen System zur Tolerierung oder Förderung wettbewerbsbeschränkender Eingriffe und Praktiken führt und zur Blockierung kompetenzbegründeter Auf- und Abstiegsprozesse im Markt beiträgt.

Die Existenz einer Tendenz zum Gleichgewicht behaupten, hieße die Meinung vertreten, das Marktsystem eliminiere im Zeitablauf die Vielfalt (Varietät), mit der seine Teilnehmer konfrontiert werden. Dies kann aber nur in einer Welt der Fall sein, in der Störungen exogen verursacht sind oder Vielfalt außerhalb des Marktsystems produziert wird. In der realen Welt hochkomplexer Systeme stellen sich Tendenzen zur zunehmenden Erfüllung der Erwartungen der Marktteilnehmer nur ein, wenn in einem Marktsystem gleichzeitig eine Tendenz zunehmender Zentralisierung (Monopolisierung) der Produktion von Störungen (Varietät, Ungewißheit) besteht; und das heißt: wenn es bislang der Kontrolle des Marktes unterworfenen Teilsystemen oder außermarktlichen Autoritäten gelingt, durch Beschränkung der Freiheit anderer Teilsysteme das Auftreten neuer Anpassungstatbestände zu kontrollieren. Man könnte diesen Vorgang auch als eine Externalisierung der Produktion von Störungen oder Varietät bezeichnen. Man könnte auch von sozialer Entropie sprechen: die zunehmende Entdifferenzierung eines hochkomplexen sozialen Systems; das Gleichgewicht wäre der „Tod" des Systems, im Falle eines Marktsystems der Übergang einer durch Verbote geregelten offenen Tauschordnung zu einer durch Gebote kontrollierten Organisation.

In der turbulenten Welt des Wettbewerbs existieren keine Gleichgewichte in dem Sinne, wie dieser Begriff in der neoklassischen Markttheorie verwendet wird, wohl aber im Sinne einer sozialen Homöostase wie die sich auf optimalem Niveau stabilisierende Beziehung zwischen Aktualisierung von

Leistungsmotivation und wettbewerblichen Herausforderungen. In der turbulenten Welt gibt es daher auch keine generelle Tendenz zur Gewinneliminierung oder Machterosion. Im Gegenteil erfolgt ein ständiger Aufbau und Abbau von Gewinn- und Machtpositionen im Markt. Die Interaktionen im Markt vollziehen sich nicht mehr unter den mechanistischen Beschränkungen geschlossener Systeme – was notwendig zu einem Gleichgewicht führen würde, falls nicht exogene Störungen für neues Leben auf dem Markt sorgen würden. Angenommen, ein Innovator hätte sich mit Imitatoren auseinanderzusetzen, die an seinen Innovationsgewinnen zu partizipieren versuchen. Für den Innovator bedeutet das eine Erhöhung seiner Aufgabenschwierigkeit, damit ein Anreiz, sich verstärkt anzustrengen, um seine Position im Markt zu halten, sein Fähigkeitsniveau zu erhöhen, neue Innovationen zu entwickeln usw. Eine Gewinneliminierung tritt nur ein, wenn wir das ökonomische System schließen: Ein Unternehmer setze aus unerklärlichen Gründen eine Neuerung im Markt durch. Da das System geschlossen ist, hat er theoretisch keine andere Möglichkeit als den Verlust seiner Machtposition durch gewinnmaximierende Imitatoren hinzunehmen. Da er über keine psychische und organisatorische Kompetenz verfügt, kann er keine Forschung und Entwicklung betreiben, um den Angriff der Imitatoren abzuweisen usw.; er kann nur so reagieren, daß seine Gewinne und seine Macht verlorengehen – zum Wohle allerdings der Erreichung gesamtwirtschaftlicher Effizienz, die im Gleichgewicht eines Marktes mit der Struktur „X" zu erwarten wäre.

4.6.2.3 Selektionsprozesse im Marktsystem

Die Grundsituation, aus der heraus Wettbewerbshandlungen erwachsen, scheint uns in folgendem zu bestehen: Die Elemente eines Systems leben in prekären, nicht-gesicherten Positionen. Die Ressourcen oder Fonds, die ihr Überleben garantieren, sind knapp, reichen mit anderen Worten nicht aus, um allen Elementen eine Position zu sichern, die sie mit ihren Anspruchsniveaus vereinbaren können. In hochkomplexen ökonomischen, aber nicht zentral-koordinierten Systemen sind knappe Fonds „Geld", und eine ihrer wesentlichsten Quellen sind „Profite". Um über sie zu verfügen, müssen sich die Systemmitglieder am Wettbewerb beteiligen. Die Vorstellung von Wettbewerb als regelgebundener Interaktion von Marktteilnehmern zum Erwerb knapper Fonds, die sich in der Verfügungsgewalt dritter oder anderer Systeme („Nachfrager") befinden, bezieht sich auf den gesamten Bereich eines Marktsystems, ist also nicht an die Existenz bestimmter (Teil-)Marktstrukturen gebunden. Marktstrukturen sind evolutionär variabel und auf einen Zeitpunkt bezogene Resultate von Interaktionen bestimmter Teilgruppen eines Marktsystems. Im Gegensatz zu biologischem Wettbewerb müssen wir in ökonomischen Systemen den Fall einbeziehen, daß Mitglieder einer Spezies oder auch eine gesamte Art (Teilgruppe) in der Lage sein können, den Evolutionsprozeß zu steuern, das heißt, durch Beschränkung des Wettbewerbs Überlebensvorteile zu gewinnen. Das Fehlen dieser Möglichkeit begründet die grundlegende Tatsache der Existenz von Wettbewerb in der vormenschlichen Welt. Das Verbot dieser Möglichkeit betrachten wir als notwendige Bedingung sozialökonomischer Evolution.

Die Institutionalisierung und Sicherung Darwinscher Selektionsprozesse in ökonomischen Systemen ist von den Systemelementen beeinflußbar. Gerade die psychisch differenzierte Überlebensmotivation der einzelnen Teilsysteme führt bei Fehlen entsprechender kultureller Normen zu Tendenzen, den wettbewerblichen Selektionsprozeß in Marktsystemen auszuschalten. Anstelle eines Wettbewerbs um knappe Fonds wird Wettbewerb mit Hilfe knapper Fonds (und im politischen Prozeß geprägter Münze) ausgeschaltet. Mit Hilfe des neoklassischen Effizienzprinzips kann man hier nicht differenzieren, denn effizienzsteigernd vermag auch eine Beschränkung des Wettbewerbs zu wirken.

Das vierte der skizzierten Theoreme von Smith erlaubt uns, die Auswirkungen von Wettbewerbsbeschränkungen privater oder staatlicher Herrschaftsgebilde auf die wettbewerbliche Selektion und das Evolutionspotential eines Marktsystems zu untersuchen. Bei Wettbewerbsbeschränkungen handelt es sich um Eingriffe in die durch allgemeine Normen geschützten Freiräume von Marktteilnehmern. Wir können zwei Fälle der Wettbewerbsbeschränkung unterscheiden:

a) Eine aktuelle Wettbewerbsbeschränkung senkt generell den Herausforderungsgehalt für den wettbewerbsbeschränkenden Marktteilnehmer unter das Niveau, mit dem er sich bei freiem Wettbewerb konfrontiert sähe. Der Wettbewerbsbeschränker kann auf vermehrte eigene Anstrengungen verzichten und dennoch sein historisches Anspruchsniveau stabilisieren, das heißt, er kann Marktstellung, Profitrate usw. durch nicht wettbewerblich oder fähigkeitsbegründete Leistungen aufrechterhalten. Beispiel: Eine Unternehmung kauft einen Innovator auf, dessen neues Produkt in direkter Konkurrenz zu seinem Erzeugnis steht.

b) Die Wettbewerbsbeschränkung senkt nicht den aktuellen sondern den zukünftigen Herausforderungsgehalt des Marktsystems. Beispiel: Eine Unternehmung erwirbt einen beherrschenden Einfluß auf einen Innovator, von dessen neuem Produkt sie sich eine bessere Erfüllung ihrer eigenen Ziele (Profit, Wachstum) verspricht. Dieser Fall besitzt neben seiner gegenwärtig wettbewerbsbeschränkenden Qualität auch einen potentiell wettbewerbsbeschränkenden Gehalt: Die aufkaufende Unternehmung verzichtet auf die eigenständige Entwicklung einer nach eigener Einschätzung zukunftsreichen Marktleistung und kauft statt dessen einen potentiellen Konkurrenten auf; dieser Konkurrent ist potentiell, weil die aufkaufende Unternehmung durch eigene Produktion dieser Marktleistung den zukünftigen Herausforderungsgehalt für den Neuerer erhöht hätte, diese und andere Imitatoren also ceteris paribus zu vermehrten Anstrengungen gezwungen worden wären, die natürlich auch auf die Unternehmung selbst zurückgewirkt hätten.

Wettbewerbsbeschränkungen haben also generell die Wirkung, die aktuelle und/oder potentielle Anreizdimension des kompetitiven Lebensraums zu senken. Ähnliche Überlegungen gelten im übrigen für Eingriffe des Staates in ein System freien Wettbewerbs.

Gewährt der Staat bestimmten Marktteilnehmern Privilegien (steuerlicher Art, durch Subventionen, unterschiedliche Steuersätze usw.; Beschränkungen der internationalen Konkurrenz durch Zollpolitik, Mengenbeschränkungen; unterschiedliche Behandlung von Marktteilnehmern durch Unternehmensrecht, um nur die wichtigsten zu nennen), so senkt er für diese Marktteilnehmer die Anreizdimension ihres wirtschaftlichen Lebensraums.

Die Folge ist, daß in diesen privilegierten Bereichen erstens Unternehmen mit einem Fähigkeitsniveau alimentiert werden, dessen geringe Höhe sie in einem „System natürlicher Freiheit" (Smith) zum Ausscheiden, geringeren Gewinnen oder geringerer Expansion zwingen würde; zweitens wird leistungsmotivationales Handeln kompetenter Unternehmen nicht optimal aktualisiert (geringer Anreiz zu Neuerungen); und drittens steigt für nicht privilegierte Unternehmen in privilegierten Märkten oder in nicht privilegierten Branchen der Herausforderungsgehalt über das optimale Niveau: das heißt, relativ fähigere, aber nicht privilegierte Unternehmen scheiden tendenziell aus dem Markt aus bzw. haben geringere Chancen zur Entfaltung ihrer Fähigkeiten.

Wir können somit erwarten, daß es durch die Einräumung von Privilegien und damit die manipulierte und nicht frei geregelte Zuweisung von Marktergebnissen eigenen Handelns über die Senkung des Herausforderungsgrades zu einer nicht kompetenzbegründeten oder leistungslegitimierten Expansion dieser privilegierten Unternehmen und/oder Branchen kommt, andererseits die manipulierte Erhöhung des Herausforderungsgrades bei den nichtprivilegierten Unternehmen zu suboptimalen Anstrengungen führt, die bis zum Verlassen des Marktes reichen können.

Wettbewerbsbeschränkungen und die Einräumung von Privilegien gewähren damit relativ inkompetenten Unternehmen vermehrt Überlebens- und Expansionschancen auf Kosten relativ fähiger Marktteilnehmer. Insgesamt sinkt somit das Fähigkeitsniveau eines Marktsystems und damit sein Evolutionspotential. Wettbewerbsbeschränkungen stören oder zerstören damit, wie Smith (1974, S. 644) sagt, „jenes natürliche Gleichgewicht . . ., welches sich sonst unter allen Erwerbszweigen . . . eingestellt hätte" bzw. „das vollkommene Freiheit zwangsläufig herstellt und das nur durch sie allein geschützt werden kann".

Wettbewerb ist ein Vorgang, der nicht positiv definiert und beschrieben werden kann. Wettbewerb ist nur sinnvoll zu deuten, wenn man ihn auf ein spezifisches Regelsystem bezieht. Wettbewerbliche Aufstiegs- und Abstiegsprozesse und somit auch die Qualitäten der Auf- und Absteiger beziehen sich immer auf bestimmte verhaltensbeschränkende Normen. Im Gegensatz zur biologischen Evolution werden in einem Marktsystem die „Tüchtigsten" oder „Fähigsten" nicht vollständig opportunistisch ausgewählt. Vielmehr besteht die Möglichkeit, durch bewußte Einflußnahme auf die Setzung von Verhaltensregeln des Marktes indirekt zu bestimmen, welche Überlebenstests das System für seine Elemente bereithält. Die einzige uns bekannte Lösung dieser Schwierigkeit besteht in einem Rückzug auf das Freiheitskriterium: wenn bestimmte Regeln des Wettbewerbs den Teilsystemen Verhaltensweisen ermöglichen, die die Freiheit anderer Teilsysteme beschränken, können wir sagen: wären diese Praktiken verboten, würde die Intensität des Wettbewerbs steigen, denn bisher nicht geschützte Sphären der Chancenrealisierung wären nun geschützt.[91] Gleichzeitig werden sich dadurch die Kriterien ändern, nach denen ein Wettbewerbssystem die jeweils Fähigsten selektiert. Die Realisierung bestimmter psychischer und organisatorischer Potentiale im Wettbewerb ist also primär eine Sache des Chancenschutzes durch allgemeine Regeln. Mithin hängt auch die Höhe der Profite, welche die Marktteilnehmer realisieren, von den Normen ab, welche den Möglichkeitsbereich begrenzen, innerhalb dessen der einzelne von seinen Fähigkeiten Gebrauch machen kann[92].

Bei der Untersuchung wettbewerblicher Selektionsprozesse müssen wir also in zweifacher Hinsicht differenzieren: Einmal im Hinblick auf das jeweils gültige Regelsystem; zum anderen hinsichtlich unterschiedlicher unternehmerischer Fähigkeitsniveaus. Eine Beschränkung des Wettbewerbs kann sich somit beziehen auf die Übertretung bestehender Regeln und auf

[91] Um Mißverständnisse auszuschließen, sollte betont werden, daß mit dem hier vertretenen wettbewerbstheoretischen Ansatz keine Aussage möglich ist, wann Wettbewerb „optimal" ist, d. h. unter welchen Bedingungen sich eine Marktstruktur, Verhaltensweisen und Marktergebnisse einstellen, die nach bestimmten Kriterien als optimal betrachtet werden können. Unser Ansatz läßt lediglich die Aussage zu, daß eine Ausweitung des Freiheitsbereichs die Intensität des Wettbewerbs steigern wird, und zwar in zweifacher Hinsicht: a) durch Ausweitung des Bereichs von Möglichkeiten, innerhalb dessen leistungsthematisches Handeln realisiert werden kann; b) in einem durch die Theoreme von Smith wiedergegebenen Sinn, daß freier Wettbewerb den Herausforderungsgrad eines Marktsystems durch Prozesse sozialer Homöostase stabilisiert. Einziger wettbewerbspolitischer Ansatzpunkt zur Steigerung der Intensität des Wettbewerbs in diesem klassischen Sinn ist also die Ausweitung einer geschützten Sphäre für Markthandeln oder Verbot freiheitsbeschränkender Verhaltensweisen (siehe hierzu ausführlich Abschnitt 4.6.7.).

[92] Da Profite (im Wettbewerbssystem) aus der Produktion und Reduktion von Varietät und Ungewißheit resultieren, und diese durch Einsatz von Macht erfolgen können, scheint es prinzipiell unmöglich, zwischen Leistungs- und Machteinkommen zu unterscheiden. Da die Beschränkung von Macht von einer entsprechenden Gestaltung des Regelkanons abhängt, ist Leistungseinkommen daher auch nur unter Hinweis auf ein System allgemeiner Regeln zu definieren.

die Beschränkung von Aufstiegs- und Abstiegsprozessen innerhalb eines durch allgemeine Regeln begrenzten Möglichkeitsbereiches. Betrachtet man Wettbewerb lediglich als eine Selektionsmaschine, welche die Gewinnmaximierer ermittelt, wie es die neoklassische Markttheorie tut, formuliert man, wie wir auch für die neodarwinistische Evolutionstheorie sahen, nicht mehr als eine Tautologie. Wettbewerb selektiert die Fähigsten, die Fähigsten machen die höchsten Gewinne, die Gewinnmaximierer sind also diejenigen, die der Wettbewerb selektiert (so Alchian 1950, Friedman 1953, S. 19–23, um nur die prominentesten Vertreter zu nennen). Erfolg wird durch Erfolg, Mißerfolg durch Mißerfolg erklärt. „Kurz, die Konkurrenz muß es auf sich nehmen, alle Begriffslosigkeiten der Ökonomen zu erklären, während die Ökonomen umgekehrt die Konkurrenz zu erklären hätten" (Marx 1961, III, S. 921 f.).

Im neoklassischen System besteht solange kein Grund, an der Wirksamkeit des Wettbewerbs zu zweifeln, wie bestimmte Verhaltensweisen keine Beschränkung des Effizienzoptimums mit sich bringen, auch wenn diese Verhaltensweisen dazu führen sollten (durch Zentralisierung, Internalisierung usw.), die Anpassungsfähigkeit des Gesamtsystems zu beschränken und die Aufstiegs- und Abstiegsprozesse so stark zu behindern, daß man nicht mehr von einem „survival of the fittest" sondern von einem „survival of the fattest" sprechen kann.

4.6.3 Fähigkeitsniveau und Marktverhalten im turbulenten Feld

4.6.3.1 Die Strategie der Diversifikation

In diesem und den weiteren Abschnitten des vierten Teils untersuchen wir, wie sich Unterschiede zwischen den Fähigkeitsniveaus einzelner Marktteilnehmer auf das Marktverhalten in einer turbulenten Umwelt auswirken. Darin eingeschlossen ist eine Erklärung des Neuerungsverhaltens. Die Untersuchung der Überlebensstrategien von Unternehmungen in einer turbulenten Umwelt macht, wie sich herausstellen wird, die Dichotomie zwischen internem und externem Wachstum einer Unternehmung zum zentralen Forschungsgegenstand von Wettbewerbs- und Neuerungstheorie. In diesem Abschnitt (4.6.3) werden wir die Beziehungen zwischen Fähigkeitsniveau und Unternehmensverhalten untersuchen und unsere Ansichten darüber denjenigen der traditionalen Theorie gegenüberstellen. Im folgenden Abschnitt (4.6.4) werden wir prüfen, inwieweit die These der Umsatzmaximierung zur Erklärung des Marktgeschehens beitragen kann. Im Abschnitt (4.6.6) untersuchen wir die Wechselbeziehungen zwischen Kapitalmarkt und Unternehmensverhalten und prüfen damit zugleich auch die jüngste und feinsinnigste Argumentation, die die Neoklassik zur Stützung ihrer Weltsicht vorgetragen hat.

Die Oligopolwelt hatte sich als eine wettbewerbstheoretisch wie -politisch außerordentlich interessante Konstellation erwiesen, denn in ihr waren die Unternehmen erstmals in der Lage, sich jener Strategien des Wachstums und der Wettbewerbsbeschränkung zu bedienen, die in der Realität der kapitalistischen Welt die dominierende Rolle spielen. Das Zentralproblem eines Oligopolisten war die Beherrschung der Unsicherheit, die aus der fühlbaren Reaktionsverbundenheit der Marktteilnehmer resultiert. Im turbulenten Feld tritt zusätzlich zur Komplexität einer wechselseitig-zurechenbaren Abhängigkeit eine Klasse von Störungen auf, die bisher nur exogen, außerhalb des Marktsystems lokalisiert war, nun aber als nicht-zurechenbare jedoch fühlbare Vielfalt spontan im Markt selbst entsteht. Die Strategien oligopolistischer Marktbeherrschung werden durch das spontane Auftreten nicht-zurechenbarer aber spürbarer Vielfalt zwar nicht obsolet, wohl aber ergänzungsbedürftig. Im Oligopol führt die Sättigung des Marktes oder die Konkurrenz substitutionaler oder potentiell substitutionaler Produkte zur Internalisierung des Einflußbereiches oder zur Produktion der Substitute, wobei zur Realisierung dieser Ziele ein wohlgefülltes Arsenal wettbewerbsbeschränkender Praktiken zur Verfügung steht. Im turbulenten Feld sind dagegen störende Aktionen der Konkurrenz gegen das traditionale Produktsortiment aus unbekannten Quellen zu erwarten. Die Unternehmung muß nicht nur die Ungewißheit aus zurechenbar-fühlbarer Interdependenz absorbieren, sondern lernen, Vielfalt zu reduzieren, deren Auftreten jederzeit möglich, aber ex ante nicht lokalisierbar ist, und für deren Eintreten möglicherweise niemals ein Verursacher ermittelt werden kann. Eine Unternehmung in dieser Situation muß Strategien entwickeln, die ihr Ertragspotential sichern oder ausweiten, auch wenn Teile ihres traditionellen Produktsortiments oder ihrer herkömmlichen Produktionsverfahren eine teilweise unvorhersehbare und fühlbar niedrigere ökonomische Bewertung erfahren. Eine Unternehmung wird sich in dieser Situation bemühen, ihre Marktleistungen zu diversifizieren. Das kann sie durch internes Wachstum (Kreation für sie neuer Produkte) oder externe Diversifikation (Angliederung neuer Produkte oder Produktgruppen durch Zusammenschluß mit anderen Unternehmen) erreichen. Auch für Methoden, den Wettbewerb zu beschränken, bietet eine turbulente Umwelt ein neues Betätigungsfeld. Der Grundgedanke ist auch hier, daß wettbewerbsbeschränkende Praktiken sich auf die Reduktion nicht-zurechenbarer Varietät beziehen werden, also *zunächst* nicht auf die Ausschaltung oder kooperative Zähmung oligopolistischer Rivalität zielen. Diversifizierte Marktpositionen, gleichgültig ob sie durch internes oder externes Wachstum aufgebaut werden, können aber selbstverständlich zur Ausschaltung rivalisierender Konkurrenten eingesetzt werden, und dies um so leichter, als eine diversifizierte Unternehmung über spezielle Möglichkeiten des Machteinsatzes und des Machtmißbrauchs verfügt.

Diversifizierte Unternehmen besitzen gegenüber nicht- oder weniger diversifizierten Konkurrenten bemerkenswerte selektive Vorteile:

1. Diversifizierte Unternehmen können sich störender Varietät oligopolistisch verbundener Konkurrenten mit jenem Teil ihrer Marktleistungen, der nicht auf gestört-reaktiven Märkten abgesetzt wird, entziehen, was ihnen andererseits auf den Oligopolmärkten eine Stärkung ihrer Machtposition einbringt.

2. Diversifizierte Unternehmen sind besser in der Lage, die nichtzurechenbare Ungewißheit der turbulenten Umwelt zu absorbieren (man spricht in diesem Zusammenhang von Risikostreuung, „pooling" usw.).

3. Eine diversifizierte Unternehmung besitzt verstärkte Möglichkeiten zu internem Verlustausgleich („cross-subsidation")[93]. Interne Subventionierung und Mischkalkulation ermöglichen es, durch „Verfälschung" der Preise im Markt Wettbewerbsvorteile zu erlangen, gestatten es einer solchen Unternehmung aber auch, mit dem cash flow aus Produkten, die sich in der profitablen Expansionsphase ihres Produktzyklus befinden, intern neue Produkte zu entwickeln, oder sich durch externes Wachstum neue Produktbereiche anzugliedern.

Eine diversifizierte Marktposition bietet einer Unternehmung weitere Vorteile; wir beschränken uns jedoch auf die obengenannten, da sie uns für eine Diskussion der wichtigsten Probleme auszureichen scheinen.

4.6.3.2 Unternehmenswachstum durch externe Diversifikation

Als zentrales Thema einer turbulenten Umwelt hat sich die Beherrschung spontan im Feld entstehender Vielfalt (Varietät) durch diversifizierende (oder konglomerale) Expansion herausgestellt. Eine Unternehmung kann sich zur Realisierung dieses Ziels zweier Substrategien bedienen: Sie kann versuchen, durch Steigerung ihres Fähigkeitsniveaus intern neue Produktalternativen zu entwickeln, und sie kann versuchen, sich durch Einbeziehung anderer Marktteilnehmer in ihren Herrschaftsbereich, ein diversifiziertes Ertragspotential aufzubauen. Das externe Diversifikationswachstum kann verschiedene Formen annehmen und reicht in seiner Spannweite von Kooperation bei Forschung und Entwicklung und gemeinsamer Einführung neuer Produkte über verschiedene Stufen der Beteiligung und des Aufkaufs von Unternehmungen bis zur Unternehmensverschmelzung (Fusion).[94] Wir wer-

[93] Siehe zu diesem und weiteren von uns nicht erwähnten Merkmalen diversifizierter Unternehmen Edwards (1965, 1971). Edwards (1971, S. 144 ff.) untersucht die wettbewerblichen Vorteile und Nachteile diversifizierter Unternehmen, denen er eine spezielle Machtbasis ("diversification power") zuschreibt. Zur Kritik dieses Machtkonzeptes vgl. Frankus (1972, S. 50 f.). Diese Kritik scheint uns, da neoklassisch begründet (Vergleich mit vollkommener Konkurrenz usw.), jedoch nicht in allen Punkten treffend zu sein.

[94] Hat eine Unternehmung mehr als 50 % des Eigenkapitals einer anderen Unter-

den uns primär der Untersuchung des Unternehmenswachstums durch Aufkauf (Übernahme) und Fusion widmen, da diese Verhaltensstile die meisten Probleme aufwerfen und wettbewerbstheoretisch äußerst umstritten sind. Nach der vorherrschenden Auffassung sind Unternehmenszusammenschlüsse Ausdruck des Strebens der Unternehmensleitung, Gewinne zu maximieren. Aus einer Liste von zehn Fusionsmotiven, die Scherer (1970, S. 470 f.) anführt, ist nur ein Motiv („to build an empire“) kein zwingender Unterfall der Gewinnmaximierungsannahme. Eine differenziertere Betrachtung des Gewinnzieles durch Einbeziehung psychischer und organisatorischer Variabler, Faktoren, die wir im Fähigkeitsniveau einer Unternehmung zusammenfassen, fehlt in der Standardargumentation. Ihr ist es daher nicht möglich, „Motive“ einer Fusion strukturell zu relativieren, indem sie etwa zeigt, wie Unternehmen mit unterschiedlichen Fähigkeitsniveaus auf bestimmte Arten von Umweltherausforderungen reagieren werden.

Grundsätzlich können wir davon ausgehen (auf Komplikationen und Ausnahmefälle gehen wir in den nachfolgenden Abschnitten ein), daß eine Unternehmung die von ihr angestrebten Ziele (Überleben, Profite, Wachstum usw.) durch eine organisationsinterne Ausweitung ihrer Aktivitäten erreichen kann, vorausgesetzt, sie verfügt über die entsprechende psychische und organisatorische Kompetenz. Gleiche Qualität der Umweltherausforderungen unterstellt, würden Unternehmen, die über relativ geringe Fähigkeitsniveaus verfügen, im Markt selektive Nachteile haben. Ein mißerfolgsmotiviertes Management beispielsweise ist gezwungen, Umweltvarietät zu absorbieren, indem es mit Produkten diversifiziert, die in ihrem Lebenszyklus die profitablen aber risikoreichen Phasen bereits hinter sich haben und daher nur ein geringes Ertragspotential besitzen. Will diese Unternehmung aussichtsreiche Produkte anbieten, müssen entweder erfolgsmotivierte Personen in die Entscheidungspositionen der Organisation aufrücken, oder die Unternehmung kauft sich in lukrative Märkte durch externe Diversifikation ein. Dieser Zusammenhang ließe sich für jede Determinante unternehmerischer und organisatorischer Fähigkeit aufzeigen, und in jedem Fall würden wir zu dem Ergebnis kommen, daß relativ unfähige Unternehmen extern wachsen müssen (oder eine höhere Präferenz für externe Diversifikation besitzen), um den Herausforderungen der Umwelt (Steigerung der Komplexität) zu begegnen. Fähigkeitsniveau und die Neigung, extern zu wachsen, sind also ursächlich verbunden. Die Unfähigkeit, intern profitable

nehmung erworben (manchmal genügen auch geringere Beteiligungsquoten, um effektive Kontrolle ausüben zu können), sprechen wir von Übernahme (take-over), wenn zwei Unternehmen zu einer Unternehmung verschmelzen, von Fusion. Die Wirklichkeit ist bedeutend vielschichtiger, nicht zuletzt wegen unterschiedlicher unternehmens- und steuerrechtlicher Gestaltung von Unternehmensbeziehungen. So diskutiert Lutter (1973) beispielhaft folgende „fusionsähnliche(n) Unternehmensverbindungen“: übertragende Umwandlung, Eingliederung, Beherrschungs- und Gewinnabführungsvertrag, Unternehmenspachtvertrag.

Alternativen zu entwickeln, betrachten wir als die grundlegende Ursache, eine diversifizierte Marktposition und damit die entsprechenden Vorteile, die diese Position mit sich bringt, durch externes Wachstum zu erreichen[95].

Hinsichtlich der Wettbewerbsintensität ergeben sich daraus folgende Möglichkeiten: Wäre es relativ inkompetenten Unternehmen nicht möglich, sich profitable Alternativen im Markt für Unternehmenskontrolle oder genauer für Unternehmenskompetenz zu kaufen, wären sie gezwungen, durch eine Steigerung ihrer psychischen und organisatorischen Fähigkeitsniveaus Möglichkeiten zukünftiger Varietätsproduktion zu schaffen. Diejenigen Unternehmen, denen eine Hebung ihres Fähigkeitsniveaus nicht gelingt, würden im Wettbewerb eliminiert; diejenigen Unternehmen, die intern erfolgreiche psychische und organisatorische Mutationen durchsetzen können, werden als Anbieter neuer Varietät den Wettbewerb intensivieren. Wäre es relativ kompetenten Unternehmen nicht möglich, extern zu expandieren, wären sie gezwungen, intern neue Produkte und Verfahren zu kreieren, und auch dieser Vorgang würde dazu führen, den Wettbewerb zu intensivieren, da den traditionalen Anbietern und den Produzenten substitutionaler Produkte eine neue Herausforderung präsentiert würde. Daraus müssen wir schließen, daß externes Wachstum, das durch relative Unfähigkeit der Unternehmen „motiviert" ist, den potentiellen Wettbewerb beschränkt[96]. Da ex-

[95] Die ausführlichste, uns bekannte Aufstellung von Übernahme- und Fusionsgründen enthält ein Fragebogen zur Ermittlung von Motiven externen Wachstums, der von Ansoff und Mitarbeitern an US-amerikanische Unternehmen verschickt wurde (Ansoff et al. 1971, S. 112f.). Von den dort genannten 19 „Motiven" scheinen uns die ersten 16 (A bis P) Ausdruck relativer Inkompetenz von Unternehmen zu sein. Eine Vermutung in diese Richtung äußert auch Sutton (1973, S. 38): "If the existing activities fail to generate new projects which are sufficiently attractive ... mergers become increasingly attractive as means of diversification." Siehe auch Cohen/Cyert (1973, S. 358 f.) sowie Edwards (1971, S. 142): "A heterogenous diversified enterprise ... grows chiefly by absorbing companies that possess what it lacks." Große, vertikal integrierte, nur in einer Industrie produzierende Unternehmen (Dinosaurier) sind besonders anfällig gegenüber "troublesome events" (Umweltvielfalt), bemerkt Levitt (1975, S. 41): "Precisely because of their enormous size and homogeneity, diversification for these companies must come largely via acquisitions, and not internal rearrangements." Levitt entwickelt aufgrund dieses Umstandes eine Strategie, die es solchen Unternehmen erlaubt, eine schnelle 30%ige Diversifikation durch Übernahme von Unternehmen aus Wachstumsindustrien zu erreichen. Zu Belegen für einen konkreten Fall (Aufkauf der Rheinstahl AG durch die Thyssen AG) vgl. Capital, März 1973, S. 76, Industriemagazin, April 1973, S. 72, und die Worte des damaligen Vorsitzenden der Thyssen AG Hans-Günther Sohl: „Diese (durch Wachstum per Fusion gelegte – J. R.) Basis reicht heute nicht mehr aus, um mit der weltweiten Entwicklung Schritt zu halten" (Protokoll der HV der Thyssen AG, FAZ, Blick durch die Wirtschaft, 19. 4. 1973, S. 5).

[96] Siehe hierzu ein Urteil des U.S. Supreme Court vom März 1972 (Financial Times, 30. 3. 1972, S. 5). Ford stieg 1961 in das Zündkerzengeschäft durch Erwerb von Autolite ein. In einer Entscheidung von 1961 wurde deswegen Ford eine beträchtliche Beschränkung des Wettbewerbs vorgehalten, da Ford als potentieller Neuzutritt auf

ternes Wachstum in einem ungeregelten Marktsystem keinen Beschränkungen hinsichtlich Häufigkeit und Volumen der Transaktionen unterliegt, können wir auch sagen, externes Wachstum beseitigt tendenziell den Wettbewerb in seiner Funktion der Entdeckung und Auswahl der Fähigsten und der Eliminierung der unfähigen Unternehmen. Denn unfähige Unternehmen können sich prinzipiell durch Kauf von Unternehmenseinheiten im Markt halten und sind gezwungen, diese Strategie anzuwenden, solange noch Unternehmen existieren, die neue Herausforderungen für sie bereithalten. Die Neigung und Notwendigkeit, extern zu expandieren, schwächt sich allerdings mit zunehmender Eliminierung aktuellen wie potentiellen Wettbewerbs ab und sinkt auf Null, wenn kein Wettbewerb mehr existiert, d. h. keine Notwendigkeit mehr besteht, Varietät zu absorbieren, wenn also die Umwandlung von einer offenen Wettbewerbsordnung in eine Organisation vollzogen ist.

Bevor wir die bedeutendsten Ergebnisse empirischer Untersuchungen zur Frage internen und externen Unternehmenswachstums darstellen, sei noch kurz auf den Zusammenhang zwischen Unternehmensgröße und externem Unternehmenswachstum eingegangen. Von den im dritten Teil vorgetragenen Überlegungen zum Zusammenhang zwischen Unternehmensgröße und Bürokratisierungsgrad ausgehend, können wir behaupten: mit zunehmender Unternehmensgröße wachsen die Schwierigkeiten, profitable Alternativen intern und im Verhältnis zum eingesetzten Kapital zu entwickeln, überproportional.[97] Mit zunehmender Unternehmensgröße nimmt die Kontrolle

dem Zündkerzenmarkt zu betrachten sei, eine wettbewerbliche Möglichkeit, die durch den Aufkauf von Autolite, damals drittgrößter Hersteller, verhindert wurde. Mehrere Anfechtungsklagen von Ford wurden durch das Urteil vom Supreme Court zurückgewiesen. Er bestätigte das ursprüngliche Urteil und forderte Ford auf, sich von Autolite zu trennen. – Die Federal Trade Commission erteilte der Kennecott-Copper-Corporation den Auftrag, sich von der bereits im Jahre 1968 aufgekauften Peabody-Coal-Company zu trennen, weil sie – statt selbst in das Kohlegeschäft einzusteigen – mit dem Kauf dieser Gesellschaft den potentiellen Wettbewerb verringert habe (siehe The Economist, 17. 5. 1975, S. 59). Bemerkenswert auch ein Bericht der britischen Monopolies Commission zur Fusionsabsicht der Arzneimittelhersteller Glaxo und Beecham. Die Kommission widersprach der Fusion aus Gründen der Beschränkung potentiellen Wettbewerbs vor allem im Bereich von Forschung und Entwicklung: "... a potentially important source of innovation would be lost" (Financial Times, 14. 7. 1972, S. 13). Vgl. demgegenüber das Bestreben der EWG-Kommission, aus Gründen der Stärkung sog. internationaler Wettbewerbsfähigkeit, Fusionen und Kooperationen vor allem in Bereichen neuer Technologien und Produkte zu fördern (durch Ausnahmeregelung für Art. 85 EWG-Vertrag bei Vereinbarungen über Forschung und Entwicklung; siehe A. H. Hermann 1972; The Economist, 24. 11. 1973, S. 66).

[97] Bei welcher Unternehmensgröße dies der Fall sein wird, läßt sich nicht exakt angeben, da die Randbedingungen der hier zugrundeliegenden Hypothesen empirisch im Einzelfall nur schwer zu überprüfen sind. Es wäre nötig, Unternehmen verschiedener Größenklassen zu überprüfen, wobei die unterschiedlichen Fähigkeitsniveaus sowohl innerhalb einer Größenklasse wie auch zwischen ihnen berücksichtigt werden müßten. Hierüber sind mir keine Untersuchungen bekannt. Unsere nachfolgende In-

der Eigentümer über das Management ab (Substitution des Gewinnziels durch das Umsatzziel; ausführlich Abschnitt 4.6.4), während die Fähigkeit, finanzielle Ressourcen zu mobilisieren, zunimmt. Hieraus folgt: mit zunehmender Unternehmensgröße sinkt tendenziell das relative Fähigkeitsniveau und erhöhen sich die Neigung und die Möglichkeit des Managements, Probleme durch externes Wachstum zu lösen.[98] Bereits um die Schwächung ihrer Marktposition durch die Aktivität kleinerer, kompetenterer Unternehmen mit höherer Rentabilität und höherer Wachstumsrate zu verhindern, um also ihre Wachstumsrate aufrechtzuerhalten, muß die Großunternehmung überproportional extern wachsen. Es zeigt sich, „daß sich das Großunternehmen nicht hinaufarbeitet sondern hinaufkauft" (Cohen und Mintz 1972, S. 72). Diese Folgerung deckt sich mit Ergebnissen von McGowan (1965) und der Federal Trade Commission (1969), nach welchen der aus Fusionen stammende Anteil am Wachstum einer Unternehmung mit der Unternehmensgröße steigt.[99] Hinzu kommen Berechnungen, nach denen der Anteil der 10, 50 und 100 größten Unternehmen am Industrieumsatz verschiedener Volkswirtschaften (solche Berechnungen existieren für die USA, Großbritannien, die Bundesrepublik Deutschland) sich laufend erhöht und dieser Zuwachs überwiegend aus externem Wachstum resultiert.[100]

---

terpretation des vorliegenden empirischen Materials ist daher mit Vorsicht zu betrachten, wenn ihr auch aufgrund der vorangehenden theoretischen Überlegungen eine Plausibilität nicht abgesprochen werden kann.

[98] Das ist selbstverständlich nicht zwangsläufig. Es gibt keine Hypothese, die Großunternehmen verbietet, vor allem durch organisatorischen Wandel ihr Fähigkeitsniveau zu steigern. Diese Änderungen werden sich aber nur durchsetzen lassen, wenn diese Unternehmen durch Wettbewerbsdruck dazu gezwungen werden.

[99] Nach Berechnung der Federal Trade Commission waren seit 1948 die zweihundert größten amerikanischen Unternehmen zu mehr als 75 % an der Übernahme der Aktiva industrieller Unternehmen beteiligt. Das Wachsen des Anteils der zweihundert größten Unternehmen an den gesamten Aktiva der Industrie der USA von 47 % im Jahre 1947 auf 61 % im Jahre 1968 war überwiegend durch externes Unternehmenswachstum bedingt; ohne Fusionen wäre der Anteil der zweihundert größten Gesellschaften, vermutet die Kommission, wahrscheinlich gefallen (vergleiche Federal Trade Commission, Staff-Report 1969, S. 667, S. 191 ff.).

[100] In diesem Zusammenhang sollten wir auf ein Paradoxon aufmerksam machen, daß nämlich vielfach die größten Unternehmen auch die am „modernsten" geführten Unternehmen sind, das heißt, über die neuesten Managementtechniken, Informationssysteme, Motivationstechniken verfügen. Großunternehmen müssen als Managementinnovatoren auftreten, um die aus ihrer Größe resultierenden Kompetenznachteile auszugleichen. Wettbewerbsbeschränkendes externes Größenwachstum wird von der an Effizienzkriterien und Marktergebnissen orientierten neoklassischen Markttheorie und dem Unternehmensmanagement oftmals mit Argumenten der Realisierung (bei Fusion) – und damit Überkompensation der erwähnten Kompetenznachteile – oder des Verlustes (bei Entflechtung) von "economies of scale" begründet. Die hier vermutete Beziehung ist durch empirische Beobachtungen mehrfach falsifiziert: Zur oft angeführten Automobilindustrie vgl. z. B. White 1971; allgemein Blair 1972, Kap. 5–8; Schmidbauer 1974, S. 228 ff.; nach Untersuchungen des britischen National Insti-

4.6.3.3 Empirische Untersuchungen zur Frage internen vs. externen Unternehmenswachstums

Die uns bekannten Untersuchungen lassen nicht den Schluß zu, daß externes Unternehmenswachstum verglichen mit internem Wachstum hinsichtlich der Vorteilhaftigkeit für die Kapitaleigner (Aktionäre) oder die Volkswirtschaft (bessere Verwendung von Ressourcen) eine überlegene Strategie darstellt. Sie legen vielmehr die Vermutung nahe, daß Unternehmenszusammenschlüsse die Aktionäre zumindest der aufkaufenden Unternehmen schlechter stellen und daß sie zu einer Fehlallokation von Ressourcen führen. Diese Vermutungen werden von den Autoren um so bestimmter geäußert, je näher die von ihnen untersuchten Ereignisse an die Gegenwart herankommen (Aussagen über die Intensität des Wettbewerbs lassen derartige Leistungsmaße selbstverständlich nicht zu, wohl aber Aussagen über die Fähigkeit des jeweiligen Managements, eine bestimmte „performance" zu erreichen).

Reid (1968, a + b) untersuchte für die Periode 1951 bis 1961 die Leistungsfähigkeit von 478 großen amerikanischen Unternehmen. Im Hinblick auf das Gewinnwachstum (gemessen wurde der Gewinn pro Kapitalanteil) und die Entwicklung des Aktienkurses zeigte sich eine deutliche Überlegenheit intern gegenüber extern wachsenden Unternehmen. Weiterhin stellte er fest, daß extern-konglomeral expandierende Unternehmungen zwar nur halb so gut wie intern wachsende Unternehmen abschneiden, die ersteren aber immerhin noch doppelt so gute Ergebnisse brachten wie Unternehmen, die durch horizontale, vertikale und zirkulare Zusammenschlüsse expandierten. Eine Erklärung des relativ guten Abschneidens der Konglomerate geben wir unten.

Zu ähnlichen Resultaten wie Reid kommt Hogarty (1970). Er untersuchte die 43 aktivsten Fusionierer in den USA in der Zeit von 1955 bis 1964. Seine Untersuchung ergab, daß hinsichtlich des Gewinnwachstums pro Aktie und der Kapitalgewinne die fusionierenden Unternehmen für die Aktionäre eine signifikant schlechtere Leistung erbrachten als der Durchschnitt der Unternehmen der betreffenden Industrie. Hogarty untersuchte weiterhin den Zusammenhang zwischen dem Ausmaß externer Diversifikation und dem Risikograd einer Anlage in Aktien fusionierender Unternehmen. Wenn es richtig ist, wie einige Autoren (z. B. Weston 1968, S. 39 ff.; 1969 S. 74 f.) behaupten, daß externe Diversifikation das Existenzrisiko des Unternehmens senkt, hätte

---

tute for Economic and Social Research hat die Zunahme der industriellen Konzentration keine notwendigen Beziehungen mit der Realisierung von "returns to scale" (G. Owen, Constraints on corporate growth, Financial Times, 21. 3. 1973, S. 19); auch eine Untersuchung im Antitrust Law and Economics (vol. 5. no. 1, 1971, S. 103 ff.). zeigt keine scale-economies bei amerikanischen Oligopolen. Auch bei der Neuerungsproduktion wurden keine Skalenerträge festgestellt, wenn eine minimale Betriebsgröße einmal überschritten wurde (siehe Kamien und Schwartz 1975, S. 3 und 8).

sich diese Senkung des Risikos in einer (im Vergleich mit anderen Unternehmungen der gleichen Branche) relativ höheren Börsenbewertung der Aktien niederschlagen müssen, wenn man unterstellt, der Normalanleger meide das Risiko. Diese Vermutung wurde nicht bestätigt (was uns jedoch im übrigen aus anderen Gründen nicht wundert, denn wir halten es für unwahrscheinlich, daß derart feinsinnige Unterscheidungen wie die von Hogarty, sich in Bewegungen der Aktienkurse statistisch signifikant niederschlagen könnten, denn die Preisbildung an der Börse ist weit von jenem Rationalmodell eines Marktes entfernt, von dem die Neoklassik ausgeht). Dennoch scheint uns die Erklärung von Hogarty (1970, S. 326) interessant zu sein. Er vermutet, im Gegensatz zur Risikoreduktionsthese, daß Fusionen eine besonders riskante Form von Investitionen sind, die nur wenige Unternehmen beherrschen. Die hohen Gewinne der wenigen Erfolgreichen scheinen andere Unternehmen zur Fusionsaktivität zu verführen (man könnte von Risikoillusion sprechen; ein Beispiel in Deutschland ist der Fusionswettbewerb der drei IG-Farben Nachfolger BASF, Hoechster Farben und Bayer ab Mitte der 60er Jahre), was die hohe Fusionsaktivität trotz enttäuschender Resultate für die Mehrzahl der Unternehmen erklärt.

Weitere Arbeiten, die sich gleichfalls auf amerikanische Daten stützen und die Resultate von Hogarty und Reid mehr oder weniger deutlich bestätigen, werden von Brealey (1971, S. 48 ff.) referiert, eine ausführlichere Untersuchung über die Fusionsaktivität amerikanischer Unternehmen bezieht sich auf die Jahre 1946–1965 (Ansoff, Brandenburg, Portner, Radosevich 1971). Auch sie zeigt die allgemeine Überlegenheit intern wachsender gegenüber fusionierenden Unternehmen hinsichtlich der Mehrzahl der untersuchten Leistungsmaßstäbe. Weitere, uns nicht zugängliche Arbeiten werden bei Wood (1971) vorgestellt. Wood selbst zieht aus dem ihm vorliegenden Material drei Schlüsse:

1. Der quantitativ bedeutendste Teil der Diversifikation ist durch Unternehmenszusammenschlüsse erfolgt.

2. Im Hinblick auf die Umsatzrentabilität und das Gewinnwachstum ist externes internem Wachstum unterlegen.

3. Hinsichtlich der Kapitalgewinne der Anteilseigner gleichen extern wachsende Unternehmen den Einfluß geringerer Profitabilität durch höheres Umsatzwachstum aus. Es gibt jedoch sehr große, sehr profitable und dabei intern schnell wachsende Unternehmen (wie IBM, Polaroid, Xerox), die für den Kapitaleigner die beste aller Welten bieten.

Die Fusionsaktivität britischer Unternehmen ist in jüngster Zeit durch zwei außerordentlich gut dokumentierte Arbeiten untersucht worden (Newbould 1970, Singh 1971). Sie erlauben weit eindeutigere Schlüsse als die Untersuchungen der amerikanischen Fusionsszenerie und unterstützen mehr (Newbould) oder weniger (Singh) vollständig unsere oben vorgetragenen Überlegungen zu den Ursachen externen Unternehmenswachstums. Wir werden noch ausführlich auf diese beiden Arbeiten zurückkommen. In einer Untersuchung, die die Periode 1961 bis 1970 abdeckt, fand Utton (1974), daß von ihm „fusions-intensiv“ genannte englische Unternehmen verglichen mit „nicht-fusions-intensiven“ Unternehmen geringere Gewinnraten aufwiesen. [101]

Der schon erwähnte Bericht der Federal Trade Commission läßt auch einen Vergleich der Aufwendungen von Unternehmen für die Finanzierung externen und internen Unternehmenswachstums zu. Der Anteil der externen Expansion an der gesamten industriellen Neuinvestition in den Vereinigten Staaten ist danach zwischen 1948 und 1968 kontinuierlich gestiegen. 1948 wurden für das interne Wachstum 10 Mrd. $ aufgebracht, dagegen wurden nur 1,6 % dieser Summe für den Aufkauf anderer Unternehmen verwendet. Im Jahre 1968 stieg der Anteil der externen Expansion an den gesamten industriellen Neuinvestitionen auf 54,6 %. (Weitere empirische Untersuchungen enthält der Abschnitt 4.6.6.3.)

Die oben angeführten Studien könnten durch eine große Zahl von Einzelfalluntersuchungen illustriert werden. Eine ausgezeichnete und sehr gut dokumentierte Darstellung bedeutender Aspekte des Unternehmenswachstums enthält die Arbeit von Lenel (1968). Auf dem europäischen Kontinent sind wegen des archaischen Börsenwesens und der ungenügenden Bilanzierungsvorschriften keine den angelsächsischen vergleichbaren Untersuchungen der relativen Vorteilhaftigkeit unternehmerischer Wachstumsstrategien möglich.

Fassen wir zusammen: Wir behaupten, es bestehe ein kausaler Zusammenhang zwischen dem Fähigkeitsniveau einer Unternehmung und ihrer Neigung, extern zu wachsen und speziell in einem turbulenten Feld zwischen Fähigkeitsniveau und externem Diversifikationswachstum. Eine inkompetente Organisation wird geradezu gezwungen, dem Wettbewerbsdruck (der Steigerung der Umweltkomplexität) durch Zusammenschluß mit anderen Unternehmen zu begegnen. Der „Kreislauf unternehmerischer Eliten“, von Krüsselberg (1969, S. 228) als dynamisches Pareto-Optimum und als Kriterium eines funktionsfähigen marktwirtschaftlichen Systems bezeichnet [102], wird durch externes Unternehmenswachstum blockiert; externes

---

[101] Gleichfalls für England kommt eine Untersuchung von Kuehn (1972) zu dem Ergebnis: “Raiders (durch Übernahme wachsende Unternehmen) tend to be faster growing than firms in their respective industries but this growth had not generated significantly higher profits and indeed, when compared with only the surviving firms in their industry, raiders actually earned a lower rate of return on assets.” Zu den volkswirtschaftlichen Kosten von Fusionen vgl. Levine (1974): Nach von ihm angeführten Schätzungen werden in Westeuropa jährlich 18 Mrd. $ für Fusionen und Aufkäufe ausgegeben, die sich als Fehlschläge herausstellen.

[102] Krüsselberg versucht die Existenz dieses Kreislaufs auch empirisch nachzuweisen; vgl. dazu kritisch Röpke 1971 und unsere These stützende Beobachtungen im Antitrust Bulletin (1970, S. 505 ff.).

Unternehmenswachstum führt zu einer Transformation eines offenen Tauschsystems in eine Organisation. Weiterhin reduziert externes Unternehmenswachstum den potentiellen Wettbewerb und somit die zukünftig mögliche Komplexität eines Marktsystems.

Wir haben bisher zwei Erklärungen des externen Unternehmenswachstums vorgetragen: den Zusammenhang zwischen Unternehmensstrategie und Fähigkeitsniveau und die neoklassische Hypothese, nach der Unternehmen extern wachsen, um ihren Gewinn zu maximieren (oder ihre Effizienz zu steigern).

Im nächsten Abschnitt werden wir die dritte Behauptung prüfen, nach der externes Unternehmenswachstum aus dem Ziel des Managements resultiert, den Umsatz zu maximieren.

4.6.4 Umsatzmaximierung und Marktverhalten

4.6.4.1 Das Vordringen des Umsatzzieles in managementkontrollierten Unternehmen

Umsatz- und Gewinnziel müssen sich nicht widersprechen. Umsatz kann konkrete Bestätigung leistungsmotivierter, schöpferischer Aktivität sein, Umsatz kann als konkrete Rückkopplung unternehmerischen Verhaltens dienen. Wenn wir das Gewinnziel nicht neoklassisch sondern motivationstheoretisch sehen, also die Existenz echter Ungewißheit anerkannt ist und folglich keine Gewinn*maximierung* mehr möglich ist, können Gewinn- und Umsatzziel eine identische kognitive wie motivationale Basis haben und zu identischem Marktverhalten führen. Wenn wir das Gewinn- und Umsatzziel neoklassisch interpretieren, wird die Lage sehr viel komplizierter, wie die Diskussion im Anschluß an die These der Umsatzmaximierung von Baumol gezeigt hat[103].

Mit diesen Bemerkungen ist jedoch das Problem kaum angedeutet. Die Autoren, die vom Ziel der Umsatzmaximierung als Grundregel des Unternehmensverhaltens sprechen, begründen ihre These mit Theorien, welche die neoklassische Identifizierung des Eigentümers mit dem Unternehmer zugunsten, wie sie annehmen, realistischerer Prämissen aufgegeben haben, die sich auf das Vorherrschen von Großorganisationen in den kapitalistischen Systemen der westlichen Welt beziehen. Diese Autoren sehen Gewinnziel und Umsatzziel teilweise als bewußt rivalisierende Verhaltensmaximen. Ein Umsatzmaximierer verzichtet ausdrücklich auf Gewinne (was natürlich impliziert, daß er die kognitive Fähigkeit besitzt, zu wissen, welche Hand-

[103] Baumol (1967, S. 45–82, 86–104) geht in statischer wie dynamischer Analyse von gegebenen Kostenkurven aus und eliminiert damit das Unsicherheitsproblem aus der Zielsetzung der Umsatzmaximierung (Grenzerlös = Null).

lungen den maximalen oder zumindest mehr Gewinn gebracht hätten). Und zwar gilt die Identität von Umsatz- und Gewinnziel als hinfällig, sobald quasi-autonome Manager und nicht mehr Eigentümer/Unternehmer über Strategie und Taktik einer Unternehmung im Markt entscheiden. Neoklassische Gewinneffizienz weicht managerialer Umsatzeffizienz. Allerdings wird nur selten darauf aufmerksam gemacht, daß die Vorherrschaft der Umsatz- über die Gewinnmaximierer sich nur aufrechterhalten läßt, wenn sich die Großorganisationen gegen die Erosion ihrer Positionen im Markt schützen können, und/oder wenn sie sich zu oligopolistischen Koalitionen gegen die Konsumenten zusammenschließen, oder wenn die Position einer Unternehmung derjenigen konkurrierender Unternehmen soweit überlegen ist, daß sie auf Gewinne verzichten kann.[104] Die beiden ersten Alternativen und die zu ihrer Entstehung führenden Zusammenhänge scheinen uns für die Mehrzahl der Fälle die Substitution des Gewinnzieles durch das Umsatzziel zu ermöglichen. Neben den bürokratisierten Managerorganisationen gibt es Großunternehmen, deren Kapital sich in den Händen einiger weniger Personen befindet, die zugleich die unternehmerische Funktion an sich gezogen haben (also nicht Manager mit der Mehrung ihrer Reichtümer beauftragen). Diese Unternehmen scheinen oftmals als Umsatzmaximierer par excellence aufzutreten. Wir werden später zeigen, daß es sich bei diesen „empire builders" um Unternehmer handelt, die ihre Gewinne durch Umsatzmehrung auf dem Wege externen Wachstums machen, und daß man „empire building" unter bestimmten Voraussetzungen als einen von insgesamt zwei Fällen externen Wachstums betrachten muß, die keinen wettbewerbsbeschränkenden Charakter haben.

Die folgenden Ausführungen beschränken sich auf Unternehmen, die vom Management kontrolliert werden. Da in einer ungewissen, hochkomplexen Welt nicht bekannt ist, was gewinnmaximierendes Verhalten ist, ist es auch nicht möglich, Abweichungen vom Gewinnziel unmittelbar zu beobachten. Wir müssen daher auf Umwegen versuchen, die Einflußbeziehungen freizulegen, die das Management dazu tendieren lassen, eine Steigerung der Umsätze einer Erhöhung des Gewinns (gewinnsuchendem Verhalten) vorzuziehen. Wir werden drei Einflußgruppen diskutieren:

1. Das Fähigkeitsniveau der psychischen und organisatorischen Systeme gibt darüber Auskunft, ob das Management überhaupt die Möglichkeit besitzt, schöpferisches, leistungsmotiviertes Handeln im Markt zu realisieren, ob also Schumpeter-Knight-Gewinne überhaupt erzielt werden können, ob

---

[104] Machlup (1965, S. 48 f.) bemerkt, daß „die Leugnung des Höchstgewinnstrebens für bestimmte Unternehmenstypen ein Zugeständnis in sich schließt, daß die betreffenden Unternehmen nicht unter dem Druck lebhaften Wettbewerbs stehen. Ein Unternehmen unter starkem Konkurrenzdruck kann es sich nicht leisten, auf den höchstmöglichen Gewinn zu verzichten." Diese Aussage von Machlup kann, muß man aber nicht, im Sinne eines Motivs, Gewinne zu maximieren, interpretieren.

somit nicht externes, umsatzsteigerndes Wachstum – wie nachgewiesen – als naheliegende Lösung der Probleme von Unternehmung und Management betrachtet werden muß.

2. Die gesellschaftsrechtliche Organisationsform und die Verteilung der Verfügungsgewalt über die Kapitalanteile: Je weiter die Streuung der Kapitalanteile, desto geringer sind die Chancen der Kontrolle der Unternehmensleitung durch die Eigentümer, desto größer also die Autonomie des Managements, Ziele zu verfolgen, die ihren und weniger den Interessen der Eigentümer dienen.

a) Bei weit gestreutem Anteilsbesitz sind die Kontrolle des Mangements und die daraus fließenden Vorteile hinsichtlich einer Verfolgung einer an den Eigentümerinteressen orientierten Unternehmensstrategie ein Kollektivgut, das durch freiwillige Aktionen der Kapitaleigner nicht erstellt werden kann. Je kleiner die Gruppe der Aktionäre, desto größer sind die Anreize, durch gemeinsames Vorgehen (Produktion des Kollektivgutes) Vorteile zu realisieren.

b) Das Gesellschaftsrecht kennt kritische Schwellen des Kapitalbesitzes (25, 50, 75 Prozent). Werden sie erreicht, fallen dem jeweiligen Kapitaleigner zusätzliche Kontrollrechte zu. Für große Anteilseigner haben Anteile somit einen höheren Wert als für kleinere.

c) Je größer der Kapitalanteil, desto geringer sind die Kosten der Information über Ziele und Verhalten des Managements pro Anteil. [105]

Mit zunehmender Streuung des Kapitalbesitzes sinkt somit das Interesse der Eigentümer an der Frage, in wessen Tasche das Management arbeitet, und sinken die Möglichkeiten zu kontrollieren, ob bestimmte Handlungen und deren Folgen aus der Unfähigkeit des Managements oder aus externen Faktoren resultieren. Mit zunehmender Streuung des Eigentums steigt somit die diskretionäre Macht des Managements (Macht i. S. der Möglichkeit, Entscheidungsalternativen für die Eigentümer zu selektieren).

Ein bekannter Einwand gegen diese Argumentation (siehe die Arbeiten von Alchian, Hindley, Manne, Tullock) lautet: die diskretionäre Macht des Managerkollektivs A und damit die Möglichkeit, vom Gewinnziel abzuweichen, sei dadurch beschränkt, daß die A-Manager durch ein Managerkollektiv B aus dem Sattel gehoben werden könnten, etwa durch ein über dem jeweiligen Börsenkurs liegendes Übernahmeangebot an die Aktionäre von A; durch Übernahme oder durch Übernahmedrohungen verhindert der

---

[105] Diese Diskussion läuft gewöhnlich unter dem Schlagwort der „Trennung von Eigentum und Kontrolle", das Berle und Means in ihrer Arbeit "The modern corporation and private property" (1933) geprägt haben. Man spricht auch von „Macht ohne Eigentum" oder der Entfunktionalisierung des Eigentums in „Publikumsgesellschaften". Neuere Untersuchungen scheinen den von Berle und Means aufgezeigten Trend zu bestätigen (siehe Larner 1968, S. 23–44). Die Diskussion kann jedoch keineswegs als abgeschlossen gelten (siehe De Alessi 1973).

Kapitalmarkt eine zu starke Abweichung von den Zielen der Eigentümer. Die theoretische Gültigkeit und die empirische Relevanz dieses Arguments werden wir später ausführlich prüfen.

3. Kompensation der Managerleistung: Wird das für die Unternehmensstrategie verantwortliche Managerkollektiv nach Umsatz- und/oder Profitabilitätskriterien entlohnt? Folgende Standpunkte werden vertreten:

a) Manager werden nach dem Umsatz entlohnt; diese Behauptung dient als Prämisse in Managertheorien der Unternehmung (Galbraith, Marris D. C. Mueller, Williamson), wird aber auch durch einige empirische Untersuchungen gestützt [106]. Wenn der Manager auf maximale Vergütung einschließlich sog. „fringe benefits“ (Ausstattung der Diensträume, Dienstwagen etc.) Wert legt, sei es vorteilhafter für ihn, eine Strategie der Umsatzexpansion zu verfolgen, als zum Wohl der Eigentümer eine Steigerung der Kapitalrendite zu erreichen. Vor allem externes Wachstum wird sein Einkommen wesentlich stärker erhöhen als der Versuch, durch mühevolles, am Profit orientiertes internes Wachstum seine monetäre Situation, sein Ansehen und seine Macht zu verbessern.

b) Eine vorherrschende Gewinnorientierung des Managements ist Bestandteil der neoklassischen Theorie der Unternehmung. Manager werden nach ihrer Fähigkeit bezahlt, die Profite für die Kapitaleigner zu maximieren. Der Grad der Dispersion der Eigentümer spielt nur eine untergeordnete Rolle für die Art und Weise der Vergütung der Managerleistung Alchian 1969, S. 346ff.). Lewellen und Huntsmann (1970) versuchen, empirisches Material zur Stützung der traditionalen These beizubringen. Ihre Untersuchung berücksichtigt jedoch nicht den Einfluß verschiedener Umsatzklassen auf die Höhe der Bezüge. Sie beseitigen daher nicht unsere Ungewißheit hinsichtlich der Möglichkeit, daß es sich für Manager lohnt (i) höhere Umsatzklassen zu erreichen, dadurch (ii) auch die gesamte Gewinnsumme, wenn auch nicht die Kapitalrendite, zu erhöhen, und daß (iii) die genannten Umsatz- und Gewinnziele angesichts minimaler Hindernisse (mit geringen Anforderungen an die Fähigkeit der beteiligten Systeme) durch externes Wachstum erreicht werden können.

Larner (1968) stützt zwar die These von Berle und Means (1933) durch seinen Nachweis zunehmender Trennung von Eigentum und Kontrolle in den größten amerikanischen Unternehmen, findet jedoch andererseits nur eine minimale Differenz (einen halben Prozentpunkt) zwischen der Kapital-

---

[106] Für die USA siehe die bei Scherer (1970, S. 32f.) und De Alessi (1973, S. 847) zitierten Arbeiten; für England Cosh (1975); für USA und England vgl. auch die anschaulichen Hinweise bei Heller (1972, S. 85ff.); für Deutschland hat Max Kruk Berechnungen angestellt. Danach sei „die Basis der festen Vergütungen ... so breit, daß Schwankungen bei den gewinnabhängigen Bezügen den Gesamtbetrag prozentual nur wenig verändern.“ Zwischen wie innerhalb einzelner Umsatzgruppen steigen die Vergütungen kontinuierlich mit dem Umsatz an (1971, S. 3).

rendite der vom Management kontrollierten und von Eigentümern kontrollierten Großunternehmen.

Es gibt allerdings auch empirische Befunde, welche die These einer Trivialdifferenz zwischen Manager- und Eigentümerorganisationen in Frage stellen. Monsen et al. (1968) legen Material vor, aus dem eine nichttriviale Profitüberlegenheit eigentümerkontrollierter Unternehmen folgt.[107] Monsen et al. erklären diese Differenz unter anderem durch eine unterschiedliche Motivation. Robert Heller (1971 b, S. 17) führt die Tatsache an, daß in Großbritannien über mehrere Jahre hinweg eigentümerkontrollierte Unternehmen („strong, simple management of the proprietorial type") in der Aufstellung der 10 profitabelsten Gesellschaften dominierten. Unter den zwanzig englischen (börsennotierten) Unternehmen mit der höchsten Kapitalrendite über einen Zeitraum von 10 Jahren (1960—1970) findet sich keine Gesellschaft, in der das Topmanagement nicht „fühlbar" am Kapital beteiligt gewesen wäre, und die nicht von Persönlichkeiten vom Typ des Schumpeterschen Unternehmers geleitet worden wäre.

Insgesamt scheint uns jedoch die empirische Basis, auf die sich die eine oder andere These stützen könnte, noch zu lückenhaft zu sein, als daß man eine Ansicht vorziehen könnte. Es scheint uns daher zweckmäßiger, die Fragestellung theoretisch weiterzuverfolgen, um dabei möglicherweise auf Hypothesen zu stoßen, die sich in der Realität weniger mehrdeutig überprüfen lassen.

4.6.4.2 Versuche zur Installierung des Profitzieles in managerkontrollierten Unternehmen

Unsere Argumentation bewegt sich nach wie vor im intraorganisatorischen Rahmen. Unser Problem ist, ob die durch die Trennung von Eigentum und Kontrolle dem Management zugefallene Autonomie oder Möglichkeit zu diskretionärem Verhalten, durch organisationsinterne Methoden beschränkt, also die Vorherrschaft des Profitziels trotz Nichtidentität von Kontrolle und Eigentum gesichert oder wiederum hergestellt werden kann. Kern des Problems ist, wie ein Aufstiegs- und Belohnungssystem auszusehen hätte, welches die Manager so motivieren könnte, als ob sie als Eigentümer/Unternehmer fungierten. Wie kann man den Profit in managerkontrollierten Unternehmen zum konkreten feedback unternehmerischen Handelns machen?

Profite dienen dem kreativen Wirtschaftsmenschen als konkrete Bezugsgröße leistungsmotivierten Handelns (siehe S. 156 f.). Profite sind primär nicht Grundlage der Motivation, sondern der relativ präzise Maßstab des Leistungserfolges und damit auch Indikator des selektiven Vorteils einer Unternehmung im Markt. (Maximale) Profite spielen im wettbewerblichen

[107] Zur Kritik dieser Untersuchung vgl. Kamerschen (1970) und zur Kritik an Kamerschen Mueller (1970).

Selektionsprozeß die gleiche Rolle wie die (maximale) Nachkommenschaft in der biologischen Evolution. Profitstreben ist daher ein Ausfluß der Interaktion von Individuum (Organisation) und Markt; ist die Umwelt nichtwettbewerblich strukturiert, besteht kein Grund, Profite zu machen, und der leistungsthematische Bezug wird sich an anderen Kriterien orientieren. Wettbewerb ist jenes Verfahren, welches die Unternehmen dazu zwingt, ihren Leistungserfolg im Markt am Profit zu messen, einfach deswegen, weil die Profitrate, welche die Unternehmen im Wettbewerb realisieren, eine Funktion ihrer selektiven Vorteile ist.

Vor diesem Hintergrund gesehen, besteht das Problem der Managermotivation also nicht nur in der Anreizfunktion des Profits (wie unseres Wissens durchgehend behauptet wird), sondern in der organisationsinternen Installierung eines konkreten Maßstabes für das Leistungshandeln vor allem des Topmanagements. Ein Unternehmer handelt als Manager nicht darum profitorientiert, weil er am Zügel der Eigentümer geführt wird, sondern weil er die Möglichkeit hat, seinen Leistungserfolg an der quantitativen Bezugsgröße Profit zu messen. Besitzt er diese Möglichkeit nicht, kann ihn auch eine 100 %ige Kontrolle der Eigentümer nicht dazu motivieren, sein Handeln am Profit zu orientieren (wie viele Eigentümer feststellen, die sich darüber beklagen, trotz hoher Gehälter keine Unternehmerpersönlichkeiten für ihre Unternehmen anlocken oder halten zu können, weil sie nicht bereit sind, den Unternehmer-Managern eine konkrete Bezugsgröße, Profit oder Kapitalgewinn, zu bieten, über die sie als Eigentümer verfügen). Umgekehrt wird einen angestellten Unternehmer auch ein weitgestreuter Anteilsbesitz (also sogenannte Trennung von Eigentum und Kontrolle) nicht davon abhalten, Profite zu machen, wenn er eine konkrete, gewinnorientierte Bezugsgröße für sein Leistungshandeln besitzt. Unserer Auffassung nach hat sich somit die Diskussion um die Trennung von Eigentum und Kontrolle im Kreise bewegt – was auch die vieldeutigen empirischen Befunde bestätigen –, weil entscheidende Variable nicht einbezogen wurden. Der Versuch, das Marktverhalten von Großunternehmen auf der Grundlage der Prämisse der Umsatzmaximierung zu erklären, stößt auf die gleichen Schwierigkeiten wie der überlieferte neoklassische Versuch. Zunächst ist die Regel der Umsatz*maximierung* in einer ungewissen Umwelt nicht zu spezifizieren. Zum anderen hat sich die sog. Trennung von Eigentum und Kapital in managementkontrollierten Unternehmen als relativ unbedeutende Erklärungsformel herausgestellt: Nicht die fehlende Kontrolle der Manager durch die Eigentümer, sondern die organisatorische Unfähigkeit, den Organisationsmitgliedern kognitive und motivationale Entfaltungsmöglichkeiten zu bieten, bewirkt die Erosion des Profitmotivs.

4.6.5 Die Beschränkung des Wettbewerbs durch externes Wachstum der Unternehmen

In den vorausgehenden Abschnitten haben wir mehrfach auf die Möglichkeiten aufmerksam gemacht, durch externes Unternehmenswachstums (Aufkauf, Fusion) den Wettbewerb zu beschränken, oder die externe Kontrolle durch die Umwelt zu unterlaufen. In diesem Abschnitt versuchen wir, diese Argumentation teilweise zu vertiefen, teilweise auch nur zusammenzufassen. Welche Auswirkungen eine Beschränkung der externen Kontrolle des Unternehmensverhaltens durch den Markt besitzt, müssen wir an dieser Stelle nicht mehr betonen. Gleiches gilt für den Zusammenhang zwischen Neuerungsverhalten und Wettbewerb bzw. Beschränkung des Wettbewerbs.

Die Beschränkung des Wettbewerbs kann sich auf zwei Tatbestände beziehen: die Beschränkung der Handlungsfreiheit der Marktteilnehmer und die Beschränkung der Arbeitsweise des Marktsystems (des Preissystems in seinen oben vorgestellten Funktionen). Diese Unterscheidung ist notwendig, weil es Handlungen gibt, die keine konkrete Beschränkung der unternehmerischen Freiheit mit sich bringen, wohl aber dazu führen, den Wettbewerb in seinen *System*funktionen zu beschränken. Dieser zweite Typus beschränkt nicht nur die Funktionsfähigkeit einer Wettbewerbsordnung, sondern eliminiert in der Regel auch potentiellen oder zukünftigen Wettbewerb.

Externes (Diversifikations-)Wachstum ist in einer turbulenten Umwelt die wirksamste Methode, um in Konkurrenz mit Unternehmen höheren Fähigkeitsniveaus zu überleben, und um bei nicht-zurechenbarem Umweltdruck die relative Unfähigkeit, neue Varietät zu produzieren, auszugleichen. In der turbulenten Umwelt richtet sich externes Wachstum nicht nur auf die Ausschaltung fühlbarer Konkurrenten, sondern auch auf den Aufbau einer diversifizierten Marktposition, die ihrem Inhaber beachtliche selektive Vorteile bietet. Bei der Beurteilung externen Diversifikationswachstums sind daher wettbewerbspolitische Kriterien überfordert, die sich auf die Verhältnisse auf einzelnen Märkten beziehen, die sich nur auf die aktuellen und nicht die potentiellen und in ihren konkreten Auswirkungen unbekannten Beschränkungen des Wettbewerbs beziehen und die schließlich hinsichtlich der möglichen Beschränkung der Systemfunktionen des Marktes durch bestimmte Verhaltensweisen seiner Elemente keine Informationen bieten.

Worin liegt nun die wettbewerbsbeschränkende Qualität externen und speziell diversifizierenden (einschließlich konglomeralen) Wachstums? Wir führen folgende Gründe an:

1. Senkung der Problemlösungsfähigkeit des Marktsystems

Das Marktsystem haben wir als eine hochkomplexe, auf arbeitsteiligen Tauschprozessen gegründete Ordnung bezeichnet, das aus verschiedenen Elementen (Haushalten, Unternehmen) besteht, die wiederum in sich hierarchisch gegliedert sind. Man kann den Markt als ein multistabiles System i. S. Ashbys bezeichnen (s. oben S. 42 f.).

In einem multistabilen System sind die einzelnen Teilsysteme so zusammengekoppelt, daß sie zeitweise voneinander unabhängig sind. Multistabile Systeme vollziehen die Anpassung an neue Umstände mit Hilfe des Adaptionsverhaltens ihrer Teilsysteme (Unternehmen, Haushalte). Die Unternehmen, auf deren Verhalten wir uns im folgenden beschränken, können, da sie nur in bestimmten Perioden miteinander gekoppelt sind, in einem geschützten, autonomen Bereich mit neuen Problemen arbeiten, mit neuen Lösungen experimentieren, von ihnen repräsentativ erfaßte Umweltstörungen individuell entsprechend ihren psychischen und organisatorischen Fähigkeiten verarbeiten; sie können sich unabhängig an Änderungen der Umstände anpassen, oder eine Änderung der Umstände bewirken. Der Markt als ein multistabiles System besteht daher aus relativ autonomen, sich partiell anpassenden Teilsystemen, die durch Interaktion mit ihrer Umwelt (das heißt mit anderen Teilsystemen) ihre Anpassungsleistung kommunizieren und für andere Teilsysteme nutzbar machen. Der kognitive und motivationale Mechanismus, der zu einer spontanen oder umweltinduzierten Aktivierung führt, ist von uns ausführlich in seiner Wirkungsweise untersucht worden; in der kybernetischen Literatur spricht man von einer Aktivierung durch Teilfunktionen (Ashby 1961, S. 66; Klaus 1969, S. 642 ff.).

Das multistabile Wettbewerbssystem Markt gewährt seinen Teilsystemen einerseits geschützte Freiräume für interne Selbstdifferenzierung und Produktion von Varietät – eine notwendige Bedingung evolutorischer Entwicklung – und andererseits aktiviert es durch Teilfunktionen gekoppelte Teilsysteme bei Überschreiten bestimmter motivationaler und kognitiver Schwellenwerte zu Interaktionen mit ihrer Umwelt. Je größer dabei die Anzahl der unabhängigen, in ihrem Handeln durch allgemeine Regeln geschützten Teilsysteme eines Marktes ist, desto größer wird die Wahrscheinlichkeit sein, daß irgendeines dieser Teilsysteme Erfolg bei der Lösung eines Problems haben wird [108].

---

[108] Bei gegebenem Fähigkeitsniveau der Mitglieder eines Systems steigt die Wahrscheinlichkeit der Lösung eines Problems mit der Anzahl seiner Elemente, die unabhängig voneinander Problemlösungen entwickeln und durchsetzen können. Angenommen, die Wahrscheinlichkeit der Lösung eines Problems durch Wirtschaftssubjekt A sei P(A), die Lösung des Problems durch Subjekt B sei P(B). Die Wahrscheinlichkeit, daß A einen Mißerfolg (M) hat, sei P(MA), die Wahrscheinlichkeit eines Mißerfolges für B sei P(MB). Die Wahrscheinlichkeit eines gemeinsamen Mißerfolges wäre daher P(MA + MB).

Wenn wir den Additionalsatz der Wahrscheinlichkeit für beliebige Ereignisse $P(A + B) = P(A) + P(B) - P(AB)$ zugrunde legen (vgl. z. B. Krezysig 1975, S. 64), läßt sich die Wahrscheinlichkeit eines gemeinsamen Erfolges errechnen. Da $P(A) = 1 - P(MA)$ und $P(B) = 1 - P(MB)$ folgt $P(A + B) = 1 - [P(MA) \cdot P(MB)]$. Die Wahrscheinlichkeit, daß A und B Erfolg haben, ist also größer als die Wahrscheinlichkeit, daß nur A oder B allein Erfolg hat. Oder, die Chance eines Erfolges, d. h.

Wir können nun beurteilen, was sich abspielt, wenn ein Teilsystem mit anderen Teilsystemen kooperiert, wenn es versucht, deren Verhalten zu kontrollieren, und wenn es schließlich unabhängige Teilsysteme in seine Organisation integriert (durch Aufkauf oder Fusion). Durch einen Zusammenschluß sinkt zunächst die Zahl autonomer Teilsysteme des Marktes. Dadurch büßt das System einen Träger von Anpassungspotential und einen Produzenten von Varietät ein. Es vermindert sich also die Chance potentieller wie gegenwärtiger Anpassungsfähigkeit (Problemlösungsfähigkeit) des Systems. Mit jedem Zusammenschluß mindert sich das Potential des Gesamtsystems auf Änderungen der Umstände, seien sie systemextern oder -intern verursacht, mit neuen Lösungen aufwarten zu können, da die Chancen geringer sind, daß eines der verbliebenen unabhängigen Teilsysteme eine entsprechende Anpassungsleistung produzieren kann.

Unternehmenszusammenschlüsse senken also die Anpassungsfähigkeit (Flexibilität), die spontane Steuerungskapazität und das Entwicklungspotential (die Möglichkeiten zur Steigerung der Eigenvarietät) eines wettbewerblichen Marktsystems. Dieser Reduktion der multistabilen Eigenschaften einer dezentralen Wettbewerbsordnung (man könnte von einer Produktivkraft Wettbewerb sprechen) entspricht die Verminderung der Chancen, daß an irgendeiner Stelle des Marktsystems neue Lösungen für alte Probleme oder neue Probleme überhaupt entwickelt werden; das Marktsystem verliert tendenziell seine Fähigkeit, selbst- oder fremdproduzierte Vielfalt zu absorbieren, komplexere Umweltbereiche zu erschließen und der Konkurrenz mit Systemen höherer Eigenvarietät (komplexeren Systemen) standzuhalten. Dieser Entdifferenzierung des Marktsystems entspricht weiterhin die Ausweitung des Funktionsbereichs des politischen Systems: Der Markt und seine Teilsysteme müssen vom politischen System alimentiert werden, was man auch als eine Rückkehr zu primitiveren Formen menschlicher sozialer Gestaltung oder als evolutionäre Regression bezeichnen kann. Es wäre müßig, diese Vorgänge zu illustrieren, die im westlichen Kapitalismus zunehmend deutlichere Konturen annehmen.

2. Verringerung der Möglichkeiten des Preissystems zur Reduktion von Komplexität

Eine zweite, das Markt*system* in seiner Funktion beschränkende Wirkung von Unternehmenszusammenschlüssen bezieht sich auf die Ausschaltung des Preissystems durch Internalisierung und Zentralisierung (s. o. S. 364 f.). Externes Wachstum zerstört die Fähigkeit des Preissystems zur dezentralen Reduktion, Speicherung und Übertragung von Komplexität oder schaltet die komplexitätsreduzierende Funktion des Geldes und die Koordinations- und

die Chance, daß irgendeiner der Marktteilnehmer die Lösung eines Problems findet, wächst mit der Anzahl der unabhängigen Problemlöser eines Systems.

Informationsfunktion des Teilsystems aus, und zwar nicht nur in den internalisierten Interaktionsbereichen, sondern tendenziell jeweils auch für das gesamte Marktsystem.

3. Senkung der durchschnittlichen Fähigkeitsniveaus eines Marktsystems

Die Funktionsfähigkeit eines Marktsystems wird beschränkt, wenn Unternehmenszusammenschlüsse die Selektionsprozesse im Markt unterlaufen oder blockieren, d. h. Aufstieg und Abstieg von Unternehmen nicht mehr primär an ihren Fähigkeiten orientiert sind. Wenn relativ inkompetente Unternehmen extern wachsen müssen, führen Unternehmenszusammenschlüsse zu einer Senkung des Fähigkeitsniveaus des Marktsystems (siehe oben, S. 374).

4. Fusionen vernichten Freiheit

Unternehmenszusammenschlüsse internalisieren nicht nur bisher im Markt dezentral und autonom agierende Teilsysteme, sondern eliminieren in dem Umfang, in dem sie Markttransaktionen in ein organisatorisches System einbringen, durch allgemeine Regeln geschützte Freiheitsbereiche des Marktsystems; Fusionen ersetzen die horizontale und dezentrale Kontrolle des Marktes durch die zentralisierte konkrete Befehlshierarchie der Organisation. Diese Wirkung ist um so bemerkenswerter, je mehr die organisatorischen Prozesse den Prinzipien der klassischen Organisationslehre folgen, je geringer also ihre Kompetenz ist. Wie wir nachzuweisen versuchten, sind es gerade die inkompetenten Unternehmen, die eine hohe Neigung zu externem Wachstum besitzen. Andererseits sinkt mit vermindertem Herausforderungsgrad (Wettbewerbsdruck) der Anreiz für Unternehmen, ihre organisatorischen Prozesse freiheitlicher zu gestalten.

5. Fusionen senken das Motivationspotential eines Marktsystems

In gleicher Weise, in der Unternehmenszusammenschlüsse das Entdeckungsverfahren des Marktsystems durch die zuordnende, an konkrete Regeln gebundene Informationsauswertung ersetzen, substituieren sie auch die unpersönlichen Mechanismen unternehmerischer Herausforderung durch organisatorische Motivations- und Belohnungssysteme. In die theoretische Diskussion dieser Zusammenhänge müssen wir an dieser Stelle nicht mehr eintreten. Es genügt der Hinweis, daß wiederum jene Unternehmen, die zur Kompensation ihrer Unfähigkeit auf externes Wachstum angewiesen sind, Motivationspotential und damit potentiellen Wettbewerb in überdurchschnittlichem Ausmaß abbauen. Das Ausmaß dieser Wettbewerbsbeschränkung kann man sich klarmachen, wenn man es mit einer Situation vergleicht, in der die Unternehmen gezwungen wären, intern zu expandieren.

6. Fusionen induzieren Fusionen: Das Greshamsche Gesetz externen Unternehmenswachstums

Unternehmenszusammenschlüsse, welche die Marktstellung eines Wettbewerbers verbessern, lösen Verteidigungsfusionen aus. Fusionen sind eine Form wettbewerblicher Aktivität, wenn auch einer, die dazu führt, den Wettbewerb zu beschränken (umgekehrt kann man behaupten, daß für Marktsysteme, die sich durch eine geringe, nur unwesentlich durch Gesetz beschränkte Fusionsaktivität auszeichnen, wie zum Beispiel in Frankreich, auf eine geringe Intensität des Wettbewerbs geschlossen werden kann). Je intensiver der Wettbewerb, je höher der Herausforderungscharakter der Umwelt (bezogen auf Ungewißheit und Varietät), desto höher ist die Neigung, extern zu wachsen [109], desto weniger kann es sich eine Unternehmung allerdings auch leisten, Wettbewerbsnachteile hinzunehmen, die durch extern wachsende Konkurrenten entstehen (Größenmacht, Diversifikationsmacht), ohne selbst entsprechende Verteidigungsaktivitäten zu unternehmen.

Der hier angesprochene Tatbestand scheint uns so weit verbreitet zu sein, daß eine eingehende theoretische Behandlung und auch der Hinweis auf besonders eindrückliche Beispiele überflüssig sind. In der staatlichen Wettbewerbspolitik vieler Länder (Japan, Frankreich, Bundesrepublik Deutschland, Großbritannien, die EWG als Ganzes) gilt die neomerkantilistische Praxis, wettbewerbspolitischen Übelständen mit der Schaffung neuer Übelstände zu begegnen. Statt aus externem Wachstum resultierende Wettbewerbsbeschränkungen zu beseitigen, oder ihre Entstehung zu verhindern, versucht man, die durch wettbewerbsbeschränkende Praktiken entstandene Herausforderung mit der Galbraith zu verdankenden Methode zu beantworten, eine neue Beschränkung des Wettbewerbs zu konstruieren, wenn sie der ersten nur gewachsen ist. [110]

Thomas Gresham formulierte vor langer Zeit ein Gesetz, nach dem das „schlechte Geld" das „gute Geld" verdränge. Die Münzverschlechterungen waren das Ergebnis der Tätigkeit von „Münzherren", die schon in jener klassischen Zeit (bereits Aristophanes weist auf diesen Zusammenhang hin) dem

---

[109] Weil nun in einer größeren Zahl von Unternehmen die Kompetenz nicht mehr ausreicht, organisationsintern Ungewißheit zu absorbieren und neue Varietät zu produzieren, weil – wie wir zu zeigen versuchten – eine zunehmende Intensität des Wettbewerbs vermehrt zu Erwartungsdiskrepanzen (auf die gesamte Volkswirtschaft bezogen: Erwartungsschwankungen) führt, ein Umstand, den auch Gort (1969) als eine Ursache der Fusionsaktivität von Unternehmen sieht.

[110] Wie Business Week (7. 8. 1971, S. 58) zu entnehmen war, forderte auch die US-Industrie eine Lockerung der Antitrustgesetze mit dem Argument, sich durch Fusionen gegen die europäische und japanische Konkurrenz schützen zu müssen, die bekanntlich ihrerseits (unterstützt durch nationale und internationale Behörden) das Argument verbreitet, sich gegen die US-Konkurrenz nur durch Fusionen ausreichend stärken zu können.

neoklassischen Tun verpflichtet waren, ihren Gewinn zu maximieren (indem sie den Edelmetallgehalt der neugeprägten Münzen herabsetzten). Und bereits zu jener Zeit traten gelehrte Männer auf, die es verstanden, das Wohlwollen der Herrschenden auf sich zu ziehen, zum Beispiel ein gewisser Gabriel Biel (1425–1495). Von ihm wird berichtet (Kruse 1959, S. 16), die Behauptung einer Verschlechterung des Geldwertes durch das gewinnmaximierende Tun der Herren jener Zeit als Lüge zurückgewiesen zu haben. Außerdem „sei es nicht nur rechtens, sondern auch nützlich, wenn der Fürst schlechtere Münzen schlagen ließe, denn die Verringerung des Metallwertes bei gleichem Nominalwert sei ein Mittel zur Deckung der Ausgaben zum Wohle des Staates ..."

Statt das Naheliegende auch noch zu kommentieren, schließen wir mit einer Einsicht von Veblen (1971, S. 148): „Jeder Wandel spielt sich bestenfalls verspätet und zögernd ab. Dies trifft besonders für jeden Wechsel in Richtung des sogenannten Fortschritts zu ... Ein Schritt nach rückwärts hingegen, das heißt in Richtung einer Wiederannäherung an einen längst vertrauten Standpunkt ist viel einfacher."

7. Externes Wachstum beseitigt Information

Im Wettbewerbssystem drücken sich in der Divergenz der Profitraten unterschiedliche Selektionsvorteile aus. Die Höhe der Profitrate dient anderen Marktteilnehmern als Signal zur Imitation der Produkte, Verfahren und Organisationsmethoden, der Markttaktiken und -strategien des Profitführers. Jede Profitrate besitzt Informationswert oder beseitigt Ungewißheit für andere Marktteilnehmer und wirkt in dieser Eigenschaft wettbewerbsintensivierend. Externes Wachstum vermag diese Information zu vermindern, ihren Zuverlässigkeitsgrad zu senken und bei voller Eingliederung der aufgekauften Unternehmung (Konsolidierung der Gewinnrechnung), die Information total zu beseitigen.[111] Eine Unternehmung vermag durch externes Wachstum, die Ungewißheit der gegenwärtigen und potentiellen Konkurrenten der ehemals unabhängigen Einheit beträchtlich zu erhöhen und die Imitation spürbar zu erschweren und sich somit dem Druck des Marktes zu entziehen. Aber auch wenn nur eine Teilkonsolidierung erfolgt, besteht ein Informationsverlust: Gemeinkosten können zur Ausnutzung einer Marktsituation unterschiedlichen Produktgruppen angelastet werden; die Unternehmung kann intern die Aktivität bestimmter Produktbereiche sub-

[111] Eine Unternehmung kann die Gewinnkennziffern ihrer Teilsysteme je nach Marktstrategie und -taktik innerhalb eines beachtlichen Ermessensspielraums willkürlich publizieren. Gesellschafts- und Steuerrecht laden geradewegs zu einer Informationsvernichtung ein. Für die USA siehe hierzu Belege der Federal Trade Commission (FTC 1969, S. 2–52 ff., 2–70 ff., 2–83 ff.); auf den Zusammenhang zwischen Unternehmensintegration (-konzentration) und Informationsvernichtung und der daraus folgenden Beeinträchtigung der Funktionsfähigkeit des Kapitalmarktes macht auch Williamson (1971, S. 369 f.) aufmerksam.

ventionieren (siehe ausführlich Lenel 1968, S. 214 f., 217; Edwards 1965, 1971). Diese informationsverschleiernde und wettbewerbsverzerrende Unternehmenspolitik kann Ergebnis rational geplanter Marktstrategie sein, kann jedoch auch die Ohnmacht widerspiegeln, die Autonomie von Divisionsmanagern zu beschneiden. Sie kann Ausdruck von Kontrollverlusten der Unternehmensführung über die Aktivitäten ihrer Produktgruppen sein, die z. B. aus Kommunikationsschwierigkeiten herrühren (der Niedergang von US-Konglomeraten wie Litton Industries wird auf solche Kontrollverluste zurückgeführt). Bei realistischen Annahmen über das organisatorische Innenleben eines extern expandierenden Unternehmens können wir behaupten, daß die Möglichkeiten internen Verlustausgleichs und innerbetrieblicher Sozialisierung längerfristig verlustbringender Aktivitäten mit dem Ausmaß externen Unternehmenswachstums zunehmen. [112]

8. Fusionen vermindern den potentiellen Wettbewerb

Wir haben diesen Fall bereits ausführlich diskutiert. Würde die aufkaufende Unternehmung durch internes Wachstum in den Markt des übernommenen Unternehmens einsteigen, würde sich dadurch die Wettbewerbsintensität erhöhen. Übernimmt eine inkompetente Unternehmung eine Firma mit höherem Fähigkeitsniveau, liegt sogar ein Fall aktueller Beschränkung des Wettbewerbs vor, weil der Herausforderungsgrad für die anderen Teilnehmer des Marktes sinkt. Zumindest theoretisch wäre diesen Argumenten der Fall gegenüberzustellen, in dem das übernehmende Unternehmen aufgrund seiner höheren Finanzkraft und seines Managementpotentials usw. das übernommene Unternehmen revitalisiert und damit die Aufgabenschwierigkeit für andere Unternehmen erhöht. Wir werden auf diesen Fall noch ausführlicher eingehen (siehe Abschnitt 4.6.6.5). Der Umfang, in dem externes Unternehmenswachstum die potentielle Konkurrenz beschränkt, läßt sich mit Hilfe von Berechnungen der Federal Trade Commission skizzieren. Aus ihnen geht hervor, daß gerade jene Unternehmen, die am ehesten in der Lage sind, den etablierten Großunternehmen (potentiell) Konkurrenz zu machen, „Opfer" der Übernahmeaktivitäten eben dieser Großunternehmen sind. Die Übernahmen in den Jahren 1948-1968 erreichten ihre höchsten Werte in der Größenklasse von 10–25 Mill. $ Aktiva;

---

[112] Baumol u. a. (1970, 1973) haben ermittelt, daß die Ertragsrate bei Selbstfinanzierung (ploughback) zwischen 3,0 und 4,6 % liegt, bei Kreditfinanzierung auf 4,2 bis 14 % ansteigt und bei Kapitalbeschaffung durch Aktienemmission Werte zwischen 14,5 und 20,8 % erreicht; d. h. einbehaltene Gewinne scheinen weniger profitabel genutzt zu werden als externe Finanzierungsfonds. Die Autoren differenzieren nicht zwischen verschiedenen Organisationsformen oder nach dem Ausmaß der Diversifizierung und versuchen auch keine Interpretation ihres Ergebnisses. Eine Vermutung wäre, daß die höhere Ertragsrate fremdfinanzierter gegenüber selbstfinanzierten Investitionen mit dem Ausmaß der externen Kontrolle des Kapitalmarktes zusammenhängt, die bei Aktienemissionen am ausgeprägtesten ist.

in dieser Größenklasse erreichte die Zahl der Übernahmen in diesem Zeitraum 63 % aller im Jahr 1968 in dieser Gruppe tätigen Unternehmen; der Wert der Übernahmen im Zeitraum 1948–1968 entsprach 59 % der gesamten Aktiva des Jahres 1968 dieser Klasse. In der Größenklasse zwischen 10-100 Mill. $ kam es zu den meisten Übernahmen. Nach Schätzungen der FTC hätte die Anzahl der unabhängigen Anbieter im Jahre 1968 in diesen Größenklassen um mindestens 50 % höher gelegen, wenn es nicht zu den genannten Übernahmen von Unternehmen mit mehr als 10 Mill. $ in den Jahren 1948 bis 1968 gekommen wäre. [113]

Fassen wir unsere Argumentation hinsichtlich der Wirkungsweise externen Unternehmenswachstums in einer turbulenten Umwelt zusammen:

Externes Unternehmenswachstum betrachten wir (natürlich nicht ausschließlich) als eine Folge psychischer und organisatorischer Unfähigkeit; Herausforderungen der marktlichen Umwelt, die sich in steigender Komplexität (Varietät) zeigen, erhöhen die Neigung von Unternehmen, im Ausmaß ihrer Unfähigkeit extern zu wachsen. Die Beschränkung des Wettbewerbs in der Oligopolwelt, die sich in der Ausschaltung rivalisierender Konkurrenten zeigt, wird in einer turbulenten Welt durch die Beschränkung der Funktionsweise des Preis- und Marktsystems ergänzt: Externes Wachstum eliminiert die Handlungsfreiheit rivalisierender Konkurrenten wie auch die Systemfunktion einer Marktordnung, und zwar durch die Senkung ihrer Anpassungsfähigkeit, durch Vernichten von Freiheit und Information, durch Minderung des Herausforderungscharakters, durch Entdifferenzierung der turbulenten Welt in eine Oligopolwelt rivalisierender Diversifikationszentren. Die Strategie externen Unternehmenswachstums in einer turbulenten Welt ist nicht nur kritisch zu beurteilen, weil sie zu einer Koalition gegen die Konsumenten (im Austauschprozeß) oder zu einer Beschränkung der Handlungsfreiheit der Kon-

[113] Vgl. Federal Trade Commission 1969, S. 46 ff., S. 670. Eine ähnliche Entwicklung scheint sich in der Bundesrepublik Deutschland abzuzeichnen. Eine Klausel des Paragraphen 24 des Gesetzes gegen Wettbewerbsbeschränkungen erlaubt Großunternehmen, andere Unternehmen mit Jahresumsätzen von weniger als 50 Millionen DM aufzukaufen. Das heißt, gerade jene kleinen und mittleren Unternehmen, aus deren Kreis potentielle Konkurrenz für die etablierten Großunternehmen erwachsen könnte, werden durch die staatlichen Schützer des Wettbewerbs zum Aufkauf freigegeben. Es erstaunt daher nicht, wenn die sogenannte „Monopolkommission" in ihrem Gutachten zur Entwicklung der Konzentration in der Bundesrepublik Deutschland feststellt, daß über 50 % aller Fusionen unter Beteiligung der „hundert Größten" auf die genannte Unternehmensgruppe entfallen. Auch andere Beobachtungen der Federal Trade Commission werden durch die deutsche Monopolkommission bestätigt: So sind an jedem zweiten im Bundeskartellamt angezeigten Unternehmenszusammenschluß auf der Erwerbsseite Unternehmen aus dem genannten Kreis der hundert Umsatzgrößten beteiligt. Wir entnehmen diese Informationen aus Zeitungsberichten (Frankfurter Allgemeine Zeitung, 27. 7. 1976, S. 13), da uns das Gutachten der Kommission selbst bei Abschluß dieser Arbeit nicht zur Verfügung stand.

kurrenten (im Parallelprozeß der Anbieter) führt, sondern auch weil sie die Funktionsfähigkeit eines Marktsystems wettbewerblicher Ordnung und damit das gesamtgesellschaftliche Adaptions- und Evolutionspotential vermindert. Handlungen, welche den Wettbewerb direkt-zurechenbar machen, oder in seinen Systemfunktionen beschränken, sind der privatautonomen Gestaltung zu entziehen, das heißt zu verbieten.

„Eine freie und geschmeidige Anpassung, das heißt die Entwicklungsfähigkeit der gesellschaftlichen Struktur, hängt ... in hohem Maße vom Grade der Freiheit ab, mit dem die Gesamtsituation in jedem beliebigen Augenblick auf die einzelnen Gesellschaftsmitglieder einwirken kann – mit anderen Worten vom Ausmaß, in dem die einzelnen Mitglieder den zwingenden Kräften der Umwelt ausgesetzt und zugänglich sind" (Veblen 1971, S. 146).

4.6.6 *Der Markt für Unternehmenskontrolle und die Intensität des Wettbewerbs*

4.6.6.1 Kontrollfunktionen des Kapitalmarktes

Dieser Abschnitt untersucht die Einflußbeziehungen zwischen dem Markt für Eigentumsrechte an Unternehmen (Markt für Unternehmenskontrolle) und dem Verhalten der Unternehmung und damit die Wechselbeziehung zwischen der Intensität des Wettbewerbs auf dem Kapitalmarkt und der Intensität des Wettbewerbs und damit der Neuerungsaktivität auf den Produktmärkten. Im Mittelpunkt unserer Ausführungen steht die These, Wettbewerb im Markt für Unternehmenskontrolle „heile" fehlenden Wettbewerb auf den Produktmärkten, eine These, die von uns zu falsifizieren versucht wird.

Wir sollten vorausschicken, daß die folgenden Ausführungen sich auf eine institutionelle Landschaft beziehen, wie sie nur im angelsächsischen Kulturbereich vorzufinden ist. Wir gehen von einem hochentwickelten Markt für Unternehmenskapital aus, wie er auf dem europäischen Kontinent dank paternalistischer und merkantilistischer Beschränkungen durch den Staat (Frankreich, Italien) oder des „old boy network" von Großbanken (wie in der Bundesrepublik Deutschland) nur in Ansätzen existiert.

Wenn wir von Verhaltensweisen absehen, die von jedermann, ausgenommen dem Initiator, als offensichtlich wettbewerbsbeschränkend betrachtet werden (Aufkauf eines rivalisierenden Konkurrenten), bleiben als Gründe, die man für externes Unternehmenswachstum ins Feld führen kann: a) Absorption von Ungewißheit, b) Steigerung der Effizienz (economies of scale, synergetische Effekte), c) Unterbewertung der Aktiva und/oder des Ertragspotentials einer Gesellschaft im Markt für Unternehmenskontrolle; hinzu kommen d) Steuer- und Bilanzierungsvorschriften, die weltweit internes gegenüber externem Wachstum diskriminieren, in Einzelfalluntersuchungen somit nicht vernachlässigt werden können, in unserer theoretischen Analyse jedoch nicht berücksichtigt werden. Von den genannten „Ursachen“ besteht lediglich bei Effizienzzusammenschlüssen keine direkte Beziehung zwischen Unternehmensstrategie und Kapitalmarkt. Bei Typ (a) ist die Beziehung weniger ausgeprägt, bei Typ (c) dagegen eindeutig. Allerdings ist eine präzise Abgrenzung zwischen diesen Wachstumsmotiven weder möglich noch notwendig. Wichtig ist jedoch, ob ein wirkungsvoller Markt für Eigentumsrechte an Unternehmen besteht, der es gestattet, die Kontrolle über andere Unternehmen zu erwerben, aus welchen Motiven auch immer. Ein funktionsfähiger Kapitalmarkt erlaubt eine Kontrolle des Unternehmensmanagements auf folgenden Wegen:

1. Kontrolle der Kompensation und der Leistungsmotivation der Unternehmensführung: Das Management kann eine direkte Bestätigung seines Leistungserfolges über den Kapitalmarkt erhalten und seine Vergütung kann von Kapitalmarktkriterien beeinflußt werden (z. B. durch sog. „stock options“). In dem Umfang, in welchem das Management leistungsorientiert, d. h. profitorientiert belohnt wird, und in welchem die Leistungsmaßstäbe kapitalmarktbezogen sind, bestehen Wechselbeziehungen zwischen dem Verhalten des Management und dem Markt für Unternehmenskontrolle.

2. Kontrolle durch die Allokation von Kapitalfonds: Hier handelt es sich um die traditionelle, von der ökonomischen Theorie ausführlicher dargestellte Form externer Kontrolle einer Unternehmung durch die Kosten der Zuteilung von Kapitalfonds in Abhängigkeit von der Profitabilität des Unternehmens (vgl. Baumol 1965, Granger/Morgenstern 1970, S. 36 ff., Malkiel 1971, Singh 1971, S. 2 ff.).

Der neoklassische Anspruch, die „Optimalität“ dieser Kontrolle zu prüfen, steht hier nicht zur Diskussion. Uns kommt es lediglich darauf an, die Wirksamkeit unterschiedlicher Kontrollmechanismen zu untersuchen, ohne diese an idealen Zuständen zu messen.

Der Kapitalmarkt vermag externe Kontrolle über das Verhalten von Unternehmen auszuüben, wenn er ihnen Kapitalfonds entsprechend ihren erwarteten Erträgen zuteilt. Unternehmen mit höherem Gewinnpotential haben leichteren und billigeren Zugang zu neuen Investitionsfonds. Der Kapitalmarkt kontrolliert über die Preisbildung der Eigentumsrechte den Einsatz der vorhandenen Aktiva und über die Preise für zusätzliche Kapitalfonds die Chancen unternehmerischer Expansion. Eine notwendige Bedingung für die allokative Kontrollfunktion des Kapitalmarktes ist die kausale Verknüpfung der Preisbildung für Eigentumsrechte mit dem Gewinnpotential der Unternehmung. Das Existieren dieser Bedingung ist mehrfach bezweifelt worden. Wir können das Für und Wider an dieser Stelle nicht untersuchen (siehe ausführlich Röpke a) und gehen im folgenden davon aus, daß eine nicht-zufällige Beziehung zwischen Anteilspreis und Ertragspotential einer Unternehmung besteht. Die Sanktionskraft des Kapitalmarktes besteht, wenn auch abgeschwächt, wenn Unternehmen sich überwiegend durch Zurückpflügen ihrer Gewinne und aus dem cash flow finanzieren (Selbstfinanzierung) und den Kapitalmarkt lediglich für Investitionsspritzen bemühen.

3. Die Kontrolle durch Übernahme oder Übernahmedrohung:

Der Übergang einer Unternehmung in die Kontrolle eines kompetenteren Managements oder die Gefahr eines solchen Übergangs gilt Vertretern der neoklassischen wie managerialen Theorie der Unternehmung und des Marktes als wirkungsvollster Mechanismus der Beschränkung unternehmerischer Autonomie und damit als Garant der Tendenz eines Marktsystems zur Steigerung ökonomischer Effizienz [114]. Da dieser Kontrollmechanismus jedoch nur mit Hilfe externen Unternehmenswachstums aktiviert werden kann, steht diese Argumentation offensichtlich in Widerspruch zu unserer Ansicht der wettbewerbsbeschränkenden Qualität von Unternehmenszusammenschlüssen. [115]

Nach der hier darzustellenden und zu falsifizierenden Theorie läuft eine Unternehmung ständig Gefahr, Opfer einer Übernahmeaktion zu werden, wenn das Management das Absinken der Effizienz (der Profitabilität) unter einen bestimmten Minimumstandard zuläßt. Ob und wie sich dieser Vorgang

[114] Einen direkten Zusammenhang zwischen Managementkontrolle und Übernahme bzw. Übernahmedrohung behaupten neben anderen Alchian, Hindley, Malkiel, Manne, Marris, Weiss, Williamson (siehe die im Literaturverzeichnis genannten Arbeiten dieser Autoren). Zur Häufigkeit von Übernahmen vergleiche die Untersuchung von Kuehn, der (1972, S. 37) anführt, von 3566 englischen börsennotierten Unternehmen hätten im Zeitraum von 1957–1969 (inkl.) nicht weniger als 20 Prozent zumindest eine Übernahme durchgeführt. Im gleichen Zeitraum seien 47 % der börsennotierten Unternehmen übernommen worden (S. 22, Fn.).

[115] Es kann im übrigen solchen Unternehmen, deren Manager an einem ruhigen Leben interessiert sind (easy-life maximizers) nicht schwerfallen, ihr Bewertungsverhältnis so anzuheben, daß sie vor Übernahmen gesichert sind, und zwar ohne "organizational slack", X-Ineffizienz und einen Ungewißheit meidenden Verhaltensstil abzubauen. Gerade „ineffiziente" Firmen vermögen sich vor Übernahmen zu schützen, weil sie (a) bei Übernahmedrohung durch entsprechende Ausschüttungs-(Dividenden-)politik die Aktionäre bei Stimmung halten können (diesen Punkt betont Kuehn 1972, S. 36), (b) stille Reserven zur Abwehr des Aufkäufers mobilisieren können, (c) wettbewerbliche Herausforderungen auf den Produktmärkten durch externe Diversifikation meistern können, (d) aus ihrer Marktstellung bzw. Marktmacht einen bestimmten (überlebensnotwendigen) Gewinn mit einem geringeren Ausmaß an Ungewißheit realisieren können als weniger marktmächtige Unternehmen (eine Hypothese von Galbraith 1968, Kap. 3 u. 7, Caves 1971). Es zeigt sich somit, daß es gerade die großen, etablierten, wachstums- und managementorientierten Unternehmen sind, die einerseits einer externen wettbewerblichen Kontrolle ihres Verhaltens am meisten bedürfen, sich andererseits dieser Kontrolle aber auf einfache Weise, nicht zuletzt durch externes Wachstum, zu entziehen vermögen. Es sind "the large sluggish firms that are investing too much in growth, for in many cases they should not be growing at all" (Mueller 1971/2, S. 209).

in der Wirklichkeit abspielt, werden wir im folgenden Abschnitt näher untersuchen.

4.6.6.2 Die Kontrolle des Unternehmensverhaltens durch „take over" oder Übernahmedrohung

Neoklassische Autoren wie Vertreter sogenannter Managertheorien der Unternehmung sind sich darüber einig, daß die (potentielle) Übernahme der Kontrollgewalt einer Unternehmung durch externe Kräfte die entscheidende Sicherung darstellt, über die ein Marktsystem verfügt, um die Autonomie des Managements zu zügeln. „The threat of unwanted merger must now rank with the protestant reformation and the depression as sources of enhanced profit motives" (Weiss 1969, S. 90).

Eine vollständige Theorie des „take over" wurde von Marris (1964; 1970) vorgetragen. Marris geht von der Voraussetzung aus (die von neoklassischen Autoren wie Alchian nicht durchweg geteilt wird), die Trennung von Eigentum und Kontrolle in den modernen Großunternehmen habe zu einer Erosion des Profitziels und zu einem vorherrschend an der Maximierung des Umsatzes orientierten Verhalten des Management geführt. Marris versucht, die unterschiedlichsten Übernahme- und Fusionsmotive in einer Variablen zusammenzufassen, die er Bewertungsverhältnis (valuation ratio) nennt (1964, S. 22). Das Bewertungsverhältnis ist zu jedem Zeitpunkt definiert als $v = \frac{\text{Kapitalisierung des Unternehmenskapitals durch die Börse}}{\text{Buchwert der Nettoaktiva}}$

In der Kapitalisierung einer Unternehmung im Markt für Unternehmenskontrolle zeigt sich die Bewertung des Ertragspotentials der im Nenner genannten Ressourcen bei gegebenem Management. In einer Welt echter Ungewißheit werden die Bewertungsverhältnisse einzelner Unternehmen verschieden von eins sein, also voneinander abweichen. Nach Marris bestehen neben dem „objektiven" Bewertungsverhältnis des Marktes auch subjektive Bewertungsrelationen für ein bestimmtes Unternehmen durch andere Unternehmen. In der Übernahmetheorie von Marris heißt es nun einfach, daß eine bestimmte Unternehmung wahrscheinlich Opfer der Übernahme durch eine andere Unternehmung wird, wenn das Bewertungsverhältnis des potentiellen Übernehmers größer ist als dasjenige des Marktes oder irgendeines anderen Unternehmens.

Ein direkter Test dieser Theorie scheint uns an Meßproblemen zu scheitern. Bereits die Ermittlung eines „objektiven" Bewertungsverhältnisses scheint besondere empirische Schwierigkeiten zu machen. Man denke etwa an die Probleme der Feststellung des Buchwerts der Nettoaktiva bei unterschiedlicher Bilanzpolitik der Unternehmen, oder gar unterschiedlichen Finanzierungsvorschriften zwischen verschiedenen Ländern. Das subjektive Bewertungsverhältnis eines potentiellen Aufkäufers ist dagegen einer meßbaren Beobachtung überhaupt nicht zugänglich. Auf Umwegen (siehe hierzu Singh 1971, S. 12 ff.) ist ein Test jedoch nicht ausgeschlossen, da nach Marris und anderen Autoren bereits die *Gefahr* einer Übernahme mit dem Sinken der Bewertung der Unternehmung im Markt für Unternehmenskontrolle zunimmt (das Bewertungsverhältnis, welches eine Übernahme gerade noch verhindert, ist daher die untere Grenze einer möglichen Abweichung vom Gewinnziel). Wenn man also die Bewertungsverhältnisse von Unternehmen vergleicht, müßte es nach Marris möglich sein, mögliche Übernahmekandidaten unter diesen Unternehmen zu entdecken. Wenn die Übernahmetheorie gültig ist, müßten die übernommenen Unternehmen tatsächlich aus dieser Gruppe mit relativ niedrigem Bewertungsverhältnis stammen.

Kommen wir nun zu den Voraussetzungen und Prognoseimplikationen dieser Theorie. Die Theorie externer Kontrolle durch Übernahme oder Übernahmedrohung setzt zunächst voraus, daß es für das Management eines potentiellen Opfers ein erstrebenswertes Ziel ist, seine Unabhängigkeit zu erhalten. Warum sich aber das Management bedroht fühlen sollte, wird selten klargemacht (Verlust der Selbständigkeit? Sesselangst? Einkommensverlust? Minderung des Prestige? Karriererisiko?).

Ein Management – so wird vor allem von der neoklassischen Tradition verbundenen Autoren behauptet – könnte natürlich auch durch die bestehenden Kapitaleigner aus dem Sessel gehoben werden. Die Schwelle der Unfähigkeit, welche ein Management übersteigen muß, bis die Aktionäre von ihren begrenzten Rechten Gebrauch machen werden, ist in aller Regel jedoch wesentlich höher als die Schwelle der Inkompetenz, bei deren Überschreiten andere professionelle Managements die Chance zur Übernahme der Kontrolle sehen.

Das Ziel der Unabhängigkeit als existierend unterstellt, können wir in Verbindung mit der gleichfalls notwendigen Annahme, es gäbe Managements, die danach streben, bei ineffizient arbeitenden Unternehmen (bezogen auf das Bewertungsverhältnis) durch Kauf die Kontrolle zu übernehmen, die folgenden Prognosen hinsichtlich des Verhaltens und der Merkmale von Übernahmeopfern und Aufkäufern machen:

a) ineffiziente Unternehmen (Effizienz immer bezogen auf die Bewertungsrate als Maß der Abweichung vom Gewinnziel) besitzen eine größere „Chance" als andere Unternehmen, übernommen zu werden;

b) umgekehrt muß gelten, daß die Übernahmebestrebungen von Unternehmungen sich nicht auf relativ effiziente, sondern auf die uneffizienten Gesellschaften richten; unterlegene Unternehmen oder potentielle Opfer kaufen keine überlegenen Unternehmen oder potentielle Übernehmer;

c) die Initiative zur Übernahme geht nicht vom potentiellen Opfer aus;

d) bei einer erfolgten Übernahme wird das unfähige Management tatsächlich durch kompetentere Leute aus seinen Machtpositionen verdrängt und die Organisationsstruktur entsprechend verändert;

e) wird das Management eines potentiellen Opfers tatsächlich mit einer Übernahmeofferte konfrontiert, wird es versuchen, mit allen ihm zur Verfügung stehenden Mitteln die Übernahme zu verhindern.

Diese Prognosen und Implikationen, welche wir noch vermehren könnten, folgen sämtlich notwendig aus den neoklassischen wie managerialen Varianten der kapitalmarktlichen Theorie von Unternehmenszusammenschlüssen, und sie widersprechen in den bedeutendsten Punkten unserer oben vorgetragenen Theorie externen Unternehmenswachstums. Unsere Theorie geht – kurz zusammengefaßt – davon aus, daß (i) externes Unternehmenswachstum Resultat der Strategie von Unternehmen ist, Vielfalt in einer gestört-reaktiven wie turbulenten Welt zu reduzieren und daß (ii) die Notwendigkeit zur Reduktion von Umweltkomplexität mit Hilfe externen Unternehmenswachstums mit dem Grade der Unfähigkeit des jeweiligen Unternehmens zunimmt: Inkompetente Unternehmen müssen extern wachsen, kompetente Organisationen können extern wachsen. Unsere Theorie behauptet somit, externes Wachstum „korrumpiere" die wettbewerblichen Selektionsprozesse, entspreche einem Rückzug aus der externen Kontrolle durch die Regelkreise eines Marktsystems und senke das Evolutionspotential des Gesamtsystems. Demgegenüber behauptet die hier zur Diskussion stehende Theorie: Wenn die Selektion durch den Kapitalmarkt schon nicht zur Selektion der Fähigsten führt, so eliminiert der Übernahmemechanismus doch zumindest die ineffizienten Unternehmen und hebt die Gewinnmaximierungsmoral potentieller Opfer, hebt somit also auch das Fähigkeitsniveau des Gesamtsystems.

Die neoklassische Vorstellung eines Kapitalmarktes als Tugendwächter von Unternehmen, die von der Bahn gewinnmaximierenden Verhaltens abzuweichen drohen, wird insbesondere von Alchian und Kessel (1962; Alchian 1969) vertreten.[116] Sie liegt auch dem sogenannten „Stigler Report" (1969) zugrunde. Brozen (1969) gibt eine knappe Zusammenfassung der neoklassischen Wettbewerbstheorie, die in ihren politischen Schlußfolgerungen dem Stigler Report entspricht. Hindley (1970a; b, S. 18 ff.) sieht in der Übernahmedrohung die prinzipiell einzige Begrenzung der Autonomie des Managements, die es ermöglicht, die Unternehmensleitung zu einem Verhalten im Interesse der Eigentümer anzuhalten. In gleichem Sinn äußert sich

---

[116] Vergleiche zum Beispiel Alchian und Kessel (1962, S. 160): "Both the competitive and monopoly model imply that the assets of an enterprise, be it a monopolist or competitive firm, will be utilized by those for whom these assets have the greatest economic value ... despite the absence of competition in product markets, those who can most profitably utilize monopoly powers will acquire control over them: competition in the capital markets will allocate monopoly rights to those who can use them most profitably. Therefore, so long as free capital markets are available, the absence of competition in product markets does not imply a different quality of management in monopolistic as compared with competitive enterprises."

Manne (1971). Marris (1964, 1970) hat eine differenziertere Version vorgetragen. Er unterstellt Umsatzmaximierung. Die Drohung durch Übernahme hält das Bewertungsverhältnis allerdings auf einem Niveau, welches über dem bei reiner Umsatzmaximierung liegt, das heißt, die Unternehmen maximieren ihren Umsatz unter der Nebenbedingung eines nicht zu unterschreitenden Minimums der Börsenkurse. Da dynamische Umsatzmaximierer schneller wachsen als Gewinnmaximierer, und da ihre Abweichungen vom Gewinnziel bei Beachtung der Nebenbedingung nicht sanktioniert werden, setzen sich auf den Produktmärkten wie im Markt für Unternehmenskontrolle nicht die neoklassischen Gewinnmaximierer (Maximierer des Wertes für Eigentumsrechte) sondern die Umsatzmaximierer durch. Da die wahren Kapitalisten nach Marris (1970, S. 521) heutzutage nicht mehr an der Börse spekulieren, sondern Immobiliengeschäfte vorziehen, und die potentiellen Übernehmer wie Opfer gleichfalls überwiegend vom Management kontrolliert sind, wird es „unvermeidlich“, daß das sichere Minimum der Bewertung des Kapitals einer Unternehmung auf dem Markt und die eine Übernahmegefahr ausschließende minimale Wachstumsrate signifikant höher liegen als die entsprechenden Werte, die in einer von Eigentümern kontrollierten Unternehmenswelt Bestand hätten.

Gewinn- und Umsatzmaximierer erscheinen in dieser Argumentation als objektiv rational entscheidende Wirtschaftsmenschen: Die einen maximieren die Wohlfahrt der Aktionäre, während die anderen ihre eigene maximieren. Die Kritik, diese Vorstellung würde Entscheidungen und Handlungen bei echter Ungewißheit eliminieren, trifft daher den neoklassischen wie den managerialen Ansatz (Marris beginnt sein Buch mit einem Abschnitt über „the disappearance of the entrepreneur“). Die Eliminierung eines zentralen Merkmals einer komplexen Welt und daraus folgend das Unvermögen, die Anpassungsstrategien der Unternehmen als Produkt innerer Ursachen (Fähigkeitsniveaus) und äußerer Herausforderungen zu sehen, muß notwendig zu fragwürdigen Deutungs- und Rationalisierungsversuchen des Unternehmensverhaltens führen. Die Annahme Pawlowscher Außenlenkung in der Theorie externen Unternehmenswachstums immunisiert entweder gegen die Realität (neoklassische Variante) oder vermag nur eine undifferenzierte, für weite Bereiche falsifizierte Erklärung (manageriale Variante) zu tragen. Wie es auf dem Markt für Unternehmenskontrolle (Unternehmenskompetenz) wirklich zugeht, wollen wir im folgenden Abschnitt skizzieren.

4.6.6.3 Empirische Untersuchungen zur Übernahmeaktivität

Wir haben oben auf fünf Prognosen bzw. Implikationen hingewiesen, die aus der neoklassischen wie managerialen Theorie des Zusammenhanges zwischen externem Unternehmenswachstum und dem Markt für Unternehmenskontrolle folgen, und bei deren Nichteintreten die Theorie als falsifiziert zu betrachten ist.

Die folgenden Ausführungen stützen sich auf zwei detaillierte Arbeiten von Newbould (1970) und Singh (1971). Diese Arbeiten beziehen sich auf die englischen Verhältnisse. Unsere Beschränkung auf Großbritannien ist nicht willkürlich. Die uns zugängliche Information erlaubt das Urteil, der englische Aktienmarkt sei unter den zur Zeit bestehenden der am höchsten entwickelte. Außerdem bietet das englische Gesellschafts- und Übernahmerecht ein in kontinentaleuropäischen Ländern unbekanntes Ausmaß an Schutz für die Kapitaleigentümer mit einer entsprechenden Begrenzung der diskretionären Macht des Managements. Diese institutionellen Voraussetzungen und die überragende Bedeutung der englischen Börse für das Wirtschaftsleben Englands und des Commonwealth (verglichen mit dem Kontinent aber auch Nordamerika) machen diesen Markt für Unternehmenskontrolle zu einem geeigneten Testfeld für die neoklassische und manageriale Übernahme- und Fusionstheorie.

Newbould hat in seiner umfangreichen Untersuchung der Fusionsaktivität englischer Unternehmen in den Jahren 1967 und 1968 den oben vorgetragenen Prognosen eindeutig widersprechende Beobachtungen gemacht und selbst eine Theorie externen Wachstums entwickelt, die im Kern mit unserer These übereinstimmt.

Was die Motivation der Unabhängigkeit bei den Managern der Übernahmeopfer betrifft, zeigt Newbould, daß bei 95 % der (potentiellen) Opfer das Management keine Anstalten machte, die Übernahme zu verhindern, obwohl die Chance, eine Übernahme abzuwehren, nahezu 50 Prozent beträgt, wenn die Unternehmensführung sich dem „raider" widersetzt (s. a. Fn. 115).

Die Ziele der Übernahmeaktivität waren überwiegend defensiver Natur: Marktkontrolle, Verteidigung von Marktpositionen, Eliminierung von Ungewißheit. Um diese Ziele zu erreichen, wurden Preise für die Übernahmeopfer gezahlt, die unrealistisch hohe Erträge in zusammengeschlossenen Unternehmen erfordern würden, um die Investitionen zu amortisieren (s. a. Jackson/Newbould 1972). Es zeigte sich zudem, daß die Aufkäufe nicht nach objektiv-rationalen Kriterien geplant und durchgeführt wurden. Die Mehrzahl der Unternehmen sah in internem Wachstum überhaupt keine erwähnenswerte Alternative zu externer Aktivität (S. 117) – was auch keineswegs überraschend ist, wenn wir uns des Zusammenhangs zwischen Neigung zu externem Wachstum und Fähigkeitsniveau erinnern. Die Übernahmeopfer konnten nicht als schwach oder ineffizient oder unterbewertet im Sinne der Bewertungsrelation von Marris identifiziert werden (s. 95 ff.); in der Mehrzahl der Fälle ging die Initiative zum Zusammenschluß zudem vom „Opfer" aus, dessen Management offenbar die verminderte Unsicherheit, welche ein Zusammenschluß zu bieten scheint, der Unabhängigkeit vorzieht. Das Aktionärsinteresse (die Maximierung des Börsenwertes der Unternehmung) scheint für das Management keine große Bedeutung zu haben: Die Unternehmensführungen machten selten Anstrengungen, die Übernahmebedingungen (den Übernahmekurs) durch ihre Opposition zu erhöhen, obwohl dieses Vorgehen den Aktionären genausoviel eingebracht hätte wie das Auftauchen eines Übernahmerivalen (S. 50 ff.). „... managers bring about mergers, because, basically, mergers are advantageous to managers" (Newbould 1970, S. 184). Die empirischen Untersuchungen von Singh (1971; 1975) scheinen uns nicht weniger dramatisch die mit der neoklassischen wie managerialen Variante verknüpften Hypothesen über die Wirkungsweise des Übernahmemechanismus als einer externen Kontrolle des Managementverhaltens zu falsifizieren. Singh arbeitet mit den finanziellen Erfolgsdaten von 700 Unternehmen aus fünf Industriegruppen für einen Zeitraum von 6 Jahren (1955–1960). Diese Daten wurden für die Gruppen der aufgekauften, der nichtaufgekauften und der aufkaufenden Unternehmen aufbereitet. Zunächst stellte sich heraus, daß keine statistisch signifikanten Unterschiede zwischen Opfern und Nichtopferunternehmen zu ermitteln waren (Singh differenziert nach zehn Merkmalen, u. a. der Gewinnrate vor und nach Steuern, Größe der Aktiva, Bewertungsverhältnis; siehe S. 45 ff.). Lediglich bei sehr kleinen Gesellschaften (Buchwert der Nettoaktiva unter zwei Mill. Pfund) mit langfristig (= 6 Jahre) unterdurchschnittlicher Profitabilität bietet sich der Übernahmemechanismus als externe Kontrolle an, wenn man das Streben dieser Unternehmen nach Unabhängigkeit voraussetzt, da diese Gesellschaften in der Tat ihre Überlebenschancen erhöhen könnten, wenn sie ihr Ertragspotential verbessern. Die Wahrscheinlichkeit, für ein Unternehmen dieser Gruppe übernommen zu werden, beträgt allerdings nur fünf Prozent.

Die vorteilhafteste Strategie für mittlere und große unterdurchschnittlich profitable Unternehmen, ihre Unabhängigkeit zu sichern, besteht jedoch nicht in der neoklassischen (und in Grenzen auch managerialen) Lösung der Steigerung ihrer Rentabilität, sondern in ihrem Bemühen, ihre Größe zu erhöhen. Da die Übernahmegefahr (oder besser -wahrscheinlichkeit) mit zunehmender Unternehmensgröße kontinuierlich aber spürbar abnimmt, ist es wirkungsvoller und einfacher (extern) zu expandieren als die Rentabilität zu steigern. Größere Unternehmen können sich mit anderen Worten eine bemerkenswert niedrigere Rentabilität leisten als kleinere Unternehmen, bis sie der gleichen Übernahmegefahr ausgesetzt sind. Diese Ergebnisse stützen in Grenzen die Managertheorie der Unternehmung, da sie den Schluß nahelegen, die optimale Strategie, nicht übernommen zu werden, bestünde darin, andere Unternehmen aufzukaufen, also den Umsatz zu maximieren (Marris: Umsatzmaximierer verdrängen Gewinnmaximierer). Hinsichtlich der Profitabilität zwischen Opfern und Übernehmern zeigte sich, daß in mehr als dreißig Prozent der Fälle die übernehmenden Unternehmen weniger profitabel waren als die erworbenen Gesellschaften (Singh 1971, S. 143). Weiterhin stellte sich heraus, daß in der Mehrzahl der Fälle die Profitabilität der übernehmenden Unternehmen nach dem Zusammenschluß zurückging. [117]

Singh (1971, S. 147–151) setzt sich auch mit dem möglichen Einwand auseinander, die Karrierechancen und andere Konsequenzen einer Übernahme für das Opfer-Management seien wesentlich ungünstiger als für die Manager relativ effizienterer Unternehmen (mit den von der neoklassischen Theorie vorausgesagten Folgen). Das von Singh geprüfte Material läßt diese Schlüsse nicht zu. Die Entlassung von Führungspersonal der übernommenen Firmen stand weder zur Größe der Unternehmung noch zu ihrer Rentabilität in einer signifikanten Beziehung.

Die Ergebnisse dieser empirischen Arbeiten [118] falsifizieren eindeutig die neoklassische und hinsichtlich der zentralen Aussagen auch die manageriale Theorie des Unternehmenswachstums, werfen aber für die von uns vorgetragene Markttheorie keine Erklärungsprobleme auf: Der Übernahmemechanismus besitzt keine Disziplinierungsfunktion für ineffiziente Unternehmen, fördert nicht ihr Ausscheiden aus dem Wettbewerb, bringt unwirtschaftlich

---

[117] Zu einem Erklärungshinweis siehe Newbould (1970, S. 60 ff.) und Jackson/Newbould (1972), die auf die teilweise außerordentlichen jährlichen Ertragssteigerungen hinweisen, die notwendig sind, um die Rentabilität des fusionierten Gesamtunternehmens auf dem Vorfusionsniveau zu halten. Die erforderliche Wachstumsrate der Erträge steigt zudem mit zunehmender Intensität des Wettbewerbs im Markt für Unternehmenskontrolle, das heißt mit Zunahme der Opposition des Opfers und der Übernahmerivalität um das Opfer (s. a. S. 385, Fn. 101 zu empirischen Befunden).

[118] Ergänzend sei auf die in diesem Zusammenhang relevanten Ergebnisse des Staff-Report der Federal Trade Commission (1969) verwiesen. Hinsichtlich der Gewinnraten der übernommenen Unternehmen ergab sich folgendes: Von den Unternehmen, über welche Gewinninformationen vorlagen, machten 4 % keine Gewinne, über 50 % wiesen Gewinnraten von 10 % und mehr aus, 19 % hatten Gewinnraten von 15 % und mehr. Da die durchschnittliche Gewinnrate der Industrie in den vergangenen fünfzehn Jahren etwas über 10 % lag, konnten also mehr als die Hälfte der aufgekauften Unternehmen einen Gewinn in Höhe der gesamten industriellen Durchschnittsgewinne erzielen (S. 56 ff.). Bei Berücksichtigung der Größenklasse der übernehmenden Unternehmen ergab sich, daß mit zunehmender Größenklasse neben der Anzahl auch die durchschnittlichen Gewinnraten der übernommenen Unternehmen stiegen (S. 236). Das heißt, die größten Unternehmen übernahmen die erfolgreichsten Unternehmen.

In seiner Untersuchung der Übernahmeaktivität multinationaler Gesellschaften in Westeuropa kommt Kitching (1974, S. 129) zu dem Ergebnis, daß von den durch US-amerikanische (englische) Unternehmen aufgekauften Firmen 34 % (18,8 %) Gewinnraten von unter 5 % oder Verluste auswiesen, 44 % (49 %) Gewinnraten zwischen 5 % und 20 % und 22 % (32 %) Gewinnraten von über 20 % auswiesen. Unterstellt man bei den übernehmenden englischen Unternehmen eine geringere Kompetenz als bei amerikanischen, läßt sich das unterschiedliche Übernahmeverhalten ohne Schwierigkeit erklären. Kitching weist auch darauf hin, daß das Übernahmerisiko (ex post ermittelt mit Hilfe der fehlgeschlagenen oder nicht den Erwartungen entsprechenden Übernahmen) mit der Abnahme der Gewinnrate des übernommenen Unternehmens anstieg.

genutzte Ressourcen nicht in die Hände kompetenterer Unternehmen (dies auch das Urteil von Singh, 1971, S. 165: „... it is on balance very unlikely that the reshuffling of economic resources which takes place as a result of the take-over process leads to any more profitable utilisation of these resources"), sondern erlaubt im Gegenteil, die sonstigen wettbewerblichen Kontrollen des Produkt- und Kapitalmarktes zu unterlaufen. Wenn wir die Ergebnisse der unterschiedlichen Rentabilität überwiegend intern wachsender und überwiegend extern expandierender Unternehmen berücksichtigen (siehe Abschnitt 4.6.3.3), läßt sich die Schlußfolgerung rechtfertigen, der Übernahmemechanismus sei in zweifacher Hinsicht „ineffizient": 1. Er erlaubt Unternehmen, sich dem Wettbewerbsdruck durch Aufkauf anderer Unternehmen zu entziehen; 2. er führt zu einer weniger rentablen Verwendung der von anderen Unternehmen übernommenen Ressourcen.

In den folgenden Abschnitten versuchen wir, Ausnahmen von unserer generellen Regel der wettbewerbsbeschränkenden Natur externen Unternehmenswachstums zu diskutieren. Wir haben lediglich eine „halbe" und eine „echte" Ausnahme entdeckt, deren Bestehen komplizierte wettbewerbspolitische Fragen aufwerfen könnte, die wir in einem letzten Abschnitt zu beantworten versuchen.

4.6.6.4 Der internalisierte Kapitalmarkt

Die Vorstellung eines internalisierten Kapitalmarktes ist insbesondere von Williamson (1969, 1970, 1971) zur Erklärung externen diversifizierenden und konglomeralen Wachstums herangezogen worden. Diversifizierte Unternehmen und Konglomerate stellen gleichsam einen Miniaturkapitalmarkt dar, dessen interne Effizienz verschiedener Gründe wegen die des externen Kapitalmarktes übersteigt, was diesen Unternehmen daher einen Wettbewerbsvorteil verschafft. Die Vorteile eines internalisierten Kapitalmarktes beziehen sich auf die obengenannten Kapitalmarktfunktionen (Unternehmermotivation und -kompensation, Allokation von Investitionsfonds, Ausschaltung ineffizienten Managements).

Das Bestehen einer externen Kontrolle durch den Kapitalmarkt und insbesondere durch den Übernahmemechanismus wird von Williamson zwar nicht bezweifelt, ihre Wirksamkeit jedoch in vier Punkten eingeschränkt:

1. Der Markt für Unternehmenskontrolle ist unvollkommen; es existieren Zugangsbeschränkungen (in Deutschland etwa durch die Großbanken, in Frankreich durch die staatliche Bürokratie); es entstehen Kosten der Informationsbeschaffung zur Auswahl potentieller Übernahmekandidaten und bezüglich ihres organisationsinternen und finanziellen Zustandes, die in der „objektiven" Bewertungsrate des Marktes noch nicht eingefangen sind. [119]

[119] Siehe auch Machlup (1966, S. 256ff.), der auf den Zusammenhang zwischen Markteintritt und Informationsstand hinsichtlich Kosten- und Ertragssituation der

2. Wenn ein lohnendes Übernahmeopfer ausgemacht ist, treten Transaktionskosten auf, um den Managementwechsel zu vollziehen (Ankauf von Anteilsrechten im Markt und/oder unmittelbares Angebot zur Übernahme an die Aktionäre; Abwehr von rivalisierenden Aufkäufern).

3. Weiterhin fallen Kosten an, die der Übernehmer aufwenden muß, um seine Vorstellungen auf allen Ebenen der Hierarchie der aufgekauften Organisationen durchzusetzen. (Zu den Argumenten (2) und (3) s. a. D. C. Mueller 1969, S. 652; Penrose 1959, S. 153 ff.).

4. Auch wenn der Managementwechsel vollzogen ist, bleibt die Möglichkeit, daß die neuen Herren sich dem Anspruchs- und Erwartungsniveau ihrer Vorgänger anpassen und somit nur eine kurzfristige Wendung zum Besseren eintritt.

Die Kosten, welche bei der Einschaltung des Übernahmemechanismus zu tragen sind, führen dazu,

a) die Neigung zu senken, sich des Marktes für Unternehmenskontrolle zu bedienen; und somit verringert sich auch dessen Kontrollwirksamkeit;

b) Kosten zu sparen durch weniger aufwendige Informationssuche und geringere Planung des externen Wachstums;

c) die Funktionen des Kapitalmarktes zu internalisieren. Dieser dritte Fall wird von Williamson ausführlich untersucht, wobei allerdings nicht immer klar ist, was in seinem Begründungszusammenhang als Ursache und was als Wirkung auftritt.

Die Substitution einer externen Markt- durch eine interne organisatorische Kontrolle ist nach Williamson durch die Evolution multidivisionaler Organisationsformen möglich geworden (zu ihrer Charakterisierung s. o. S. 238 f.). Die einzelnen Divisionen solcher Unternehmen operieren als relativ autonome Einheiten, unterliegen in ihrem Verhalten aber gleichzeitig dem für alle Divisionen zuständigen „Headquarter“, welches in seiner Arbeit durch hochspezialisierte Stäbe unterstützt wird. Diese Organisationsform erlaubt es der zentralen Unternehmensführung, die in der traditionalen Organisationsform ausgelagerten Kontrollfunktionen des Kapitalmarktes zu organisationsinternen Sanktionsmechanismen zu machen und auf diese Weise einen Kontrolleffekt zu erzielen, der nach Ansicht von Williamson denjenigen des externen Kapitalmarktes übersteigt:

Die Divisionsmanager werden auf die Maximierung der Divisionsgewinne verpflichtet; die zentrale Unternehmensführung teilt wie der Kapitalmarkt, nur wirkungsvoller, den einzelnen Divisionen in Abhängigkeit von ihrem Gewinnpotential Kapitalfonds zu; die Unternehmensspitze tauscht Divisionsmanager aus, welche die Gewinnerwartungen enttäuschen. Die Unternehmung vermag auf diese Weise wesentlich effizienter als der Kapitalmarkt der genannten Gründe wegen einen optimalen Einsatz der Fak-

Mitglieder eines „Marktes“ im Hinblick auf potentielle Eintreter (Imitatoren) aufmerksam macht.

toren im Hinblick auf das Gewinnziel zu realisieren. Die gesteigerte interne Effizienz gibt dem Unternehmen andererseits die Möglichkeit, ihre finanziellen und organisatorischen Fähigkeiten zur Realisierung von Expansionschancen mit Hilfe des externen Kapitalmarktes einzusetzen. Die Unternehmung verfügt über einen spezialisierten Stab zur Prüfung externer Expansionschancen; beträchtliche externe Expansionsgewinne werden ihr bereits dadurch zufließen, daß sie aufgekaufte, traditional organisierte Unternehmen in Richtung auf das überlegene Divisionskonzept reorganisiert und die ineffiziente externe Kontrolle durch interne Kontrollmechanismen ersetzt. Weiterhin werden die Übergangskosten der Eingliederung geringer sein, da sie mit der Angliederung von neuen Divisionen bereits Erfahrung gesammelt hat. Diese Vorteile tragen dazu bei, die Neigung zu externem Wachstum zu erhöhen. Interner und externer Kapitalmarkt ergänzen sich auf diese Weise komplementär, stehen aber auch, wie gezeigt, in substitutiver, durch das Gewinnstreben gesteuerter Weise in wechselseitiger Beziehung. Williamson spricht von einer Koexistenz symbiotischer Beziehungen (1971, S. 372), deren Fortbestehen externes Wachstum verlangt, weil die relative Unwirksamkeit externer Kontrolle gerade jene profitablen Expansionschancen bietet, die nur durch Akquisition und nur von Unternehmen mit hocheffizientem internalisiertem Kapitalmarkt realisiert werden können.

Aufgrund dieser Argumentation, die wir sehr frei in Anlehnung an Williamson vorgetragen haben, muß man wie dieser (1971, S. 377) zu dem Ergebnis kommen, externes Diversifikationswachstum und konglomerale Fusionen als bedeutsamen Beitrag zur Effizienzsteigerung des Marktsystems zu betrachten, einen Beitrag allerdings – und das macht Williamson nicht klar genug –, der gerade aus der Unwirksamkeit der Disziplinierungsfunktion des externen Kapitalmarktes erwächst. Dieser Begründungszusammenhang nach Williamson unterstellt, daß externes Wachstum aus dem überlegenen organisatorischen Fähigkeitsniveau diversifizierter und konglomeraler Unternehmen resultiert. Bemerkenswert ist weiterhin der Versuch von Williamson, durch Prozesse unterschiedlicher organisationsinterner Differenzierung, also durch „innere Ursachen“, Wettbewerbsvorteile im Markt zu erklären.

Obwohl Williamson somit in einer bedeutenden Abweichung vom traditional ökonomischen Vorgehen Vorgänge hierarchischer Verursachung in die Erklärung des Marktverhaltens einbezieht, bleibt sein Ansatz ansonsten – auch nach seinem eigenen Urteil (Williamson 1970, S. 169) – der neoklassischen Tradition verhaftet. Für die psychischen Systeme gilt das „economic man“-Postulat, und organisatorisch unterstellt er eine Maschinen-Befehls-Form der Unternehmung, die wir als implizite Voraussetzung der neoklassischen Analyse herausgearbeitet haben. Das für den Williamson-Fall bedeutendste Problem scheint uns damit jedoch nicht lösbar zu sein: Durch welche Prozesse und institutionellen Vorkehrungen wird erreicht, daß sich im Markt die fähigsten Unternehmen durchsetzen; oder spezieller: wie kommt es zur Ausbreitung der überlegenen Organisationsform (Divisionsprinzip) im Markt, wenn wir davon ausgehen müssen, daß sich Unternehmen durch diverse Praktiken dem Wettbewerb auf den Produktmärkten zu entziehen versuchen, und ihnen dies nicht zuletzt deshalb gelingt, weil sie sich der Möglichkeiten des Marktes für Unternehmenskontrolle bedienen.

Welche Umstände zwingen das Management, die effizienteren Organisationsstrukturen in ihren Unternehmen einzuführen, wenn externe Kontrolle durch den Kapitalmarkt fehlenden Produktwettbewerb *nicht* „heilt". Wenn man dem Management einer Unternehmung nicht durchgängig gewinnmaximierendes Verhalten unterstellen kann (eine Voraussetzung, die in der Neoklassik und bei Williamson erscheint, deren empirische Gültigkeit jedoch nicht nachgewiesen werden kann), ist die Argumentation von Williamson schwerwiegenden Bedenken ausgesetzt. Sie setzt bestimmte überlegene Organisationsformen als vorhanden voraus, die nur durch das Vorherrschen wettbewerblicher Kontrollprozesse existent werden können, deren Bestehen aber nun wiederum durch jene Verhaltensweisen in Frage gestellt wird, die zu erklären das Ziel von Williamson ist.

Wir können allerdings nicht a priori ausschließen, daß unter dem Druck des Wettbewerbs innovative Organisationssysteme entstehen, die die von Williamson unterstellten symbiotischen Beziehungen zwischen externer und interner Kontrolle realisieren und die damit verbundenen Vorteile ausschöpfen. Da die Ausbreitung dieser überlegenen Organisationsformen jedoch Wettbewerb voraussetzt, Wettbewerb aber durch dieselben Methoden, deren sich die überlegenen Unternehmen bedienen, ausgeschaltet werden kann, wenn sie von Unternehmen mit geringerem Fähigkeitsniveau praktiziert werden, scheint sich unsere Diskussion auf ein wettbewerbspolitisches Dilemma zuzubewegen.

Bevor wir diese Fragestellung wieder aufnehmen, wollen wir uns mit der anscheinend einzigen „echten" Ausnahme von unserer Behauptung des wettbewerbs- und damit innovationsbeschränkenden Charakters externen Unternehmenswachstums vertraut machen.

4.6.6.5 Empire building

Als empire builder betrachten wir einen Typus des Schumpeter-Unternehmers, der sich darauf spezialisiert, aus den Fehlentscheidungen, der Risikoaversion, der Ideenarmut, kurz gesagt, aus der relativen Unfähigkeit anderer Unternehmen Kapital zu schlagen. Er ist ein Typus, der sich durch überdurchschnittliche, an Profiten orientierte Leistungsmotivation, überragende Entscheidungskraft, Kreativität und Intuition auszeichnet. Penrose (1959, S. 186) versucht, zwei Typen von empire building zu unterscheiden: „An aggressive entrepreneur may reach for monopoly profits through the establishment of a near-monopoly in a particular market by extensive acquisition of existing firms, or he may be interested in creating a large and powerful firm the success of which does not depend upon the destruction of competition in particular markets but on profits derived from operations in many markets."

Das Vorherrschen des einen oder anderen Typus scheint uns weniger unterschiedlichen Persönlichkeitsmerkmalen als Unterschieden in den jeweils vorherrschenden Regelsystemen des Marktes zuzuschreiben zu sein. Das Auftreten des ersten Typus wollen wir zu „ungeregeltem", das des zweiten zu „geregeltem" Wettbewerb in Beziehung setzen. Im ungeregelten Wettbewerb ist die Ausschaltung von Konkurrenten in etablierten, aber nichtstagnierenden Märkten der schnellste Weg zum Imperium, wie die Geschichte des US-Kapitalismus eindrücklich zeigt (siehe Myers 1916, Cohen/Mintz 1972). Ein geregelter Wettbewerb verbaut diese Strategie und führt bei externem Wachstum notwendig zu externer Expansion in verschiedenen Märkten (Diversifizierung, Konglomeralisierung).

Bei einem empire builder, dessen überlegene Fähigkeit sich bei Entscheidungen in Situationen echter Ungewißheit zeigt, kann man sinnvoll nicht unterscheiden, ob er Gewinne oder Umsätze maximiert. Als „financial entrepreneur" und Spezialist für externes Wachstum wird seine Aktivität drastisch beschränkt, falls man ihm verbietet, Verfügungsgewalt über die Ressourcen anderer Unternehmen zu übernehmen. Er intensiviert den Wettbewerb dadurch, daß er die übernommenen Ressourcen auf neuartige Weise kombiniert, die Unternehmung reorganisiert, ein neues Management einbringt, die traditionellen Konkurrenten der übernommenen Gesellschaft mit überlegenen Leistungen herausfordert und in neue Märkte eindringt. Wie ist eine solche Strategie aggressiven externen Wachstums ökonomisch zu bewerten? Solange eine Unternehmung fähig ist, Investitionsalternativen zu erschließen, zu deren Realisierung der interne cash flow (Abschreibungen + einbehaltene Gewinne) nicht ausreicht, ist es nicht nur vorteilhaft, externe Kapitalfonds zu mobilisieren, sondern auch den Gesamtgewinn zu investiven Zwecken einzubehalten.

Diese Politik ist auch im Interesse der Anteilseigner, da sie Investitionen ermöglicht, welche den diskontierten Wert der zukünftigen Erträge steigern. Erst bei einer Expansionsrate, die (siehe Figur) rechts vom Schnittpunkt der Kurve der zukünftigen Erträge und der Kurve der opportunity costs von cash flow und Leihfonds liegt, würde die Unternehmung „auf Kosten" der Eigentümer expandieren (würde empire building in Umsatzmaximierung umschlagen). Die zukünftigen Profite würden reduziert, die Unternehmung würde ihr gegenwärtiges auf Kosten des zukünftigen Wachstums maximieren (siehe ausführlicher D. C. Mueller 1969, 1970). In der Figur würde der Gewinn-(= Wachstums-)maximierer im Ausmaß OD investieren, wenn K' die Grenzkosten des Kapitals und E' die Kurve der Grenzrate des Ertrags darstellen. OC entspricht dem cash flow der Unternehmung, CD sind externe

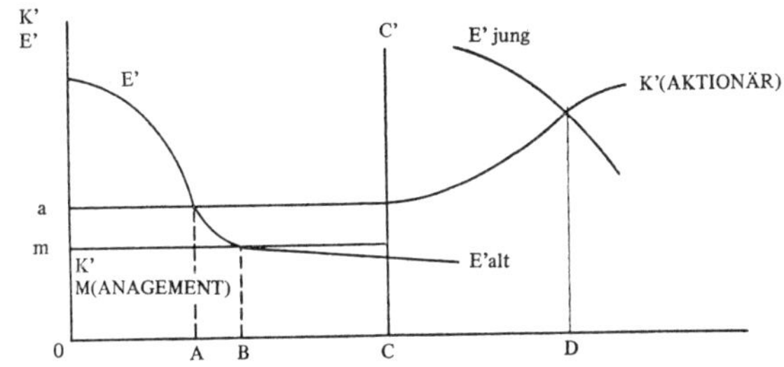

Abb. 12

Fonds, die aus der Ausgabe neuer Aktien oder aus Fremdmitteln resultieren. Wenn man unterstellt, daß in einer Unternehmung mit zunehmender „Reife" der cash flow schneller wächst als sich die Kurve neuer Investitionsmöglichkeiten nach rechts verschiebt, wird eines Tages die Kurve der Grenzrate des Ertrages die Grenzkostenkurve links der Linie CC' schneiden (in der Figur ist dieser zweite Fall aus Darstellungsgründen *relativ* zum ersten abgebildet, also keine sichtbare Verschiebung der Kurven erfolgt). Eine an die Wohlfahrt der Kapitaleigner denkende Unternehmensführung würde also im Ausmaß OA Nettoinvestitionen vornehmen und AC an Dividenden auszahlen. (Ein eindrückliches Beispiel bieten Bergbau- und Plantagengesellschaften. Sie schütten mit zunehmendem Alter nicht nur einen steigenden Anteil an Gewinnen aus, sondern sie beginnen durch Ausschüttung auch der Abschreibungen zu desinvestieren, so daß mit dem Tod der Gesellschaft das gesamte Vermögen in Form von Einkommen an die Eigentümer zurückgeflossen ist.) Handelt das Management dagegen im eigenen Interesse, wird es die Investitionsmöglichkeiten, die den Unternehmenseigentümern offenstehen, entweder ignorieren oder mit einer geringeren Rate diskontieren. Die Kostenkurve wäre dann zum Beispiel K'M, das Investitionsvolumen würde auf OB steigen, die ausgeschütteten Gewinne wären um AB geringer, die Grenzrate des Ertrages wäre niedriger. Will die Unternehmung auch extern wachsen oder muß sie es, um zu überleben, wird sich die Kurve des Grenzertrages auf der Höhe a stärker abflachen (elastischer werden), was die große Zahl von Möglichkeiten der Kapitaleigentümer andeutet, diesen Ertrag durch Kauf von Anteilen anderer Gesellschaften zu erhalten.

Ein extern expandierender empire builder, der sich in ein Unternehmen einkauft, das zum Wohl des etablierten Managements geführt wurde, vermag aus dieser Transaktion einen zweifachen Profit zu ziehen: zum einen, wenn es ihm gelingt, die Grenzertragskurve nach rechts zu verschieben (siehe Figur S. 416), zum anderen, wenn er in der Unternehmung das Anspruchsniveau des Managements durch dasjenige der Eigentümer ersetzen kann. Sein Profit besteht in der Differenz zwischen dem Betrag, den er für den Erwerb der Beteiligung oder für den Aufkauf aufbringen mußte und dem Gegenwartswert der (nun zu höheren Sätzen) diskontierten Erträge (oder dem Betrag,

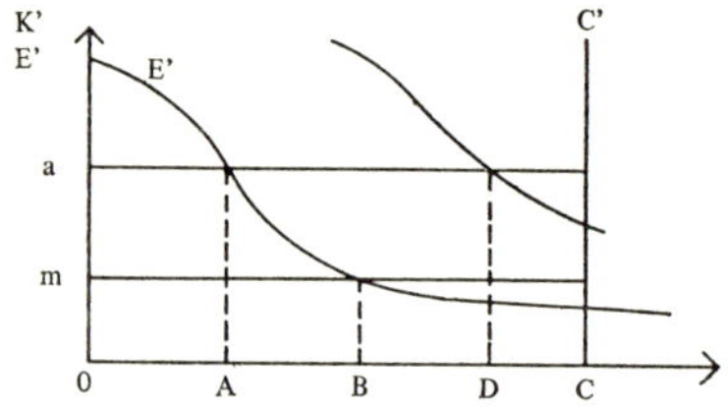

Abb. 13

der aus dem Verkauf der Kontrollrechte der umstrukturierten, mit neuem Management versehenen Unternehmung resultiert). Sein Profit resultiert somit aus drei Wirkungen:

a) Der Erhöhung des Abzinsungsfaktors von m auf a, der zunächst zu einer Steigerung der ausbezahlten Gewinne von BC auf AC und dann zu einer Senkung von AC auf DC führt (Substitutionseffekt: Ersetzen der Management- durch die Eigentümerzielsetzung);

b) der Verschiebung der Grenzertragskurve (durch Umorganisation, Einbringen eines neuen Managements, Einführung neuer Produkte, Verfahren usw.) oder dem Innovationseffekt; er führt zu einer Erhöhung der selbstfinanzierten Investition um AD;

c) der Kapitalisierung des psychischen Fähigkeitsniveaus des Unternehmensführers durch den Kapitalmarkt; die Persönlichkeit des empire builders besitzt einen Wert, die ihrem Träger konkrete Wettbewerbsvorteile bringt; managerkontrollierte Unternehmen werden dagegen von austauschbaren Personen oder Gruppen geführt; und nur in den Fällen, bei denen eine Häufung von Fehlentscheidungen zur Ablösung des etablierten Managements führt, nimmt der Kapitalmarkt Notiz von personalen Veränderungen.

Empire building und konglomerales externes Wachstum sind oftmals identische Erscheinungen, insbesondere wenn ein Konglomerat „offensiv" von Unternehmerpersönlichkeiten geführt wird[120]. Das Auftreten von empire building und aggressivem konglomeralem Wachstum ist an bestimmte institutionelle Voraussetzungen gebunden, deren bedeutendste ein funktionsfähiger Markt für Unternehmenskontrolle ist, wie es in den USA und nahezu allen Ländern des (ehemals) britischen Commonwealth der Fall ist. Auf dem europäischen Kontinent ist diese Voraussetzung nicht gegeben, was teilweise

[120] Reid (1968b, S. 159ff.) unterscheidet zwischen „defensive", „unique" und „offensive conglomerates", wobei letztere sich von empire building nicht unterscheiden dürften. Die Ertragsraten der offensiven Konglomerate übertrifft nach Berechnungen von Reid (S. 163f.) die der beiden ersten Typen beträchtlich. Vance (1971, S. 69f.) stellt die Persönlichkeitsmerkmale von Leitern konglomeraler Unternehmen denen des konventionellen professionellen Managers gegenüber. Im Kern entspricht diese Gegenüberstellung unserer im zweiten Teil gemachten Unterscheidung zwischen „Unternehmern" und „Managern".

daran liegt, daß der Markt für Unternehmenskontrolle als Teil des gesamten Kapitalmarktes nur eine untergeordnete Rolle spielt. Teilweise liegt es aber auch an den Zutrittsbeschränkungen, die staatliche oder private Machtinstanzen aufrichten.

4.6.7 Wettbewerbspolitik in einem Marktsystem hoher Komplexität

4.6.7.1 Neoklassische Wettbewerbspolitik

Es hieße, die sprichwörtlichen Eulen nach Athen tragen, wollte man behaupten, die Wettbewerbspolitik der westlichen kapitalistischen Welt sei kein Fehlschlag gewesen. Teilweise wird Wettbewerbspolitik von jenen kontrolliert, die Wettbewerbspolitik an sich kontrollieren müßte, und zudem wird Wettbewerb durch eine Proliferation von Ausnahmebereichen (Bereiche, in denen der Wettbewerb durch eine Behörde als nicht funktionsfähig deklariert wird) auf einen zunehmend geringeren Teil der ökonomischen Welt beschränkt. Wettbewerbspolitik war nicht in der Lage, die Reduktion der Anpassungsfähigkeit der Marktsysteme und die Konzentration ökonomischer Verfügungsgewalt und Unfähigkeit zu verhindern. Galbraith vergleicht die Wettbewerbsgesetze der USA mit einem „Feigenblatt, das die Macht verhüllt", nennt sie einen „Anachronismus", meint aber auch, da er Wettbewerb offenbar für eine Zivilisationskrankheit vergangener Wirtschaftsepochen hält, daß die Gesetze einen ganz erträglichen Modus vivendi gewährleisten, solange die „stillschweigende Übereinkunft, nach der diese Gesetze zwar existieren, aber nicht angewendet werden", aufrechterhalten bleibt (1968, S. 211, 221 f.). Phillipps (1971) sagt die „zunehmende Bedeutungslosigkeit des Antitrust-Rechts" voraus und macht auf einen auch von deutschen Wettbewerbsrechtlern (siehe z. B. Biedenkopf 1971; Mestmäcker 1971) kritisierten Tatbestand aufmerksam, daß das Ergebnis der Wettbewerbspolitik „in einigen Fällen der Schutz einzelner Wettbewerber (war), nicht der des Wettbewerbs" und daß „nur ein kleiner Teil der gesamten wirtschaftlichen Handlungen den Antitrust-Vorschriften unterliegt". Das Problem der sozialen Kosten und kollektiven Güter grenzt den Bereich wettbewerblicher Aktivitäten immer weiter ein. „Man könnte durchaus argumentieren: Antitrust-Politik ist nicht mehr als eine periphere Politik des industriellen Establishments selbst, die tiefgreifende Veränderungen der Gesellschaftsordnung behindert oder verzögert" (Phillipps 1971, S. 55).[121]

Diese Überlegungen halte ich nicht für überzeugend. Die entscheidende Ursache der unzureichenden Wirksamkeit staatlicher Wettbewerbspolitik scheint mir in der nomologisch fragwürdigen theoretischen Basis zu liegen,

[121] Zu den Bemühungen der deutschen Industrie bei der Beratung, Verabschiedung und Reform des Gesetzes gegen Wettbewerbsbeschränkungen vgl. Huffschmid (1970, S. 146 ff.).

mit welcher Nationalökonomen die eine oder andere wettbewerbspolitische Maßnahme oder Konzeption zu begründen versuchen. Die wissenschaftliche Diskussion wettbewerbspolitischer Fragen wird überwiegend auf der Grundlage der Hypothesen und dem Instrumentarium der sogenannten neoklassischen Preis- und Markttheorie geführt. Der zunehmende Einfluß von Vertretern eines sogenannten „workable competition" hat daran wenig geändert. Wenn jedoch die in dieser Arbeit auf der Grundlage einer umfassenderen theoretischen Basis vorgetragenen Hypothesen und die aus ihnen gewonnenen kritischen Überlegungen zur neoklassischen Markttheorie schlüssig sind, scheint nur noch wenig Zweifel darüber möglich zu sein, daß eine an neoklassischen Hypothesen orientierte Wettbewerbspolitik wenig ausrichten kann.

Grundlegend für alle neoklassischen Versionen der Markttheorie und folglich Wettbewerbspolitik ist die Annahme, irgendeine Marktform (Marktstruktur), die durch eine bestimmte Anzahl und Größe von Marktteilnehmern auf einem relevanten Markt gekennzeichnet sei, repräsentiere Wettbewerb. Die Realität muß dann schlicht und einfach als eine möglichst getreue Kopie jenes Marktmodells gestaltet werden. Die Wettbewerbspolitik besteht darin, jeden Marktteilnehmer dahin zu bringen, sich in seinem Handeln diesem Markttyp anzupassen.

Seit diese Art, Markttheorie zu betreiben, bei der Mehrzahl der Nationalökonomen Anerkennung gefunden hat, gibt es jedoch auch Meinungsverschiedenheiten darüber, welches die optimale Marktform, oder sozusagen das Wesen dessen sei, was Wettbewerb ausmache. Da hierüber bis heute keine Übereinstimmung erzielt werden konnte, nennen wir diese optimale Marktform einfach die Marktform oder Marktstruktur „X". Aufgabe der Wettbewerbspolitik sei es nun, diese Marktstruktur und die mit ihr verknüpften Verhaltensweisen und Wirkungen wettbewerbspolitisch zu verwirklichen. Jeder Marktform sind ganz bestimmte Verhaltensweisen und ganz bestimmte Marktergebnisse oder Wirkungen zugehörig. Im einfachsten Fall bestimmt die Marktstruktur das Verhalten und dieses das Ergebnis. Dieser kausale Ablauf läßt sich verfeinern (siehe Figur), wenn man die Rückwirkungen zwischen den einzelnen Elementen des Kausalschemas berücksichtigt (siehe Scherer 1970, S. 5; Hoppmann 1974, S. 11f.). Ergebnisse eines bestimmten Verhaltens wirken nämlich auf das Verhalten zurück, und das Verhalten selbst kann eine Änderung der Marktstruktur auslösen, die dann ihrerseits wiederum ein anderes Verhalten bewirkt usw. (Wie wir wissen, sind in der neoklassischen Theorie lediglich die Auswirkungen solcher Änderungen, nicht aber die Änderungen selbst theoretisch zu erklären.)

Abb. 14

Wenn man theoretisch eine Marktstruktur X als optimal nachgewiesen hat, stehen der Wettbewerbspolitik entsprechend dem obigen kausalen Schema drei Eingriffsmöglichkeiten offen.

1. Sie kann an den Verhaltensweisen ansetzen.

a) Sie kann das entweder tun, indem sie alle Verhaltensweisen verbietet, die nicht der Marktstruktur X zugehörig sind, oder indem sie den Unternehmen ein bestimmtes X-konformes Verhalten vorschreibt. Es ist daher durchaus möglich, daß ein bestimmtes Verhalten, z. B. eine Senkung der Preise, welches nach der Marktform Y selbst wettbewerbskonform ist, mit einem Verhalten entsprechend der Marktstruktur X unvereinbar ist, also einem Unwerturteil unterliegt. Bei diesem an den Verhaltensweisen ansetzenden Als-ob-Wettbewerb lassen sich zwei weitere Spezialfälle unterscheiden:

b) Unternehmen, die nach einem Marktstrukturtest „ungerechtfertigte" Marktmacht aufweisen, wären bestimmte Verhaltensweisen zu untersagen oder vorzuschreiben (Politik zur Verhinderung des Machtmißbrauches), wobei Kriterium jeweils das Verhalten entsprechend der Marktform X wäre.

c) Verhaltensweisen, die zu einer nichtoptimalen Änderung der Marktstruktur führen, wären zu untersagen; andererseits könnte man auch nichtoptimale strukturändernde Verhaltensweisen zulassen, dann jedoch die Unternehmen aufgrund ihrer nicht der Struktur X entsprechenden Marktposition einer besonderen Kontrolle nach (1 a) oder (1 b) unterwerfen.

2. Die Wettbewerbspolitik kann an der Marktstruktur ansetzen. Man definiert einen sog. „relevanten Markt" und stellt dann fest, ob die tatsächliche Marktstruktur mit der von „X" geforderten übereinstimmt. Wenn zu wenige Teilnehmer vorhanden sind, verfügen diese über ungerechtfertigte Marktmacht, wenn zu viele vorhanden sind, läßt sich ein Zusammenschluß durch Kooperation, Fusion usw. bis zum Erreichen der optimalen Anzahl verwirklichen. Die Therapie gegenüber Marktmacht würde dann darin bestehen, den jeweiligen Markt zu entkonzentrieren, z. B. Unternehmen mit zuviel Macht zu entflechten, was bisher jedoch selten praktiziert wurde.

3. Die dritte Eingriffsmöglichkeit setzt an den Ergebnissen an. Da die Marktstruktur das Verhalten und dieses das Ergebnis determiniert, könnte man auch – wenn sich weder die Struktur X noch das dieser Struktur X entsprechende Verhalten verwirklichen lassen – den Unternehmen vorschreiben, die X entsprechenden Marktergebnisse (Preise, Mengen, Werbung usw.) vorzuweisen, oder man könnte den Unternehmen verbieten, andere als die mit X zu vereinbarenden Ergebnisse zu produzieren (die Wettbewerbsbehörde als „Preiskommissar").

Diese drei wettbewerbspolitischen Eingriffsmöglichkeiten folgen aus einem identischen theoretischen Ansatz. Man gibt vor zu wissen, was „Wettbewerb" sei, durch welche Marktstruktur er sich kennzeichnen lasse, welches Verhalten mit ihm zu vereinbaren sei, und wie die Ergebnisse aussehen würden, die er hervorbringt. Um Wettbewerbspolitik zu machen, muß man jeden Einzelfall, bei dem Verdacht auf Abweichung vom Ideal X besteht, überprüfen, um dann entsprechende Korrekturen und Sanktionen einzuleiten. Falls man die Marktstruktur X nicht durch direkte Maßnahmen (Marktstrukturpolitik) verwirklichen kann, muß man eben nach (1) und (3) versuchen, Verhalten und Ergebnisse so zu beeinflussen, als ob sie bei Marktstruktur X zustande kämen (Als-ob Wettbewerb).

Diese auf Gleichgewichtsmodellen der Preis- und Markttheorie basierende Wettbewerbspolitik ist aufgrund eben dieser theoretischen Grundlage ernsthaften Einwänden ausgesetzt, die wir ausführlich diskutiert haben. Sie leugnet insbesondere die Komplexität des interaktiven Geschehens im Markt und behauptet, in den modelltheoretischen Deduktionen der neoklassischen Preis- und Markttheorie — welche mehr oder weniger eindeutige Beziehungen zwischen Marktstruktur und Marktergebnissen postulieren — über eine nomologische Grundlage zu verfügen, um für jeden Einzelfall eine diskretionäre Vorschrift (Auflage) erlassen zu können, welche Abweichungen der Realität von der optimalen Allokation der Produktionsfaktoren und von der optimalen Verteilung der Güter, allgemein: von der optimalen Wettbewerbsintensität markiert und daher interventionistisch geheilt werden kann.

Diese zweite wettbewerbspolitische Alternative scheint uns, wie wir ausführlich begründet haben, aus theoretischen Gründen nicht akzeptabel zu sein. Eine Kritik müßte jedoch weitergehen und insbesondere ihre rechtsstaatlich bedenklichen Konsequenzen herausarbeiten (siehe z. B. Lukes 1971). Eine am Einzelfall orientierte Marktstruktur- bzw. Marktformenpolitik scheint notwendig zu einer ungleichen und willkürlichen Behandlung der Marktteilnehmer zu führen, was die Tendenz zur darwinistischen Selbstdestruktion des Wettbewerbs auch noch legal untermauern würde[122]. Nicht die

---

[122] Als Illustration vgl. wiederum den „Fall IBM“: „... none of the actions alleged in the lengthy bills of particulars drawn up by I.B.M.'s opponents would be considered even remotely illegal if performed by anyone other than the giant of industry“ (Beman 1973, S. 149; vgl. auch Röpke 1974). Die europäische Gemeinschaft hat eine Untersuchung gegen IBM eingeleitet, nicht weil sich die Gesellschaft irgendwelche Übertretungen der Wettbewerbsgesetze hätte zuschulden kommen lassen, sondern weil sich die Gesellschaft mit einem Marktanteil von 60 % in Europa verdächtig macht (siehe The Economist, 13. Sept. 1975, Survey, S. 10). Das US-amerikanische Justizministerium überprüft die Frage, ob IBM in sechs unabhängige Gesellschaften aufgespalten werden soll (siehe The Economist, 24. Mai 1975, S. 91). Unseres Erachtens würde diese Maßnahme den Herausforderungsgrad für aktuelle und potentielle Konkurrenten von IBM erhöhen und nicht, wie beabsichtigt, senken. Der Fall IBM ist im übrigen auch deswegen besonders interessant, weil wir hier beobachten können, wie eine an neoklassischen Marktkriterien orientierte Wettbewerbspolitik eine Unternehmung dazu bewegen kann, auf Wettbewerbshandeln (im klassischen Sinn) zu verzichten, um sich keiner „Wettbewerbsverletzung“ schuldig zu machen. Neoklassische Wettbewerbspolitik beschränkt den potentiellen Wettbewerb, weil sie Wettbewerbshandeln von Unternehmen, die bestimmte Marktanteile oder Marktmacht besitzen, als Wettbewerbsverletzung ahndet (siehe auch Fn. 71, S. 346).

Ausübung von Zwang und die Beschränkung der adaptiven Fähigkeit des Marktsystems gelten als normative Eingreifkriterien (man kann im ersten Fall von „Individual-“, im zweiten von „Institutionenschutz“ sprechen), sondern eine Divergenz der konkreten Ergebnisse (Strukturen, Verhaltensmerkmale) marktlicher Prozesse von den Voraussagen ökonomischer Marktmodelle. Ihr nomologisches Defizit wird durch detaillierte Einzelfallstudien kompensiert und ihre wohlfahrtsökonomisch gerechtfertigte Willkür durch politischen Opportunismus (die jeweils geltende Definition von Gemeinwohl) legitimiert.

4.6.7.2 Klassische Wettbewerbspolitik

Die im folgenden vorgetragene wettbewerbspolitische Position folgt aus unserer Theorie des Marktes. Sie ist daher nur als „falsch“ oder „richtig“ und „wirksam“ zu bezeichnen, wenn die ihr zugrundeliegende theoretische Position als „falsch“ oder „richtig“ und „gehaltvoll“ betrachtet wird.[123]

Die theoretischen Beschränkungen, die es erlauben, eine Marktstruktur X als die eine „optimale“ Wettbewerbsintensität produzierende Marktform zu deduzieren, schließen die Erklärung bedeutsamer Aspekte des Marktverhaltens von Unternehmen aus. Wenn wir Marktprozesse erklären wollen, müssen wir Variable einbeziehen, deren theoretische Verknüpfung eine Deduktion optimaler Marktstrukturen nicht mehr zuläßt. Der Markt ist ein hochkomplexes System, welches, so lautet die grundlegende Aussage des klassischen Ansatzes, nur über Beschränkungen des Verhaltens oder allgemeine Regeln gelenkt werden kann. Diese Aussage stimmt im übrigen mit Erkenntnissen der modernen Systemtheorie und wissenschaftstheoretischen Überlegungen (etwa denen von Popper 1973) überein. Wenn das so ist, stellt sich natürlich die Frage, warum wir uns über Hunderte von Seiten bemüht haben, Marktprozesse zu erklären, wenn diese Erklärungsversuche nichts weiter an praktischer Wettbewerbspolitik erlauben als die Aussage, ein komplexes Marktsystem müsse über die Aufrechterhaltung der Wettbewerbsfreiheit geregelt werden. Die Antwort auf diese Frage könnte lauten: Die Anfangs- oder Randbedingungen der Hypothesen, die unseren Erklärungen zugrunde liegen, sind nur in Ausnahmefällen soweit bekannt, daß diese Hypothesen unmittelbar in eine Sozialtechnologie umgesetzt werden können. Unser theoretisches Wissen gestattet uns lediglich darüber zu informieren, welche Verhaltensweisen und Verhaltensergebnisse nicht möglich sind.[124] In einer ausführlichen Antwort wäre weiterhin aufzuzei-

---

[123] Zur Kritik einer an Gleichgewichtsmodellen der Preistheorie orientierten Wettbewerbspolitik und zum Entwurf alternativer wettbewerbspolitischer Konzeptionen siehe im übrigen besonders die Arbeiten von Hoppmann (1972, 1973, 1974 und 1976).

[124] Wir wissen z. B., daß inkompetente Unternehmen extern wachsen müssen, wenn

gen, warum unsere theoretischen Überlegungen im Kern als eine nomologische Theorie der Freiheit zu verstehen sind. Das hängt mit dem Faktor Normen in unserem verhaltenstheoretischen Kausalmodell zusammen. Auch in diesem Punkt besteht Übereinstimmung mit den Ergebnissen der modernen Systemtheorie. Die Beschränkungen des Verhaltens der Elemente eines Systems wären in sozialkulturellen Systemen als Normen zu interpretieren. Schließlich können wir darauf hinweisen, daß in einem Marktsystem, in welchem wettbewerbsbeschränkendes Verhalten verboten ist, in dem also Wettbewerbsfreiheit garantiert wird, Prozesse sozialer Homöostase bzw. spontaner Selbststeuerung ablaufen, die zwar theoretisch rekonstruierbar und in ihren Funktionen erklärbar sind, die jedoch aufgrund ihrer Komplexität keinen direkten sozialtechnologischen Eingriff gestatten.

Aus unserer oder genauer: der klassischen oder Smithschen Theorie einer Wettbewerbsordnung ergeben sich jedoch zwei Ansatzpunkte, die eine Beeinflussung des Verhaltens im Sinne der in der Theorie postulierten Wettbewerbskonzeption erlauben.

1. Da wir um die Funktionsweise normativer Beschränkungen des Verhaltens wissen, können wir damit durch Änderungen der Normen auch auf das Verhalten der Marktteilnehmer Einfluß nehmen. Das ist auch dann möglich, wenn wir kein Wissen darüber besitzen, welche konkreten Ergebnisse das

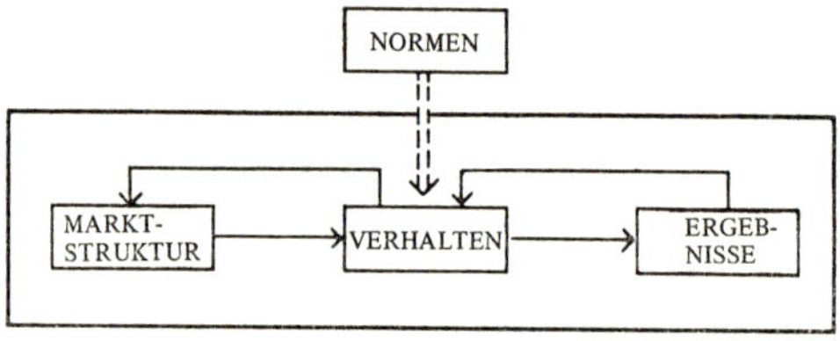

Abb. 15

---

sie sich im Markt behaupten wollen. Wenn man Konsequenzen verhindern will, die sich aus dem Überleben und der Ausbreitung von inkompetenten Unternehmen ergeben, kann man dies erreichen, indem man externes Wachstum verbietet; dazu muß man nicht wissen, welches Fähigkeitsniveau eine Unternehmung hat, d. h. man muß nicht wissen, ob in einem spezifischen Fall der von uns vermutete kausale Zusammenhang zwischen Inkompetenz und externem Wachstum zutrifft oder nicht. Vergleiche auch die Überlegung von Hoppmann (1976, S. 171): „Wenn z. B. in der chemischen Industrie der Innovator ein Patent für einen bestimmten Stoff besitzt, dann läßt sich voraussagen, daß unter diesen Umständen die Imitatoren *nicht* mit dem gleichen Stoff konkurrieren können, sondern nur mit ähnlichen Stoffen. Solange der Innovator keine Lizenz vergibt, ist sein Wettbewerb mit homogenem Gut hier nicht möglich, sondern nur heterogener Wettbewerb. Welche besonderen Ergebnisse dieser heterogene Wettbewerb hervorbringen wird, läßt sich jedoch nicht positiv vorhersagen. Es läßt sich deshalb möglicherweise eine negative Voraussage darüber machen, welche Ereignisse *nicht* eintreten können, nicht jedoch positiv, welche Höhe der Preis haben und welche Entwicklung er nehmen wird."

Verhalten hervorbringt, wie Marktstruktur und Marktverhalten verknüpft sind, wenn also das Kausalschema Marktstruktur → Verhaltensweise → Ergebnis für uns eine sogenannte „black box“ darstellt (siehe Figur). Änderungen der Beschränkungen, denen die Elemente eines solchen hochkomplexen Systems unterliegen, sind bei Vorliegen eines solchen „schwarzen Kastens“ die *einzige* Möglichkeit, auf ihr Verhalten einzuwirken, ohne die Komplexität des Systems zu verringern.

Eine Wettbewerbspolitik, die wie die vorherrschend neoklassisch orientierte sich an bestimmten Folgen oder Wirkungen von Marktstrukturen und Verhaltensweisen orientiert, die zudem lediglich aufgrund einer unzureichenden theoretischen Basis als berechenbar und erkennbar ausgewiesen werden, muß notwendig eine Politik sein, die der Komplexität des Marktsystems nicht gerecht wird. Das heißt, es ist eine Politik, welche, falls in ihrem Sinn erfolgreich, die Eigenkomplexität des Marktsystems reduzieren muß, obwohl die Elemente dieses Systems die Fähigkeit besitzen würden, in einer Welt höherer Komplexität zu überleben.

Nach welchen Maßstäben sollten jedoch die Beschränkungen des Verhaltens der Marktteilnehmer verändert werden? Die Maßstäbe, die wir benötigen, sind nicht außerwissenschaftlich gesetzt, sondern es sind die Maßstäbe, die durch das Überlebenserfordernis eines evolutionsfähigen, multistabilen Marktsystems selbst gesetzt werden. Die allgemeinen Beschränkungen des Verhaltens „müssen dazu dienen, die Funktionserfüllung des Marktsystems zu sichern, ... sie müssen in diesem Sinne funktional sein“ (Hoppmann 1976, S. 178).

Worin bestehen aber die Funktionen, die durch allgemeine Regeln gesichert werden sollen? Diese Funktionen sind, wie angedeutet, nur auf der Grundlage der theoretischen Konzeption zu verstehen, mit welcher die Marktprozesse in einem multistabilen System erklärt werden. In der hier vorgetragenen klassisch orientierten Wettbewerbstheorie handelt es sich um die Funktionsgewährung eines sich entwickelnden, seine Eigenkomplexität steigernden, d. h. evolutionsfähigen Systems. Daraus folgt, daß Normen dann funktional sind, wenn sie

a) aus der Sicht des einzelnen Wirtschaftssubjekts oder Teilsystems, dessen Freiraum schützen oder ausweiten (Zielsetzung Freiheitsschutz oder Individualschutz) oder

b) aus der Sicht des Systems dessen Multistabilität aufrechterhalten oder verbessern (Zielsetzung Wettbewerbsschutz oder Institutionenschutz).

ad a): Durch freien, das heißt autonomen, weder abgestimmten noch erzwungenen Einsatz seiner Aktionsparameter kann der einzelne Marktteilnehmer seine Fähigkeiten ausschöpfen. Jede Einschränkung seines Freiraums oder jede Beschränkung seiner Wettbewerbsfreiheit bedeutet eine Beschränkung seiner Möglichkeiten, das bei ihm gegenwärtig oder zukünftig verfügbare Wissen sowie seine motivationalen und organisatorischen Kompetenzen für die Lösung selbst entdeckter oder umweltpräsentierter Probleme einzusetzen. Eine Beschränkung der Wettbewerbsfreiheit bedeutet damit eine Beschränkung der Wirkungsweise jener Prozesse, in denen gegebenes oder neues Wissen verwertet, produziert und durchgesetzt wird (Wettbewerb als Entdeckungsverfahren). Allgemeine Normen im System freien Wettbewerbs müssen daher alle Handlungen verbieten, die den autonomen Einsatz der Aktionsparameter eines Marktteilnehmers unterbinden. Dieses Verbot muß auch Verhaltensweisen treffen, in denen Marktteilnehmer freiwillig auf den autonomen Einsatz verzichten (wie Kooperation, Kollusion, Kartelle sowie Unternehmenszusammenschlüsse als eines bedeutenden Spezialfalles, bei dem faktische und potentielle Autonomie total vernichtet wird). Ein Verbot muß zum zweiten jene Verhaltensweisen treffen, durch die einem Marktteilnehmer von einem anderen ein bestimmtes Verhalten aufgezwungen wird.

ad b): Die Multistabilität eines Marktes bezieht sich auf die abstrakten funktionalen Erfordernisse seiner Evolutionsfähigkeit und damit auf seine Anpassungs- und Problemlösungsfähigkeit gegenüber Herausforderungen der Umwelt, auf die Regelung des Aufstiegs und Abstiegs von Teilsystemen nach ihrem Fähigkeitsniveau (survival of the fittest), die Reduktion und Übertragung von Komplexität durch einen Geld-Preis-Mechanismus und auf die Stabilisierung des Herausforderungsgrades in einem für die Aktualisierung von leistungsthematischem Verhalten der Teilsysteme vorteilhaften Bereich, um nur die wichtigsten zu nennen. Diese Funktionen einer evolutionsfähigen Wettbewerbsordnung können gleichfalls nur aufrechterhalten werden, wenn das Verhalten der Teilsysteme solchen Beschränkungen unterworfen ist, die eine Verringerung der Multistabilität des Gesamtsystems verhindern. Solche Beschränkungen sind aber genau jene allgemeinen Regeln, welche die Wettbewerbsfreiheit des einzelnen schützen. Das heißt der Schutz der Institution Wettbewerbsordnung erfolgt über den Schutz der individuellen Freiräume der Marktteilnehmer. Die Multistabilität des Systems zeigt sich in seiner Veränderlichkeit oder der Variabilität der Interaktionen seiner Teilsysteme. Das Ausmaß dieser Variabilität ist jedoch wiederum davon abhängig, inwieweit die dezentralisierten Teilsysteme lediglich solchen Beschränkungen ihres Verhaltens unterworfen sind, die ihnen Freiräume garantieren, um ihre nicht-zentralisierbaren Kenntnisse, ihre kognitiven und motivationalen Fähigkeiten in Konkurrenz um knappe Fonds auf dem Markt ausdrücken zu können. Diese in Form allgemeiner Regeln auszusprechenden Beschränkungen des Verhaltens [125] zur Sicherung der Multistabilität eines Systems lauten also wie im Fall des Freiheitsschutzes: Verbot von Wettbewerbsbeschränkungen, seien sie freiwillig oder durch

[125] Zu den Eigenschaften und Anforderungen solcher allgemeinen Regeln siehe Hayek (1971a, S. 168ff.).

Zwang durchgesetzt. Das schließt, wie schon angemerkt, ein allgemeines Fusionsverbot ein. (Die Begründung dieses Fusionsverbots läßt sich allerdings aus der Sicht des Institutionenschutzes überzeugender nachweisen). Wir können diese allgemeinen Regeln im Sinne einer hierarchischen Rückkopplung verstehen, welche — das Bestehen der Regeln vorausgesetzt - nahezu ohne Intervention des politischen Systems auskommt. Denn sie halten die schöpferische Produktivkraft des Wettbewerbs zur Steigerung der Eigenkomplexität des ökonomischen Systems aufrecht. Dieses Verfahren eines durch allgemeine — d. h., ohne Ausnahmen, Privilegierungen und Einschränkungen des Geltungsbereichs gültige — Normen gelenkten Marktsystems scheint beim gegenwärtigen Stand unserer wissenschaftlichen Kenntnis des Verhaltens hochkomplexer Systeme die einzige Möglichkeit zu sein, die es gestattet, ein Marktsystem auch über Leistungskonkurrenz zu ordnen. Denn allgemeine Rechtsnormen (etwa ein allgemeines Fusionsverbot) grenzen Spielräume oder autonome Handlungsbereiche für die strategische Verfolgung einzelner Interessen ab und machen damit wettbewerbliche Auf- und Abstiegsprozesse „zwanglos" und kompetenzbegründet. Sie führen zwar zu keiner Machtbalance zwischen den Marktteilnehmern, wohl aber gewähren sie allen die Chance, leistungsbegründete Machtdifferentiale durch spontane Varietätsproduktion abzubauen; und sie erlauben auch — unbeabsichtigt und ungeplant – sozialökonomische Evolution normativ, kognitiv und motivational im Marktsystem zu institutionalisieren.

Der Rest, der zur Begründung einer der klassischen Wettbewerbskonzeption verpflichteten Wettbewerbspolitik vorzutragen ist, wäre Schweigen, wenn wir nicht zwei mögliche Ausnahmeregelungen von einem allgemeinen Fusionsverbot in unseren theoretischen Überlegungen angedeutet hätten.

Die erste dieser Ausnahmeregelungen ist unproblematisch. Es gibt Unternehmen, die der Konkurrenz nicht mehr gewachsen sind. Sie sind aus sich selbst heraus zu einer überlebensnotwendigen Steigerung ihres kognitiven, motivationalen und organisatorischen Fähigkeitsniveaus nicht mehr in der Lage. Die Übernahme durch andere, dann notwendig kompetentere Unternehmen würde ohnehin nur einen zu erwartenden Vorgang des Ausscheidens aus dem Markt beschleunigen. Es ist nicht notwendig auf Details dieser Ausnahmeregelung einzugehen.

Die zweite potentielle Ausnahme von einem allgemeinen Fusionsverbot ist problematischer, nämlich der Fall des sogenannten empire building. Folgende Gründe sprechen dafür, empire building *nicht* aus der Verbotsnorm herauszunehmen.

a) Wie läßt sich feststellen, warum ein Unternehmen extern expandiert? Ist es mit überlegenen Fähigkeiten ausgestattet, die die übernommenen Unternehmen oder Vermögensteile einer ertragreicheren Verwendung zuführen, oder ist es inkompetent, machtmotiviert und aus diesen und anderen

Gründen an der Übernahme von anderen Unternehmen interessiert? [126] Soll man etwa Sozialpsychologen, Organisationswissenschaftler und ähnliche Fachleute zur Erstellung eines Fähigkeitsnachweises in die Unternehmen schicken? Da man die Randbedingungen des Fähigkeitsniveaus nicht kennt, oder – wie für eine rechtsstaatliche Verfahrenspraxis notwendig – nicht eindeutig nachweisen kann, scheidet eine unmittelbare Feststellung des Fähigkeitsniveaus als Kriterium für Ausnahmeregelungen im Fusionsverbot aus.

b) Man könnte jedoch versuchen, über objektive Erfolgsindikatoren auf der Ebene der Ergebnisse des Verhaltens (Ertragslage, Kapitalrentabilität usw.) Auskunft über das relative Fähigkeitsniveau eines Unternehmens zu erhalten. Aber auch hier ist Vorsicht angebracht. So erlauben zwar Bilanzierungs- und Buchführungsvorschriften keine völlig willkürliche Manipulation von Verhaltensnachweisen, sie geben jedoch einen so großen Spielraum, daß eine von Außenstehenden intersubjektiv nachprüfbare Fähigkeitsschätzung mit Hilfe betriebswirtschaftlicher Kennziffern problematisch bleiben muß. Unterschiedliche Vorschriften zwischen einzelnen Ländern komplizieren die Situation darüber hinaus.

c) Sollte ein Fusionsverbot eine Unternehmung mit überlegenem Fähigkeitsniveau treffen, kann diese ihr Potential dem Aufbau einer Marktposition durch internes Wachstum widmen, dadurch die aktuelle und potentielle Konkurrenz verstärken, so daß von einem allgemeinen Fusionsverbot wettbewerbsbeschränkende Auswirkungen in der Regel nicht ausgehen werden.

Diese Punkte lassen es gerechtfertigt erscheinen, von der Regel eines allgemeinen Fusionsverbots auch jene Fälle nicht auszunehmen, in denen zumindest, wie wir zeigten, theoretisch begründbar einige der wettbewerbsbeschränkenden Folgen externen Unternehmenswachstums nicht auftreten müssen.

Diese Überlegungen haben deutlich gemacht, daß in einer klassisch begründeten Wettbewerbspolitik Zielkonflikte zwischen Individual- und Institutionenschutz nicht auftreten. Gewöhnlich wird die Unterscheidung

---

[126] Scheidet der nomologische Totschläger Gewinnmaximierung als Verhaltensprämisse aus, werden zur Erklärung unternehmerischen Verhaltens wesentlich komplexere theoretische Überlegungen notwendig. Die gegenwärtige Praxis und auch die historische Erfahrung mit empire building mahnt zudem zur Vorsicht, insbesondere wenn „der Traum und der Wille, ein privates Reich zu gründen" (Schumpeter 1964, S. 138), sich nur verwirklichen lassen, wenn externes Unternehmenswachstum mit wettbewerbsbeschränkenden und teilweise betrügerischen Praktiken verbunden ist, was in der Mehrzahl der Fälle auch der jüngsten Vergangenheit der Fall war. Man denke an den Aufstieg und Fall einer großen Zahl sogenannter Konglomerate im gesamten angelsächsischen Bereich (hochentwickeltes Börsenwesen!). Zur Illustration vergleiche The Economist („Go-go gone", 1. 11. 1975, S. 72–74) über die Tycoon-Praktiken von Jim Slater und The Economist (10. 7. 1976, S. 71 f., „Lessons of Lonrho") über die Expansionsusancen des Lonrho-Konzerns.

zwischen Individual- und Institutionenschutz dichotomisch diskutiert (zu Hinweisen siehe Schmidt 1973, S. 63—70), wobei gelegentlich ganze Rechtssysteme der einen (Antitrustrecht der USA) oder anderen (Gesetz gegen Wettbewerbsbeschränkungen) Seite zugeschlagen werden. Problematisch und theoretisch relevant wird diese Unterscheidung allerdings erst, wenn Zielkonflikte zwischen den beiden Schutzobjekten postuliert werden, und wenn gefragt wird, nach welcher oder wessen Präferenzordnung ein „trade off" zwischen Freiheitsschutz (=Individualschutz) und Wettbewerbsschutz (= Institutionenschutz) zustande kommt.

Unseren theoretischen Ansatz zugrunde legend ergibt sich kein solcher Konflikt. Denn Institutionenschutz meint dann nicht die instrumentale Verwirklichung vorgegebener ökonomischer Wettbewerbsfunktionen (letzten Endes also Wohlstandsmaximierung vor dem Hintergrund konkreter wirtschaftlicher Marktergebnisse, eine durch den neoklassisch-konstruktivistischen Theorieansatz vermittelte Konzeption), vielmehr meint er den Schutz der abstrakten Stabilitäts- und Evolutionsfunktionen einer Wettbewerbsordnung. Diese Funktionen können aber nur über ihre systemhierarchische Verankerung beschrieben, erklärt und sozialtechnologisch beeinflußt werden und bedürfen zu ihrem Schutz daher auch notwendig des individuellen Schutzes vor Zwang und Willkür auf der Ebene der einzelnen Marktteilnehmer. Ausreichend ist dieser Schutz allerdings nicht, da auch jenseits von Zwang Beschränkungen des Wettbewerbs möglich sind, die zwar nicht den gegenwärtigen, wohl aber den zukünftigen Möglichkeits- bzw. Freiheitsbereich der Marktteilnehmer und damit das Stabilitäts- und Evolutionspotential des Marktsystems verringern, z. B. durch Fusionen. Zielkonflikte treten dabei nicht auf. Institutionenschutz erfordert nach unserem theoretischen Ansatz notwendig Freiheitsschutz,[127] während die herrschende Meinung sich hier zu einem „trade off" gezwungen sieht. Schutz der individuellen oder korporativen Freiheit garantiert jedoch nicht die (zukünftige) Freiheit des Wettbewerbs, bedarf also nicht nur der normativen Bindung privater Macht (Zwangskontrolle), sondern auch des normativen Verbots nicht-zwangsbegründeten Handelns. Nach dem ersten Kriterium (Freiheitsschutz) nicht verbotene Handlungen können nach dem zweiten Kriterium immer noch verboten werden, während Verbote von Freiheitsbeschränkungen auch nach dem zweiten Kriterium (Institutionenschutz) nicht geheilt werden können.

Mögliche Zielkonflikte zwischen Individuum und Institution liegen nicht im „Wesen" wettbewerblich gelenkter Systeme, sondern sind theoretische Artefakte. Nach unserem Ansatz wird Wettbewerb über allgemeine Regeln

---

[127] Dies ist auch die Ansicht z. B. von Hoppmann und Mestmäcker (siehe die im Literaturverzeichnis angeführten Arbeiten und Schmidt [1973, S. 69]) für weitere Hinweise.

definiert und interpretiert; und da Regeln auch den Freiheitsspielraum der Marktteilnehmer begrenzen, bedingen sich Wettbewerb und Freiheit notwendig gegenseitig.

4.6.7.3 Einwände gegen eine klassische Wettbewerbspolitik

Gegen die auf den vorangegangenen Seiten skizzierte und in der Arbeit ausführlicher begründete Position einer radikal-liberalen oder klassisch-liberalen, „lediglich“ am Schutz eines „freien Wettbewerbs“ ausgerichteten Wettbewerbspolitik sind eine Reihe von Einwänden formuliert worden (vgl. z. B. Lenel 1975). Einige dieser Einwände hoffen wir durch unsere Überlegungen zumindest teilweise entkräftet zu haben. Mit dem gewichtigsten dieser Einwände wollen wir uns zum Abschluß ausführlicher auseinandersetzen.

Dieser Einwand läßt sich als sogenanntes „Zugangsproblem“ umschreiben. Es gibt – so lautet der Einwand – Beschränkungen des Zugangs zu einem Markt, „die nicht auf Wettbewerbsbeschränkungen beruhen“ (Lenel 1975, S. 331). Folglich können solche Zugangsbeschränkungen auch nicht durch eine Politik des Verbots von wettbewerbsbeschränkendem Verhalten beseitigt werden. Um diesen Einwand zu überprüfen, wäre zunächst klarzustellen, was a) die Ursachen sogenannter Zugangsbeschränkungen sind, b) welche Zugangsbeschränkungen sich nicht auf Wettbewerbsbeschränkungen zurückführen lassen und c) an welchem Wettbewerbsbegriff (neoklassisch oder klassisch) die Diagnose einer Beschränkung des Wettbewerbs orientiert ist.

Leider ist jede dieser Fragen nur zu beantworten, wenn man bereits eine Antwort auf die anderen Fragen besitzt. Je nach wettbewerbstheoretischer Basis läßt sich das Problem anders darstellen. Man könnte unter Zugangsbeschränkungen z. B. jene von Marktteilnehmern (durch politische Macht etablierte Beschränkungen des Wettbewerbs sollen hier nicht diskutiert werden) errichteten kommerziellen Schranken verstehen, die den Zugang zu einem „Markt“ für potentielle Konkurrenten erschweren, behindern oder blockieren. Im Sinne des klassischen Wettbewerbsbegriffs wäre das aber nichts anderes als eine Beschränkung der Wettbewerbsfreiheit, da der freie, in seinem Ausmaß nur durch allgemeine Regeln begrenzte Einsatz unternehmerischer Aktionsparameter verhindert würde. Ein Beispiel von Lenel selbst mag das deutlicher machen.

Eine Unternehmung verfügt „über eine schwer angreifbare Marktstellung“ aufgrund eines Patentes (Lenel 1975, S. 332). In diesem Fall ist das Zugangshemmnis eindeutig durch eine Wettbewerbsbeschränkung verursacht, sie wäre durch ein Aufheben der Beschränkung zu beseitigen. Vermutlich zielt Lenel jedoch auf ein anderes Problem: Man will Wettbewerbspolitik machen, ohne jene Beschränkungen des Wettbewerbs (nach der klassischen Wettbewerbsposition) zu beseitigen, auf denen die Zugangshemmnisse beruhen. Für diese Fälle kann der klassische Ansatz in der Tat wenig bieten, weil er aufgrund seines theoretischen Selbstverständnisses eine willkürfreie Wettbewerbspolitik hier nicht für möglich hält. In solchen Fällen braucht man, so scheint es auf den ersten Blick, ein neoklassisches Modell oder Leitbild, man muß also die Wettbewerbskonzeption wechseln. Diese Konsequenzen zeigen sich deutlicher, wenn wir den Patentfall verallgemeinern. Er steht für all jene Situationen, in denen sich Unternehmen eine Marktposition mit Hilfe von Verhaltensweisen aufgebaut haben, die nach der klassischen Wettbewerbsposition eines „freien Wettbewerbs" als wettbewerbsbeschränkend zu beurteilen wären. Wie soll man – so stellt sich daher die Frage – wettbewerbspolitisch gegen solche Unternehmen vorgehen, die durch Ausschaltung des Wettbewerbs Markt- und Machtpositionen aufgebaut haben, aber einmal im Besitz dieser Marktpositionen sich der – möglicherweise in der Zwischenzeit geänderten – Wettbewerbsgesetzgebung unterwerfen. Die Unternehmen verfügen also über Macht, die nicht wettbewerbslegitimiert ist, die also nicht aufgrund ihrer überlegenen Fähigkeit, sondern aufgrund wettbewerbsbeschränkender Praktiken erworben wurde und die ihnen nun – das ist das Problem – gegenüber anderen Unternehmen einen Wettbewerbsvorteil gibt. Für solche Fälle bietet sich eine klassische und eine neoklassische Lösung an.

1. Die klassische Lösung

a) Die Unternehmen werden freiem Wettbewerb durch Verbot wettbewerbsbeschränkenden Verhaltens ausgesetzt. Ein möglicher Einwand gegen diese Lösung könnte lauten, die Zugangsschranken seien aufgrund historisch erworbener Marktpositionen mittlerweile so hoch, daß freier Wettbewerb nicht mehr „greift". [128] Würde freier Wettbewerb nicht zu einer Erosion der durch Wettbewerbsbeschränkungen erworbenen Machtposition führen, [129] so müßte ein Übergang zur Lösung b) erfolgen: Die Unternehmen müssen zum Verzicht auf jene zugangsbeschränkenden Marktvorteile, die sie durch Wettbewerbsbeschränkungen erworben haben,

---

[128] Dieses Argument bezieht sich lediglich auf in der Vergangenheit erworbene Machtpositionen. Für die Zukunft läßt sich freier Wettbewerb durch Verbotsnormen sichern. Wenn man zu dieser Politik nicht bereit ist, kann man neuentstehende Machtpositionen durch Zugangsbeschränkungen nicht der Schwäche der zugrundegelegten theoretischen Position anlasten, sondern muß sie ihrer Nichtbeachtung zuschreiben. In diesem Fall bleibt dann in der Tat nur eine neoklassische Lösung.

[129] Dieses Argument muß sich auf Vermutungen stützen, denn eine Politik auf der Grundlage der klassischen Wettbewerbskonzeption wurde bis heute in keinem Land verwirklicht. Die theoretischen Argumente, die der klassischen Position zugrunde liegen, scheinen mir jedoch keinen Anlaß für den Pessimismus der Kritiker dieser Position zu bieten. Vgl. z. B. die Kritik von Lenel (1975, S. 332) an „optimistischen" Äußerungen von Hoppmann (1972, S. 50 f.).

gezwungen werden (Dekonzentrationsmaßnahmen, z. B. Abtreten von Unternehmensteilen, Entflechtung). [130]

Die Lösung (b) ist aus klassischer Position nicht allzu schwierig zu begründen, wenn man bedenkt, daß erstens aus institutioneller Sicht die Multistabilität eines Systems mit der Zahl und dem Fähigkeitsniveau der Marktteilnehmer steigt, und zweitens aus individueller Sicht die Beseitigung fähigkeitsbegründeter oder mittlerweile fähigkeitslegitimierter Positionen vermieden wird. Wenn die Zerschlagung einer Marktposition dagegen zum Ruin der nun selbständig im Markt handelnden Teilsysteme führt – obwohl Größenvorteile (economies of scale) von den einzelnen Unternehmen nach wie vor realisiert werden könnten – war die Marktposition des nichtentflochtenen Unternehmens entweder kein Zugangshemmnis; oder wenn sie ein Zugangshemmnis war, beruhte dies wahrscheinlich darauf, daß die Unternehmung aufgrund ihrer Inkompetenz extern wachsen mußte, also im Sinne der klassischen Wettbewerbsposition den Wettbewerb beschränkt hat. Diese Vermutungen über die Auswirkungen von Entflechtungen oder allgemein Dekonzentrationsmaßnahmen sind natürlich Spekulationen. Ihr Umfang und damit auch der Umfang, in dem Wettbewerbspolitik sich auf willkürliche Ermessensentscheidungen gründen müßte, läßt sich jedoch begrenzen, wenn Maßnahmen der Lösung (b) vor dem Hintergrund einer sonst regelorientierten Politik nach (a) erfolgen würden.

2. Die neoklassische Lösung

a) Die Unternehmen werden einer Mißbrauchsaufsicht unterworfen; sie müssen sich so verhalten, *als ob* die Marktstruktur X mit den ihr zugewiesenen Verhaltensweisen und Wirkungen realisiert sei. Diese Lösung

[130] Lenel (1975, S. 333) behauptet, Entflechtung sei mit der Konzeption eines „freien Wettbewerbs“ unvereinbar, weil sie nicht durch allgemeine Regeln, sondern mit Hilfe von Ermessensentscheidungen durchzusetzen wäre. Hier handelt es sich um ein Problem, das vergleichbar ist der Frage des Tyrannenmordes, der Aufrichtung eines Rechtsstaates durch nichtrechtsstaatliche Mittel, des militärischen Schutzes gegen einen Angreifer, oder der Herstellung von Chancengleichheit durch Erbschaftsbesteuerung. Hier können nicht jene Regeln Geltung finden, die notwendig sind, um einen bestimmten Zustand oder Prozeß (Demokratie, Frieden, Gerechtigkeit, Chancengleichheit, in unserem Fall Wettbewerb) zu sichern, da man das zu schützende Gut erst einmal erwerben will. Eine Marktposition ist „gerecht“ und mit freiem Wettbewerb vereinbar, wenn sie bei Beachtung jener Regeln erreicht wurde, die freien Wettbewerb sichern. In solchen Fällen ist eine Entflechtung aus klassischer Sicht ungerechtfertigt. Auf Fälle „ungerecht“ erworbener Markt- und Machtpositionen können wir diese Regeln nicht anwenden, weil erstens Regeln ein Verhalten und nicht Zustände und Positionen verbieten und weil zweitens in Rechtsstaaten Regeln, die wettbewerbsbeschränkendes Verhalten verbieten, nicht rückwirkend angewendet werden können. Wir brauchen daher andere Kriterien, deren Anwendung sich jedoch durch rechtsstaatliche Verfahren absichern läßt (vergleichbar den Normen, die Enteignung und die Entschädigung der früheren Eigentümer regeln).

beläßt offensichtlich den Unternehmen ihre zugangsbeschränkende Marktposition. (Zugangsbeschränkung wird hier natürlich neoklassisch definiert: die Verhinderung oder Erschwerung des Zutritts zu einer Marktform X.) Zudem ist nicht ersichtlich, wie eine solche Politik zu einer Machterosion der einer Mißbrauchsaufsicht unterworfenen Unternehmung führen könnte.

b) Die zweite neoklassische Lösung zur Vermeidung von Zugangsbeschränkungen folgt der Methode der Entflechtung oder der Wachstumsbeschränkung.[131] Sind zu wenige Unternehmen in der Marktform X, müssen sie gegebenenfalls durch Aufspaltung auf die optimale Anzahl erhöht werden. Dadurch würden die Marktschranken gesenkt und das Zugangsproblem wäre gelöst. Eine parallele Lösung bei Erhöhung des Marktanteils durch externes *oder* internes Wachstum (siehe Lenel 1975, S. 333 f.) in der Marktform X über einen bestimmten zulässigen Umfang hinaus besteht darin, den entsprechenden Unternehmen Beschränkungen ihres Wachstums aufzuerlegen.[132]

Die neoklassische Lösung unterscheidet sich von der klassischen vor allem darin, daß man bei der ersteren vorgibt zu wissen, bei welcher Anzahl von Marktteilnehmern sich das Zugangsproblem lösen läßt. Im Besitze dieses Wissens kann man riskieren, den Unternehmen wettbewerbsbeschränkendes Verhalten (im klassischen Sinn) nicht zu verbieten. Wer weiß, wann Wettbewerb optimal ist, kann Wettbewerbspolitik als eine Ingenieurwissenschaft betreiben; wer es nicht weiß, muß sich damit zufrieden geben, jene Handlungen zu verbieten, von denen er weiß, daß sie die freie Verfügung des einzelnen über sein Wissen beschränken, und von denen er deswegen auch weiß, daß sie jene Marktprozesse unterbinden, durch welche die gesellschaftliche Aneigung der mit Hilfe individuellen Wissens erzielten Leistungserfolge im Markt ermöglicht wird. Je umfassender eine Wettbewerbspolitik am Ziel der Aufrechterhaltung der Wettbewerbsfreiheit orientiert ist, desto weniger Zugangsprobleme wird es geben. Eine Als-ob-Wettbewerbspolitik schafft sich dagegen zunehmend ihr eigenes empirisches Betätigungsfeld, da sie zuläßt, daß Unternehmen ungestraft durch Wettbewerbsbeschränkungen Machtpositionen aufbauen können und damit Situationen schaffen, in denen klassische Lösungen nicht mehr greifen. Auf der Grundlage der von uns skizzierten theoretischen Position läßt sich der freie Zugang zum Markt ent-

[131] Als Zugangsbeschränkung kann man quasi alle Verhaltensweisen und Zustände definieren, die von einer nicht-identischen Kompetenz der Marktteilnehmer herrühren. Jeder wahrgenommene Kompetenzunterschied bei einem Konkurrenten erhöht die Ungewißheit eigener Aktionen und wirkt damit zugangsbeschränkend. Zugangsbeschränkungen lassen sich willkürfrei nur über Freiheitsbeschränkungen definieren. Neoklassisch braucht man immer eine ideale Marktstruktur, um Zugangsbeschränkungen zu konkretisieren.

[132] Eine Politik der Wachstumsbeschränkung ist mit der klassischen Position nicht vereinbar. Machterwerb aufgrund überlegener Kompetenz ist wettbewerblich legitimiert, wenn das Unternehmen sich den Regeln freien Wettbewerbs unterworfen hat.

gegen der Behauptung von Lenel (1975, S. 335) durchaus mit allgemeinen Regeln in brauchbarer Weise sichern. Wir haben sogar begründet, wie und warum in einem multistabilen Marktsystem sich der Grad der Aufgabenschwierigkeit (und das sind nichts anderes als Zugangsbeschränkungen) auf einem „optimalen" Niveau homöostatisch stabilisiert. Problematisch bleiben lediglich jene neoklassisch begründeten Fälle, bei denen Unternehmen Marktpositionen durch wettbewerbsbeschränkendes Verhalten aufbauen konnten.

LITERATURVERZEICHNIS

Ackoff, L., Emery, Fred E.

1972 On Purposeful Systems, London.

Aiken, Michael und Hage, Jerald

1971 The Organic Organisation und Innovation. Sociology, Vol. 5, S. 63–82.

Åkerman, Johan

1938 Das Problem der sozialökonomischen Synthese, Lund.

Albert, Hans

1967 Marktsoziologie und Entscheidungslogik, Neuwied und Berlin.

1972 (Hrsg.), Theorie und Realität, 2. Aufl., Tübingen.

Alchian, Armen A.

1950 Uncertainty, Evolution and Economic Theory, Journal of Political Economy, Vol. 58, S. 211–222.

1969 Corporate Management and Property Rights, in: Manne, Hrsg., S. 337–360.

Alchian, Armen A. und Kessel, R. A.

1962 Competition, Monopoly and the Pursuit of Pecuniary Gain, in: Aspects of Labor Economics, Princeton, S. 157–183.

Alessi, Louis de

1973 Private Property and Dispersion of Ownership in Large Corporations, Journal of Finance, Vol.28, S. 839–851.

Allport, G. W.

1961 Pattern and Growth in Personality, New York.

Anders, Helmut

1973 Die Praxis der Forschung in der europäischen Chemieindustrie, Frankfurter Allgemeine Zeitung, Blick durch die Wirtschaft, 10. 3. 1973, S. 5.

Andrews, J. D. W.

1967 The Achievement Motive in two Types of Organization, Journal of Personality and Social Psychology, Vol. 6, S. 163–168.

Angyal, Andras

1965 Neurosis and Treatment: A Holistic Theory, New York.

Anokhin, P. K.

1968 The Functional Systems as a Unit of Organism Integrative Activity, in: Mesarović (Hrsg.), Systems Theory and Biology, New York 1968, S. 376–403.

Ansoff, H. Igor; Brandenburg, Richard G.; Portner, Fred E.; Radosevich, Raymond

1971 Twenty Years of Acquisition Behavior in America, London.

Arasteh, A. Reza

Creativity in the Life Cycle, Leiden.

1968a Vol. I: An Annotated Bibliography.

1968b Vol. II: An Interpretative Account of Creativity in Childhood, Adolescence and Adulthood.

Archibald, G. C.

1961/2 Chamberlin versus Chicago, Review of Economic Studies, Vol. 24, S. 9–28.

Aris, Stephen

1971 For the Greater Glory of the Company, Sunday Times, 9. May 1971, S. 53.

Arndt, Helmut

1970 Irrwege der Preistheorie, Schmollers Jahrbuch, 90. Jg., 1970, S. 513–527.

1971a Ökonomische Theorie der Macht, in: Arndt, Hrsg., Band 1, S. 99–136.

1971b (Hrsg.), Die Konzentration in der Wirtschaft, 2. Aufl., Band 1 und 2, Schriften des Vereins für Socialpolitik, Berlin.

Arrow, Kenneth J.

1959 Toward a Theory of Price Adjustment, in: Abramovitz et al., Hrsg., The Allocation of Economic Resources, Stanford, S. 41–51.

1969 The Organization of Economic Activity: Issues Pertinent to the Choice of Market versus Non-market Allocation, in: The Analysis and Evaluation of Public Expenditure: The PPB System. Joint Economic Committee, Washingtion, Vol. 1, S. 47–64.

1970 Essays in the Theory of Risk-Bearing, Amsterdam und London.

Ashby, W. Ross

1960 Design for a Brain, 2. ed., London.

1974 Einführung in die Kybernetik, Frankfurt a. M.

Atkinson, John W.

1957 Motivational Determinants of Risk-Taking Behavior, Psychological Review, Vol. 64, S. 359–372.

1964 An Introduction to Motivation, New York.

1968 Achievement Motive, International Encyclopedia of the Social Sciences, Vol. 1, S. 27–33.

Atkinson, J. W. und *Feather, N. T.*

1966 Review and Appraisal, in: dieselben (Hrsg.), A Theory of Achievement Motivation, New York, S. 327–370.

Bakke, E. Wight

1966 Bonds of Organization, 2. ed., Hamden, Conn.

Barnard, Chester I.

1969 Organization and Management, Stuttgart.

Barnett, H. G.

1953 Innovation: The Basis of Culture Change, New York.

1961 The Innovative Process, in: Alfred L. Kroeber: A Memorial, Kroeber Anthropological Society Papers, No. 25, Berkeley, S. 25–42.

Barnett, S. A.

1971 Instinkt und Intelligenz, Frankfurt a. Main.

Bartlett, Sir Frederic

1958 Thinking. An Experimental and Social Study, London.

Bateson, Gregory

1963 The Role of Somatic Change in Evolution, Evolution, Vol. 17, S. 529–539.

1967 Cybernetic Explanation, American Behavioral Scientist, April 1967, S. 29–32.

Baumol, William J.
1965 The Stock Market and Economic Efficiency, New York.
1967 Business Behavior, Value and Growth, rev. ed. New York.
Baumol, W. J.; Heim, Peggy; Malkiel, Burton G.; Quandt, Richard E.
1970 Earnings Retention, New Capital and the Growth of the Firm, Review of Economics and Statistics, Vol. LII, S. 345–355.
1973 Efficiency of Corporate Investment: Reply, Review of Ec. and Statistics, Vol. LV, S. 128–131.
Baumol, W. J. und *Stewart. M.*
1971 On the Behavioral Theory of the Firm, in: Marris und Wood (Hrsg.), S. 118 bis 143.
Beament, J. W. L.
1961 The Role of Psychology in Adaptation and Competition between Animals, in: Symposia of the Society for Experimental Biology, No. 15: Mechanisms in Biological Competition, Cambridge, S. 62–71.
Beer, Stafford
1966 Decision and Control, London.
Beman, Lewis
1973 I.B.M.'s Travails in Lilliput, Fortune, Nov. 1973, S. 149 ff.
Bennett, Charles; Lindskold, Sven; Bennett, Russell
1973 The Effects of Group Size and Discussion Time on the Risky Shift, Journal of Social Psychology, Vol. 91, S. 137–147.
Bertalanffy, Ludwig von
1967 Robots, Men and Minds, New York.
1968 Organismic Psychology and Systems Theory, Barre, Mass.
1970 Gesetz oder Zufall: Systemtheorie und Selektion, in: Koestler und Smythies (Hrsg.), S. 71–95.
1972 Vorläufer und Begründer der Systemtheorie, in: Kurzrock (Hrsg.), S. 17–28.
Berthold, Klaus
1969 Die Grundlagenforschung industrieller Großunternehmen in der Bundesrepublik Deutschland, Berlin.
Biedenkopf, Kurt H.
1971 Die Konzentration als Rechtsproblem, in: Arndt (Hrsg.), Die Konzentration in der Wirtschaft, 2. Aufl., Berlin, 1. Band, S. 515–535.
Biermann, Herbert
1973 Ein dynamischer Ansatz zur Oligopoltheorie, Schweizerische Zeitschrift für Volkswirtschaft und Statistik, 108. Jg. S. 555–573.
Blair, John M.
1972 Economic Concentration, Structure, Behavior and Public Policy, New York.
Blattner, Niklaus
1971 Die Rolle des Wettbewerbs im Außenhandel, Zürich.
Blalock, H. N. und *Blalock, Ann B.*
1959 Toward a Clarification of System Analysis in the Social Sciences, Philosophy of Science, Vol. 26, S. 84–91.
Blau, Peter M.
1964 Exchange and Power in Social Life, New York.

1967/68 The Hierarchy of Authority in Organizations, American Journal of Sociology, Vol. 73, S. 453–467.

Blaug, Mark

1968 Economic Theory in Retrospect, Rev. ed., Homewood.

Blumer, Herbert

1969 Symbolic Interactionism: Perspective and Method, Englewood Cliffs, N. J.

Bodenhöfer, Hans-Joachim

1975 Technischer Fortschritt und Struktur des internationalen Handels, Jahrbuch für Sozialwissenschaft, Bd. 26, S. 43–70.

Böhler, Eugen

1964 Nationalökonomie. Grundlagen und Grundlehren, 5. Aufl., Zürich.

Bosetzky, Horst

1970 Grundzüge einer Soziologie der Industrieverwaltung, Stuttgart.

Boulding, Kenneth E.

1966 Einführung in die Wohlfahrtsökonomik, in: Gäfgen, G. (Hrsg.), Grundlagen der Wirtschaftspolitik, Köln und Berlin, S. 77–109.

1969 Review von Meade, J. E., The Growing Economy, Journal of Economic Literature, Vol. 7, S. 1161–2.

Brandt, Karl

1960 Preistheorie, Ludwigshafen.

Brandt, Karl und *Schulz, Wilfried*

1972 Preise in der kapitalistischen Marktwirtschaft, in: Sowjetsystem und demokratische Gesellschaft, Band V, Freiburg – Basel – Wien 1972, Sp. 244–259.

Brealy, Richard A.

1971 Security Prices in a Competitive Market, Cambridge, Mass. und London.

Briefs, Goetz

1915 Untersuchungen zur klassischen Nationalökonomie, Jena.

Brodbeck, May

1958 Methodological Individualism: Definition and Reduction, Philosophy of Science, Vol. 25, S. 1–22.

Brooke, Michael Z. und *Remmers, H. Lee*

1970 The Strategy of Multinational Enterprise, London.

Brown, Roger

1965 Social Psychology, New York und London.

Brozen, Yale

1969 Competition, Efficiency, and Antitrust, Journal of World Trade Law, Vol. 3, S. 659–670.

1971 Concentration and Structural and Market Disequilibria, Antitrust Bulletin, Vol. 16, S. 241–248.

Bruner, Jerome S.

1970 Der Prozeß der Erziehung, Berlin.

Bruner, Jerome S.; Olveer, Rose R.; Greenfield, Patricia M. u. a.

1971 Studien zur kognitiven Entwicklung, Stuttgart.

Brunner, Karl und *Meltzer, Allan, H.*

1971 The Uses of Money: Money in the Theory of an Exchange Economy, American Economic Review, Vol. 61, S. 784–805.

Buchanan, James M.
1969 Cost and Choice, Chicago.
Buckley, Walter
1967 Sociology and Modern Systems Theory, Englewood Cliffs, N. J.
1968 Hrsg., Modern Systems Research for the Behavioral Scientist, Chicago.
Bühl, Walter L.
1970 Evolution und Revolution. Kritik der symmetrischen Soziologie, München.
Bunge, Mario
1967 Scientific Research, New York.
1973 Method, Model and Matter, Dordrecht, Boston.
Burmeister, Edwin und *Dobell, A. Rodney*
1970 Mathematic Theories of Economic Growth, New York.
Burns, Tom
1966 Preface to the Second Edition von Burns und Stalker, S. VII–XXII.
1967 The Comparative Study of Organizations, in: Vroom, V. H. (Hrsg.), Methods of Organizational Research, University of Pittsburgh Press, S. 113–170.
1969 On the Plurality of Social Systems, in: Burns (Hrsg.), Industrial Man, Harmondsworth, S. 232–249.
Burns, Tom und *Stalker, G. M.*
1966 The Management of Innovation, 2. ed., London.

Campbell, Donald T.
1959 Methodological Suggestions from a Comparative Psychology of Knowledge Processes, Inquiry, Vol. 2, S. 152–182.
1965 Variation and Selective Retention in Socio-Cultural Evolution, in: Barringer, Herbert R. u. a. (Hrsg.), Social Change in Developing Areas, Cambridge, Mass., S. 19–49.
Cannon, Walter B.
1929 Organization for Physiological Homeostasis, Physiological Review, Vol. 9, S. 399–431.
Carson, Robert C.
1969 Interaction Concepts of Personality, London.
Cartwright, Dorwin
1971 Risk Taking by Individuals and Groups: An Assessment of Research Employing Choice Dilemmas, Journal of Personality and Social Psychology, Vol. 20, S. 361–378.
Cartwright, Dorwin und *Zander, Alvin* (Hrsg.)
1968 Group Dynamics, 3. ed., New York.
Caves, Richard E.
1971 International Corporations: The Industrial Economics of Foreign Investment, Economica, Vol. 38, S. 1–27.
Chamberlin, Edward H.
1962 The Theory of Monopolistic Competition, Cambridge, Mass.
Chandler, Alfred D.
1962 Strategy and Structure, Cambridge, Mass.
Chomsky, Noam
1970 Sprache und Geist, Frankfurt/M.

Claessens, Dieter
1970 Instinkt, Psyche, Geltung, 2. überarb. Aufl., Köln und Opladen.
Claessens, Dieter und *Karin*
1973 Kapitalismus als Kultur. Entstehung und Grundlagen der bürgerlichen Gesellschaft, Düsseldorf-Köln 1973.
Coase, Ronald H.
1969 Working Paper II: The Conglomerate Merger, Antitrust Law and Economics, Vol. 2, S. 45–46.
Cohen, Benjamin I.
1975 Multinational Firms and Asian Exports, New Haven and London.
Cohen, Kalman J. und *Cyert, Richard M.*
1965 Theory of the Firm, Englewood Cliffs, N. J.
1973 Strategy: Formulation, Implementation, and Monitoring, Journal of Business, vol. 46, S. 349–367.
Cooper, Arnold C.
1964 R & D is more Efficient in Small Companies, Harvard-Business Review, Vol. 42, S. 75–83.
Cordtz, Dan
1971 Bringing the Laboratory Down to Earth, Fortune, January 1971, S. 106–108, 119–122.
Cosh, A.
1975 The Remuneration of Chief Executives in the United Kingdom, Economic Journal, Vol. 85, S. 75–94.
Count, Earl W.
1970 Das Biogramm, Anthropologische Studien, Frankfurt/M.
Crozier, Michel
1964 The Bureaucratic Phenomenon, Chicago.
1968 The Present Convergence of Public Administration and Large Private Enterprise, and its Consequences, International Social Science Journal, Vol. 20, S. 1–16.
1968 Le problème de l'innovation dans les organisations économiques, Sociologie du travail, Vol. 10, S. 1–12.
1973 The Problem of Power, Social Research, Vol. 40 (No. 2), S. 211–228.
CSII (Centre for the Study of Industrial Innovation)
1971 On the Shelf. A Survey on Industrial R and D Projects Abandoned for non-technical Reasons, London.
Cummings, Larry L. und *Mize, Garry W.*
1968 Risk-Taking and Organizational Creativity. Personnel Administration, Vol. 31, S. 38–47.
Cyert, Richard M. und *March, James G.*
1963 A Behavioral Theory of the Firm, Englewood Cliffs, N. J.

Davidson, Paul
1972 Money and the Real World, London.
Davies, Derek
1976 Bureaucratic Bottleneck in Indonesia, Far Eastern Economic Review, Vol. 92, No. 22, S. 103–106.

Debreu, Gérard
1959 Theory of Value. An Axiomatic Analysis of Economic Equilibrium, New York und London.
Deuker, Wolfgang
1974 Die Diskussion der Heckscher-Ohlin-Theorie und ihrer produktionstheoretischen Grundlagen in methodologischer Sicht, Köln.
Dewey, John
1933 How we think.
1965 Analyse eines vollständigen Denkaktes, in: Graumann, O. F. (Hrsg.), Denken, Köln – Berlin, S. 116–123.
Dobzhansky, Theodosius
1968a On some Fundamental Concepts of Darwinian Biology. Evolutionary Biology, Vol. 2.
1968b „Discussion" zu Hockett/Ascher, S. 77.
Downie, J.
1958 The Competitive Process, London.
Dreyfus, Hubert
1965 Alchemy and Artificial Intelligence. Rand Corp. Tech. Rept. P–3244, Rand Corp., Santa Monica.
Drucker, Peter F.
1973 Management, New York.
Duesenbarry, James S.
1949 Income, Saving and the Theory of Consumer Behavior, Cambridge, Mass.
Duncan, Robert B.
1972 Characteristics of Organizational Environments and Perceived Environmental Uncertainty, Administrative Science Quarterly, Vol. 17, S. 313–327.
Dunning, John H. (Hrsg.)
1971 The Multinational Enterprise, London.

Edwards, Corvin D.
1965 Control of the Single Firm: Its Place in Antitrust Policy. Law and Contemporary Problems, Vol. 30, S. 465–487.
1967 The Changing Dimensions of Business Power, in: Biedenkopf, K. H. u. a. (Hrsg.), Das Unternehmen in der Rechtsordnung: Festgabe für H. H. Kronstein, Karlsruhe, S. 237–260.
1971 The Significance of Conglomerate Concentration in Modern Economics, in: Arndt (Hrsg.), 1. Band, S. 137–157.
Edwards, Ward
1967 Behavioral Decision Theory, in: Edwards, W. und Tversky, A. (Hrsg.), Decision Making, Harmondsworth, S. 65–95.
Ehrlich, Howard J. und *Lee, Dorothy*
1969 Dogmatism, Learning, and Resistance to Change, Psychological Bulletin, Vol. 71, S. 249–260.
Eibl-Eibesfeldt, Irenäus
1967 Grundriß der vergleichenden Verhaltensforschung, München.
Eigen, Manfred und *Winkler, Ruthild*
1975 Das Spiel. Naturgesetze steuern den Zufall, München – Zürich.

Emery, F. E.

1967 The Next Thirty Years: Concepts, Methods, and Anticipations, Human Relations, Vol. 20, S. 199–237.

Emery, F. E. und *Trist, L. E.*

1969 The Causal Texture of Organizational Environments, in: Emery (Hrsg.), Systems Thinking, Harmondsworth, S. 241–257.

Emerson, Alfred E.

1965 Human Cultural Evolution and its Relation to Organic Evolution of Insect Societies, in: Barringer, H. R. (Hrsg.), Social Change in Developing Areas, Cambridge, Mass. S. 50–67.

Eriksen, Charles W.

1968 Unconscious Perception, International Encyclopedia of the Social Sciences, Vol. 11, S. 575–581.

Ewer, R. F.

1960 Natural Selection and Neoteny, Acta Biotheoretica, Vol. 13, S. 161–184.

Feather, Norman T.

1966 Subjective Probability and Decision under Uncertainty, in: Atkinson und Feather (Hrsg.), S. 31–48.

Federal Trade Commission (FTC)

1969 Economic Report on Corporate Mergers, Washington, D. C.

Feigenbaum, Edward A.

1969 Artificial Intelligence: Themes in the Second Decade, in: IFIP – Congress 1968 (Edinburgh), Amsterdam.

Feller, William

1965 Probability and Profit, Homewood, Ill.

Fellner, William

1961 Two Propositions in the Theory of Induced Innovations, Economic Journal, Vol. 71, S. 305–8.

1967 The Adaptability and Lasting Contribution of the Chamberlinean Contribution, in: Kuenne, R. W. (Hrsg.), 1967, S. 3–30.

1970 Trends in the Activities Generating Technological Progress, American Economic Review, Vol. 60, S. 1–29.

1971 The Economics of Technological Advance, New York.

Ferguson, Charles E.

1969 The Neoclassical Theory of Production and Distribution, Cambridge.

Fisher, Franklin M.

1965 Embodied Technical Change and the Existence of an Aggregate Capital Stock, Review of Economic Studies, Vol. 32, S. 263–288.

1969 The Existence of Aggregate Production Functions, Econometrica, Vol. 37, S. 553–577.

1971 Aggregate Production Functions and the Explanation of Wages: A Simulation Experiment, Review of Economics and Statistics, Vol. 53, S. 305–325.

Fishlock, David

1972 BOC's new venture men, Financial Times, 8. 3. 1972, S. 17.

Forrester, Jay W.
1971 Counterintuitive Behaviour of Social Systems, Technological Review, January 1971, S. 53 ff.
Fox, Allen
1974 Man Mismanagement, London.
Frankus, Hans J.
1972 Fusionskontrolle bei Konglomeraten, Berlin.
Freeman, Christopher
1974 The Economics of Industrial Innovation, Middlesex, England.
Frey, Bruno S.
1970 Optimales Wachstum. Übersicht und Kritik, Jahrbücher für Nationalökonomie und Statistik, Band 184, S. 9–30.
Frick, F. C.
1968 The Application of Information Theory in Behavioral Studies, in: Buckley (Hrsg.), S. 182–185.
Friedman, Milton
1953 Essays in Positive Economics, Chicago.

Gabriel, S. L.
Genossenschaften und Konzentration, in: Arndt (Hrsg.), Band 2, S. 483–512.
Gadamer, Hans-Georg und *Vogler, Paul* (Hrsg.)
1972 Biologische Anthropologie, Erster Teil, Stuttgart 1972.
Gäfgen, G.
1968 Theorie der wirtschaftlichen Entscheidung, 2. Aufl., Tübingen.
Gahlen, Bernhard
1971 Einige Bemerkungen z. Fortschritt der Wachstumstheorie, in: Hoffmann, W. C. (Hrsg.), Untersuchungen z. Wachstum der dtsch. Wirtschaft, Tübingen, S. 1–50.
1972 Der Informationsgehalt der neoklassischen Wachstumstheorie für die Wirtschaftspolitik, Tübingen.
1973 Einführung in die Wachstumstheorie, Bd. 1, Makroökonomische Produktionstheorie, Tübingen.
Galbraith, John Kenneth
1968 Die moderne Industriegesellschaft, München – Zürich.
Geertz, Clifford
1966 The Impact of the Concept of Culture and the Concept of Man, Bulletin of the Atomic Scientists, Vol. 22 (April 1966), S. 208.
Georgescu-Roegen, Nicholas
1971 The Entropy Law and the Economic Process, Cambridge, Mass.
Gerard, R. W.
1958 Units and Concepts of Biology, Behavioral Science, Vol. 3, S. 197–206.
Gerdsmeier, Gerhard
1972 Grundlagenkritik preistheoretischer Modelle, Berlin.
Getzels, J. W. und *Csikzentmikhalyi, M.*
1967 Scientific Creativity, Science Journal, Vol. 3, S. 80–84.
Goldstein, Kurt und *Scheerer, Martin*
1965 Abstraktes und konkretes Verhalten, in: Graumann, C. F. (Hrsg.), Denken, Köln – Berlin, S. 146–157.

Goodenough, W. H.
1963 Cooperation in Change, New York.
Gordon, Robert A.
1966 Business Leadership in the Large Corporation, Berkeley und Los Angeles.
Gort, Michael
1969 An Economic Disturbance Theory of Merger's, Quarterly Journal of Economics, Vol. 83, S. 624–642.
Granger, Clive W. J. und *Morgenstern, Oskar*
1970 Predictability of Stock Market Prices, Lexington, Mass.
Green, H. A. John
1964 Aggregation in Economic Analysis, Princeton, N. J.
Grinker, Roy R.
1967 „Introduction" zu: Grinker (Hrsg.), Toward a Unified Theory of Human Behavior, 2. ed., New York – London.
Grüneberg, Emile
1972 Bemerkungen über die Verifizierbarkeit ökonomischer Gesetze, in: Albert (Hrsg.), S. 203–219.
Guilford, J. P.
1964 Persönlichkeit, Weinheim.
1966 Basic Problems in Teaching for Creativity, in: Taylor/Williams (Hrsg.), S. 71–103.
1967 Some Theoretical Views of Creativity, in: Helson, H. und Bevan, W. (Hrsg.), Contemporary Approaches to Psychology, Princeton, N. J., S. 419–459.

Habermas, Jürgen
1971 Theorie der Gesellschaft oder Sozialtechnologie? Eine Auseinandersetzung mit Niklas Luhmann, in: Habermas/Luhmann, S. 142–290.
1973 Legitimationsprobleme im Spätkapitalismus, Frankfurt/M. 1973.
Habermas, Jürgen und *Luhmann, Niklas*
1971 Theorie der Gesellschaft oder Sozialtechnologie – Was leistet die Systemforschung?, Frankfurt/M.
Haferkamp, Hans
1972 Soziologie als Handlungstheorie, Düsseldorf.
Hague, Douglas C.
Summary Record of the Debate, in: Lutz/Hague (Hrsg.), S. 289–403.
Hahn, F. H.
1973 The Winter of our Discontent, Economica, Vol. 40, S. 322–330.
Haire, Mason
1967 A Human Group Model for Organizations, in: Fiss, George (Hrsg.), The Psychology of Management Decisions, Lund Business Studies No. 3, Lund, S. 33–43.
Hall, A. D. und *Fagen, R. W.*
1956 Definition of System, General Systems, Vol. 1, S. 18–28.
Hallmann, Ralph J.
1963 The Necessary and Sufficient Conditions of Creativity, Journal of Humanistic Psychology, Vol. 3.

Hamberg, Daniel
1966 Essays on the Economics of Research and Development, New York 1966.
Harcourt, G. C.
1969 Some Cambridge Controversies in the Theory of Capital, Journal of Economic Literature, Vol. 7, S. 369–405.
Hardy, Sir Alister
1965 The Living Stream, London.
Hartmann, Eduard von
1875 Wahrheit und Irrtum im Darwinismus, Berlin.
Hayek, F. A. von
1944 The Road to Serfdom, Chicago – London.
1952 Individualismus und Wirtschaftliche Ordnung, Erlenbach – Zürich.
1959 Mißbrauch und Verfall der Vernunft, Frankfurt/M.
1960 The Constitution of Liberty, London 1960 (dt.: Die Verfassung der Freiheit, Tübingen 1971).
1967 Studies in Philosophy, Politics and Economics, London.
1968 Der Wettbewerb als Entdeckungsverfahren, Kieler Vorträge, N. F. 56, Kiel.
1969 Freiburger Studien, Tübingen.
1970a Die Irrtümer des Konstruktivismus, München – Salzburg.
1970b Das Primat des Abstrakten, in: Koestler/Smythies (Hrsg.), S. 300–322.
1971a Die Verfassung der Freiheit, Tübingen.
1971b Nature and Nurture once again, Encounter, February 1971, S. 81–83.
1972 Die Theorie komplexer Phänomene, Tübingen.
1973 Law, Legislation, and Liberty, Vol. 1; Rules and Order, London 1973.
1975 Die Anmaßungen des Wissens, ORDO, Band 26, S. 12–21.
Heckhausen, Heinz
1963 Hoffnung und Furcht in der Leistungsmotivation, Meisenheim a. Glan.
1965a Leistungsmotivation, in: Thomae, H. (Hrsg.), Handbuch der Psychologie, Bd. 2: Motivationslehre, Göttingen, S. 602–702.
1965b Leistungsmotivation und Unternehmer-Initiative, Gawain, 13. Jg., S. 380 bis 400.
1974 Leistung und Chancengleichheit, Göttingen.
Hederer, Gerd
1971 Die Motivation von Investitionsentscheidungen der Unternehmung, Meisenheim am Glan.
Heidhues, Franz
1969 Zur Theorie der internationalen Kapitalbewegungen, Tübingen.
Heller, Robert
1971a The Risks of playing Safe, Observer, 1. 8. 1971, S. 12.
1971b Riches to Scraggs, Observer, 10. 10. 1971, S. 17.
1972 The Naked Manager, London.
Herdzina, Klaus
1973 Marktstruktur und Wettbewerb, Zeitschrift f. Wirtschafts- und Sozialwissenschaften, 93. Jg., S. 267–284.
Herman, A. H.
1972 Co-Operation in Research, Financial Times, 20. 9. 1972, S. 4.

Heuß, Ernst

1965 Allgemeine Markttheorie, Tübingen – Zürich.

1968 Die Wettbewerbs- und Wachstumsproblematik des Oligopols, in: Grundlagen der Wettbewerbspolitik, Schriften des Vereins für Socialpolitik, N. F., Bd. 48, S. 50–70.

1970 Grundelemente der Wirtschaftstheorie, Göttingen.

Hicks, John R.

1932 The Theory of Wages, London.

1965 Capital and Growth, Oxford.

1973 Capital and Time, Oxford.

Hindley, Brian

1970a Separation of Ownership and Control in the Modern Corporation, Journal of Law and Economics, Vol. 13, S. 185–221.

1970b Industrial Merger and Public Policy, Hobart Paper, Institute of Economic Affairs, London.

Hirschleifer, Jack

1971 The Private and Social Value of Information and the Reward to Inventive Activity, American Economic Review, Vol. 61, S. 561–574.

Hockett, Charles F. und *Ascher, Robert*

1968 The Human Revolution, in: Culture: Man's Adaptive Dimension, Hrsg. M. F. A. Montagu, London, S. 20–101.

Hogarty, Thomas F.

1970 The Profitability of Corporate Mergers, Journal of Business, Vol. 43, S. 317 bis 327.

Hollander, Samuel

1973 The Economics of Adam Smith, London.

Homans, George C.

1961 Social Behavior: Its Elementary Forms, New York.

1964 Contemporary Theory in Sociology, in: Faris, R. E. L. (Hrsg.), Handbook of Modern Sociology, Chicago.

Hoppmann, Erich

1968 Zum Problem einer wirtschaftspolitisch praktikablen Definition des Wettbewerbs, in: Grundlagen der Wettbewerbspolitik, Schriften des Vereins für Socialpolitik, N. F., Bd. 48, S. 9–49.

1970 „Neue Wettbewerbspolitik“: Vom Wettbewerb zur staatlichen Mikro-Steuerung, Jahrbücher für Nationalökonomie und Statistik, Bd. 184, S. 397–416.

1972 Fusionskontrolle, Tübingen.

1973 Soziale Marktwirtschaft oder Konstruktivistischer Interventionismus, in: E. Tuchtfeldt (Hrsg.), Soziale Marktwirtschaft im Wandel, Freiburg, S. 27–67.

1974 Die Abgrenzung des relevanten Marktes im Rahmen der Mißbrauchsaufsicht über marktbeherrschende Unternehmen, Baden-Baden.

1974 Volkswirtschaftliche und wirtschaftspolitische Bedeutung des Kartell- und Monopolrechts, in: Erich Hoppmann und Ernst Joachim Mestmäcker, Normenzwecke und Systemfunktionen im Recht der Wettbewerbsbeschränkungen, Tübingen, S. 5–19.

1976 Mißbrauch der Mißbrauchsaufsicht – Die Einführung des Ausbeutungsbegriffs in die deutsche Wettbewerbspolitik, Mitteilungen der List Gesellschaft, Fasc. 8 (1975/1976) no. 8/9 (Mai 1976), S. 155–180.

Horowitz, Ira

1970 Decision Making and the Theory of the Firm, New York.

Huffschmidt, Jörg

1970 Die Politik des Kapitals, Konzentration und Wirtschaftspolitik in der Bundesrepublik, Frankfurt/M.

Hunt, Martin F. und *Miller, Gerald R.*

1968 Open- and Closed-Mindedness, Belief-Discrepant Communication Behavior, and Tolerance for Cognitive Inconsistency, Journal of Personality and Social Psychology, Vol. 8, S. 35–37.

Hutchison, T. W.

1972 Theoretische Ökonomie als Sprachsystem, Albert (Hrsg.), S. 192–202.

Hyman, Ray

1964 Creativity and the Prepared Mind: The Tole of Information and Induced Attitudes, in: C. W. Taylor (Hrsg.), Widening Horizonts in Creativity, New York – London – Sydney.

Irle, Martin

1970 Führungsverhalten in organisierten Gruppen, in: Handbuch der Psychologie, 9. Bd., Betriebspsychologie, Hrsg. A. Mayer und B. Herwig, Göttingen, S. 521 bis 551.

Jackson, Andrew und *Newbould, Gerry*

1972 Takeovers: Look before you Leap, Financial Times, 20. 10. 72, S. 23.

Jakob, François

1972 Die Logik des Lebenden, Frankfurt/M.

Jansen, Bernd

1970 Die Bedeutung der Information in der Preis- und Wettbewerbstheorie, Berlin.

Jantsch, Erich

1975a Dissipative Strukturen: Ordnung durch Fluktuation, Neue Zürcher Zeitung, 26. Nov. 1975, S. 55 f.

1975b Anwendungen der Theorie dissipativer Strukturen, Neue Zürcher Zeitung, 3. Dez. 1975, S. 45 f.

Jarvie, J. C.

1974 Die Logik der Gesellschaft, München.

Johnson, Harry G.

1970 The State of Theory in Relation to the Empiric Analysis, in: Vernon (Hrsg.), S. 9–21.

Jonas, Friedrich

1968 Geschichte der Soziologie, Bd. 1, Reinbek 1968.

Jones, Edward E. und *Gerard, Herold B.*

1967 Foundations of Social Psychology, New York.

Joskow, Paul L.

1975 Firm Decision-making Processes and Oligopoly Theory, American Economic Review, Vol. 65, Pap. and Proc., S. 270–279.

Junne, Gerd

1972 Spieltheorie in der internationalen Politik, Düsseldorf.

Kade, Gerhard

1962 Die Grundannahmen der Preistheorie, Berlin – Frankfurt.

Kade, Gerhard; Ipsen, Dirk und *Hujer, Reinhard*

1968 Modellanalyse ökonomischer Systeme, Jahrbücher für Nationalökonomie und Statistik, Band 182, S. 2–35.

1971 Wirtschaftskybernetik. Eine Zwischenbilanz, in: Schenk, K.-E. (Hrsg.), Systemanalyse in den Wirtschafts- und Sozialwissenschaften, Berlin, S. 10–39.

Kahn, A. E.

1963 Market Power and Economic Growth, Antitrust Bulletin, Vol. 8, S. 531–544.

Kaldor, Nicholas

1934 The Equilibrium of the Firm, Economic Journal, Vol. XLIV, S. 60–76.

1957 A Model of Economic Growth, Economic Journal, Vol. 67, S. 591–624.

1961 Capital Accumulation and Economic Growth, in: F. A. Lutz und D. C. Hague (Hrsg.), The Theory of Capital, London, S. 177–222.

1966 Marginal Productivity and the Macro-Economic Theories of Distribution, Review of Economic Studies, Vol. 33, S. 309–319.

1967 Strategic Factors in Economic Development, Ithaca, N. Y.

1969 Some Fallacies in the Interpretation of Kaldor, Review of Economic Studies, Vol. 36, S. 1–7.

1972 The Irrelevance of Equilibrium Economics, Economic Journal, Vol. 82, S. 1237–1255.

1973 Die Irrelevanz der Gleichgewichtsökonomie, in: Vogt (Hrsg.), S. 80–102.

Kaldor, Nicholas und *Mirrlees, James A.*

1968 Ein neues Modell des wirtschaftlichen Wachstums, in: H. König (Hrsg.), Wachstum und Entwicklung der Wirtschaft, Köln – Berlin, S. 97–121.

Kamerschen, David R.

1970 A Theory of Conglomerate Mergers: Comment, Quarterly Journal of Economics, Vol. 84, S. 668–673.

Kamien, M. I. und *Schwartz, N. L.*

1975 Market Structure and Innovation: A Survey, The Journal of Economic Literature, Vol. 13, S. 1–33.

Kant, Immanuel

1967 Über den Gemeinspruch: „Das mag in der Theorie richtig sein, taugt aber nicht für die Praxis“, in: Dieter Henrich (Hrsg.), Kant – Gentz – Rehberg, Über Theorie und Praxis, Frankfurt/M., S. 41–87.

Kantzenbach, E.

1967 Die Funktionsfähigkeit des Wettbewerbs, Göttingen.

Kaplan, A. D. H.; Dirlam, J. B. und *Lanzilotti, R. F.*

1958 Pricing in Big Business, Washington.

Katz, Daniel und *Kahn, Robert L.*

1966 The Social Psychology of Organizations, New York – London.

Kaufer, Erich

1967 Die Bestimmung von Marktmacht, Bern – Stuttgart.

1970 Patente, Wettbewerb und technischer Fortschritt, Bad Homburg v. d. H.

1971 Wettbewerbspolitik und Wirtschaftswachstum, in: E. Hoppmann (Hrsg.), Konzertierte Aktion. Kritische Beiträge zu einem Experiment, Frankfurt/M., S. 315–341.

Kaufmann, K. und *Schmidt, P.*

1976 Theoretische Integration der Hypothesen zur Erklärung der Diffusion von Innovationen durch Anwendung einer allgemeinen kognitiv-hedonistischen Verhaltenstheorie, in: Schmidt, Peter (Hrsg.), Innovation. Diffusion von Neuerungen im sozialen Bereich, Hamburg, S. 313–386.

Kastner, Paul Marquard

1973 Domestizierte Kreativität – Kritik einer Illusion, Starnberg.

Kelly, Harold H. und *Thibaut, John W.*

1969 Group Problem Solving, in: Lindzey, G. und Aronson, E. (Hrsg.), Handbook of Social Psychology, 2. ed., Vol. 4, Reading, S. 1–101.

Kempski, Jürgen von

Handlung, Maxime und Situation, in: Albert (Hrsg.), S. 139–152.

Kennedy, Charles

1964 Induced Bias in Innovation and the Theory of Distribution, The Economic Journal, Vol. 74, S. 541–547.

Kelman, H.

1963 Creative Talent and Creative Passion as Therapy, American Journal of Psychoanalysis, Vol. 33, S. 133–143.

Keynes, John Maynard

1936 The General Theory of Employment Interest and Money, London.

Kiefer, Klaus

1967 Die Diffusion von Neuerungen, Tübingen.

Kingsbury, Sherman

1967 Behind the Organization Chart, in: Hainer, R. M. u. a. (Hrsg.), Uncertainty in Research, Management, and New Product Development, New York, Amsterdam – London, S. 26–55.

Kirsch, Werner

1971a Entscheidungsprozesse, Bd. 2: Informationsverarbeitungstheorie des Entscheidungsverhaltens, Wiesbaden.

1971b Entscheidungsprozesse, Bd. 3: Entscheidungen in Organisationen, Wiesbaden.

Kitching, John

1974 Winning and Losing with European Acquisitions, Harvard Business Review, Vol. 52 (March–April), S. 124–136.

Klaus, Georg (Hrsg.)

1971 Wörterbuch der Kybernetik, Frankfurt/M.

1973 Kybernetik und Gesellschaft, 3. Aufl., Berlin.

Klein, Heinz Karl

1971 Heuristische Entscheidungsmodelle, Wiesbaden.

Kleinewerfers, Henner

1972 Wohlfahrtsökonomie und Politik, Wirtschaft und Recht, 24. Jg., S. 153–166.

Kluckhohn, Clyde und *Murray, Henry A.*

1953 Personality in Nature, Society and Culture, 2. ed., New York.

Knight, Frank H.

1921 Risk, Uncertainty, and Profit, Boston.

1933 „Profit", Encyclopaedia of the Social Sciences, New York, Vol. 11, S. 480 bis 486.

Koestler, Arthur

1964 The Act of Creation, London – New York.

1968 Das Gespenst in der Maschine, Wien – München – Zürich.

1970 Jenseits von Atomismus und Holismus – Der Begriff des Holons, in: Koestler/Smythies (Hrsg.), S. 192–229.

Koestler, Arthur und *Smythies, J. R.* (Hrsg.)

1970 Das neue Menschenbild, Wien – München – Zürich.

Kogan, Nathan und *Wallach, Michael A.*

1967 Risk Taking as Function of the Situation, the Person, and the Group, in: New Directions in Psychology III, New York, S. 111–278.

Koopmans, Tjalling C.

1957 Three Essays on the State of Economic Science, New York – Toronto – London.

Koplin, A. T.

1963 The Profit Maximization Assumption, Oxford Economic Papers, Vol. 15, S. 130–139.

Kraus, Melvyn B. und *Johnson, Harry G.*

1974 General Equilibrium Analysis, London.

Kregel, J. A.

1971 Rate of Profit, Distribution and Growth: Two Views, London.

Krelle, Wilhelm

1964 Entwicklung als Suchprozeß, in: Klothen, Norbert u. a. (Hrsg.), Systeme und Methoden in den Wirtschafts- und Sozialwissenschaften, Tübingen, S. 237–270.

1968 Präferenz und Entscheidungstheorie, Tübingen.

1969 Produktionstheorie, Tübingen – Zürich.

Krelle, Wilhelm und *Gabisch, G.*

1972 Wachstumstheorie, Berlin – Heidelberg – New York.

Krieg, Walter

1971 Kybernetische Grundlagen der Unternehmungsgestaltung, Bern – Stuttgart.

Krüsselberg, Hans-Günter

1969 Marktwirtschaft und ökonomische Theorie, Freiburg.

Kruk, Max

1971 Verlangsamt sich das Wachstum der Vorstandbezüge? Frankfurter Allgemeine Zeitung – Blick durch die Wirtschaft, 22. 3. 1971, S. 3.

Kruse, Alfred

1959 Geschichte der volkswirtschaftlichen Theorien, Berlin.

Kuehn, D. A.

1972 Takeover Raiders and the Growth-Maximization Hypothesis, in: Keith Cowling (Hrsg.), Market Structure and Corporate Behaviour, London 1972, S. 19–37.

Kuenne, Robert E. (Hrsg.)

1967 Monopolistic Competition Theory: Studies in Impact, New York.

Kuhn, Thomas S.

1967 Die Struktur wissenschaftlicher Revolutionen, Frankfurt/M.

Kundt, Wolfgang
1974 Die Entstehung des Weltalls versus Creatio ex Nihilo, Neue Zürcher Zeitung, 19. 2. 1974 (Fernausgabe No. 49), S. 29.
Kupsch, Peter U.
1973 Das Risiko im Entscheidungsprozeß, Wiesbaden.
Kurzrock, Rupprecht (Hrsg.)
1972 Systemtheorie, Schriftenreihe der Rias-Funkuniversität, Berlin.

Lachmann, Ludwig M.
1966 Marktwirtschaft und Modellkonstruktion, ORDO, Bd. 17, S. 261–279.
Lancaster, Kelvin
1969 Introduction to Modern Microeconomics, Chicago.
Lange, Oskar
1963 Politische Ökonomie, Band 1, Nachdruck Frankfurt/M. – Wien.
Larner, Robert J.
1968 Separation of Ownership and Control and its Implication for the Behavior of the Firm, Ph. D. dissertation, University of Wisconsin.
Laszlo, Ervin
1969 System, Structure, and Experience, Toward a Scientific Theory of Mind, New York – London – Paris.
Legewie, Hermann
1931 Organismus und Umwelt, in: Thurnwald, R. (Hrsg.), Forschungen zur Völkerpsychologie und Soziologie, Bd. X, 1. Halbbd., Arbeiten zur biologischen Grundlegung der Soziologie, Leipzig.
Leibenstein, Harvey
1966 Allocative Efficiency vs. „X-Efficiency", American Economic Review, Vol. 56, S. 392–415.
1969 Organizational or frictional Equilibria, X-Efficiency, and the Rate of Innovation, Quarterly Journal of Economics, Vol. 83, S. 600–623.
Leijonhufvud, Axel
1968 On Keynesian Economics and the Economics of Keynes, New York – London – Toronto.
Lenel, Hans Otto
1968 Ursachen der Konzentration, 2. Aufl., Tübingen.
1975 Vollständiger und freier Wettbewerb als Leitbilder für die Wettbewerbspolitik gegenüber mächtigen Unternehmen, in: Heinz Sauermann und Ernst-Joachim Mestmäcker (Hrsg.), Wirtschaftsordnung und Staatsverfassung, Festschrift für Franz Böhm zum 80. Geburtstag, Tübingen, S. 317–340.
Leon, Paolo
1967 Structural Change and Growth in Capitalism, Baltimore.
Leontief, W.
1947 Introduction to a Theory of the International Structure of Functional Relationships, Econometrica, Vol. 15, S. 361–373.
Levine, Herbert S.
1966 Pressure and Planning in the Soviet Economy, in: Rosovsky, H. (Hrsg.), Industrialization in two Systems, New York, S. 266–285.

Levine, Roy

1974 How the Buyer can Make a Better Bid, Financial Times, 4. 1. 1974, S. 17.

Levinger, George und *Schneider, David J.*

1969 Test of the „Risk is a Value" Hypothesis, Journal of Personality and Social Psychology, Vol. 11, S. 165–169.

Levitt, Theodore

1975 Dinosaurs among the Bears and Bulls, Harvard Business Review, Vol. 53, January–February, S. 41–53.

Lewellen, Wilbur G. und *Huntsman, Blaine*

1970 Managerial Pay and Corporate Performance, American Economic Review, Vol. 60, S. 710–720.

Likert, Rensis

1959 A Motivation Approach to a Modified Theory of Organization and Management, in: Haire, M. (Hrsg.), Modern Organization Theory, New York, S. 183–217.

1961 New Patterns of Management, New York.

1967 The Human Organization, New York.

Lipsey, Richard G.

1971 Einführung in die Positive Ökonomie, Köln.

Litwin, George H. und *Stringer, Robert H.*

1968 Motivation and Organizational Climate, Boston.

Loasby, Brian J.

1968 The Decision-Maker in the Organization, The Journal of Management Studies, Vol. 5, S. 352–364.

Lorenz, Konrad

1965a Über tierisches und menschliches Verhalten, Bd. 1 und 2, München.

1965b Über die Entstehung von Mannigfaltigkeit, Die Naturwissenschaften, 52. Jg., S. 318–329.

1968 The Role of Gestalt Perception in Animal and Human Behavior, in: L. L. Whyte (Hrsg.), Aspects of Form, New York, S. 157–178.

1973 Die Rückseite des Spiegels, München.

Low, Richard E.

1970 Modern Economic Organization, Homewood, Ill.

Luhmann, Niklas

1964 Funktionen und Folgen formaler Organisation, Berlin.

1968a Zweckbegriff und Systemrationalität. Über die Funktionen von Zwecken in sozialen Systemen, Tübingen.

1968b Vertrauen. Ein Mechanismus der Reaktion sozialer Komplexität, Stuttgart.

1969 Klassische Theorie der Macht. Kritik ihrer Prämissen, Zeitschrift für Politik, Bd. 16, S. 149–170.

1970 Soziologische Aufklärung, Köln – Opladen.

1970b Institutionalisierung – Funktion und Mechanismus im sozialen System der Gesellschaft, in: Helmut Schelsky (Hrsg.), Zur Theorie der Institution, Düsseldorf.

1971a Moderne Systemtheorien als Form gesamtgesellschaftlicher Analyse, in: Habermas/Luhmann, S. 7–24.

1971b Sinn als Grundbegriff der Soziologie, in: Habermas/Luhmann, S. 25–100.

1971c Systemtheoretische Argumentationen. Eine Entgegnung auf Jürgen Habermas, in: Habermas/Luhmann, S. 291–405.

1971d Wirtschaft als soziales System, in: Schenk, K. E. (Hrsg.), Systemanalyse in den Wirtschafts- und Sozialwissenschaften, Berlin, S. 136–173.

1971e Politische Planung, Aufsätze zur Soziologie von Politik und Verwaltung, Opladen.

1972a Rechtssoziologie, Reinbek 1972.

1972b Systemtheoretische Ansätze zur Analyse von Macht, in: Kurzrock (Hrsg.), S. 103–111.

1972c Knappheit, Geld und die bürgerliche Gesellschaft, Jahrbuch für Sozialwissenschaft, Bd. 23, S. 186–210.

Lukes, Rudolf

1971 Wettbewerbsrecht und Konzentration, in: Arndt (Hrsg.), 1. Bd., S. 579–601.

Lutter, Marcus

1973 Die Rechte der Gesellschafter beim Abschluß fusionsähnlicher Unternehmensverbindungen, Der Betrieb, Heft Nr. 46, Beilage Nr. 21.

Lutz, F. A. und *Hague, C. D.* (Hrsg.)

1961 The Theory of Capital, London – New York.

Machlup, Fritz

1946 Marginal Analysis and Empirical Research, American Economic Review, Vol. 35, S. 519–554.

1965 Wettbewerb: Wirtschaftstheoretische Betrachtung, Handwörterbuch der Sozialwissenschaften, 12. Bd., Stuttgart – Tübingen, S. 36–49.

1966 Wettbewerb im Verkauf, Göttingen.

1967 Theories of the Firm: Marginalist, Behavioral, Managerial, American Economic Review, Vol. 57, S. 1–33.

1974 Situational Determination in Economics, The British Journal for Philosophy of Science, Vol. 25, S. 271–284.

MacKay, Donald M.

1969 Information, Mechanism, and Meaning, Cambridge, Mass. – London.

MacKinnon, Donald W.

1966 Instructional Media in the Nurturing of Creativity, in: Taylor und Williams (Hrsg.), S. 179–218.

Mackworth, Norman H.

1965 Originality, American Psychologist, Vol. 20, S. 51–64.

Macrae, Norman

1972 The Future of International Business, The Economist, 22. 1. 1972, Survey.

Malkiel, Burton G.

1971 The Dept-Equity Combination of the Cost of Capital, General Leaning Press, New York.

Manne, Henry G.

1965 Mergers and the Market for Corporate Control, Journal of Political Economy, Vol. 73, S. 110–120.

1969 Hrsg.: Economic Policy and the Regulation of Corporate Securities, Washington, D. C.

1971 Truth and Myth in Modern Corporate Theory. Industrial, Educational, and Research Foundation, Occasional Paper No. 9, London.

Mansfield, Edwin

1969 Industrial Research and Technological Innovation, London.

Mansfield, Edwin und *Wagner, Samuel*

1975 Organizational and Strategic Factors Associated with Probabilities of Success in Industrial R & D, Journal of Business, Vol. 48, S. 179–198.

March, James G. und *Simon, Herbert A.*

1958 Organizations, New York.

Marris, Robin

1964 The Economic Theory of ‚Managerial' Capitalism, London.

1970 Galbraith, Solow, and the Truth about Corporations, in: Mermelstein, D. (Hrsg.), Economics: Mainstream Readings and Radical Critique, New York, S. 515–523.

1971a An Introduction to Theories of Corporate Growth, in: Marris/Wood, S. 1–36.

1971b The Modern Corporation and Economic Theory, in: Marris/Wood, S. 270 bis 317.

Marris, Robin und *Wood, Adrian* (Hrsg.)

1971 The Corporate Economy: Growth, Competition, and Innovative Power, London.

Marshall, Alfred

1920 Principles of Economics, 8. ed., London.

Maruyama, Magoroh

1968 The Second Cybernetics: Deviation-Amplifying Mutual Causal Processes, in: Buckley (Hrsg.), S. 304–313.

Marx, Karl

1961 Das Kapital, Band 1–3, Berlin.

Maslow, Abraham H.

1965 Euspychian Management, Homewood, Ill.

Matthews, R. C. D.

1973 The Contribution of Science and Technology to Economic Development, in: B. R. Williams (Hrsg.), Science and Technology in Economic Growth, London, S. 1–38.

Matussek, Paul

1974 Kreativität als Chance. Der schöpferische Mensch in psychodynamischer Sicht, München.

Mayr, Ernst

1961 Cause and Effect in Biology, Science, Vol. 134, S. 1501 ff.

1965 Selektion und die gerichtete Evolution, Die Naturwissenschaften, 52. Jg., S. 173–180.

1967 Artbegriff und Evolution, Hamburg – Berlin 1967.

McCelland, David C.

1965 Die Leistungsgesellschaft, Stuttgart.

1967 Motivation und Kultur, Bern – Stuttgart.

1971a Assessing Human Motivation, New York.

1971b Motivational Trends in Society, New York.

1972 Achievement and Administrative Action in Developing Countries, in: K. J. Rothwell (Hrsg.), Administrative Issues in Developing Economies, Lexington/Mass. – Toronto – London, S. 69–74.

McClelland, David und *Burnham, David H.*

1976 Power is the Great Motivator, Harvard Business Review, Vol. 54, no. 2 (March–April), S. 100–110.

McClelland, D. C. und *Winter, David G.*

1969 Motivating Economic Achievement, New York–London.

McGee, John S.

1971 In Defence of Industrial Concentration, New York – Washington – London.

McGowan, John J.

1965 The Effect of Alternative Merger Policies on the Size Distribution of Firms, Yale Economic Essays, Vol. 5, S. 423–474.

Menger, Carl

1871 Grundsätze der Volkswirtschaftslehre, Wien.

1883 Untersuchungen über die Methode der Socialwissenschaften und der Politischen Ökonomie insbesondere, Leipzig.

Menges, Günter

1968 Entscheidungen unter Risiko und Ungewißheit, in: Menges (Hrsg.), Entscheidung und Information, Frankfurt/M.

1969 Grundmodelle wirtschaftlicher Entscheidungen, Köln – Opladen.

Mesarović, M. D.; Macko, D. und *Takahara, Y.*

1970 Theory of Hierarchical, Multilevel Systems, New York–London.

Mestmäcker, Ernst-Joachim

1971 Warum das Kartellverbot nicht am Privatrecht scheitert, Wirtschaft und Wettbewerb, Jg. 21, S. 835–843.

Meyer, Wulf-Uwe

1973 Leistungsmotiv und Ursachenerklärung von Erfolg und Mißerfolg, Stuttgart.

Michalos, Alex C.

1974 Rationality between Maximizers and the Satisficers, in: Schaffner, K. F. und Cohen, R. S. (Hrsg.), PSA 1972, Boston Studies in the Philosophy of Science, Vol. XX, Dordrecht – Boston, S. 423–445.

Mill, John Stuart

1976 Einige ungelöste Probleme der politischen Ökonomie, Frankfurt–New York.

Miller, Hugh

1964 Progress and Decline. The Group in Evolution, Oxford 1964.

Mintz, Morton und *Cohen, Jerry S.*

1972 Amerika GmbH, München, Bern, Wien.

Mirow, Kurt Rudolf

1976 Nach dem Gesetz der Wölfe. Das Welt-Elektro-Kartell, in: Technologie und Politik, Bd. 5, Reinbek bei Hamburg, S. 143–203.

Möschel, Wernhard

1974 Der Oligopolmißbrauch im Recht der Wettbewerbsbeschränkungen, Tübingen.

Monsen, R. J.; Chiu, John S. und *Cooley, David E.*

1968 The Effect of Separation of Ownership and Control on the Performance of the Large Firm, Quarterly Journal of Economics, Vol. 82, S. 435–451.

Montada, Leo
1970 Die Lernpsychologie Jean Piagets, Stuttgart.
Morgan, C. Lloyd
1900 Animal Behaviour, London.
1923 Emergent Evolution, London.
Morgenstern, Oskar
1935 Vollkommene Voraussicht und wirtschaftliches Gleichgewicht, Zeitschrift für Nationalökonomie, Bd. 6, S. 337–357.
1972 Thirteen Critical Points in Contemporary Economic Theory: An Interpretation, Journal of Economic Literature, Vol. 10, S. 1163–1189.
Mossin, Jan
1973 Theory of Financial Markets, Englewood Cliffs, N. J.
Mueller, Dennis C.
1969 A Theory of Conglomerate Mergers, Quarterly Journal of Economics, Vol. 83, S. 643–659.
1970 A Theory of Conglomerate Mergers: Reply, Quarterly Journal of Economics, Vol. 84, S. 674–679.
1971–72 A Life Cycle Theory of the Firm, Journal of Industrial Economics, Vol. 20, S. 199–219.
Mueller, D. C. und *Tilton, J. E.*
1969 Research and Development Costs as a Barrier to Entry, Canadian Journal of Economics, November, S. 570–579.
Müller, J. Heinz
1964 Die ökonomische Theorie zwischen logischem Formalismus und empirischer Aussage, in: N. Kloten u. a. (Hrsg.), Systeme und Methoden in den Wirtschafts- und Sozialwissenschaften, Tübingen 1964, S. 291–304.
1967 Produktionstheorie, in: Ehrlicher, Werner u. a. (Hrsg.), Kompendium der Volkswirtschaftslehre, Bd. 1, Göttingen, S. 75–119.
Münch, Richard
1972 Mentales System und Verhalten. Grundlagen einer allgemeinen Verhaltenstheorie, Tübingen.
Murphy, Gardner
1947 Personality. A Biosocial Approach to Origins and Structure, New York – London.
Myers, Gustavus
1916 Die großen amerikanischen Vermögen, 2 Bde., Nachdruck Darmstadt 1969.

Needham, Douglas
1969 Economic Analysis and Industrial Structure, New York.
Neisser, Ulric
1963 The Multiplicity of Thought, British Journal of Psychology, Vol. 54, S. 1–14.
1967 Cognitive Psychology, New York.
Nelson, Richard R.
1973 Recent Exercises in Growth Accounting: New Understanding or Dead End? American Economic Review, Vol. 63, S. 462–468.
Newbould, Gerald D.
1970 Management and Merger Activity, Liverpool.

Newbould, G. D. und *Jackson, Andrew* Take overs: Look before you leap, Financial Times, 20. 10. 1972, S. 23.

Newell, Allen

1969 Heuristic Programming: Ill-structured Problems, in: Aronofsky, J. S. (Hrsg.), Progress in Operations Research, Vol. III, New York, S. 361–414.

Newell, A.; Shaw, J. C. und *Simon, H. A.*

1958 Elements of a Theory of Human Problem Solving, Psychological Review, Vol. 65, S. 151–166.

Newell, A. und *Simon, H. A.*

1961 Computer Simulation of Human Thinking, Science, Vol. 134, S. 2011–2017.

1972 Human Problem Solving, Englewood Cliffs, N. J.

Newton, Isaac

1686 Principia. Berkeley 1966.

Nordhaus, William D.

1969 Invention, Growth, and Welfare, Cambridge/Mass. – London.

1973 Some Skeptical Thoughts on the Theory of Induced Innovation, Quarterly Journal of Economics, Vol. 87, S. 208–219.

Oerter, Rolf

1971 Psychologie des Denkens, Donauwörth.

Ostroy, Joseph M.

1973 The Informational Efficiency of Monetary Exchange, American Economic Review, Vol. 63, S. 597–610.

Ott, Alfred D.

1959 Marktform und Verhaltensweise, Stuttgart.

Ott, Alfred E.

1968 Grundzüge der Preistheorie, Göttingen.

Parloff, Borris B. et al.

1968 Personality Characteristics which differentiate Creative Male Adolescents and Adults, Journal of Personality, Vol. 36, S. 528–552.

Parsons, Talcott

1966 Societies. Evolutionary and Comparative Perspectives, Englewood Cliffs, N. J.

Pasinetti, L. L.

1969 Switches of Technique and the „Rate of Return" in Capital Theory, Economic Journal, Vol. 79, S. 508–531.

Peckham, Morse

1965 Man's Rage for Chaos. Biology, Behavior, and the Arts, Philadelphia.

Penrose, Edith

1959 The Theory of the Growth of the Firm, Oxford.

1971 The State and Multinational Enterprises in Less-developed Countries, in: Dunning (Hrsg.), S. 221–239.

Peters, A. M.

1972 Historische, soziologische und erkenntniskritische Aspekte der Lehre Darwins, in: Gadamer/Vogler (Hrsg.), S. 326–352.

Peterson, R. W.
1967 New Venture Management in a Large Corporation, Harvard Business Review, Vol. 45, May–June, S. 68–76.
Phelps Brown, E. H.
1973 Die Rückständigkeit der Ökonomie, in: Vogt (Hrsg.), S. 21–36.
Phillipps, Almarin
1971 Der Beitrag von Antitrust zu den Zielen der Wirtschaftspolitik, Wirtschaft und Wettbewerb, 21. Jg., S. 45–55.
Piaget, Jean
1967 Biologie et Connaissance, Paris.
Piaget, Jean und *Inhelder, Bärbel*
1970 Jenseits des Empirismus, in: Koestler und Smythies, S. 126–161.
Plan, Wolf-Rüdiger
1970 Unternehmenskonzentration als Instrument der Unternehmenspolitik, Dissertation Berlin.
Polanyi, Michael
1966 The Tacit Dimension, Garden City, N. Y.
1968a Life's Irreducible Structure, Science, Vol. 160, S. 1308–1312.
1968b Schöpferische Einbildungskraft, Zeitschrift für philosophische Forschung, Band 22, S. 53–70.
Popper, Karl R.
1966 Logik der Forschung, 2. Aufl., Tübingen.
1973 Objektive Erkenntnis. Ein Evolutionärer Entwurf, Hamburg.
Preiser, Erich
1963 Bildung und Verteilung des Volkseinkommens, 3. Aufl., Göttingen.
Presthus, R. V.
1966 Individuum und Organisation, Frankfurt/M.
Price, William J. und *Bass, Lawrence W.*
1969 Scientific Research and the Innovative Process, Science, Vol. 164, S. 802–806.
Pruitt, D. G.
1971 Choice Shifts in Group Discussion: An Introductory Review, Journal of Personality and Social Psychology, Vol. 20, S. 339–360.

Radner, Roy
1968 Equilibrium under Uncertainty, Econometrica, Vol. 36, S. 31–58.
1970 Problems in the Theory of Markets under Uncertainty, American Economic Review, Papers and Proceedings, Vol. 60, S. 454–460.
Raudsepp, Eugene
1967 Ideas, New York.
Reber, Gerhard
1970 Vom patriarchalisch-autoritären zum bürokratisch-autoritären Führungsstil? Zeitschrift für Betriebswirtschaft, 40. Jg., S. 633–638.
1973 Personales Verhalten im Betrieb, Stuttgart.
Redlich, Fritz
1964 Der Unternehmer, Wirtschafts- und Sozialgeschichtliche Studien, Göttingen.
Reid, Samuel R.
1968a Mergers, Managers, and the Economy, New York.

1968b The Conglomerate Merger: A special Case, Antitrust Law and Economics Review, Vol. 2, S. 141–166.

Reitmann, W. R.

1965 Cognition and Thought, New York – London – Sydney.

Richardson, G. B.

1960 Information and Investment, London.

Robertson, David

1971 The Multinational Enterprise: Trade Flows and Trade Policy, in: Dunning (Hrsg.), S. 169–203.

Robinson, Joan

1969 A further Note, Review of Economic Studies, Vol. 36, S. 260–262.

1970 Besprechung von Ferguson 1969, Economic Journal, Vol. 80, S. 336–339.

1971 Besprechung von Solow, R. M., Growth Theory, Oxford 1970, Kyklos, Band 24, S. 189–192.

Robinson, Joan und *Eatwell, John*

1973 An Introduction to Modern Economics, London.

Rogers, Everett M.

1962 Diffusion of Innovations, New York – London.

Rogers, E. M. und *Shoemaker, F.*

1971 Communication of Innovations. A Cross-cultural Approach, New York.

Roghmann, Klaus

1966 Dogmatismus und Autoritarismus. Kritik der theoretischen Ansätze und Ergebnisse dreier westdeutscher Untersuchungen, Meisenheim a. Glan.

Roe, Anne und *Simpson, G. H.* (Hrsg.)

1969 Evolution und Verhalten, Frankfurt/M.

Röpke, Jochen

1969 Nationalökonomie und Ethnologie. Die ökonomische Theorie primitiver Gesellschaften in kritischer Betrachtung, Sociologus, Jg. 19, S. 101–133.

1970a Primitive Wirtschaft, Kulturwandel und die Diffusion von Neuerungen, Tübingen.

1970b Innovation, Organisationsstruktur und wirtschaftliche Entwicklung: Zu den Ursachen des wirtschaftlichen Aufstieges von Japan, Jahrbuch für Sozialwissenschaft, Band 21, S. 203–231.

1971a Marktwirtschaft und ökonomische Theorie, ORDO, Bd. 22, S. 323–334.

1971b Neuere Richtungen und theoretische Probleme der Wirtschaftsethnologie, in: H. Trimborn (Hrsg.), Lehrbuch der Völkerkunde, 4. Aufl., Stuttgart, S. 446 bis 457.

1973 Konzentration und Macht als Probleme der Wettbewerbstheorie, ORDO, Bd. 24, S. 297–314.

1974 Eine Wettbewerbspolitik des „Als–ob“ führt zu behördlicher Willkür, Frankfurter Allgemeine Zeitung, 26. 2. 1974, S. 14.

1976 Der importierte Fortschritt. Der Import von Neuerungen als Überlebensstrategie zentralkoordinierter Systeme, ORDO, Bd. 27, S. 223–241.

a Theorien der Preisbildung auf dem Aktienmarkt. Unveröffentlicht.

b Gleichgewicht und Wettbewerb im Marktsystem. Eine Kritik gleichgewichtsanalytischer Vorstellungen in der Wettbewerbstheorie. Unveröffentlicht.

c Zum Evolutionspotential von Wirtschaftssystemen. Unveröffentlicht.

d Das Adam-Smith-Problem – Reduktionsmodelle oder Systemtheorie. Unveröffentlicht.

e Leistungsmotivation und Wettbewerb: Zu einem Theorem optimaler unternehmerischer Herausforderung von Adam Smith. Unveröffentlicht.

Rokeach, Milton

1960 The Open and Closed Mind, New York.

Rolfe, S. E. und *Damm, W.* (Hrsg.)

1970 The multinational Corporation in Perspective, New York 1970.

Romer, Alfred S.

1966 Vergleichende Anatomie der Wirbeltiere, Hamburg – Berlin.

Rosen, B. C. und *d'Andrade, R. G.*

1959 The Psychological Origins of Achievement Motivation, Sociometry, Vol. 22, S. 185–218.

Rosenbloom, Richard S.

1965 Technology Transfer. Process and Policy, National Planning Association, Special Report Nr. 62, July 1965.

Rothschild, K. W. (Hrsg.)

1971 Power in Economics, Harmondsworth, Middlesex.

Rymes, Thomas K.

1971 On Concepts of Capital and Technical Change, Cambridge.

Salter, W. E. G.

1960 Productivity and Technical Change, 2. ed., Cambridge 1969.

Samuelson, Paul

1948 Foundations of Economic Analyses, Cambridge, Mass.

1962 Parable and Realism in Capital Theory: The Surrogate Production Function, Review of Economic Studies, Vol. 29, S. 193–206.

1967 The Monopolistic Competition Revolution, in: Kuenne (Hrsg.), S. 105–138.

1970 Volkswirtschaftslehre, 4. Aufl., Bd. II, Köln.

Sandkull, Bengt

1968 On Product Changes and Product Planning, Lund.

Sandor, Richard L.

1967 Size of Firm, Economics of Scale in Research and Development and the Use of Patented Inventions, Ph. D.-Dissertation, University of Minnesota.

Sanford, Nevitt

1968 Personality: The Field, International Encyclopedia of the Social Sciences, Vol. 11, S. 587–606.

Sato, Kazuo

1975 Production Functions and Aggregation, Amsterdam – Oxford – New York.

Schaefer, H. und *Novak, P.*

1972 Anthropologie und Biophysik, in: Gadamer/Vogler (Hrsg.), S. 22–58.

Schaffner, Kenneth

1969 The Watson-Crick Model and Reductionism. British Journal for Philosophy of Science, Vol. 20, S. 325–348.

Scherer, F. M.

1970 Industrial Market Structure and Economic Performance, Chicago.

Schindewolf, O. H.
1972 Phylogenie und Anthropologie aus paläontologischer Sicht, in: Gadamer/Vogler, S. 230–292.
Schmidbauer, Herbert
1974 Allokation, technischer Fortschritt und Wettbewerbspolitik, Tübingen.
Schmidt, Ingo
1973 US-amerikanische und deutsche Wettbewerbspolitik gegenüber Marktmacht, Berlin.
Schneeweiß, Hans
1967 Entscheidungen bei Risiko, Berlin – Heidelberg – New York.
Schneider, Dieter
1970 Investition und Finanzierung, Köln – Opladen.
Schneider, Erich
1965 Zielsetzung, Verhaltensweise und Preisbildung, in: A. E. Ott (Hrsg.), Preistheorie, Köln – Berlin.
Schneider, Hans K. und *Watrin, Christian* (Hrsg.)
1973 Macht und ökonomisches Gesetz, Schriften des Vereins für Socialpolitik, N. F., Bd. 74/I und II, Berlin 1973.
Schrödinger, Erwin
1968 Order, Disorder, and Entropy, in: Buckley (Hrsg.), S. 143–146.
Schütz, Alfred
1971 Das Problem der Relevanz, Frankfurt/M.
Schumpeter, Joseph A.
1908 Das Wesen und der Hauptinhalt der theoretischen Nationalökonomie, Berlin.
1928 Der Unternehmer in der Volkswirtschaft von heute, in: Strukturwandlungen der deutschen Volkswirtschaft, Bd. 1.
1950 Kapitalismus, Sozialismus und Demokratie, 2. Aufl., Bern – München.
1964 Theorie der wirtschaftlichen Entwicklung, 6. Aufl., Berlin.
Shackle, G. L. S.
1958 Time in Economics, Amsterdam.
1961 Decision, Order, and Time in Human Affairs, Cambridge.
1966 The Nature of Economic Thought, Cambridge.
1970 Expectation, Enterprise and Profit, London.
1972 Epistemics and Economics. A Critique of Economic Doctrines, Cambridge.
1973 An Economic Querist, Cambridge.
Shannon, Claud E. und *Weaver, Warren*
1949 The Mathematical Theory of Communication, Urbana.
Shapiro, Rodney Julian
1968 Creative Research Scientists. National Institute for Personnel Research, Johannesburg.
Sherif, Muzafer und *Sherif, Carolyn W.*
1969 Social Psychology, New York.
Sherman, Roger
1972 Oligopoly. An empirical Approach, Lexington, Mass. – Toronto – London.
Sherman, Robert
1969 The Two-and-a-Half-Year Man: With New Products. Everyone is an Amateur, Innovation, No. 7, S. 38–45.

Shepard, Herbert R. und *Blake, Robert R.*

1962 Changing Behavior through Cognitive Change, Human Organization, Vol. 21, S. 88–96.

Shinohara, Miyohei

1970 Structural Changes in Japan's Economic Development, Tokyo.

Shubik, Martin

1970 A Curmudgeon's Guide to Microeconomics, Journal of Economic Literature, Vol. 8, S. 405–434.

Simon, Herbert A.

1957a Administrative Behavior, 2. Bd., New York.

1957b Models of Man, New York.

1960 The New Science of Management Decision, New York.

1961 The Control of the Mind by Reality, in: Farber, S. M. und Wilson R. H. L. (Hrsg.), Control of the Mind, S. 219–232.

1964 On the Concept of Organizational Goal, Administrative Science Quarterly, Vol. 9, S. 1–22.

1965 The Architecture of Complexity. General Systems, Vol. 10, S. 63–76.

1967 Understanding Creativity, in: Gowan, J. C., Demons, G. D., Torrance, E. P. (Hrsg.), Creativity: Its Educational Implications, New York, S. 43–53.

1970 The New Science of Management Decision, in: L. A. Welsch und R. M. Cyert (Hrsg.), Management Decision Making, Harmondsworth, S. 13–29.

Simon, H. A. und *Newell, A.*

1958 Heuristic Problem Solving: The Next Advance in Operations Research, Operations Research, Vol. 6, S. 1–10.

Simonis, Bernd

1971 Die Aussagen der neueren Oligopoltheorie und ihre Bedeutung für die Wettbewerbspolitik, Meisenheim a. Glan.

Simpson, George G.

1969a Evolution: Methoden und derzeitiger Stand der Theorie, in: Roe/Simpson (Hrsg.), S. 7–35.

1969b Verhalten und Evolution, in: Roe/Simpson (Hrsg.), S. 212–253.

Singer, J. David

1968 Man and World Politics: The Psycho-cultural Interface, Journal of Social Issues, Vol. 24, S. 127–150.

Singh, Ajit

1971 Take-over. Their Relevance to the Stock Market and the Theory of the Firm, Cambridge.

1975 Take-overs, Economic Natural Selection, and the Theory of the Firm: Evidence from the Postwar United Kingdom Experience, The Economic Journal, Vol. 85, S. 497–515.

Skinner, Andrew S.

1972 Adam Smith: Philosophy and Science, Scottish Journal of Political Economy, Vol. 19, S. 307–319.

Smith, Adam

1949 Theorie der ethischen Gefühle, Frankfurt/M.

1974 Der Wohlstand der Nationen, München.

Smith, Brian P.
1970 How to Develop Organizations, Management today, May 1970, S. 106–109.
Smith, Ephraim P.
1970 Interlocking Directorates Among the ‚Fortune 500‘, Antitrust Law & Economics Review, Vol. 3.
Soelberg, Peer O.
1967 Unprogrammed Decision Making, Industrial Management Review, Vol. 8, S. 19–30.
Solo, Robert
1969 Capital and Labor – Intensive Technology in Developing Countries, Journal of Economic Issues, Vol. III, No. 4, Dec. 1969, S. 96–103.
Solow, Robert M.
1957 Technical Change and the Aggregate Production Function, The Review of Economics and Statistics, Vol. 39, S. 312–320.
1961 Notes Toward a Wicksellian Model of Distributive Shares, in: Lutz/Hague, 1961, S. 245–265.
1970 Growth Theory. An Exposition, London.
Sombart, Werner
1928 Der moderne Kapitalismus, 3. Band: Das Wirtschaftsleben im Zeitalter des Hochkapitalismus, München – Leipzig.
Sommerhoff, G.
1969 The Abstract Characteristics of Living Systems, in: F. E. Emery, Hrsg., Systems Thinking, Harmondsworth, S. 147–202.
Speer, Albert
1969 Erinnerungen, Frankfurt/M. – Berlin.
Stachowiak, H.
1969 Denken und Erkennen im kybernetischen Modell, 2. Aufl., Wien – New York.
Stark, Stanley
1962 Temporal and Atemporal Foresight, Journal of Humanistic Psychology, Vol. 2, S. 56–74.
1966 Toward a Psychology of Knowledge: II. Two Kinds of Foresight and Foresight Theorizing, Perceptual and Motor Skills, Vol. 23, S. 547–574.
Stigler, George J.
1964 A Theory of Oligopoly, Journal of Political Economy, Vol. 72, S. 44–61.
1965 Essays in the History of Economics, Chicago.
1968 The Organization of Industry, Homewood, Ill.
Stigler, George J. et al.
1969 Report of the Stigler Task Force on Productivity and Competition, Antitrust Law & Economic Review, Vol. 2, S. 13–36.
Stigum, Bernt
1969 Competitive Equilibria under Uncertainty, Quarterly Journal of Economics, Vol. 83, S. 533–561.
Stopford, John M. und *Wells, Louis T.*
1972 Managing the Multinational Enterprise, Organization of the Firm and Ownership of the Subsidiaries, New York.
Stützel, Wolfgang
1972 Preis, Wert und Macht, Diss. Tübingen 1952, Nachdruck Aalen 1972.

Sutcliffe, R. B.
1971 Industry and Underdevelopment, London.
Sutton, C. J.
1973 Management Behaviour and a Theory of Diversification, Scottish Journal of Political Economy, Vol. XX, S. 27–42.
Sweezy, Paul und *Magdoff, Harry*
1970 The Merger Movement: A Study in Power, in: Mermelstein, D. (Hrsg.), Economics: Mainstream Readings and Radical Critique, New York, S. 77–90.

Taylor, Calvin W. und *Williams, Frank W.* (Hrsg.)
1966 Instructional Media and Creativity, New York.
Thompson, James D.
1967 Organizations in Action, New York.
Thompson, Victor A.
1969 Bureaucracy and Innovation, University of Alabama Press.
Thorpe, W. H.
1963 Learning and Instinct in Animals, New Ed., London.
1969 Der Mensch in der Evolution, München.
Tinbergen, N.
1966 Instinktlehre, 4. Aufl., Berlin – Hamburg.
Tjaden, Karl Hermann
1969 Zur Kritik eines funktional-strukturalen Entwurfs sozialer Systeme, Kölner Zeitschrift für Soziologie und Sozialpsychologie, 21. Jg., S. 752–769.
Tuckman, Bruce W.
1966 Interpersonal Probing and Revealing and Systems of Integrative Complexity, Journal of Personality and Social Psychology, Vol. 3, S. 655–664.
Tullock, Gordon
1969 The New Theory of Corporations, in: E. Streißler u. a. (Hrsg.), Roads to Freedom, Essays in Honour of Friedrich A. von Hayek, London, S. 287–307.

Uexküll, Jakob von
1913 Umwelt und Innenwelt der Tiere, Berlin.
Utton, M. A.
1974 On Measuring the Effects of Industrial Mergers, Scottish Journal of Political Economy, Vol. 21, S. 13–28.

Vacchiano, Ralph B.; Strauß, Paul S. und *Hochman, Leonard*
1969 The Open and Closed Mind: A Review of Dogmatism, Psychological Bulletin, Vol. 71, S. 261–273.
Vance, Stanley C.
1971 Managers in the Conglomerate Era, New York.
Veblen, Thorstein
1971 Theorie der feinen Leute. Eine ökonomische Untersuchung der Institutionen, München.
Vernon, Raymond
1966 International Investment and International Trade in the Product Cycle, Quarterly Journal of Economics, Vol. 80, S. 190–207.

1970 (Hrsg.), The Technology Factor in International Trade, New York.
1971 Sovereignty at Bay, The Multinational Spread of US enterprises, London.
1974 Competition Policy toward Multinational Corporations, American Economic Review, Vol. 54, Papers and Proceedings, S. 276–282.

Vogler, Paul
1972 Disziplinärer Methodenkontext und Menschenbild, in: Gadamer/Vogler, S. 3–21.

Vogt, Winfried
1973 Zur Kritik der herrschenden Wirtschaftstheorie, in: Vogt (Hrsg.), S. 179–205.
1973 (Hrsg.) Seminar: Politische Ökonomie. Zur Kritik der herrschenden Nationalökonomie, Frankfurt/M.

Vontobel, Jacques
1970 Leistungsbedürfnis und soziale Umwelt, Bern – Stuttgart.

Waddington, C. H.
1966 Die biologischen Grundlagen des Lebens, Braunschweig.
1970 Der gegenwärtige Stand der Evolutionstheorie, in: Koestler/Smythies (Hrsg.), S. 342–373.

Wallace, Anthony F. C.
1961 Culture and Personality, New York.

Walter, Helmut
1969 Der technische Fortschritt in der neueren ökonomischen Theorie, Berlin.

Wan, jr., Henry Y.
1971 Economic Growth, New York.

Ware, Robert und *Harvey, O. J.*
1967 A Cognitive Determinant of Impression Formation, Journal of Personality and Social Psychology, Vol. 5, S. 38–44.

Weaver, Warren
1967 Wissenschaft und Komplexität, ORDO, Bd. 18, S. 163–171.

Weber, Wilhelm
1970 Zur Problematik einer sogenannten Konvergenz von Wirtschaftssystemen, in: Boettcher, E. (Hrsg.), Beiträge zum Vergleich der Wirtschaftssysteme, Schriften des Vereins für Socialpolitik, N. F. Bd. 57, Berlin, S. 107–162.

Webster, jr., Murray
1973 Psychological Reductionism, Methodological Individualism, and Large Scale Problems, American Sociological Review, Vol. 38, S. 258–273.

Weick, Karl E.
1969 The Social Psychology of Organizing, Reading, Mass.

Weiner, Bernard et al.
1971 Perceiving the Causes of Success and Failure, in: E. E. Jones und andere (Hrsg.), Attribution: Perceiving the Causes of Behavior, New York, S. 95 bis 120.

Weiner Bernard (unter Mitarbeit von *Wulf-Uwe Meyer*)
1975 Wirkung von Erfolg und Mißerfolg auf die Leistung, Bern – Stuttgart.

Weiss, Leonard
1969 Conglomerate Mergers and Public Policy, in: Garvian, L. (Hrsg.), Economics of Conglomerate Growth, San Francisco 1969, S. 88–95.

Weiß, Paul

1970 Das lebende System: Ein Beispiel für den Schichtendeterminismus, in: Koestler/Smythies (Hrsg.), S. 13–70.

von Weizsäcker, Carl Christian

1971 Ende einer Wachstumstheorie?, Kyklos, Vol. 24, S. 97–101.

Westcott, Malcolm R.

1968 Toward a Contemporary Psychology of Intuition, New York.

Weston, J. Fred

1954 The Profit Concept and Theory: A Restatement, Journal of Political Economy, Vol. LXII, S. 152–170.

1968 Comment on Professor Shepherd's Conglomerate Mergers in Perspective, Antitrust Law & Economics Review, Vol. 2, S. 33–42.

1969 The Role of Mergers in the Growth of Large Firms, Berkeley und Los Angeles, 2nd Printing, 1969.

White, Irving S.

1969 New Product Differentiation: Physical and Symbolic Dimensions, in: Morin, B. A. (Hrsg.), Marketing in a Changing World, Proceedings of the American Marketing Association Conference, S. 99–103.

White, L. J.

1971 The Automobile Industry since 1945, Cambridge, Mass.

White, Robert

1959 Motivation Reconsidered: The Concept of Competence, Psychological Review, Vol. 66, S. 297–333.

Whittington, Geoffrey

1971 The Prediction of Profitability, Cambridge.

Whyte, Lancelot L.

1965 Internal Factors in Evolution, New York.

Wild, Jürgen

1967 Neuere Organisationsforschung in betriebswirtschaftlicher Sicht, Berlin.

Wilden, Anthony

1972 System and Structure, Essays in Communication and Exchange, London.

Williams, George C.

1966 Adaption and Natural Selection, Princeton, N. J.

Williams, Mary B.

1973 The Logical Status of the Theory of Natural Selection and Other Evolutionary Controversies, in: Bunge, Mario (Hrsg.), The Methodological Unity of Science, Dordrecht – Boston, S. 84–102.

Williamson, Oliver E.

1969 Corporate Control and the Theory of the Firm, in: Manne, H. G. (Hrsg.), S. 281–336.

1970 Corporate Control and Business Behavior, Englewood Cliffs, N. J.

1971 Managerial Discretion, Organization Form, and the Multi-Division Hypothesis, in: Marris/Wood (Hrsg.), S. 343–386.

Wimsatt, William C.

1974 Complexity and Organization, in: Schaffner, K. F. und Cohen, R. S. (Hrsg.), PSA 1972, Boston Studies in the Philosophy of Science, Vol. XX, Dordrecht – Boston, S. 67–86.

Witte, Eberhard
1972 Das Informationsverhalten in Entscheidungsprozessen, Tübingen.
1973 Innovationsfähige Organisation, Zeitschrift für Organisation, Heft 1, S. 17–24.
Wolf, Robert J.
1969 Problem Orientation in a Technical Organization, Research Management, Vol. 12, S. 193–202.
Wright, McCord David
1951 Capitalism, Chicago.
Wood, Adrian
1971 Diversification, Merger and Research Expenditures: A Review of Empirical Studies, in: Marris/Wood, S. 428–453.
Worcester, jr., Dean A.
1973 New Estimates of the Welfare Loss to Monopoly, United States: 1956–1969, Southern Economic Journal, Vol. 40, S. 234–245.
Wynne-Edwards, V. C.
1965 Self-Regulating Systems in Populations of Animals, Science, Vol. 147, S. 1543 bis 1548.

Young, Allyn A.
1928 Increasing Returns and Economic Progress, The Economic Journal, Vol. 38, S. 527–540.
Yoshihara, Hideki
1969 A Note on the Behavioral Theory of Innovation, Kobe Economic Business Review, 16th Annual Report, S. 55–61.

Zander, Alvin
1968 Group Aspirations, in: Cartwright/Zander (Hrsg.), S. 418–429.
Zander, A. und *Wolfe, D.*
1964 Administrative Rewards and Coordination among Committed Members, Administrative Science Quarterly, Vol. 9, S. 30–69.
Ziegler, Helmut
1970 Strukturen und Prozesse der Autorität in der Unternehmung, Stuttgart.

NAMENREGISTER

SACHREGISTER